『미래형자동차 현장인력양성』 교육교재

전기자동차 진단&정비실무

미래자동차 인재개발원 편찬위원회 / 전광수, 박동수 저

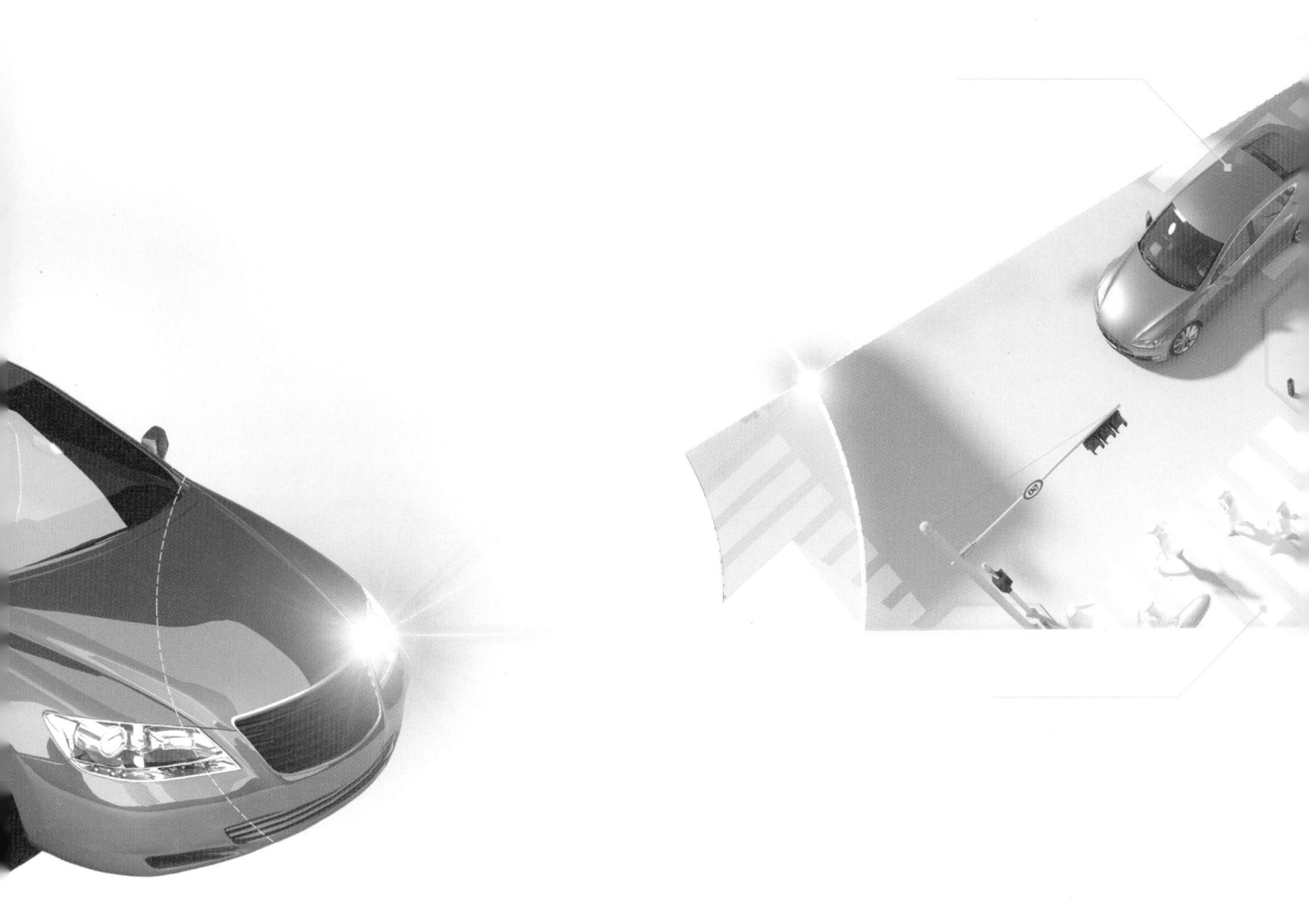

책 머리에…

글로벌 자동차 시장은 지구 온난화에 대한 환경규제 강화에 따른 배기가스 규제에 따라 점차 내연기관 사용을 금지하고 전기를 동력으로 하는 미래형 친환경자동차로 급속히 변화하고 있다.

독일은 2030년, 프랑스와 영국은 2040년 이후 내연기관 자동차 판매를 금지하겠다고 하고 있으며, 자동차 제작사인 스웨덴의 볼보는 2019년 이후 내연기관 자동차를 생산하지 않겠다고 발표했다.

우리나라도 2011년부터 본격적인 친환경자동차 보급 활성화 정책을 추진하여 2016년 전기자동차 보급대수가 1만대를 돌파한 후 2022년 04월 현재누적 판매대수 30만대를 돌파했다. 수소자동차 역시 세계 최초로 1만대를 돌파하는 등 전기자동차 보급 속도가 매우 빠르게 진행되고 있다. 또한 하이브리드 및 플러그인 하이브리드 자동차의 누적 등록대수가 120만대에 이르고 있다.

하이브리드자동차와 전기자동차는 고전압 전기를 이용하여 모터의 구동력으로 운행되는 운송 수단이다. 그러므로 항상 고전압의 감전 위험에 노출되어 있고, 사고나 고장 시에도 고압전기의 활선 상태로 사고처리 및 수리를 진행하기 때문에 반드시 전문가의 취급이 요구된다.

따라서 전기자동차 고전압전기장치에 대한 최소한의 안전교육이 필요하며 나아가 전기자동차의 정비·검사 기준과 성능검사에 대한 기준을 마련하고, 전기자동차 전문 정비를 위한 교육 및 전문 자격제도가 요구되는 상황이다.

하지만 전기자동차의 보급 속도에 비해 전기자동차에 대한 고전원 안전교육 및 전기자동차 전문 정비인력의 보급은 그 속도를 쫓아가지 못하고 있다. 여기에 우리 정부도 2020년 미래형 자동차 현장기술인력 양성을 본격적으로 추진하겠다고 발표하고 현재 다양한 지원정책을 추진하고 있다.

이 교육교재는 늘어나는 전기자동차의 보급에 맞춰 전기자동차 운전자를 비롯한 사고 시에 출동하는 교통경찰, 소방관, 보험사, 견인기사 및 고전압 전기장치를 취급하는 자동차정비사 등 현장인력에 대한 최소한의 안전을 지킬 수 있고 나아가 전기자동차의 원리 및 구조를 이해하고 진단점검 및 정비 매뉴얼로 활용할 수 있도록 집필한 것이다.

이 책을 통해 전기자동차의 고전압전기장치를 취급하는 모든 이에게 전기자동차에 대한 이해와 업무능력을 향상시켜 실질적인 작업 안전에 커다란 도움이 되었으면 한다.

2022년 8월

전광수 / 박동수

CONTENTS

제4장

고전압 배터리 정비

제5장

고전압 정션 블록 정비

제6장

파워트레인 정비

제7장 PE 부품 냉각장치 정비

제8장 전력 제어장치 정비

제9장 전기자동차 완속 충전 시스템 정비

제10장

전기자동차 제동장치 정비

제11장

전기자동차 공조장치 정비

제12장

전기차 타이어

제1장

전기자동차 개요

CHAPTER

01 전기자동차 역사

1. 전기자동차의 시대가 열리는가?

전지의 성능개선과 주변 환경의 변화 그리고 대량생산이 이루어진다면 전기자동차는 휘발유 자동차를 밀어내고 자동차의 주역이 될지도 모른다. 전기자동차의 확산과 진화는 자동차 산업은 물론 관련 산업에 적잖은 변화의 물결을 예고하고 있다.

전기자동차의 핵심부품의 하나인 전지를 둘러싼 공급사슬 구조가 기술 발전과 충전 인프라의 영향을 받아 재편될 것이다. 전력산업의 경우 충전 인프라는 전력 판매의 새로운 수익원이 될 것이며, 이를 지능적으로 관리 운영하는 것과 관련된 산업들이 성장할 것이다. 전기자동차의 강자는 바로 배터리의 강자가 차지할 것으로 보인다.

- 한 번의 충전으로 500~600km를 갈 수 있다면
- 충전까지 10분 이내의 시간이 걸린다면
- 전기자동차 가격이 지금의 휘발유 자동차 정도의 수준으로 낮아진다면 누가 휘발유 차를 타고 다닐 것인가?

2. 전기자동차의 시초

전기자동차는 디젤 엔진, 휘발유 엔진을 사용하는 오토사이클 방식의 자동차보다 먼저 고안되었다.

[표 1-1]

년도	이름	내용
1824	앤요스 제드릭 / 헝가리	전기모터를 이용한 전기자동차 발명
1835	크리스트 파벡카 / 네델란드	최초 전기자동차 제작
1873	R.Davidson / 영국	전기자동차를 실용화함
1876	오토	4행정 내연기관 발명

19세기 말에는 자동차를 선택하는데 있어 휘발유자동차 외에도 전기자동차가 선택사항 중 하나로 존재하고 있었다.

전기로 움직이는 탈것의 초기발명품은 1824년으로 거슬러 올라간다. 헝가리의 발명가 앤요스 제드릭(yosJedlik)은 자신이 발명한 전기모터를 이용한 전기자동차를 발명 하였다. 그러나 이는 자동차라고 하기에는 너무 미비한 수준이었다.

1830년대에 스코틀랜드의 로버트 앤더슨(Robert Anderson)이 최초로 전기자동차의 원형을 설계했다고 전해지고 있으며, 또한 이는 최초의 원유 전기 마차를 발명하였다. 1835년에 네덜란드의 스트라틴 교수는 소형의 전기자동차를 설계하였다. 스트라틴교수가 설계한 도면을 바탕으로 제자인 크리스트파벡카가 처음 전기자동차를 만들었다.

1842년경에 미국의 토마스 다벤포트(Thomas Davenport)와 스코틀랜드의 로버트 데이비드(Robert Davidson)에 의해서 제작된 모델이 최초로 실생활에서 이용이 가능한 전기 자동차라는 인정을 받고 있다. 이 전기자동차의 차축에는 영구 자석이 달려 있고 차축 주위에는 전자석이 둘러싸여 있어서 전자석에 전류를 단속하여 바퀴를 움직인다.

이후 실용적인 전기자동차는 1873년 영국의 로버트 데이비드(R.Davidson)라는 사람이 만들어 실용화했다. 1881년에 프랑스의 카미르파우레가 기존의 재충전할 수 있는 축전지를 개량하여 전기자동차에 처음 축전지를 적용하며 전기자동차의 비약적인 발전을 가져왔다.

프랑스와 영국은 전기자동차의 광범위한 개발을 지원한 최초의 국가들이다. 1881년 9월에 프랑스 발명가 구스타프트루베는 프랑스 파리에서 열린 국제전기박람회에서 삼륜 자동차가 작동하는 것을 입증한다. 이후 전기자동차는 급속도로 보급되기 시작한다. 1884년 영국에서 개발된 전기자동차는 마차를 연상시키는 외관으로, 당시 발명가였던 토마스 파카(Thomas Parker)에 의해 개발됐다.

미국에서는 1891년에 라이카(A.L.Ryker)가 3륜의 전기자동차를 만들었으며 윌리엄·모리슨이 6인승의 전기자동차 왜건을 만들었지만, 당시에 미국에서 전기자동차의 인기는 그리 높지 않았다. 미국 사람들이 전기자동차에 관심을 가지기 시작한 것은 그로부터 4년 뒤인 1895년 이후부터였다.

또한, 2년 뒤인 1897년에는 최초의 상업용 전기자동차로 필라델피아 전기자동차회사에서 제작된 자동차가 뉴욕시의 택시 전차량에 채용되기도 하였다. 당시 판매되었던 페톤이라는 전기자동차는 주행거리 18마일(29km), 시속 14마일(22km)이상은 보여주었으며 가격은 약 2천 달러였다. 하지만, 당시의 전기자동차는 차대에 모터를 붙인 것에 지나지 않았다.

1899년 벨기에인 카뮈제나지가 제작한 유선형 전기자동차가 당시 세계 최고 기록인 시속 105㎞를 기록하였다. 이 당시 휘발유 엔진 자동차의 최고 기록이 시속 50㎞ 정도였던 것을 비교할 때 당시로서는 전기자동차가 상당히 고속형 자동차이었다는 것을 알 수 있다.

1899년~1900년에 전기자동차는 어떤 다른 방식의 차량(휘발유 자동차, 증기자동차 등)보다도 많이 팔리게 되고, 1912년에 생산 및 판매정점을 기록한다. 기본 전기자동차의 가격은 1,000달러 이하였으나, 대부분 값비싼 재료로 화려하게 꾸며 평균 3,000달러 이상으로 상류층들이 주로 이용하였다.

전기자동차의 기술력이 본격적인 궤도에 오르기 시작한 것은 1916년으로 우드 사가 휘발유와 전기를 함께 이용하는 하이브리드카를 개발하기 시작하면서였다. 또한, 그 시절이 전기자동차 역사에서도 가장 황금기이기도 했다.

3. 휘발유 자동차의 지배와 전기자동차의 쇠퇴

전기자동차는 휘발유 자동차보다 먼저 제작해 1920년까지 사용되었다. 시동이 간편하고 조용하며 배기가스가 없었다. 1920년대에 미국 텍사스의 원유 발견으로 휘발유의 가격은 내려가고, 내연기관의 대량생산체제를 구축함에 따라 휘발유 자동차는 500달러~1,000달러 정도로 가격이 많이 내려간다.

전기자동차의 가격은 점점 상승해 평균 1,750달러 정도에 팔릴 때 휘발유 자동차는 평균 650달러 정도에 팔려 전기자동차는 극히 일부 교통수단으로 이용되고 휘발유 자동차가 자동차 시장에서 급부상하기 시작한다. 1920년대부터 속도, 힘, 값싼 석유에 힘입어 휘발유 자동차는 자동차의 주류가 된다. 1930년대에 들어서서 전기자동차는 비싼 가격, 배터리의 무거운 중량, 충전에 걸리는 시간 등의 문제 때문에 자동차 시장에서 대부분 사라진다.

4. 전기자동차에 대한 제 관심

1996년(GM)은 EV1이라는 전기자동차를 만들었다.

GM이 전기자동차를 만든 이유는 당시 캘리포니아주 정부가 날로 늘어나는 공해를 견디다 못해 "배기가스 제로 법"이라는 것을 만들었기 때문이다. 배기가스 제로 법은 자동차 업체들이 캘리포니아에서 자동차를 팔려면 전체판매량의 일정부분(10~20%)은 배기가스가 나오지 않는 전기자동차를 판매하도록 강제한 법이다. 어쩔 수 없이 GM은 EV1을 만들었고 1990년대에 휘발유 자동차에 의한 환경오염 문제가 대두되면서 제너럴모터스(GM)사는 양산 전기자동차 1호로 볼 수가 있는 "EV1"전기자동차를 제작해 미국 캘리포니아에서 운행했다. 그런데 그 결과가 놀라웠다. 4시간 정도면 완전히 충전되는 1996년형 EV1은 배기가스는 물론이고 소음도 없이 시속 130km의 속도로 거리를 내달렸다. 1회 충전이면 160km의 거리를 달릴 수가 있어서 충전소만 충분하면 사용에 문제가 없었다.

이용자들의 입소문 덕분에 EV1 신청자들이 쇄도하면서 휘발유차의 판매가 위협받기 시작했다. 급기야 자동차 업계, 석유 업계, 자동차부품업계는 전기자동차에 위기의식을 느꼈고 황당한 결과를 내놓았다. 전기자동차를 죽이기로 한 것이다.

GM은 전기차가 배터리에 문제가 많고 비용이 많이 든다는 둥 억지로 문제점을 퍼뜨렸고, 온갖 로비를 통해 캘리포니아주 정부에 압박을 가해 공청회를 가진 뒤 결국 2003년에 "배기가스 제로 법"이 사라지자 GM은 EV1 생산설비를 폐쇄하고 관련 직원들을 해고한 뒤, EV1을 소리소문없이 회수 및 폐차 처리하여 EV1은 조용히 사라졌다.

CHAPTER

02 전기자동차 개발 배경

1. 전기자동차 EV: Electric Vehicle란?

석유 연료 엔진을 사용하지 않고, 배터리와 모터로 구동되는 자동차를 말한다.

자동차는 인간에게 편리하고 윤택한 생활을 제공해주었지만, 대규모 오염물질의 배출은 지구환경을 심각한 지경으로 파괴하여 결국 환경오염으로 인한 인류생존권의 위협은 세계적인 환경보호 운동을 촉진하고 국제환경규제를 강화, 석유 자원고갈, 지구온난화 등 유한한 자원과 환경보호라는 글로벌 명제 아래 전기자동차개발이 활성화되었다.

기존 내연기관처럼 연료의 연소로부터 에너지를 얻는 구조가 아닌 전기 에너지를 통해 구동되는 모터를 설치하여 구동에너지를 얻는 자동차로서 전기로 에너지원을 얻기 때문에 배기가스나 환경오염이 전혀 없으며, 폭발행정 과정이 없는 관계로 소음이 전혀 없다.

그러나 전기자동차의 고전압 배터리의 충전과 방전과정이 연속적으로 이루어지며, 운행 중에도 자동차의 제동 토크를 이용하여 회생제동충전이 되도록 하는 기술이 가능함으로서 유해 배출가스와 환경오염이 없는 친환경 자동차 이다. 현재 친환경 자동차의 기술 경쟁력은 배터리, 모터 및 제어를 위한 핵심부품에 집약되어 있으며, 국가 간의 산업 경쟁력 확보를 위해서는 부품·소재 기업의 육성이 절실히 요구되고 있다.

그러므로 전기자동차의 조기 실용화를 위하여 정부 차원의 대규모 투자와 함께 강제 보급정책을 추진하며, 세계적인 추세에 부응하여 대형 국가과제로 선정하여 지원하고 있으며, 자동차 제작회사들도 이에 적극적으로 참여하고 있으므로 전기자동차의 개발 및 실용화 전망은 밝다고 할 수 있다.

현재 전기자동차의 단점을 보완하기 위한 자동차개발 동향으로

▶ 하이브리드자동차(HEV: Hybrid Electric Vehicle),

▶ 플러그인 하이브리드자동차(PHEV: Plug-in HEV)를 병행으로 개발하고 있다.

2. 하이브리드자동차의 특징

① 전기자동차와는 달리 주행거리에 제한받지 않는다.

② 엔진의 효율이 가장 좋은 회전속도에서 발전기를 회전시킴으로써 생성된 에너지를 고전압 배터리에 충전한다.

③ 도심지에서는 전기자동차 상태로 주행하기 때문에 대도시의 대기오염을 줄일 수 있는 장점이 있다.

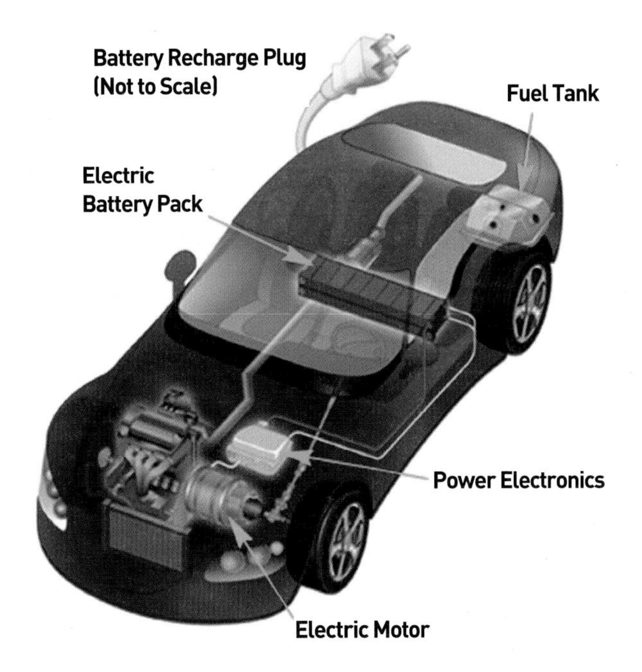

[그림 1-1] Plug-in hybrid electric vehicles (PHEV)

구분	특징	
하이브리드 전기자동차	Hybrid EV(HEV)	동력원으로 전기 모터와 내연기관을 동시, 또는 따로 쓰는 자동차로 내연기관을 이용하여 고전압 배터리를 충전한다.
플러그인 하이브리드	Plug-in Hybrid EV(PHEV)	동력원으로 전기 모터와 내연기관을 동시, 또는 따로 쓰는 자동차로 외부 전원 및 내연기관을 이용하여 고전압 배터리를 충전한다.
전기자동차	Battery Electric Vehicle (BEV)	순수 전기로만 구동하는 자동차

전기자동차가 최근 들어 주목받는 것은 미국과 유럽 등을 중심으로 배기가스 규제가 높아지고 있으며, 유가가 급등하고 있기 때문이다.

배터리와 구동 모터 등이 주요 부품인 전기자동차는 기계공학보다 전자공학 등 IT 비중이 높다. 그러므로 기술의 발전도 내연기관 자동차와 달리 급속도로 성장하고 있다.

그러나 전기자동차의 단점으로

1) 충전하는 데 시간이 오래 걸린다.

2) 전용 충전시스템 도입 필요하다.

3) 한번 충전으로 갈 수 있는 주행거리가 짧게는 400㎞ 내외로 짧다.

4) 배터리를 주기적으로 교체해야 하는 점

5) 안정성도 해결해야 할 문제 등이 있다.

자동차 대국이라 불리던 미국내 중요한 업체들의 경쟁력이 약화하면서 생존을 위해 들고 나온 전략이 소형차와 플러그인 하이브리드 전기자동차 생산으로 전환정책에 속도를 내고 있으며, 단일국 자동차 수요로는 2009년 이미 세계 1위에 올라선 중국도 뒤처진 자국 자동차 산업의 도약을 위해 배터리 베이스의 전기자동차를 집중적으로 지원하고 있으며, 일본의 경우 하이브리드자동차 상용화 20년에 따른 기술 축적노하우, 압도적인 하이브리드자동차 점유율 등을 고려해볼 때 가장 선도적인 지위를 보유하고 있는 것으로 평가되고 있으며, 시장의 상황은 어떤 에너지원의 자동차가 표준이 될지, 언제 시장이 폭발적으로 성장할지 아직 미지수여서 차세대 자동차 타입별 기술개발과 시장별 대응에 소홀할 수 없는 환경이다.

3. 전기자동차의 문제점

① 순수전기자동차는 배터리의 급속한 발전에도 불구하고 여전히 내연기관 자동차와 경쟁상대가 못 된다. 배터리의 용량 한계에 따른 1회 충전으로 최대 300~500km를 달릴 수 있다.

② 전기생성과정의 문제로 전기자동차가 진정한 의미에서 친환경적이 되려면 전기를 얻는 과정도 친환경적이어야 한다. 지금처럼 화력발전이나 원자력발전으로 얻는다면 도시환경은 크게 개선되지만, 전기소비량은 급격히 늘어 발전하는 곳에 공해가 더욱 증가하는 불균형이 발생한다.

③ 충전소와 같은 인프라도 문제이다. 이미 오랜 세월 자동차가 보급되었기 때문에 주유소라는 시스템을 통해 운전자들은 손쉽게 연료를 공급받을 수 있지만, 전기자동차가 운전 중 방전되었을 때 충전할 수 있는 인프라는 새로 구축해야 하는 문제가 있다.

그러나 친환경 전기자동차의 확산이 거스를 수 없는 대세로 자리 잡고 있다. 세계 각국 정부의 자동차 연비 및 배기가스규제가 갈수록 강화되면서 전기자동차의 입지는 갈수록 확고해질 전망으로, 당분간 하이브리드 형의 전기자동차와 함께 주류를 이루겠지만, 향후 10년 후면 전기로만 가는 자동차의 비중이 높아질 것이다. 전기자동차는 향후 자동차 관련 기술 및 산업구조를 근본적으로 변화시킬 것으로 예상되며, 전기자동차의 생산 및 보급이 본격화되면 세계 자동차 산업의 판도가 새롭게 재편될 전망이다.

최대 자동차 수요시장인 중국이 전기자동차 개발에 박차를 가하면서 그동안 전기자동차에 소극적이던 주요 완성차업체들이 경쟁적으로 전기자동차 개발에 나서고 있는 등 친환경차와 관련된 새로운 판도가 빠르게 진행되고 있다. 각국 정부는 미래자동차산업의 경쟁 구도를 좌우할 전기자동차 부문에서 관련 정책들을 적극적으로 추진하고 있다.

CHAPTER

03 전기자동차 종류

전기자동차/하이브리드자동차의 보급은 자동차 산업의 패러다임 변화로 인하여 휘발유 자동차는 엔진+변속기의 구조로 되어 있으며, 전기자동차는 2차전지(고전압배터리)+모터로 구조가 간단하며, 산업구조는 전기·전자 등을 중심으로 하는 제조업체 중심으로 변화되며, 기존의 내연기관 관련 외의 기업도 참여할 수 있는 여지가 생기는 것이다. 가솔린차의 구동력은 엔진에서 변속기로 엔진 회전수와 출력을 액셀러레이터로 변환하며, EV 자동차의 구동력은 모터의 회전수 조절 컨트롤러로 제어하므로 간단한 문제가 아니다.

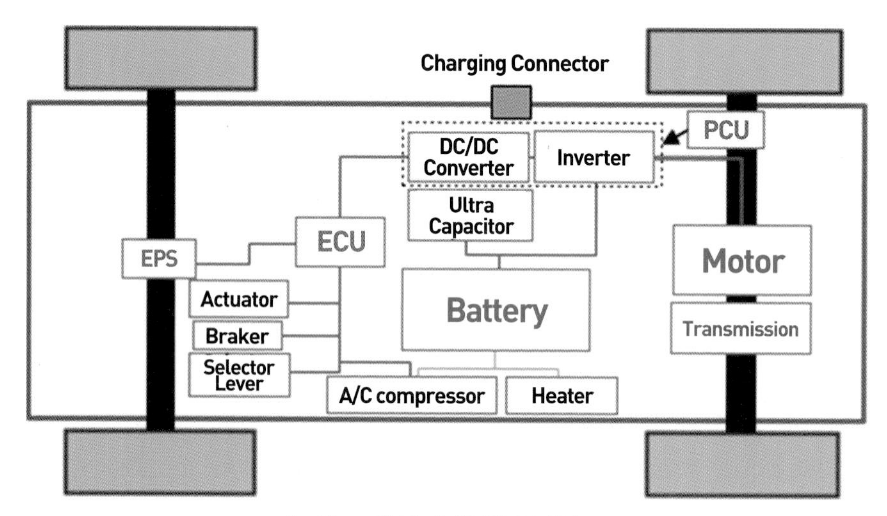

[그림 1-2] 전기자동차 등가회로

EPS: Electronic Power Steering
PCU: Power Control Unit (Converter+Inverter)
ECU: Electronic Control Unit

전기자동차의 주요 부품으로는

1) 고전압 배터리

2) 전기모터 및 모터제어시스템

3) 인버터/컨버터

4) 고전압 배터리 관리시스템(BMS:Battery Management System)

5) 제어기(Controller)

고전압 배터리는 재충전이 가능한 2차전지가 이용되며 전기자동차 품질에 가장 큰 영향을 미치며, 전기모터 및 모터제어시스템을 통하여 고전압 배터리의 전력으로 구동력을 발생시키며, 인버터/컨버터는 직류와 교류를 변환시키는 역할을 한다.

고전압 배터리 관리시스템은 고전압 배터리의 충전과 방전을 조절하고 보호하는 역할을 하여 고전압 배터리의 성능을 향상한다.

1. 하이브리드 전기자동차

(1) 개요

하이브리드자동차는 휘발유 엔진과 전기모터 및 고전압 배터리 등 두 가지 이상의 구동장치와 동력원을 동시에 탑재한 자동차로서 디젤 엔진과 전기모터, 수소연료 엔진과 연료전지, 천연가스와 휘발유 엔진 등을 사용하는 예도 하이브리드자동차라 한다.

주 동력원인 엔진과 변속기 사이에 보조 동력원인 전기모터를 장착하고 모터 구동을 위한 대용량의 고전압 배터리를 장착하여 두 가지의 동력원을 이용하여 출발과 저속 주행 시에는 엔진 가동 없이 모터 동력만으로 주행한다. 또한 배터리 충전은 회생 제동이라는 방식으로 이루어지는데, 그 원리는 감속 시 브레이크를 밟으면 모터가 발전기로 전환되어 전기를 생성하여 배터리에 충전하는 방식이다. 이 때문에 연비가 기존의 내연기관 자동차보다 40% 이상 높고 배기가스는 감소한다. 또한 엔진 출력에 모터 출력이 추가되어 큰 구동력이 필요한 오르막길 등에서도 가속 성능이 좋고 정숙한 승차감을 느끼는 장점이 있다. 내연기관 자동차보다 연비가 뛰어나 경제성이 좋으며 전기차 모드 주행 시 정숙성이 좋다.

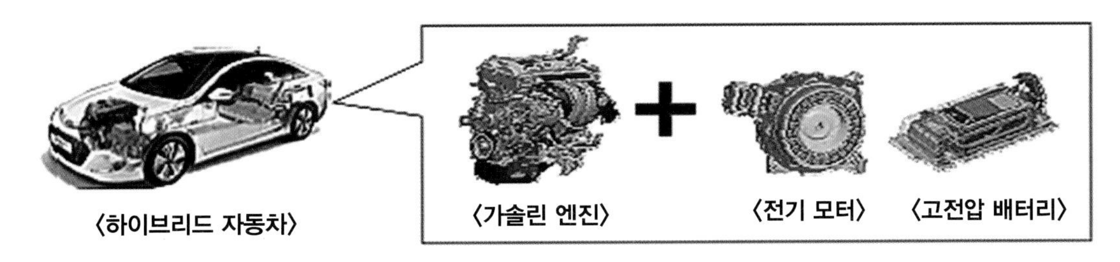

[그림 1-3] 하이브리드자동차 구성

(2) 주요 사항

(가) 하이브리드자동차의 구동 방식

1) 하이브리드자동차의 구동 방식 분류

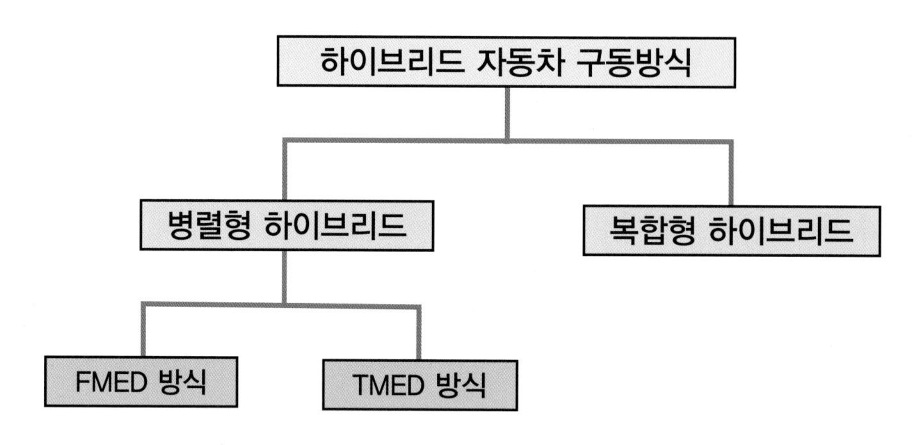

[그림 1-4] 하이브리드 자동차 분류

2) 병렬형 하이브리드

① FMED 방식

모터가 엔진 측에 장착되어 모터를 통한 엔진 시동, 엔진 보조, 그리고 회생 제동 기능 수행하며 EV 모드가 없다. (엔진과 모터가 직결되어 있어 모터 단독 구동 불가능)

② TMED 방식

모터가 변속기에 직결되어 있고 전기차 모드 주행을 위해 엔진과는 클러치로 분리되어 있으며 기존 변속기 사용이 가능하여 투자 비용을 절감할 수 있으나 정밀한 클러치 제어가 요구되며 주행 중 엔진 시동을 위해 별도의 하이브리드 스타터 제너레이터가 필요하고 EV 모드가 가능하며 FMED 방식 대비 연비가 우수하여 풀 하이브리드 타입 또는 하드 타입 하이브리드 시스템이라고 한다.

3) 복합형 (Power Split Type 방식)

Power Split Type은 동력 분기형이라고도 하며 유성기어를 사용하여 엔진과 모터의 동력을 분배하여 동력을 전달하고 EV 모드 주행이 가능하여 엔진의 시동 없이 순수 모터 구동력만으로 주행할 수 있다.

2. PHEV Plug-in Hybrid Electric Vehicle

(1) PHEV 개요

가정용 전기나 외부 전기 콘센트에 플러그를 꽂아 충전한 전기로 주행하다가 충전했던 전기가 모두 소모되면 내연기관으로 움직이는 자동차 형태로서 내연기관 엔진과 배터리의 전기 동력을 동시에 이용하는 하이브리드자동차에 전기 자동차의 개념이 결합된 방식이다.

플러그인 하이브리드 자동차는 기존의 하이브리드자동차에 외부 충전장치(plug-in)를 통해서 고전압 배터리를 충전 후 배터리 전원으로 주행하다가 전기가 소모되면 엔진으로 주행하며 고전압 배터리를 충전하는 기능을 가지고 운행하는 자동차를 말한다.

PHEV는 HEV의 배터리 용량을 더욱더 확대해 EV 상태로 운행 가능한 영역을 넓혀서 실제 44km(인증기준)까지도 배터리와 전기모터만을 가지고 운행할 수 있는 장점이 있다. 이러한 이유로 인해 CO_2 배출 없이 시내 주행이 가능하고, 고속도로에서는 엔진을 통한 주행으로 교체할 수 있으므로 HEV의 장점과 EV의 장점을 모두 갖춘 친환경 자동차이다.

[그림 1-5] PHEV 개요

(2) HEV / PHEV / EV 비교

[표 1-3]

항목	HEV	PHEV	EV
구동력	엔진+모터 (기준용량)	엔진+모터 (기준 2배 용량)	모터 (기준 4배 용량)
배터리 용량	1 (기준))	6배	20배
에너지원	화석 연료	화석 연료+전기 (외부 충전)	전기 (순수 외부 충전)

플러그인 하이브리드의 장점은 전기 자동차 모드와 하이브리드자동차 모드로 주행이 가능하여 전기 자동차의 짧은 주행거리를 극복할 수 있으며, 출퇴근 거리(30~40km)를 연료 소모 없이 전기 자동차 기능으로만 주행 가능하며 전기 자동차 기능의 주행 기능 강화로 하이브리드자동차 대비 배출 가스가 40~50% 감소한다. 플러그인 하이브리드 자동차는 완속 충전기 및 비상용 충전 케이블을 이용하여 220V 가정용으로 충전할 수 있다.

(3) PHEV 기술 및 개발 동향

기술개발을 통한 성능 향상(HEV, PHEV)과 신모델 출시로 앞으로도 친환경 차 시장의 80%(~2030년)를 차지할 것으로 예상한다.

PHEV의 매력은 가정용 전기로도 충전할 수 있어서 충전 인프라의 확보 면에서 좀 더 자유롭다. 하지만 고용량의 배터리를 탑재하는데에는 제한이 따르고 (충전시간, 배터리 무게) 전 세계적으로도 PHEV는 일정 거리 EV 주행을 보장하고 내연기관을 병용하는 시스템이 대부분이다. EV 자동차에서도 제시되고 있는 문제로서 전 세계의 급속충전 방식의 표준화 또한 요원할 것으로 보인다. 앞으로도 PHEV는 살아남기 위해 끊임없이 노력할 것이며 자동차 산업 차세대 친환경 주자의 교두보 역할을 할 것이다.

3. FCEV Fuel Cell Electric Vehicle

(1) FCEV 개요

수소차는 수소와 공기 중의 산소를 직접 반응시켜 전기를 생산하는 연료 전지를 이용하는 자동차로서 물 이외의 배출 가스를 발생시키지 않기 때문에 각종 유해 물질이나 온실가스에 의한 환경 피해를 해결할 수 있는 환경친화적 자동차이다.

수소 연료 전지 자동차의 작동 원리는 수소가 연료 전지에 공급되면 전자와 수소이온으로 분리되고 이때 발생한 전자들은 외부 회로로 전달되어 연료 전지 자동차의 모터를 구성하는 동력원인 전기에너지로 사용된다. 또한 수소에서 분리된 수소이온들은 전해질 막을 통과해 막 반대편의 연료 전지에 공급된 공기 중의 산소와 반응하여 물을 생성한다. 이때 생성된 물은 수소차의 유일한 배출물로서 남은 공기와 함께 대기 중으로 배출된다.

수소 연료 전지 자동차는 전기 자동차에 비해 짧은 충전 시간(약 6분)에 완전히 충전되며 1회 충전으로 최대 약 600km를 달릴 수 있다.

(가) 연료 전지의 정의

직역의 오류(FC: Fuel Cell)로서 단순 번역하면서 배터리 같은 의미로 연상되었으나 실제로는 발전기의 의미가 더 어울린다. 명칭은 연료 전지 스택(Fuel Cell Stack)이다.

(나) 수소를 사용하는 이유

1) 수소는 산소나 염소와 달리 산화력이 없다.
2) 수소는 독성이 없고, 방사능, 악취, 부식성, 수질 오염 걱정이 없다.
3) 수소는 발암 물질 생성에 대한 걱정도 없다.
4) 수소는 원자 번호 1번으로 양자 둘레를 도는 전자가 1개인 원소이다.
5) 수소는 자연 에너지에서 생성하는 일이 가능하다.
6) 수소 연료 전지는 배출물이 물뿐이고 이 물을 다시 사용할 수 있다.

(다) 전기를 만들어 내는 방법

물을 전기 분해하면 수소와 산소가 발생한다. 따라서 역으로 수소와 산소를 반응시키면 전기를 얻을 수 있다는 역발상을 할 수 있다. 실제로 전해질 촉매를 통하여 수소와 산소를 반응시키면 전자의 이동으로 전기가 발생하고 배출물은 수소와 산소가 결합하여 물과 열이 발생한다.

(2) FCEV 장·단점 비교

(가) 수소 연료 전지 자동차의 장점

1) 고효율성

이론상 수소 에너지의 효율성은 85%로서 휘발유 엔진 27%, 디젤 엔진 35%와 비교하여 매우 높은 수준이다.

2) 에너지 수급 용이성

리튬 이온 배터리를 널리 사용하는 전기 자동차의 경우를 보면 리튬 자원의 고갈 위험이 있으나 수소의 원료가 되는 물은 쉽게 획득할 수 있다.

3) 친환경 에너지

지구온난화의 원인이 되는 배기가스를 배출하는 휘발유 엔진과는 달리 물을 방출하는 친환경 에너지를 사용한다.

4) 대형차 적용 가능

연료 무게가 상대적으로 가벼워서, 소형·중형차 중심인 전기 자동차보다 대형차에도 적용 가능한 이점이 있다.

5) 높은 주행거리

높은 주행거리는 수소연료 차의 대표적인 장점으로, 1회 충전 시에 주행 가능한 거리는 도요타 Mirai의 경우 480km, 현대 Tuscon ix의 경우 415km 수준이다.

(나) 수소 연료 전지 자동차의 단점

1) 연료의 탑재 방식이 까다롭다. 액체 형태로 저장하는 것이 가장 요원한 방법이지만 보일 오프 현상으로 현재 기술로는 불가능하다(수소 액체 상태: 영하 253℃ 유지 기술 필요).
2) 촉매 전해질이 고가이다(백금, 이온 교환막).
3) 연료의 탑재 방법을 해결하면 그에 따른 장비와 부품이 고가로 된다.
4) 저온 환경에서의 취약점이 있다. 촉매 전해질은 항상 일정한 가습을해야 하는데, 부동액을 사용하면 해결될 단순한 문제가 아니다.
5) 배출물에서 물이 나오는데 수많은 수소 연료 전지 차들이 운행 중에 배출해 내면 결코 적은 양이 아니므로 차량이 많아지면 겨울철에 문제 발생 여지가 있다.

(3) FCEV 기술 및 개발 동향

세계적으로 수소 연료 전지차 양산이 가능한 곳은 소수에 불과하다. 현대자동차는 수소 연료 전지차 가격을 3천만 원대로 낮추는 것을 목표하고 있다. 비용 부담을 보면 수소 연료 전지차는 연료 전지 스택(Stack)과 수소 연료 탱크가 가격의 약 40% 이상을 차지하고 있다.

4. 나노 플로 셀 연료 전지 자동차

(1) 나노 플로 셀 연료 전지 자동차 개요

수소 연료 전지 자동차는 충분한 대안으로 주목받으며 전 세계적으로 개발이 활발히 진행되고 있으나 지금까지 여러 가지 문제에 노출되어 있으며 그러한 문제의 연구 노력이 대체 연료 전지를 찾고자 하는 데서 비롯되어 나노 플로 셀이라고 하는 시스템을 만들었다.

쉽게 풀이하면 소금물로 움직이는 자동차를 만들 수 있는가 하는 흥미로운 관점이 나노 플로 셀의 매력이다.

이러한 소금물 전지의 원리를 시작으로 한 나노 플로 셀 기술은 레독스(Redox: 환원 산화) 플로 셀 기술이라고도 명명할 수 있는데 이는 미국 항공우주국(NASA)이 1970년대에 시험했던 기술이다.

레독스 플로 셀은 별개 탱크에 담긴 양전기와 음전기의 두 가지 전해액을 주입하여 전기를 만들어 낸다. 플로 셀은 박막을 사이에 두고 둘로 갈라진다. 이때 양 전기액이 한쪽으로 흐르고 음 전기액이 다른 쪽을 흐른다. 그러면 박막을 통해 이온 교환이 이루어져 전류가 발생한다.

나노 플로 셀의 운용은 전기를 내보내면(소모하면) 이온 액은 증발하고, 저장 탱크는 텅 비어 다시 충전할 수 있게 된다. 따라서 나노 플로 셀 연료 전지 자동차는 에너지가 소모되면 주유소에서 노즐이 2개인 펌프로 양전기와 음전기 탱크에 각기 다른 액체를 주입하여 충전하는 방법으로 전기의 생산이 재개되는 형태이다.

즉 기존의 내연기관 형태의 주유 방식을 택할 수 있고 공해물질 위험은 없다는 것이 가장 큰 장점이다.

(2) 나노 플로 셀 연료 전지 자동차의 장단점

(가) 나노 플로 셀 연료 전지 자동차의 장점

1) 발전용 이온 액은 불연성이며 무독성이다.
2) 발전과정에 배기도 없고 고압 장치가 필요하지도 않다.
3) 연료 탱크의 구조가 수소 연료 전지보다 간단한 구조이다.
4) 기존 주유소를 중이온 전해질 충전소로 쉽게 바꿀 수 있어 인프라 확충에 드는 비용을 크게 줄일 수 있다.

(나) 나노 플로 셀 연료 전지 자동차의 단점

1) 배터리액을 분리해 이용하다 보니 무게가 30% 정도 더 상승하는 단점이 있다.
2) 전기를 일으키는 물질(전해질)을 액체 상태로 만들어 두어야 하므로 추운 날씨에 문제가 된다.
3) 금속성 소금(Metallic Salt)을 사용하여 전해액을 만들어야 하므로 제조 단가가 높은 것이 단점이다.
4) 전해액을 갈아 넣는 충전 시간이 오래 걸리므로 개선이 필요하다.

CHAPTER

04 전기자동차 구조

1. 전기 자동차 구조

(1) 개요

전기 자동차는 차량에 탑재된 고전압 배터리의 전기에너지로부터 구동 에너지를 얻는 자동차이며, 일반 내연기관 차량의 변속기 역할을 대신할 수 있는 감속기가 장착되어 있다. 또한 내연기관 자동차에서 발생하게 되는 유해가스가 배출되지 않는 친환경 차량으로서 다음과 같은 특징이 있다.

① 대용량 고전압 배터리를 탑재한다.

② 전기모터를 사용하여 구동력을 얻는다.

③ 변속기가 필요 없으며, 단순한 감속기를 이용하여 토크를 증대시킨다.

④ 외부 전력을 이용하여 배터리를 충전한다.

⑤ 전기를 동력원으로 사용하기 때문에 주행 시 배출 가스가 없다.

⑥ 배터리에 100% 의존하기 때문에 배터리 용량 따라 주행거리가 제한된다.

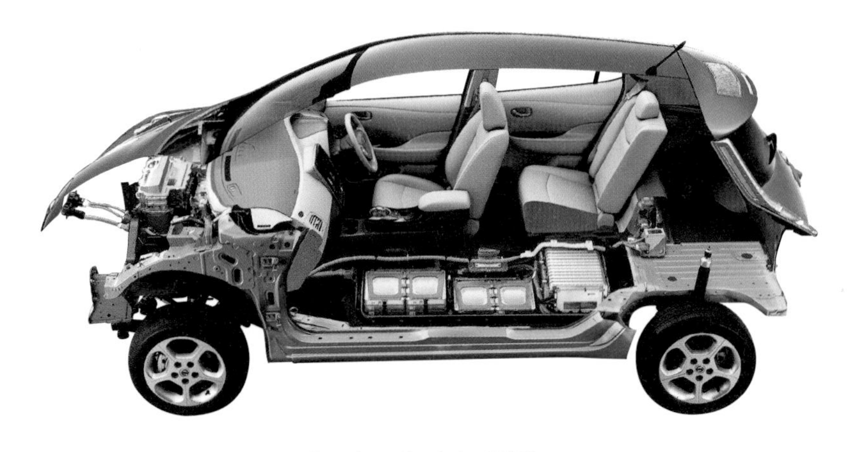

[그림 1-6] 전기 자동차

(2) 주요 사항

전기 자동차는 차량 하부에 장착된 약 360~450V의 고전압 배터리팩의 전원으로 모터를 구동하며, 구동 모터의 회전속도를 제어하여 차량 속도를 변화시키므로 변속기는 필요 없으나 구동 토크를 증대하기 위한 감속기가 장착되어 있다.

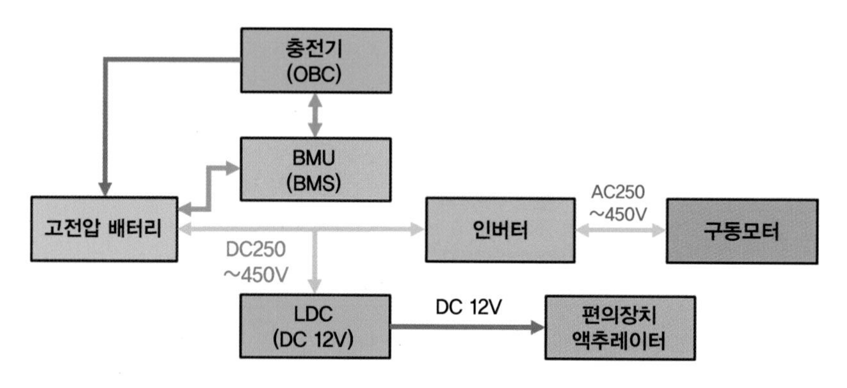

[그림 1-7] 전기 자동차 에너지 계통의 구성

(3) 전기자동차의 구성부품

(가) 고전압 배터리

전기자동차에서 요구하는 운행 거리를 확보할 수 있도록 충전과 방전이 가능한 에너지저장 장치로 DC360 ~ 450V 리튬 이온 배터리가 차량의 하단에 설치되어 있다.

(나) 구동 모터

고전압 배터리에서 저장된 전기 에너지를 차량의 바퀴 회전을 위한 기계 에너지로 변환해주는 장치로 감속 시 발전기로 전환하여 발생한 전기가 고전압 배터리를 충전한다.

(다) 감속기

구동 모터의 높은 회전수를 감속시켜 차량 주행에 필요한 토크를 향상하기 위하여 사용한다.

(라) MCU(motor control unit)

차량 상위 제어기(VCU)로부터 구동 토크 명령을 받아 고전압 배터리의 전력을 구동 모터로 공급하여 최적의 구동력을 발생하도록 제어하는 장치로 모터 제어기라고 한다.

(마) LDC(low voltage DC-DC converter)

고전압 배터리에서 공급받은 전력을 저전압(12V)으로 변환하여 자동차의 전장 부품에 전원을 공급하고, 보조 배터리를 충전하는 장치로 사용한다.

(바) OBC(on board charger)

가정용 전원으로 전기자동차를 충전하기 위하여 차량의 내부에 교류(AC)를 직류(DC)로 전환하여 충전하는 장치로 사용한다.

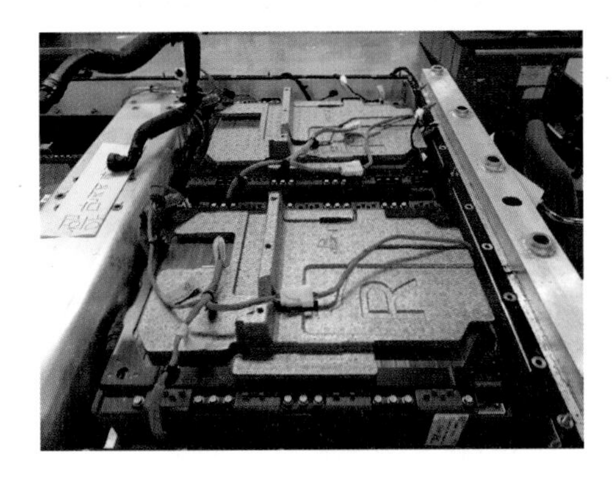

[그림 1-8] 고전압 배터리

[그림 1-9] 구동 모터, 감속기

[그림 1-10] 전력 제어장치(인버터, LDC)

[그림 1-11] 전동식 에어컨 컴프레서

[그림 1-12] 탑재형 완속 충전기(OBC)

[그림 1-13] 고전압 정션 박스

(4) 주행 모드

(가) 출발 및 가속

시동키를 ON 후 운전자가 가속 페달을 밟으면 전기 자동차는 고전압 배터리팩 어셈블리에 저장된 전기에너지를 이용하여 구동 모터가 구동력을 발생함으로써 전기에너지를 운동 에너지로 변환 후 바퀴에 동력을 전달한다.

차속을 올리기 위해 가속 페달을 더 밟으면 모터는 MCU의 주파수 변환에 따라 더 빠르게 회전하여 차 속이 높아진다. 큰 구동력을 요구하는 출발과 언덕길 주행 시는 모터의 회전속도는 낮아지고 구동 토크를 높여 언덕길을 주행할 때도 변속기 없이 순수 모터의 회전력을 조절하여 주행한다.

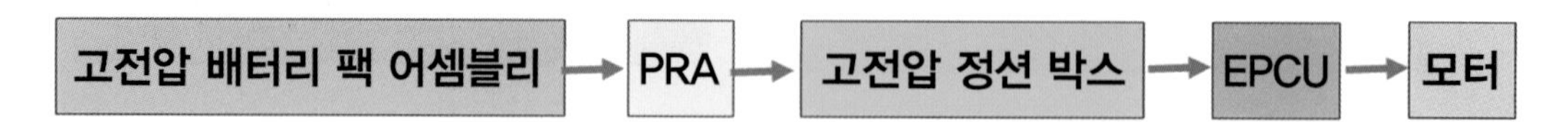

[그림 1-14] 출발 및 가속 때 에너지 흐름 등가회로

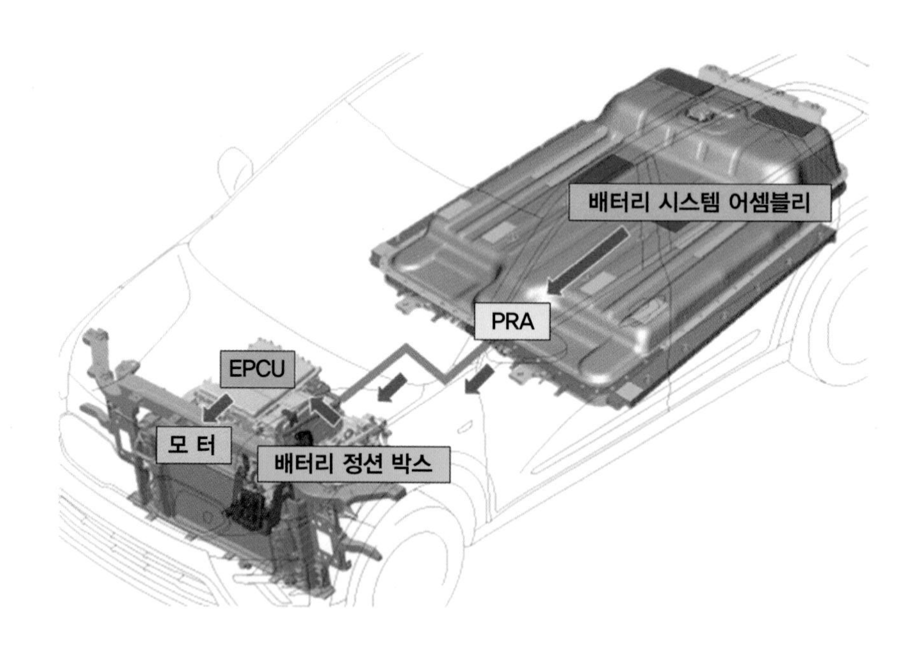

[그림 1-15] 출발 및 가속 때 에너지 흐름도

(나) 감속 및 제동

차량 속도가 운전자가 요구하는 속도보다 높아 가속 페달을 작게 밟거나, 브레이크를 작동할 때 전기모터의 구동력은 필요하지 않다. 이때 차량 바퀴의 주행 관성 운동에너지를 구동 모터는 발전기의 역할을 하여 전기에너지를 만들어 낸다. 구동 모터에서 만들어진 AC 전기에너지는 MCU를 통하여 DC 전압으로 변환 후 고전압 배터리에 저장한다.

감속 시 발생하는 운동 에너지를 이용하여 구동 모터를 발전기의 역할로 사용함으로써 고전압 배터리팩 어셈블리에 전기에너지를 재충전하여 전기 자동차의 주행거리를 증대시키는 것을 회생 제동이라고 한다.

① **작동**: 10km/h 이상일 경우

② **미작동**: 3km/h 이하일 경우

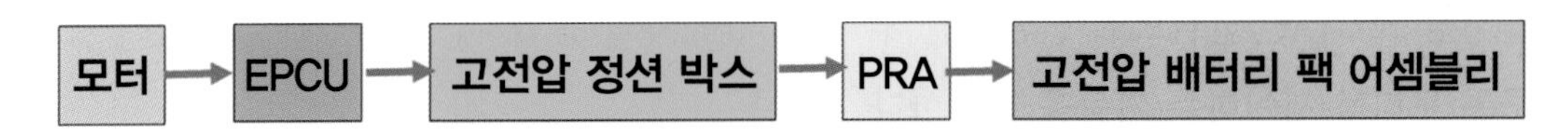

[그림 1-16] 감속 및 제동 때 에너지 흐름 등가회로

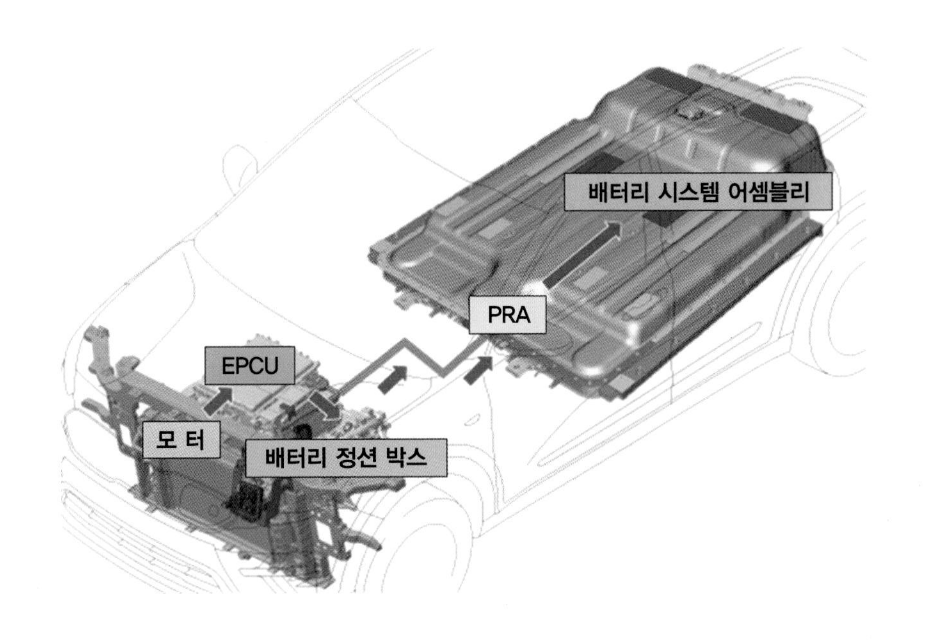

[그림 1-17] 감속 및 제동 때 에너지 흐름도

2. 전기자동차 모듈 구성

(1) 모터 제어기 MCU: Motor Control Unit

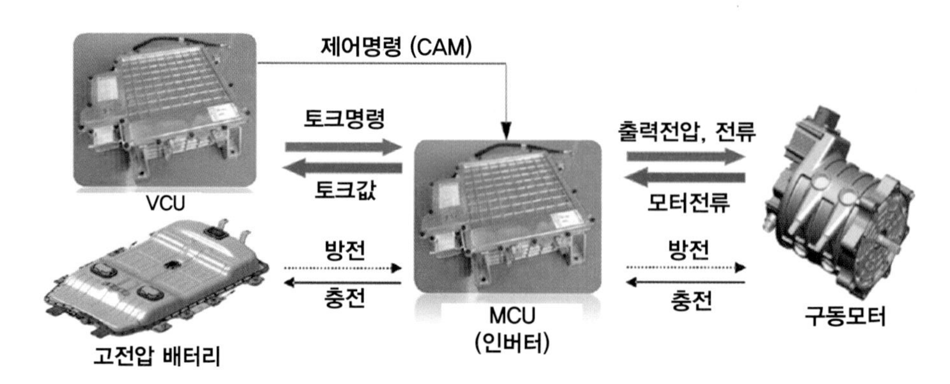

[그림 1-18] 전기자동차 모듈 구성

MCU는 내부의 인버터(Inverter)가 작동하여 고전압 배터리로부터 받은 직류(DC)전원을 3상 교류(AC)전원으로 변환시킨 후 전기 자동차의 통합 제어기인 VCU의 명령을 받아 구동 모터를 제어하는 기능을 담당한다.

배터리에서 구동 모터로 에너지를 공급하고, 감속 및 제동 시에는 구동 모터를 발전기 역할로 변경시켜 구동 모터에서 발생한 에너지, 즉 AC 전원을 DC 전원으로 변환하여 고전압 배터리로 에너지를 회수함으로써 항속 거리를 증대 시키는 기능을 한다. 또한 MCU는 고전압 시스템의 냉각을 위해 장착된 EWP(Electric Water Pump)의 제어 역할도 담당한다.

전력변환장치는 전기차의 고전압 배터리 전압을 차량용 12V로 변환시키는 장치인 LDC와 구동 모터로 보내주기 위해 고전압 직류를 교류로 변환하는 장치인 인버터, 그리고 외부의 220V 교류전원을 전기차용 360V 직류로 변환해주는 완속충전기인 OBC(On Board Charger) 등을 말한다.

[표 1-4] 전기자동차(EV) 약어

약어	영문명	한글명
AAF	Active Air Flap	액티브 에어 플랩
ACU	Air bag Control Unit	에어백 컨트롤 유닛
AEB	Autonomous Emergency Braking	자동 긴급 제동
APT	Automotive Pressure Transducer	에어컨 압력 변환 센서
AVN	Audio Video Navigation	오디오 비디오 네비게이션
BCM	Body Control Module	바디 컨트롤 모듈

BSD	Blind Spot Detection	후측방 감지
BCW	Blind spot Collision Warning	후측방 충돌 경보
BMS	Battery Management System	배터리 제어 시스템
BMU	Battery Management Unit	배터리 제어 장치
CCM	Charge Control Module	충전 제어 모듈
CDM	Charge Door Module	충전 도어 모듈
CLUM	CLUster Module	계기판
DTE	Distance To Empty	주행 가능 거리
ESC	Electronic Stability Control	차량 자세 제어 장치
EXT AMP	EXTerior AMPlifier	외장 오디오 앰프
EPCU	Electric Power Control Module	전기차 전력제어장치
EVSE	Electric Vehicle Supply Equipment	전기차 충전 장치
EWP	Electric Water Pump	전동식 워터 펌프
FATC	Full Automatic Temperature Control	전자식 공조 온도 조절 장치
FCA	Forward Collision Avoidance Assist	전방 충돌 방지 보조
HUD	Head Up Display	헤드업 디스플레이
HV BOX	High Voltage distribution BOX	고전압 분배 박스
IGPM	Integrated Gateway Power Control Module	통합형 게이트웨이 파워 컨트롤 모듈
IEB	Intergrated Electronic Brake	통합형 전동 브레이크
LDWS	Lane Depature Warning System	차선 이탈 경보 시스템
LDW	Lane Depature Warning	차로 이탈 경고
LDC	Low Voltage DC-DC Converter	저전압 직류 변환 장치
LKAS	Lane Keeping Assist System	주행 조향 보조 시스템
LKA	Lane Keeping Assist	차로 이탈 방지 보조
MTC	Manual Temperature Control	수동식 공조 온도 조절 장치
MDPS	Motor Driven Power Steering	모터 제어 파워 스티어링
MCU	Motor Control Unit	모터 제어기
OBC	On Board Charger	탑재형 완속 충전기
OCS	Occupant Classification System	동승석 승객 구분 장치
PRA	Power Relay Assembly	전력 차단 장치
RVM	Rear View Monitor	후방 모니터(후방 카메라)
RTS	Refrigerants Temperature Sensor	냉매 온도 센서
SMK	Smart Key	스마트 키 모듈
SBW	Shift-By Wire	시프트 바이 와이어
SCU	SBW Control Unit	SBW 제어 유닛
VCU	Vehicle Control Unit	차량 통합 제어 유닛
VESS	Virtual Engine Sound System	가상 엔진 사운드 시스템
WPC	Wireless Power Charger	무선 충전 시스템

제2장

고전압 안전 및 주의

CHAPTER

01 고전압 작업 안전

1. 개요

전기차에 적용된 AC, DC 전압은 모두 사람의 목숨에 관계될 수 있는 치명적인 위험을 지니고 있으며 이는 앞으로도 당분간 계속 지속될 것이다.

이러한 작업을 수행하기 위해서는 지정된 모든 절차와 규정을 준수하면서 작업하는 것이 중요하며 12V와 24V 시스템을 상회하는 모든 전기적인 회로에 대해서는 먼저 접근하지 않는 것이 사고를 사전에 방비하는 방법의 하나다.

2. 위험의 종류 및 조치 사항

(1) 전기적 쇼크 1

전기차에 적용되는 전압은 인체에 상해를 줄 수 있을 만한 위험이 존재한다는 것을 사전에 숙지한다.

(2) 전기적 쇼크 2

기존 내연기관의 경우에는 이그니션 스위치 같은 경우 일반적으로 40,000V 정도의 전기적 쇼크를 발생할 수 있는 전압을 생성할 수 있다고 알려졌으며 이 때문에 엔진 구동 시 이 회로를 점검할 때는 절연된 특수한 장비를 사용하여야 하고 시동을 끌 때도 역기전력에 의해 수백 V의 전압이 발생하기 때문에 주의를 하여야 한다.

주로 많이 사용하는 파워툴의 경우에도 접지 라인과 연결을 하는 경우를 권장하는 경우를 많이 볼 수 있으며 하이브리드나 전기 차량을 작업할 경우는 고전압 시스템에 대한 충분한 교육이 사전에 필요하다.

(3) 단락 회로

테스트할 때 단락으로 인한 손상을 방지하려면 인라인 퓨즈가 있는 점프 리드를 사용하여야 하고 단락 위험이 있는 경우 배터리를 분리하여야 한다. (먼저 접지선을 뽑고 마지막으로 다시 연결) 차량 배터리에서 매우 높은 전류가 흐르면 차량뿐 아니라 작업자도 화상의 위험에 노출될 수 있다.

(4) 화재

차량에서 작업할 때는 절대 담배를 피우는 행위는 하지 않도록 한다. 연료 누출은 즉시 주의해야 하며 화재의 심각성을 항상 기억하고 열-연료-산소의 결합의 이루어지지 않도록 주의한다.

(5) 피부 손상

좋은 차단 크림 또는 라텍스 장갑을 사용하고 피부와 옷을 정기적으로 세척 또는 세탁하여야 한다.

3. 위험관리

(1) 기술적 관리

위험이 내포된 장비를 사용하여 작업을 시행하면서 상해를 입을 수 있는 작업자들을 보호하기 위한 설계적, 기술적인 관리방안

(2) 조직적 관리

기술적 관리로 조치가 미흡할 경우, 배치가 완전히 이루어지지 않았을 경우나 시험 계측을 하기 어려운 경우 등에 대해서는 조직적이고 체계적인 관리 시스템에 의한 관리방안이 마련되어야 한다. (예: 개인보호장비를 착용할 것)

(3) 계층적 관리

- 물리적으로 위험을 제거한다,
- 위험요소를 다른 것으로 대체하여 위험도를 감소시킨다.
- 기술적 관리 방안이나 설계적인 지원을 통하여 작업자를 위험 요소로부터 분리한다.
- 조직적 관리를 통하여 작업자가 업무를 하는 방식을 변경한다.
  (예: 개인보호장비 착용)

CHAPTER

02 고전압 작업 주의사항

1. 고전압의 정의

저전압, 고전압에 대한 정의는 각각의 전기계통을 사용하는 분야 및 국가별로 상이하게 규정을 하고 있으며 내연기관에 대하여 IEC에서 규정하고 있는 바는 다음과 같다. (rms: root mean square: 제곱근)

전기차의 경우는 UN 문서에서는 다음과 같이 규정하고 있다.

(Addendum 99: Regulation No. 100 Revision 2, section 2.17)

[표 1-4]

내연기관 전압 레벨	AC	DC	위험
고전압	〉1000 Vrms	〉1500V	전기 아크
저전압	50~1000 Vrms	120~150V	전기 쇼크
초저전압	〈 50 Vrms	〈 120V	저위험군

2. 고전압 취급 주의사항

(1) 360V 고전압을 사용하므로 주의사항을 반드시 지켜야 한다. 주의사항을 준수하지 않으면 심각한 누전, 감전 등의 사고로 이어질 수 있다.

(2) 고 전압계 전선 및 커넥터는 오렌지색으로 되어 있다.

(3) 고 전압계 부품에는 고전압 경고 라벨이 부착되어 있다.

(4) 고전압 보호 장비 착용 없이 절대 고전압 부품, 케이블, 커넥터 등을 만져서는 안 된다.

3. 회로와 전도체

전기가 흐르기 위해서는 회로는 완전하게 구성이 되어야 하고 폐회로를 형성하여야 한다. 만일에 회로가 구성되지 않으면 이것은 열린회로로 간주한다. 인체의 몸과 같은 전도체가 열린회로와 접촉하면 이는 회로를 폐회로로 만들 수 있다. (전기가 흐를 수 있다.) 대지, 물, 콘크리트, 그리고 사람의 몸과 같은 물질은 모두 전기에 대한 전도체이다.

4. 전기 접촉 사고의 양상

(1) 전기적 쇼크: 인체의 몸을 관통하여 흐를 만한 충분한 전류를 흐를 수 있을 전압원에 직접적으로 접촉하였을 때 발생한다.

(2) 감전사: 전기 접촉으로 인하여 심장이나 뇌 기능이 정지되어 사망에 이르는 상태이다.

(3) 아크 플래쉬 부상: 방사열, 아크 플래쉬, 비산 용융 금속 소자 등으로 인한 화상 발생이다.

(4) 낙상: 전기적 충격이나 아크에 놀라서 몸을 비키거나 뒤로 피하다가 넘어지거나 하는 2차 사고 발생이다.

5. 전기적 작업 안전 사항

(1) 인가되지 않은 작업자는 전기와 관련된 장비를 다룰 수 없다.

(2) 전기를 다루는 작업은 명기된 허가증이나 관리부서의 허가받은 이후에 시행이 가능하다.

(3) 전기와 관련된 회로와 전도체들은 전기의 파워 소스가 제거되기 전까지는 활전 상태라고 간주하고 주의하여야 한다.

(4) 전기를 다루는 작업은 반드시 인가된 작업자에 의하여 수행되어야 한다.

(5) 전류의 흐름을 테스트하는 작업도 전기작업에 속한다.

CHAPTER

03 고전압계 부품 취급 주의사항

고전압계 부품으로는 고전압 배터리, 파워 릴레이, 모터, 파워 케이블, EPCU, BMS, 완속 충전기 (OBC), 고전압 정션 블록, 메인 릴레이, 프리차지 릴레이, 배터리 전류/온도 센서, 안전 플러그, 메인 퓨즈, 버스바, 충전 터미널 등이 있다.

1. 안전 작업 시스템

(1) 고전압 위험 차량 표시

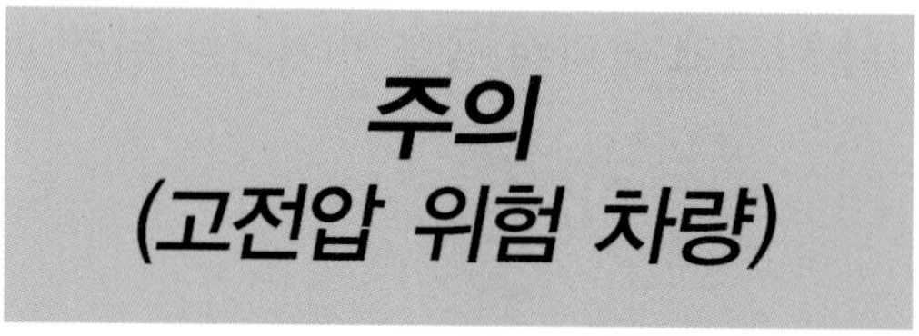

주의
(고전압 위험 차량)

[그림 2-1] 고전압 주의 표지

(2) 절연 장갑 착용, 절연 공구 사용, 금속성 물질 제거, 고전압 차단
- 단자 간 전압 30V 이하 확인

(3) 사고, 화재 시 안전 플러그 OFF, 절연 장갑, 보호안경, 안전복 착용,
액체 접촉 시 붕소액으로 중화 후 흐르는 물에 세척, 화재 발생 시 ABC 소화기 사용

(4) 고전압 절연저항 확인 및 서비스 데이터 확인, 절연저항 점검 2MΩ 이상

2. 안전 작업 프로세스

(1) 작업준비(격리)
(2) 개인 보호구 착용
(3) 고전압 전원 차단
(4) 비활전 점검
(5) 절연저항 측정

3. 절연저항 파괴 시 감전 주의

(1) 절연저항 300㏀ 이하 시 BMS에서 메인 릴레이 차단.

(2) 고전압 배터리 전원 +, - 한 단자가 차체에 접촉한 상태로 인체가 차체 접촉 시

(가) 인체가 차체에만 접촉하였을 때 전류는 흐르지 않음.

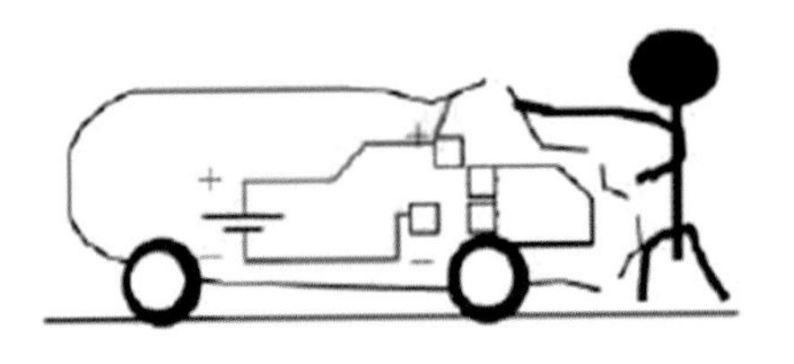
[그림 2-2] 고전압 + 단자 차체 단락

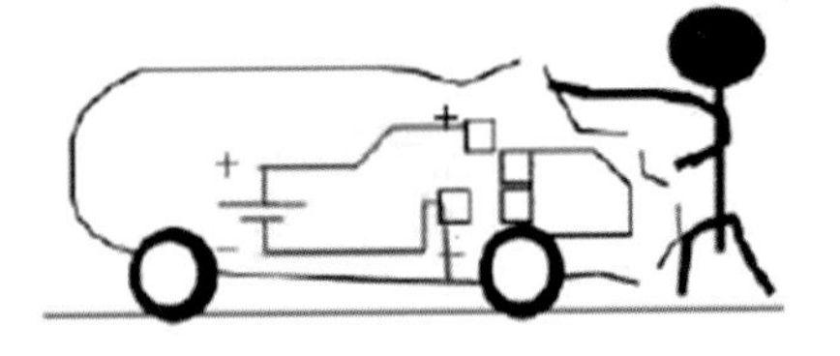
[그림 2-3] 고전압 – 단자 차체 단락

(나) 인체가 차체와 고전압 단자에 동시 접촉 시 500mA 이상 전류가 차체와 인체로 통전되어 감전 위험.

(다) **500mA**: 심장마비, 호흡 정지 및 화상 또는 다른 세포의 손상과 같은 병리 생리학적인 영향을 일으킬 수 있음.

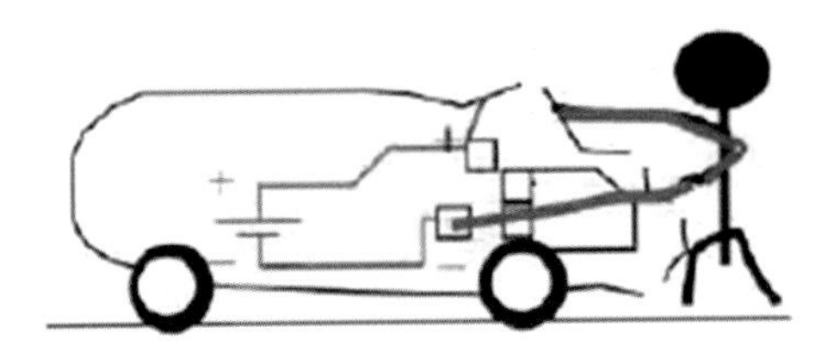
[그림 2-4] 고전압 + 단자 차체 단락 및 인체접촉

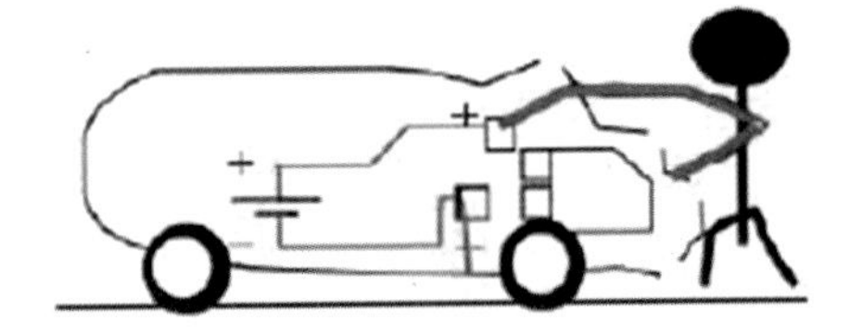
[그림 2-5] 고전압 – 단자 차체 단락 및 인체접촉

(3) 고전압 단자가 동시에 차체에 접촉 시 2,000~3,000A 차체 통전으로 인한 퓨즈 차단.

4. 고전압 배터리 충전 시 주의사항

(1) 젖은 손으로 충전기를 조작하지 않는다.

(2) 차량 충전구에 충전커넥터를 정확히 연결 및 Locking 상태를 반드시 확인한다.

(3) 충전 중에 충전커넥터를 임의로 제거하지 않는다.

(4) 충전케이블 피복 손상, 충전커넥터 파손 등 안전상태를 주기적으로 점검한다.

(5) 우천 시 또는 정리 정돈 시 충전장치에 수분이 유입되지 않도록 주의한다.

(6) 충전 전 안전 점검, 충전 후 주변 정리 정돈을 시행한다.

5. 고전압 장치 화재위험

전기차와 그 내부의 주요한 부품들은 각기 다른 제조사로부터 각기 다른 기본적인 다른 디자인 개념으로 만들어지므로 제조사 및 이를 다루는 사람들은 안전하게 작업을 하기 위해서는 어떤 조치가 필요할지 규정하는 것은 매우 중요한 일이다. 개인적인 예방 조치를 취해야 할 명백한 필요성뿐만 아니라 EV 고전압 시스템을 다룰 때 잘못된 유지보수 작업은 차량, 다른 사람 및 재산에 피해를 줄 수 있다. EV에서 작업할 때는 날개 덮개, 바닥 매트 등과 같은 정상적인 보호장치를 사용해야 하며 고전압 배터리를 제외하고 폐기물 처리는 ICE 차량과 다르지 않게 취급하면 된다.

높은 배터리 스택 / 모듈에서 오류가 발생하면 열 폭주가 발생할 수 있다. 열 폭주란 온도가 상승하면 온도가 더 상승하여 종종 파괴적인 결과를 초래하는 방식으로 조건이 변경되는 상황을 말한다.

EV 고전압 배터리에서 화재가 발생하거나 배터리에 화재가 발생할 수 있다. 현재 주행 중인 대부분의 EV 배터리는 리튬 이온이지만 NiMH 배터리도 일부 사용을 하고 있다. 배터리에 화재가 난 전기차를 처리하기 위한 전술에 관한 다양한 지침이 있으며 일반적인 견해는 물 또는 기타 표준물질의 사용이 소방대원에게 역으로 전기적 위험을 나타내지는 않는다고 밝혀져 있다. 고전압 배터리에 불이 붙으면 지속해서 매우 많은 양의 물이 필요하다. Li-ion 고전압 배터리가 화재에 연루되었을 때 소화 후 재 점화될 가능성이 있으므로 열 화상을 사용하여 배터리를 모니터링 해야 할 필요가 있다. 생명이나 재산에 즉각적인 위협이 없는 경우 배터리 화재를 다 타도록 방치하는 것도 또한 고려해야 한다.

EV 화재에 대한 또 다른 고려 사항은 고전압으로 인한 전기적 충격 등을 방지하기 위한 자동 내장 시스템이 손상될 수 있다는 것이다. 예를 들어, 고전압 시스템의 상시 개방 릴레이는 열로 인해 손상을 입으면 닫힌 위치에서 융착되는 현상이 나타날 수 있다.

CHAPTER

04 개인 보호 장비

기본적인 기존의 작업을 할 때 수행하던 장비 이외에, 고전압 시스템을 다루기 위해서는 아래와 같은 추가의 장비들이 필요하다.

1. 비 전도체 재질로 구성된 작업복 (Anti-Arc 작업복) (주) 난연 복 아님
2. 전기로부터 보호가 가능한 장갑 (절연 장갑)
3. 보호가 가능한 신발류 (절연 화/절연덧신)
4. 눈 보호 고글 (필요할 경우)

PPE는 전기차와 관련된 작업을 수행할 때는 필수적인 장비이다.
절연 장갑은 사용하는 전기작업의 범위에 따라서 다음과 같이 구분할 수 있다.

(1) **Class 00**: 최대 사용전압 500V AC/ 750V DC.
시험전압 2,500V AC/ 10,000V DC

(2) **Class 0**: 최대 사용전압 1,000V AC/ 1,500 DC.
시험전압 5,000V AC/ 20,000V DC

(3) **Class 1**: 최대 사용전압 7,500V AC/ 11,250V DC.
시험전압 10,000V AC/ 40,000V DC

일부 차종은 Class 00도 사용할 수 있지만, 현재 전기차에 적용되는 배터리 전압이 지속해서 증가하는 추세에 있으므로 Class 0을 보편적으로 착용하는 것을 기준으로 한다. 절연 장갑은 사용 전 장비에 이상이 있는지 (구멍, 찢김, 헤짐) 반드시 확인하여야 하며 이를 위해 보통 공기 테스트를 시행하여 장갑의 이상 유무를 확인한다.

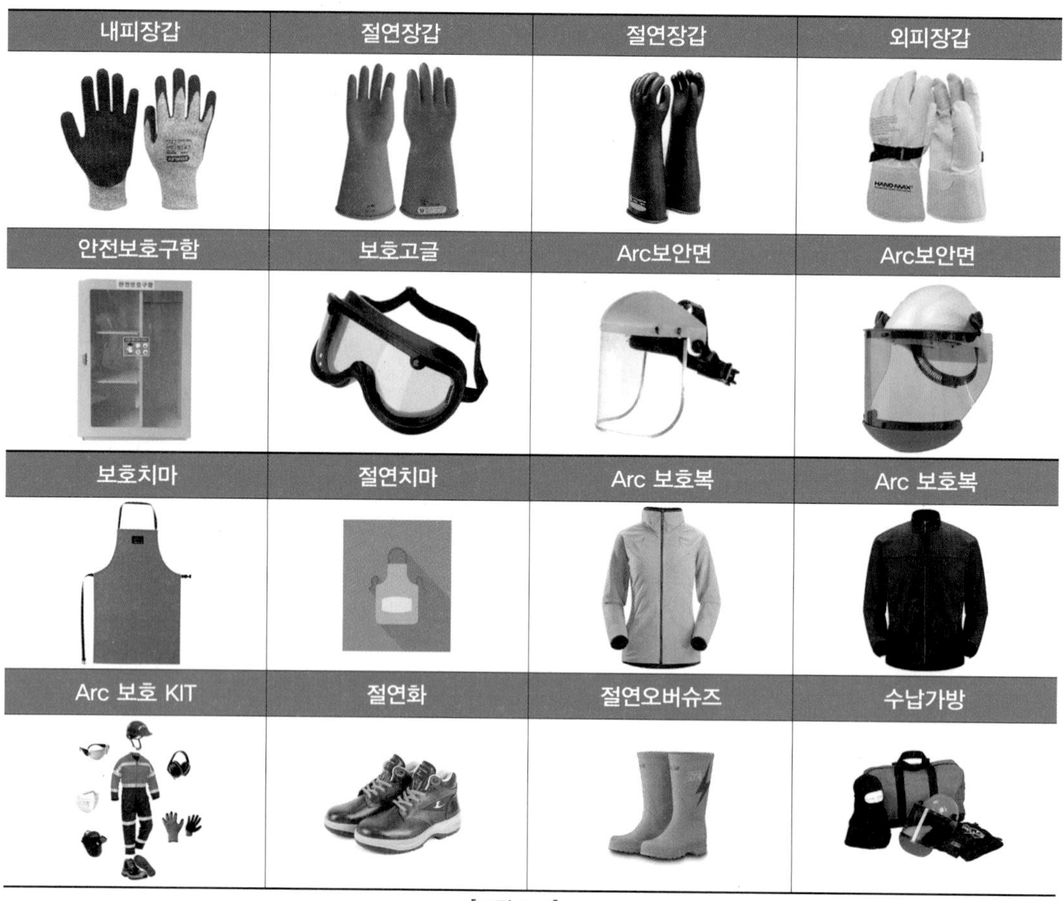

[그림 2-6]

절연매트	절연매트	절연바닥매트	절연클램프
절연클램프	절연발판	절연공구세트	절연공구세트
절연공구세트	절연토크렌치	절연토크렌치	절연토크렌치

[그림 2-7]

절연저항계	절연저항계	절연저항계	2폴 테스터
2폴 테스터	2폴 테스터	미리옴측정기	미리옴측정기
통합측정기	열화상카메라	배터리리프트	벽부착형 안전판
벽부착형 안전판	벽부착형 안전판	장비보관함	장비보관함

[그림 2-8]

1. 개인 보호 장비 착용

개인 보호 장비를 아래와 같이 점검 확인한다.

(1) 절연화, 절연복, 절연 안전모, 안전 보호대 등도 찢어졌거나 파손되었는지 확인한다.

(2) 절연 장갑이 찢어졌거나 파손되었는지 확인한다.

(3) 절연 장갑의 물기를 완전히 제거한 후 착용한다.

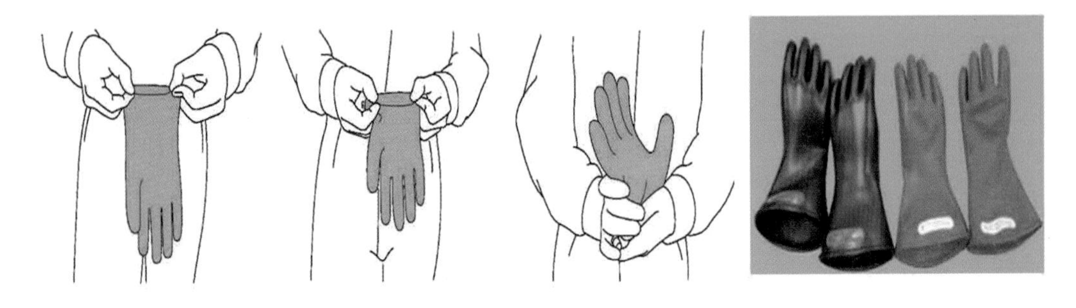

[그림 2-9] 절연 장갑

(가) 절연 장갑을 위와 같이 접는다.

(나) 공기 배출을 방지하기 위해 3~4번 더 접는다.

(다) 찢어지거나 손상된 곳이 있는지 확인한다.

개인 보호 장비 목록

명칭	형상	용도
절연 장갑		고전압 부품 점검 및 관련 작업 시 착용 [절연 성능: 1,000V / 300A 이상]
절연화		고전압 부품 점검 및 관련 작업 시 착용
절연복		
절연 안전모		
보호안경		아래의 경우에 착용 • 스파크가 발생할 수 있는 고전압 배터리 단자, 와이어링을 탈 장착 또는 점검 • 고전압 배터리 팩 어셈블리 작업 안면 보호대 착용
안면 보호대		

절연 매트		탈착한 고전압 부품에 의한 감전 사고 예방을 위해 절연 매트 위에 정리하여 보관
절연 덮개	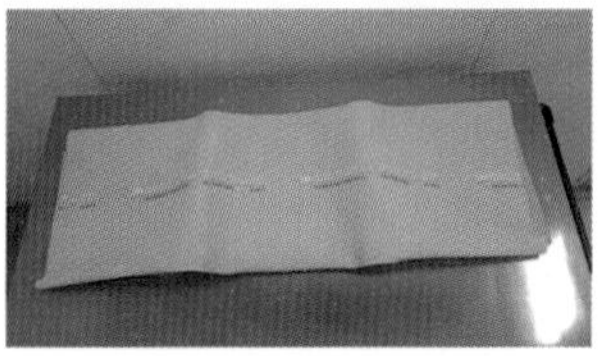	보호 장비 미착용자의 안전사고 예방을 위해 고전압 부품을 절연 덮개로 차단
경고 테이프	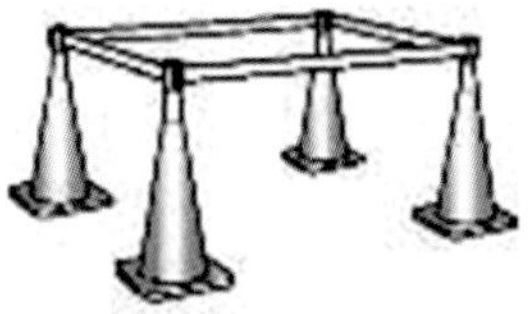	작업 중 사고 발생할 수 있으므로 사람들의 접근을 막기 위해 차량 주변에 설치
고전압 절연 공구 세트	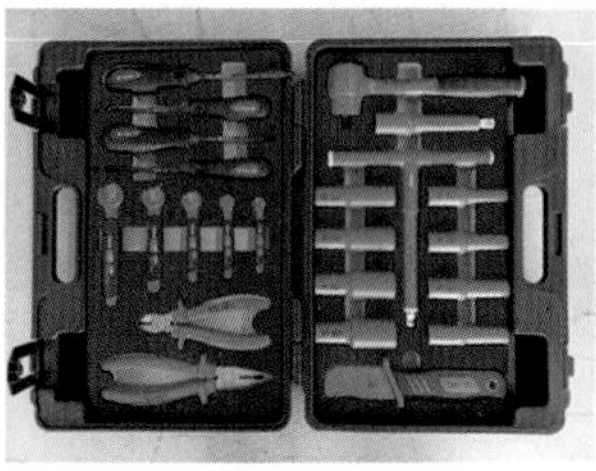	

CHAPTER

05 고전압 장치 작업 전 준비사항

1. 고전압 계통 부품

(1) 모든 고전압 계통 전선과 커넥터는 오렌지색으로 구분되어 있다.

[그림 2-10] 고전압 계통의 오렌지색 와이어링

(2) 고전압 계통의 부품에는 "고전압 경고" 라벨이 부착되어 있다.

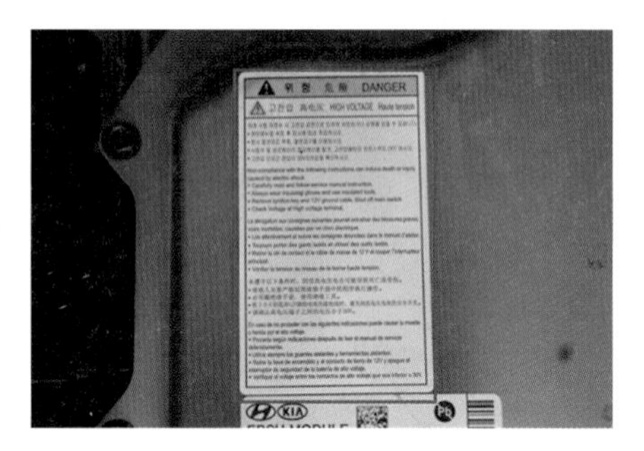

[그림 2-11] 고전압 부품의 고전압 경고 라벨

(3) **고전압 계통의 부품**: 고전압 배터리, 파워 릴레이 어셈블리(PRA), 고전압 정션 박스 어셈블리, 모터, 파워 케이블, BMU, 인버터, LDC, 완속 충전기(OBC), 메인 릴레이, 프리 차지 릴레이, 프리 차지 레지스터, 배터리 전류센서, 안전 플러그, 메인 퓨즈, 배터리 온도 센서, 부스바, 충전 포트, 전동식컴프레서, 전자식 파워 컨트롤 유닛(EPCU), 고전압 히터, 고전압 히터 릴레이 등으로 구성되어 있다.

2. 고전압 시스템의 작업 전 주의사항

전기 자동차는 고전압 배터리를 포함하고 있어서 시스템이나 차량을 잘못 건드릴 때 심각한 누전이나 감전 등의 사고로 이어질 수 있다. 그러므로 고전압 시스템의 작업 전에는 반드시 아래 사항을 준수하도록 한다.

(1) 고전압 시스템을 점검하거나 정비하기 전에 반드시 "고전압 차단 절차"를 참조하여 고전압의 차단을 위하여 안전 플러그를 분리한다.

(2) 분리한 안전 플러그는 타인에 의해 실수로 장착되는 것을 방지하기 위해 반드시 작업 담당자가 보관하도록 한다.

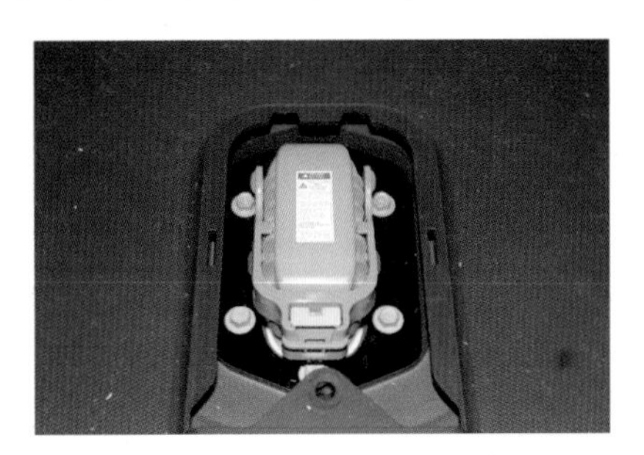
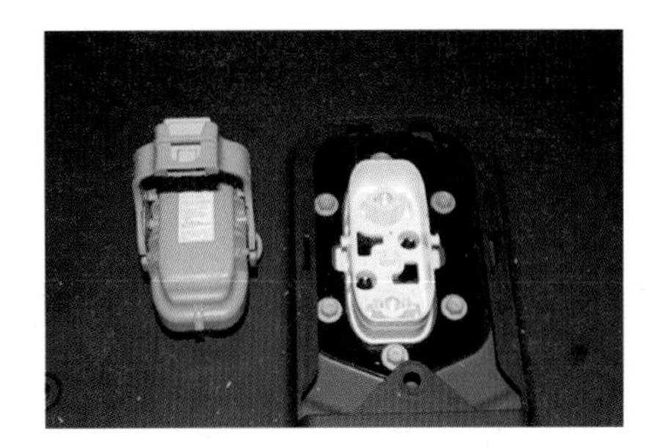

[그림 2-12] 안전 플러그 탈거

(3) 시계, 반지, 기타 금속성 제품 등 금속성 물질은 고전압 단락을 유발하여 인명과 차량을 손상할 수 있으므로 작업 전에 반드시 몸에서 제거한다.

(4) 고전압 시스템 관련 작업 전에는 안전사고 예방을 위해 개인 보호 장비를 착용하도록 한다.

(5) 보호 장비를 착용한 작업 담당자 이외에는 고전압 부품과 관련된 부분을 절대 만지지 못하도록 한다. 이를 방지하기 위해 작업과 연관되지 않는 고전압 시스템은 절연 덮개로 덮어 놓는다.

(6) 고전압 시스템 관련 작업 시 절연 공구를 사용한다.

(7) 탈착한 고전압 부품은 누전을 예방하기 위해 절연 매트 위에 정리하여 보관하도록 한다.

(8) 고전압 단자 간 전압이 30V 이하임을 확인한 후 작업을 진행한다.

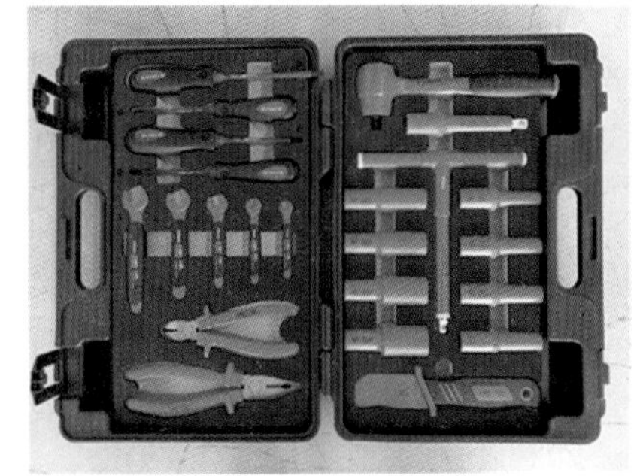

[그림 2-13] 절연 공구 세트

3. 고전압 위험 차량 표시

고전압 계통의 부품 작업 시 아래와 같이 “고전압 위험 차량” 표시를 하여 타인에게 고전압 위험을 주지시킨다.

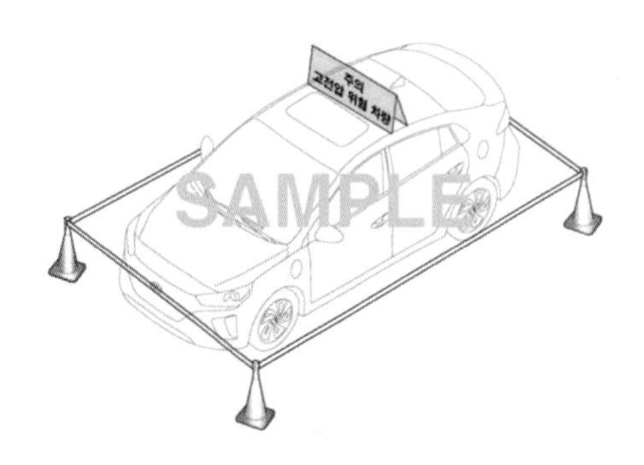

[그림 2-14] 고전압 위험 차량 표시판

[그림 2-15] 표시 문구

4. 파워 케이블 작업 시 주의사항

(1) 고전압 단자를 다시 체결할 때 체결 직후 절연 테이프를 이용하여 절연 조치를 한다.

(2) 고전압 단자 체결용 스크루는 규정 토크로 체결한다.

(3) 파워 케이블 및 부스 바 체결 또는 분해 작업 시 (+), (-) 단자 간 접촉이 발생하지 않도록 주의한다.

5. 고전압 배터리 시스템 화재 발생 시 주의사항

(1) 시동 버튼을 OFF 시킨 후 의도치 않은 시동을 방지하기 위해 스마트 키를 차량으로부터 2m 이상 떨어진 위치에 보관하도록 한다.

(2) 화재 초기일 경우 “고전압 차단 절차”를 참조하여 안전 플러그를 신속히 OFF 시킨다.

(3) 실내에서 화재가 발생하였을 때 수소 가스의 방출을 위하여 환기를 시행한다.

(4) 불을 끌 수 있다면 이산화탄소 소화기를 사용한다. 단, 그렇지 못할 때 물이나 다른 소화기를 사용하도록 한다.

(5) 이산화탄소는 전기에 대해 절연성이 우수하므로 전기(C급) 화재에도 적합하다.

(6) 불을 끌 수 없다면 안전한 곳으로 대피한다. 그리고 소방서에 전기자동차 화재를 알리고 불이 꺼지기 전까지 차량에 접근하지 않도록 한다.

(7) 차량 침수·충돌 사고 발생 후 정지 시 최대한 빨리 차량 키를 OFF 및 외부로 대피한다.

[그림 2-16] 전기 화재용 소화기

6. 고전압 배터리 가스 및 전해질 유출 시 주의사항

(1) 시동 버튼을 OFF 시킨 후 의도치 않은 시동을 방지하기 위해 스마트 키를 차량으로부터 2m 이상 떨어진 위치에 보관하도록 한다.

(2) 화재 초기일 경우, "고전압 차단 절차"에 따라 안전 플러그를 신속히 OFF 시킨다.

(3) 가스는 수소 및 알칼리성 증기이므로 실내일 경우는 즉시 환기하고 안전한 장소로 대피한다.

(4) 누출된 액체가 피부에 접촉 시 즉각 붕소 액으로 중화시키고, 흐르는 물 또는 소금물로 환부를 씻는다.

(5) 누출된 증기나 액체가 눈에 접촉 시 즉시 흐르는 물에 씻은 후 의사의 진료를 받는다.

(6) 고온에 의한 가스 누출일 경우 고전압 배터리가 상온으로 완전히 냉각될 때까지 사용을 금한다.

7. 사고 차량 취급 시 주의사항

(1) 절연 장갑(또는 고무장갑), 보호안경, 절연복 및 절연 화를 착용한다.

(2) 고전압의 파워 케이블 작업 시 절연 피복이 벗겨진 파워 케이블(Bare Cable)은 절대 접촉하지 않는다.

(3) 차량 화재 시 불을 끌 수 있다면 이산화탄소 소화기를 사용한다. 단, 그렇지 못하면 물이나 다른 소화기를 사용하도록 한다.

(4) 차량이 절반 이상 침수 상태일 때 안전 플러그 등 고전압 관련 부품에 절대 접근하지

않는다. 불가피한 경우라도 차량을 안전한 곳으로 완전히 이동시킨 후 조치한다.

(5) 가스는 수소 및 알칼리성 증기이므로 실내일 경우는 즉시 환기를 시행하고 안전한 장소로 대피한다.

(6) 누출된 액체가 피부에 접촉 시 즉각 붕소 액으로 중화시키고 흐르는 물 또는 소금물로 환부를 씻는다.

(7) 고전압의 차단이 필요할 경우 "고전압 차단 절차"를 참조하여 안전플러그를 탈거한다.

8. 사고 차량 작업 시 준비사항

(1) 절연 장갑, 보호안경, 절연복 및 절연 화를 착용한다.

(2) 붕소액(Boric Acid Power or Solution)을 준비한다.

(3) 이산화탄소 소화기 또는 그 외 별도의 소화기를 확인한다.

(4) 전해질용 수건을 준비한다.

(5) 터미널 절연용 비닐 테이프를 준비한다.

(6) 고전압 절연저항 확인할 수 있는 메가옴 테스터를 준비한다.

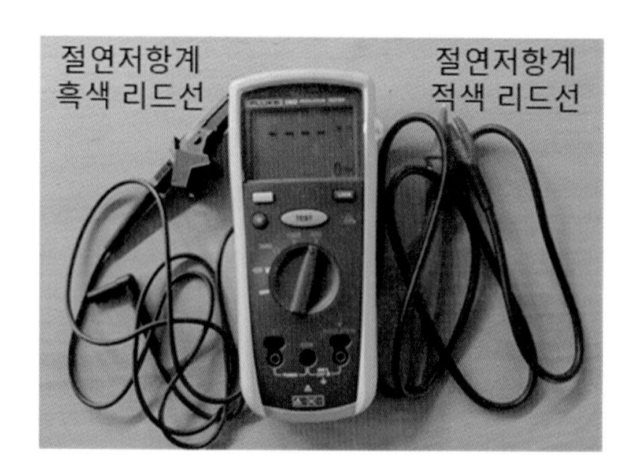

[그림 2-17] 고전압 절연 저항계

9. 전기 자동차 장기 방치 시 주의사항

(1) 시동 버튼을 OFF 시킨 후 의도치 않은 시동 방지를 위해 스마트 키를 차량으로부터 2m 이상 떨어진 위치에 보관하도록 한다. (암전류 등으로 인한 고전압 배터리 방전 방지)

(2) 고전압 배터리 SOC(State Of Charge, 배터리 충전율)가 30% 이하일 경우 장기방치를 금한다.

(3) 차량을 장기 방치하면 고전압 배터리 SOC의 상태가 0으로 되는 것을 방지하기 위해 3개월에 한 번 보통 충전으로 만충전하여 보관한다.

(4) 보조 배터리 방전 여부 점검 및 교체 시 고전압 배터리 SOC 초기화에 따른 문제점을 점검한다.

10. 전기 자동차 냉매 회수·충전 시 주의사항

(1) 고전압을 사용하는 전기 자동차의 전동식 컴프레서는 절연 성능이 높은 POE(Polyol ester) 오일을 사용한다.

(2) 냉매 회수·충전 시 일반 차량의 PAG(Poly alkylene glycol) 오일이 혼입되지 않도록 전기 자동차 정비를 위한 별도의 전용 장비(냉매 회수·충전기)를 사용한다.

(3) 반드시 전동식 컴프레서 전용의 냉매 회수·충전기를 이용하여 지정된 냉매(R-134a)와 냉동 유(POE)를 주입한다. 일반 차량의 냉동 유(PAG)가 혼입될 경우 컴프레서 손상 및 안전사고가 발생할 수 있다.

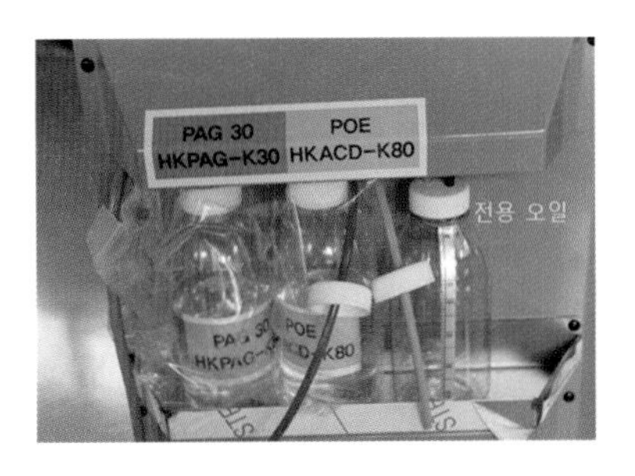

[그림 2-18] 전기자동차 전용 장비(냉매 회수 충전기), 냉매, 냉동유

CHAPTER

06 고전압 장치 작업 중 유의 사항

1. 작업준비

시동을 OFF 상태로 만들고 키를 제거한다. 배터리의 고전압 스위치를 제거하거나 시스템의 에너지를 제거한다.

시스템 조치를 수행하기 전, 적어도 5분 이상을 기다린다. 이는 내부 커패시터에 남아 있는 전기가 모두 소진되기를 기다려야 하기 때문이다.

2. 작업 중

항상 절연 장갑 및 적절한 개인보호장비를 착용한다.

고전압 부품과 관계된 작업을 수행할 때는 항상 절연된 도구를 사용해야 한다. 이러한 사전 주의 절차가 작업자를 의도하지 않은 단락 등으로부터 보호할 수 있다.

3. 작업 후

(1) 수리나 교체 등의 작업이 모두 완료되어 다시 배터리에 전원을 인가하고자 할 때는 모든 터미널과 단자, 커넥터가 제대로 규정된 토크에 의하여 체결되었는지 점검한다.

(2) 고전압 케이블이나 커넥터 등에 외관적인 불량요소가 있는지 확인하고 그 부품들이 차체나 차량 몸체 또는 부품 커버 등과 접촉이 되었는지 확인한다.

(3) 체결된 부품에서의 절연저항과 각각의 고전압 터미널 등에 대한 절연저항을 별개로 측정한다.

(4) 전기차나 하이브리드 차량과 관련된 작업을 수행할 때는 위에서 설명한 작업 기준 및 제작사의 서비스 안내서 등을 확실하게 참조하여 작업을 수행하여야 하며 수시로 업데이트된 내용들을 확인해야 한다.

4. 기타

(1) 작업 외 절차

(가) 고전압 부품에 대한 유지보수 작업 중 고전압 부품의 결선이 체결되어 있지 않다거나 커버가 잘 감싸지 못하고 있는 상황을 만날때에는 다음의 절차대로 행한다.

(나) 시동키를 OFF로 하고 키를 제거한다.

(다) 배터리 모듈의 스위치가 제거되었는지 확인한다.

(라) 인가되지 않은 작업자의 접근을 엄금하고 부주의하게 노출된 부품을 만지지 않도록 주의한다.

(2) 충돌 안전

전기 차량도 기존의 차량과 같은 매우 엄격한 규정에 따른 충돌 테스트 및 각종 시험을 시행하고 있으며 이로써 고객의 안전을 보장하고 있다. 2011년에는 최초의 순수 전기차가 유럽의 NCAP 시험을 통과한 사례가 있다.

(3) 보행자 안전

EV의 조용함은 이점이지만 특히 저속에서 시각 및 청각 장애가 있는 사람들에게 위협이 될 수도 있다. 차량을 본 보행자는 최대 20 km/h의 차량 속도에서 사고를 피하기 위해 대응할 수 있으나 연구에 따르면 타이어 소음은 약 20 km/h 이상의 속도에서 보행자에게 차량의 존재를 경고할 수 있기 때문에 요즈음에 시판되는 차량들은 모두 VESS (Virtual Engine Sound System)을 적용하여 일정 기간 이상 동안 20km/h의 속도를 유지하지 않을 경우는 가상의 엔진음을 내어 주변의 보행자에게 차량이 지나가고 있다는 것을 알리는 의무화 장치가 탑재되어 있다.

(4) 5대 안전 수칙

(가) 작업장에서는 항상 아래 5대 안전 수칙에 근거하여 모든 작업을 수행하여야 하며, 이는 작업장에서의 위험성이 모두 사라진 것을 안전하게 확인한 후에야 해제할 수 있다.

① **격리**: 작업공간을 주변 사물과 격리하고 전원을 효과적으로 차단한다.

② **재접속 방지**: 의도하지 않은 재접속이 이루어지지 않도록 조치한다.

③ **비 활전상태 확인**: 비 활 전성태가 제대로 이루어졌는지 확인한다.

④ **접지와 단락 확인**: 회로 구성이 설계한 대로 제대로 이루어지고 있는지 확인한다.

⑤ **주변 부품 확인**: 인접한 주변 부품들에 대하여 안전조치를 시행한다.

(나) 또한 작업을 마친 이후 다시 에너지를 복원할 때는 마찬가지로 다시 5대 안전수칙에 입각하여 모든 작업을 수행하여야 한다.

5. 고전압 차단 절차

(1) 고전압 차단 절차는 전기자동차에서 모든 작업이 진행되기 사전에 반드시 실시한다.

(2) 차량의 key 스위치를 OFF 한다.

(3) 보조 배터리(12V)의 (-) 케이블을 분리하고, (-) 케이블이 재접촉되지 않도록 절연 도구를 (-) 단자와 케이블 사이에 설치한다.

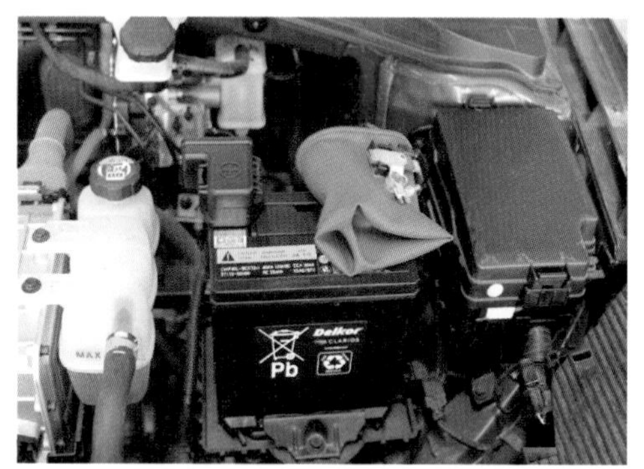

[그림 2-19] 보조 배터리 분리 후 재접촉 방지

(4) 차량의 트렁크 러기지 또는 뒷좌석 발판의 서비스 커버를 탈거하고, 안전플러그의 위치를 확인한다.

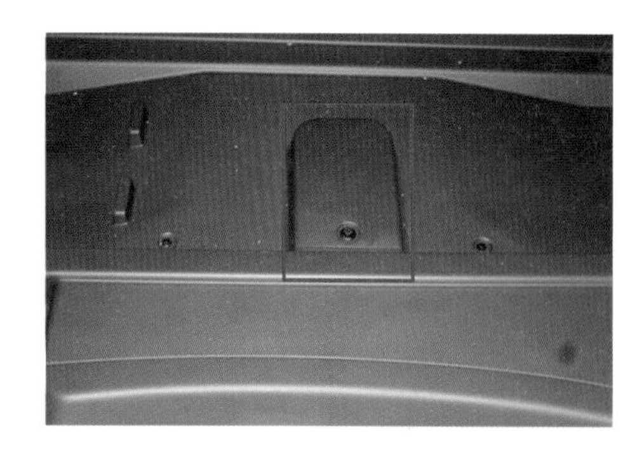

[그림 2-20] 안전 플러그 커버와 안전 플러그

(5) 고정핀을 화살표 방향으로 누르고, 레버를 당겨서 안전 플러그를 탈거한다.

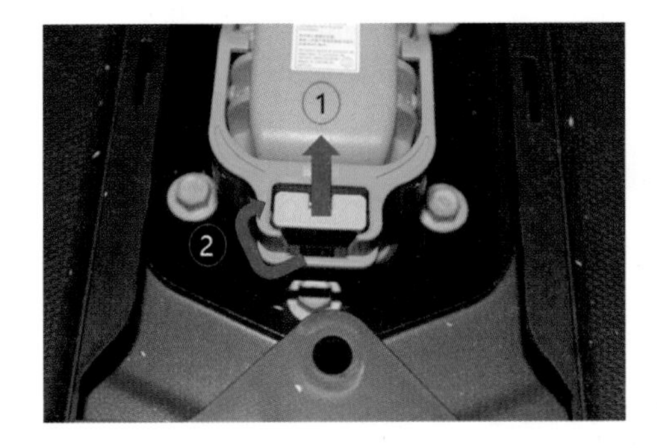

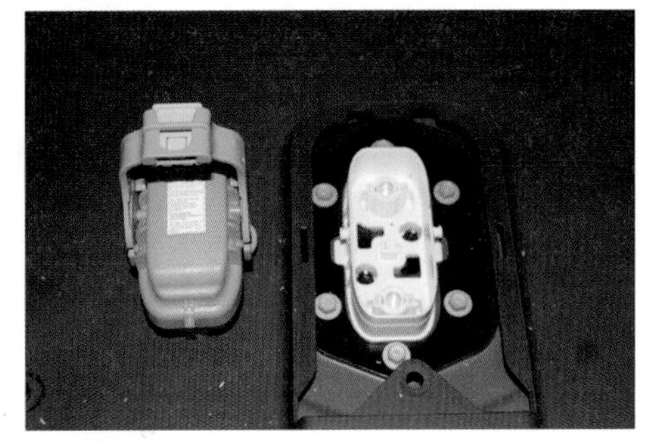

[그림 2-21] 안전 플러그 탈거

(6) 안전 플러그 탈거 후 인버터 내 커패시터의 방전을 위해 5분간 대기한다.(시동 버튼을 OFF 하면 인버터 내의 커패시터 전압이 수초 내에 30V로 떨어지고, 30V부터 천천히 낮아짐)

(7) 고전압 배터리에서 인버터로 연결되는 고전압 케이블의 커넥터를 탈거한다.

[그림 2-22] 고전압 케이블 커넥터 탈거

(8) 전압계의 선택 레인지를 DCV에 위치한다.

(9) 전압계의 적색 리드선을 단자의 적색 리본의 단자에 연결하고, 흑색 리드선은 청색 리본의 단자에 연결한다.

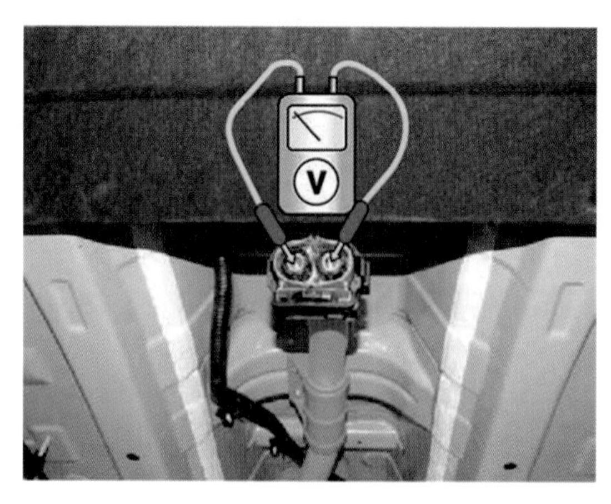

[그림 2-23] 전압계 단자 전압 측정

(10) 전압계로 측정한 전압이 30V 이하는 정상, 30V 이상이면 고전압 회로 고장으로 판단한다.

(11) 인버터 내의 전압이 30V 이하는 안전이 확보된 것으로 작업이 가능하다.

CHAPTER

07 고전압 배터리 보관 및 폐기

1. 개요

고전압 배터리 관련 시스템을 점검하기 위해 고전압 배터리팩 어셈블리를 탈착하여 점검하기 위하여 적합한 공구를 준비한다. 또한 차종에 적합한 특수공구를 사용하여 고전압 배터리의 이상 유무를 검사 및 판단한 후 신품으로 교환이 완료되면 고품 고전압 배터리 시스템 점검 절차에 따라 검사하고 폐기처리가 필요하면 고전압 어셈블리를 법적 절차에 따라 폐기한다.

2. 고품 고전압 배터리 시스템 취급 및 점검 방법

(1) 미 손상 고전압 배터리

(가) 보관: 안전 플러그 탈착 후 신품 배터리 시스템과 동일한 기준으로 안전 포장 및 보관

(나) 운송: 충격을 최소화하고 타 일반부품과 섞이지 않도록 별도 운송 조치

(다) 폐기: 지정 폐기업체에 운송하여 염수 침전 또는 방전 장비 이용하여 완전 방전시킨 후 폐기업체의 폐기 절차 수행

(2) 손상 고전압 배터리

(가) 고품 고전압 배터리 시스템 방전 절차

1) 염수 침전 방전이 필요한 배터리

고전압 배터리는 감전 및 기타 사고의 위험이 있으므로 고품 고전압 배터리에서 아래와 같은 이상 징후가 감지되면 서비스 센터에서 염수 침전(소금물에 담금) 방식으로 고품 고전압 배터리를 즉시 방전하여야 한다.

① 화재의 흔적이 있거나 연기가 발생하는 경우

② 고전압 배터리의 전압이 비정상적으로 높은 경우 (413V 이상)

③ 고전압 배터리의 온도가 비정상적으로 지속적 상승하는 경우

④ 전해액 누설이 의심되는 이상 냄새(화학약품, 아크릴 냄새와 유사)가 발생할 경우

2) 염수 침전 방전 방법

① 고전압 배터리 전체를 잠수시킬 수 있는 플라스틱 용기에 물을 준비한다.

② 소금물의 농도가 약 3.5% 정도가 되도록 소금을 부어 소금물을 만든다. 예를 들어 물의 양이(10ℓ)면 소금의 양은 350g을 넣어준다.

③ 고전압 배터리 어셈블리 또는 배터리 모듈을 소금물에 담근다.

④ 약 12시간 이상 방치한 후 고전압 배터리를 용기에서 꺼내어 건조한다.

제3장

전기·전자 기초지식

CHAPTER

01 전기 기초

1. 전기개요

(1) 물질의 구성

전기란 자연 현상으로 사람의 눈으로 볼 수 없는 무형으로 존재하는 에너지의 한 형태로써 기원전 600년 그리스 철학자 탈레스가 호박 단추를 옷에 마찰시키면 가벼운 종이나 깃털을 끌어당기는 현상을 발견하고, 이때 흡입하는 힘의 원천을 전기(electricity)라고 하는 데서 기원하였다.

모든 물질은 분자로 구성되며, 분자는 원자들의 결합으로 이루어진다. 원자는 중심에 원자핵이 있고. 원자핵의 주위에는 전자가 움직이고 있다. 원자핵에는 전자의 수와 같은 수의 양성자와 중성자가 함께 들어있다. 양성자는 '+'전위를, 전자는 '-'전위를 갖으나 일반적인 상태에서는 양성자의 수와 전자의 수가 같으므로 전기적 특성을 나타내지 않는 중성 상태로 존재하게 된다.

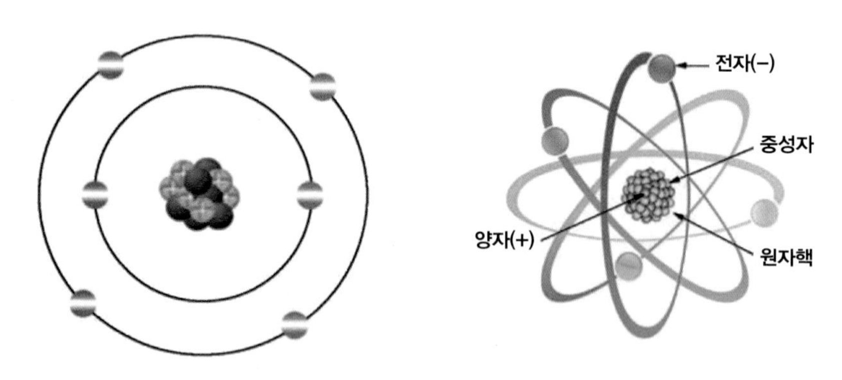

[그림 3-1] 물질의 원자 구조

중성 상태에서 원자핵의 주위를 움직이는 전자는 그림에서 보듯이 원자핵의 주위를 일정한 궤도를 형성하며 움직이고 있다. 이 궤도는 전자의 수에 따라 여러 개가 되기도 하는데 가장 안쪽의 궤도에서부터 K L M N · · · 이라고 명명하며 각각의 궤도에는 일정한 양의 전자가 움직이고, 각 궤도에 있는 전자의 수는 $2n^2$ 의 수만큼의 전자가 존재할 수 있다.

(2) 전기의 성질

일반적으로 원자 궤도의 가장 바깥쪽 궤도에 있는 전자를 가 전자라고 하며, 가 전자의 수를 전자 가라 하여 물질의 전기적 특성을 나타낸다. 여기서 전자를 주고받을 수 있는 전자는 가장 바깥쪽 궤도에 있는 전자이며 이 바깥쪽 궤도의 전자는 원자핵으로부터 인력이 약하게 작용하므로 쉽게 궤도를 이탈하여 자유롭게 돌아다닐 수 있다. 이렇게 궤도를 이탈하는 전자를 자유전자라고 하며 물질의 전기적 성질을 결정하게 된다.

원자들은 최외각 궤도에 있던 전자가 이탈하게 되면 전자가 빠져나간 자리는 정공(hole)이 되고, 근처를 이동하는 다른 자유전자를 끌어당겨 채우게 된다. 이러한 현상을 보고 전기의 흐름이라 한다.

(3) 정전기

물질에 전기적 성질은 있으나 정지되어 있으므로 유용하게 이용할 수 없는 전기를 정전기라 하며, 마찰전기가 대표적인 예이다.

마찰전기란 어떤 물질 두 개를 서로 비비면 마찰 때문에 핵의 바깥쪽 궤도에 있던 전자가 자유전자가 되어 이동하게 되므로 두 물질은 서로 다른 전기적 성질을 갖게 된다. 이처럼 마찰 등에 의해 전기가 발생한 것을 대전 되었다고 하고 대전 된 물체를 대전체라 하며, 대전한 물체가 가지는 전기를 전하라고 한다.

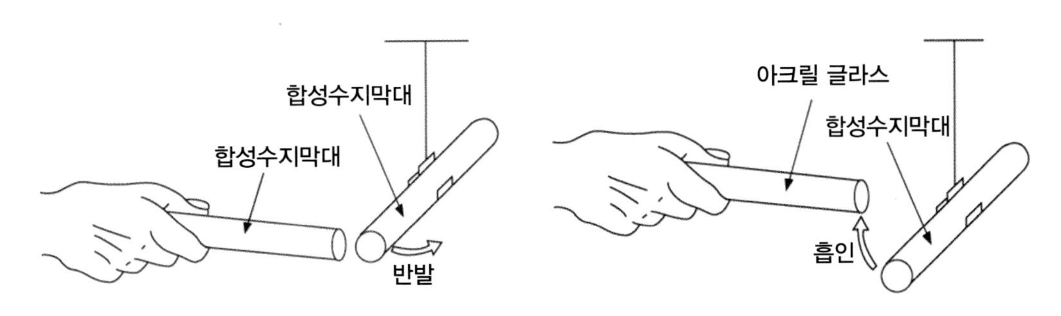

[그림 3-2] 정전기

(4) 정전 유도

도체에 대전체를 가까이하였을 때 대전체에 가까운 곳에는 대전체와 다른 종류의 전하가 모이고, 먼 곳에는 같은 종류의 전하가 모이게 되는 현상을 정전 유도라고 한다.

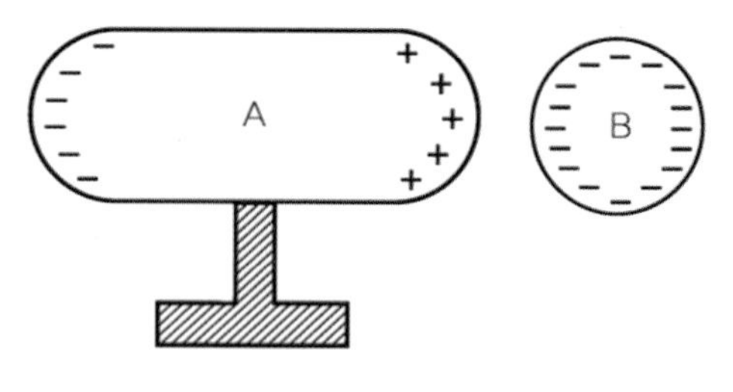

[그림 3-3] 정전 유도

(5) 축전기

축전기는 정전 유도의 특성을 이용하여 전기를 저장 또는 방전시키는 기능을 하고 있다. 그림과 같이 절연물을 사이에 두고 두 개의 금속판을 마주 보게 하고 A판에는 + 를 B판에는 - 전원을 각각 접속시키면 + 극에 접속된 A판의 자유전자는 + 극에 가까워지려는 성질(이종흡인)에 의해 + 극으로 이동을 하므로 전자가 빠져나간 정공만 남게 되어 +전하를 갖게 되고 - 극에 접속된 B판의 자유전자는 - 극으로부터 멀어지려는 성질(동종 반발)에 의해 금속판에 모여 있게 되어 - 전하를 갖게 되므로 전기를 저장해 둘 수가 있다. 이처럼 전압을 가하면 전하를 저장할 수 있게 되어 있는 것을 축전기 (condenser)라고 한다.

정전 용량은 다음과 같다.

1) 전압에 정비례한다.

2) 금속판의 면적에 정비례한다.

3) 금속판 사이 절연체의 절연도 정비례한다.

4) 금속판 사이의 거리에 반비례한다.

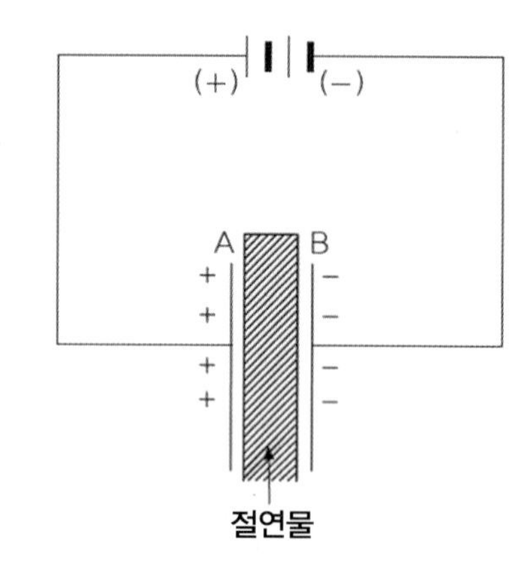

[그림 3-4] 축전기

2. 동전기

동전기란 정전기와 달리 끊임없이 전류가 흘러 유용한 일을 하는 전기의 상태로 생활 주변에서 사용하는 모든 전기를 말한다. 전기가 흐르기 위해서는 전압, 전류, 저항이 있어야 하며 이를 전기의 3요소라 한다.

(1) 전류

전류는 전자의 이동으로 그림과 같이 양전하를 가진 물체 (A)와 음전하를 가진 물체 (B)를 도체 (C)로 접속하면 음전하는 도체를 통하여 양전하 쪽으로 이동하여 양전하와 결합하므로 중화된다. 이렇게 자유전자가 도선을 통하여 흐르는 것을 전류라고 하며, 이러한 전자의 이동은 물체(A)에 있는 양전하가 모두 중성 이 될 때까지 계속하여 일어난다.

전류의 단위는 암페어 (A: ampere)로 1암페어란 도체 내의 임의의 한 점을 1 쿨롱(coulomb)의 전하가 통과할 때 l(A)의 전류가 흘렀다고 한다.

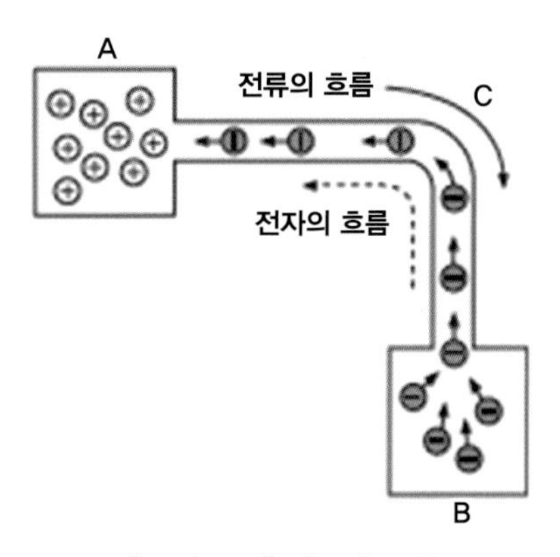

[그림 3-5] 전류의 흐름

전류(I) = 전기량 (Q) ÷ 시간(t)

l (A)= l, 000(mA), l(mA)= 1,000(μA)

전류가 도체 내를 이동할 때는 발열, 화학 자기 작용의 3가지 작용을 하며 이것을 전류의 3 대작용이라고 한다.

(가) 발열 작용

도체 내를 전류가 흐를 때 도체의 저항에 의해 열이 발생한다. 이러한 현상을 이용하여 전구, 시가 라이터, 전열기 등이 작동한다.

(나) 화학 작용

전해액에 전류가 흐르면 화학 작용이 발생한다. 이러한 현상을 이용하여 전기 분해 작용 및 축전지가 작동한다.

(다) 자기 작용

전선이나 코일에 전류가 흐르면 그 주변 공간에는 자기 현상이 발생한다. 자기 작용은 전기적 에너지를 기계적 에너지로 변환시키고 반대로 기계적 에너지를 전기적 에너지로 전환하는 작용을 한다.

(2) 전압

도체에 흐르는 전류는 그림과 같이 마치 물이 높은 곳에서 낮은 곳으로 흐르는 것과 같은 모양으로 흐른다. 이 전기적인 높이 즉 전기적인 압력을 전압(voltage, 단위 V) 또는 전위차라고 한다. 이 경우 A의 전위는 B의 전위보다 높다고 한다.

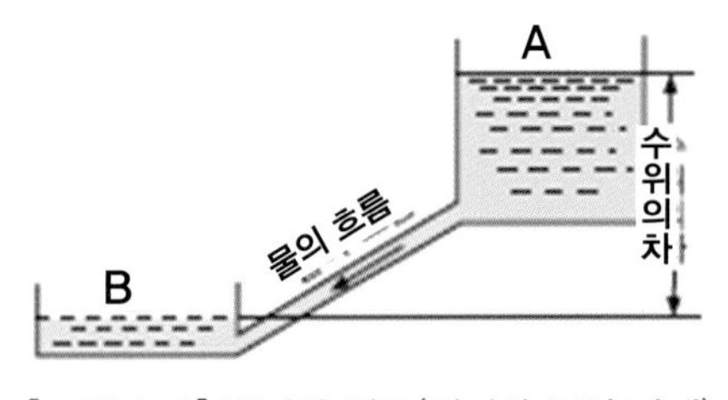

[그림 3-6] 전기와 전류(전기와 물의 관계)

이와 같은 전위차를 발생시키는 힘을 기전력 (electromotive force)이라 하고 기전력을 발생시켜 전류를 흐르게 하는 근원이 되는 것을 전원 (electric source)이라고 한다.

1(V)는 저항 1(Ω)의 도체에 1(A)의 전류를 흐르게 할 수 있는 전압을 뜻한다.

(3) 저항

물질 속을 전자가 이동할 때 전자는 물질 속의 원자와 충돌하여 저항을 받는다. 그리고 이 저항은 물질이 가지고 있는 자유전자의 수나 원자핵의 구조 또는 온도에 의하여 달라진다. 이처럼 물질에 전류가 흐를 수 있는 정도를 나타내는 것을 전기저항(resistance, 기호 R)이라고 한다. 전기저항의 크기를 나타내는 단위에는 ohm(Ω)을 쓴다. 1(Ω) 이란 1(A)의 전류를 통하는데, 1(V)의 전압을 필요로 하는 도체의 저항이다.

(4) 절연 저항

절연물인 경우에는 전혀 전류가 흐르지 않는 것은 아니다. 즉 어떠한 절연체나 그 양 끝에 가해지는 전압이 높으면 약간의 전류는 흐른다. 즉 절대적인 절연체는 없으며 저항값이 도체에 비하여 상대적으로 클 뿐이다. 이 절연체의 저항을 절연 저항(insulation resistance)이라 하며 절연물을 통하여 흐르는 전류를 누설 전류(leakage current)라 한다.

(5) 접촉 저항

도체와 도체가 서로 접촉할 때 그 접촉된 부분에 전류가 흐르게 되면 대체로 그 부분에는 전압 강하가 생기고 열이 발생하게 되므로 그 부분에는 저항이 있음을 알 수 있다. 이것을 접촉 저항(contact resistance)이라 한다. 그 값은 접촉 부분의 면적, 도체의 종류, 압력, 접촉면의 부식 상태 등에 따라 달라진다. 접촉 부분을 납땜하거나 단자를 조이기 위한 와셔의 이용, 단자의 도금, 전기 접점의 청소 등은 모두가 접촉 저항을 감소시키는 방법이다.

3. 전기회로

(1) 전기회로 구성

자동차 전기 장치 이외에도 모든 전기 장치는 전원으로부터 부하에 전류가 흐르도록 하기 위해서는 반드시 전기회로가 구성되어야 한다.

(가) 단락 회로

그림과 같이 전압이 가해진 전선의 절연 피복이 손상되어 내부 전선이 노출되고, 이것이 근처의 다른 전선에 접촉하게 되면 전선의 길이가 짧아진 것과 같은 현상이 되므로 전선의 고유 저항이 낮아지게 되어 많은 전류가 흐르게 되며, 노출된 전선이 다른 전선과 접촉하는 것을 단락(short)이라고 한다.

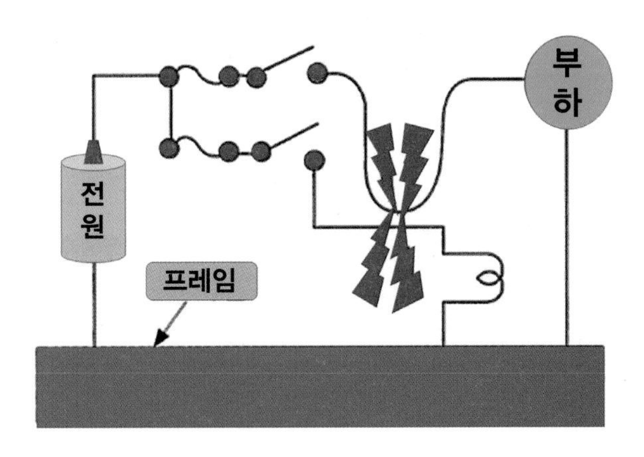

[그림 3-7] 단락 회로

(나) 단선 회로

단선은 회로가 절단되거나 커넥터의 결합이 해제되어 회로가 끊어진 상태로 그림과 같이 전류가 흐를 수 없게 된 상태를 말한다.

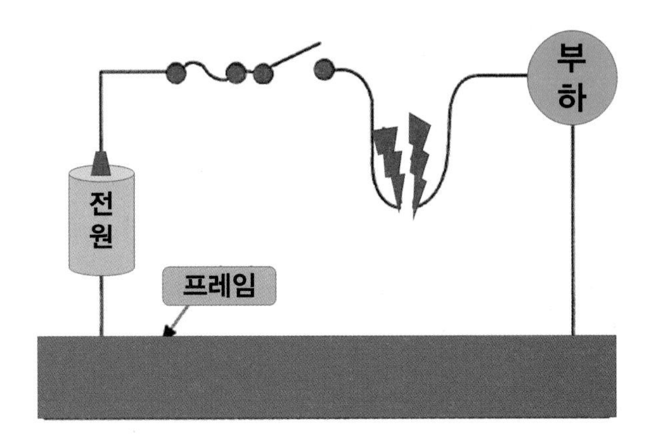

[그림 3-8] 단선 회로

(다) 접촉 불량

접촉 불량은 스위치의 접점이 녹거나 단자에 녹이 발생하거나 느슨할 때 저항값이 증가하는 등의 원인으로 발생한다.

(라) 절연 불량

절연물의 균열, 물, 오물 등에 의해 절연 파괴되는 현상을 말하며, 이때 전류가 누설된다.

(마) 접지

그림 같이 프레임에 접촉하는 것을 접지(earth)라고 한다.

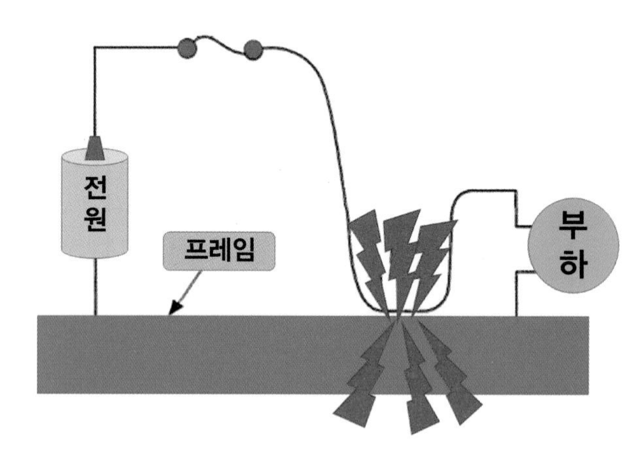

[그림 3-9] 회로의 접지

(2) 전기회로 보호장치

전선에 전류가 흐르면 전류의 2제곱에 비례한 줄 열이 생기며 이 열이 절연 피복을 변질시키거나 소손시켜서 화재 발생의 원인이 된다. 따라서 전선에는 안전한 상태로 사용할 수 있는 한도의 전류 값이 반드시 정해져 있으며 이것을 허용 전류라고 한다.

모든 전기회로에 사용하는 전선은 이 허용 전류의 범위 내에서 사용하지 않으면 안 된다. 만일 전압이 가해진 전선의 절연 피복이 상하여 내부의 전선이 노출되어 이것이 프레임에 접촉하면 부하를 통하지 않고 전원이 연결되므로 큰 전류가 흐른다. 이와 같이 부하를 통하지 않고 전원이 연결되어 버리는 것을 접지라 한다.

접지에 의해 전선에 화재가 발생하지 않도록 극히 융해점이 낮은 퓨즈(fuse)를 회로 중에 직렬로 끼워두고 전선의 온도가 오르기 전에 퓨즈가 녹아버려 회로를 끊는 역할을 시키고 있다. 자동차에 사용되는 퓨즈는 다양한 형태로 만들어지며 재료로는 납 또는 주석의 합금이 쓰인다.

(3) 전압 강하

전원으로부터 전기 에너지를 소비하는 부하에 전류를 흐르게 할 때 도중에 전선의 저항 때문에 옴의 법칙에 따라 I×R의 전압 강하가 일어나고 부하 쪽으로 나감에 따라 전압은 점차 낮아진다.

이처럼 전원에 주어진 전압은 부하 쪽으로 나감에 따라 점차 낮아지고 부하전압 은 그림과 같이 된다. 즉 이 전압의 저하는 회로의 진행 중에 소비된 전압에 의해 생기는 것이다.

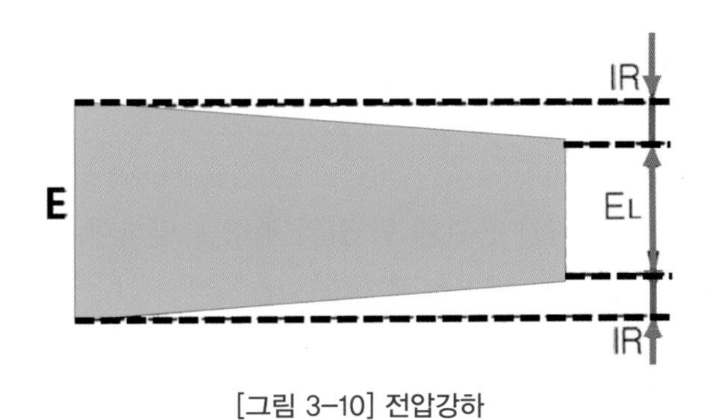

[그림 3-10] 전압강하

이렇게 전기회로에서 쓰고 있는 전선의 저항이나 회로 접속 부의 접속 저항 등으로 소비되는 전압을 그 저항으로 인한 전압 강하(voltage drop)라고 한다. 전압 강하가 많아지면 부하의 기능이 떨어지므로 회로에 쓰이는 전선은 회로 내 부하에 맞는 규정의 굵기를 사용하여야 한다. 자동차의 전기회로 중에서의 전압 강하는 축전지 단자, 스위치, 배선 접속 부 등에서 발생하기 쉽다.

(4) 전력과 전력량

(가) 전력

전구나 전동기에 전압을 가하여 전류를 흐르게 하면 빛이나 열을 발생하거나 기계적 일을 하기도 한다. 이처럼 전기가 하는 일의 크기를 전력이라 하고, 전류가 어떤 시간 동안에 한 일의 총량을 전력량이라고 한다.

전력은 전압과 전류의 곱으로 나타낸다. 따라서 E의 전압을 가하여 I의 전류가 흐를 때의 전력은 다음과 같이 표시한다.

전력 (P) = 전압(E) × 전류(I)

만일 전류 I가 저항 R 속을 흐르고 있다면, 저항에서 소비되는 전력은 다음과 같이 구할 수 있다.

E= IR의 관계가 있으므로 $P = I^2 R$ 또는 $P = \frac{E^2}{R}(W)$

전력의 단위는 와트(W: watt)로 나타내고 1 (W)의 1,000배를 1 (㎾)라 한다.

E [V]의 전압을 가하여 I [A]의 전류를 흐르게 하면 전력 P [W]는

$$P = EI$$

$$P = EI = IR \times I = I^2 R \qquad P = I^2 R$$

$$P = EI = \frac{E}{R} \times E = \frac{E^2}{R}$$

(나) 전력량

전력량은 전력이 어떤 시간 동안에 한 일의 총량을 말하며, P(W)의 전력을 t초 동안 사용하였을 때의 전력량은 Wh = Pt 로 표시된다.

(5) 줄의 법칙

전류가 저항을 통과하면 저항에 의해 열이 발생하게 된다. 이러한 열을 이용하여 전기 히터, 시가 라이터 예열 플러그 등에 이용되고 있다, 스위치나 릴레이 작동 시 접촉 저항으로 열이 발열되어 접촉면이 산화되어 접촉 저항이 증가한다. 그러므로 도체에 전류가 흐를 때 발생하는 열에 의해 화재가 발생하는 때도 있다. 그러므로 전기 장치 설계 시 이러한 열의 발생 정도를 계산하여야 한다.

P [W]의 전력을 t 초(sec) 동안에 사용하였을 때 전력량 [W]는 $W = P_t$ (와트 초 또는 줄(Joule, 기호 J), 그리고 I [A]의 전류가 R[Ω]의 저항 속을 t 초 동안 흐를 때는 $W = I^2 R_t$ 의 전력량이 모두 열로 되어 소비되기 때문에 이때 발생하는 열량을 H 칼로리(cal)라 하면 $H = 0.24\, I^2 R_t$ [cal]의 공식이 유도되며 이를 줄의 법칙이라 한다.

만일 I(A) 의 전류가 R(Ω)의 저항을 t초 동안 흐를 때에는 $Wh = I^2 R_t\ (J)$의 관계가 성립된다. 줄의 법칙이란 "전류에 의해 발생한 열은 도체의 저항과 전류의 제곱 및 흐르는 시간에 비례한다. " 는 법칙이다.

(6) 옴의 법칙

전압, 전류, 저항 사이에는 다음과 같은 관계가 있다, 즉 전기회로에 흐르는 전류는 가한

전압에 정비례하고 그 저항에는 반비례한다. 따라서 전기회로에 가해진 전압을 E(V), 회로의 저항을 R(Ω)이라 할 때 흐르는 전류 I(A)는

$$I = \frac{E}{R}(A), \quad R = \frac{E}{I}(A), \quad E = IR(A)$$

(7) 키르히호프의 법칙

복잡한 회로의 전압, 전류 저항을 취급함에는 옴의 법칙을 발전시킨 키르히호프의 법칙을 사용한다. 예를 들면 전원이 두 개 이상 있는 회로에서의 전체 합성 기전력의 계측이나 복잡한 전기 회로망의 각 부의 전류 분포 등을 구할 때 이 법칙을 쓰면 편리하다.

(가) 제 1 법칙(전류 법칙)

회로의 어느 한 점으로 흘러 들어오는 전류는 곧 다른 길을 통해 흘러나가기 때문에 회로 중의 어느 한 점에 있어 서는 그 점에 흘러들어오는 전류의 총합과 흘러나가는 전류의 총합은 서로 같다. 이것을 키르히호프의 제 1 법칙이라 한다.

(나) 제 2 법칙(전압 법칙)

기전력 E (V)에 의해 R(Ω) 저항에 I(A)의 전류가 흐르는 회로에서는 옴의 법칙에 따라 E =I·R이 된다. 이것을 문자로 표현하면 "기전력 = 전압 강하된 전압의 합계"가 되며 기전력과 전압 강하가 같다는 것을 의미한다. 즉 임의의 폐회로에 있어서 기전력의 총합과 저항으로 인한 전압 강하의 총합은 같다.

4. 전기와 자기

(1) 자기의 개요

자철광이란 광석은 철분, 소철편 등을 흡착하는 성질을 가지고 있는데 이와 같이 철분 등을 흡착하는 성질을 자기(magnetism) 라고 한다.

(가) 자석 및 자석 성질

자기를 가지고 있는 물체를 자석(magnet)이라 하고, 자석에는 천연으로 얻어지는 자철광 이외에 철, 니켈, 코발트 등의 금속에 인공적으로 자기를 가지게 한 인공 자석이 있다. 일반적으로 자석이 될 수 있는 물질을 자성체라 하고 자성체에는 쉽게 자석

이 될 수 있는 철이나 니켈 같은 물질을 강자성체라고 한다. 또한 자석이 될 수 없는 물질인 구리, 알루미늄 등은 비 자성체 라고 한다. 자석에 철분을 가까이하면 흡인하는 작용이 있다. 이런 흡인하는 작용은 자석 전체에 있는 것이 아니고 양 끝부분에 집중되어 있게되며, 이 양끝 부분은 자극(magneticpole) 이라고 한다.

(나) 자극의 강도

자석에서 자극 부분의 세기는 그 부근에 다른 자석을 놓았을 때, 양 자극 사이에 작용하는 당기는 힘이나 반발하는 힘의 대소로 나타낸다. 두 자극 사이에 작용하는 힘은 거리의 제곱에 반비례하고 두 자극의 세기의 곱에 정비례한다. 이것을 쿨롱의 법칙이라 한다.

자석의 성질은 다음과 같은 특성이 있다.

1) 자석의 양 끝을 자극이라 한다.
2) 자극에는 N, S극이 있고 그 어느 극이나 단독으로는 존재할 수 없다.
3) 자극은 같은 극끼리는 서로 반발하고 다른 자극끼리는 서로 끌어당긴다.
4) 자석은 그 주위에 있는 다른 자석에 자기적 힘을 미치는데 이 힘을 자력이라 하고 이 자력은 자석의 N극으로부터 S극으로 향하는 자력선을 형성한다. 또 자력이 미치는 공간을 자계 (magnetic field)라 한다.
5) 자극의 세기는 그 자극이 가지고 있는 자기의 양, 즉 자기량의 크기에 따라 다르다.

다음과 같이 강철 조각을 자석 가까이 가져오면 자석이 된다. 즉 그 물체가 자화된 것이다. 이것은 본래 있는 큰 자석이 N극에 가까운 쪽의 강철 조각은 S극이 되고 반대쪽은 N극이 되는데 S, N의 크기는 같다. 이와 같은 현상을 자기 유도라고 한다. 자성체는 자기유도작용에 의하여 자화된다.

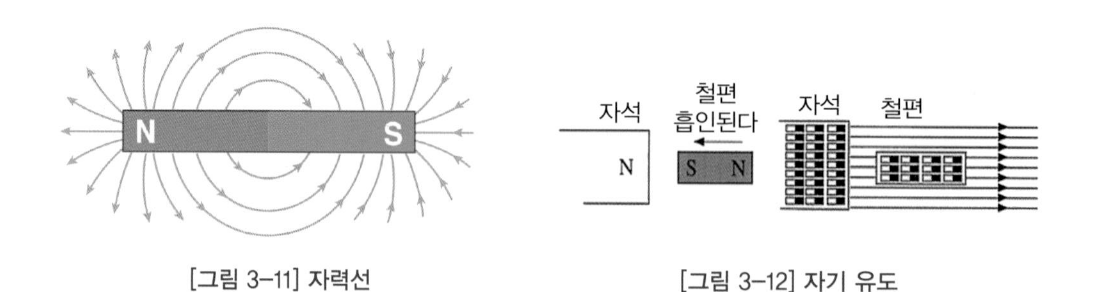

[그림 3-11] 자력선

[그림 3-12] 자기 유도

(2) 전기와 자기의 관계

(가) 전류와 자계

전선에 전류를 흐르게 하면 그 주위에는 전류의 강도에 비례하고 전선으로부터 거리에 반비례하는 자계가 생긴다. 도체에 전류가 흐를때에 도체 주위에 자장이 형성되기 때문이며, 전류의 세기에 비례하고. 도체로부터 거리에 반비례하는 자장의 크기가 발생한다. 자력선의 방향은 오른나사가 진행하는 방향으로 전류가 흐르면 나사가 회전하는 방향으로 발생 되는데, 이것을 앙페르의 오른나사 법칙이라고 한다.

(나) 코일의 자계

1) 솔레노이드

그림과 같이 전선을 원형으로 구부려서 코일을 만든 다음 전류를 통하게 하면 코일 내부에 같은 방향의 자장이 생긴다. 이와 같은 코일을 여러 번 감고 전류를 흐르게 하면 자장이 같은 축 위에 겹친 것과 같이 발생 되어 코일의 감긴 수에 비례하는 자장이 발생 되므로 막대자석과 같은 구실을 할 수 있다. 이러한 것을 솔레노이드라고 한다.

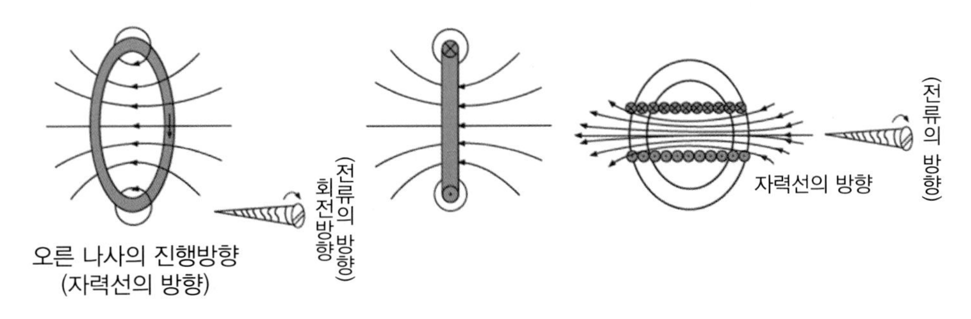

[그림 3-13] 코일과 솔레노이드가 만드는 자기장

2) 오른손 엄지손가락의 법칙

솔레노이드의 내부에 생기는 자력선의 방향은 그림과 같이 오른손 엄지 손가락 법칙에 의해서 구할 수 있다.

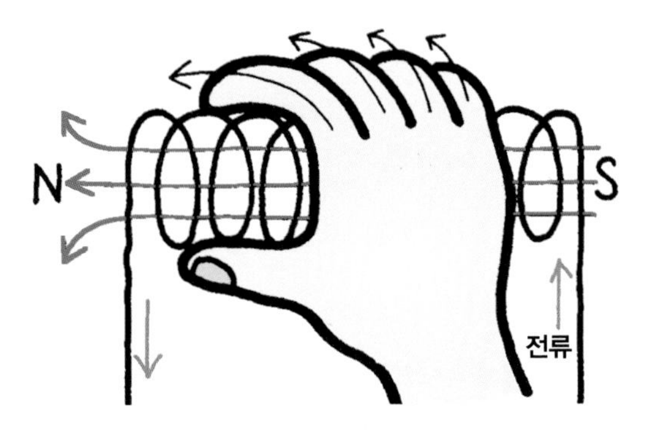

[그림 3-14] 오른손 엄지손가락 법칙

오른손 엄지손가락을 다른 네 개의 손가락과 직각이 되도록 한 다음 네 손가락을 전류의 흐름 방향으로 향하게 하면 코일을 잡은 엄지 손가락의방향이 자력선의 방향인 N극의 방향이 된다. 이것을 오른손 엄지손가락의 법칙이라고 하며, 코일이나 전자석의 자장의 방향을 구할때에 사용한다.

3) 자장의 합성과 상쇄

하나의 철심에 2개의 코일 L_1, L_2 를 감고, 전류를 흐르게 하면 그림의 (a)같이 2개의 코일 L_1과 L_2가 만드는 자장의 방향이 반대로 되어 철심에 만들어지는 자력이 약해지거나 없어지는 현상을 자장의 상쇄라 한다. 그림의 (b)와 같이 코일을 감고 전류를 흐르게 하면 코일 L_1과 L_2가 만드는 자장이 같은 방향이 되어 철심에 생기는 자력은 서로 합성되므로 커지게 된다. 이것을 자장의 합성이라고 한다.

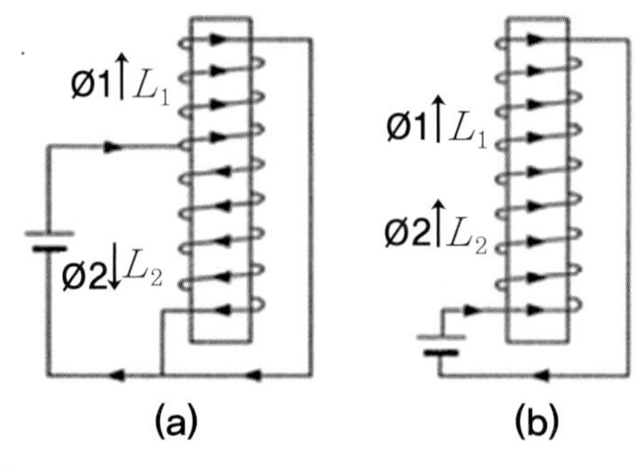

[그림 3-15] 자장의 합성과 상쇄

4) 전류와 자기장 사이에 작용하는 힘

전류가 흐르는 도체 주위에 자극을 놓으면 도체에서 발생된 자력이 작용하게 된다. 자장 내에 도체를 설치한 후, 자극을 고정하고 도체가 자유로이 움직일 수 있게 하면 도체에 힘이 작용하여 도체가 움직이게 하는 힘을 전자력이라고 한다. 전자력의 크기는 자계의 방향과 전류의 방향이 직각으로 될 때에 가장 크며, 도체의 길이, 전류의 크기 및 자계의 세기에 비례한다.

(3) 전자 유도 작용

자장 내에 자력선과 직각으로 도체를 놓고 그 양 끝에 전류계를 연결한 다음 도체를 자력선의 직각으로 움직이면, 도체에 전류가 생기고 전류계의 바늘이 흔들린다, 이 현상을 전자유도 작용(electro magnetic induction)이라 하고, 이 유도 작용에의해 발생한 기전력을 유도기전력이라 하고, 발생된 전류를 유도전류라고 한다.

이것은 코일 내를 통과하는 자속수가 변화하면 코일은 변화한 분량에 상당하는 자력선과 교차하게 되기 때문에 그 변화가 계속되는 동안 코일에 기전력이 발생한다. 이상과 같이 전자유도를 발생시키는 방법은 도체에 영향을 미치는 자력선을 변화시키는 방법과 도체와 자력선과의 상대운동에 의하는 방법이 있다.

(가) 렌츠의 법칙

유도기전력의 방향은 코일 내의 자속의 변화를 방해하는 방향으로 발생한다. 이것을 렌츠의 법칙이라고 한다. 자석을 코일에 가깝게 하는 경우에는 접근을 방해하고, 자석을 코일로부터 멀리 할 경우에는 자석에 가까운 쪽에 반대 성질의 극이 되도록 기전력을 발생하여 자석이 멀어지는 것을 방해한다.

(나) 플레밍의 오른손 법칙

오른손의 엄지와 인지, 중지를 서로 직각이 되도록 하고, 인지를 자력선의 방향으로 향하게 하고, 엄지를 도체의 운동 방향에 일치시키면 중지가 가리키는 방향이 유도기전력의 방향이 된다.

발전기는 전자유도 작용을 이용하여 전기를 발생시키는 것인데, 플레밍의 오른손 법칙은 발전기의 원리를 나타낸 것이다.

(4) 자기 및 상호 유도 작용

(가) 개요

코일에 흐르는 전류를 변화시키면 코일과 교차하는 자력 선도 변화하기 때문에, 그 변화를 방해하는 방향으로 기전력이 발생한다. 이와 같은 전자 유도 작용을 자기 유도라 하며 자기 유도 작용에 의한 유도기전력은 코일의 감긴 수와 전류의 변화량에 비례하여 커진다.

코일의 전류가 t시간 동안에 I (A)만큼 변화했을 때 자속 변화량은 전류 변화량에 비례하므로 자기 유도 작용에 의하여 생기는 유도기전력 E는 다음과 같다.

$$E = L\frac{\triangle I}{\triangle t}$$

여기서 L은 코일의 지름과 감은 횟수 모양 및 철심이 있고 없는데 따라 결정되는 비례상수로서 이것을 자체 유도계수 또는 자체 인덕턴스라 하며, 단위로는 헨리 (H: Henry)를 사용한다.

(나) 상호 유도 작용

A코일과 B코일의 두 개를 가까이 정렬시켜 A코일에 흐르는 전류를 스위치로 단속시 키면 B코일에 기전력이 생긴다. 이와 같이 서로 절연되어 있으며 또한 유도 작

용이 생기기 쉬운 위치에 놓인 코일 상호간에 작용하는 전자유도 작용을 상호 유도(mutual induction) 작용이라고 한다.

이 경우 전원에 연결되어 있는 A코일을 1차 코일 B코일을 2차 코일이라 부른다. 상호유도 작용은 같은 1차 코일의 전류를 변화해도 두 코일의 권수, 형상, 상호 위치 등에 따라 다르므로 자기 유도 작용의 경우와 같이 그 작용이 생기는 도수를 표시하는데 상호 인덕턴스(M)란 계수를 사용하며 단위에는 헨리 (H)를 쓴다.

상호유도 작용에 따라 2차 코일에 유도되는 기전력 E는 두 코일 사이의 상호 인덕턴스 M(H) 인 경우 1차 코일의 전류가 △t초 동안에 △I(A)의 비율로 변화했다고 하면 기전력 E(V)의 크기는 $E = \frac{\Delta I}{\Delta t}(V)$ 으로 표시된다. 이 작용을 이용한 것에는 변압기나 점화코일 등이 있다.

(5) 교류 전기

(가) 직류와 교류

전기에는 정전기와 동전기가 있고 동전기에는 직류(DC: direct current)와 교류(AC: alternating current)가 있다. 또 이상의 양자에 속하지 않는 것으로 맥류 또는 진동 전류가 있다. 직류라함은 시간의 경과에 대해 전압 또는 전류가 일정 값을 유지하고 그림 (a)와 같이 방향이 일정한 것을 말한다. 교류는 시간의 경과에 대해 전압 또는 전류가 시시각각으로 값이 변화하며 그림 (b)와 같이 방향이 정방향과 역방향을 교대로 반복하는 것을 말한다.

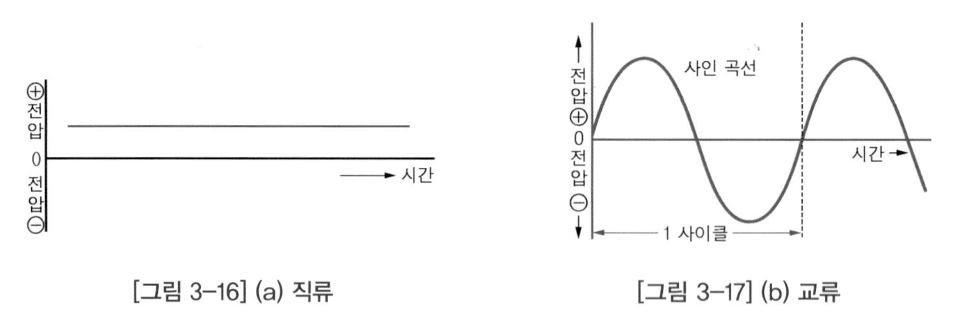

[그림 3-16] (a) 직류　　[그림 3-17] (b) 교류

(나) 교류의 발생

교류는 시간에 따라 크기와 방향이 변화하는 전류를 말하며, 단상 교류와 3상 교류가 주로 사용되고 있다. 그림과 같이 자극 N, S사이에 도체 aa' 와 bb' 를 코일 변으

로 하는 코일을 xx' 를 축으로 하여 일정 속도로 회전시키면 도체 aa' 및 bb' 는 자속을 끊게 되어 플레밍의 오른손 법칙에 따라 화살표 방향으로 기전력이 유도된다.

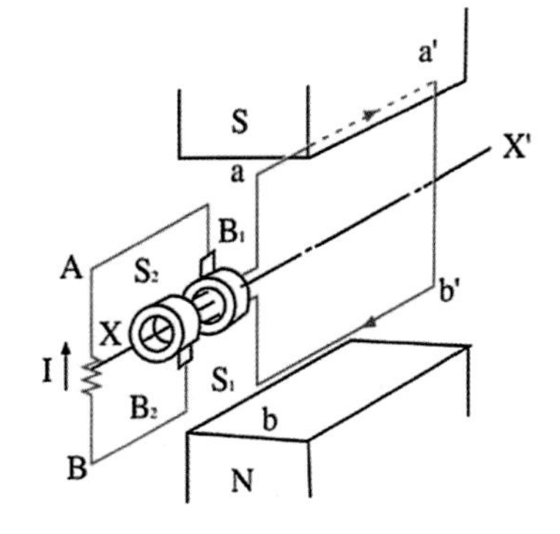

[그림 3-18] 교류의 발생

이 기전력의 크기는 자력선을 유효하게 끊는 비율에 비례하고 방향은 반 회전마다 규칙적으로 바뀌므로 부하에는 정현파(sine wave)의 교류가 흐르게 된다.

(다) 교류의 표시

1) 크기

평등 자계의 자속 밀도를 B, 코일별 a, b의 길이를 l 이라 하고 이 코일을 u의 일정 속도로 시계 방향 반대로 돌리면 그림의 (a)와 같은 위치에 있어서 기전력 유기에 유효한 속도는 자속의 방향에 직각인 v = v sinθ이므로, 이 순간에 있어서 코일 a에 유기되는 기전력 E_a 는 $E_a = B\,l\,v\sin\theta$

또 코일 b의 기전력 E_b 는 E_a 와 같으며 서로 합해지므로 코일 전체의 기전력 E는

$$E = E_a + E_b = 2E_a = 2Blv\sin\theta$$

$$E = E_m\sin\theta \cdots\cdots\cdots\cdots (단, E_m = 2Blv)$$

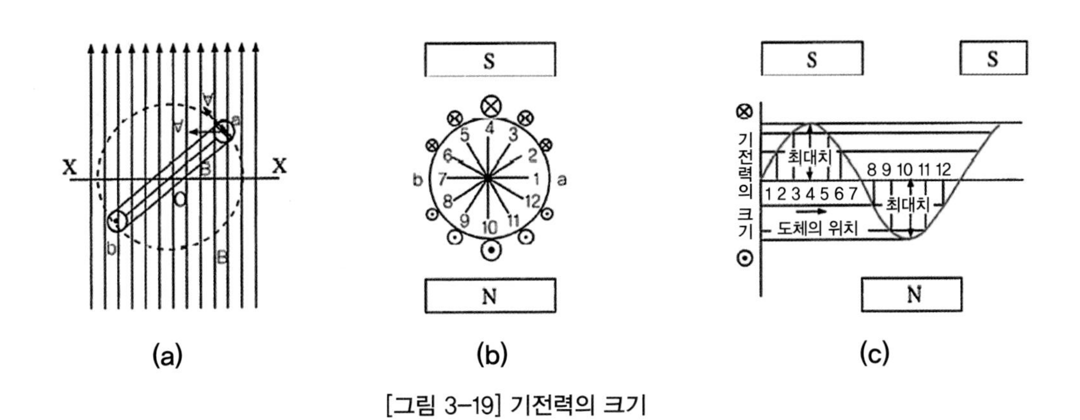

[그림 3-19] 기전력의 크기

이상과 같이 기전력이 을 최대값으로 하고 sinθ에 비례하여 변해가므로 이 기전력에 의해 흐르는 전류도 최대값 I_m이라고 하면 다음 식으로 표시된다.

$$I = I_m\sin\theta$$

2) 주파수와 주기

그림에서 보듯이 파형이 그리는 변화를 1주파(cycle), 1 사이클에 소요되는 시간을 주기(period)라고 하며, 1초간의 사이의 사이클 수를 주파수(Hz)라고 한다. 주기를 T, 주파수를 f(Hz)라 하면 다음 식과 같은 관계가 있다.

$$T = \frac{1}{f}\,(s)$$

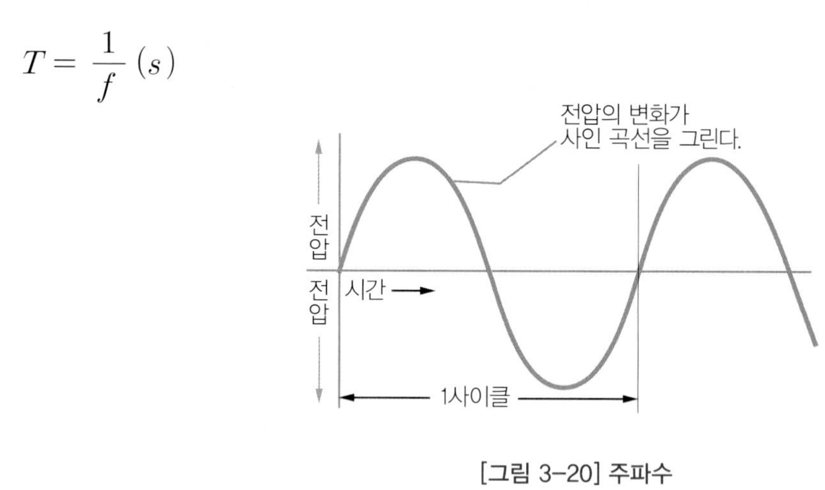

[그림 3-20] 주파수

(라) 단상 교류

1) 단상 교류(single phase AC)의 발생

자장 내에서 도체를 회전시키면 교류 기전력이 발생한다. 또한 도체 안에 자석을 설치한 후 자석을 회전시켜도 마찬가지의 교류가 발생한다.

그림은 자석이 1회전 하였을 때 도체에 발생되는 기전력의 크기 및 방향을 나타내고 있다. 이와 같이 기전력을 발생하는 도체가 1조의 코일로 되어있는 것을 단상 교류라고 하며, 이러한 형식의 발전기를 단상 교류 발전기라고 한다.

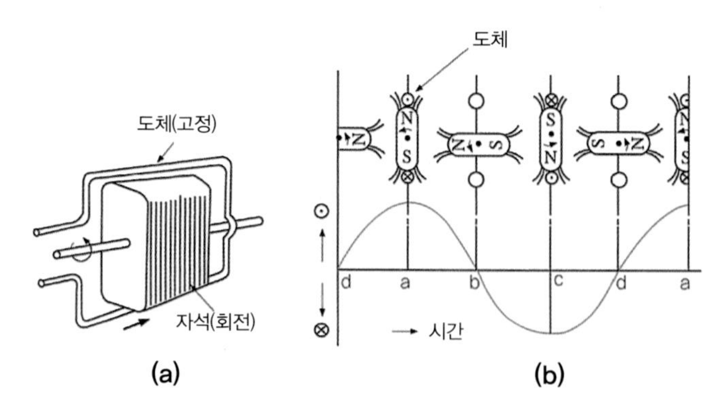

[그림 3-21] 단상 교류의 발생과 기전력

2) 단상 발전기의 회전과 주파수의 관계

그림 (b)에서 a로부터 a까지의 기전력 변화를 1사이클이라고 하고, 이 변화를 1초 동안에 반복하는 횟수를 주파수라 한다. 만일 그림에서 자석이 1초 동안에 1회전 한다고 하면 발생되는 주파수는 1사이클이 된다.

그림 (b)에서는 자석 이 2극인 것에 대한 경우이고, 4극의 자석의 경우에는 반회전마다 마찬가지의 변화를 반복하므로 자석 1회전에 대해 2사이클의 변화를 하게 된다. 따라서 자석의 자극 수를 증가시킬수록 또 회전 속도를 크게 할수록 발생 되는 주파수는 증가되는 것을 알 수 있다.

(주파수) ∝ (자극 수) × (회전 속도)

$$f = \frac{\frac{p}{2} \times n}{60} = \frac{n \times p}{120} \qquad n = \frac{120f}{p}$$

여기서 f(Hz): 주파수, p: 자극 수, n(rpm): 매분 회전 속도이다.

(마) 3상 교류

3상 교류(three phase AC)는 단상 교류 3개를 조합한 것으로 단상 교류에 비하여 고능률이고 경제성이 우수하다. 때문에 자동차용 발전기도 3상 교류발전기를 사용하고 있다. 또한 종래의 것보다 저속 회전에서도 발생 전압이 높아서 축전지 충전능력이 뛰어나고 고속 회전에서도 극히 안정된 성능을 나타낸다.

1) 3상 교류의 발생

3상 교류는 단상 교류를 3개 조합한 것으로 그림과 같이 감긴 수가 같은 3개의 코일 a, b, c 를 120°간격으로 스테이터에 배치하고 자석 N, S를 로터로하여 일정 속도로 회전시키면, 각 코일에 유기되는 기전력은 우측그림과 같은 3상 교류가 발생 된다.

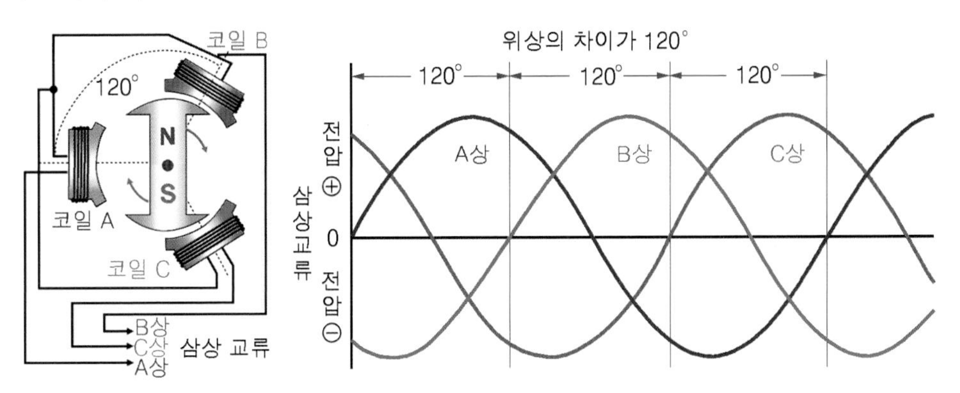

[그림 3-16] 3상 교류 발전기와 기전력

3상 교류발전기의 3개의 코일에서 3개의 도선을 끌어내는 방법에는 그림 의 (a)와 같은 각 코일의 한쪽 끝을 공통으로 연결한 중성점 O에 접속하고, 다른 끝을 끌어낸 성형 결선 또는 Y결선법과 그림의 (b)와 같이 각 코일의 끝을 순차적으로 접속하여 환상으로 하고 각 코일의 접속점에서 하나씩 단자를 끌어낸 델타(△) 결선법이 있다.

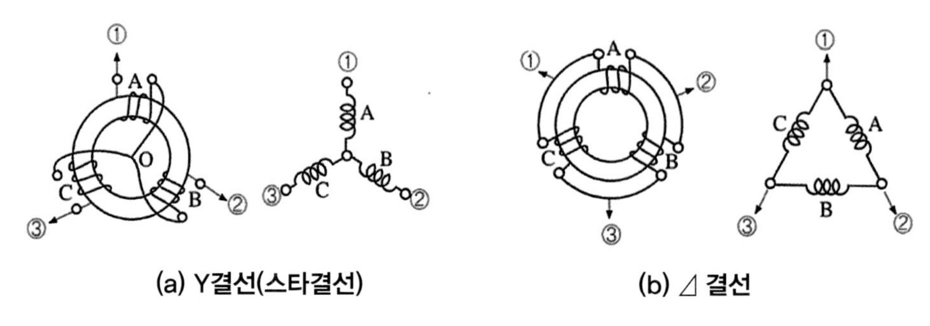

[그림 3-17] 3상 결선법

2) 3상 교류의 선간 전압 및 전류

그림 (a)와 같이 △결선에서의 선간 전압 V는 각 상전압 E_a, E_b, E_c와 같으나 단자 ac 사이에 부하가 연결되었을 때에 흐르는 선간전류는 상전류의 $\sqrt{3}$배가 된다.

또 그림의 (b)와 같이 결선된 Y결선의 선간 전압을 보면 상 전압 E_a, E_b, E_c의 크기가 같을경우에는 상전압의 $\sqrt{3}$배가 되고 선간 전류는 상 전류와 크기는 같으나 위상만이 다르다. 그러므로 교류발전기의 상전압이 같을 때에는 Y결선 시의 선간 전압이 △결선 시의 선간 전압보다 높게되어 자동차용 교류발전기에 Y결선이 많이 사용되고 있다.

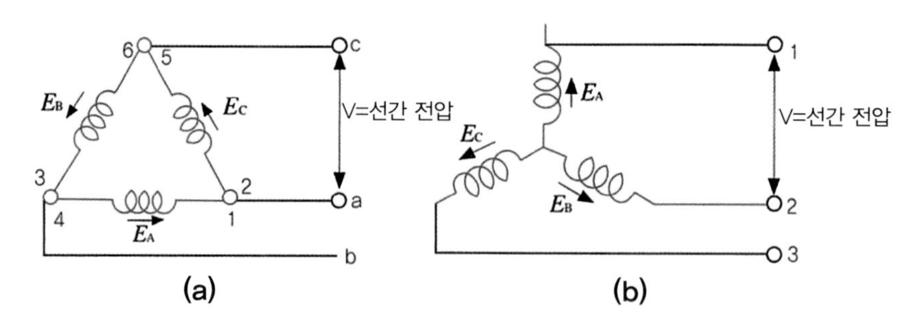

[그림 3-18] 선간 전압 및 전류

CHAPTER

02 전자 기초

1. 반도체 개요

물질의 분류에는 여러 가지 방법이 있다. 유기물과 무기물, 또는 고체, 액체, 기체 등으로 분류한다. 또한 전기적으로 전기가 잘 통하는 물질로 구리, 알루미늄, 철 등과 같은 전도체(양도체, 도체)와 전기가 잘 통하지 않는 도자기, 플라스틱 등과 같은 절연체로 분류된다.

자동차의 전선이나 전기회로에는 이 두 가지 물질을 조합하여 사용하고 있다.

그러나 이 두 물질에 대한 명확한 경계는 없다. 전류의 흐름은 저항(정확히 저항률로서 단위 입방체의 저항을 말함)의 크기에 의해 결정되는데 물질은 금속과 같이 10^{-6}Ω㎝ 정도로 낮은 전도체에서부터 10^{18}Ω cm 정도에 이르는 절연체까지 여러 가지 물질이 존재한다.

그러나 어느 정도의 저항률을 가진 물질을 전도체로 한다는 규약은 없으며 절연체에 대해서도 마찬가지다. 하지만 일반적으로 전도체와 절연체 사이의 저항률을 가지는 물질을 반도체라 하는데 아래 그림처럼 물질을 저항률을 기준으로 전도체, 절연체, 반도체로 구분해 보면, 확실한 경계는 없으나 약10^{-6}Ω cm 에서부터 10^{10}Ω cm의 물질을 반도체라 할 수 있다.

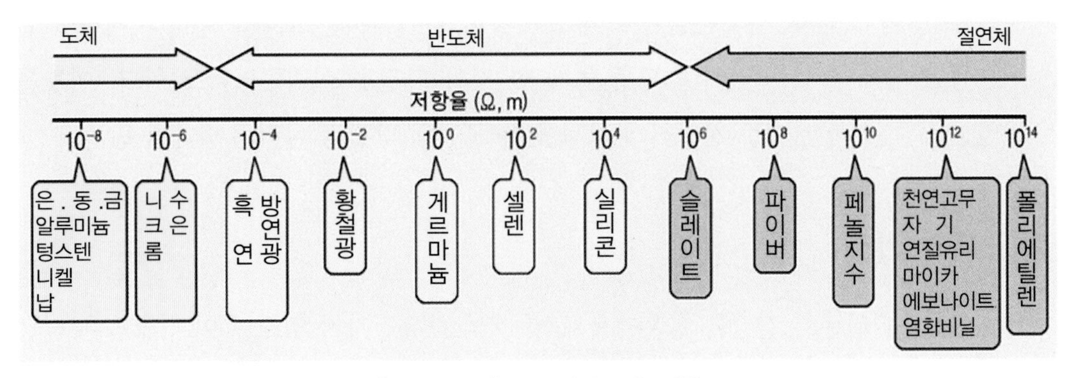

[그림 3-19] 각 물질의 고유 저항

이러한 반도체에 해당하는 여러 물질 중에는 제작자의 의도에 의해 도체도 될 수 있고, 부도체도 될 수 있는 성질을 가진 것이 있으며 원하는 대로 저항의 크기를 조절하거나 빛을 내는 등 특별한 성능을 가질 수 있다.

2. 반도체의 특성

(1) 반도체의 특징

반도체는 아래와 같은 특징을 가지고 있다.

(가) 일반적인 금속은 가열하면 저항이 커지지만, 반도체는 반대로 작아진다.

(나) 반도체에 섞여 있는 불순물의 양에 따라 저항의 크기를 조절할 수 있다.

(다) 교류를 직류로 바꾸는 정류 작용을 할 수도 있다.

(라) 빛을 받으면 저항이 작아지거나 전기를 일으키는데 이를 광전 효과라 한다.

(마) 어떤 반도체는 전류를 공급하면 빛을 내기도 한다.

(2) 반도체의 편리성

반도체에 불순물을 첨가하거나 빛 또는 열을 가하여 전기가 흐르는 양을 조절할 수 있다. 또한 반도체에 열 또는 빛을 가하면 전구에 불을 켤 수 있다. 따라서 반도체는 그 전기적 성질 변화를 이용하여 다양하게 사용되고 있다.

(3) 반도체의 재료

주로 반도체의 재료로 사용되는 것은 실리콘과 게르마늄이 있다.

이중 실리콘은 열에 강하고 지구상에서 산소 다음으로 매우 흔한 물질로 모래나 돌멩이, 유리 창문, 수정 등의 주성분이므로 우리 주위에서 가장 흔하게 보는 물질이기 때문에 현재는 이것이 더 많이 쓰인다. 실리콘을 반도체로 사용하기 위해서는 모래를 화학 처리하여 실리콘만을 뽑아 정제 과정을 거쳐 순도를 높게 한 것을 다결정 실리콘이라고 한다. 이것을 다시 녹인 다음 특수한 기술로 천천히 굳혀서 원통 모양의 단결정 실리콘 막대를 만든다.

3. 반도체의 기초

게르마늄이나 실리콘의 결정은 상온에서도 몇 개의 자유전자가 있으며 여기에 높은 전압이나 온도 등을 가하면 전기저항의 변화로 인하여 공유결합이 파괴되어 전자의 이동이 쉬워진다. 따라서 게르마늄과 실리콘에 매우 작은 양의 다른 원소를 첨가하여 전압이나 온도에 대하여 민감하게 반응하는 반도체 성질을 얻을 수 있다.

(1) 가전자의 작용

가전자란 가장 바깥쪽 궤도에 있는 전자이며, 이것은 원자핵으로부터 가장 멀기 때문에 원자핵과 결속이 약하다. 어떤 원자로부터 1개의 가전자가 튀어나온다고 가정하면, 그 원자는 1개 분량만큼 음(-)전하를 상실한 것이 되므로 그때까지의 전기적 평형이 무너져 원자는 양(+)전하를 지니게 된다. 또 1개라도 다른 것으로부터 전자를 받으면 1개 분량만큼 음(-)전하가 증가한 것이 되어 원자는 음(-)전하를 가지게 된다. 원자로부터 전자가 튀어나오게 하려면 외부로부터의 에너지가 필요하다.

(2) 반도체의 결합

1개의 실리콘 원자는 인접한 4개의 원자와 가전자를 공유하여 결합되어 있다. 또 실리콘 원자는 다이아몬드 구조라 부르는 공유결합이기는 하지만 다이아몬드 원자와는 다르게 그 결합은 비교적 약하다. 실리콘이나 게르마늄은 공유결합의 세기가 절연체와 도체의 중간에 있으므로 반도체라 부르며, 약간의 전도성이 있다.

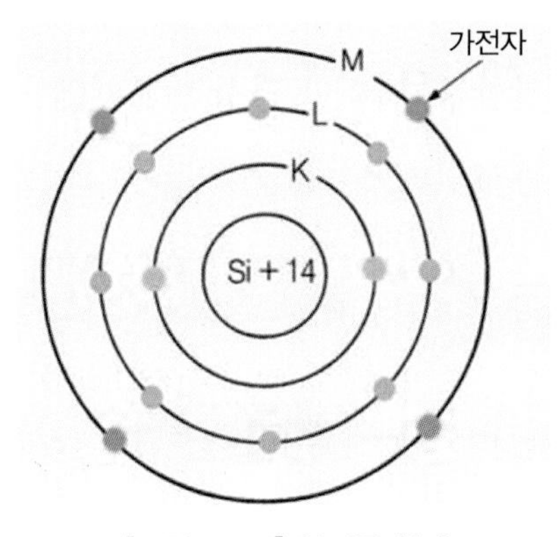

[그림 3-20] 실리콘 원자

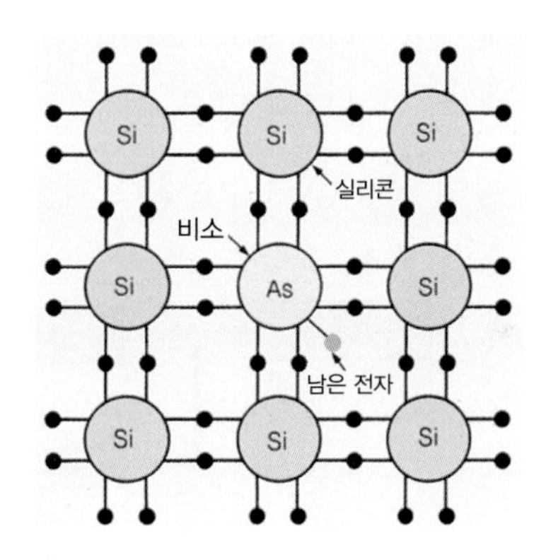

[그림 3-21] 실리콘 원자의 공유결합

(3) 반도체의 전류 흐름

실리콘에 전압을 가하면 가전자 에는 전류의 흐름방향과 반대 방향으로 힘이 작용하고 이 상태에서 전압을 서서히 높이면 어떤 점에서 전압에 의한 힘이 원자핵으로부터의 인력보다 크므로 가전자는 궤도에서 튀어나와 자유전자가 된다. 가전자가 자유전자로 되면 그때까지 가전자가 있었던 곳에 전자가 존재하지 않는 빈자리가 발생하게 되는데 이것을 정공(hole)이라 하며, 자유전자가 지니는 음(-)전하에 대해서 양(+)전하를 가지고 있는 것으로 된다. 이 정공은 가까이 돌고 있는 자유전자를 붙잡아 빈자리를 메우려고 한다.

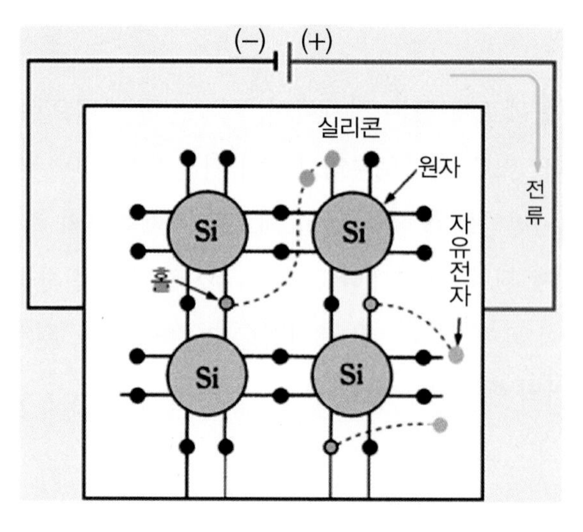

[그림 3-22] 자유전자의 이동

4. 반도체의 종류

반도체는 진성 반도체와 불순물 반도체로 구분된다.

진성 반도체 (intrinsic semiconductor)는 불순물을 정제하여 순도가 99.99999999%로 불순물이 거의 함유되지 않은 순수한 결정을 말한다. 이러한 진성 반도체에 불순물(3가 또는 5가)을 넣어 N형 (N-type) 반도체와 P형 (P- type) 반도체를 만든다.

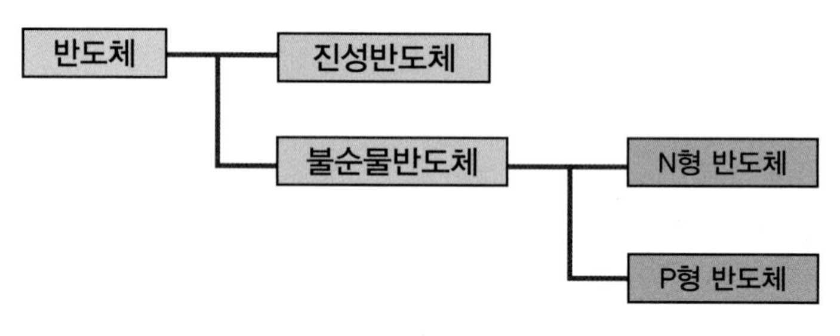

[그림 3-23] 반도체 분류

(1) 진성 반도체

진성 반도체라는 것은 순수한 4가 원소 즉, 최외각 전자가 4개 있는 원소로써 실리콘이나 게르마늄이 공유 결합한 반도체이다. 어떤 원자들이 고체 상태로 결합할 때 결정이라고 하는 고정된 형태로 그들 자체가 배열하게 되고 결정 구조 내의 원자들은 공유결합 때문에 함께 묶인다.

이 가전자의 분배는 원자들을 함께 묶는 공유결합을 만든다. 하지만 이들의 결합력은 비교적 약하기 때문에 그 결합력보다 큰 광 에너지나 열에너지가 주어지면, 공유결합에 관여하는 가전자가 자유전자가 되어 결정 속을 자유롭게 돌아다니게 된다. 하지만 그 수는 매우 적고, 또 저항이 매우 크기 때문에 쓸모없는 것이 되고 만다.

(2) 불순물 반도체

반도체는 적당한 불순물을 첨가함으로써 전자를 이동하게 하는 캐리어 밀도를 대폭으로 제어할 수가 있다. 이것은 반도체가 갖는 중요한 성질 중의 하나이다. 반도체로써 주로 사용되는 실리콘(Si) 결정이나 게르마늄(Ge) 결정에 있어서의 대표적인 불순물은 3가의 원소(B, Al, Ga, In)등과 5가의 원소(P, As, Sb)등이 있다.

(가) N형 반도체

N형 반도체의 N(negative)은 '음' 또는 '-'를 나타내며 진성 반도체인 Si(실리콘) 결정에 불순물로 5가의 가전자를 가진 P(인) 원자를 첨가하여 p 원자의 5개의 가전자 가운데 4개는 인접한 4개의 Si 원자와의 공유결합에 사용되고 나머지 1개의 전자가 남는다. 이 전자를 과잉 전자라 하며 이 전자는 p 원자에 약하게 속박되어 있으므로 실온 정도의 미미한 열에너지를 얻는 것만으로도 p 원자와의 결합을 이탈하여 자유롭게 결정안을 움직이는 자유전자가 된다. 따라서 전체로는 음(-)의 성질을 갖는 N형 반도체가 된다.

N형 반도체에서는 전자가 캐리어가 되어 전도성을 높이는 작용을 하며 P 원자와 같이 결정 속에 자유전자를 만들어 주는 불순물을 도너(donor) 라 한다. 진성 반도체에 불순물이 많이 혼합되면 자유전자나 정공의 수가 많아져서 전류가 흐르기 쉬워진다. 이 불순물의 양을 조절하여 필요로 하는 특성의 반도제를 만들 수 있다.

(나) P형 반도체

P형 반도체의 P(positive)는 '양' 또는'+'를나타내며 진성 반도체인 Si(실리콘) 결정 속에 불순물로써 3가의 B(붕소) 원자를 첨가하고 B원자의 가전자는 3개이므로 인접한 4개의 Si 원자와의 공유결합에 있어서 전자가 1개 부족하므로 Si-Si 결합을 옮길 수가 있다. Si-Si 결합에서 전자가 빠진 구멍은 정공(hole)이 되어 Si-Si 결합을 이탈하여 자유로이 돌아다닌다.

따라서 전체로는 (+)의 성질을 갖는 p형 반도체가 된다. P형 반도체에서는 정공이 캐리어가 되어 전도성을 높이는 작용을 하며 이렇게 정공을 만드는 불순물을 억셉터(acceptor)라 한다.

(다) PN 접합 반도체

다이오드, 트랜지스터, 사이리스터(SCR) 등은 PN 접합이 기본이 되어 만든 반도체 소자이다. PN 접합이라 하면 마치 P형 반도체와 N형 반도체를 접착제로 붙인 것 같은 느낌이 드나 실제는 그렇지 않다. PN 접합은 연속적으로 P층에서 N층으로 변해가는 구조를 이룬다. 이처럼 PN 접합 면이 하나밖에 없으면 단 접합, 접합 면이 2개인 것은 이중 접합, 3개 이상인 것은 다중 접합이라 한다.

(3) 반도체의 장점

1) 매우 소형이고 경량이다.
2) 내부 전력손실이 매우 적다.
3) 예열을 요구하지 않고 곧바로 작동한다.
4) 기계적으로 강하고 수명이 길다.

(4) 반도체의 단점

1) 온도가 상승하면 특성이 매우 불량해진다. (게르마늄은 85℃, 실리콘은 150℃ 이상 되면 파손되기 쉽다.)
2) 역 내압이 낮다.

CHAPTER

03 전기·전자 소자

1. 다이오드

(1) 개요

다이오드란 전류를 한쪽 방향으로만 흘리는 반도체 부품이다. 반도체란 원래 이러한 성질을 가지고 있기때문에 반도체라 부르는 것이다. 트랜지스터도 반도체이지만, 다이오드는 특히 이와 같은 한쪽방향으로만 전류가 흐르도록 하는 것을 목적으로 하고 있다. 반도체의 재료는 실리콘(Si)이 많지만, 그 외에 게 르마늄(Ge) 셀렌(Se) 등이 있다.

다이오드의 용도는 전원 장치에서 교류 전류를 직류 전류로 바꾸는 정류기로서의 용도, 라디오의 고주파에서 신호를 꺼내는 검파용, 전류의 ON/OFF를 제어하는 스위칭용도 등, 매우 광범위하게 사용되고 있다.

(2) PN 접합 다이오드

PN 접합의 P형과 N형에 각 단자를 부착한 소자를 PN 접합 다이오드라 한다. PN 접합 다이오드는 실리콘 또는 게르마늄의 단결정을 성장시켜 P형 반도체 부분과 N형 반도체 부분이 접합하도록 만든 것이다.

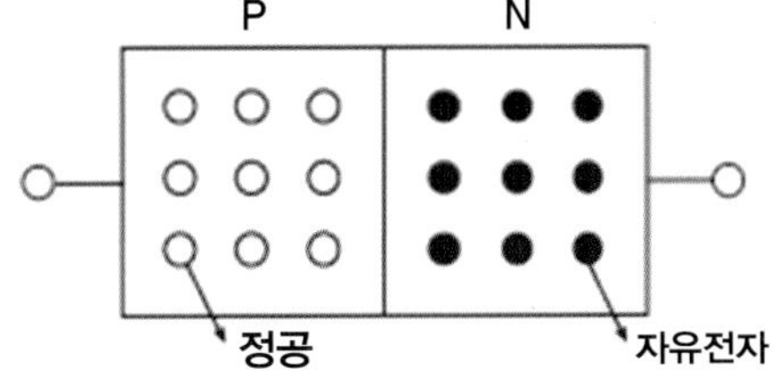

[그림 3-30] PN 접합 다이오드

내부의 원리적 구조는 그림과 같이 2극관이 라는 뜻이며, 전극이 P쪽 단자에 애노드(양극), N쪽 단자에 캐소드(음극)라 불리는 2개로 구성되어 있다. PN 접합에서 양극에 전류를 주었을 때 P쪽에서 N쪽으로 전류가 흐르기 쉽다. 즉 다이오드는 전류가 순방향으로는 흐르기 쉽고 역방향으로는 전류가 흐르기 어려운 특성을 가지고 있다.

(3) 다이오드의 정류 작용

다이오드는 순방향으로는 통하고 역방향으로는 통하지 않는 성질을 가지고 있다. 다시 말해, 한쪽 방향으로만 전류를 흘려주는 성질을 가지고 있다. 이러한 성질을 이용하여 교류로부터 직류를 얻어내는 회로 과정을 정류(rectification)라 한다. 정류는 크게 반파 정류(half-wave rectification)와 전파 정류(full-wave rectification)로 나눌 수 있다. 자동차에서는 발전기에서 3상 교류가 만들어지기 때문에 이것을 정류시키는 정류 작용을 하며 이를 3상 전파 정류라 한다.

(가) 반파 정류 회로

다이오드 등의 정류 소자를 사용하여 교류의 (+) 또는 (-) 의 반 사이클만 전류를 흘려서 부하에 직류를 흘리도록 한 회로이다. 다이오드 1개를 사용하여 여기에 교류전원을 접속하면 반 사이클만 전류가 흐르게 할 수 있다. 이러한 회로를 반파 정류 회로라 하며 이 반파 정류 회로는 파형의 절반 밖에 이용하지 못하므로 별로 사용하지 않는다.

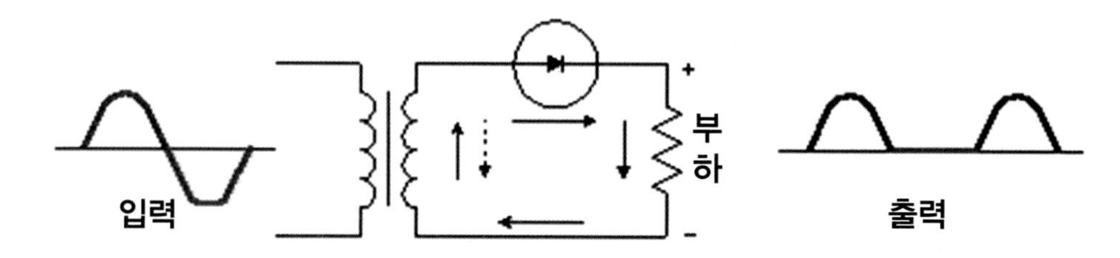

[그림 3-31] 다이오드 반파 정류 회로
출처: https://www.bing.com/images/search?view=detailV2&ccid

(나) 전파 정류 회로

다이오드를 사용하여 교류의 (+). (-)의 반 사이클에 대해서도 정류를 하고, 부하에 직류 전류를 흘릴 수 있도록 한 회로이다.

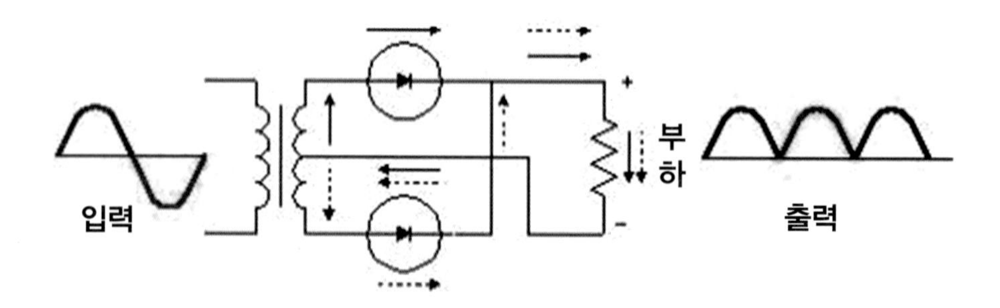

[그림 3-32] 다이오드 전파 정류 회로
출처: https://www.bing.com/images/search?view=detailV2&ccid

(다) 브리지 정류 회로

전파 정류 회로의 일종으로 다이오드 4개를 브리지 모양으로 접속하여 정류하는 회로이다.

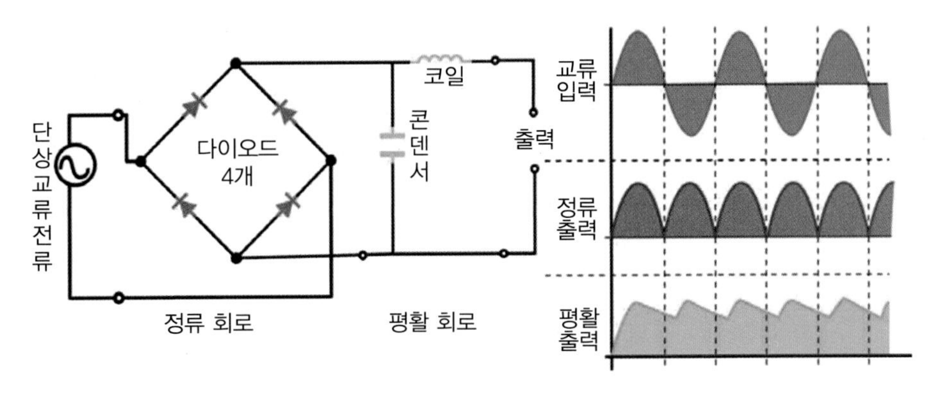

[그림 3-33] 다이오드 브리지 정류 회로

(라) 3상 전파 정류 회로

그림처럼 3상 전파 정류 회로는 자동차에 사용되는 발전기에 적용되는 회로로 120。의 위상마다 전파 정류하여 교류전원을 최대한 직류에 가깝도록 하고 있다.

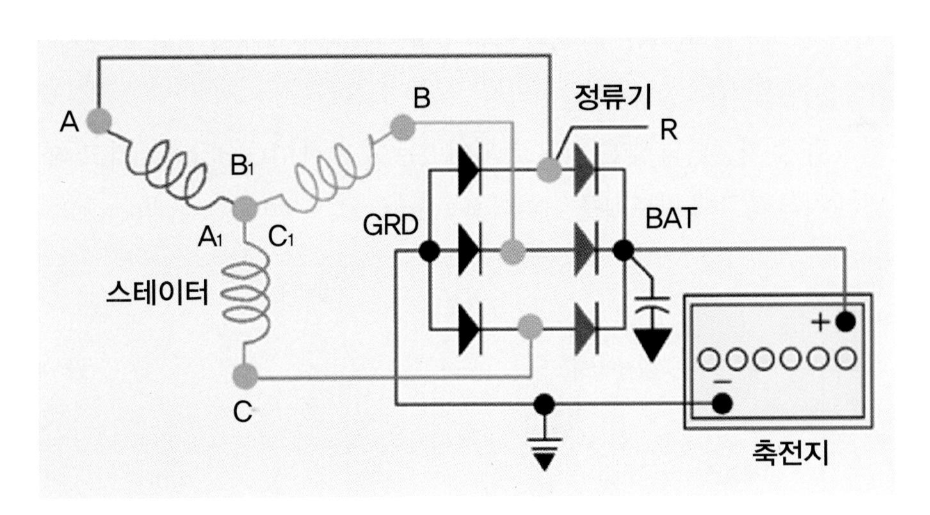

[그림 3-34] 다이오드 3상 전파 정류 회로

2. 트랜지스터

(1) 개요

트랜지스터는 TR이라고도 하며 N형 반도체와 P형 반도체를 PNP / NPN 형태로 접합한 구조의 소자로 전류의 흐름 등을 조절할 수 있도록 하여 만든 회로 구성에서 중요한 반도체 소자이다. 트랜지스터는 기본적으로는 전류를 증폭할 수 있는 부품으로 아날로그 회로에서는 매우 많은 종류의 트랜지스터가 사용되지만 디지털 회로에서는 그다지 많은 종류는 사용하지 않는다. 디지털 회로에서는 ON 아니면 OFF의 신호를 취급하기 때문에 트랜지스터의 증폭 특성에 대한 차이는 별로 문제가 되지 않는다.

디지털 회로에서 트랜지스터를 사용하는 경우는 릴레이라고 하는 전자석 스위치 를 동작시킬 때, 릴레이는 구동 전류를 많이 필요로 하기 때문에 IC만으로는 감당하기 어려운 경우나, 발광 다이오드를 제어하는 경우 등이다. 트랜지스터는 반도체의 조합에 따라 크게 PNP 타입과 NPN 타입이 있다.

(2) 트랜지스터의 종류 및 구조

트랜지스터는 재료, 구조, 제조법에 따라 다르며, 접합 방법에 따라 PNP형과 NPN형의 2종류로 나눌 수 있다. 트랜지스터는 1개의 반도체 결정속의 얇은 N형 반도체를 2개의 P형 반도체 사이에 끼우거나(PNP형)또는 얇은 P형 반도체를 2개의 N형 반도체 사이에 끼워 2조의 접합을 형성한(NPN형) 소자이다.

세 개의 반도체 중 가운데의 얇은 막으로 되어있는 것을 베이스(B: base)라고 하고 베이스의 양쪽에 있는 다른 종류의 반도체를 이미터 (E: emitter), 컬렉터 (C: collector)라 한다.

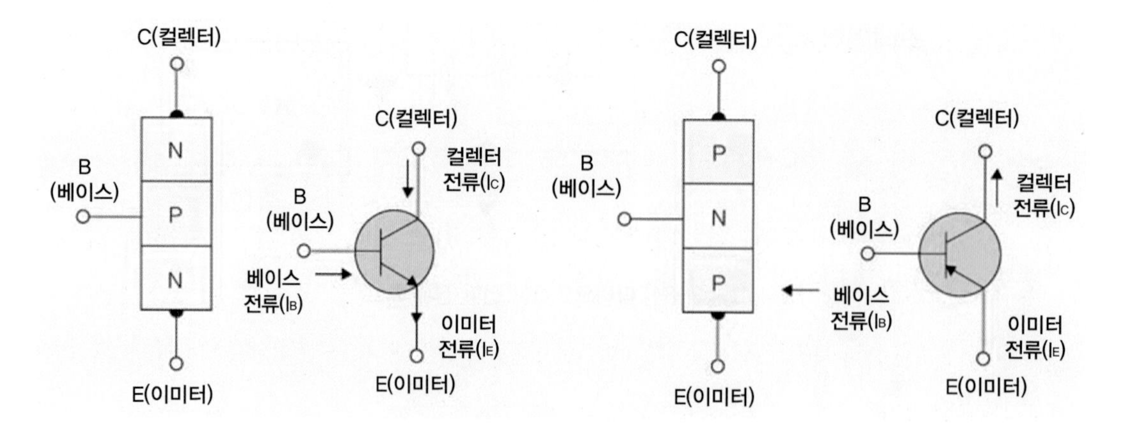

[그림 3-35] 트랜지스터 종류 및 구조

(3) 트랜지스터의 기본 동작

PNP형 트랜지스터와 NPN형 트랜지스터를 작동시키기 위해서는 먼저 PN접합의 이미터와 베이스 사이에 순방향의 직류 전압을 가하여 베이스 컬렉터 사이에는 역방향의 직류 전압을 가해야 한다. 이와같이 트랜지스터에 직류 전압을 가하는 것을 바이어스 전압을 가한다고 한다.

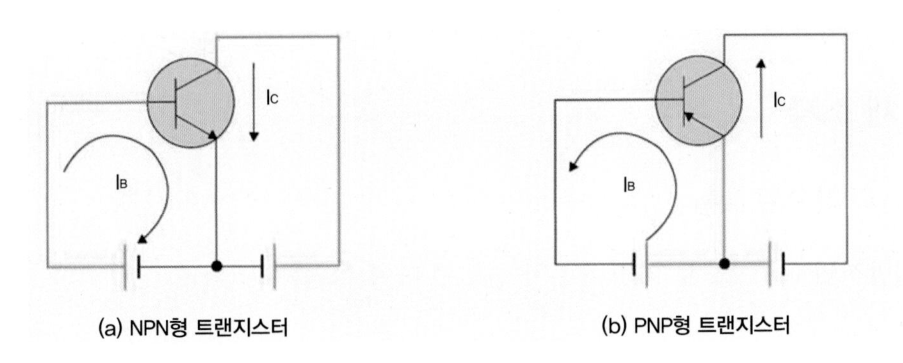

[그림 3-36] 바이어스 전압

(4) 트랜지스터의 작용

트랜지스터는 일반적으로 증폭 작용, 스위칭 작용으로써 모든 전자 시스템에 한 가지 또는 여러 가지 형태로 사용된다.

(가) 증폭 작용

트랜지스터의 기능을 수도에 비유해 보면 이해가 쉽다. 베이스는 수도의 밸브, 컬렉터는 수도꼭지, 이미터는 수도 배관에 비유할 수 있다. 수도 밸브를 작은 힘(베이스의 입력 신호)으로 컨트롤 하여 수도꼭지에서는 많은 물이 나오도록 물의 양(컬렉터에 흐르는 전류)을 조절 한다고 이해하면 정확하다.

(나) 스위칭 작용

증폭 작용의 설명에서 트랜지스터의 이미터와 컬렉터 간에 전류가 흐르게 하려면 베이스에 전류를 흐르게 하면 된다고 했다. 즉 이것은 베이스 전류를 단속함으로써 이미터와 컬렉터 사이를 ON OFF 할 수 있다는 것이다. 이것을 트랜지스터의 스위칭 작용이라 한다.

1) 트랜지스터의 스위칭 작용과 릴레이와 비교

① 스위칭 동작의 ON, OFF는 빠르다. 1초에 1,000회 이상 반복 동작이 가능(릴레이는 100내지 200회 정도)하다.

② 기계 접점이 없기 때문에 릴레이와 같은 접점의 개폐시 채터링이 없고 동작이 안정된다.

③ 베이스 전류를 가감하여 컬렉터 전류를 컨트롤 할 수 있다.

3. 반도체 소자

(1) 정류 다이오드 rectifier diode

가장 일반적인 다이오드로 거의 전부가 실리콘 다이오드를 말한다.

정류란 교류를 직류로 바꾸는 과정으로, 극성이 주기적으로 계속 바뀌는 전류를 한쪽으로만 흐르게 하여 동일 극성만 유지하게 한다. 정류 다이오드는 용도에 따라서 저전압, 고전압, 소전류, 대전류 등 여러 종류가 있으며 대개 전류 용량이 클수록 다이오드의 몸체가 커지게 되며, 작은 것은 수십 분의 1g에 서 큰 것은 수 kg 정도까지 있다.

(2) 스위칭 다이오드 switching diode

정류 다이오드와 같은 종류로 생각할 수 있으나 고주파 전류와 같이 빠른 속도로 극성 이 바뀌는 전류도 적은 손실로 정류할 수 있다. 검파 다이오드로 쓸 경우는 포화 전압을 줄이기 위하여 게르마늄 다이오드 혹은 쇼트키 다이오드를 쓰는 경우가 많다.

(3) 제너 다이오드 zener diode

정전압 다이오드라고도 하며 다이오드의 역방향으로는 전류가 흐르지 않아야 하지만 역방향 전압이 일정한 크기를 넘어서면 전류가 흐르는 특성을 갖고있기 때문에 역방향에서는 항상 동일한 전압 강하치를 구할 수 있어서 전압 기준 회로, 정전압 회로 등에 쓰인다.

제너 다이오드는 다이오드의 순방향 특성을 가지고 있으면서 어느 정도 일정한 역방향 전압을 가하게 되면 전류가 흐르는 특성을 가지고 있다. 이 전압을 제너전압 이라 한다.

제너 다이오드는 전자 회로에 일정 전압 이상이 가해지면 파손될 수 있는 회로에서 아주 유용하게 쓰이고 있다. 자동차에서는 회로 보호 및 전압 조정용으로 주로 사용된다.

(4) 가변 용량 다이오드 variable capacitance diode

역방향 전압의 크기에 반비례하여 다이오드가 가지는 정전 용량치가 변화한다. 가변 용량 다이오드는 커패시터로 동작하며 디지털 동조 회로나 주파수 변조 회로에 반드시 필요하다.

(5) 발광 다이오드 LED: light emitting diode

발광 다이오드는 LED라고도 한다. LED는 일반 다이오드처럼 순방향으로만 전류가 흐르며 스스로 빛을 내는 특성을 지닌 반도체이다. 현재는 적색, 녹색, 황색, 청색 등이 개발되어 있으며 두 가지를 동시에 켜면 황색이 되는데 이세가지 색을 혼합하여 여러 가지 색을 만들 수 있고 따라서 시계 의 숫자 표시나 전자 장비의 표시등 같은 여러 가지의 표시 장치로 다양하게 사용된다.

발광 다이오드는 수 mA에서 작동하는 반도체이므로 과도한 전류가 흐르지 않도록 하기 위한 전류 제한용 저항을 반드시 사용하여야 한다.

(6) 포토 다이오드 Photo Diode

다이오드는 역방향 전류가 흐르지 않는다고 했는데 예외적으로 두 가지가 있다. 하나는 제너 다이오드이고 또 하나는 포토 다이오드로서 빛을 쪼이면 반대로도 전류가 통하는 성질을 가지고 있다. 포토 다이오드의 종류로는 적외선 감지, 레이저 감지, 일반 빛 감지 포토 다이오드가 있다.

포토 다이오드의 특징은 다음과 같다.

1) 빛이 들어오는 광량과 출력되는 전류의 직진성이 좋아 데이터 처리가 용이 하다.
2) 응답 속도가 빠르다.
3) 출력 분산이 적다.
4) 주변의 온도변화에 따른 출력 변동이 적다.

(7) 다링톤 트랜지스터 darlington transistor

다링톤 TR은 2 개의 TR을 결선하여 증폭률을 극대화 한 것으로 작은 베이스 전류로 큰 전류를 제어할 수 있어 점화 장치 회로와 같은 짧은 시간에 큰 전류를 제어할 필요성이 있는 회로에 사용된다.

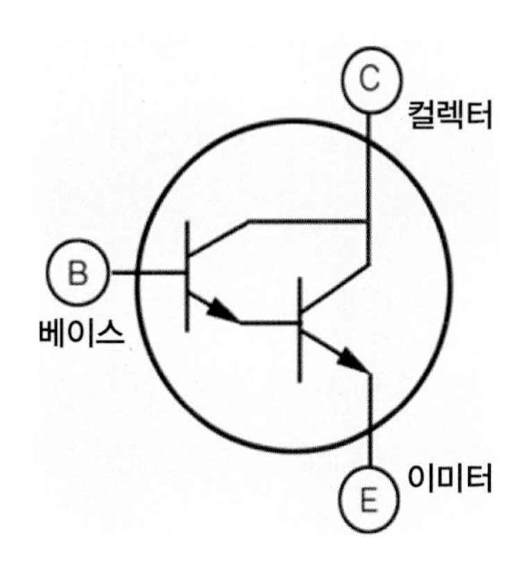

[그림 3-37] 다링톤 트랜지스터

만약 증폭률이 100인 TR 2개를 연결한 경우 lmA의 B_1전류 → 100mA의 C_1전류제어 → 100mA의 B_2전류 → 10,000mA(10A)의 C_2전류가 흐르게 된다.

(8) 사이리스터 SCR: silicon control rectifier

사이리스터는 특수 반도체 소자로 스위칭 소자다. 우리말로는 실리콘 제어 정류 소자라고 한다. 구조를 보면 PN 다이오드를 두개 합쳐서 P나 N쪽에 게이트 단자를 부착한다. 사이리스터는 애노드(A), 캐소드(K), 게이트(G)로 불리는 단자가 있다.

다이오드처럼 생겼지만, 축전지 전류를 공급하게 되면 전류가 통하지 않는다. 직류 회로에서 전구가 점등되려면 게이트에 축전지 (+) 전류를 흘려 줘야한다. 그렇게 하면 전구가 점등되는데 이때 게이트 전류를 끊어도 전구가 계속점등이 된다. 즉 회로가 한번만 연결되면 그다음부터는 자체적으로 회로가 연결되는 특성을 가지고있다. 하지만 교류에서는 sign 곡선이 수시로 0V로 되므로 손을 떼는 순간 통전이 중단되는 스위칭 소자로 쓰인다.

(9) 서미스터 thermistor

서미스터는 온도의 변화에 대해 저항값이 크게 변화하는 반도체를 말한다.

서미스터는 (-)온도계수를 갖는 부특성(NTC: negative temperature coefficient) 서미스터, (+)온도계수를 갖는 정특성 (PTC: positive ternperature coefficient) 서미스터, 어떤 온도에 있어서 전기저항이 급격히 변화하는 CTR(critical temperature resistor) 서미스터가 있다.

PTC 서미스터는 정온 발열, 과전류 보호용 등으로 주로 사용되며, NTC 서미스터는 엔진의 냉각수 온도 센서, 흡입 공기 온도 센서, 에어컨 온도 센서, 온도계 유닛 등의 주로 온도 감지용 센서로 사용된다.

(가) 정특성 서미스터 posit ive temperature coefficient

일반적으로 금속은 열을 받으면 저항이 증가하여 전기가 통하기 어려워진다. 서미스터도 마찬가지로 열을 받으면 전기가 잘 통하기 어려워지고 이것을 저항이 커졌다고 하고 이것을 서미스터의 정 특성이라 한다.

정특성 서미스터를 이용한 회로 보호용으로 사용한 예로, 스위치를 오랫동안 누르고 있으면 모터에 과전류가 흘러 모터가 뜨거워지면 모터에 부착된 PTC 서미스터의 저항이 증가하여 모터로 흐르는 전류를 감소시킴 으로서 모터를 보호한다.

(나) 부특성 서미스터 negative temperature coefficient

부특성 서미스터는 열을 받으면 저항이 증가하는 것이 아니라 반대로 저항이 감소하여 전기가 잘 통하는 특성을 가지고 있는데 이를 서미스터의 부특성 이라 한다. 부특성 서미스터는 온도를 감지해서 신호를 주로 컴퓨터로 보내주는 기능을 한다.

(10) 광전도 셀 photo conductive cell

광전변환 소자의 대표적인 것이며, 빛이 밝아지면 저항값이 감소하고, 빛이 어두워지면 저항값이 증가하는 성질을 가지고 있다. 가변 저항의 일종으로 자동차 에어컨의 일사 센서, 헤드램프의 조도 센서, 가로등의 자동점등 센서로 사용된다.

(11) 전계 효과 트랜지스터 FET: field effect transistor

TR의 약점은 베이스 쪽에 전류를 공급해야만 컬렉터에서 이미터로 전류가 흐른다는 단점이 있다. 그래서 사용하는 것이 FET라는 것이다. FET는 트랜지스터와는 다른 구조를 가지고 있는데 P형과 N형이 있다. 단자 이름은 드레인(D: drain), 게이트(G: gate), 소스(S: source) 이다.

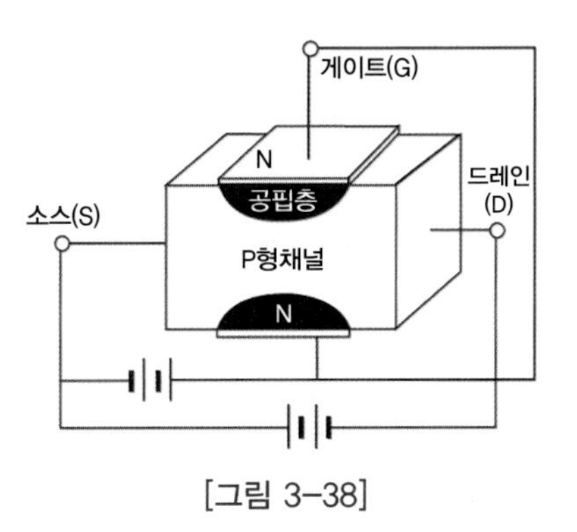

[그림 3-38]

(가) P 채널 FET

P형 반도체의 양단에 전극을 연 결 한다. 이 전극을 소스와 드레인으로 한다. 이의 위아래 쪽으로 N형을 삽입해 놓는다. 그렇게 하면 그림처럼 가운데의 P형과는 공핍층이 생겨난다. 이때의 경계층은 두께가 두껍지 않고 아직 얇아서 가운데의 p형 반도체를 침범 하지 않으므로 소스에서 드레인으로의 전류가 흐르는데 지장이 없다.

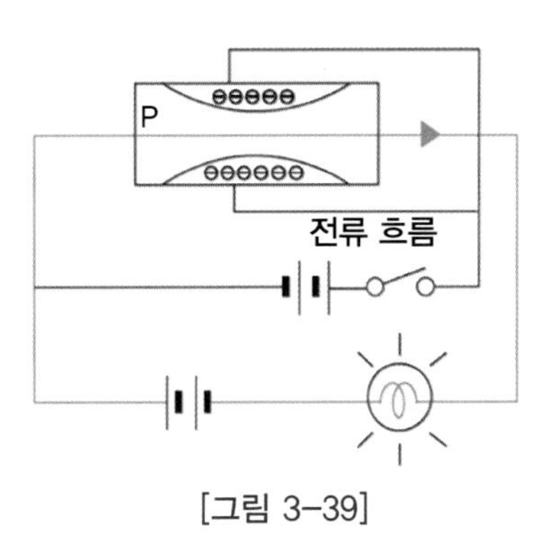

[그림 3-39]

그렇지만 그림의 우측처럼 게이트에 (+)전기를 공급하면 N형 반도체는 주어진 정공을 맞이하기 위해 서로 위아래로 몰리게 되어 가운데 P형 반도체는 공핍층이 넓어져서 단면적이 좁아지게 되고 소스에서 드레인으로 전류가 흐르지 않게 된다.

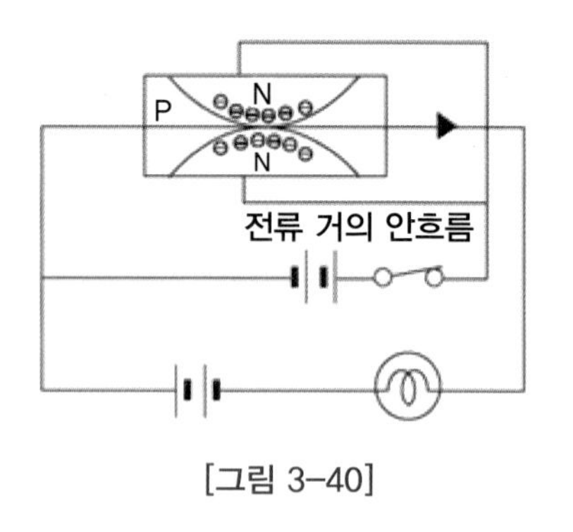

[그림 3-40]

즉 TR은 베이스 전류를 공급해야만 이미터에서 컬렉터로 전류가 흐르는데 FET는 반대로 전기를 안 주면 안 줄수록 소스에서 드레인으로 전기가 잘 통하게 되고 전기를 준다 해도 경계층만 두꺼워질 뿐 전력 소비가 없다는 장점이 있다. N 채널 FET는 P채널과 작동 방법은 같고 전류 방향만 반대로 공급하면 된다.

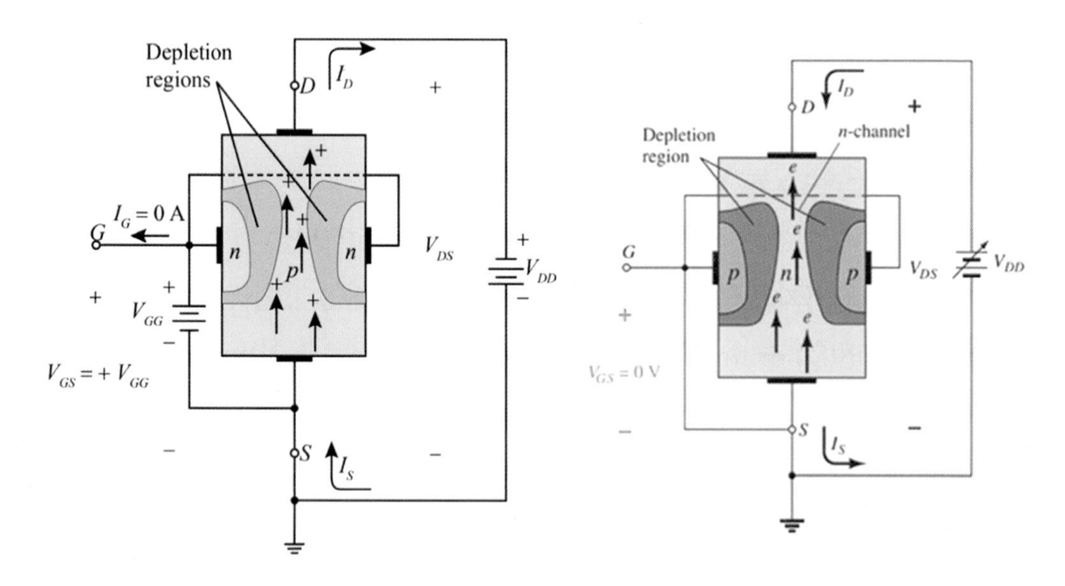

[그림 3-41] P 채널 FET
출처: https://www.bing.com/images/search?view=detailV2&ccid=XV1lNhKH&id

제4장

고전압 배터리 정비

CHAPTER

01 고전압 배터리 구성과 동작원리

1. 배터리 개요

(1) 납산 배터리

(가) 셀의 구성

납산 배터리는 수지로 만들어진 케이스 내부에 6개의 방(Cell)으로 나뉘어져 있고 각각의 셀에는 양극판과 음극판이 묽은 황산의 전해액에 잠겨 있으며, 전해액은 극판이 화학반응을 일으키게 한다. 그리고 1셀은 2.1V의 기전력이 만들어지며, 2.1V셀 6개가 모여 12V를 구성한다.

(나) 충·방전

납산 배터리는 묽은 황산의 전해액에 의하여 화학반응을 일으키는데 방전된 배터리 즉, 묽은 황산에 의해 황산납으로 되어있던 극판이 충전 시에는 다시 과산화납으로 되돌아감으 로서 배터리는 충전 상태가 된다. 방전 시에는 과산화납이 다시 묽은 황산에 의해 황산납으로 화학 변화를 하면서 납 원자 속에 존재하던 전자가 분리되어 전극에서 배선을 통해 이동하는 것이 납산 전지의 원리이다.

(2) 리튬이온 배터리

최신 전기 자동차에서 사용되는 리튬이온 배터리는 납산 배터리 보다 성능이 우수하며, 배터리의 소형화가 가능하다.

(가) 리튬이온의 이동에 의한 충·방전

리튬이온 배터리는 알루미늄 양극제에 리튬을 함유한 금속 화합물을 사용하고, 음극에는 구리소재의 탄소 재료를 사용한 극판으로 구성되어 있으며, 리튬이온 배터리의 충전은 (+)극에 함유된 리튬이 외부의 자극과 전해질에 의해 이온화 현상이 발생되면서 전자를 (-)극으로 이동시키고, 동시에 리튬이온은 탄소 재료의 애노드 극으로 이동하여 충전 상태가 된다.

방전은 탄소 재료 쪽에 있는 리튬이온이 외부의 전선을 통하여 알루미늄 금속 화합물 측으로 이동할 때 전자가 (+)극 측으로 흘러감으로써 방전이 이루어진다. 즉, 금속 화합물 중에 포함된 리튬이온이 (+)극 또는 (-)극으로 이동함으로써 충전과 방전이 일어나며, 금속의 물성이 변화하지 않으므로 리튬이온 배터리는 열화가 적다.

(나) 1셀당 전압

리튬이온 배터리는 1셀당 (+)극판과 (-)극판의 전위차가 3.75V로 최대 4.3V이며, 전기 자동차의 고전압 배터리는 대략 셀당 3.7~3.8V이다.

DC 360V 정격의 리튬이온 폴리머(Li-Pb) 배터리는 DC 3.75V의 배터리 셀 총 96개가 직렬로 연결되어 있고, 모듈은 총 8개로 구성되어 있다.

(3) 배터리 수량과 전압

전기 자동차는 고전압을 필요하므로 100셀 전후의 배터리를 탑재하여야 한다. 그러나 이와 같이 배터리의 셀 수를 늘리면 고전압은 얻어지지만 배터리 1셀마다 충전이나 방전 상황이 다르기 때문에 각각의 셀 관리가 중요하다.

(4) 배터리 케이스

자동차가 주행 중 진동이나 중력 가속도(G), 또는 만일의 충돌 사고에서도 배터리의 변형이 발생치 않도록 튼튼한 배터리 케이스에 고정되어야 한다.

(가) 주행 중 진동에 노출

배터리에만 해당되는 것은 아니지만 자동차 부품은 가혹한 조건에 노출되어 있다. 어떠한 경우에도 배터리는 손상이 발생치 않도록 탑재 시 차체의 강성을 높여 주어야 한다.

(나) 리튬이온 배터리의 발열 대책

배터리는 충전을 하면 배터리의 온도가 올라가므로 과도한 열은 성능이 떨어질 뿐만 아니라 극단적인 경우 부풀어 오르거나 파열되기도 하며, 문제를 일으킨다. 그러므로 배터리는 항상 좋은 상태로 충전이나 방전이 일어 날 수 있도록 고전압 배터리팩에

공냉식 또는 수냉식 쿨링 시스템을 적용하여 온도를 관리하는 것이 필요하다.

(다) 전기 자동차의 고전압 배터리

리튬이온 폴리머 배터리(Li-ion Polymer)는 리튬이온 배터리의 성능을 그대로 유지하면서 폭발위험이 있는 액체 전해질 대신 화학적으로 가장 안정적인 폴리머(고체 또는 젤 형태의 고분자 중합체) 상태의 전해질을 사용하는 배터리를 말한다.

(라) 배터리 냉각 시스템

고전압 배터리는 냉각을 위하여 쿨링 장치를 적용하여야 하며, 일부의 차량은 실내의 공기를 쿨링팬을 통하여 흡입하여 고전압 배터리 팩 어셈블리를 냉각시키는 공랭식을 적용한다.

고전압 배터리 쿨링 시스템은 배터리 내부에 장착된 여러 개의 온도 센서 신호를 바탕으로 BMS ECU((Battery Management System Electronic Control Unit)에 의해 고전압 배터리 시스템이 항상 정상 작동 온도를 유지할 수 있도록 쿨링팬을 차량의 상태와 소음 진동을 고려하여 여러 단으로 회전속도를 제어한다.

(5) 고전압 배터리 수납 프레임

배터리는 충격을 받으면 안 되는 정밀 부품이기 때문에 견고한 케이스에 넣어져 있다. 그 케이스가 부차적인 효능을 발휘한다.

(가) 강성이 강한 수납 케이스

전기 자동차용 리튬이온 배터리는 수백 볼트(V)라는 고전압을 발생시키기 때문에 외부로부터 보호하기 위하여 튼튼한 프레임 구조로 보호되어야 하며, 예기치 않은 충돌이 일어나더라도 배터리에 직접 손상이 미치지 않도록 하여야 한다.

(나) 차체 강성

약한 진동이나 충격은 서스펜션 스프링이나 쇽업소버가 감쇠시킬 수 있지만 전기 자동차의 서스펜션 기능을 충분히 달성되기 위해서는 견고한 강성을 구비한 차체가 필요하다.

CHAPTER

02 전기자동차용 Battery의 구성 및 종류

하이브리드 및 전기자동차의 각 부품 중에서 가장 중요한 역할 담당하며 또한 가장 많은 상용화 전지로서 리튬 2차 전지로 발전하였다.

리튬 2차전지는 전해질 형태에 따라 다음과 같이 분류된다.

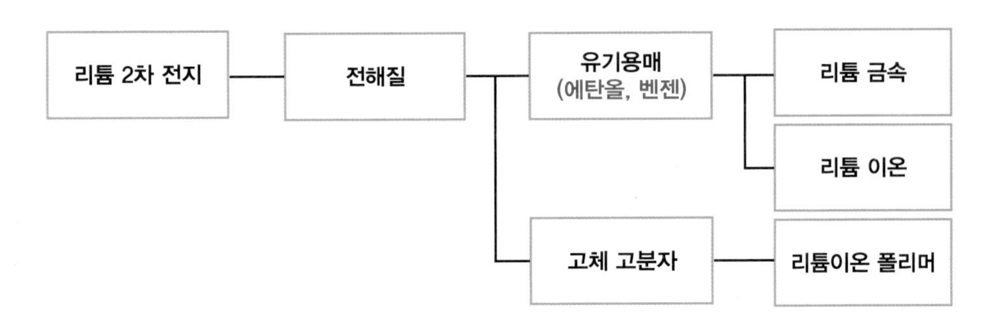

[그림 4-1] 2차 전지의 분류

1. 고전압 배터리의 역할

안전, 충전 시간, 전력 전달, 극한 온도에서의 성능, 환경 친화성, 수명이 충전식 전지 기술의 문제 등으로 전기자동차는 리튬이온 전지, 리튬폴리머 이온 전지를 제품에 채용하는 추세이며 도요타 자동차의 프리우스, 캠리, 하이랜더는 밀폐형 Ni-MH 전지 팩을 사용한다. 리튬이온 전지와 비교할 때 Ni-MH의 전력 수준이 낮고 자가방전율이 높다. 그러므로 Ni-MH는 EV 에 적합하지 않다. 리튬이온 전지는 특정한 높은 에너지를 제공하고 무게가 가볍다. 그러나 높은 가격, 극한 온도의 불용, 안전(리튬이온 전지의 가장 큰 장애 요인임) 때문에 이 전지는 적합하지 않다.

2. 배터리가 갖추어야 할 조건

(1) 가격

자동차 자체의 보조금은 물론 전지에 대한 보조금 또는 기술적 발전을 통한 생산성, 효율성 향상으로 전지 자체의 가격을 낮추는 것이 시급하다.

(2) 안전성

손안에 들어오는 작은 전지 폭발로 크고 작은 사건 사고가 발생하는 것을 볼 수 있었다.

(3) 수명

차량을 교체하는 시기가 각기 다르겠지만 5~10년 정도 사용한다고 봤을 때 그 전지 수명 역시 이와 비슷하거나 그 이상의 수명을 지니고 있어야 한다.

(4) 집적화

무게나 부피 등을 줄일 수 있는 기술력이 필요하다.

(5) 전지 충전 시간

충전을 위한 인프라 구축 등 갖춰져야 할 부분이 많다.

3. 배터리의 구성요소

① 산화제인 양극 활물질
② 환원제인 음극 활물질
③ 이온 전도에 의해 산화반응과 환원반응을 중개하는 전해액
④ 양극과 음극이 직접 접촉하는 것을 방지하는 격리판
⑤ 이것들을 넣는 용기(전지캔)
⑥ 전지를 안전하게 작동시키기 위한 안전밸브나 안전장치 등이 필요

(1) 양극, 음극 활물질

전극(부극과 정극)활물질

① **음극(Negative Electrode)**: 전자와 양이온이 빠져나오는 전극

② **양극(Positive Electrode)**: 전자와 양이온이 들어가는 전극

③ **전해질**: 양극과 음극사이에서 이온이 자유롭게 이동할 수 있는 통로 역할을 함.

④ **분리막**: 양극과 음극사이의 물리적으로 야기되는 전지 접촉을 방지하며, 이온의 이동은 자유롭다.

(2) 전해액

① 이온 전도성 재료는 전지내에서 전기화학 반응이 진행하는 장을 제공

② 전해액은 이온 전도성이 높을 것이 요구

③ 양극이나 음극과 반응하지 않을 것

④ 전지 작동범위에서 산화환원을 받지 않을 것

⑤ 열적으로 안정될 것, 독성이 낮으며 환경친화적일 것

⑥ 염가일 것 등이 요구된다.

(3) 격리판

① 양극판과 음극판이 직접 접촉되면 자기방전을 일으킬 위험

② 격리판은 양극과 음극사이에 있어 양자의 접촉을 방지

③ 연축전지에는 글라스 매트 등이, 알칼리 2차전지나 리튬 전지에는 폴리머의 부직포나 다공성 막이 이용.

4. 2차 전지의 종류와 특성

전기자동차 전원으로서 갖추어야 할 전지의 조건으로는 가볍고, 에너지 밀도(Wh/kg) 및 출력 밀도(W/kg)가 커야 하며 전기자동차가 실용화되기 위한 전제조건으로 전지 가격이 저렴하고 주재료인 전극 재료가 자원적으로 풍부해야 하며 폐전지로부터 금속의 회전 및 리사이클이 용이 하며 경제성이 좋아야 한다.

(1) 납축전지 Lead-Acid

① 납축전지는 전압이 2V로 자동차용 전지로 가장 많이 사용

② 자동차용 전지는12V로 2V 전지를 직렬로 6 개가 내부에 연결

③ 과방전시 전지 수명이 급속히 단축되는 특성을 지니며 특히 자동차의 경우 재충전이 안 될 경우 전지를 새로 구입해야 하는 경우가 자주 발생

(2) 리튬이온 전지

① 전압은 3.6V로 휴대폰, PCS, 캠코더, 디지털 카메라, 노트북 등에 사용

② 양산 전지중 성능이 가장 우수하며 가볍다.

③ 현재 일본 소니사가 가장 앞선 기술을 보유하고 있으며 가장 먼저 양산

④ 리튬이온 전지는 폭발 위험이 있기 때문에 일반 소비자들은 구입할 수 없으며 보호회로가 정착된 PACK 형태로 판매

⑤ 위험성만 제거되면 가볍고 높은 전압을 갖고 있어 앞으로 가장 많이 사용될 전지

⑥ 리튬이온전지는 양극, 분리막, 음극, 전해액으로 구성되어 있고 리튬이온의 전달이 전해액을 통해 이루어짐

⑦ 전해액이 누수되어 리튬 전이금속이 공기중에 노출될 경우 전지가 폭발할 수 있고 과충전 시에도 화학반응으로 인해 전지 케이스내의 압력이 상승하여 폭발할 가능성이 있어 이를 차단하는 보호회로가 필수

(3) 리튬인산철 $LiFePO_4$ 전지

리튬-인산철 전지는 양극제로 폭발 위험이 없는 리튬-인산철을 사용하여 근본적으로 안정성을 확보하였고 이온(액체) 전해질을 써서 축전 효율도 최대화한 제품이다. 리튬-인산철은 다른 어떤 양극물질과 비교해도 저렴한 가격과 뛰어난 안전성, 성능, 그리고 안정적인 작동 성능을 보이고 있다. 또한 리튬-인산철은 전기 자동차용 전지와 같이 대용량과 안전성을 동시에 요구하는 에너지 저장 장치로서 적합하다.

단점으로는 기전압이 기존 리튬-코발트 전지의 3.7V보다 0.3V 정도 낮은 3.4V라는 점을 꼽을 수 있겠다. 또한 리튬-폴리머 전지만큼 디자인 용이성이 떨어지는 점도 들을 수 있다.

(4) 리튬 폴리머 전지

(가) 리튬 폴리머 전지의 개요

전해액을 고분자물질로 대체하여 안정성을 높인 것으로 전해질이 고체이기 때문에 전해질의 누수염려가 없어 안전성이 확보되어 용도에 따라 다양한 크기와 모양으로 전지 팩을 제조 하여 전지와 전지 사이에 전지용량과 무관한 쓸데없는 공간이 생기는 문제를 해결함으로써 에너지밀도가 높은 전지를 제조할 수 있다. 또한 자기방전율 문제, 환경오염문제, 메모리효과 문제가 거의 없는 차세대 전지라 할 수 있으며 전지제

조공정이 리튬이온 전지에 비하여 비교적 용이할 것으로 예상되어 대량생산 및 대형 전지 제조가 가능하다.

전지제조비용의 저렴화 및 전기자동차 전지로의 활용 가능성 높다. 리튬폴리머 전지가 기술적으로 실현 가능하게 하기 위해서는 아래와 같은 문제가 선결되어야 한다.

① 전기화학적으로 안정해야 함.(과충방전에 견디기 위해 넓은 전압범위에서 안정)

② 전기전도도가 높아야 함. (상온에서 1 mS/cm 이상)

③ 전극물질이나 전지내의 다른 조성들과 화학적, 전기화학 적 호환성이 요구됨.

④ 열안정성이 우수하여야 함.

(+)극과 (-)극 사이에 무엇이 있을까? 리튬이온 전지는 액체로 된 전해액이 들어 있다.

이 전해액은 유기성인데 휘발유보다 잘 타는 물질이다. 그래서 폭발의 위험이 있다. 리튬폴리머는 바로 이점을 개선한 것이다. 전해액 대신에 고분자물질로 채워서 안정성을 높인 것이다. 리튬 이온 중합체 전지(리튬이온 폴리머전지, 폴리머전지)는 중합체(폴리머)를 사용한 리튬이온전지이다.

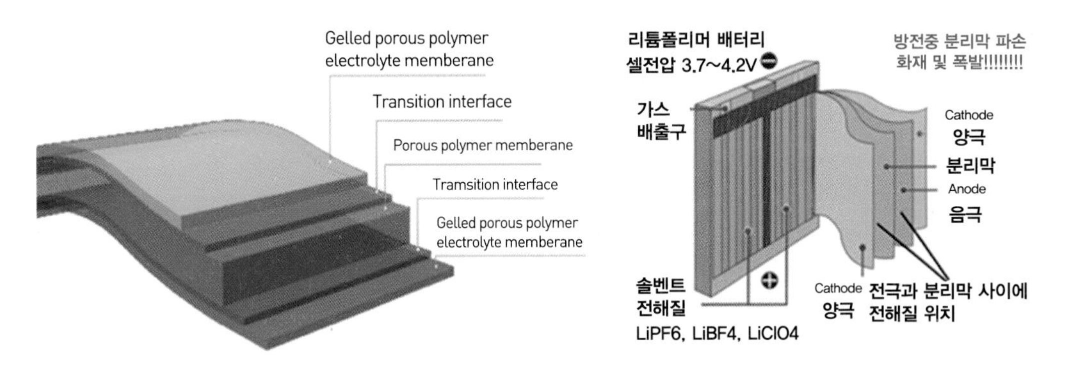

[그림 4-2] 리튬폴리머 전지의 구성

폴리머 전지는 폴리머를 전해질로 사용한 것이며 고체나 젤 상태의 중합체를 전해질로 사용하기 때문에 안정성이 높고 무게도 가벼우며 제조과정도 간단하여 컴퓨터를 비롯한 핸드폰 등에서 주로 사용되고 있다. 앞으로 그 사용영역이 더욱 확장될 것으로 보인다.

리튬폴리머 전지는 리튬이온 전지와 동작원리는 같으나 전해액에 유기 용매와 겔상의 고분자를 사용하는 것으로 누액의 위험이 적고, 안전성이 뛰어나며 필름 형태의 재료를 중첩시켜 구성하므로 형상의 자유도가 높아 다양한 모양이 가능하다.

반면에 리튬이온 전지에 비해 체적 에너지 밀도가 떨어지며 제조공정이 비교적 복잡하여 아직까지 가격이 높다.

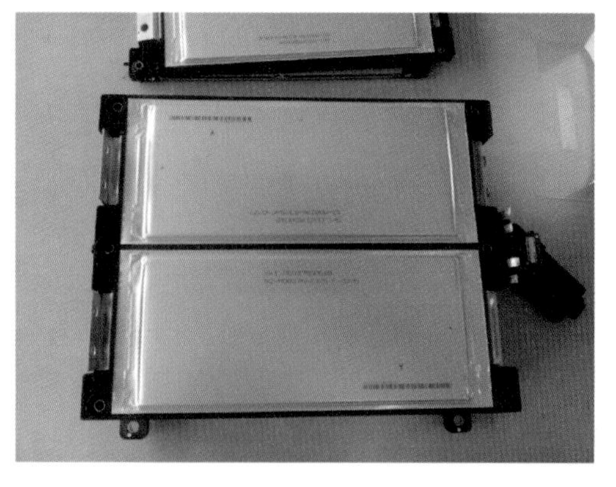

[그림 4-3] 리튬 폴리머 배터리

[그림 4-4] 리튬 폴리머 전지의 구조

(나) 전기 화학적 원리

음극과 양극의 활물질(active material)이 리튬이온 전지와 유사하기 때문에 전기 화학적 원리는 같다. 전지작동에 의한 전극의 변화는 없기 때문에 안정적인 충·방전이 가능하다.

(다) 고분자 분리막

고분자 분리막은 리튬의 결정성장에 의한 양 전극의 단락을 방지함과 동시에 리튬이온 이동의 통로를 제공하는 역할을 한다. 고분자 전해질의 이온 전도도는 과거 10^{-7}S/cm에서 최근 10^{-5}~10^{-4}S/cm 정도로 향상되고 있으나 실용화하기 위한 값인 10^{-3}S/cm에는 못 미치고 있다. 이를 개선하기 위해 전해액을 고분자에 함침된 상태에서 전지를 구동하는 겔형 리튬폴리머 전지의 개발에 주력하는 추세이다.

겔형 고분자 전해질의 장점은 향상된 이온전도도 외에 우수한 전극과의 접합성, 기계적 물성, 그리고 제조의 용이함 등을 들 수 있다.

(라) 리튬폴리머 전지의 종류

리튬폴리머 전지는 기존 리튬이온 전지의 양극, 전해액, 음극 중 하나에 폴리머 성분을 이용한 것을 말하며 아래의 4종류가 있다.

1) 폴리머 전해질 전지 진성 폴리머 전해질 전지
2) 폴리머 전해질 전지 겔 폴리머 전해질 전지
3) 폴리머 양극 전지 도전성 고분자 양극 전지
4) 폴리머 양극 전지 황산 폴리머계 양극 전지

양산되는 폴리머 전지는 겔(GEL) 폴리머 전해질 전지로서 두 종류로 분류

① **가교 폴리머형**(진정한 의미의 폴리머전지. 고온에서도 안정된 겔 구조 유지 가능)

가교 폴리머형는 곤약에 비유: 끓은 물에 넣어도 아무런 반응도 하지 않고 겔 구조를 유지

② **비가교 폴리머형**(폴리머사이의 결합이 물리적인 얽힘이거나 약한 수소 결합으로 겔 구조가 붕괴되기 쉬움)

비가교형 폴리머는 한천에 비유: 상온에서는 견고한 겔이지만 80도씨 이상에서는 녹아버린다. 고온에 쉽게 부풀거나 하는 것이 이런 특성때문 리튬 폴리머 전지의 공통적인 특징은 얇은 외장재에 있다.

실제로 폴리머가 들어가서 내부물질의 무게는 기존의 리튬이온 전지보다 무겁지만 외장재가 월등히 가벼워서 전체적으로 더 가볍다. 그러나 실제 용량은 리튬이온 보다 훨씬 떨어진다. 리튬이온 전지는 부피당 에너지 밀도가 300~350mAh/L, 폴리머전지는 250~ 300mAh/L 이다(에너지밀도 낮다). 같은 외형크기-부피일 때 리튬이온이 훨씬 오래 쓸 수 있다. 그 이유는 폴리머 전지에 첨가된 폴리머 전해질의 이온전도도가 액체 전해질보다 훨씬 낮고 반응성이 떨어지기 때문이다.

폴리머전지는 온도가 낮아지면 반응성이 더 나빠져서 전지로서의 기능을 발휘하지 못한다. 반대로 고온에서는 리튬이온 전지에 쓰인 액체 전해질의 이온전도도가 폴리머 전해질 보다 높기 때문에 반응속도가 빨라져 폴리머 전지가 조금 더 안전하다.

고온에서는(90℃ 이상) 어떤 전지든 내부 단락 현상이 일어나는데 폴리머전지는 외장재가 약해 보다 일찍 옆구리가 터져 피식하고 새는 식으로 폭발하고, 리튬이온 전지는 외장재가 두꺼워 견딜 수 있는 압력까지 견디다 보다 크게 폭발할 위험이 있다.

(마) 리튬폴리머 전지의 특성

[리튬이온 전지와 리튬폴리머 전지와의 차이점]

1) 구조상의 특징에서 판상 구조이기 때문에 리튬이온전지의 공정에서 나오는 구불구불한 작업이 필요 없으며, 각형의 구조에 매우 알맞은 형태를 얻을 수 있다.
2) 전해액이 모두 일체화된 셀 내부에 주입되어 있기 때문에 외부에 노출되는 전해액은 존재하지 않는다.
3) 자체가 판상 구조로 되어 있기 때문에 각형을 만들 때 압력이 필요 없다. 그래서 캔(can)을 사용한 것 보다 팩을 사용하는 것이 용이 하다.

CHAPTER

03 고전압 배터리 탈·부착

고전압 배터리의 탑재 장소는 차량에 따라 약간의 차이는 있으나 보편적으로 차량의 후미 트렁크 부위에 배치한다.

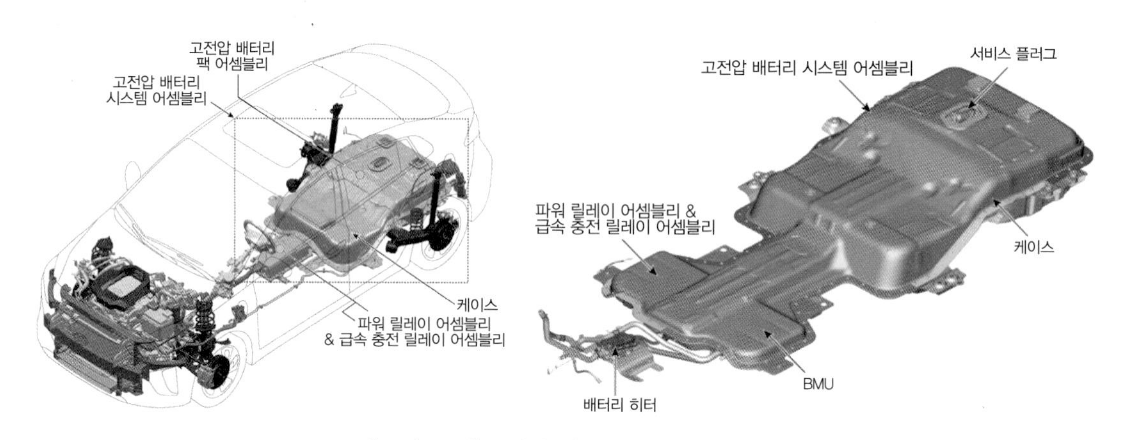

[그림 4-5] 고전압 배터리 시스템 구성

1. 고전압 배터리 검사 준비

고전압 배터리 관련 시스템을 점검하기 위해 고전압 배터리 팩 어셈블리를 탈착하여 점검하며, 적합한 공구를 준비한다. 또한 차종에 적합한 특수 공구를 사용하여 고전압 배터리의 이상 유무를 검사 및 판단한 후 조치가 완료되면 고전압 배터리 시스템 어셈블리를 차량에 장착한다.

(1) 고전압 메인 릴레이 융착 상태 검사(BMU 융착 상태 점검)

고전압 배터리 팩 어셈블리를 안전하게 탈거하기 위해서는 작업전에 고전압 메인릴레이 융착상태를 점검해야 한다.

전기회로에서 접촉 부분이 용융되어 접점이 달라붙는 현상을 융착이라고 하며, 고전압 릴레이가 융착되어 정상적인 ON·OFF 제어가 불가능한 상태가 되면 충전과 방전을 제한

하며, 경고등이 점등되고 고장 코드가 발생한다. 고전압 배터리 메인릴레이(PRA)의 융착유무는 진단장비의 서비스 데이터와 직접 측정 방식으로 센서 데이터 진단을 통하여 BMU의 융착 상태를 점검한다.

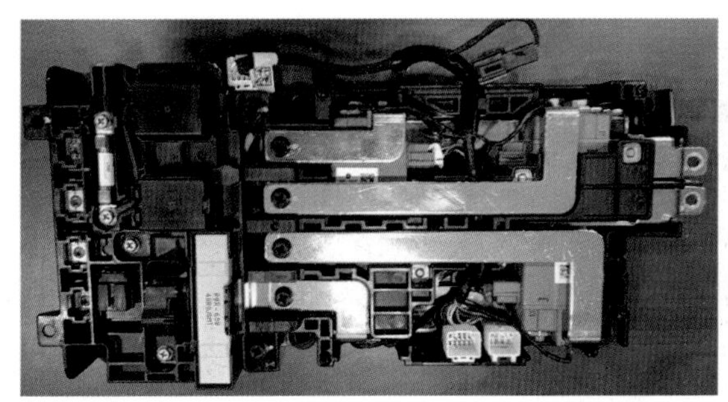
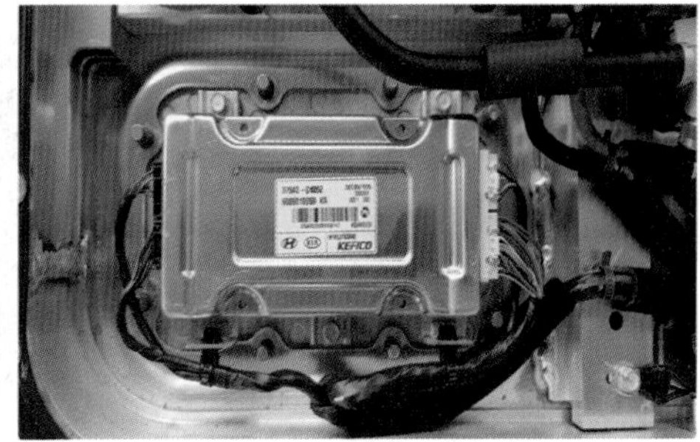

[그림 4-6] PRA 및 BMS

(2) 점검 시 주의 사항

(가) 점검을 위하여 배터리 팩 어셈블리를 안전하게 탈착하기 위해서는 작업 전에 고전압 메인 릴레이 융착 상태 점검을 실시한다.

(나) 고전압 배터리 관련 시스템을 점검하기 위해 고전압 배터리 팩 어셈블리를 탈착한 경우는 장착하기 전에 플로우 잭을 이용하여 가장착한 후 전기 자동차 전용 점검 도구를 사용하여 고전압 배터리의 이상 유무를 검사한다.

(다) 점검 검사 후 정상일 경우에 고전압 배터리팩 어셈블리를 차량에 장착한다.

(3) 진단 장비를 이용한 서비스 데이터 점검

(가) 진단기를 자기진단 커넥터(DLC)에 연결한다.

(나) 점화 스위치를 ON시킨다.

(다) 진단기 서비스 데이터의 BMU 융착 상태를 확인한다.

고정 출력 | 전체 출력 | 그래프 | 항목 선택 | 최대/최소 초기화 | 저장 | 정지 | 그룹 | 가상차속

센서명	센서값	단위
SOC 상태	71.0	%
BMS 메인 릴레이 ON 상태	YES	-
배터리 사용가능 상태	YES	-
BMS 경고	NO	-
BMS 고장	NO	-
BMS 융착 상태	NO	-
배터리 팩 전류	0.5	A
배터리 팩 전압	377.5	V
배터리 최대 온도	19	'C

[그림 4-7] BMU 융착 점검

(4) 멀티미터를 이용한 직접 측정

1) 고전압 차단 절차를 수행한다.
2) 리프트를 이용하여 차량을 들어올린다.
3) 장착 너트를 푼 후 고전압 배터리 하부 커버(A)를 탈거한다.
4) 장착 볼트를 푼 후 PRA 및 BMU 고전압 정션박스 어셈블리 브래켓(A)을 탈거한다.
5) 장착 볼트를 푼 후 PRA 및 BMS 고전압 정션박스 어셈블리 커버(B)를 탈거한다.

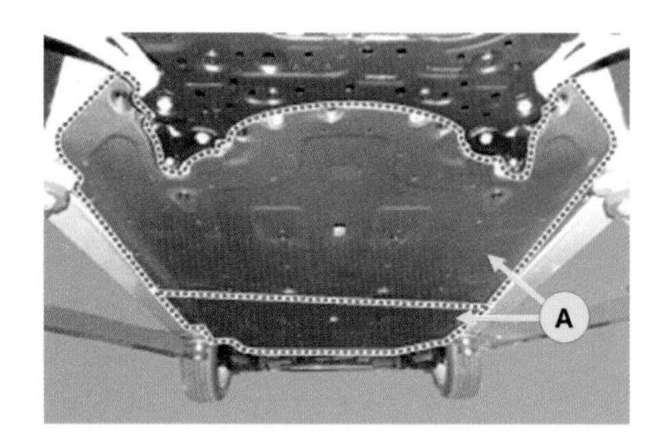

[그림 4-8]

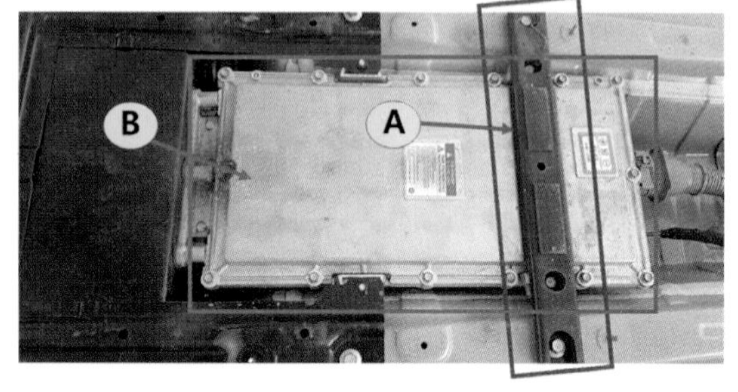

[그림 4-9]

6) BMU 커넥터(A)를 분리한다.
7) 장착 스크루를 푼 후 PRA 톱 커버(A)를 탈거한다.

[그림 4-10] BMS 유닛

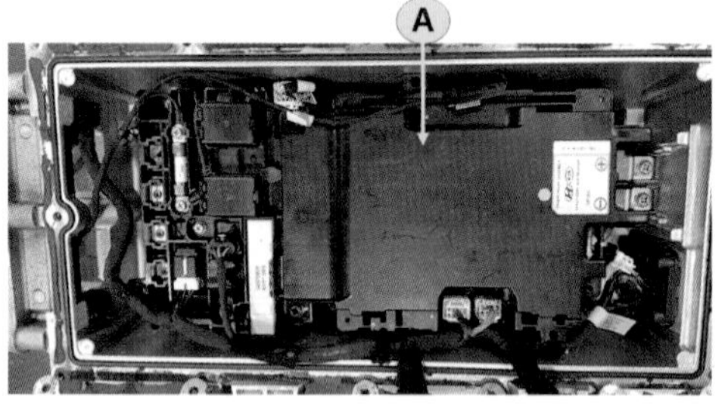

[그림 4-11] PRA 어셈블리

8) 그림과 같이 고전압 메인 릴레이의 융착 상태는 측정 저항값이 ∞Ω(20℃) 규정범위 이내에 있는지 여부를 점검한다.

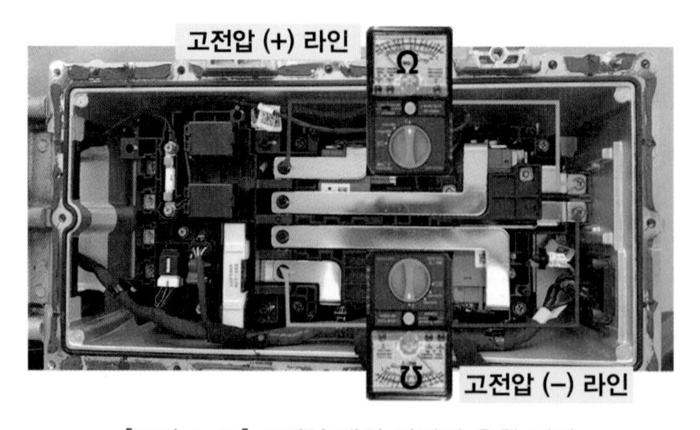

[그림 4-12] 고전압 메인 릴레이 융착 점검

2. 고전압 배터리 팩 탈거

(1) 아이오닉 EV (88KW) 탈거

고전압 시스템 작업시 반드시 안전 사항 및 주의사항, 경고 내용을 숙지하고 준수해서 작업을 해야한다. 미준수시 감전 또는 누전으로인한 심각한 사고를 초래할 수 있다. 또한 고전압 시스템 작업시 고전압 차단절차에 따라 반드시 고전압을 먼저 차단하여야 한다.

1) IG 스위치를 OFF하고 보조배터리(12V)의 어스(-)단자를 분리한다.
2) 고전압 회로를 차단한다.
3) 차량을 리프트로 들어 올린다.
4) 언더커버 장착너트(A)를 풀고 고전압 배터리 프런트 언더커버(B)와 리어언더커버(C)를 탈거한다.
5) 장착클립(A)를 탈거하고 리어범퍼 언더커버(B)를 탈거한다.

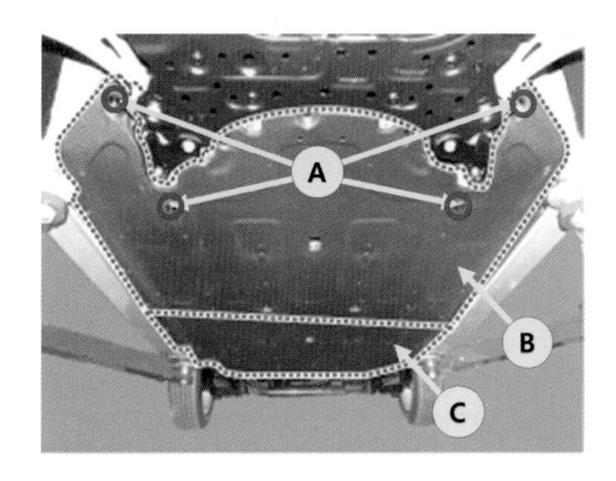

[그림 4-13]

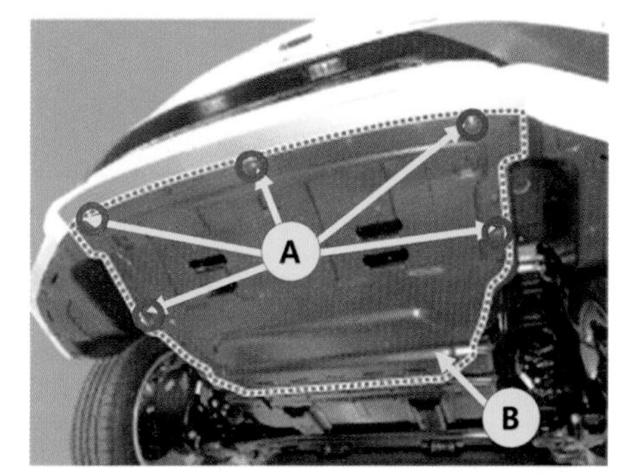

[그림 4-14]

6) 장착클립을 풀고 리어범퍼 사이드 언더커버(A)를 탈거한다.

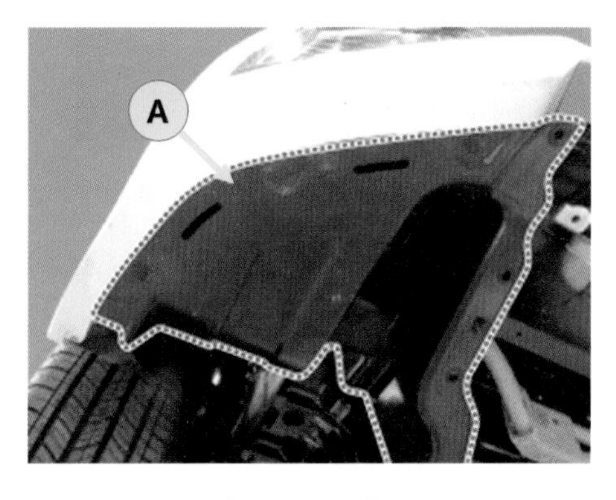

[그림 4-15]

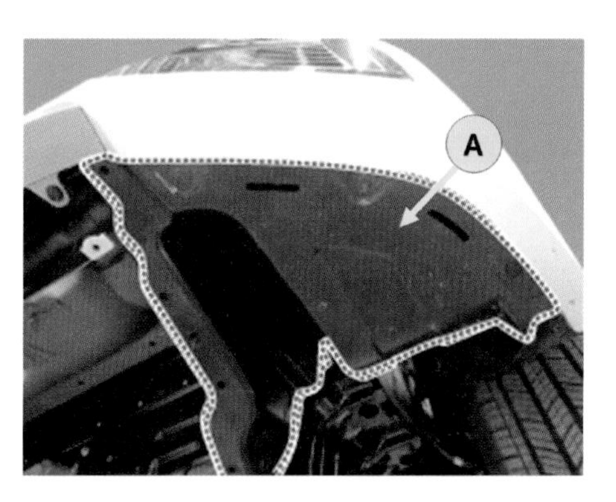

[그림 4-16]

7) BMS 연결커넥터(A)를 탈거한다.

8) 고전압 케이블 (A)를 분리한다.

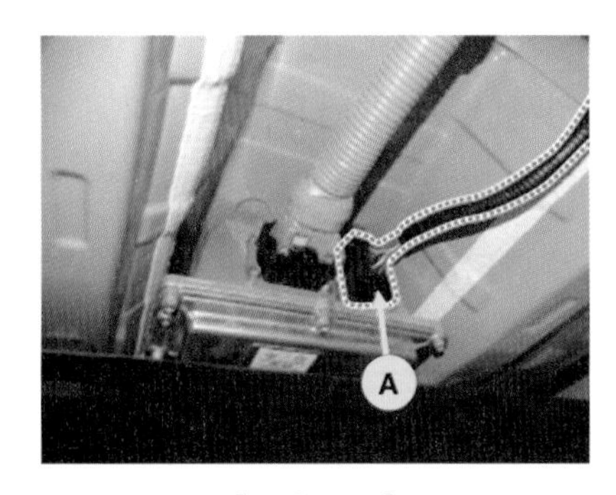

[그림 4-17]

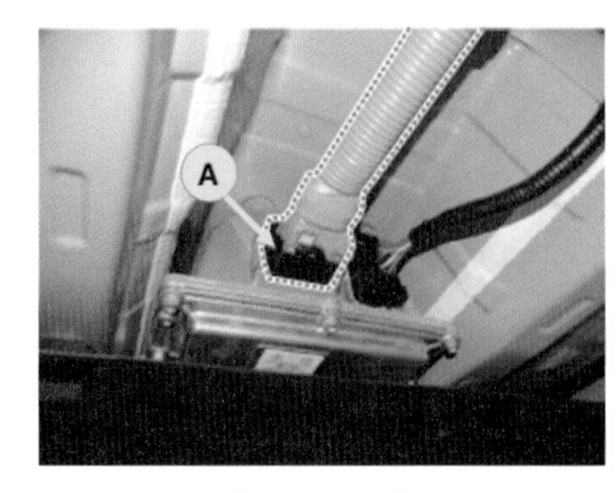

[그림 4-18]

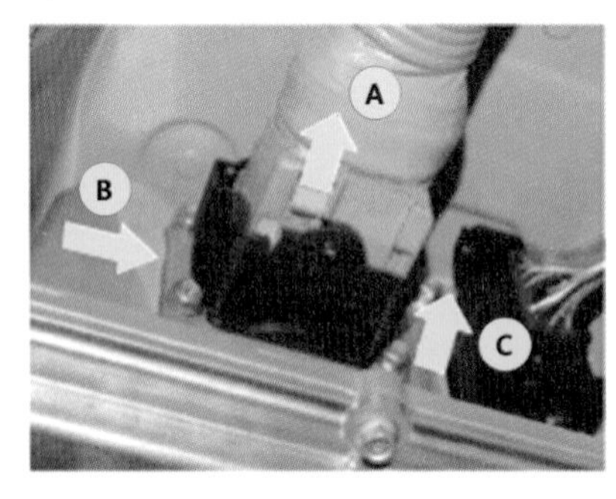

[그림 4-19]

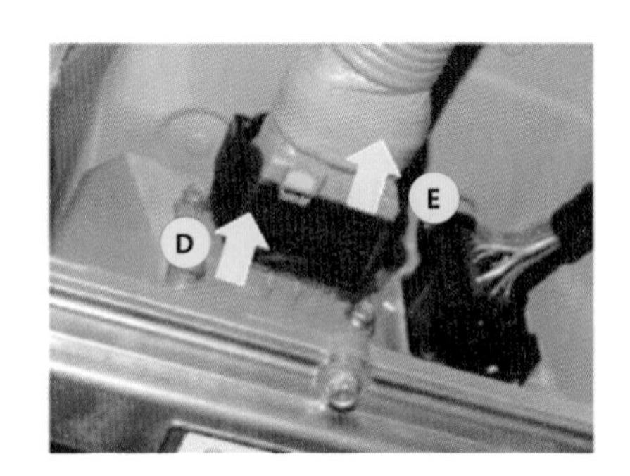

[그림 4-20]

9) 장착너트(A)를 풀고 급속충전 고전압 커넥터(B)를 분리한다.

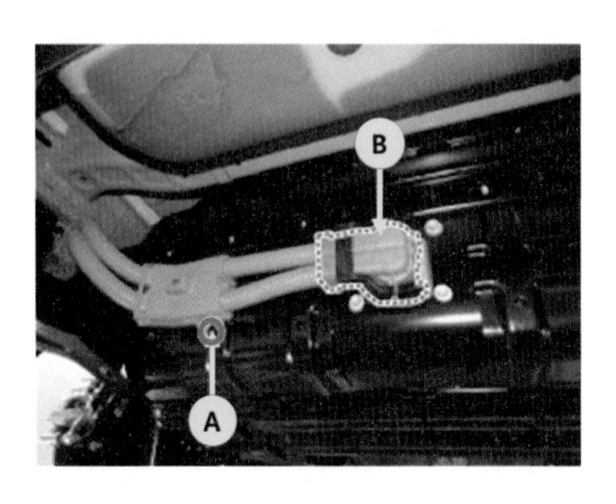

[그림 4-21]

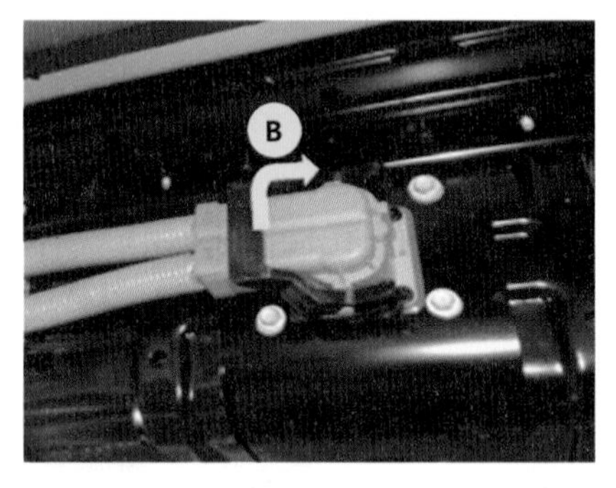

[그림 4-22]

10) 리어 서브 프레임을 탈거한다.

11) 접지고정볼트(A)를 풀고 접치케이블(B)를 분리한다.

12) 고전압 팩 어셈블리에 플로워 잭(A)를 설치한다.

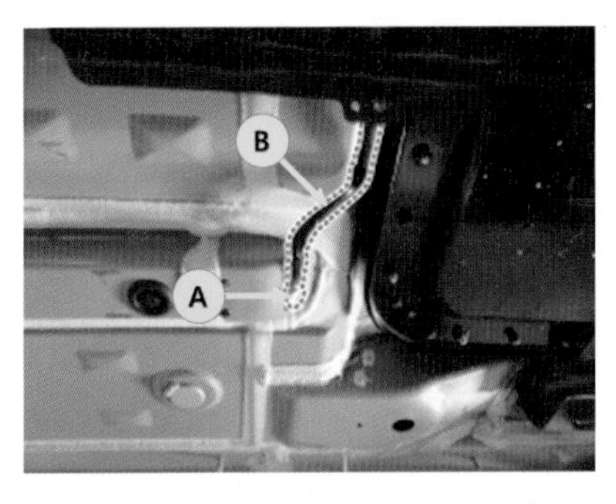

[그림 4-23]

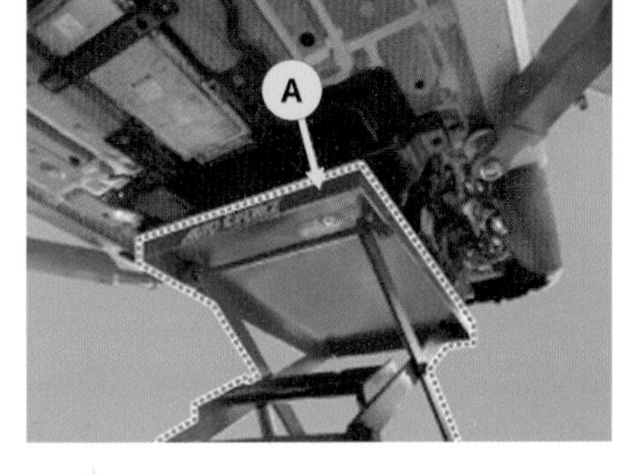

[그림 4-24]

13) 고전압 배터리 시스템 어셈블리 고정볼트를 제거한다.

14) 고전압 배터리 시스템 어셈블리(A)를 차량으로부터 탈거한다.

[그림 4-25]

[그림 4-26]

(2) Niro EV (100KW/150KW) 탈거

1) IG스위치를 OFF하고 보조 배터리(12V) (-)터미널을 분리한다.

2) 리어시트를 탈거하고 안전플러그 서비스 커버(A)를 탈거한다.

3) 안전플러그(A)를 탈거한다.

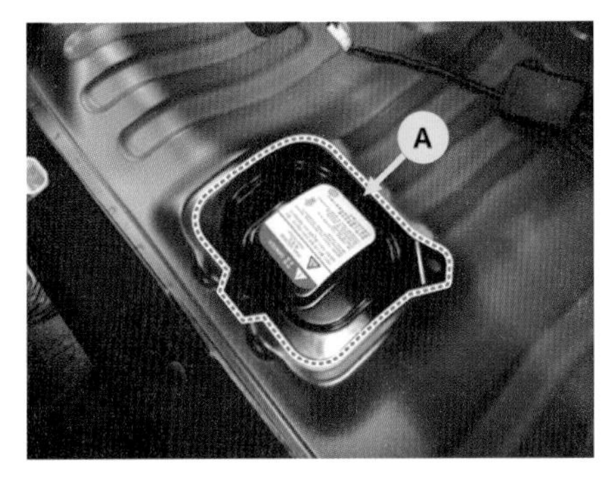

[그림 4-27]

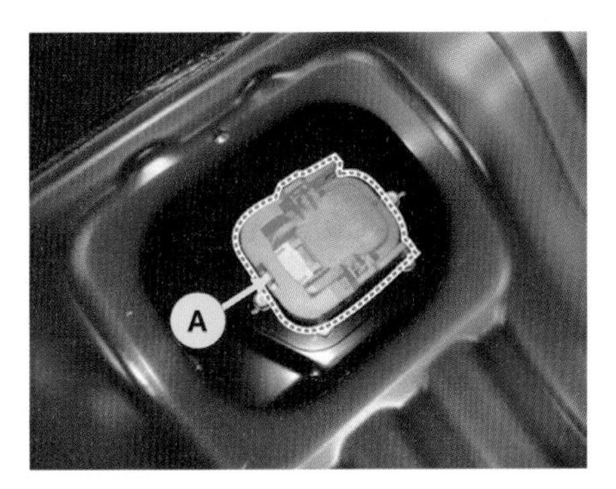

[그림 4-28]

5) 안전플러그 탈거후 인버터 내부에 있는 케패시터의 방전을 위하여 반드시 5분이상 대기한다.

6) 프런트 하부 커버 장착 너트를 풀고 프런트 하부 커버(A)를 탈거한다.

7) 리어 하부 커버 장착 너트를 풀고 리어 하부 커버(B)를 탈거하고 냉각수를 배출한다.

[그림 4-29]

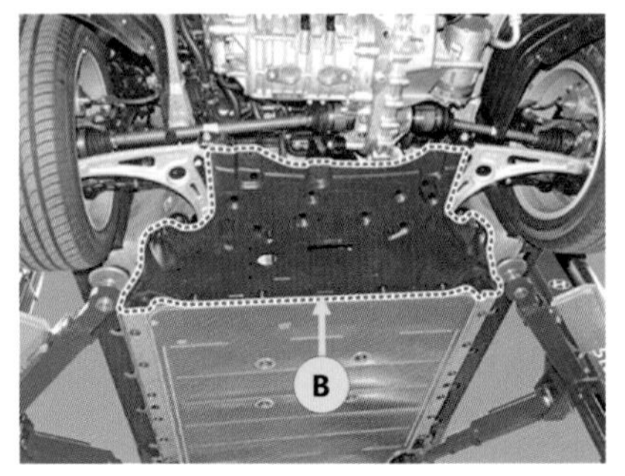

[그림 4-30]

8) 고전압 케이블 커넥터(A)를 분리한다.

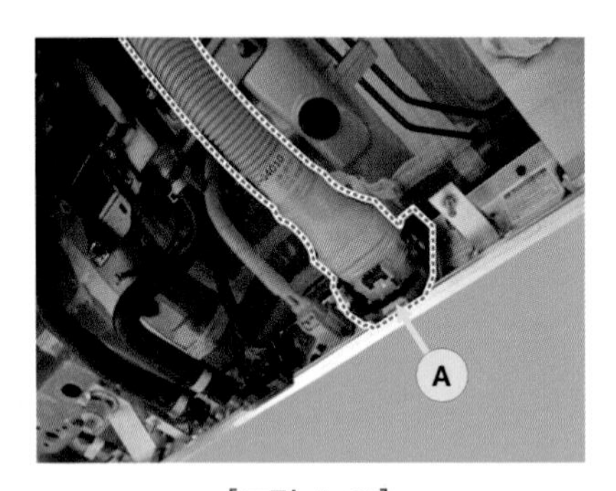

[그림 4-31]

9) 히터 커넥터(A)를 분리한다.

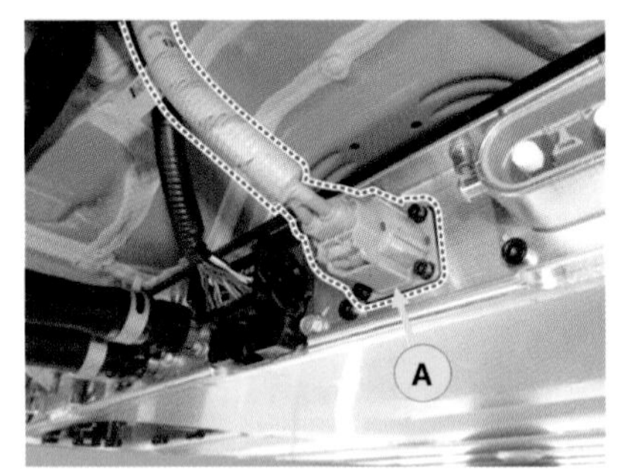

[그림 4-32]

10) BMS 연결커넥터(A)를 분리한다.

11) 냉각수 인렛호스(A)와 냉각수 아웃렛 호스(B)를 분리한다.

[그림 4-33]

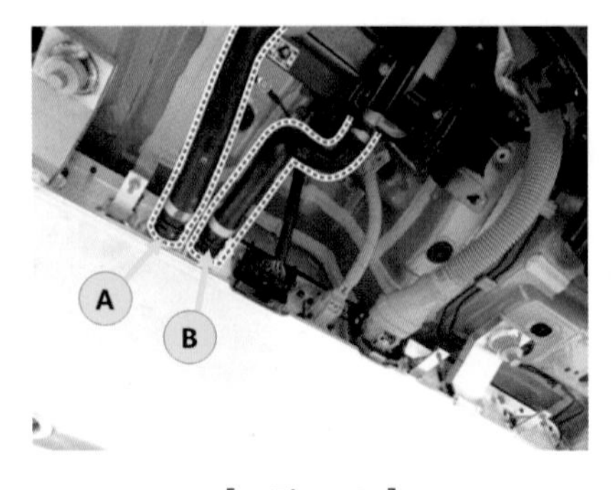

[그림 4-34]

12) 다음 방법을 통하여 고전압 배터리 시스템 어셈블리 내의 잔여 냉각수를 특수공구를 이용하여 제거한다.

① 냉각수 인렛에 입력 어댑터(A)와 냉각수 아웃렛에 배출어댑터(B)를 장착하고 고정볼트 (C)를 조여준다.

② 냉각수 아웃렛에 연결된 배출어댑터(B)에서 배출어댑터 (D)를 탈거한다.

③ 세이프 노브너트(A)에 세이프티 와이어 플레이트(B)를 끼우고 세이프티 노브 너트(A)를 조여준다.

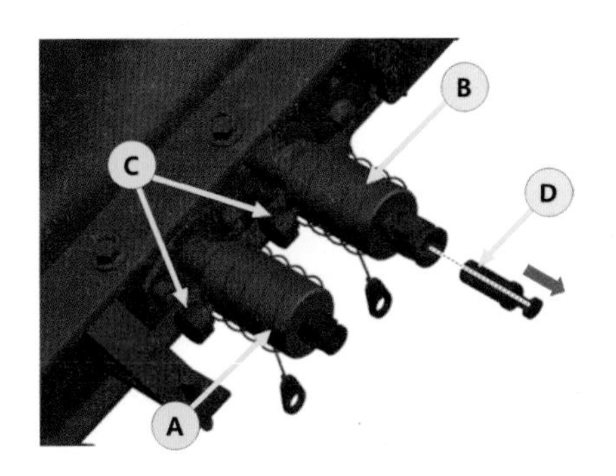

[그림 4-35]

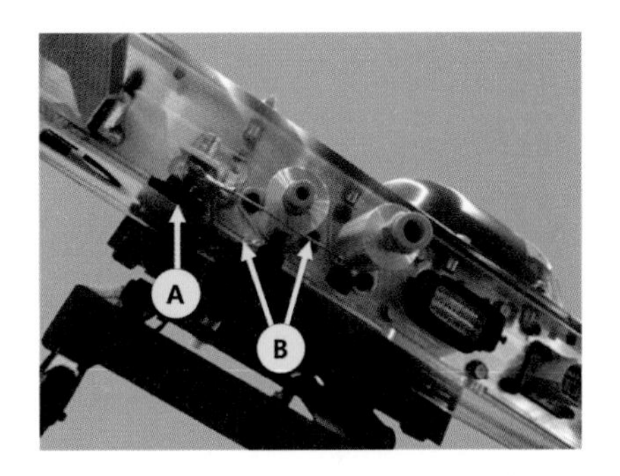

[그림 4-36]

④ 에어호스(A)를 압력 게이지(B)에 연결한다.

⑤ 에어 브리딩툴(특수공구 SST: 09580-3D100, 일반압력게이지 사용가능) 호스에서 기밀 플러그(A)를 탈거하고 에어차단밸브(B)를 닫는다.

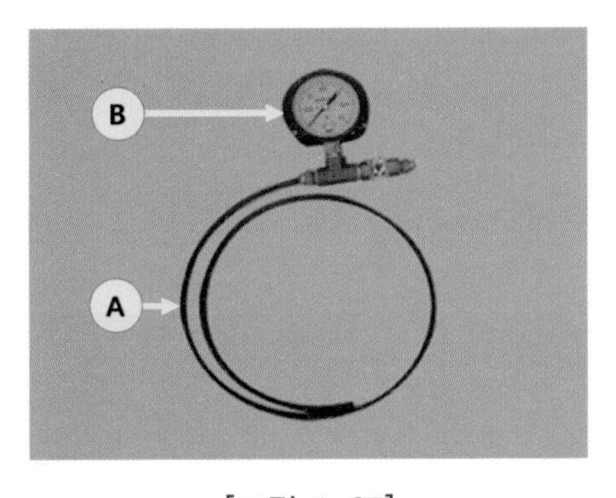

[그림 4-37]

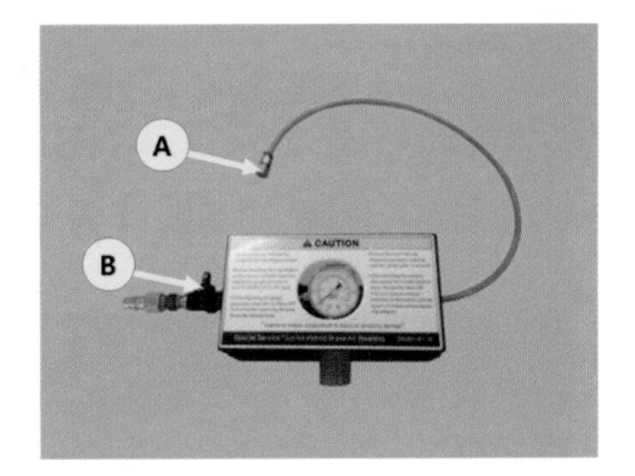

[그림 4-38]

⑥ 압력게이지(A)를 에어 브리딩툴에 연결한다. (에어 압력 조정기가 장착된 압력게이지 사용가능)

⑦ 에어 브리딩 툴(A)에 에어공급라인(B)을 연결후 에어차단밸브(C)를 열고 에어압력 게이지의 눈금이 2.1bar이 넘을 경우 압력을 조절하여 2.1bar로 맞춘다.

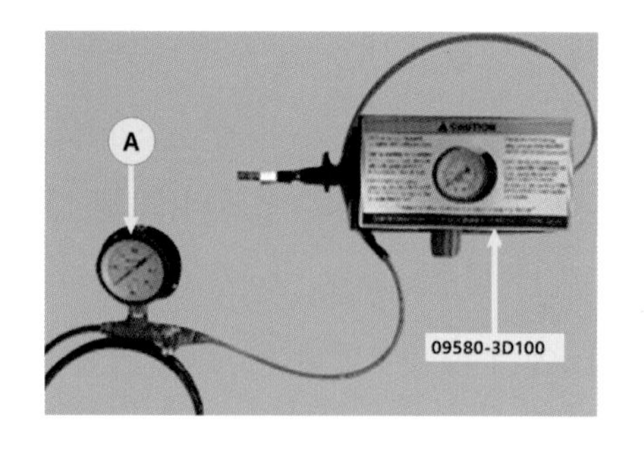

[그림 4-39]

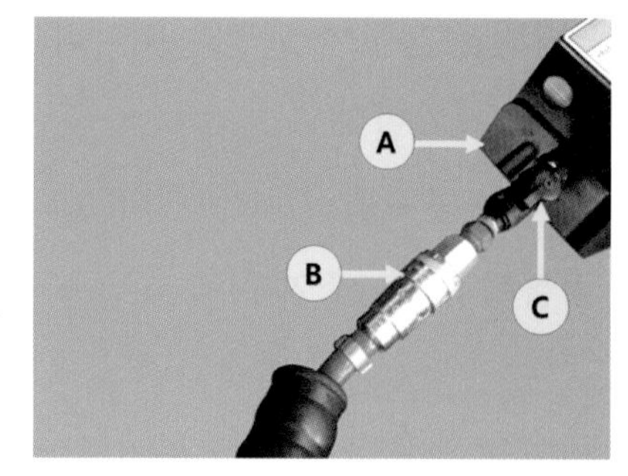

[그림 4-40]

⑧ 냉각수 인렛에 연결된 압력 어댑터에 에어호스(A)를 연결한다.

⑨ 냉각수 아웃렛에 연결된 배출 어댑터에 에어호스(B)를 연결한다.

⑩ 냉각수 아웃렛에 연결된 배출 에어호스(A)를 냉각수 폐수통(B)에 넣은 후 에어 압력을 이용하여 냉각수를 배출한다.

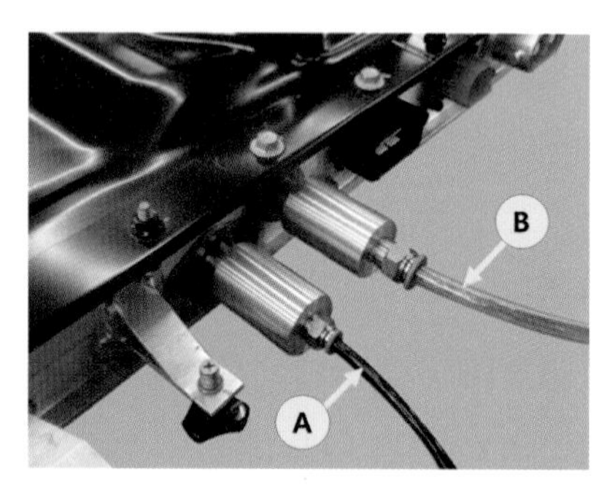

[그림 4-41]

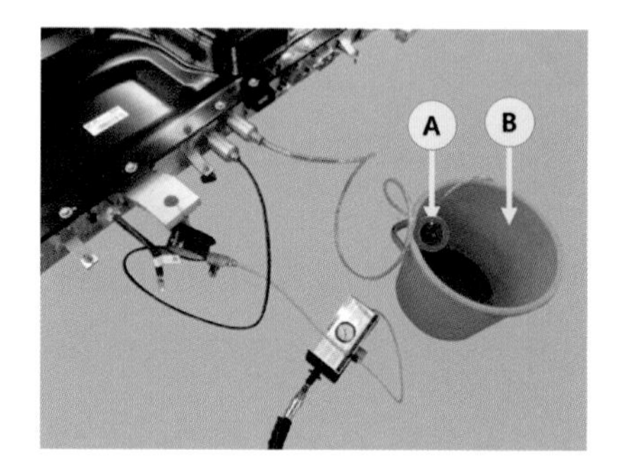

[그림 4-42]

13) 접지 고정볼트(A)를 풀고 접지 케이블을 분리한다.

14) 고전압 배터리 시스템 어셈블리 중앙부 고정볼트(A)를 푼다.

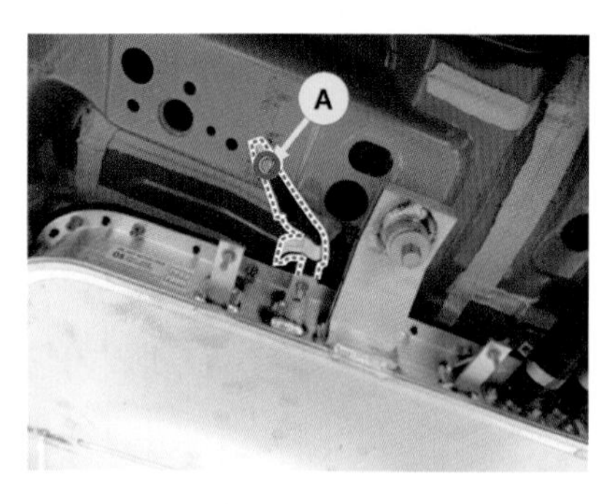

[그림 4-43]

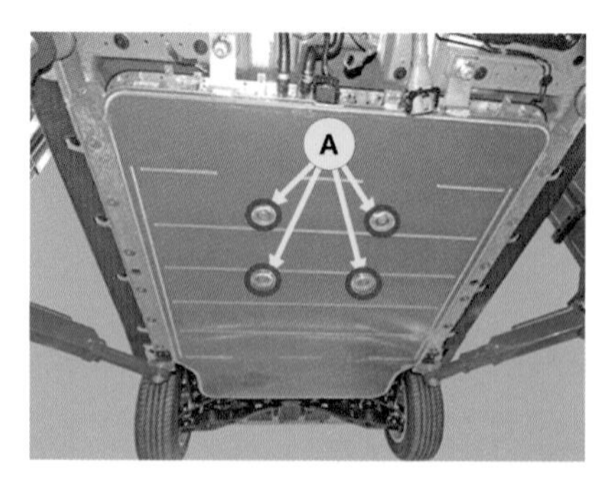

[그림 4-44]

15) 고전압 배터리 시스템 어셈블리에 플로워 잭(A)를 설치하고 배터리 팩 사이드 고정 볼트를 제거한다.

16) 고전압 배터리 시스템 어셈블리(A)를 차량으로부터 탈거한다.

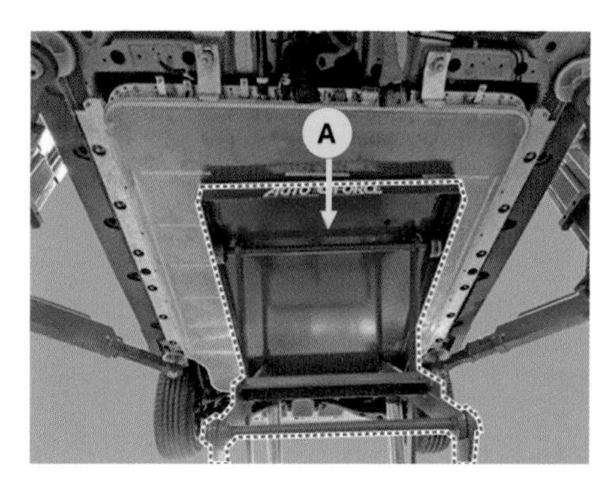

[그림 4-45]

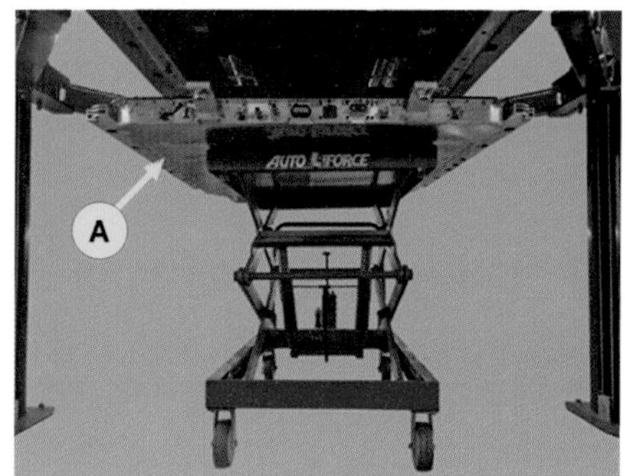

[그림 4-46]

CHAPTER

04 고전압 배터리 팩 분해·조립

1. 88KW 고전압 배터리 팩 분해

1) 고전압 배터리 시스템 어셈블리를 탈거한다.
2) 접지 고정볼트(A)를 풀고 접지케이블(B)를 탈거한다.
3) 서비스 플러그 케이블 어셈블리 브라켓 고정볼트(A)를 탈거한다.

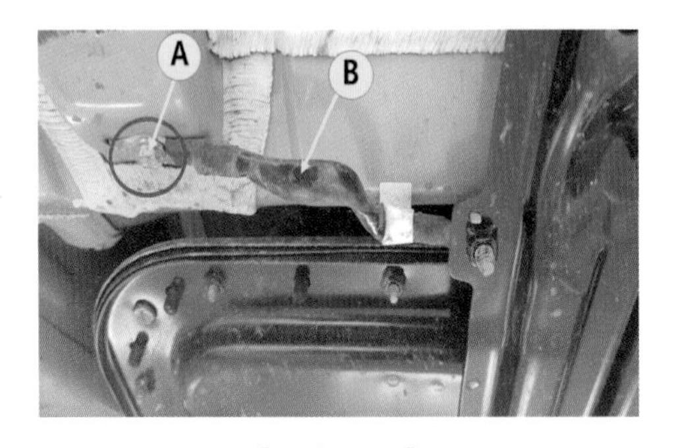

[그림 4-47]

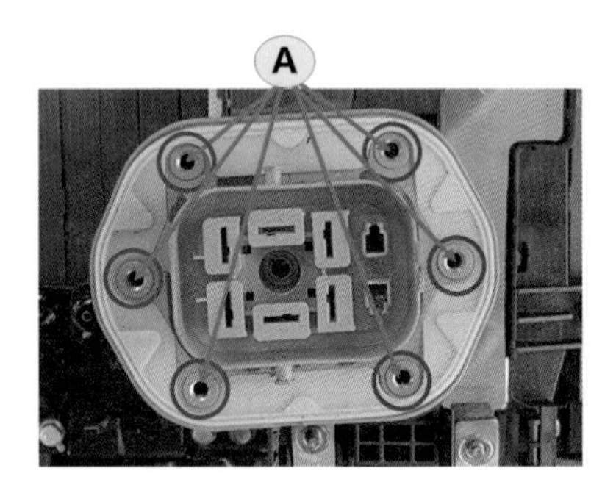

[그림 4-48]

4) 고정볼트를 풀고 고전압 배터리 팩 상부 케이스(A)를 탈거한다.
5) 웨더루프 가스켓 어셈블리(A)를 탈거한다.

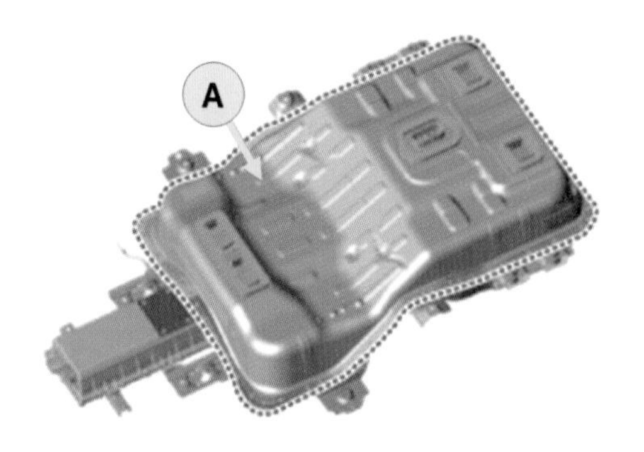

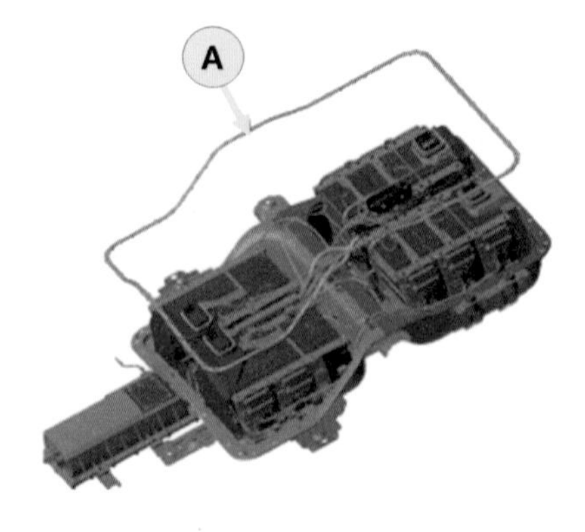

[그림 4-49] 고전압 배터리 팩

1) 장착 볼트(A)를 풀고 PRA 및 BMS 고전압 정션박스 어셈블리 어퍼커버(B)를 탈거한다.

2) 장착볼트를 풀고 고전압 배터리(-)부스바(A)와 (+)부스바(B)를 탈거한다.

3) 장착볼트를 풀고 급속충전(-)부스바(C)와 (+)부스바(D)를 탈거한다.

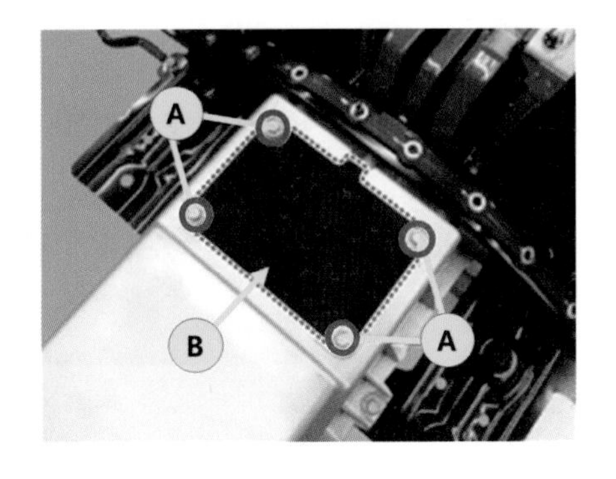

[그림 4-50]

[그림 4-51]

4) 장착너트를 풀고 인렛쿨링덕트(A)를 탈거한다.

5) 고정후크를 해제하고 배터리 터미널 켑(A)를 탈거한다.

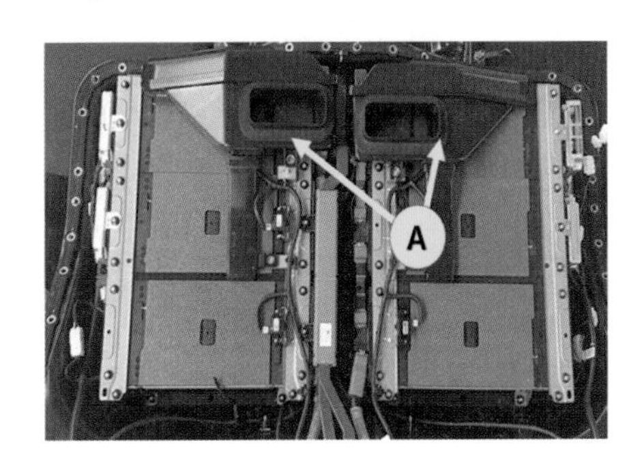

[그림 4-52]

[그림 4-53]

6) 장착너트(A)를 풀고 급속충전 부스바(B)를 탈거한다.

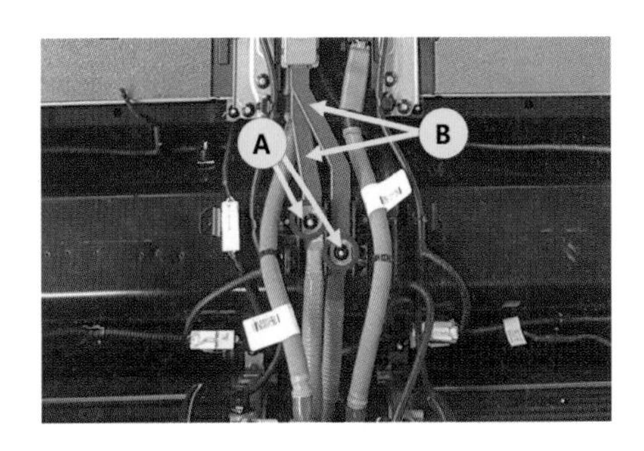

[그림 4-54]

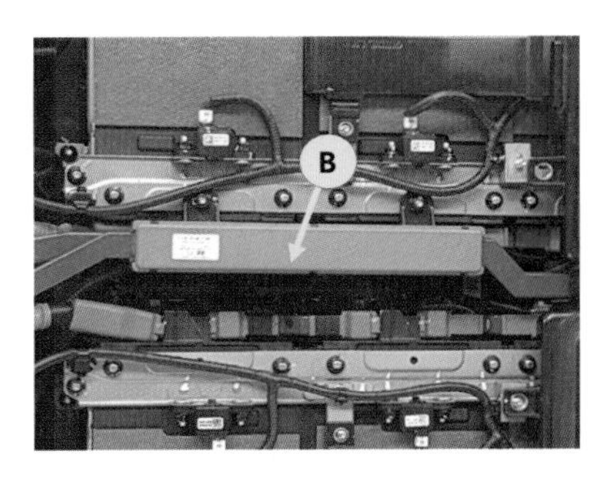

[그림 4-55]

7) 장착너트를 풀고 고전압 배터리(-)부스바(A)와 (+)부스바(B)를 탈거한다.

8) BMS 케넥터(A)를 분리한다.

9) 서비스 플러그(B)를 분리한다.

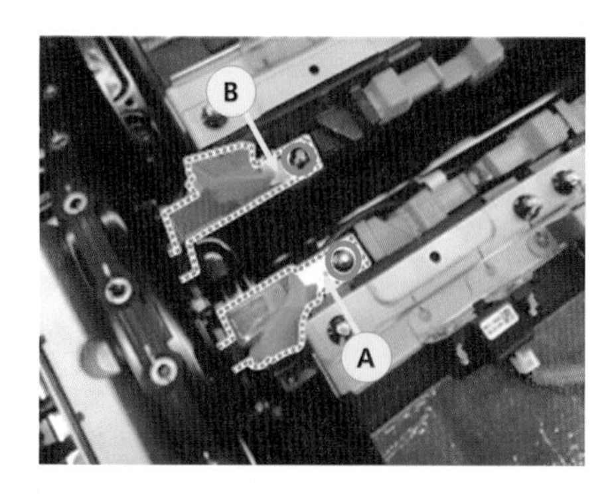

[그림 4-56]

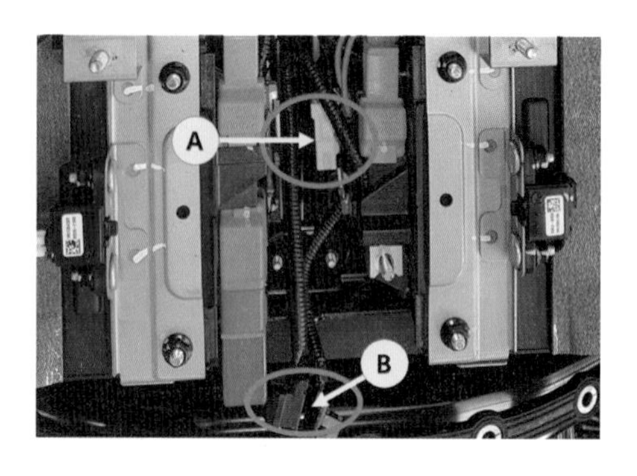

[그림 4-57]

10) 장착너트 와 볼트(A)를 풀고 PRA 및 BMS 고전압 정션박스 어셈블리(B)를 탈거한다.

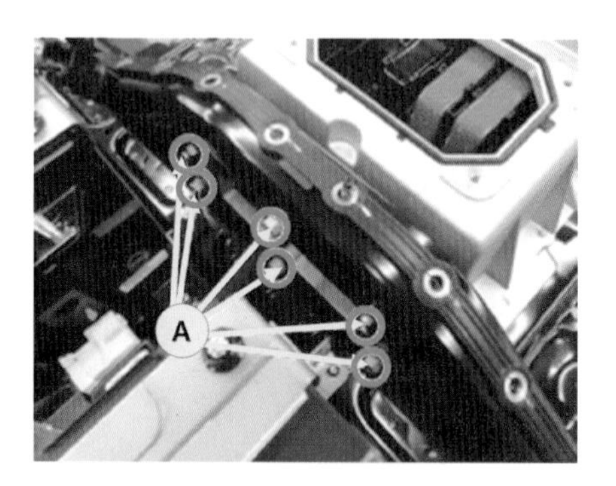

[그림 4-58]

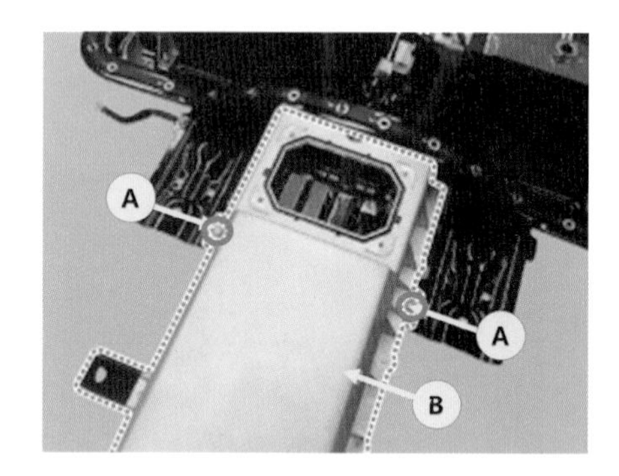

[그림 4-59]

11) 장착너트를 풀고 고전압 케이블(A)를 탈거한다.

12) 셀 모니터링 유닛 커넥터(A)를 분리한다.

13) 장착너트(B)를 풀고 셀모니터링 유닛(C)를 탈거한다.

[그림 4-60]

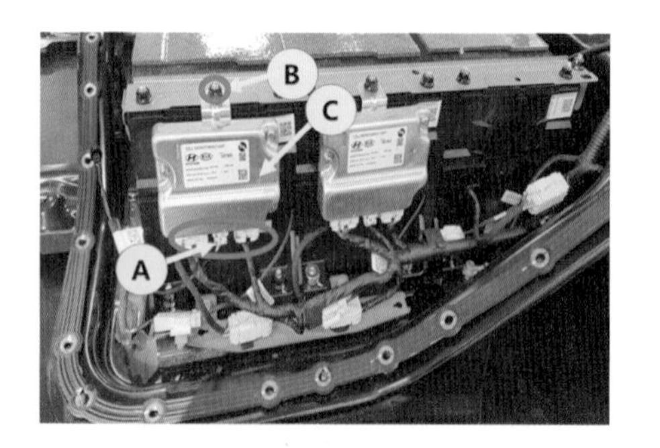

[그림 4-61] 셀모니터링 유닛 1

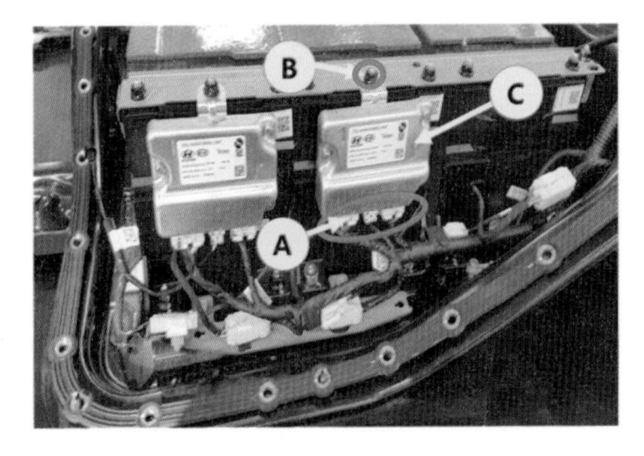

[그림 4-62] 셀모니터링 유닛 2

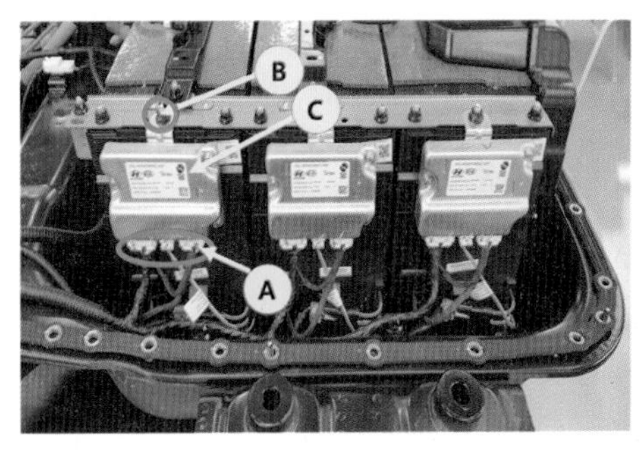

[그림 4-63] 셀모니터링 유닛 3

[그림 4-64] 셀모니터링 유닛 4

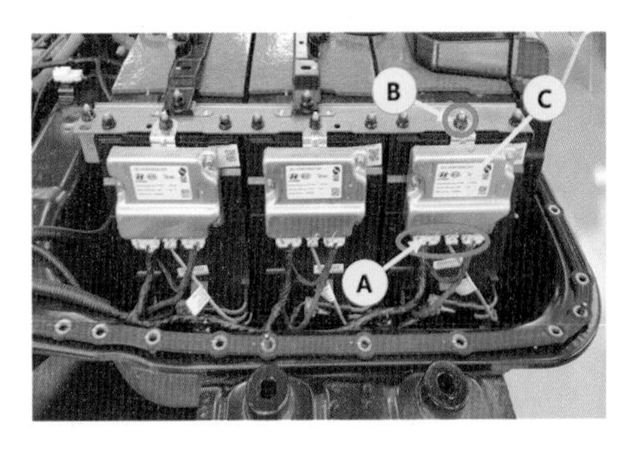

[그림 4-65] 셀모니터링 유닛 5

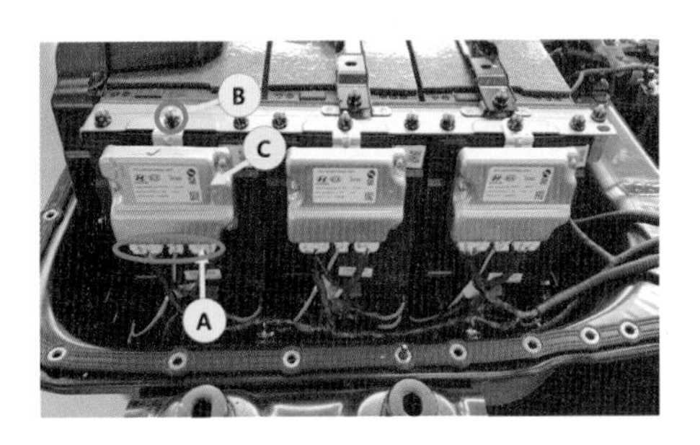

[그림 4-66] 셀모니터링 유닛 6

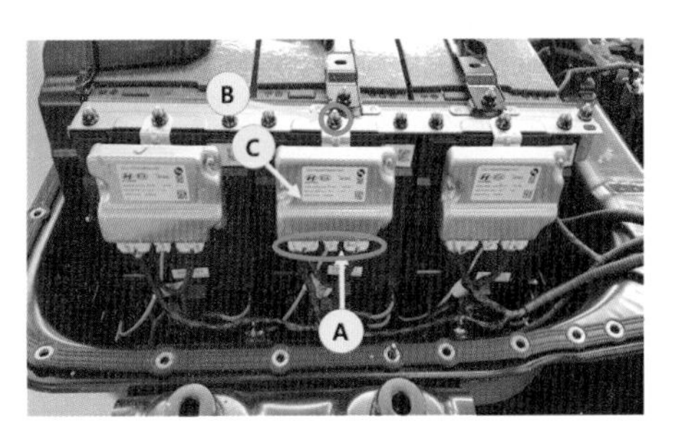

[그림 4-67] 셀모니터링 유닛 7

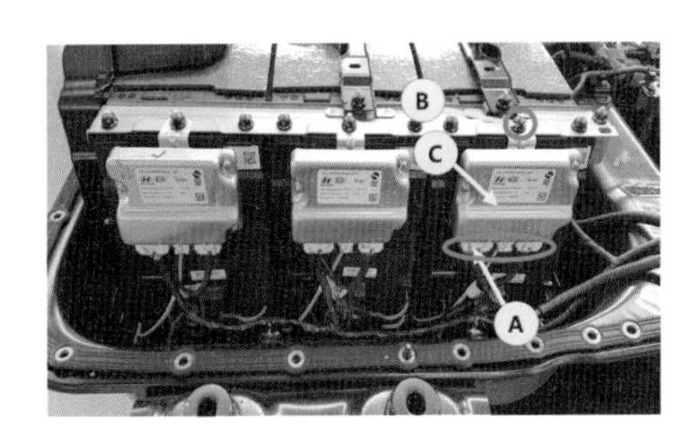

[그림 4-68] 셀모니터링 유닛 8

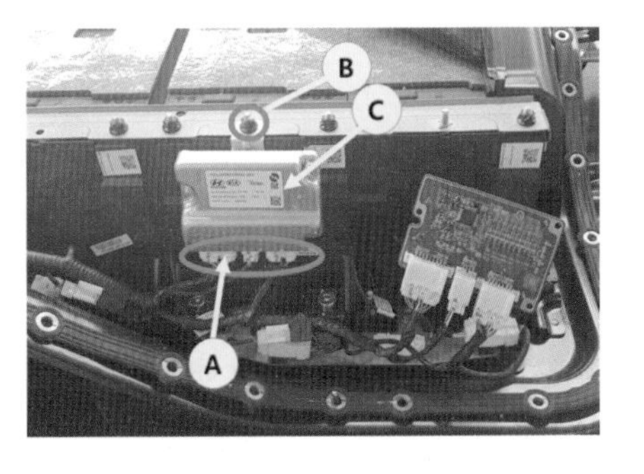

[그림 4-69] 셀모니터링 유닛 9

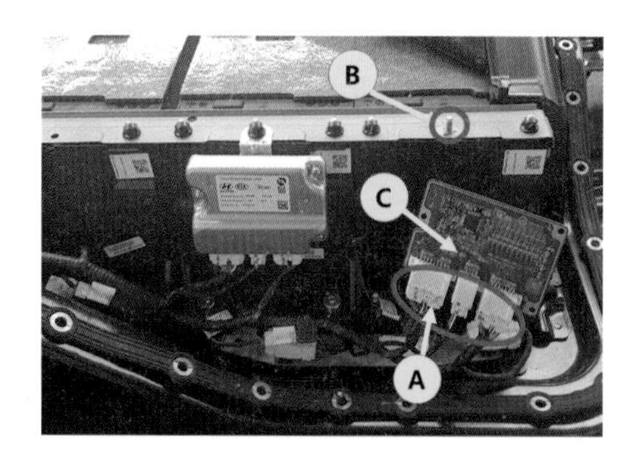

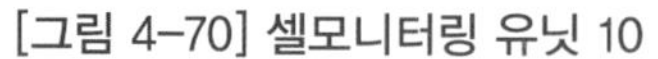
[그림 4-70] 셀모니터링 유닛 10

[그림 4-71]

14) 고전압 배터리 모듈 1 커넥터 및 온도센서 1 커넷터(A)를 분리한다.

15) 고전압 배터리 모듈 2 커넥터 및 온도센서 2 커넷터(B)를 분리한다.

16) 고전압 배터리 모듈 3 커넥터 및 온도센서 3 커넷터(C)를 분리한다.

17) VPD 와이어링 커넥터(A)를 분리한다.

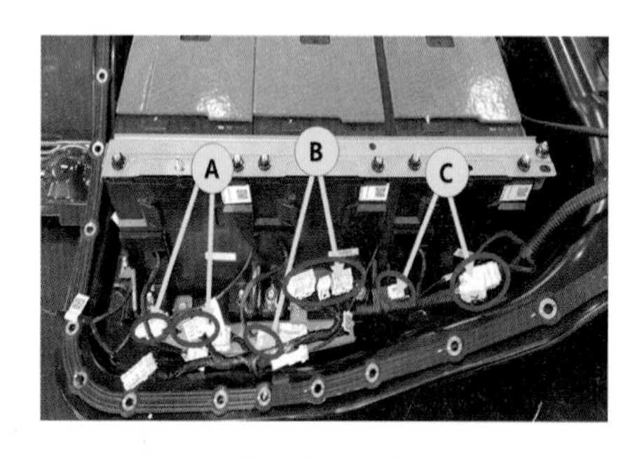

[그림 4-72]

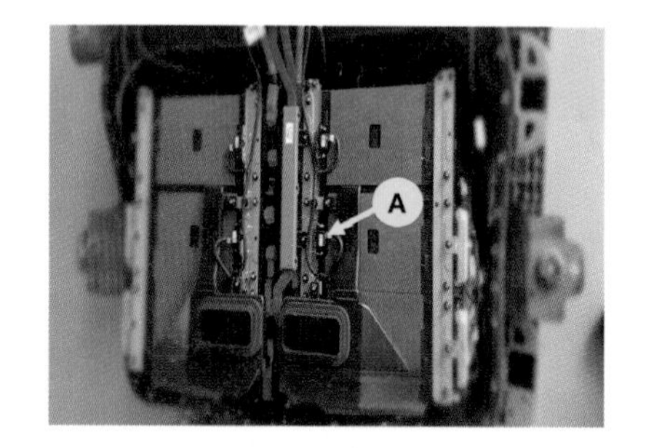

[그림 4-73]

18) 장착너트를 풀고 고전압 배터리 모듈 1~3 서포트 브라켓(A)를 탈거한다.

19) 장착너트를 풀고 고전압 배터리 모듈 부스바(A)를 탈거한다.

20) 장착너트 및 볼트를 풀고 고전압 배터리 모듈 1~3 (B)를 탈거한다.

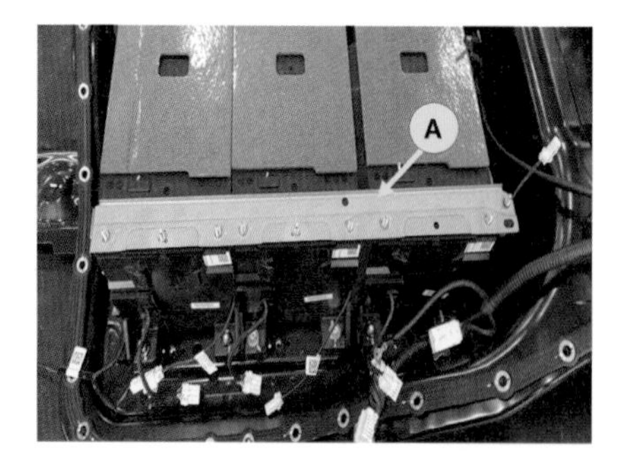

[그림 4-74]

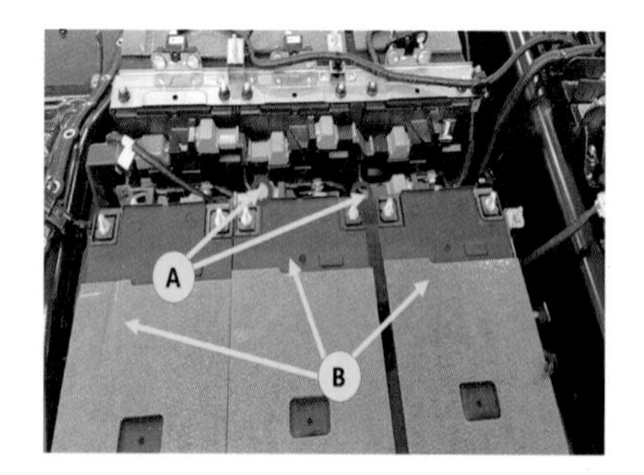

[그림 4-75]

21) 고전압 배터리 모듈 10 커넥터 및 온도센서 10 커넷터(A)를 분리한다.

22) 고전압 배터리 모듈 11 커넥터 및 온도센서 11 커넷터(B)를 분리한다.

23) 고전압 배터리 모듈 12 커넥터 및 온도센서 12 커넷터(C)를 분리한다.

24) VPD 와이어링 커넥터(A)를 분리한다.

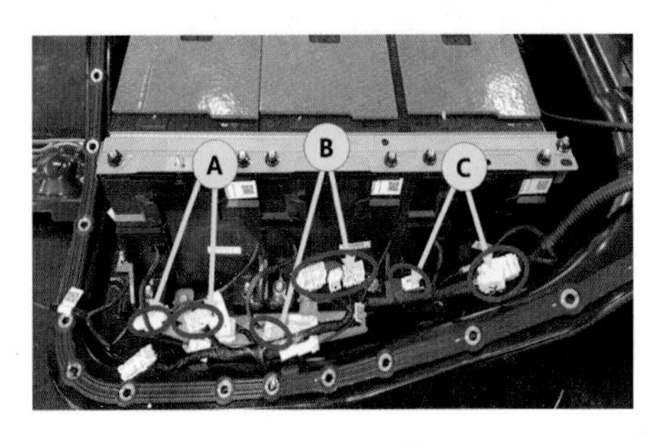

[그림 4-76]

[그림 4-77]

25) 장착너트를 풀고 고전압 배터리 모듈 10~12 서포트 브라켓(A)를 탈거한다.

26) 장착너트를 풀고 고전압 배터리 모듈 부스바(A)를 탈거한다.

[그림 4-78]

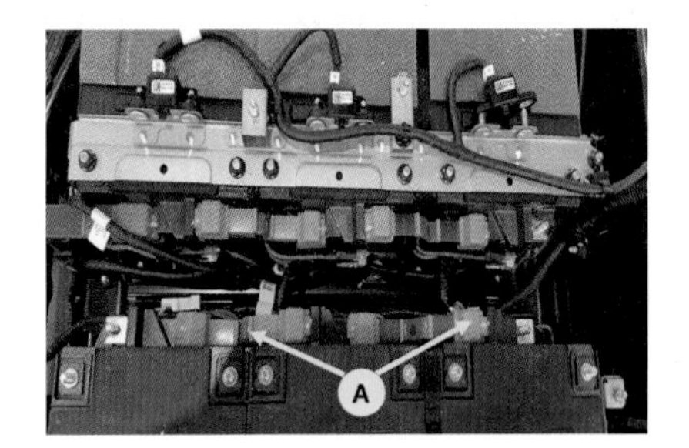

[그림 4-79]

27) 장착너트 및 볼트를 풀고 고전압 배터리 모듈 10~12 (A)를 탈거한다.

28) 장착너트를 풀고 아웃렛 쿨링 덕트(A)를 탈거한다.

[그림 4-80]

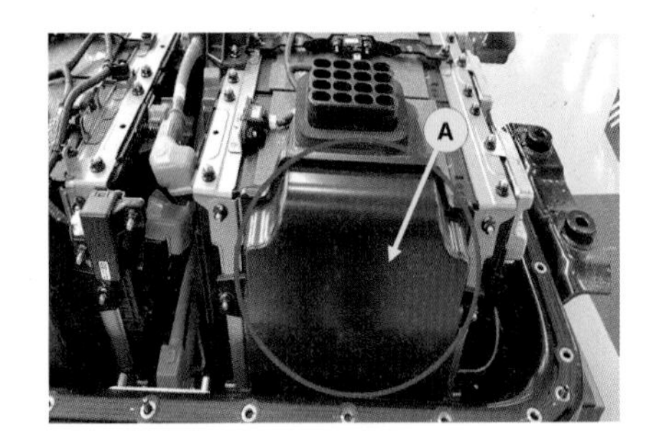

[그림 4-81]

29) 서비스 플러그 케이블 커넷터(A)를 분리한다.

30) 서비스 플러그 케이블 인터록 커넷터(B)를 분리한다.

31) 장착너트를 풀고 서비스 플러그 케이블(A)를 탈거한다.

[그림 4-82]

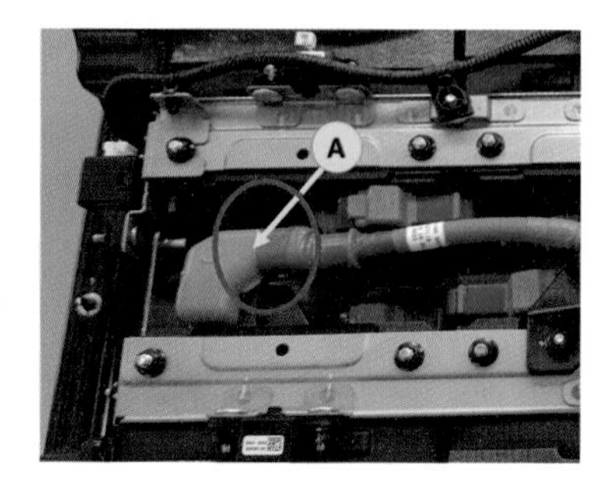

[그림 4-83]

32) 장착너트를 풀고 서비스 플러그 케이블 어셈블리(B)를 탈거한다.

33) VPD 와이어링 커넥터(A)를 분리한다.

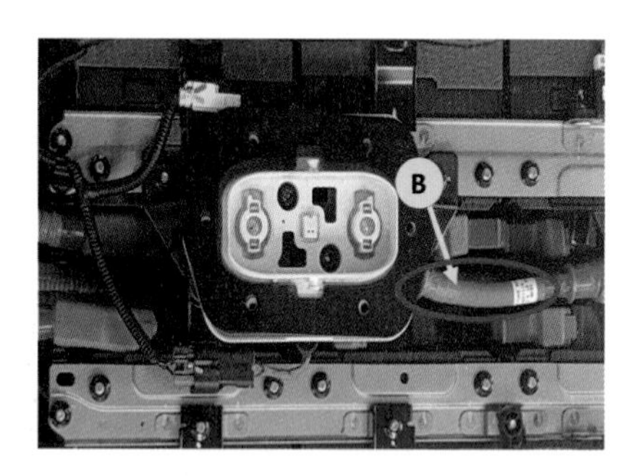

[그림 4-84]

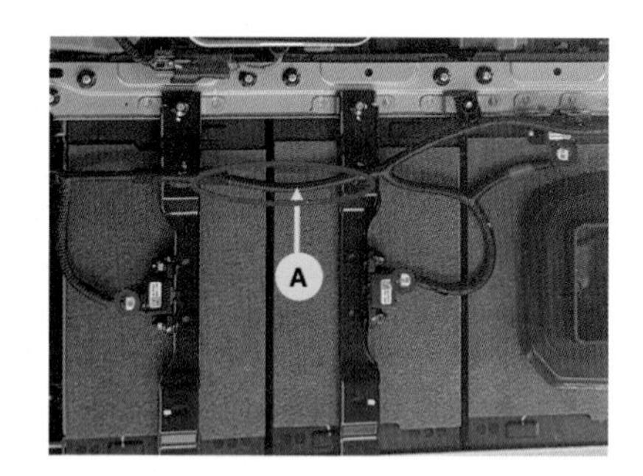

[그림 4-85]

34) 장착너트를 풀고 고전압 배터리 모듈 7~9 서포트 브라켓(A)를 탈거한다.

35) 장착너트를 풀고 고전압 배터리 모듈 부스바(A)를 탈거한다.

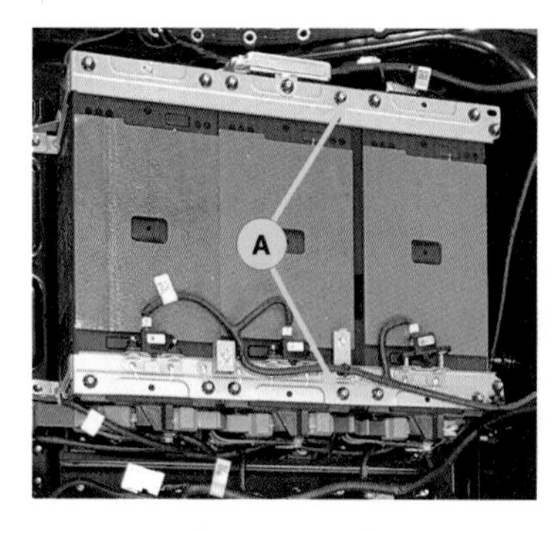

[그림 4-86]

[그림 4-87]

36) 장착너트 및 볼트를 풀고 고전압 배터리 모듈 10~12(A)를 탈거한다.

37) VPD 와이어링 커넥터(A)를 분리한다.

[그림 4-88]

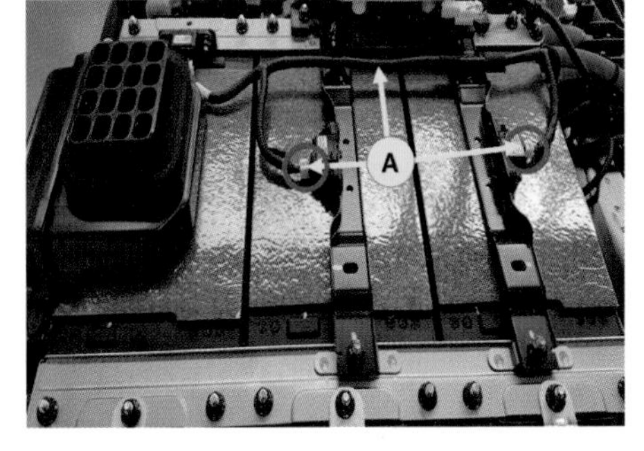

[그림 4-89]

38) 장착너트를 풀고 고전압 배터리 모듈 4~6 서포트 브라켓(A)를 탈거한다.

39) 장착너트를 풀고 고전압 배터리 모듈 부스바(A)를 탈거한다.

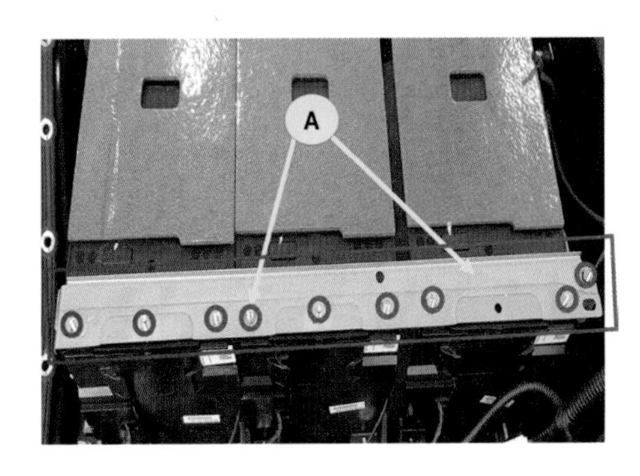

[그림 4-90]

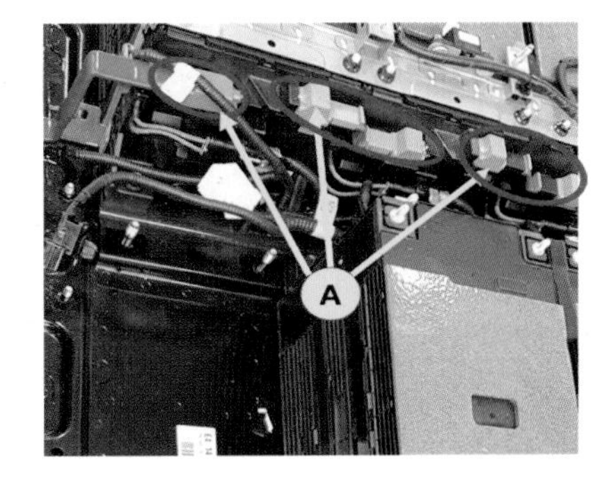

[그림 4-91]

40) 장착너트 및 볼트를 풀고 고전압 배터리 모듈 10~12(A)를 탈거한다.

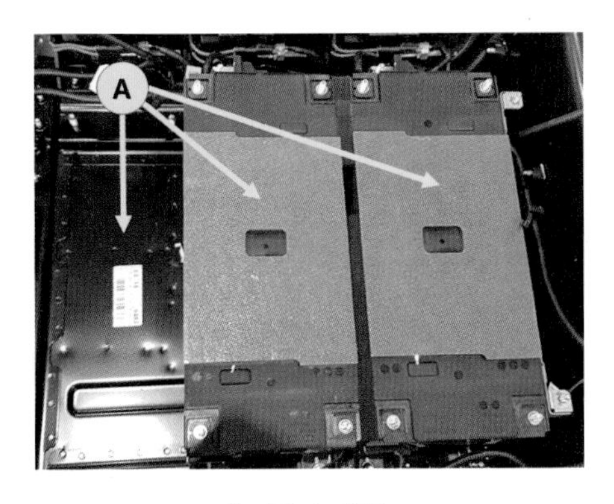

[그림 4-92]

[그림 4-93]

2. 아이오닉 100KW 고전압 배터리 팩 분해·조립

1) 고전압 배터리 시스템 어셈블리를 탈거한다.
2) 접지 고정볼틀를 풀고 접지케이블을 탈거한다.
3) 서비스 플러그 케이블 어셈블리 브라켓 고정볼트를 탈거한다.
4) 고정볼트를 풀고 고전압 팩상부 케이스를 탈거한다.
5) 웨더루프 가스켓 어셈블리를 탈거한다.
6) 고전압 배터리 패드(A)를 탈거한다.
7) 온도센서 와이어링 하니스(A) 및 온도센서 커넥터(B)를 분리한다.

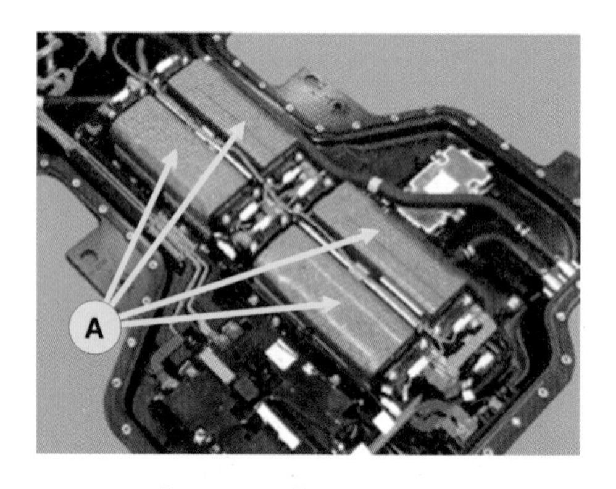

[그림 4-94] 배터리 모듈

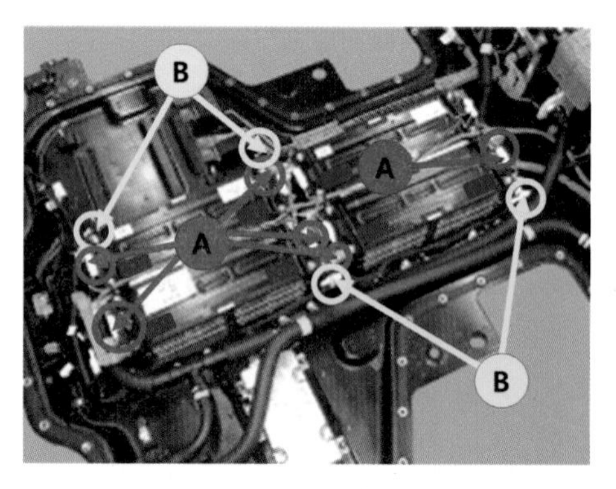

[그림 4-95] 배터리 모듈 1

8) 장착볼트를 풀고 고전압 배터리 모듈 부스바(A) 및 냉각수 호스(B)를 탈거한다.

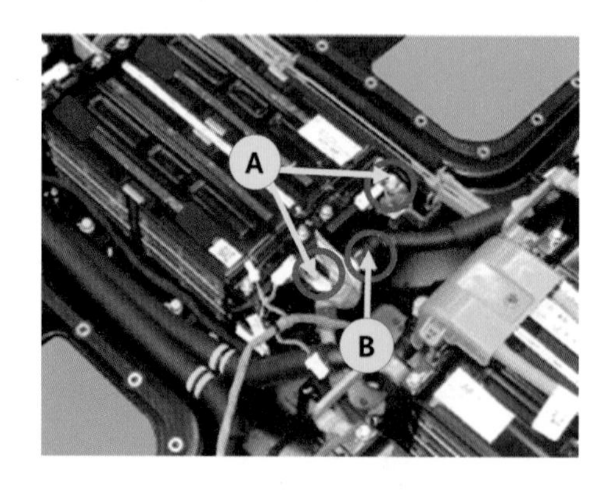

[그림 4-96] 배터리 모듈 1

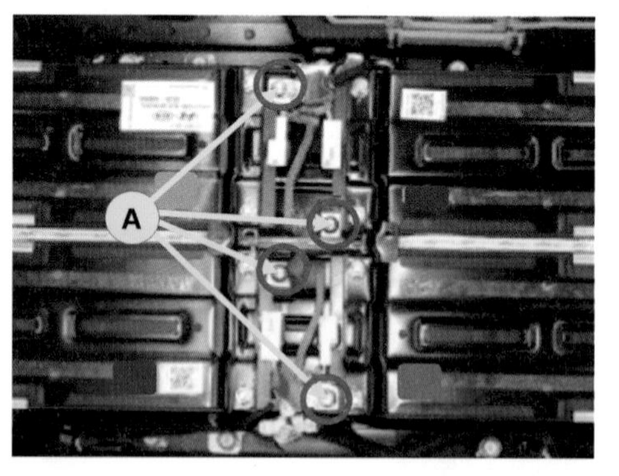

[그림 4-97] 배터리 모듈 1

9) 부스바(A) 및 냉각호스(B) 와 장착볼트(A)를 풀고 배터리 모듈 1을 탈거한다.

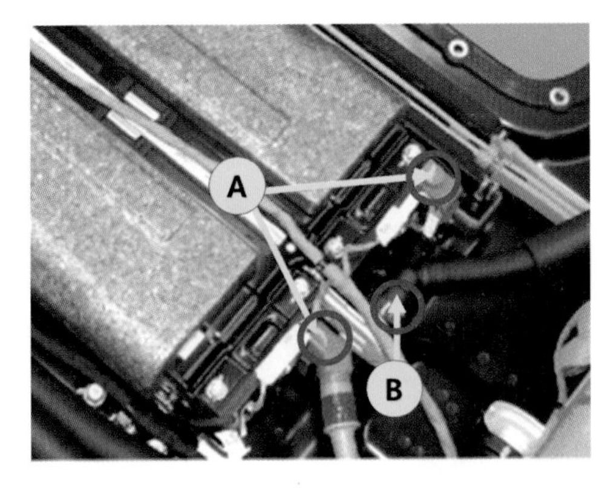

[그림 4-98] 배터리 모듈 1

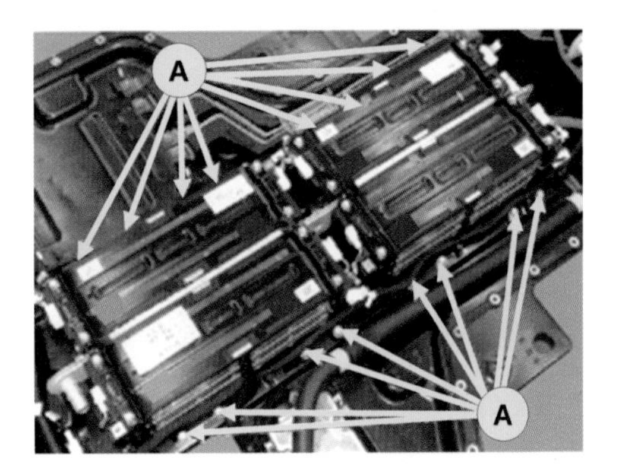

[그림 4-99] 배터리 모듈 1

10) 장착볼트를 풀고 고전압 배터리 모듈 부스바(A) 및 냉각수 호스(B)를 탈거한다.

11) 전류센서(C)를 분리한다.

12) 배터리 온도센서(D)를 탈거한다.

13) 장착볼트(A)를 풀고 배터리 모듈 2를 탈거한다.

[그림 4-100] 배터리 모듈 2

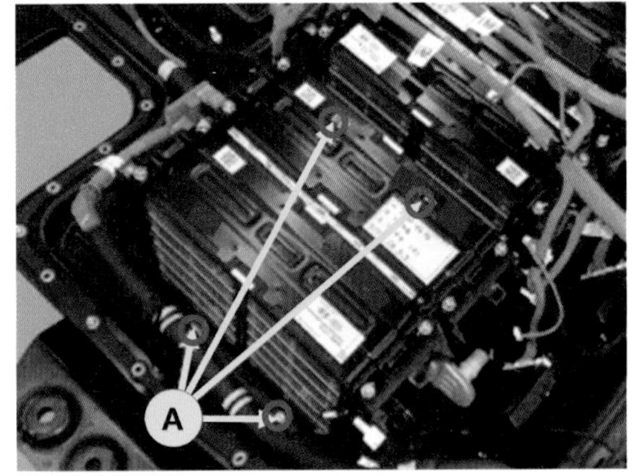

[그림 4-101] 배터리 모듈 2

14) 브라켓(A)를 탈거후 부스바(B)를 탈거한다.

15) 전류센서(C)를 분리한다.

16) 배터리 온도센서(D)를 탈거한다.

17) 장착볼트 (A)를 풀고 배터리 모듈3을 탈거한다.

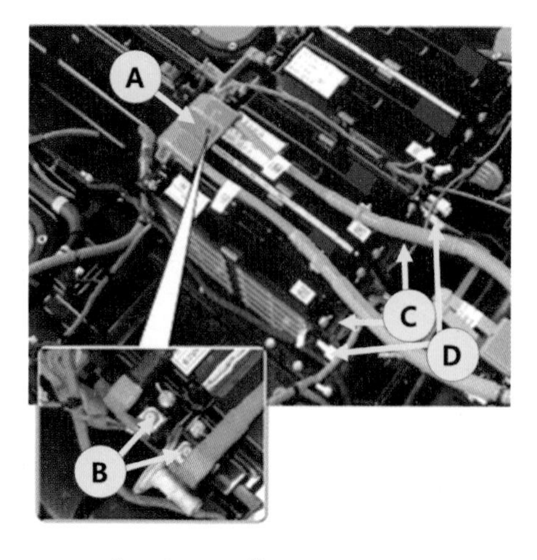

[그림 4-102] 배터리 모듈 3

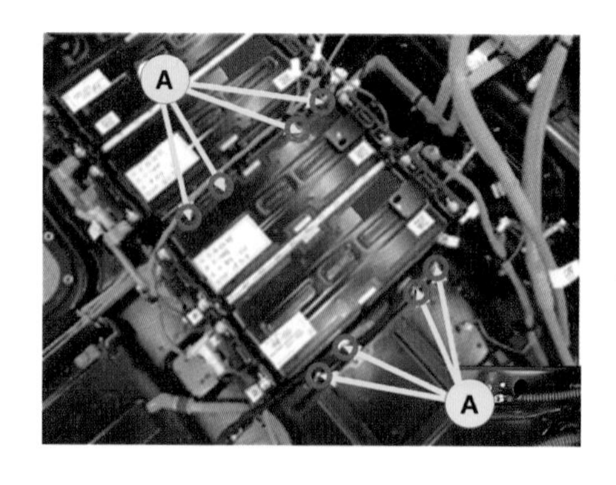

[그림 4-103] 배터리 모듈 3

18) 부스바(A)를 탈거한다.

19) 전류센서(B)를 분리한다.

20) 배터리 온도센서(C)를 탈거한다.

21) 장착볼트 (D)를 풀고 배터리 모듈 4를 탈거한다.

22) 서비스 플러그를 탈거한다.

23) 장착볼트를 풀고 고전압 배터리 모듈 부스바(A) 및 냉각수 호스(B)를 탈거한다.

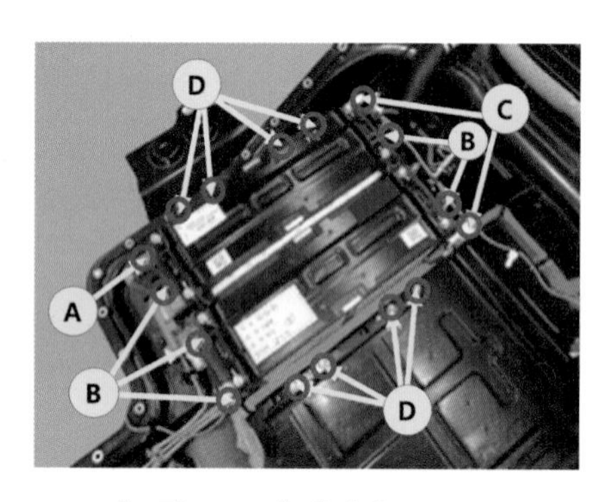

[그림 4-104] 배터리 모듈 4

[그림 4-105] 배터리 모듈 5, 6

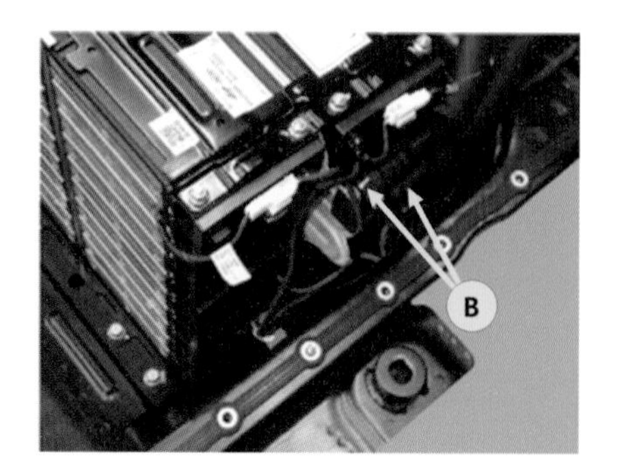

B

[그림 4-106] 배터리 모듈 5, 6

24) 장착볼트(A)를 풀고 배터리 모듈 5, 6을 탈거한다.

25) 배터리 온도센서(B)를 탈거한다.

26) 전류센서(C)를 분리한다.

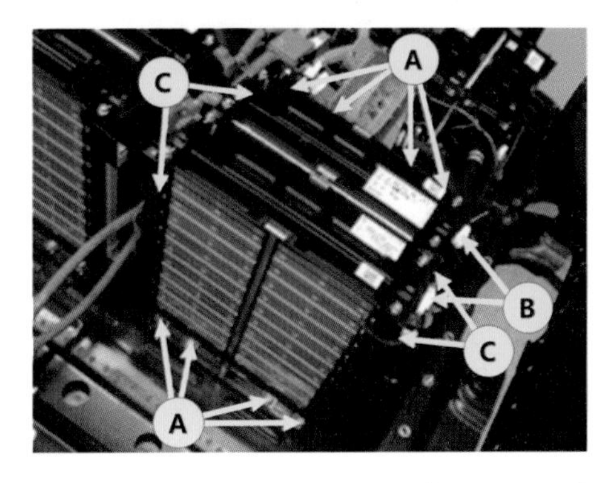

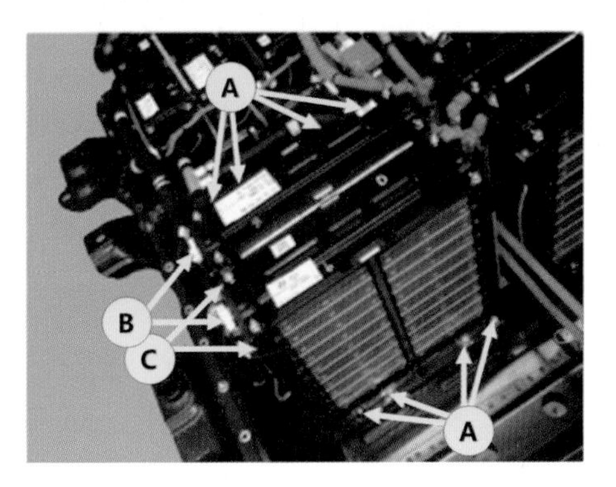

[그림 4-107] 배터리 모듈 5, 6

3. Niro 100KW 시스템

(1) 고전압 배터리 팩 분해

1) 상·하부 고정볼트를 풀고 고전압 배터리 시스템 상부 케이스(A)를 분리한다.

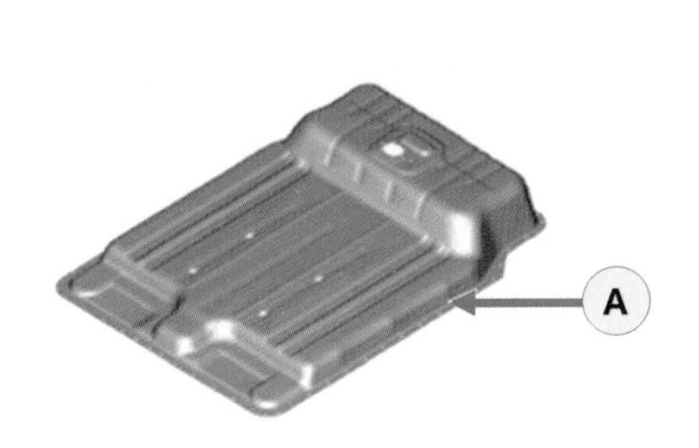

[그림 4-108]

[그림 4-109]

2) 배터리 패드(A)를 탈거한다.

3) 배터리 냉각호스를 탈거한다.

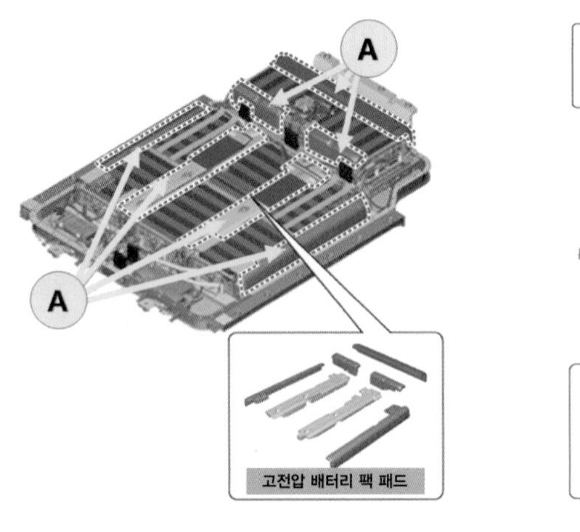

[그림 4-110]

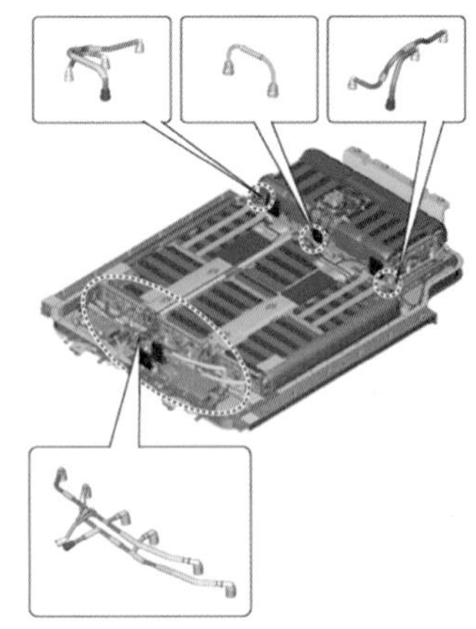

[그림 4-111]

(2) 고전압 배터리 셀 모니터링 유닛 탈거

1) 고전압 배터리 셀 모니터링 유닛 커넥터(A)를 분리하고 장착볼트(B)를 풀고 셀모니터링 유닛(C)를 탈거한다.

[그림 4-112]

[그림 4-113]

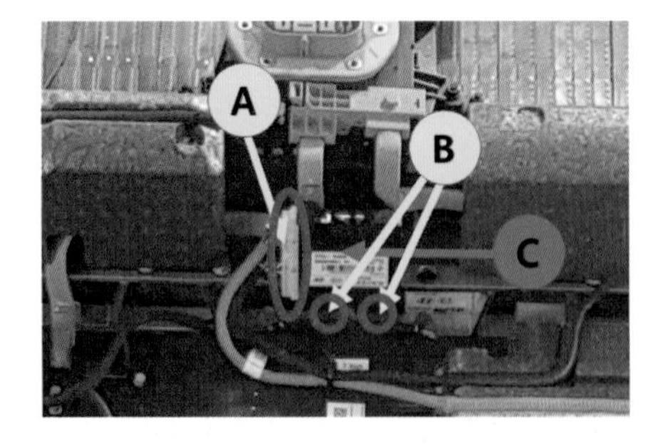

[그림 4-114]

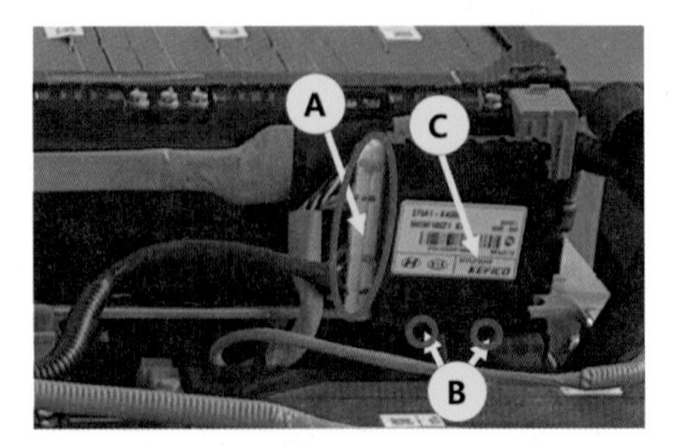

[그림 4-115]

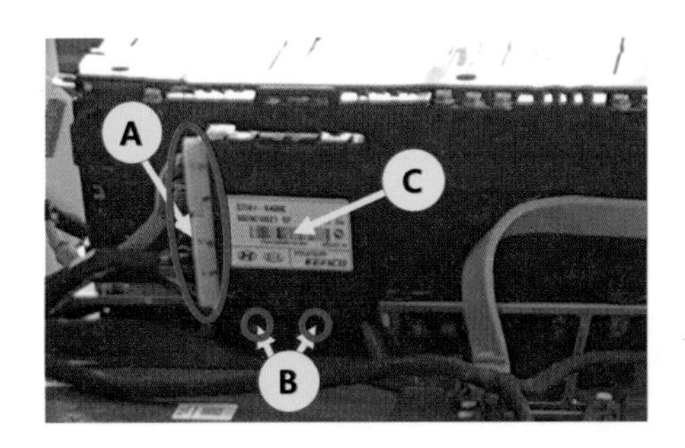

[그림 4-116]

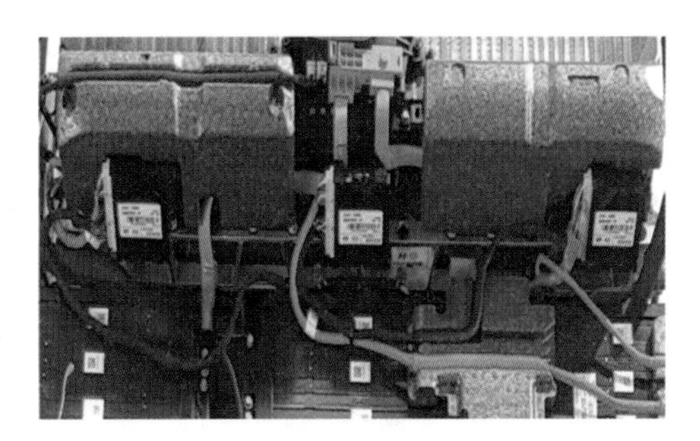

[그림 4-117]

(3) 고전압 배터리 모듈 어셈블리 탈거

1) 장착볼트를 풀고 고전압 배터리(-)버스바(A)를 탈거한다.
2) 고전압 배터리 모듈1 온도센서 커넥터(A)를 탈거한다.

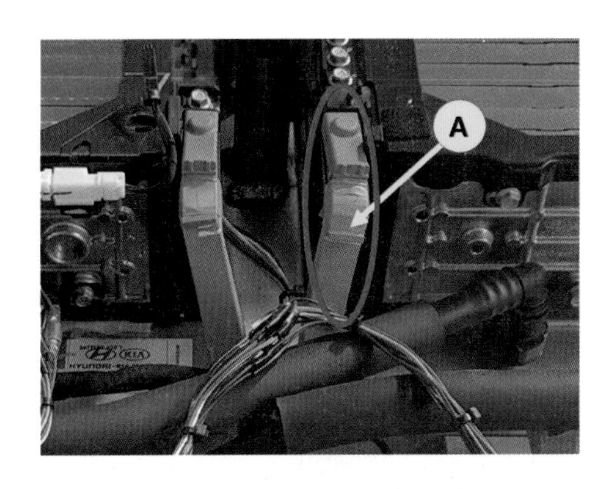

[그림 4-118]

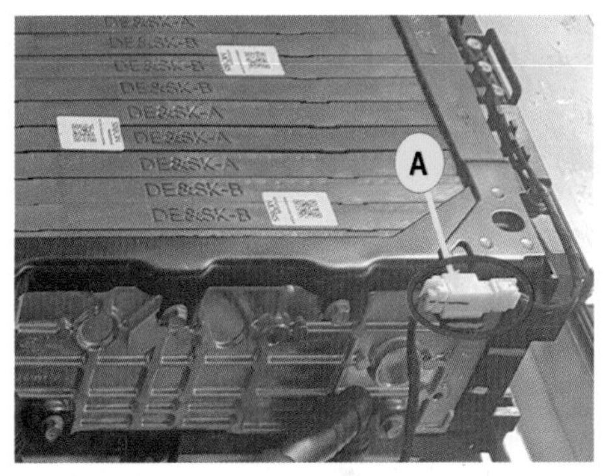

[그림 4-119]

3) 장착볼트를 풀고 B 버스바(A)를 탈거한다.
4) 고전압 배터리 어셈블리1 좌측커넥터(A)를 분리한다.

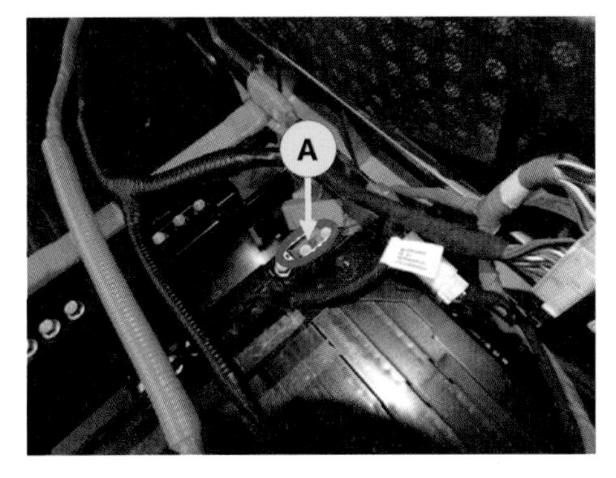

[그림 4-120]

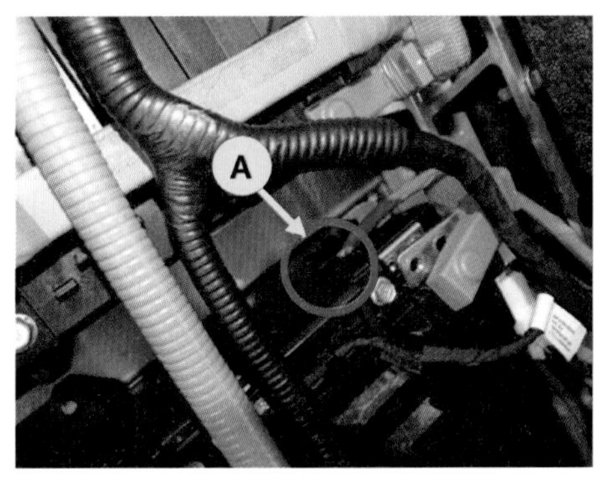

[그림 4-121]

5) 고전압 배터리 어셈블리1 우측커넥터(A)를 분리한다.

6) 냉각수 호스(A)를 탈거하고 고전압 배터리 장착볼트 및 너트를 풀고 배터리 모듈 어셈블리1, 2를 탈거한다.

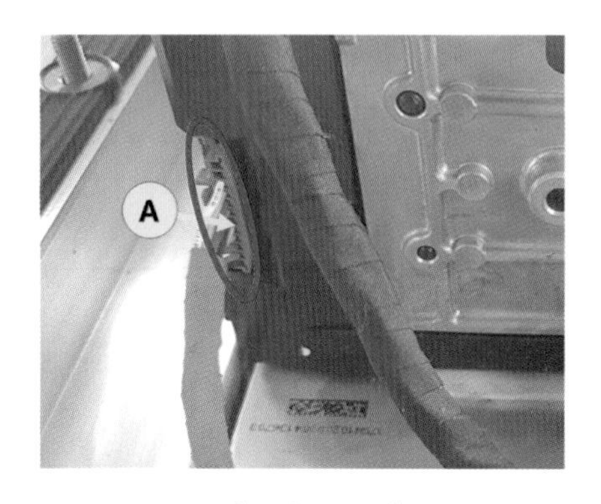

[그림 4-122]

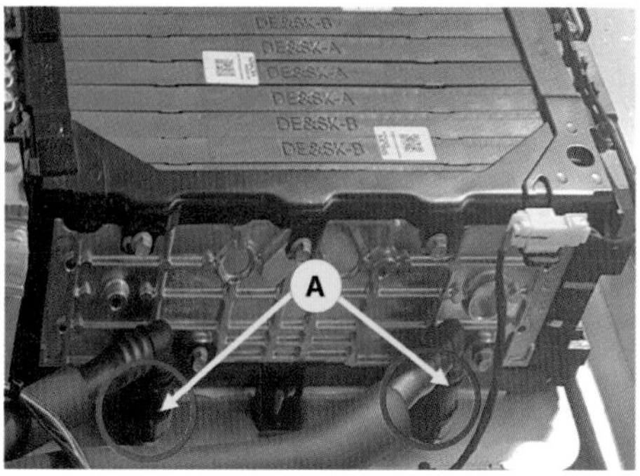

[그림 4-123]

7) 버스바 장착 볼트를 풀고 C버스바(A)를 탈거한다.

8) 버스바 장착볼트를 풀고 고전압 배터리(+)단자 버스바(A)를 탈거한다.

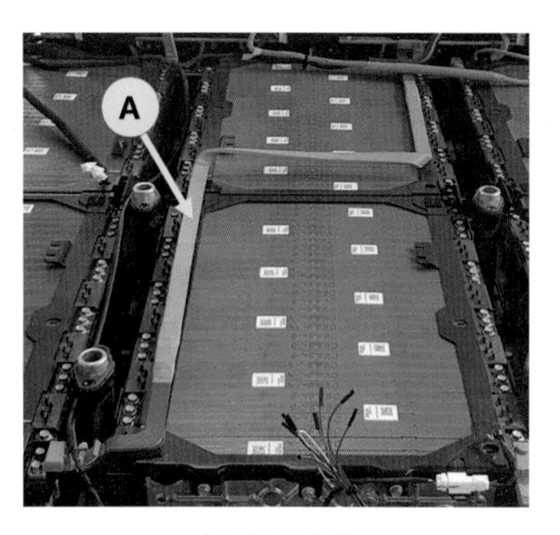

[그림 4-124]

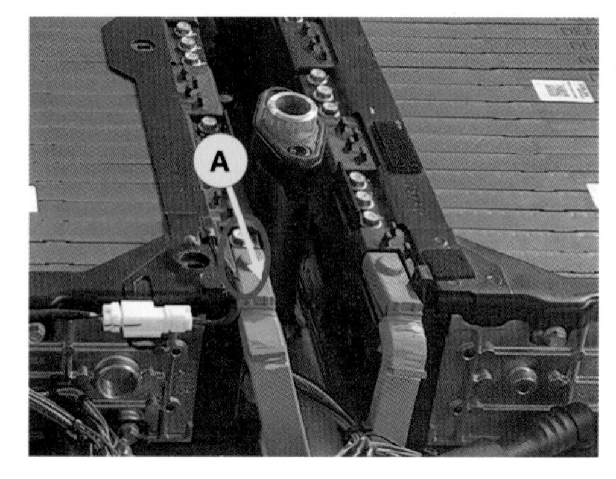

[그림 4-125]

9) 고전압 배터리 모듈 어셈블리9, 10 좌·우커넥터(A) 및 온도센서5 커넥터(B)를 분리한다.

10) 고전압 배터리 모듈 장착볼트 및 너트를 풀고 고전압 배터리모듈 어셈블리9, 10을 탈거한다.

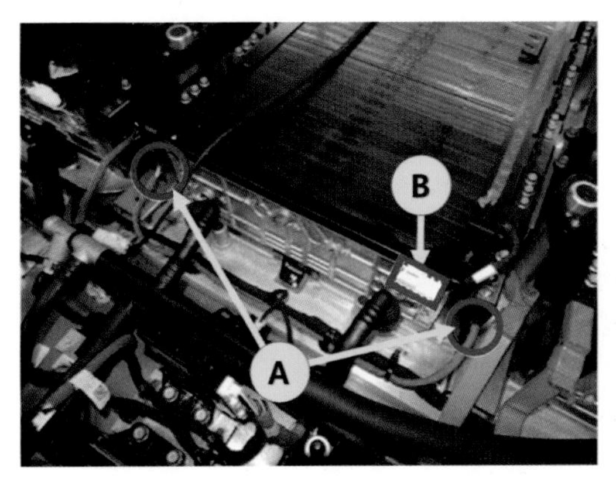

[그림 4-126]

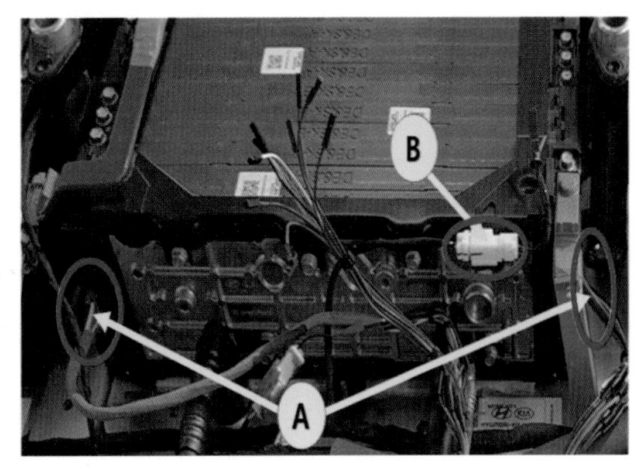

[그림 4-127]

11) 고전압 배터리 모듈 어셈블리7, 8 좌·우커넥터(A) 및 온도센서4 커넥터(B)를 분리한다.
12) 버스바 장착볼트를 풀고 고전압 배터리(+)단자 버스바(A)를 탈거한다.
13) 고전압 배터리 모듈 장착볼트 및 너트를 풀고 고전압 배터리모듈 어셈블리7, 8을 탈거한다.

[그림 4-128]

[그림 4-129]

14) 버스바 장착볼트를 풀고 안전플러그(+, -)단자 버스바(A)를 탈거한다.
15) 안전플러그 인터락 및 메인퓨즈 케이블 커넥터(B)를 분리한다.
16) 안전플러그 어셈블리 장착너트(A)를 풀고 안전플러그 어셈블리(B)를 탈거한다.

[그림 4-130]

[그림 4-131]

17) 고전압 배터리 모듈 어셈블리5, 6 우커넥터(A) 및 온도센서3 커넥터(B)를 분리한다.

18) 고전압 배터리 모듈5, 6 좌측 커넥터(B)를 분리한다.

19) 버스바 장착볼트를 풀고 버스바(A)를 탈거한다.

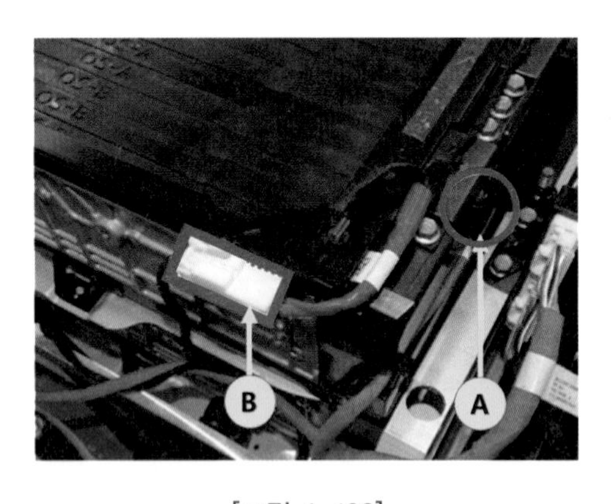

[그림 4-132]

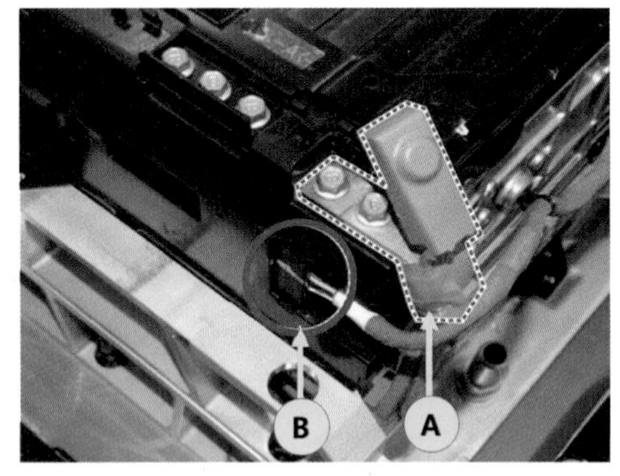

[그림 4-133]

19) 버스바 장착볼트를 풀고 버스바(A)를 탈거한다.

20) 고전압 배터리 모듈 장착볼트 및 너트를 풀고 고전압 배터리 모듈어셈블리5, 6을 탈거한다.

21) 고전압 배터리 모듈 장착볼트 및 너트를 풀고 고정 브라켓(A)를 탈거한다.

22) 고전압 배터리 모듈 장착볼트 및 너트를 풀고 고전압 배터리 모듈 어셈블리3, 4를 탈거한다.

[그림 4-134]

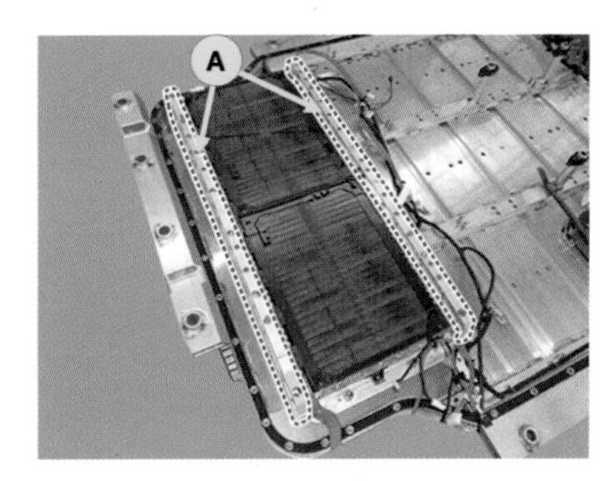

[그림 4-135]

23) 고전압 배터리 모듈 어셈블리 장착도

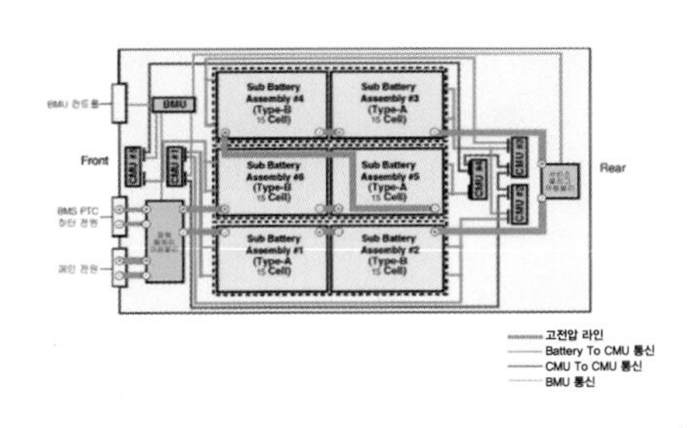

[그림 4-136] 100KW(도심형)

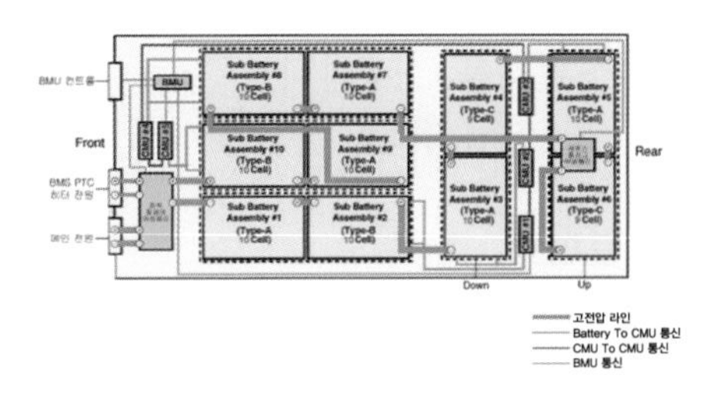

[그림 4-137] 150KW(항속형)

(4) 장착전 누기 검사

고전압 배터리 관련 시스템을 점검하기 위해 고전압 배터리 팩 어셈블리를 탈거한 경우에는 고전압 배터리 팩을 정비후 차량에 장착하기전에 특수공구를 연결후 고전압 배터리의 이상 유무를 판단한후 이상이 없으면 고전압 배터리 시스템 어셈블리팩을 차량에 장착한다.

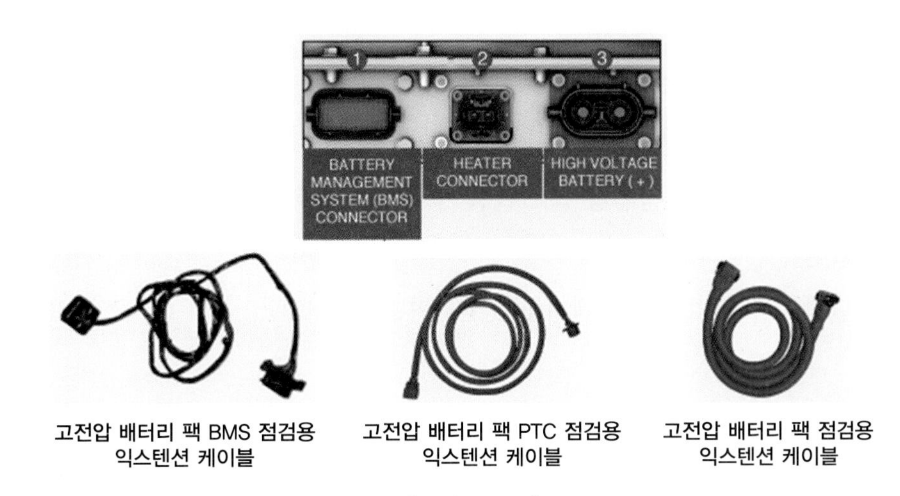

고전압 배터리 팩 BMS 점검용 익스텐션 케이블

고전압 배터리 팩 PTC 점검용 익스텐션 케이블

고전압 배터리 팩 점검용 익스텐션 케이블

[그림 4-138]

(가) 충전상태(SOC) 점검

1) IG스위치를 OFF한다.
2) 고전압 배터리 팩 점검용 익스텐션 케이블을 이용하여 고전압배터리팩과 차량을 연결한다.
3) 진단장비를 자기진단 커넥터(DLC)에 연결한다.
4) IG스위치를 ON한다.
5) 진단장비 서비스 데이터의 충전상태(SOC)를 점검한다.
6) 규정값 (5 ~ 95%)을 확인한다.

(나) 전압 점검

1) IG스위치를 OFF한다.
2) 고전압 배터리 팩 점검용 익스텐션 케이블을 이용하여 고전압배터리팩과 차량을 연결한다.
3) 진단장비를 자기진단 커넥터(DLC)에 연결한다.
4) IG스위치를 ON한다.
5) 진단장비 서비스 데이터의 셀 전압 및 팩 전압을 점검한다.
6) 규정값을 확인한다.

(규정값)

셀 전압: 2.5 ~ 4.3V

팩 전압: 225 ~ 387V

셀간 전압 편차: 40mV이하.

(다) 절연 저항 점검(진단장비 이용)

1) IG스위치를 OFF한다.
2) 고전압 배터리 팩 점검용 익스텐션 케이블을 이용하여 고전압배터리팩과 차량을 연결한다.
3) 진단장비를 자기진단 커넥터(DLC)에 연결한다.
4) IG스위치를 ON한다.

5) 진단장비 서비스 데이터의 절연 저항을 점검한다.

6) 규정값 (300 ~ 1000㏀)을 확인한다.

(라) 절연 저항 점검(실차 측정방법)

1) 고전압 차단절차를 수행한다.

2) 절연저항계 (-)단자를 차량의 차체접지 부분에 연결한다.(절연저항계를 이용하여 절연저항을 측정할 때 절연저항계(-)단자 연결시 정확한 측정을 위하여 비 도장 처리된 부위(차체)에 연결한다.)

3) 절연저항계(+)단자를 안전플러그 어셈블리 고전압 배터리 연결단자에 각각 연결하여 절연저항값을 측정한다.

4) 고전압 배터리 시스템 어셈블리(+)측 절연 저항측정 방법.

① 절연저항계(+) 단자를 안전플러그 어셈블리 고전압 배터리 연결단자(+)측에 연결한다.

② 절연저항계의 500V 전압을 인가한후 안정된 저항값을 측정하기 위해 약 1분 후 절연저항(규정값 2㏁이상, 20℃)을 확인한다.

5) 고전압 배터리 시스템 어셈블리(-)측 절연 저항측정 방법.

① 절연저항계(+) 단자를 안전플러그 어셈블리 고전압 배터리 연결단자(-)측에 연결한다.

② 절연저항계의 500V 전압을 인가한후 안정된 저항값을 측정하기 위해 약 1분 후 절연저항(규정값 2㏁이상, 20℃)을 확인한다.

(5) 고전압 배터리 시스템 어셈블리 냉각수 라인 기밀 테스트

1) 냉각수 인렛단자에 입력 아댑터(A) 와 냉각수 아웃렛에 배출어댑터(B)를 장착하고 고정볼트(C)를 조인다.

2) 냉각수 아웃렛에 연결된 배출어댑터(B)에서 배출 어댑터 플러그(D 마개)를 장착한다.

3) 세이프티 노브너트(A)에 세이프티 와이어 플레이트(B)를 체결하고 세이프티 노브 너트(A)를 조인다.

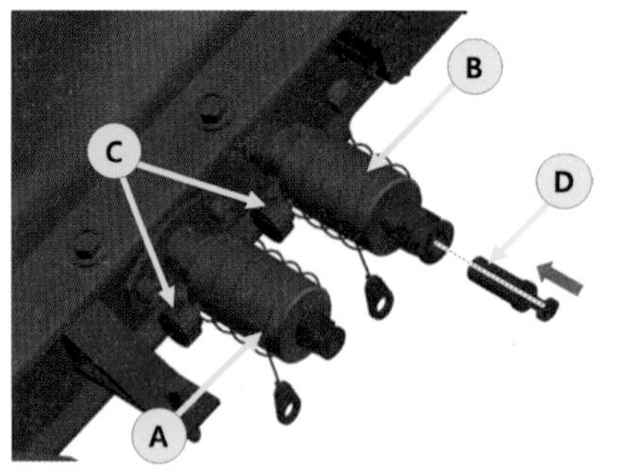

[그림 4-139]

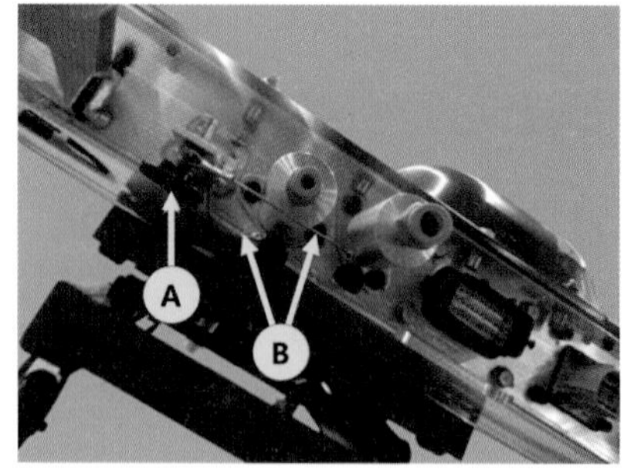

[그림 4-140]

4) 냉각수 인렛에 연결된 압력 어댑터에 에어호스(A)를 연결한다.

5) 압력게이지 밸브(A)를 열어서 에어를 0.2Mpa(2.1bar)를 넘지 않도록 주의하며 공급한다.

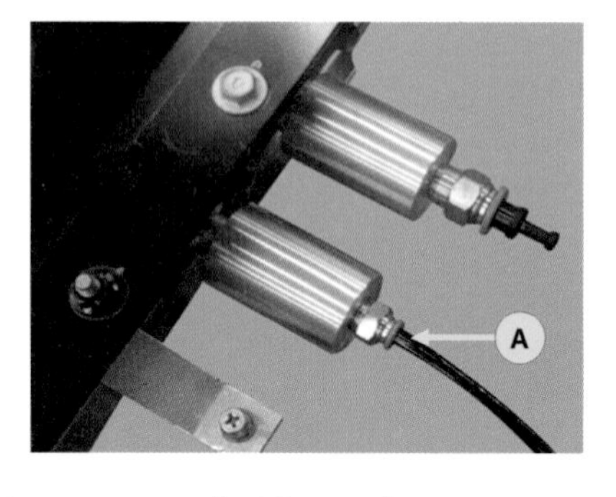

[그림 4-141]

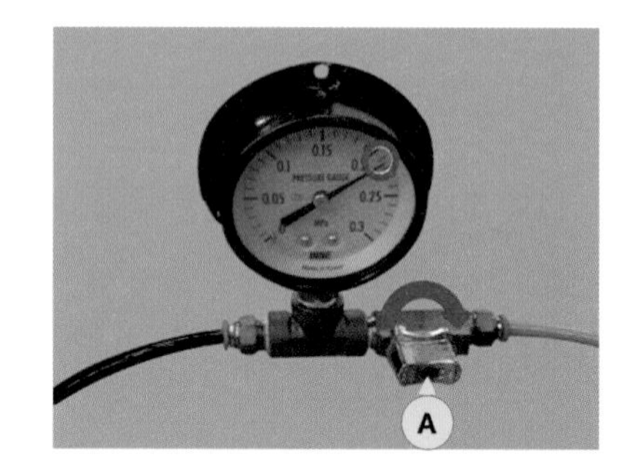

[그림 4-142]

6) 에어 압력이 형성된 것을 확인후 밸브를 닫고 냉각수 라인의 압력 변화를 주시한다.

7) 압력계의 눈금 변동이 없으면 정상이며 눈금이 감소하면 냉각수 라인에 누기가 발생하는 것으로 배터리 냉각수 호스 및 연결부위를 확인한다.

(6) 고전압 배터리 시스템 어셈블리 기밀 점검

고전압 배터리 시스템 어셈블리를 차량에 장착하기 전에 고전압 배터리 팩 기밀점검 시험기를 이용하여 기밀점검을 실시하여 이상 유무를 확인후 차량에 장착하여야 한다.

1) 고전압 배터리 안전플러그(A)를 장착한다.

2) 고전압 배터리 팩 기밀시험기에 들어있는 기밀유지 커넥터(A)를 장착한다.

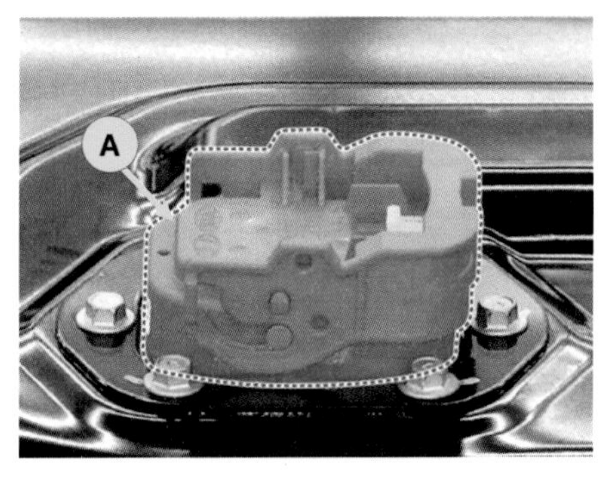

[그림 4-143]

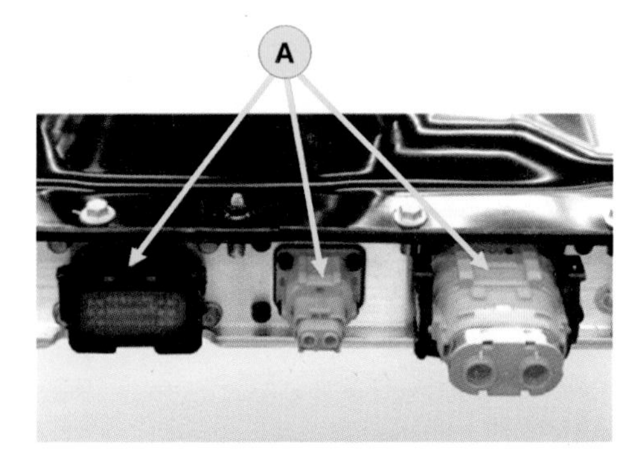

[그림 4-144]

3) 기밀점검 테스터기의 압력조정제 어댑터(A)를 고전압 배터리 어셈블리 시스템 상부에 위치한 압력 조정제 위에 화살표 방면으로 밀면서 5초간 유지하여 어댑터가 흡착되도록 한다.
4) 약 5초후 압력조정제 어댑터에서 손을 떼어도 진공압력에 의하여 압력 조정제 어댑터는 떨어지지 않는다.
5) 고전압 배터리 팩 기밀시험 테스터기의 Start 버튼을 눌러 고전압 배터리 시스템 어셈블리 기밀점검을 실시한다.
6) 기밀점검 테스터중 그림과 같이 호스의 꺽임을 유의해야 한다.

[그림 4-145]

[그림 4-146]

7) 고전압 배터리 어셈블리의 압력 누설 여부를 확인후 차량에 장착한다.

CHAPTER

05 고전압 배터리 모듈 교환

1. 고전압 시스템 점검 시 주의사항

(1) 취급 기술자는 고전압 시스템에 대한 검사와 서비스 교육이 선행 되어야 한다.

(2) 고전압 케이블의 선색은 오랜지 색이며 고전압 배터리 및 고전압 부품들은"고전압" 주의 경고가 있으므로 취급 시 주의를 기울여야 한다.

(3) 차량 정비 시 몸에 소지하고 있는 물건이 떨어져서 쇼트를 발생시켜 사고로 이어질 수 있는 금속이나 철 자등을 몸에 소지해서는 안 된다.

(4) 절연장갑 착용 전 터지거나 파손여부 확인 후 착용해야 한다.

(5) 감전을 예방하기 위해 안전 플러그 탈거 시 절연 장갑을 착용해야 한다.

(6) 고전압 시스템 전압 측정 시 쇼트에 의한 안전사고에 특별히 주의 해야 한다.

(7) 차량 정비/점검동안 "주의: 고전압 흐름 작업 중 촉수 금지" 경고판을 통해 다른 기술자에게 알릴 필요가 있다.

(8) 조립/탈거 시 배터리 위에 어떠한 것도 놓아서는 안 된다.

2. 고전압 배터리 정비 시 작업 순서

(1) 이그니션 스위치: OFF

(2) 트렁크 OPEN 하고 절연장갑 착용상태에서 12V 배터리 그라운드 케이블을 탈거.

(3) 안전 플러그 제거 후 고전압 부품을 취급하기 전에 5 ~ 10분 이상 대기 후 Tester로 DC-Link 전압을 측정하여 0V임을 확인 후 작업한다.

대기시간은 인버터 내부의 컨덴서에 충전되어있는 고전압을 방전시키기 위해서 필요한 시간이다.

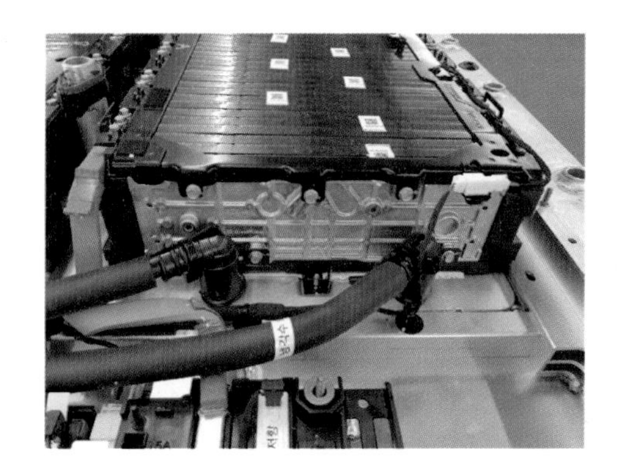

[그림 4-147] 배터리 팩

[그림 4-148] 40V 배터리 모듈

[그림 4-149] 24V 배터리 모듈

CHAPTER 06 고전압 배터리 모듈 분해·조립

1. 배터리 모듈 어셈블리 점검

(1) 고전압 배터리 점검 전 조치 사항

고전압 배터리 시스템 관련 작업 시 반드시 "안전사항 및 주의, 경고"내용을 숙지하고 준수해야 한다. 미준수시 감전 또는 누전 등으로 인한 심각한 사고를 초래할 수 있다.

고전압 배터리 관련 시스템을 점검하기 위해 고전압 배터리 팩 어셈블리를 탈착한 경우는 장착 작업 이전에 플로우 잭을 이용하여 가장착 후 고전압 배터리의 이상 유무를 판단한 후 조치가 완료되면 고전압 배터리 팩 어셈블리를 차량에 장착한다.

[표 4-1]

점검 사항		규정값	점검 방법
단선			육안
녹			
변색			
장착 상태			
배터리 균열 및 누유 흔적			
BMU 관련 DCT		DCT 가이드 참조	DCT 진단 수행
SOC		5 ~ 95%	Current Data값 확인
전압	셀	2.5 ~ 4.3V	Current Data값 확인
	팩	240 ~ 413V	
	셀간 전압편차	40mV이하	
절연저항		300 ~ 1000kΩ	실차 측정(메가 옴 테스터기 이용)
		2MΩ 이상	
		2MΩ 이상	

(가) 안전사항을 확인한다.

1) 전압 시스템 관련 작업 시 "안전사항 및 주의, 경고" 내용 미준수시 감전 또는 누전 등으로 인한 심각한 사고를 초래할 수 있으므로 주의한다.

2) 고전압 시스템 관련 작업 시 "고전압 차단절차"에 따라 반드시 고전압을 먼저 차단해야 한다.

(나) 외관 점검 후 일반 고장수리 또는 사고 차량 수리 해당 여부를 판단한다.

(다) 일반적인 고장수리 시 DTC 코드 별 수리 절차를 준수하여 고장수리를 진행한다.

(2) 고전압 배터리 점검

(가) **과충전·과방전**: 서비스 데이터 및 자기진단을 실시하여 " 배터리 과전압(P0DE7)·저전압 (P0DE6)" 코드 표출 등을 확인한다.

(나) **단락**: 서비스 데이터 및 자기진단을 실시하여 "고전압 퓨즈의 단선 관련 진단(P1B77, P1B25) 코드"를 확인한다.

2. 고전압 배터리 모듈 분해

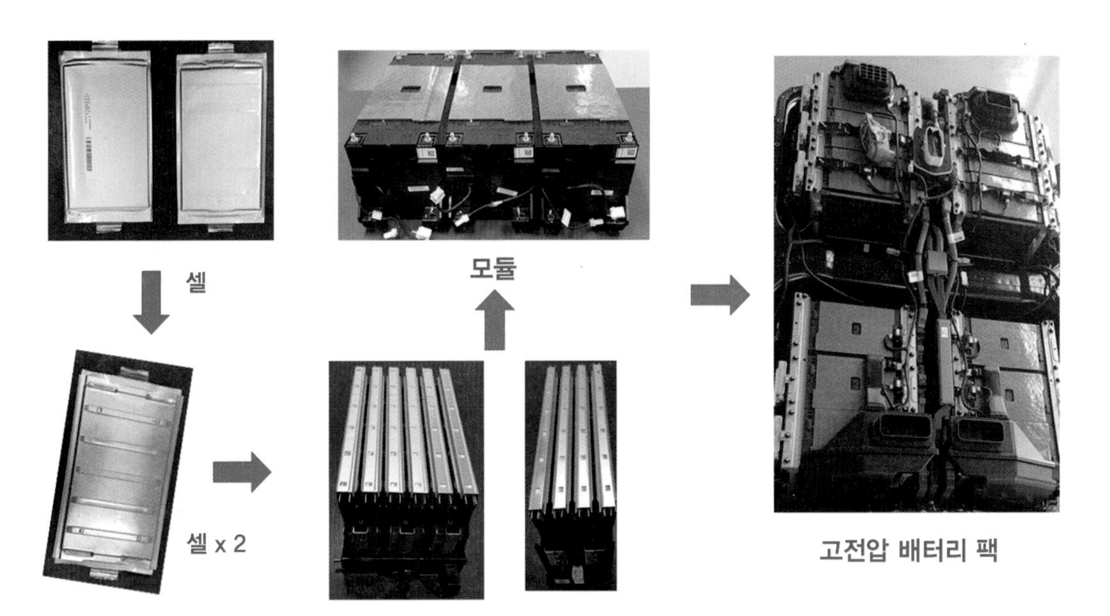

[그림 4-150] 고전압 배터리팩 구성

3. Niro 150KW 배터리 팩 모듈 및 셀

1) 고전압 배터리 팩에서 모듈을 탈거한다.

2) 고전압 배터리 모듈에서 방열판 고정볼트(A)를 풀고 방열판을 분리한다.

[그림 4-151] 배터리 팩

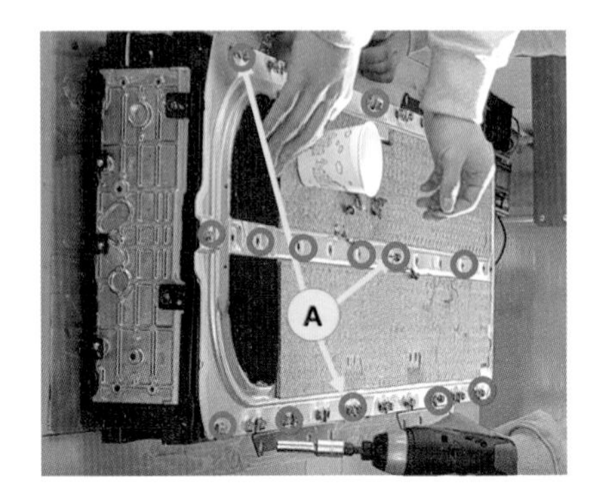

[그림 4-152] 배터리 모듈

3) 분리된 방열판에서 모듈을 분리한다.

4) 고전압 배터리 모듈 상·하 고정브라켓 볼트(A)를 풀고 브라켓을 제거한다.

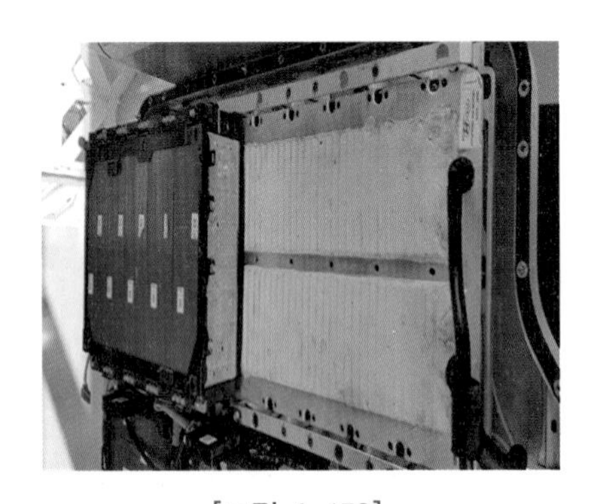

[그림 4-153]

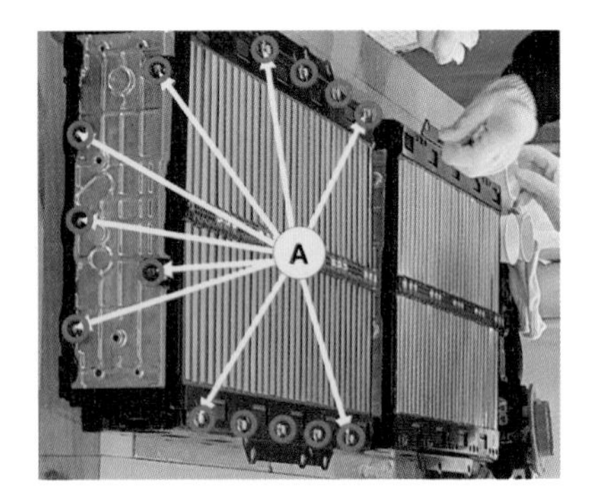

[그림 4-154]

[그림 4-155]

[그림 4-156]

5) 고전압 배터리 모듈 양 옆에 장착된 PCB 부스바 커버를 탈거한다.

6) 배터리 모듈 좌·우에 설치된 직렬 연결 부스바를 제거한다.

[그림 4-157]

[그림 4-158]

7) 고전압 배터리 모듈에서 이상이 있는 셀을 분리한다.

[그림 4-159] 배터리 모듈 분해

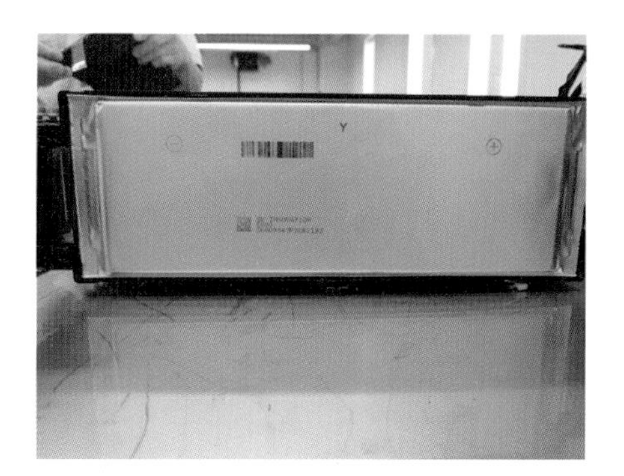

[그림 4-160] 배터리 셀

8) 셀의 + 측 과 - 측 의 전압을 측정하고 불량이면 교환한다.

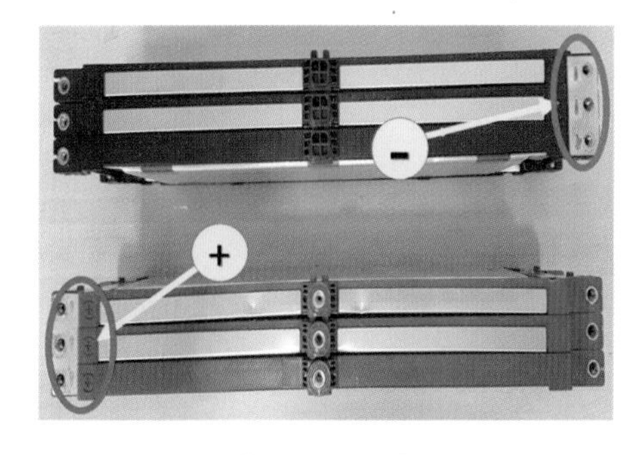

[그림 4-161]

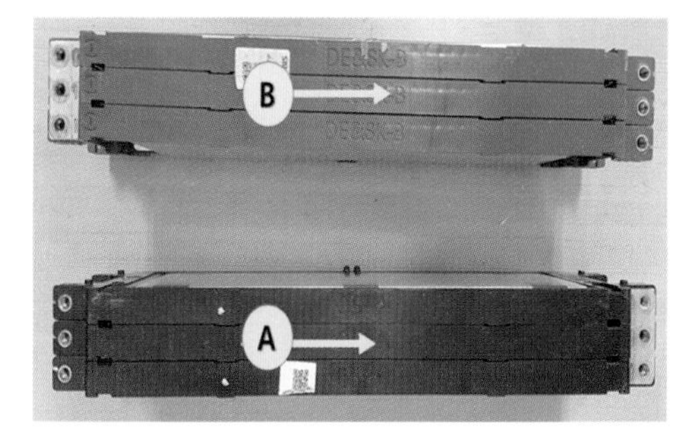

[그림 4-162]

9) 고전압 배터리 셀 분리 모습

10) 고전압 배터리 셀 교환후 조립과정에서 이종 길이 체결볼트 사용으로 인한 셀 파손 (A)이 발생하며 화재 및 폭발 위험이 있음으로 주의하여 조립하여야 한다.

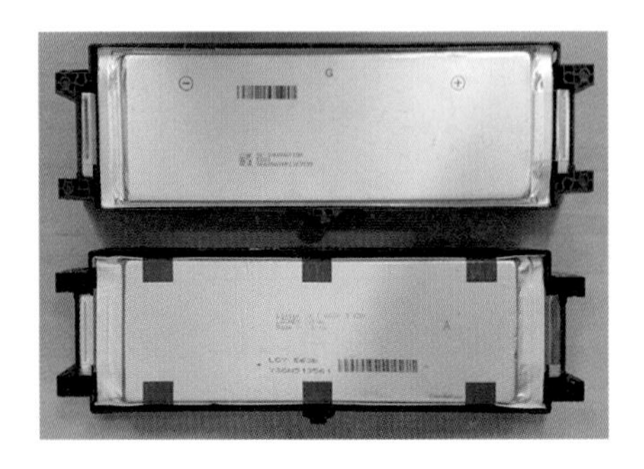

[그림 4-163]

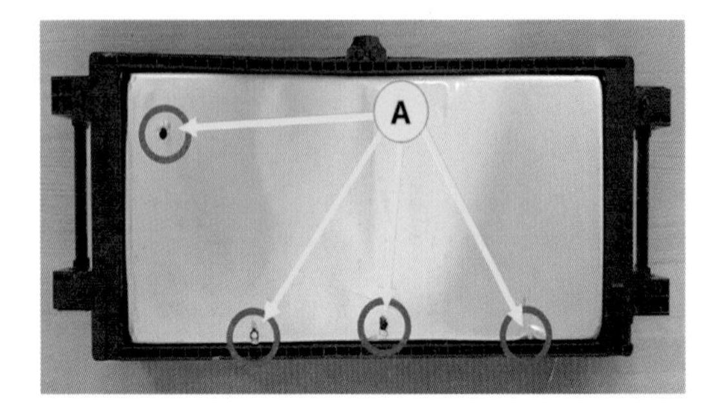

[그림 4-164]

4. 아이오닉 88KW 배터리 팩 모듈 및 셀

1) 고전압 배터리 모듈에서 배터리 온도센서(A)를 탈거한다.

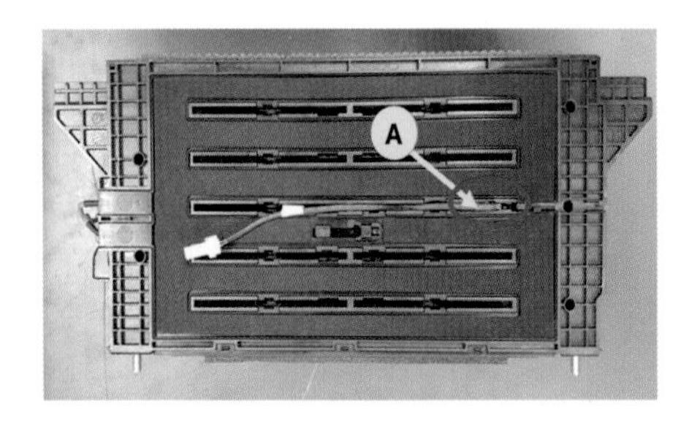

[그림 4-165]

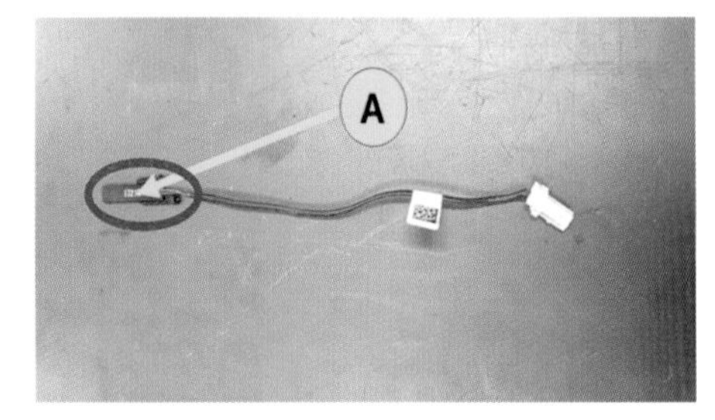

[그림 4-166]

2) 고전압 배터리 모듈에서 배터리 승온히터 고정클립(A)를 벌리고 히터(B)를 탈거한다.

3) 배터리 프렉시블 승온히터(A)를 탈거할 때 파손에 주의하여 탈거한다.

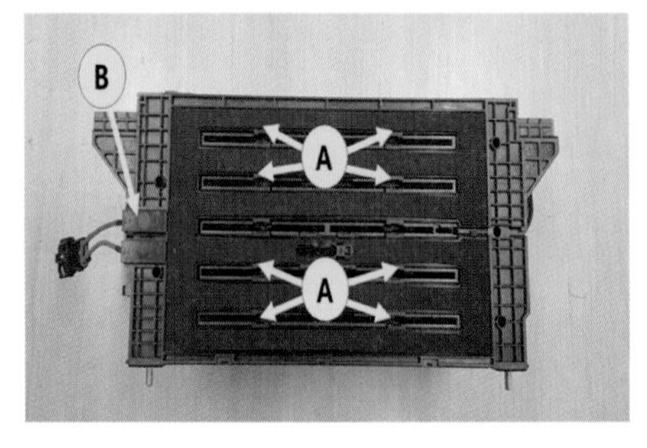

[그림 4-167]

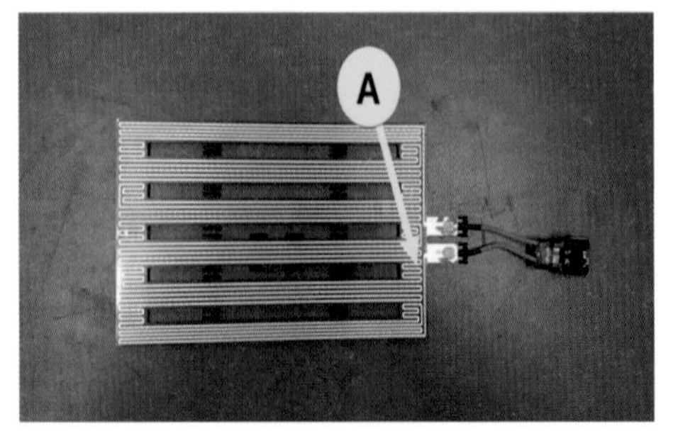

[그림 4-168]

4) 고전압 배터리 모듈 상부의 고정스크류(A)를 제거한다.

5) 고전압 배터리 모듈 중간에 설치된 전극단자(A)를 풀고 상부커버를 위로 올려서 제거 한다.

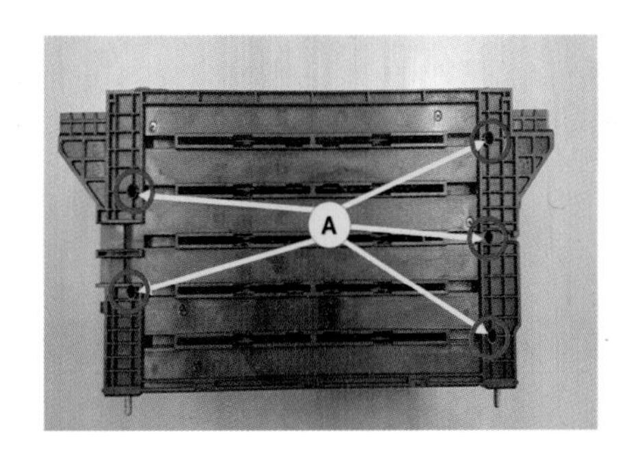

[그림 4-169]

[그림 4-170]

6) 고전압 배터리 모듈 보호 커버를 제거한 모습

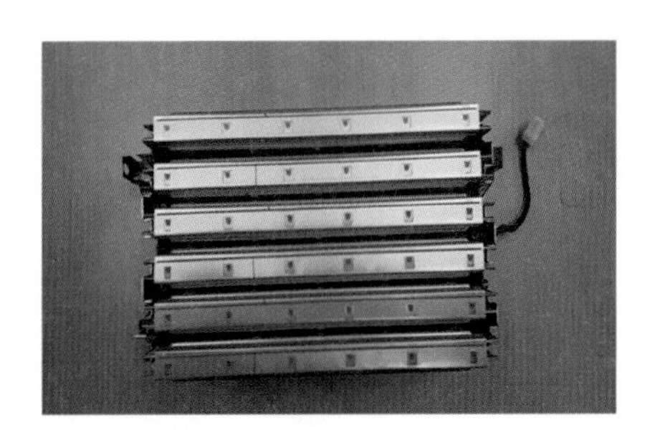

[그림 4-171]

[그림 4-172]

7) 고전압 배터리 모듈에서 셀을 분리한 모습
(배터리 모듈에서 셀 단위로 분리할수 없음. 분리시에 제사용 불가함)

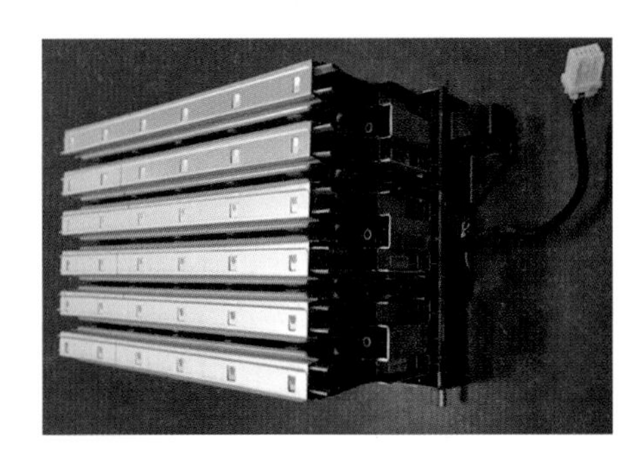

[그림 4-173]

[그림 4-174]

8) 셀 2개가 하나의 보호 케이스에 병렬로 연결되어 있다.

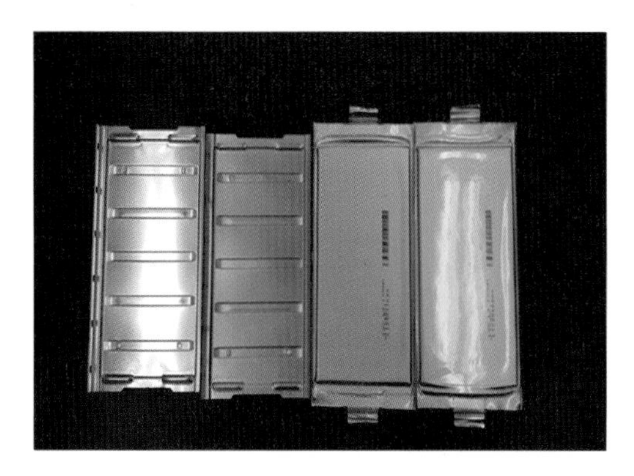

[그림 4-175]

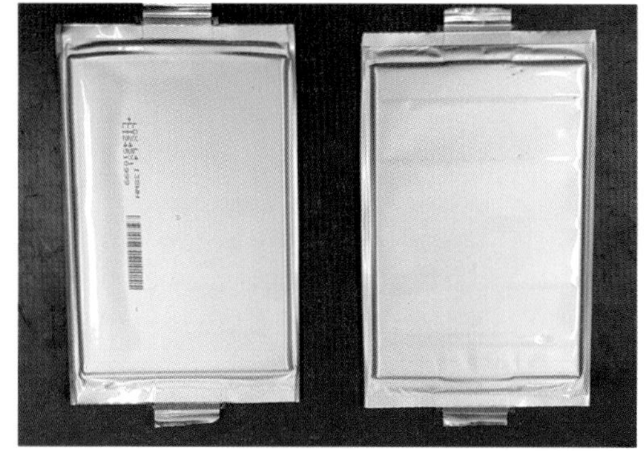

[그림 4-176]

9) A: (+) 단자, B: (-) 단자, C: 셀 연결 부스바,
D: 셀 전압 모니터링 커넥터

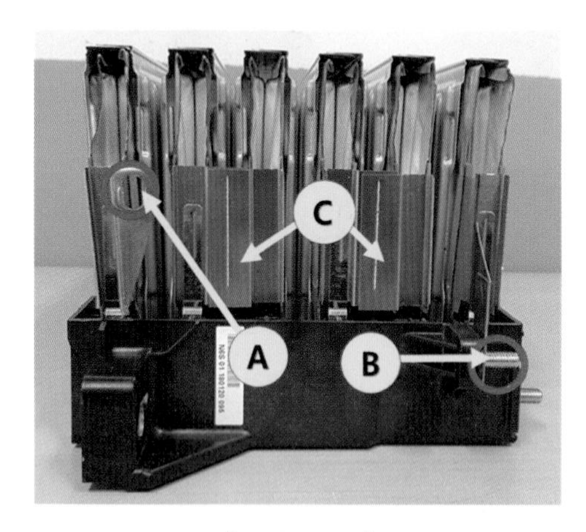

[그림 4-177]

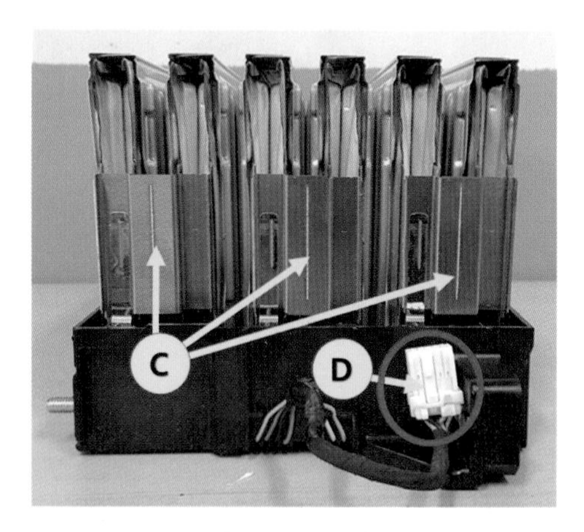

[그림 4-178]

CHAPTER

07 고전압 배터리 단품점검

1. 고전압 배터리 육안 점검

1) **점검 항목** - 전장 부품, 냉각 부품, 고전압 배터리 팩 어셈블리

2) **점검 내용** - 단선, 녹, 변색, 장착 상태, 균열에 의한 누유 상태

2. 배터리의 SOC 점검

배터리 팩의 만충전 용량 대비 배터리 사용 가능 에너지를 백분율로 표시한 양 즉, 배터리 충전 상태를 SOC(State Of Charge)라고 하며, 다음과 같이 점검한다.

1) 점화 스위치를 “OFF”시킨다.

2) GDS를 자기진단 커넥터(DLC)에 연결한다.

3) 점화 스위치를 ON시킨다.

4) GDS 서비스 데이터의 SOC 항목을 확인하며, SOC 값이 5~95% 내에 있는지 확인한다.

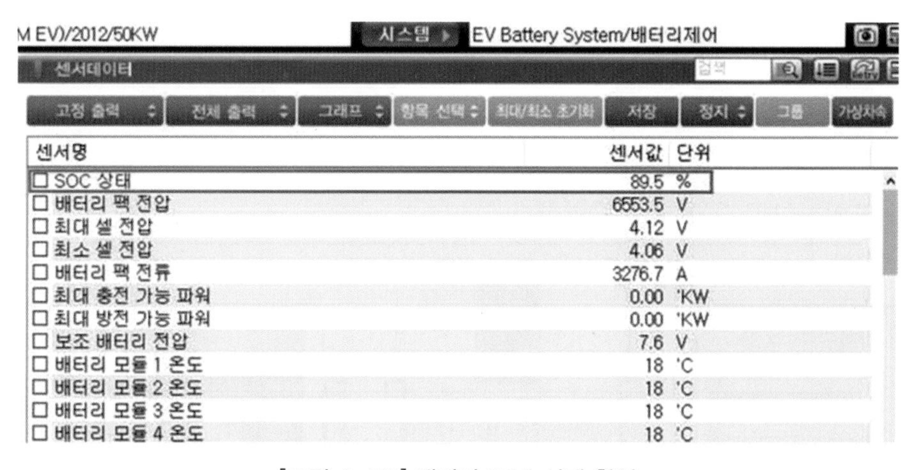

[그림 4-179] 배터리 SOC 상태 확인

3. 배터리 전압 점검

1) 점화 스위치를 “OFF”시킨다.

2) GDS를 자기진단 커넥터(DLC)에 연결한다.

3) 점화 스위치를 ON시킨다.

4) GDS 서비스 데이터의 “셀 전압” 및 “팩 전압”을 점검한다.

가) **셀 전압**: 2.5 ~ 4.3V

나) **팩 전압**: 240 ~ 413V

다) **셀간 전압편차**: 40mV이하

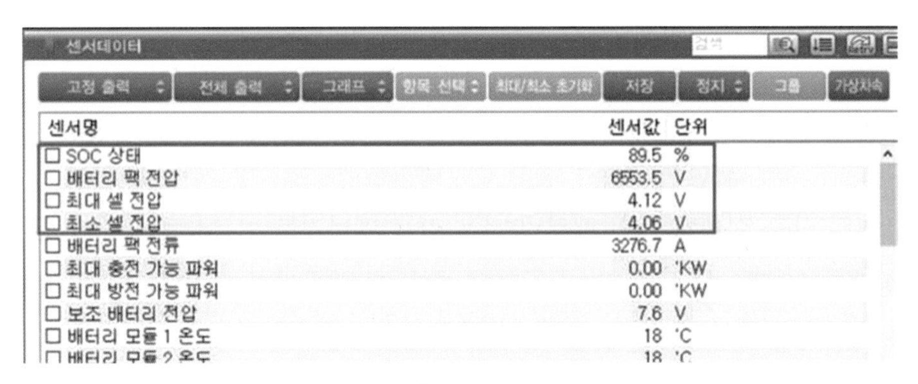

[그림 4-180] 배터리 전압 점검

4. 전압 센싱 회로 점검

1) 고전압 배터리 팩 어셈블리를 탈착한다.

2) 고전압 배터리 전압 & 온도 센서 와이어링 하니스를 탈착한다.

3) 고전압 배터리 모듈과 BMU 하니스 커넥터의 와이어링 통전 상태를 확인하여 규정값인 1Ω 이하(20°C) 여부를 확인한다.

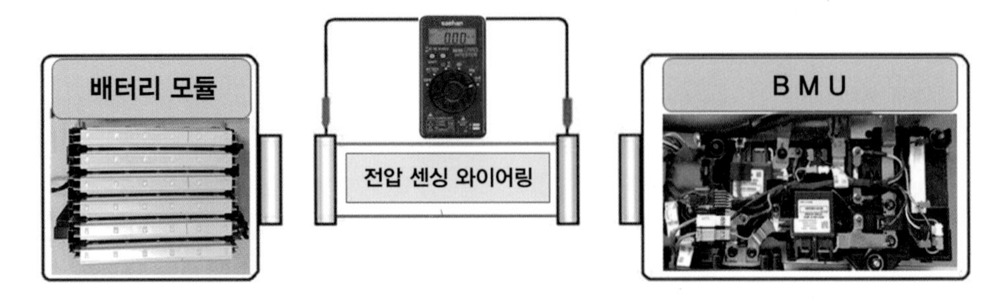

[그림 4-181] 고전압 센싱 회로 점검

4) BMU를 하부 케이스에 장착한다.

5) 고전압 배터리 전압 & 온도 센서 와이어링 하니스를 BMU에 연결한다.

6) 고전압 배터리 모듈 및 BMU 하니스 커넥터의 와이어링과 배터리 케이스의 통전 상태를 확인하여 절연저항 규정값인 2MΩ 이상(20°C) 여부를 확인한다.

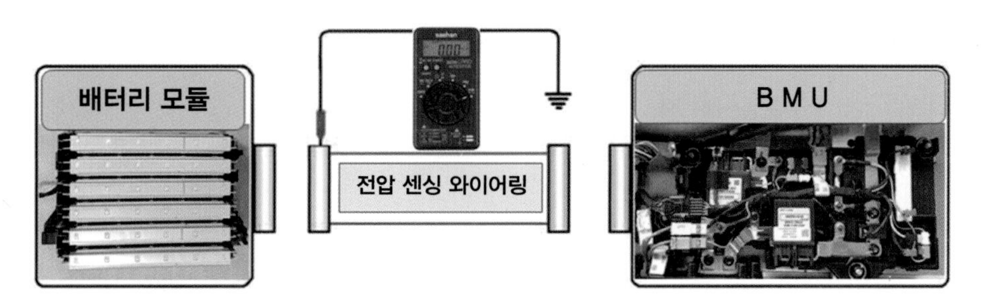

[그림 4-182] 커넥터와 케이스의 절연 저항 점검

5. 고전압 메인 릴레이 점검(융착 상태 점검)

(1) GDS 장비를 이용한 점검

가) GDS를 자기진단 커넥터(DLC)에 연결한다.

나) 점화 스위치를 ON시킨다.

다) GDS 서비스 데이터의 [BMU 융착 상태 'NO'] 인지를 확인한다.

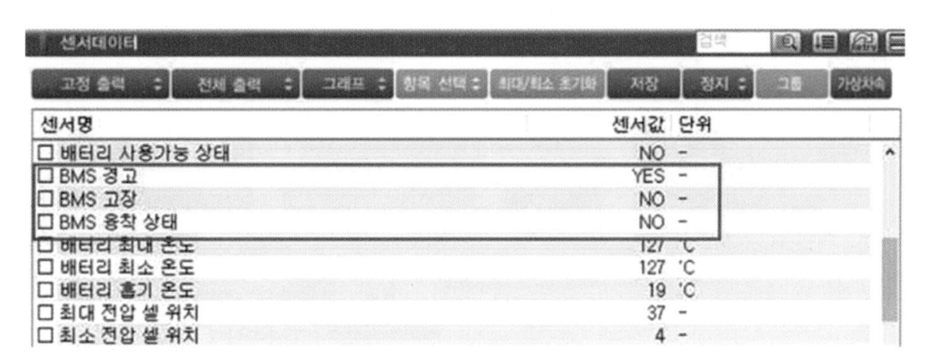

센서명	센서값	단위
□ 배터리 사용가능 상태	NO	-
□ BMS 경고	YES	-
□ BMS 고장	NO	-
□ BMS 융착 상태	NO	-
□ 배터리 최대 온도	127	'C
□ 배터리 최소 온도	127	'C
□ 배터리 흡기 온도	19	'C
□ 최대 전압 셀 위치	37	-
□ 최소 전압 셀 위치	4	-

[그림 4-183] BMU 융착 상태 점검

(2) GDS를 이용한 메인 릴레이 점검

가) 고전압 회로를 차단한다.

나) 고전압 배터리 상부 케이스를 탈착한다.

다) 고전압 배터리 팩을 플로우 잭을 이용하여 차량에 가장착 한다.

라) GDS 장비를 자기진단 커넥터(DLC)에 연결한다.

마) 점화 스위치를 ON시킨다.

바) GDS 강제 구동 기능을 이용하여, 고전압 배터리를 제어하는 메인 릴레이 (-)를 ON 하면서 릴레이 ON 시 "틱" 또는 "톡"하는 릴레이 작동 음을 확인한다.

(3) 멀티미터를 이용한 점검

가) 고전압 차단 절차를 수행한다.

나) 리프트를 이용하여 차량을 들어올린다.

다) 장착 너트를 푼 후 고전압 배터리 하부 커버 를 탈착한다.

라) 장착 볼트를 푼 후 PRA 및 BMU 고전압 정션 박스 어셈블리 브래킷 및 커버 를 탈착 한다.

마) 그림과 같이 고전압 메인 릴레이의 저항이 ∞Ω(20℃)이 검출되는지 여부를 점검한다.

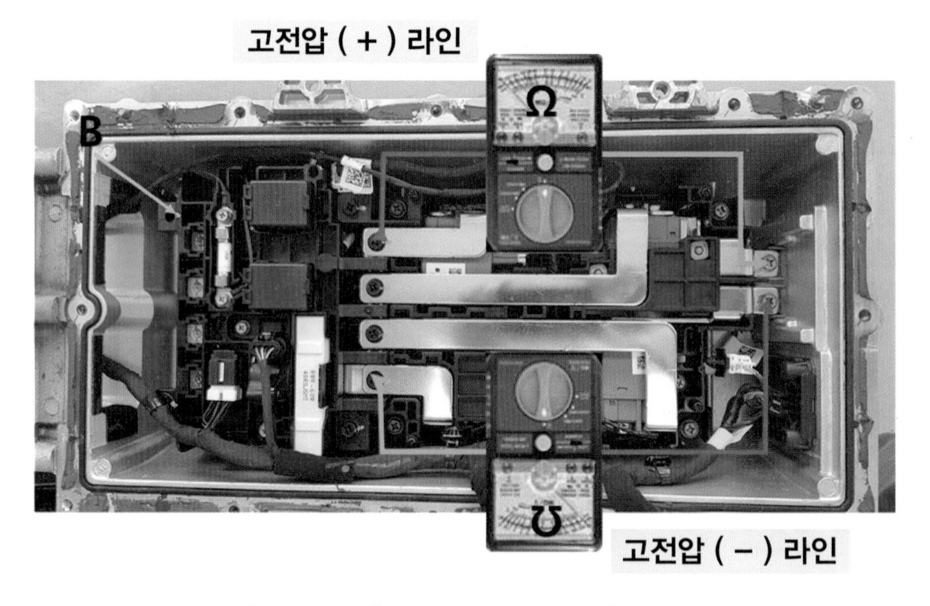

[그림 4-184] 고전압 메인 릴레이 저항 점검

6. 고전압 배터리팩 절연 저항 점검

(1) GDS 장비를 이용한 점검

가) GDS를 자기진단 커넥터(DLC)에 연결한다. 나) 점화 스위치를 ON시킨다.

다) GDS 서비스 데이터의 “절연 저항 규정값: 300 kΩ ~ 1000 kΩ”여부를 확인한다.

EV)/2012/50KW | 시스템 ▶ | EV Battery System/배터리제어

센서데이터

고정 출력 | 전체 출력 | 그래프 | 항목 선택 | 최대/최소 초기화 | 저장 | 정지 | 그룹 | 가상차속

센서명	센서값	단위
☑ 절연 저항	6572	kOhm
☐ MCU 준비 상태	YES	-
☐ MCU 메인릴레이 OFF 요청	YES	-
☐ MCU 제어가능 상태	NO	-
☐ HCU 준비	YES	-
☐ 인버터 커패시터 전압	4	V
☐ 모터 회전수	0	RPM

[그림 4-185] 장비를 이용한 고전압 배터리 절연 저항 점검

(2) 메가 옴 테스터기를 이용한 점검

가) 고전압 차단 절차를 수행한다.

나) 절연 저항계의 (-) 단자를 차량측 차체 접지 부분에 연결한다.

다) 절연 저항계의 (+) 단자를 고전압 배터리 (+)에 각각 연결한 후 저항 값을 측정한다.

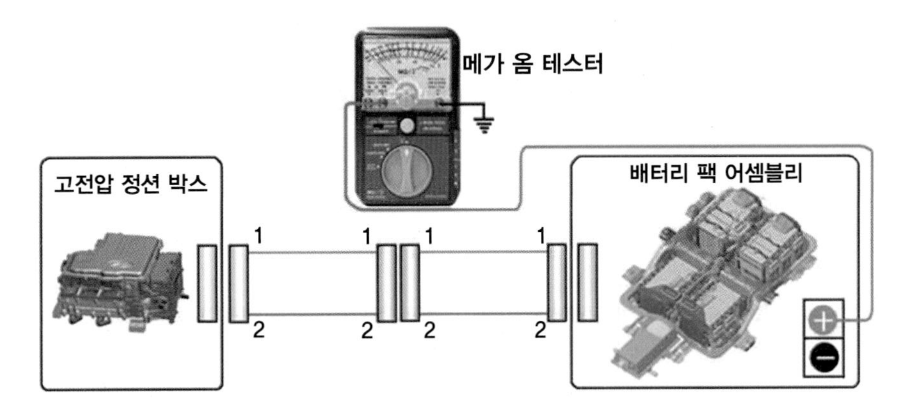

[그림 4-186] 메가 옴 테스터기 접지 점검

㉠ 절연 저항계의 (+) 단자를 고전압 배터리 팩 (+)측에 연결한다.

㉡ 절연 저항계를 통해 500V 전압을 인가한 후 안정된 저항 값을 측정하기 위해 약 1분간 대기한다.

㉢ 절연 저항값이 규정 값인 2MΩ 이상(20℃)인지 확인한다.

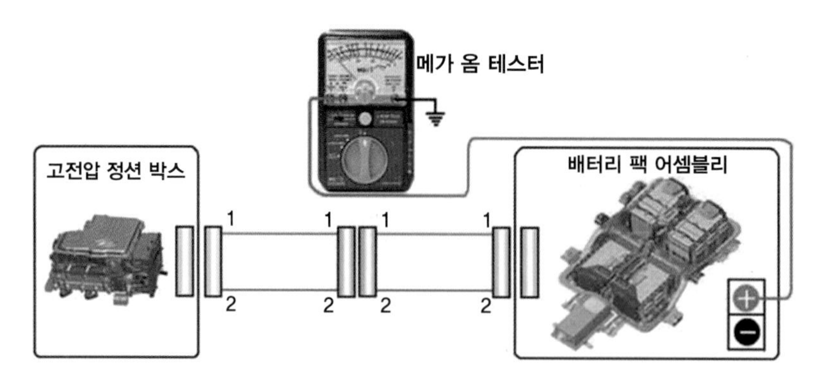

[그림 4-187] 고전압 배터리 (+) 단자 절연 저항 점검

라) 절연 저항계의 (+) 단자를 고전압 배터리 (-)에 각각 연결한 후 저항 값을 측정한다.

㉠ 절연 저항계의 (+) 단자를 고전압 배터리 팩(-)측에 연결한다.

㉡ 절연 저항계를 통해 500V 전압을 인가한 후 안정된 저항 값을 측정하기 위해 약 1 분간 대기한다.

㉢ 절연 저항 값이 규정 값인 2MΩ 이상 (20℃)인지 확인한다.

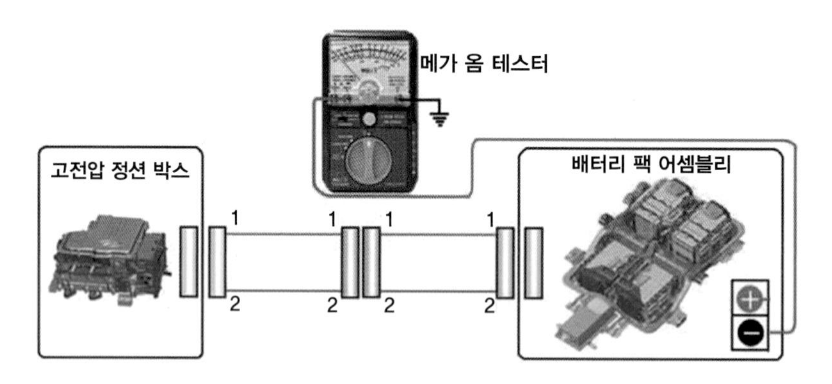

[그림 4-188] 고전압 배터리 (-) 단자 절연 저항 점검

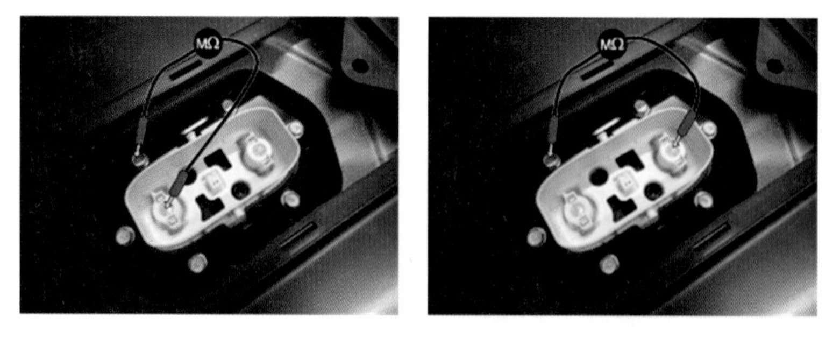

[그림 4-189] 고전압 배터리 케이스 절연 저항 점검

CHAPTER

08 고전압 배터리 제어시스템 정비

1. 고전압 배터리 제어시스템 개요

고전압 배터리 컨트롤 시스템은 컨트롤 모듈인 BMU, 파워 릴레이 어셈블리(PRA: Power Relay Assembly)로 구성되어 있으며, 고전압 배터리의 SOC(State Of Charge), 출력, 고장 진단, 배터리 셀밸런싱(Cell Balancing), 시스템 냉각, 전원 공급 및 차단을 제어한다.

파워 릴레이 어셈블리는 메인 릴레이(+, -), 프리차지 릴레이, 프리차지 레지스터, 배터리 전류 센서, 고전압 배터리 히터 릴레이로 구성되어 있으며, 부스바(Busbar)를 통해서 배터리 팩과 연결되어 있다. SOC(배터리 충전율)는 배터리의 사용 가능한 에너지를 표시한다.

SOC = 방전 가능한 전류량 ÷ 배터리 정격 용량 × 100%

2. 고전압 배터리 제어시스템 주요기능

셀 모니터링 유닛(CMU: Cell Monitoring Unit)은 각 고전압 배터리 모듈의 측면에 장착되어 있으며, 각 고전압 배터리 모듈의 온도, 전압, 화학적 상태를 측정하여 BMU(Battery Management Unit)에 전달하는 기능을 한다.

(1) 배터리 충전율 (SOC)제어

전압·전류·온도 측정을 통해 SOC를 계산하여 적정 SOC 영역으로 제어함 배터리 출력 제어 및 시스템 상태에 따른 입·출력 에너지 값을 산출하여 배터리 보호, 가용 파워예측, 과충전·과방전 방지, 내구 확보 및 충·방전 에너지를 극대화함.

(2) 파워 릴레이 제어

IG ON·OFF 시, 고전압 배터리와 관련 시스템으로의 전원 공급 및 차단 고전압 시스템 고장으로 인한 안전사고 방지.

(3) 냉각 제어

쿨링팬 제어를 통한 최적의 배터리 동작 온도 유지 (배터리 최대 온도 및 모듈간 온도 편차량에 따라 팬 속도를 가변 제어함)

(4) 고장 진단

시스템 고장 진단, 데이터 모니터링 및 소프트웨어 관리 및 페일-세이프(Fail-Safe) 레벨을 분류하여 출력 제한치를 규정 하고 릴레이 제어를 통하여 관련 시스템 제어 이상 및 열화에 의한 배터리 관련 안전사고 방지한다.

3. 고전압 배터리 시스템 구성

(1) 리튬이온 폴리머 Lithium Polymer 고전압 배터리 팩 어셈블리

(가) **셀**: 전기적 에너지를 화학적 에너지로 변환하여 저장하거나 화학적 에너지를 전기적 에너지로 전환하는 장치의 최소 구성단위

(나) **모듈**: 직렬 연결된 다수의 셀을 총칭하는 단위

(다) **팩**: 직렬 연결된 다수의 모듈을 총칭하는 단위

[그림 4-190] 고전압 배터리 팩

(2) 고전압 배터리 팩 어셈블리의 구성 및 기능

1) 전기 모터에 직류 360V의 고전압 전기 에너지를 공급한다.
2) 회생 제동 시 발생된 전기 에너지를 저장한다.
3) 급속 충전 또는 완속 충전 시 전기 에너지를 저장한다.

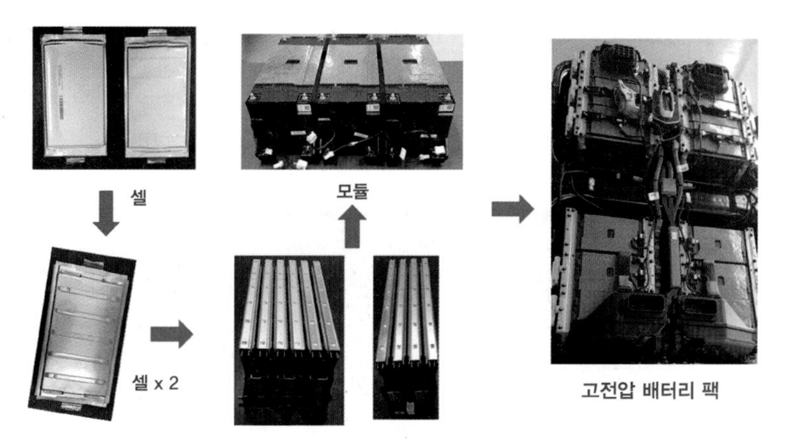

[그림 4-191] 고전압 배터리팩 구성

4. BMU Battery Management Unit 입·출력 요소

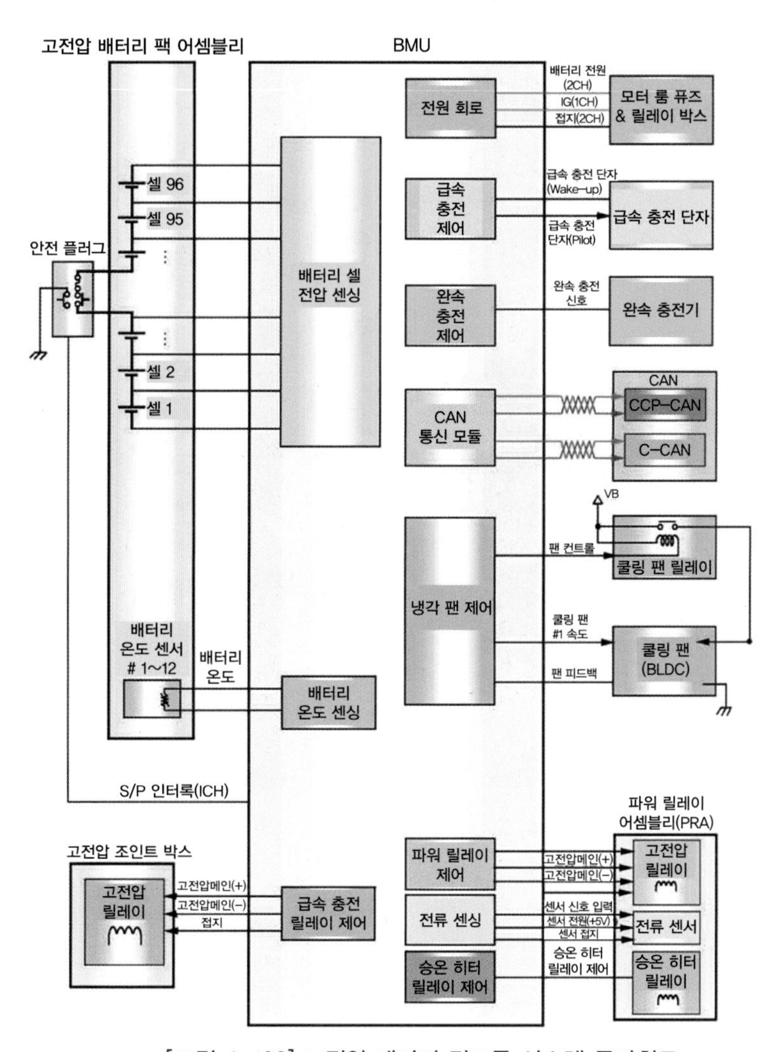

[그림 4-192] 고전압 배터리 컨트롤 시스템 등가회로

5. 고전압 배터리 컨트롤 시스템의 주요 구성

(1) 고전압 배터리 모듈 구성품

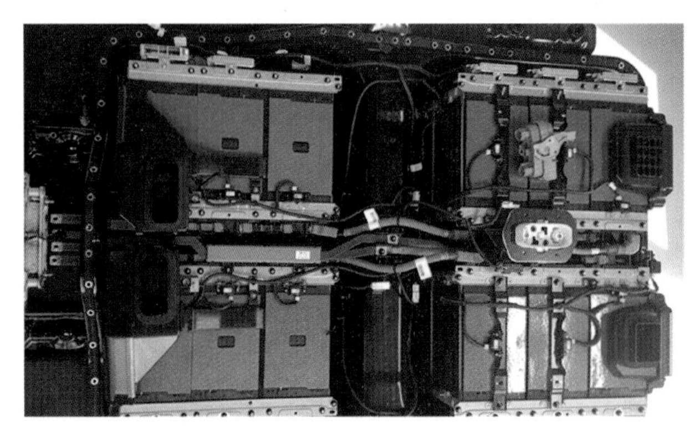

[그림 4-193] 고전압 배터리 모듈 구성

(가) 배터리 모듈 번호

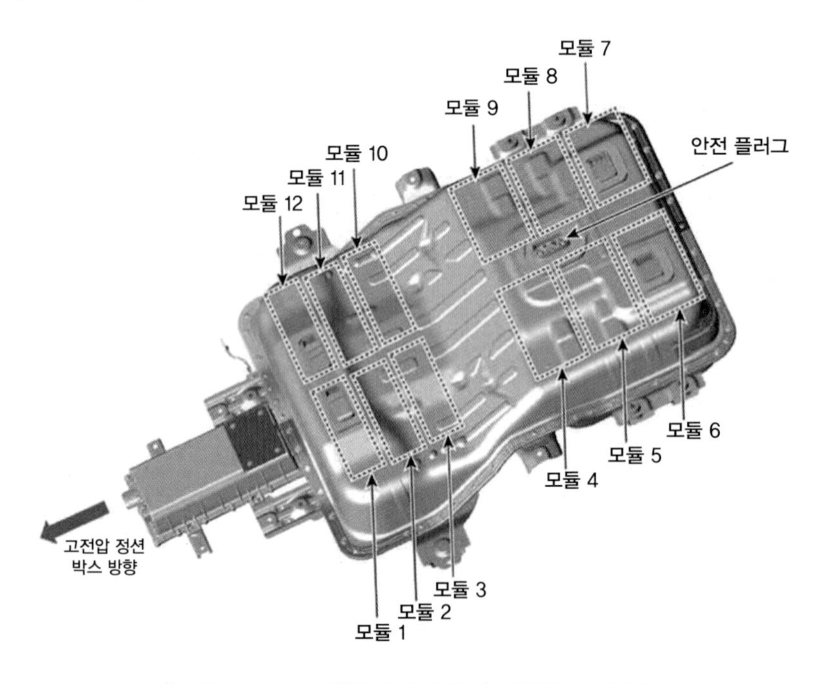

[그림 4-194] 고전압 배터리 장착 위치별 모듈번호

(나) 고전압 배터리 시스템별 위치

[그림 4-195] 고전압 배터리 시스템별 위치

(다) 고전압 배터리 안전 플러그

[그림 4-196] 안전 플러그

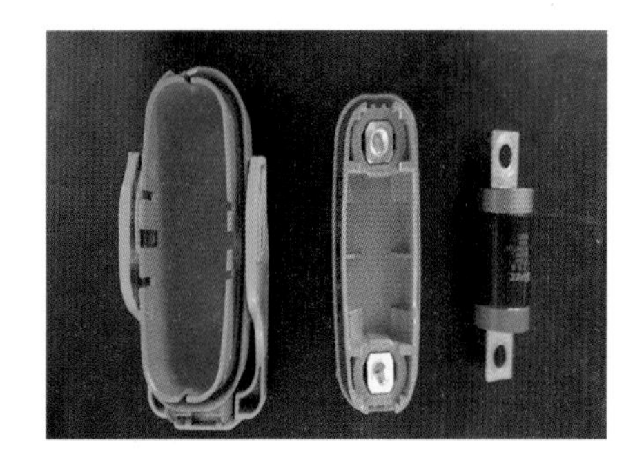

[그림 4-197] 메인 퓨즈

(라) 고전압 배터리 온도센서 및 승온 히터

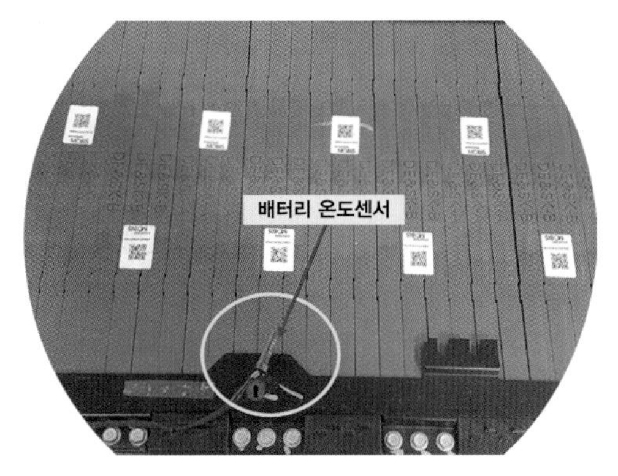

[그림 4-198] 고전압 배터리 온도 센서

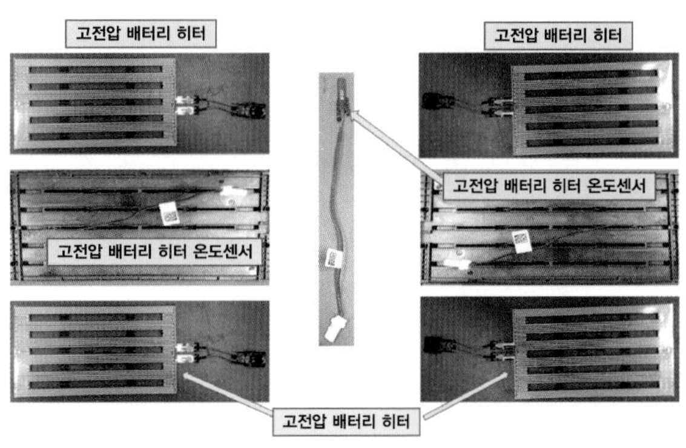

[그림 4-199] 고전압 배터리 히터 및 온도 센서

(마) 고전압 배터리 과충전 차단스위치 및 셀 모니터

[그림 4-200] 고전압 차단 스위치

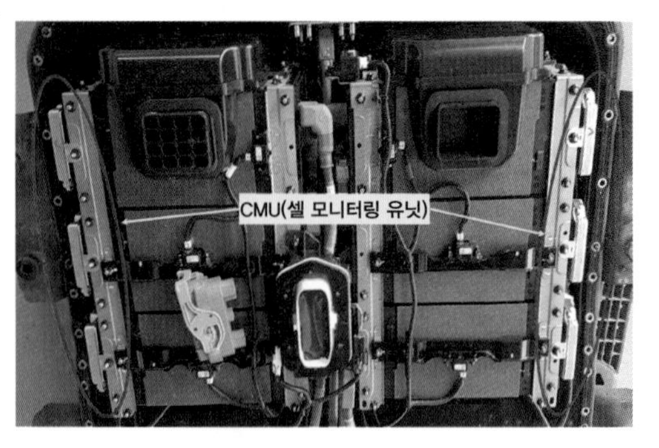

[그림 4-201] 배터리 셀 모니터링 유닛

(바) 파워릴레이 어셈블리 및 안전플러그 메인퓨즈

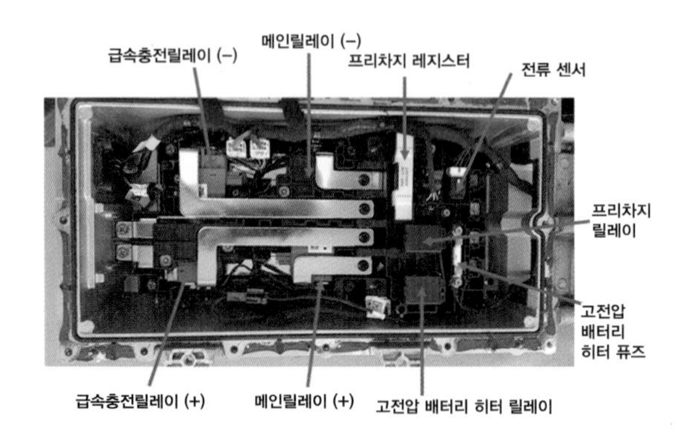

[그림 4-202] 파워 릴레이 어셈블리

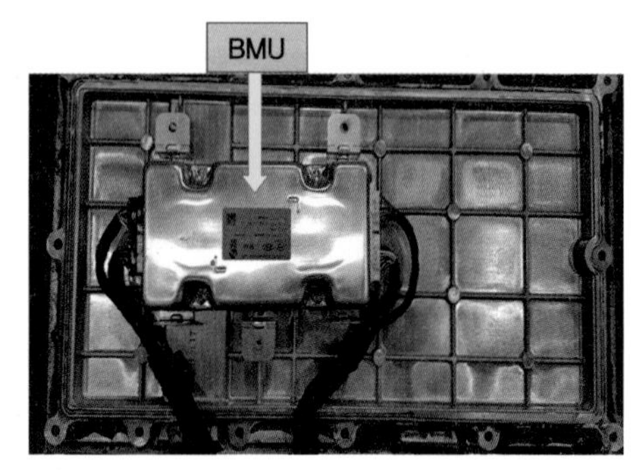

[그림 4-203] 메인 퓨즈

(2) 안전 플러그

(가) 개요

안전 플러그는 리어 시트 하단에 장착되어 있으며, 기계적인 분리를 통하여 고전압 배터리 내부의 회로 연결을 차단하는 장치이다. 연결 부품으로는 고전압 배터리 팩, 파워 릴레이 어셈블리, 급속충전 릴레이, BMU, 모터, EPCU, 완속 충전기, 고전압 조인트 박스, 파워 케이블, 전기 모터식 에어컨 컴프레서 등이 있다.

[그림 4-204] 안전 플러그

(나) 회로 구성

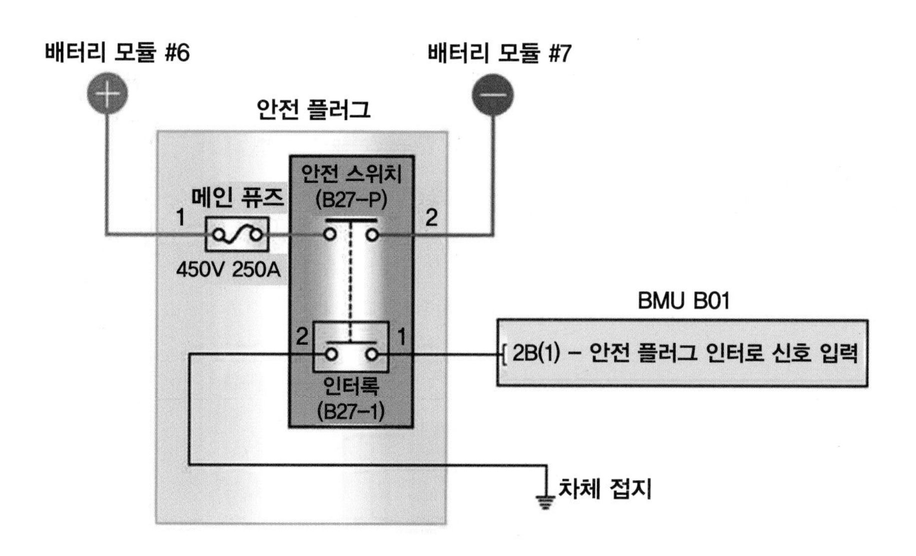

[그림 4-205] 안전 플러그 회로도

(다) 안전 플러그 점검

고전압 시스템 관련 작업 안전사항 미준수시 감전 또는 누전 등으로 인한 심각한 사고를 초래할 수 있으므로 반드시 "안전사항 및 주의, 경고" 내용을 숙지하고 준수해야 한다.

1) 점화 스위치를 OFF시키고 보조 배터리 (-) 케이블을 분리한다.

2) 트렁크 러기지 보드를 탈착한다.

3) 안전 플러그 서비스 커버 를 탈착한다.

4) 안전 플러그를 탈착한다.

5) 육안 점검 및 통전 시험을 통하여 인터록 스위치 단자 상태 및 고전압으로 연결되는 단자의 이상 유무를 확인한다.

(라) 안전 플러그 케이블 점검

1) 점화 스위치를 OFF시키고 보조 배터리(-) 터미널을 분리한다.
2) 고전압 회로를 차단한다.
3) 상부 케이스를 탈착한다.
4) 안전 플러그 케이블 커넥터를 분리한다.
5) 고정 너트를 풀고 안전 플러그 케이블 어셈블리를 탈착한다.
6) 탈착 절차의 역순으로 안전 플러그를 장착한다.

(마) 메인 퓨즈 점검

1) 안전 플러그를 탈착한다.
2) 안전 플러그 레버를 탈착하고 메인 퓨즈와 연결되는 안전 플러그 저항을 멀티 테스터기를 이용하여 저항값이 규정값 범위인1Ω 이하(20℃) 여부를 점검한다.
3) 안전 플러그 커버를 탈착한 후 메인 퓨즈를 탈착한다.
4) 메인 퓨즈 양 끝단 사이의 저항이 규정 값인 1Ω 이하 (20°C)인지를 점검한다.
5) 탈착 절차의 역순으로 메인 퓨즈를 장착한다.

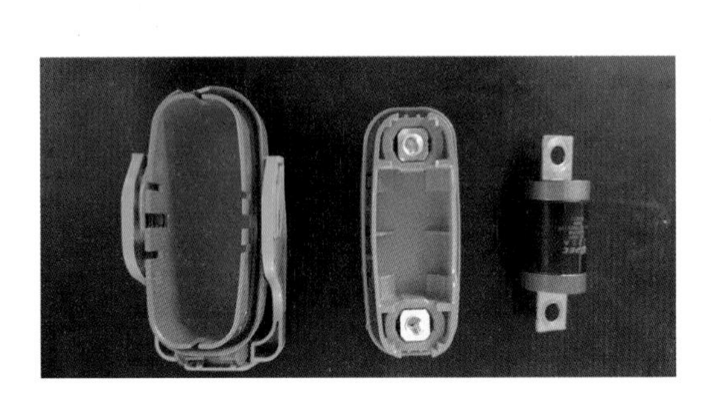

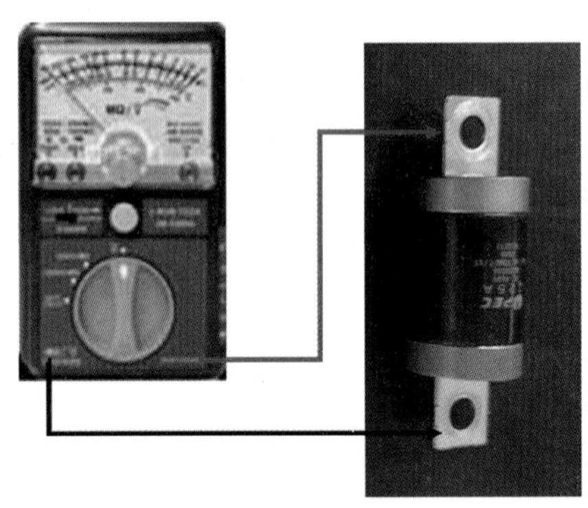

[그림 4-206] 안전 플러그와 메인 퓨즈 저항 점검

[표 4-2]

항 목	제 원
정격 전압(V)	450 (DC)
정격 전류(A)	420 (DC)
안전 플러그 케이블 측 저항(Ω)	1 이하 (20℃)
메인 퓨즈 저항(Ω)	1 이하 (20℃)

(3) 고전압 배터리 인렛 온도 센서

(가) 개요

인렛 온도 센서는 고전압 배터리 1번 모듈 상단에 장착되어 있으며, 배터리 시스템 어셈블리 내부의 공기 온도를 감지하는 역할을 한다. 인렛 온도 센서 값에 따라 쿨링 팬의 작동 유무가 결정 된다.

(나) 배터리 인렛 온도센서 장착 위치

[그림 4-207] 인렛 온도센서

(다) 배터리 흡기 온도 센서(인렛 온도 센서) 점검

고전압 배터리 히터, 고전압 배터리 히터 온도 센서, 인렛 온도 센서는 고전압 배터리 팩 어셈블리 통합형이므로 각 부품들은 별도 분리가 불가능하다.

1) 점화 스위치를 OFF시킨다.

2) 고전압 회로를 차단한다.

3) 고전압 배터리 시스템 어셈블리를 탈착한다.

4) 고전압 배터리 팩 상부 케이스를 탈착한다.

5) 고전압 배터리 팩을 플로우 잭을 이용하여 차량에 가장착 한다.

6) GDS 장비를 자기진단 커넥터(DLC)에 연결한다.

7) 점화 스위치를 ON시킨다.

8) GDS 서비스 데이터의 “배터리 흡기 온도”를 확인한다.

9) 점화 스위치를 OFF시킨다.

10) 정비지침서를 참조하여 온도별 저항 값을 확인한다.

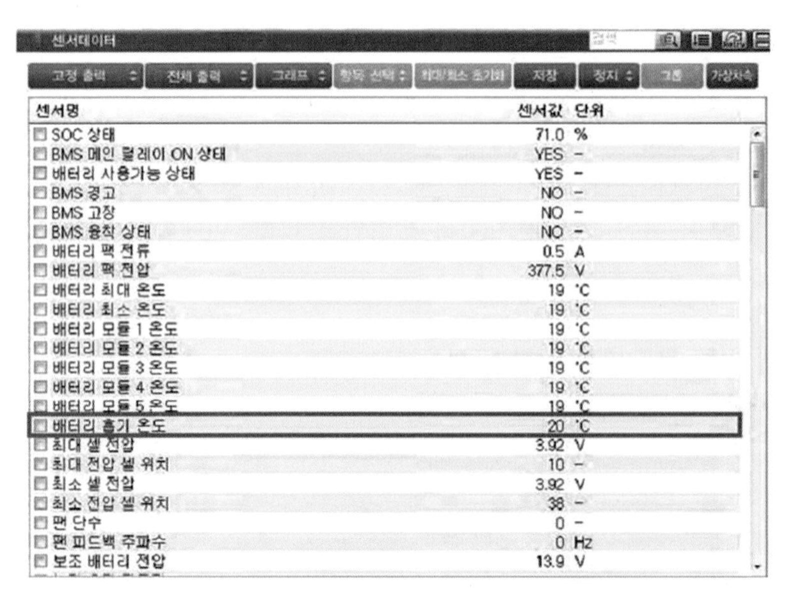

[그림 4-208] 배터리 흡기 온도 센서 점검

(4) 고전압 배터리 온도 센서

(가) 개요

배터리 온도 센서는 각 고전압 배터리 모듈에 장착되어 있으며, 각 배터리 모듈의 온도를 측정하여 CMU에 전달하는 역할을 한다.

(나) 고전압 배터리 온도 센서 장착 위치

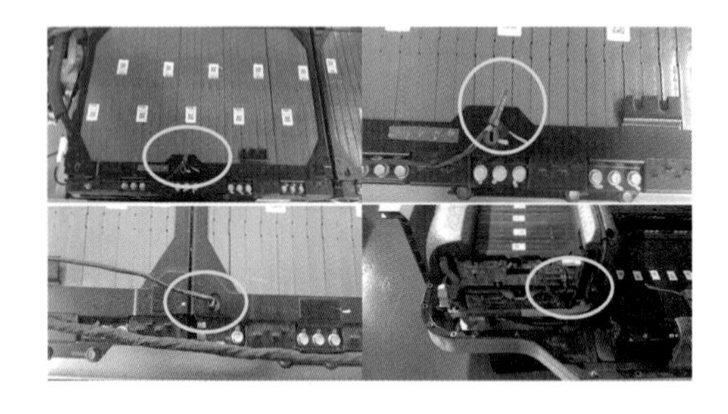

[그림 4-209] 고전압 배터리 온도센서 장착 위치

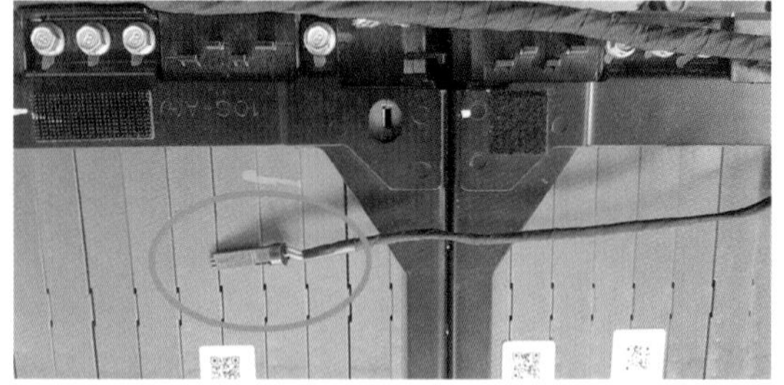

[그림 4-210] 고전압 배터리 온도 센서

(다) 배터리 온도 센서 점검

배터리 온도 센서는 1~8번 모듈에 내장되어 있으며, 분해가 불가능하다.

1) 점화 스위치를 OFF시킨다.

2) 고전압 회로를 차단한다.

3) 고전압 배터리 시스템 어셈블리를 탈착한다.

4) 고전압 배터리 팩 상부 케이스를 탈착한다.

5) 고전압 배터리 팩을 플로우 잭을 이용하여 차량에 가장착 한다.

6) GDS 장비를 자기진단 커넥터(DLC)에 연결한다.

7) 점화 스위치를 ON시킨다.

8) GDS 서비스 데이터의 "배터리 모듈 온도"를 점검한다.

9) 점화 스위치를 OFF시킨다.

10) 고전압 배터리 케이블 및 BMU 점검 단자를 분리한다.

11) 온도 센서별 저항 값을 정비지침서를 참조하여 확인한다

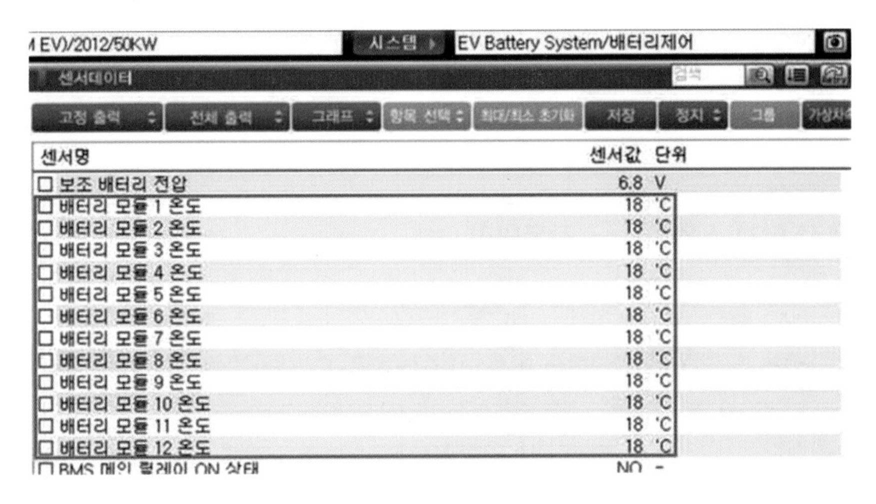

[그림 4-211] GDS 장비를 이용 프리차지 릴레이 ON

(5) 과 충전 방지 스위치 VPD voltage Protect Device

(가) 개요

고전압 릴레이 차단 스위치(VPD)는 각 모듈 상단에 장착되어 있으며, 고전압 배터리 셀이 과충전에 의해 부풀어 오르는 상황이 되면 VPD에 의해 메인 릴레이 (+), 메인 릴레이 (-), 프리차지 릴레이 코일의 접지 라인을 차단함으로써 과충전 시 메인 릴레이 및 프리차지 릴레이의 작동을 금지 시킨다. 고전압 배터리가 정상일 경우에는 항상 스위치는 붙어 있으며, 셀이 과충전이 될 때 스위치는 차단되면서 차량은 주행이 불가능 하다.

(나) 과충전 방지 스위치 제원

[표 4-3]

항 목	제 원
VPD 단자간 합성 저항 (Ω)	3 이하 (20℃)
VPD 단자 저항 (Ω)	0.375 이하 (20℃)
VPD 스위치 단자 위치	아래 방향

(다) 과충전 방지 스위치 단품 및 장착 위치

[그림 4-212] VPD 단품

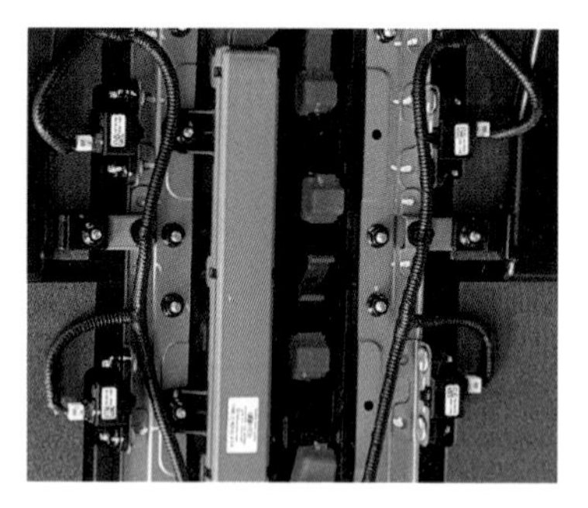

[그림 4-213] VPD 장착 위치

(라) 과충전 방지 스위치 VPD 작동원리

[표 4-4]

배터리 모듈 상태	정 상	과 충전
전류 흐름	ON(연결)	OFF(차단)
VPD	스위치 미작동	스위치 상승
고전압 상태	정상	흐르지 않음
현상	정상	프리차징 실패에의한 시동불가 및 경고등 점등

1) 작동

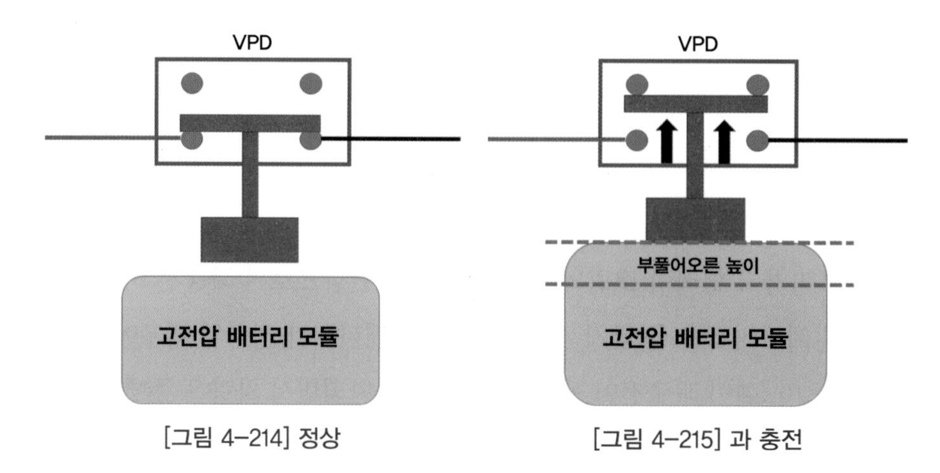

[그림 4-214] 정상

[그림 4-215] 과 충전

2) 회로도

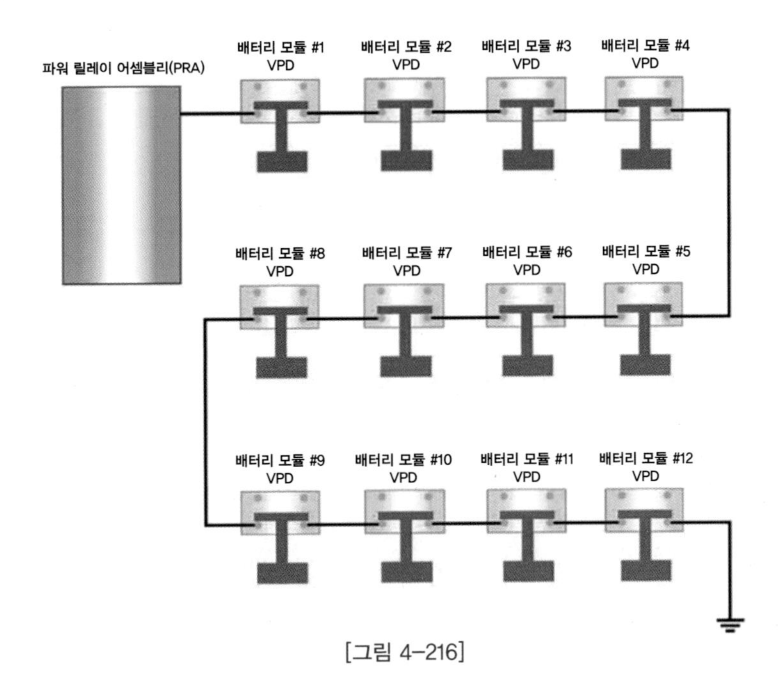

[그림 4-216]

(마) 고전압 과충전 스위치 VPD 점검

1) 점화 스위치를 OFF시키고 보조 배터리 (-)터미널을 분리한다.
2) 고전압 회로를 차단한다.
3) 상부 케이스를 탈착한다.
4) VPD 단자 간의 통전 상태를 각 단품별로 저항 값이 규정 값인 0.375Ω 이하 (20℃) 인지를 점검한다.
5) 통전되지 않는다는 것은 과충전에 의해서 스위치 접점이 열려진 상태이거나 VPD 단품 자체에 이상이므로 배터리 팩 어셈블리를 모두 교환하여야 한다.
6) VPD 하니스 장착 시 오조립이 되면 프리차징 실패 또는 VPD 이상 (고전압 배터리가 부푼 것으로 잘못 인식됨)으로 인식되므로 커넥터가 올바른 위치에 장착되어 있는지 꼭 확인하여야 한다.

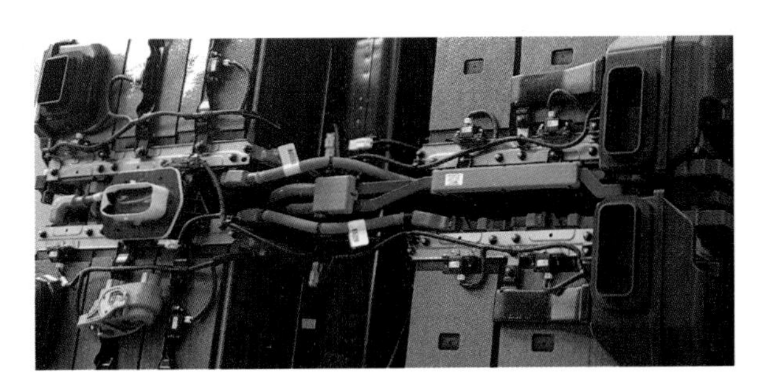

[그림 4-217] 과충전 차단 스위치 점검

CHAPTER

09 파워 릴레이 어셈블리 점검 및 교환

1. 파워 릴레이 어셈블리

(1) 개요

파워 릴레이 어셈블리(PRA)는 고전압 배터리 시스템 어셈블리 내에 장착되어 있으며 (+) 고전압 제어 메인 릴레이, (-) 고전압 제어 메인 릴레이, 프리차지 릴레이, 프리차지 레지스터, 배터리 전류 센서로 구성되어 있다. 그리고 BMU의 제어 신호에 의해 고전압 배터리 팩과 고전압 조인트 박스 사이의 DC 360V 고전압을 ON, OFF 및 제어하는 역할을 한다.

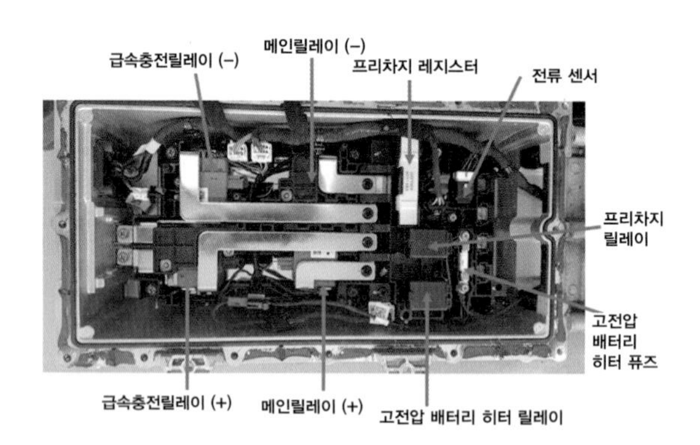

[그림 4-218] 파워 릴레이 어셈블리 구성

(2) 차량 사양에 따른 분류

1) 배터리 승온 히팅 시스템 미적용

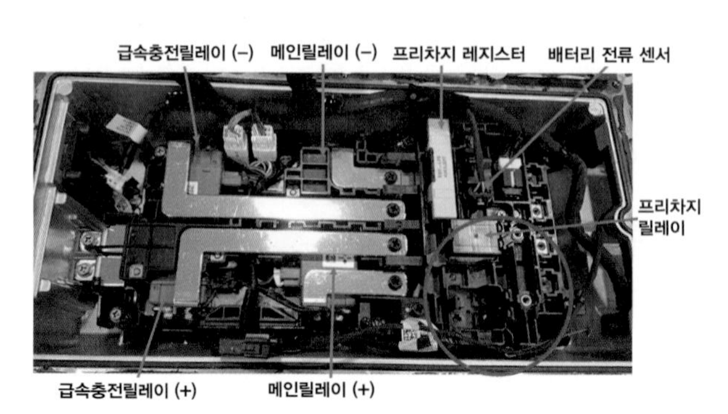

[그림 4-219]

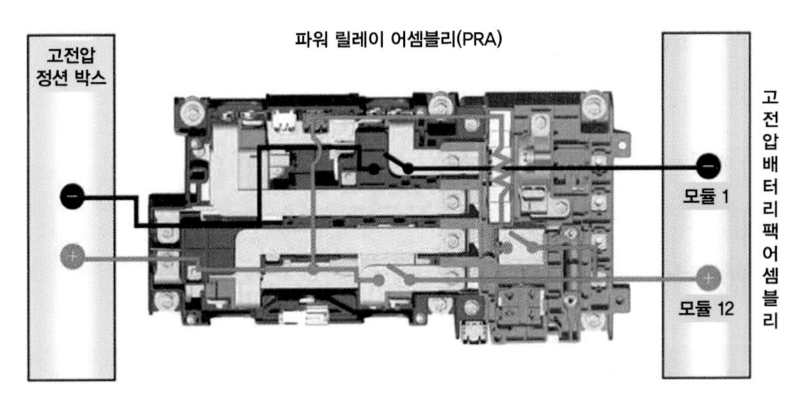

[그림 4-220]

2) 배터리 승온 히팅 시스템 적용

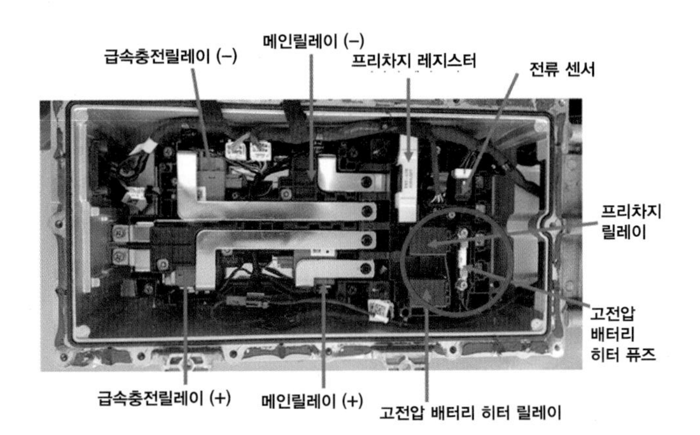

[그림 4-221]

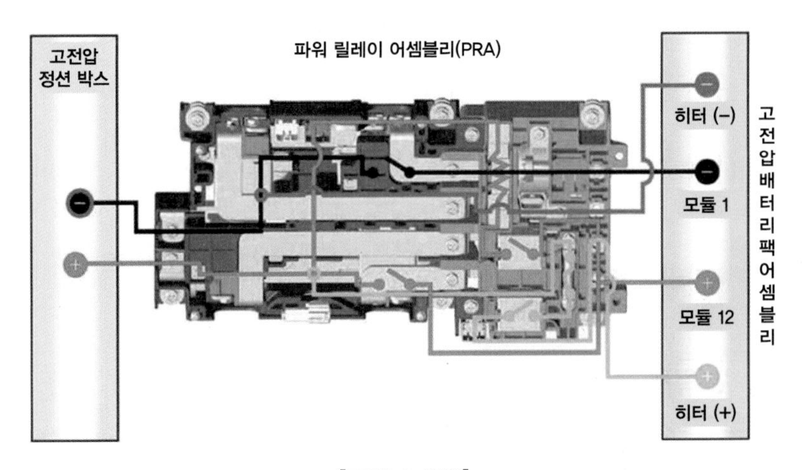

[그림 4-222]

2. 파워 릴레이 어셈블리 탈거

1) 고전압 차단 절차를 수행한다.
2) 리프트를 이용하여 차량을 들어올린다.
3) 장착 너트를 푼 후 고전압 배터리 하부 커버를 탈거한다.
4) BMS 연결 커넥터(A)를 탈거한다.

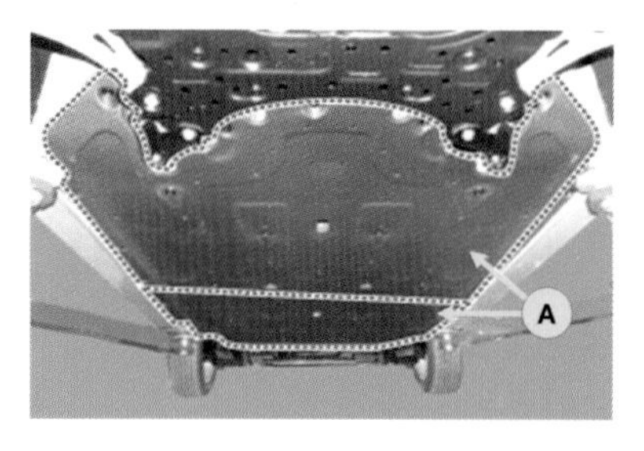

[그림 4-223]

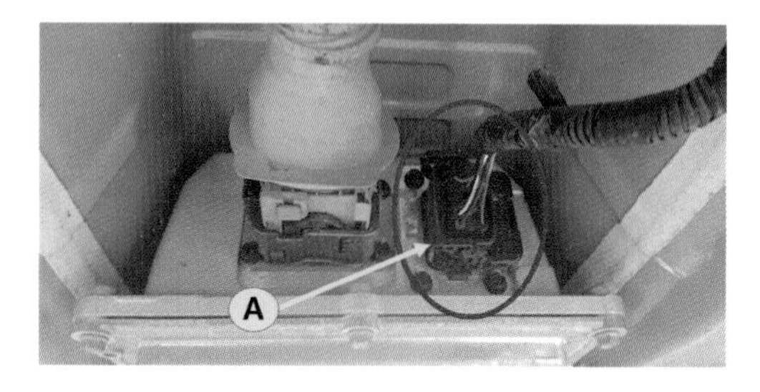

[그림 4-224]

5) 고전압 케이블(B)를 분리한다.
6) 장착볼트를 풀고 PRA 및 BMS 고전압 정션박스 어셈블리 브라켓(A)를 탈거한다.
7) 장착 볼트를 풀고 PRA 및 BMS 고전압 정션박스 어셈블리 커버(B)를 탈거한다.

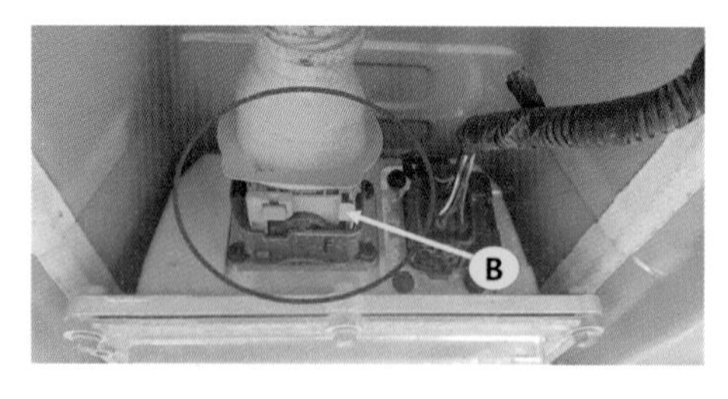

[그림 4-225]

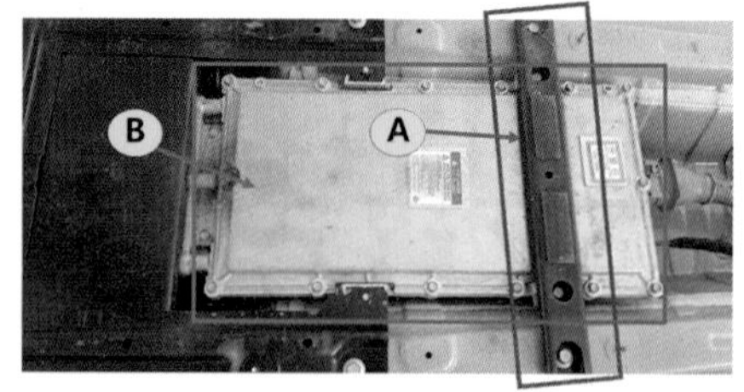

[그림 4-226]

8) BMS 커넥터(A)를 분리한다.

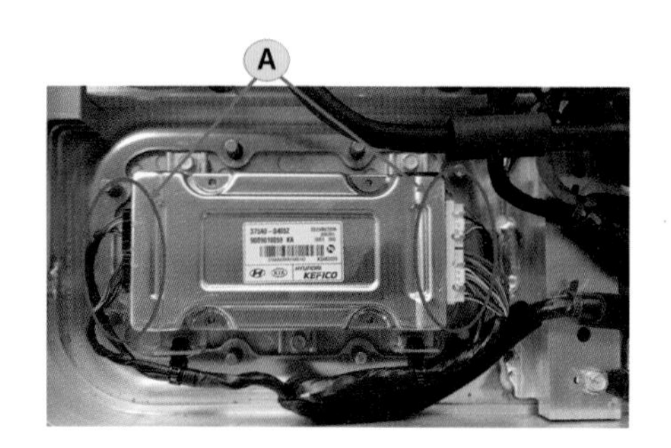

[그림 4-227]

9) 장착볼트(A)를 풀고 탈거한다.

[그림 4-228]

10) BMS 익스텐션 와이어링(B)를 탈거한다.

11) 장착 스크류를 풀고 PRA 탑 커버(A)를 탈거한다.

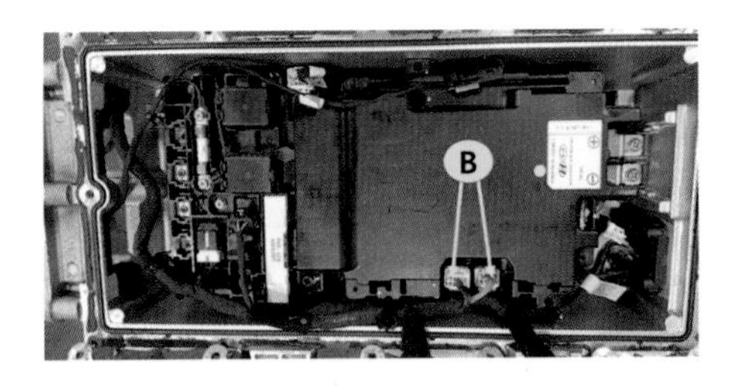

[그림 4-229]

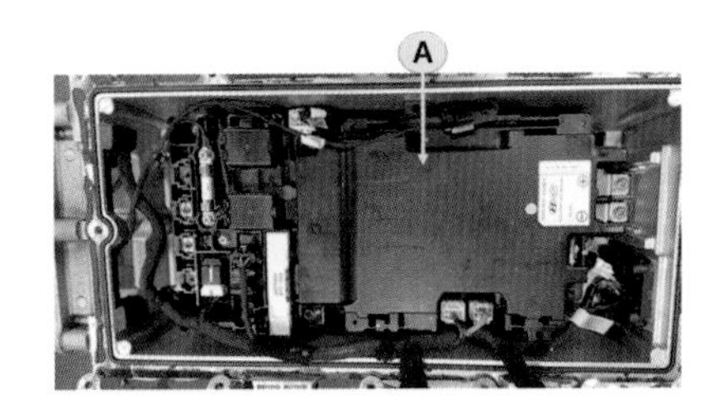

[그림 4-230]

12) 장착볼트(A)를 풀고 고전압 케넥터를 탈거한다.

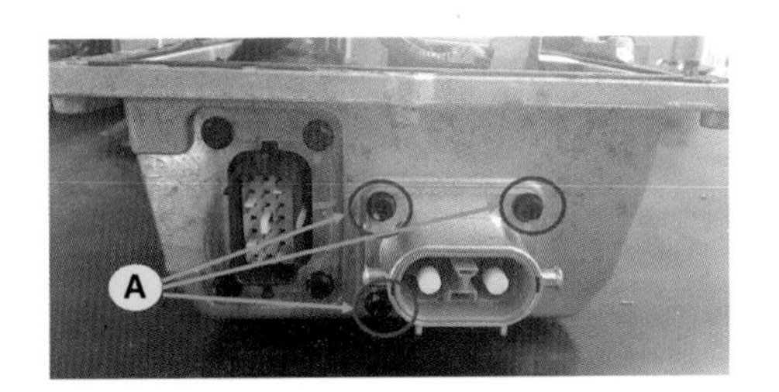

[그림 4-231]

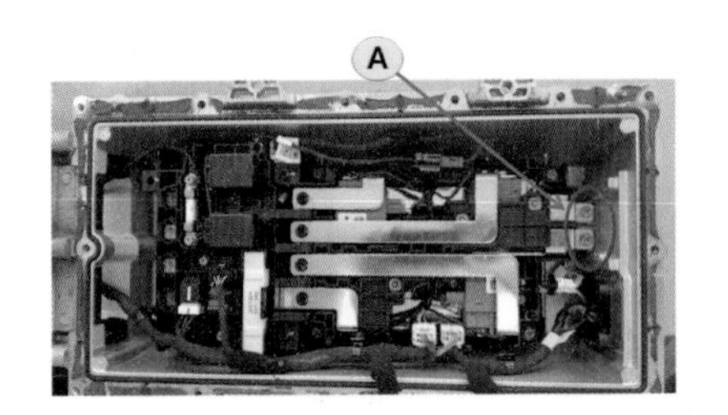

[그림 4-232]

13) 장착볼트를 풀고 메인릴레이와 급속충전 릴레이 어셈블리(A)를 탈거한다.

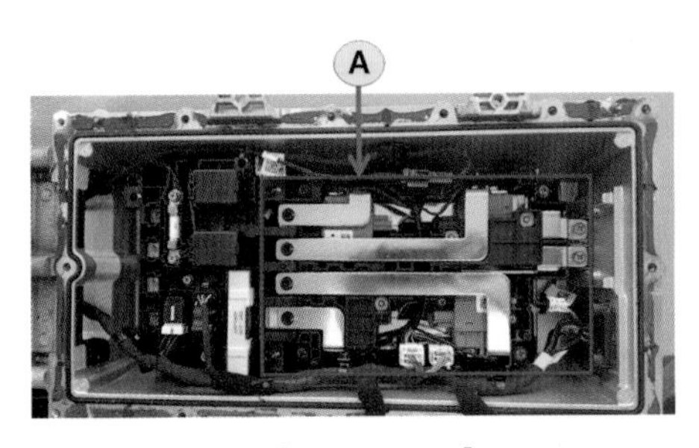

[그림 4-233]

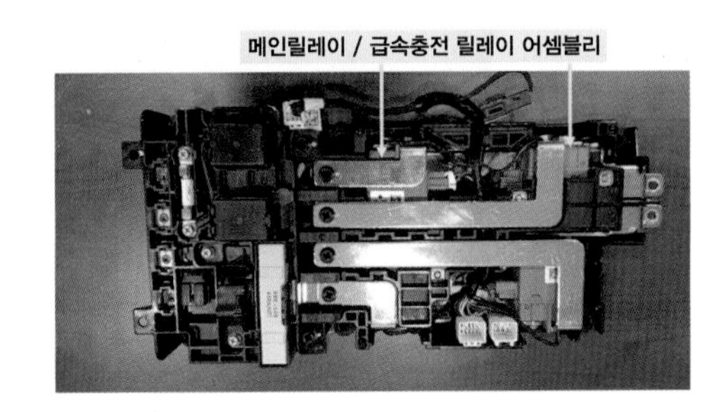

[그림 4-234]

3. 파워 릴레이 어셈블리 점검

(1) 고전압 배터리 히터 릴레이 및 히터 온도 센서

(가) 개요

DC 고전압 배터리 히터 릴레이는 파워 릴레이 어셈블리(PRA) 내부에 장착 되어 있다. 고전압 배터리에 히터 기능을 작동해야 하는 조건이 되면 제어 신호를 받은 히터 릴레이는 히터 내부에 고전압을 흐르게 함으로써 고전압 배터리의 온도가 조건에 맞추어서 정상적으로 작동할 수 있도록 작동된다.

(나) 히터 릴레이 제원

[표 4-5]

항목		제원
작 동 시	정격 전압(V)	450
	정격 전류(A)	10
	전압 강하(V)	0.5이하(10A)
여자 코일	작동 전압(V)	12
	저항(Ω)	54~66(20℃)

(다) 히터 작동 시스템 회로

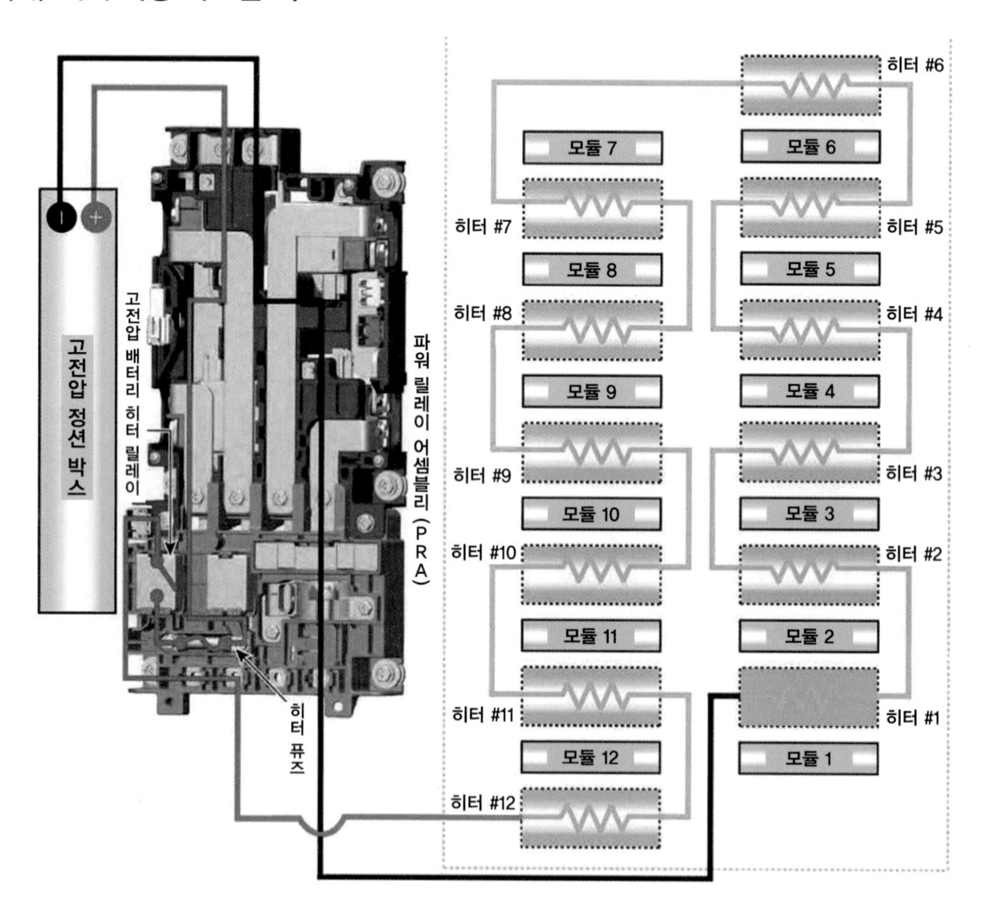

[그림 4-235] 고전압 배터리 히터 시스템

(2) 프리차지 릴레이, 레지스터 Pre-Charge Relay, Resistor

(가) 개요

돌입전류 억제 회로

콘덴서는 전기를 축적하는 성질을 갖고 있지만, 전압이 인가된 순간은, 콘덴서를 충전하기 위해서 큰 돌입전류가 흐른다. 이 큰 돌입전류에 의한 인버터의 파손 방지를 위해, 전원 투입으로부터 약 0.5초간은 강제적으로 직렬로 저항을 접속하여, 돌입전류 값을 억제하고, 그 후는, 이 저항의 양단을 전자 개폐기로 합선하여, 저항을 우회하도록 회로를 구성시킨다. 이 회로를 돌입전류 억제 회로라고 한다.

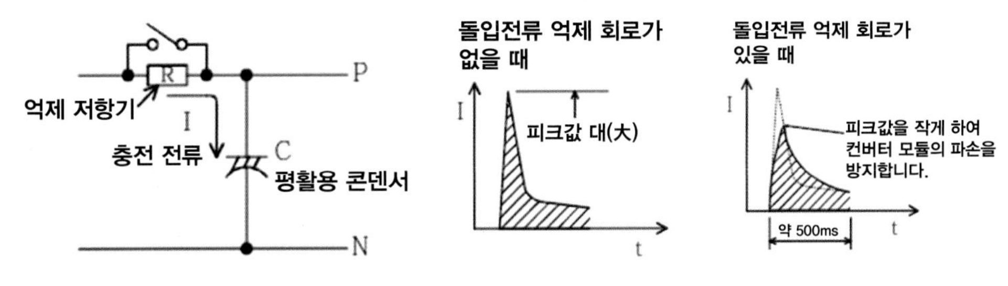

[그림 4-236] 콘덴서에 가해지는 돌입전류

돌입전류 억제회로인 프리차지 릴레이(Pre-Charge Relay)는 파워 릴레이 어셈블리에 장착되어 있으며, 인버터의 커패시터를 초기 충전할 때 고전압 배터리와 고전압 회로를 연결하는 기능을 하며 프리차지 레지스터는 정격용량 60W, 저항 40Ω으로 프리차지 릴레이 작동시 인버터 내부의 커패시터에 돌입되는 전류를 제한하여 인버터의 파손을 억제한다.

IG ON을 하면 프리차지 릴레이와 레지스터를 통해 흐른 전류가 인버터 내에 커패시터에 충전이 되고, 충전이 완료되면 프리차지 릴레이는 OFF 된다.

(나) 프리차지 릴레이 제원

[표 4-6]

항목		제원
작 동 시	정격 전압(V)	450
	정격 전류(A)	20
	전압 강하(V)	0.5이하(10A)
여자 코일	작동 전압(V)	12
	저항(Ω)	54~66(20℃)

(다) 작동 프로세스

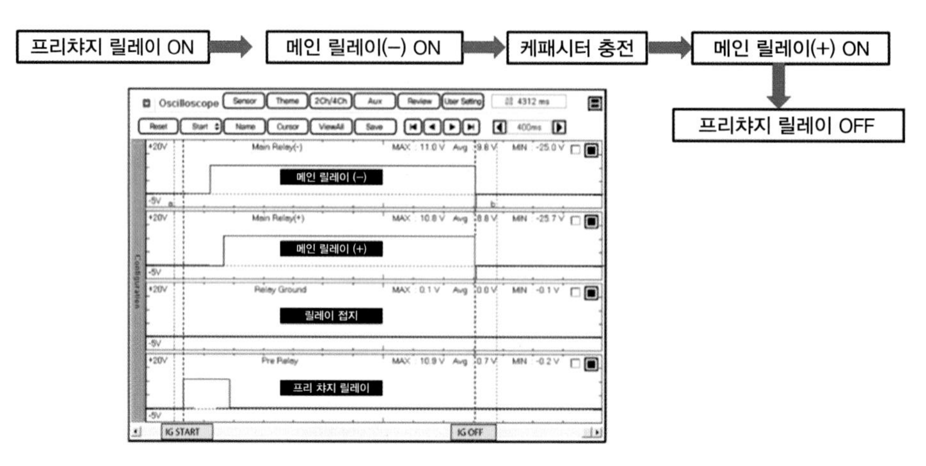

[그림 4-237] 프리차지 릴레이 작동

(3) 프리챠지 릴레이 코일 저항 점검

프리챠지 릴레이는 파워릴레이 어셈블리에 장착되어 있으며 인버터의 케피시터를 초기 충전할 때 고전압 배터리와 고전압 회로를 연결하는 역할을 한다. 이그니션 스위치를 ON 하면 프리챠지 릴레이와 레지스터를 통해 흐른 전류가 인버터 내의 케피시터에 충전되고 충전이 완료되면 프리챠지 릴레이는 OFF된다.

[표 4-7]

항목		제원
릴레이 통전시	정격 전압(V)	450
	정격 전류(A)	20
	전압 강하(V)	0.5이하(10A)
릴레이 작동 코일	작동 전압(V)	12
	코일저항(Ω)	20~110(20℃)
프리챠지 저항	정격용량(W)	60
	저항(Ω)	40

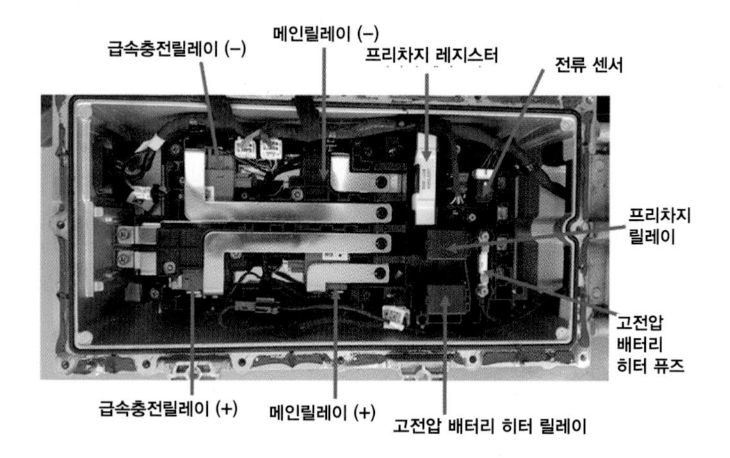

[그림 4-238]

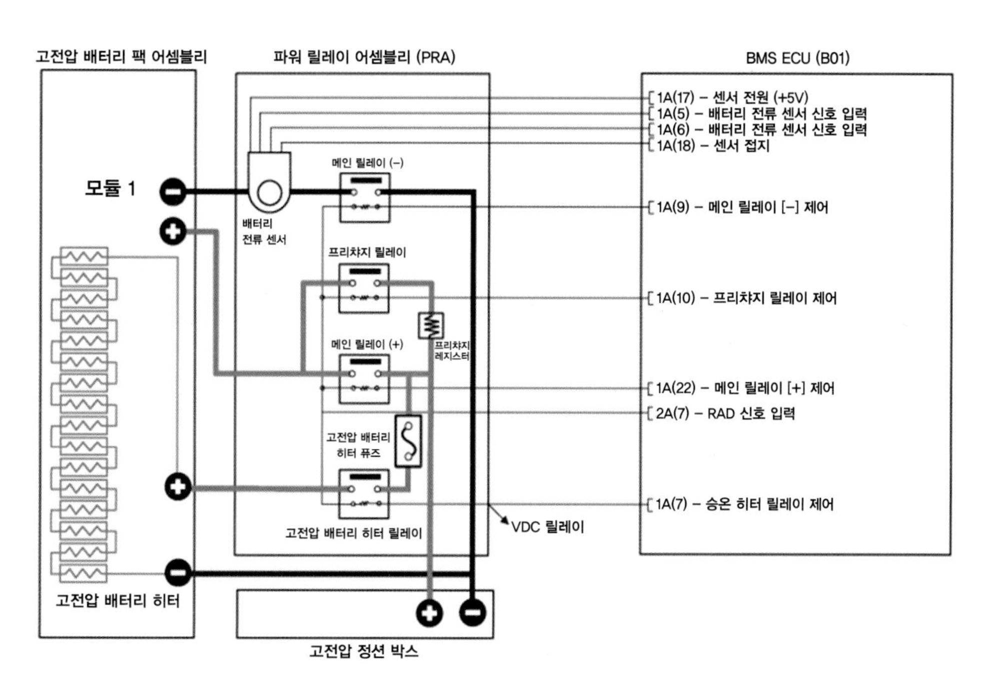

[그림 4-239] 파워릴레이 어셈블리 회로도

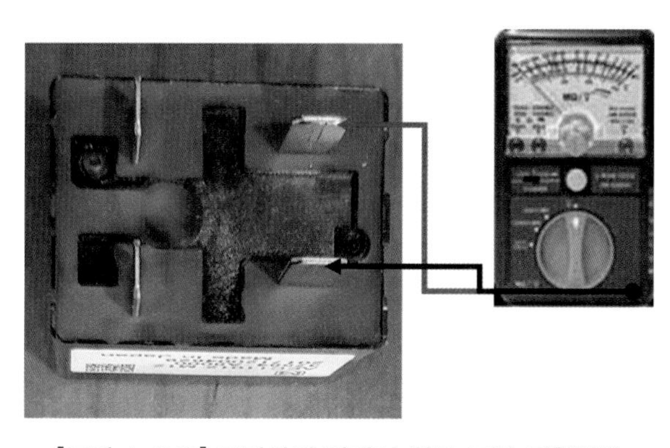

[그림 4-240] 프리챠지 릴레이 작동 코일 저항점검

(4) 급속충전 릴레이 어셈블리

(가) 개요

급속 충전 릴레이 어셈블리(QRA)는 파워 릴레이 어셈블리 내에 장착되어 있으며, (+) 고전압 제어 메인 릴레이, (-) 고전압 제어 메인 릴레이로 구성되어 있다. 그리고 BMU 제어 신호에 의해 고전압 배터리 팩과 고전압 조인트 박스 사이에서 DC 360V 고전압을 ON, OFF 및 제어한다. 급속 충전 릴레이 어셈블리(QRA) 작동 시 에는 파워 릴레이 어셈블리(PRA)는 작동하지 않는다.

(나) 작동 원리

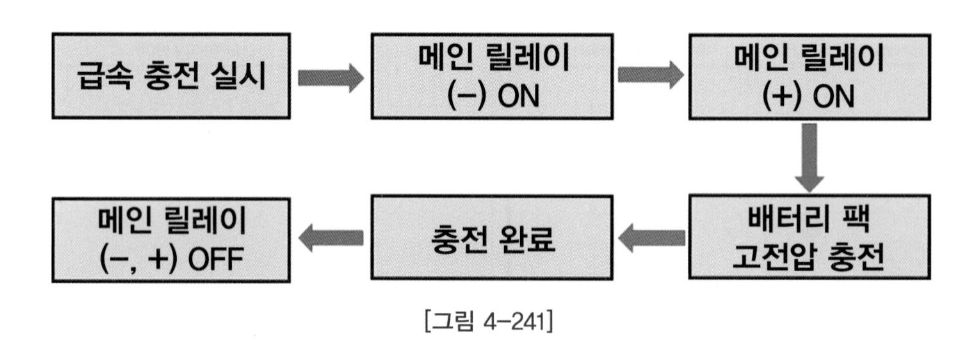

[그림 4-241]

(5) 메인 릴레이

(가) 개요

메인 릴레이(Main Relay)는 파워 릴레이 어셈블리에 장착되어 있으며, 고전압 (+) 라인을 제어하는 메인 릴레이와 고전압 (-) 라인을 제어하는 메인 릴레이, 이렇게 2개의 메인 릴레이로 구성되어 있다. 그리고 BMU의 제어 신호에 의해 고전압 조인트 박스와 고전압 배터리 팩 간의 고전압 전원, 고전압 접지 라인을 연결시켜 주는 역할을 한다.

단, 고전압 배터리 셀이 과충전에 의해 부풀어 오르는 상황이 되면 고전압 보호 장치인 OPD(Overvoltage Protection Device)에 의해 메인 릴레이 (+), 메인 릴레이(-), 프리차지 릴레이 코일 접지 라인을 차단함으로써 과충전 시엔 메인 릴레이 및 프리차지 릴레이의 작동을 금지시킨다. 고전압 배터리가 정상적인 상태일 경우에는 OPD는 작동하지 않고 항상 연결되어 있다. OPD 장착 위치는 12개 배터리 모듈 상단에 장착되어 있다.

(나) 메인 릴레이 제원

[표 4-8]

항목		제원
작 동 시	정격 전압(V)	450
	정격 전류(A)	150
	전압 강하(V)	0.1이하(150A)
여자 코일	작동 전압(V)	12
	저항(Ω)	21.6~26.4(20℃)

(다) 고전압 메인 릴레이 코일 저항 점검

1) BMU 익스텐션 커넥터를 분리한다.
2) 파워 릴레이 어셈블리 커넥터 7번과 8번단자[메인 릴레이 (+)], 3번과 8번 단자[메인 릴레이 (-)]사이의 저항을 측정하여 규정 값인 21.6 ~ 26.4Ω(20℃) 범위인지를 확인한다.

[그림 4-242]

[그림 4-243]

[표 4-9]

항목		제원
작 동 시	정격 전압(V)	450
	정격 전류(A)	150
	전압 강하(V)	0.1이하(150A)
여자 코일	작동 전압(V)	12
	코일 저항(Ω)	20~40(20℃)

(6) 고전압 배터리 전류 센서

(가) 개요

배터리 전류 센서는 파워 릴레이 어셈블리에 장착되어 있으며, 고전압 배터리의 충전·방전 시 전류를 측정하는 역할을 한다.

(나) 고전압 배터리 전류 센서 제원

[표 4-10]

항목		제원
대 전류(A)	−350(충전)	0.5
	−200(충전)	1.375
	0	2.5
	+200(방전)	3.643
	+350(방전)	4.5
소 전류(A)	−30	0.5
	−15	1.5
	0	2.5
	+12	3.5
	+30	4.5
전류 센서 출력 단자 전압값(V)		약 2.5 ± 0.1
전류 센서 전원 단자 전압값(V)		약 5 ± 0.1

(다) 배터리 전류 센서 점검

1) 점화 스위치를 OFF시킨다.
2) 고전압 회로를 차단한다.
3) 고전압 배터리 시스템 어셈블리를 탈착한다.
4) 고전압 배터리 팩 상부 케이스를 탈착한다.
5) 고전압 배터리 팩을 플로우 잭을 이용하여 차량에 가장착 한다.
6) GDS 장비를 자기진단 커넥터(DLC)에 연결한다.
7) 점화 스위치를 ON 시킨다.
8) GDS 서비스 데이터의 “배터리 팩 전류”를 확인한다.
9) 전류별 출력 전압 값을 확인한다

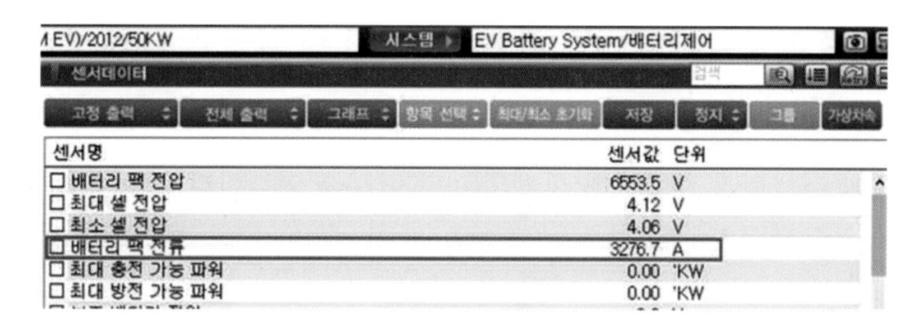

[그림 4-244] 배터리 팩 전류 점검

10) 배터리 센서 출력 전압

[표 4-11]

전 류 (A)	출력 전압 (V)
−400(충전)	0.5
−200(충전)	1.5
0	2.5
+200	3.5
+400	4.5

11) BMU 측 B01-1A 커넥터 1번 단자(센서 출력)와 18번(센서 접지) 사이의 전압 값이 정상 값의 범위인 약 2.5V ± 0.1V에 있는지 점검한다.

12) BMU 측 B01-1A 커넥터 17번 단자(센서 전원)와 18번(센서 접지) 사이의 전압 값이 정상 값의 범위인 약 5V ± 0.1V에 있는지 점검한다.

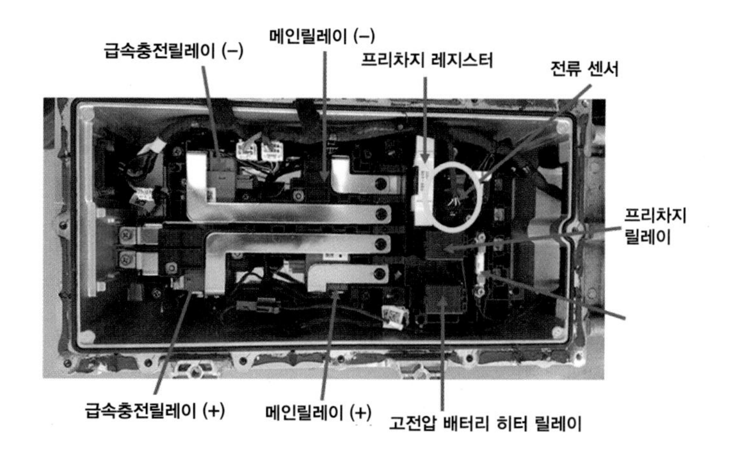

[그림 4-245] 배터리 전류 점검

(7) 파워 릴레이 어셈블리 고전압 파워 단자 (+) 측 절연 저항 점검

1) PRA 고전압 파워 단자 (+) 측에 절연 저항계의 (+)단자(A)를 연결한다.
2) 파워 릴레이 어셈블리 자체에 저항계의(-)단자(B)를 연결한다.
3) 절연 저항계를 통해 500V 전압을 인가한 후 안정된 저항 값을 측정하기 위해 약 1분간 대기한다.
4) 절연 저항 값이 규정 값인 2MΩ 이상 (20℃)인지를 확인한다.

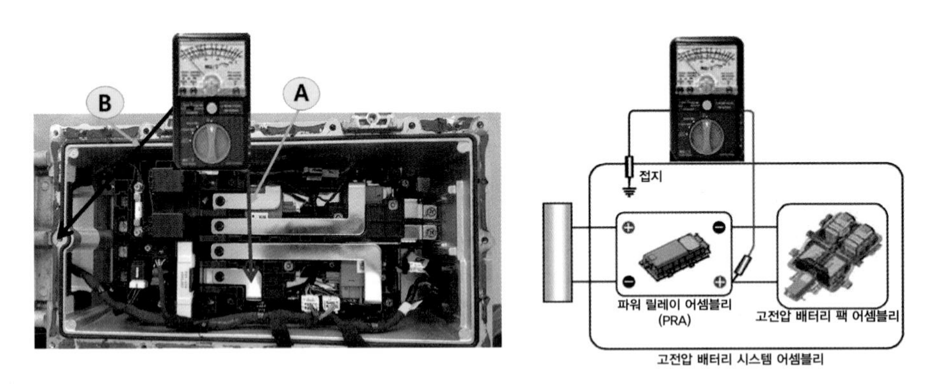

[그림 4-246] 고전압 배터리 (+) 절연 저항 점검

(8) 파워 릴레이 어셈블리 고전압 파워 단자 (-) 측 절연 저항 점검

1) PRA 고전압 파워 단자 (-) 측에 절연 저항계의 (+)단자(A)를 연결한다.
2) 파워 릴레이 어셈블리 자체에 저항계의(-)단자(B)를 연결한다.
3) 절연 저항계를 통해 500V 전압을 인가한 후 안정된 저항 값을 측정하기 위해 약 1분간 대기한다.
4) 절연 저항 값이 규정 값인 2MΩ 이상 (20℃)인지를 확인한다.

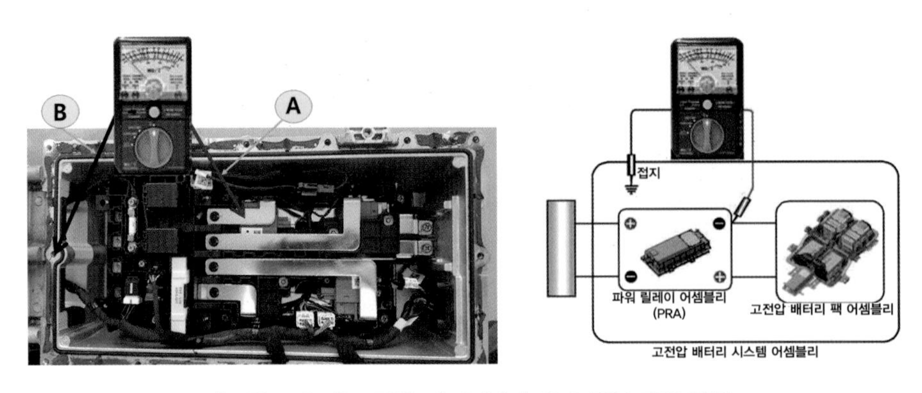

[그림 4-247] 고전압 배터리 (-) 단자 절연 저항 점검

(9) 파워 릴레이 어셈블리 인버터 파워 단자 (+) 측 절연 저항 점검

1) PRA 인버터 파워 단자 (+) 측에 절연 저항계의 (+)단자 (A)를 연결한다.
2) 파워 릴레이 어셈블리 자체에 저항계의(-)단자(B)를 연결한다.
3) 절연 저항계를 통해 500V 전압을 인가한 후 안정된 저항 값을 측정하기 위해 약 1분간 대기한다.
4) 절연 저항 값이 규정 값인 2MΩ 이상 (20℃)인지를 확인한다.

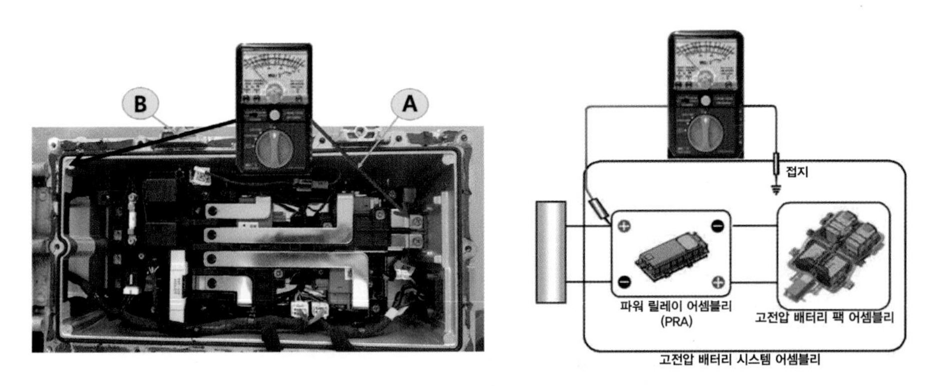

[그림 4-248] 파워 릴레이 어셈블리 인버터 파워 (+) 단자 절연 저항 점검

(10) 파워 릴레이 어셈블리 인버터 파워 단자 (-) 측 절연 저항 값 점검

1) PRA 인버터 파워 단자 (-) 측에 절연 저항계의 (+)단자(A)를 연결한다.
2) 파워 릴레이 어셈블리 자체에 저항계의(-)단자(B)를 연결한다.
3) 절연 저항계를 통해 500V 전압을 인가한 후 안정된 저항 값을 측정하기 위해 약 1분간 대기한다.
4) 절연 저항 값이 규정 값인 2MΩ 이상 (20℃)인지를 확인한다.

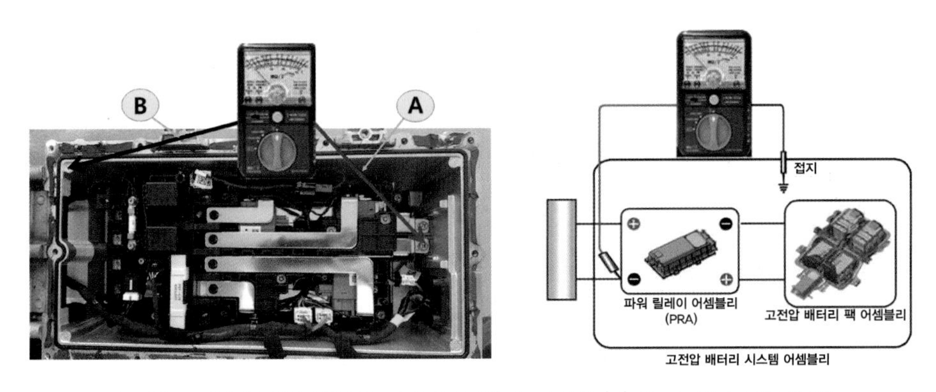

[그림 4-249] 파워 릴레이 어셈블리 인버터 파워 (-) 단자 절연 저항 점검

(11) 고전압 메인 릴레이 (-) 스위치 저항 점검

가) 멀티미터 이용 (릴레이 OFF)

멀티 테스터를 이용하여 고전압 (-) 릴레이 OFF 상태에서 실시하는 점검 방법이며, 고전압 배터리 관련 시스템을 점검하기 위해 고전압 배터리 팩 어셈블리를 탈착한 경우는 장착하기 전에 플로우 잭을 이용하여 가장착 후 고전압 배터리의 이상 유무를 판단한 후 조치가 완료되면 고전압 배터리 팩 어셈블리를 차량에 장착한다.

1) 장착 스크루를 푼 후 PRA 톱 커버(A)를 탈착한다.
2) 그림과 같이 고전압 메인 릴레이의 저항을 측정하여 ∞Ω(20℃)의 규정값 범주 내에 있는지 확인한다.

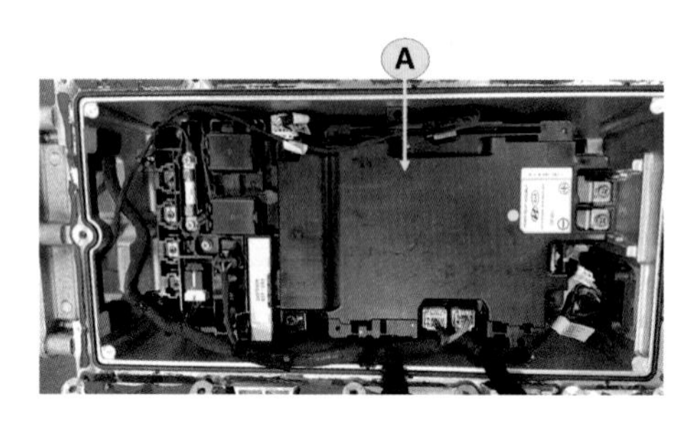

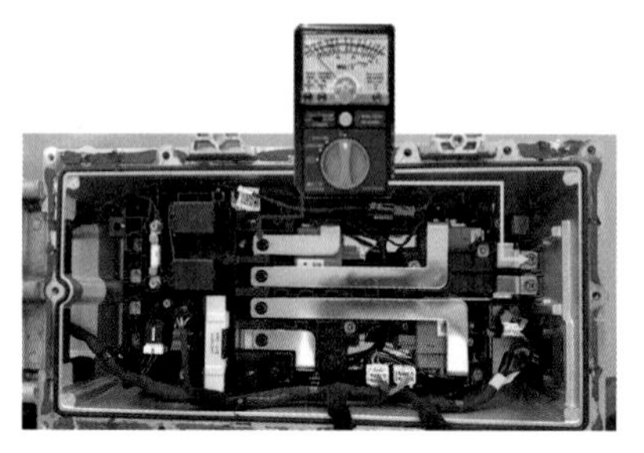

[그림 4-250] 메인 릴레이 (–) 단자 저항 점검

나) GDS 이용 (릴레이 ON)

1) 고전압 회로를 차단한다.
2) 고전압 배터리 상부 케이스를 탈착한다.
3) 고전압 배터리 팩을 플로우 잭을 이용하여 차량에 가장착 한다.
4) GDS 장비를 자기진단 커넥터(DLC)에 연결한다.
5) 점화 스위치를 ON시킨다.
6) GDS의 강제 구동 기능을 이용하여, 메인 릴레이 (-)를 ON시킨다.
7) 릴레이 ON 시 "틱" 또는 "톡" 하는 릴레이 작동 음을 확인한다.

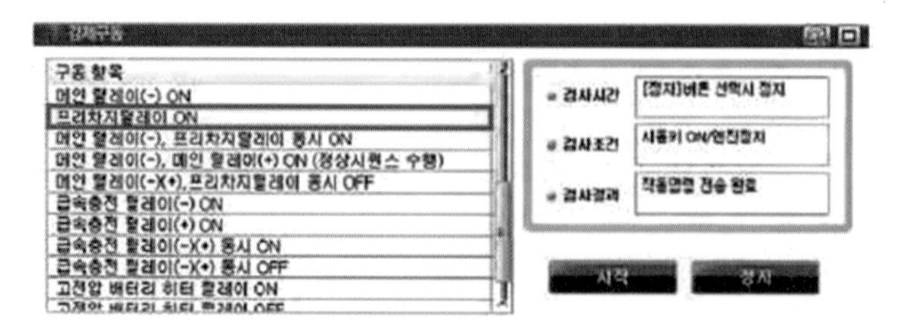

[그림 4-251] GDS 장비를 이용 프리차지 릴레이 ON

CHAPTER

10 고전압 배터리 냉각장치 정비

1. 고전압 배터리 쿨링 시스템

(1) 개요

고전압 배터리의 온도가 최적이 유지될 수 있도록 공랭식 냉각 시스템에는냉각팬이 적용되어 있다. 냉각 덕트의 입구는 차량 내부로 연결되어 있으며, 출구 덕트는 차량 외부로 연결되어 있어 차량 내부에서 유입된 공기가 배터리를 지나 차량 외부로 배출된다.

고전압 배터리가 최적의 효율을 내기 위해서는 온도 관리가 매우 중요하다. 특히 전기자동차에 탑재된 리튬이온 폴리머 배터리는 고온에서 장시간 사용 시 배터리 성능 저하의 원인이 될 수 있기 때문에 항상 고전압 배터리의 온도에 따른 동작 영역 범위를 적절히 유지하도록 냉각 제어 시스템에 의해 제어된다.

고전압 배터리는 냉각팬에 의해 냉각이 이루어지는 시스템으로 냉각팬이 작동되면 리어 패키지 트림을 통해 자동차 실내의 공기가 에어 덕트로 흡입되고 흡입된 실내공기가 고전압 배터리 측으로 유입되어 냉각된 다음에 배출 덕트를 통해 차량 외부로 배출되도록 공기 통로가 설계되어있다.

아이오닉 EV는 통합 냉각 방식이 아니라 배터리 단독 냉각 구조이다. 냉각 팬은 고전압 배터리의 온도 조건에 따라 PWM제어로 속도 제어가 이루어지는데 BMS ECU 는 고전압 배터리 온도정보를 참조하여 최종적으로 냉각 팬 속도를 결정하고 블로워 릴레이를 이용해 냉각 팬 모터의 전류량을 제어하여 속도조절을 한다.

쿨링팬, 쿨링 덕트, 인렛 온도 센서로 구성되어 있으며, 시스템 온도는 1번 ~ 12번 모듈에 장착된 12개의 온도 센서 신호를 바탕으로 BMU에 의해 계산되며, 고전압 배터리 시스템이 항상 정상의 작동 온도를 유지할 수 있도록 제어한다. 또한 쿨링팬은 차량의 상태와 소음·진동 상태에 따라 9단으로 제어한다.

(2) 작동 원리

(가) 전기적 제어 흐름도

[그림 4-252]

(나) 공랭식 냉각공기 흐름도

1) 쿨링팬이 작동한다.

2) 차량 실내 공기가 쿨링 덕트(인렛)로 유입된다.

3) 화살표로 표기한 냉각 순환 경로를 통해서 고전압 배터리를 냉각시킨다.

4) 쿨링 덕트(아웃렛)를 통해서 차량의 외부로 공기를 배출한다.

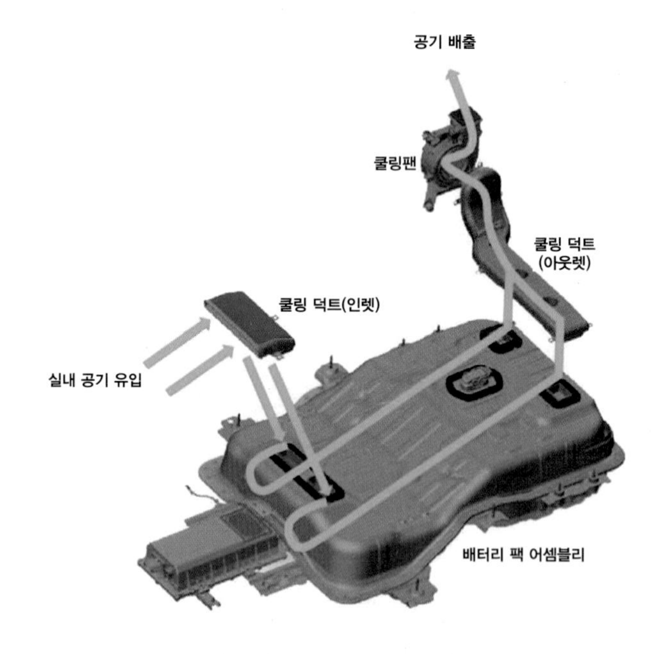

[그림 4-253] 공기 흐름도

(3) 고전압 배터리 쿨링 시스템 점검

1) 점화 스위치를 OFF시키고 보조 배터리(12V)의 (-) 케이블을 분리한다.

2) GDS를 자기진단 커넥터(DLC)에 연결한다.

3) 점화 스위치를 ON시킨다.

4) GDS 장비를 이용하여 강제 구동을 실시하여 "팬 구동 단수에 따른 듀티값 및 파형"을 점검한다.

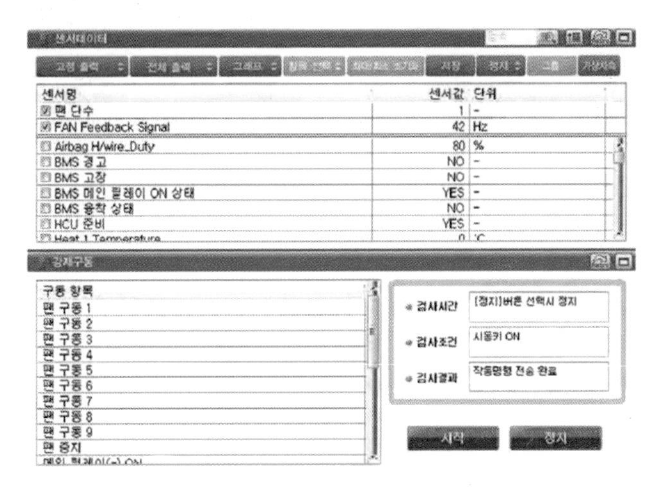

[그림 4-254] 배터리 쿨링팬 점검

2. 쿨링덕트 및 쿨링팬 탈거

1) 점화스위치를 Off하고 보조배터리(12V)(-)케이블을 분리한다.

2) 리어시트 쿠션을 탈거한다.

3) 고정너트를풀고 인렛쿨링덕트(A)를 탈거한다.

4) 러거지 사이드 트립을 탈거한다.

5) 트렁크 러기지 커버 보드를 탈거한다.

6) 고정 너트와 볼트를 풀고 아웃렛 쿨링덕트(A)를 탈거한다.

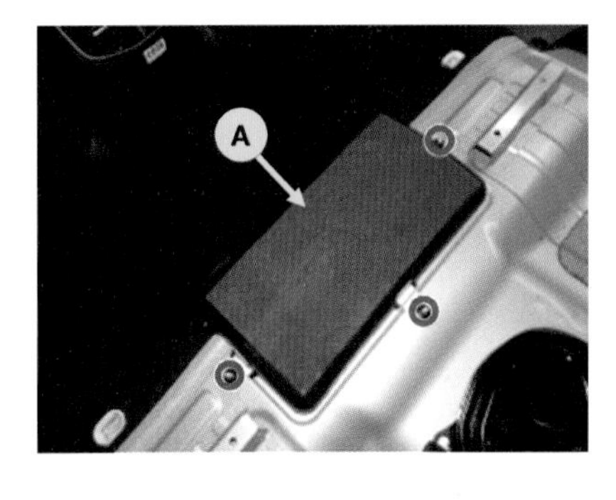

[그림 4-255]

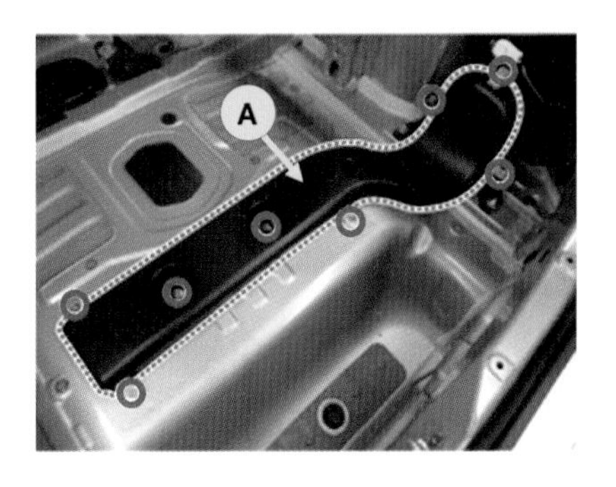

[그림 4-256]

7) 쿨링 팬 커넥터(A)를 분리한다.

8) 고정볼트 너트를 풀고 쿨링 팬(A)를 탈거한다.

[그림 4-257]

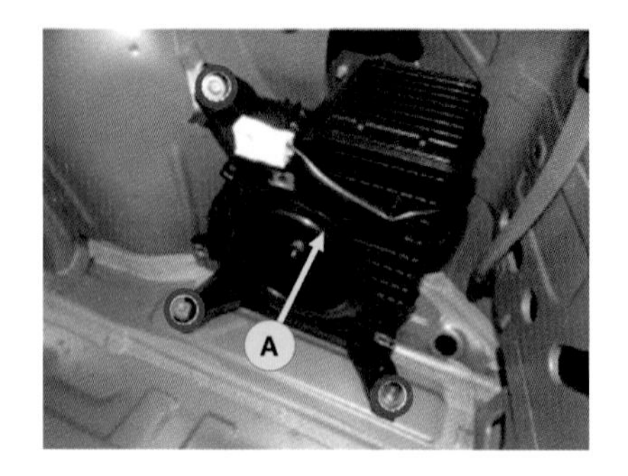

[그림 4-258]

3. 고전압 배터리 히팅 시스템

(1) 개요

고전압 배터리 팩 어셈블리의 내부 온도가 급격히 감소하게 되면 배터리 동결 및 출력 전압의 감소로 이어질 수 있으므로 이를 보호하기 위해 배터리 내부의 온도 조건에 따라 모듈 측면에 장착된 고전압 배터리 히터가 자동제어 된다.

고전압 배터리 히터 릴레이가 ON이 되면 각 고전압 배터리 히터에 고전압이 공급된다. 릴레이의 제어는 BMU에 의해서 제어가 되며, 점화 스위치가 OFF되더라도 VCU는 고전압 배터리의 동결을 방지하기 위해 BMU를 정기적으로 작동시킨다.

고전압 배터리 히터가 작동하지 않아도 될 정도로 온도가 정상적으로 되면 BMU는 다음 작동의 시점을 준비하게 되며, 그 시점은 VCU의 CAN 통신을 통해서 전달 받는다.

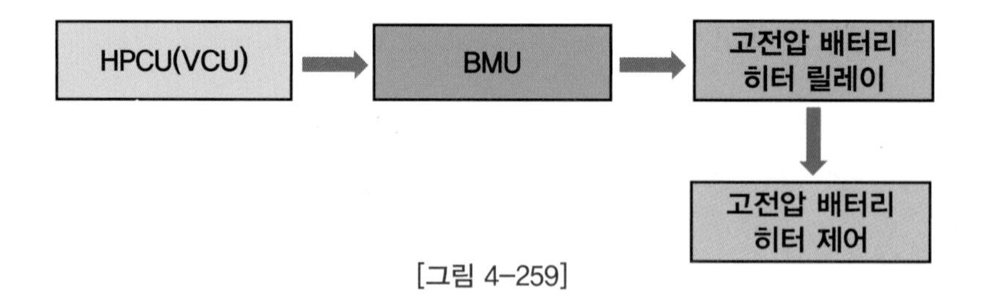

[그림 4-259]

고전압 배터리 히터가 작동하는 동안 고전압 배터리의 충전 상태가 낮아지면, BMU의 제어를 통해서 고전압 배터리 히터 시스템을 정지 시킨다. 고전압 배터리의 온도가 낮더라도 고전압 배터리충전상태가 낮은 상태에서는 히터 시스템은 작동하지 않는다.

[그림 4-260]

(2) 고전압 배터리 히터 제원

[표 4-12]

구 분	항 목	제 원
10셀 LH / RH	저항(Ω)	34 ~ 38
6셀 LH / RH	저항(Ω)	20 ~ 22.4

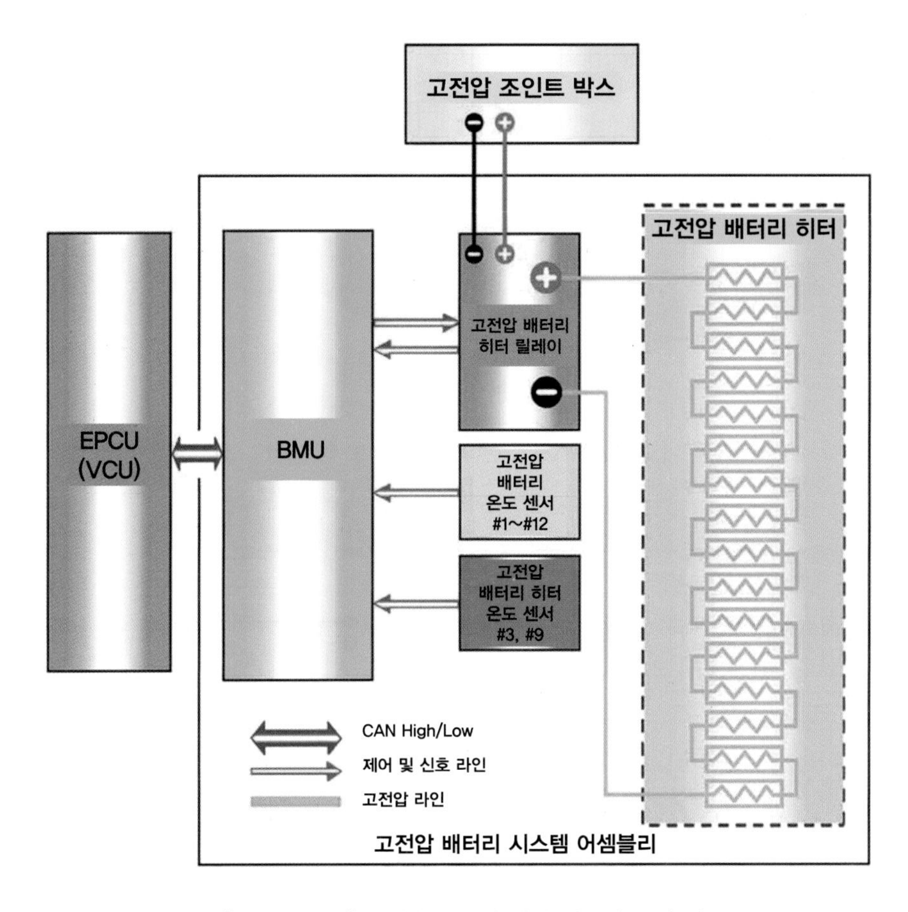

[그림 4-261] 고전압 배터리 히팅 시스템 구성 회로

(3) 고전압 배터리 히팅 시스템 구성 부품

1) 고전압 배터리 히터
2) 고전압 배터리 히터 릴레이
3) 고전압 배터리 히터 퓨즈
4) 고전압 배터리 히터 온도 센서

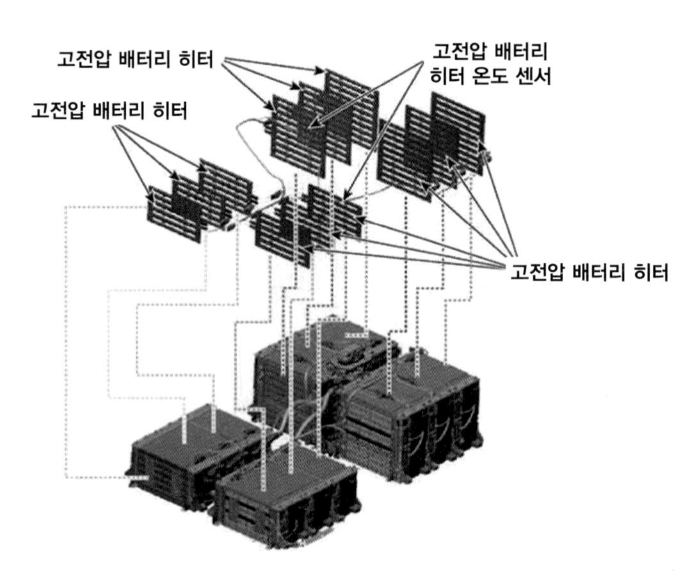

[그림 4-262] 고전압 배터리 시스템 구성

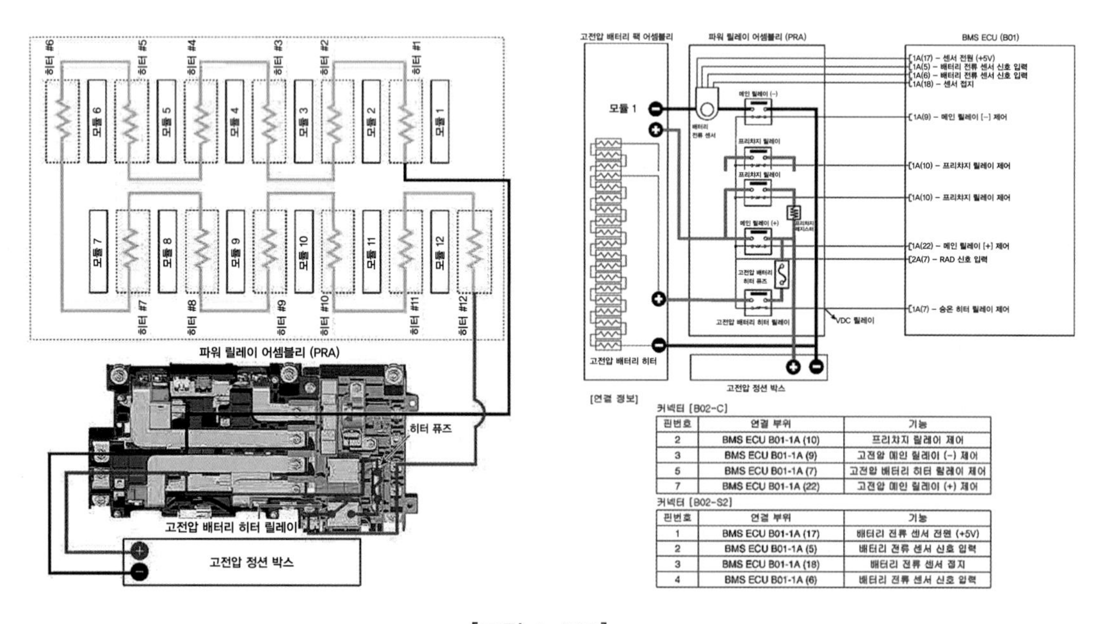

[연결 정보]

커넥터 [B02-C]

핀번호	연결 부위	기능
2	BMS ECU B01-1A (10)	프리차지 릴레이 제어
3	BMS ECU B01-1A (9)	고전압 메인 릴레이 (-) 제어
5	BMS ECU B01-1A (7)	고전압 배터리 히터 릴레이 제어
7	BMS ECU B01-1A (22)	고전압 메인 릴레이 (+) 제어

커넥터 [B02-S2]

핀번호	연결 부위	기능
1	BMS ECU B01-1A (17)	배터리 전류 센서 전원 (+5V)
2	BMS ECU B01-1A (5)	배터리 전류 센서 신호 입력
3	BMS ECU B01-1A (18)	배터리 전류 센서 접지
4	BMS ECU B01-1A (6)	배터리 전류 센서 신호 입력

[그림 4-263]

(4) 고전압 배터리 히팅 시스템 작동 원리

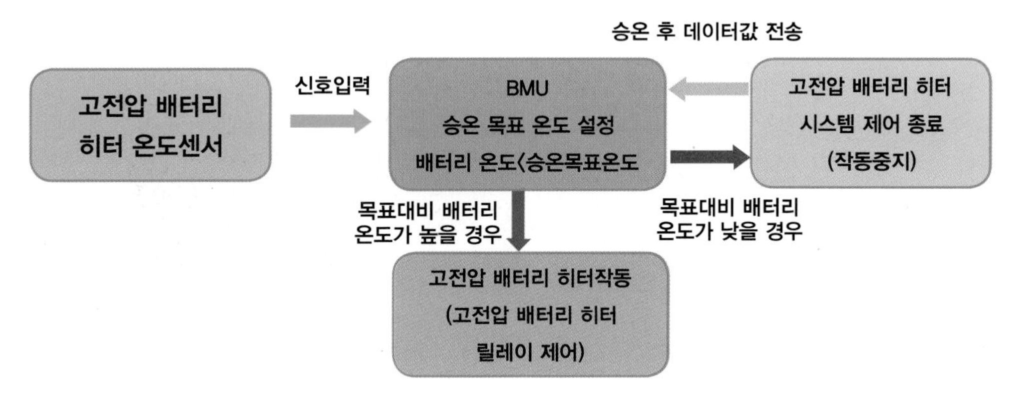

[그림 4-264] 고전압 배터리 히터 작동원리

4. 고전압 배터리 히터 시스템 점검

고전압 배터리 히터, 고전압 배터리 히터 온도 센서, 인렛 온도 센서는 고전압 배터리 팩 어셈블리 통합형이므로 각 부품들은 별도 분리가 불가능하므로 각각의 부품 수리 시는 "고전압 배터리 팩 어셈블리" 탈부착 절차를 참조하여 점검한다.

가) 점화스위치를 OFF시킨다.

나) 고전압 회로를 차단한다.

다) 고전압 배터리 시스템 어셈블리를 탈착한다.

라) 고전압 배터리 팩 상부 케이스를 탈착한다.

마) 제원 값을 참조하여 저항이 제원 값과 상이한지 확인한다.

(1) 고전압 배터리 팩 PRA 어셈블리 탈거

1) 고전압 차단절차를 수행한다.

2) 리프트를 이용하여 차량을 들어올린다.

3) 장착너트를 풀고 고전압 배터리 하부 커버(A)를 탈거한다.

4) BMS 연결 커넥터(A)를 탈거한다.

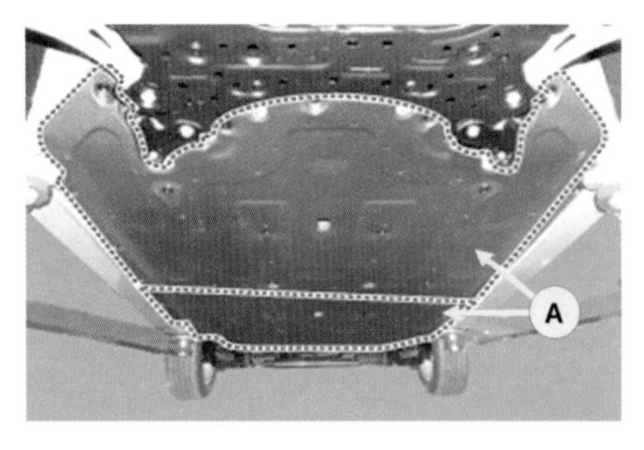

[그림 4-265]

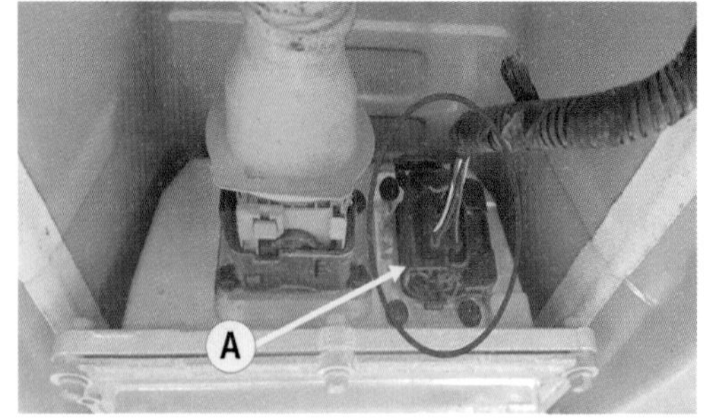

[그림 4-266]

5) 고전압 케이블(B)를 분리한다.

6) 장착볼트를 풀고 PRA 및 BMS 고전압 정션박스 어셈블리 브라켓(A)을 탈거한다.

7) 장착볼트를 풀고 PRA 및 BMS 고전압 정션박스 어셈블리 커버(B)를 탈거한다.

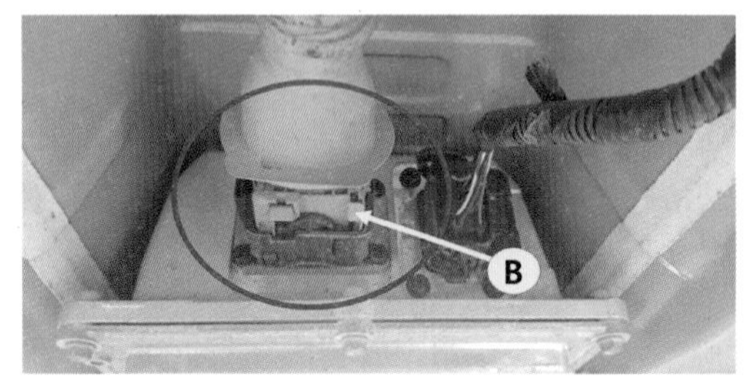

[그림 4-267]

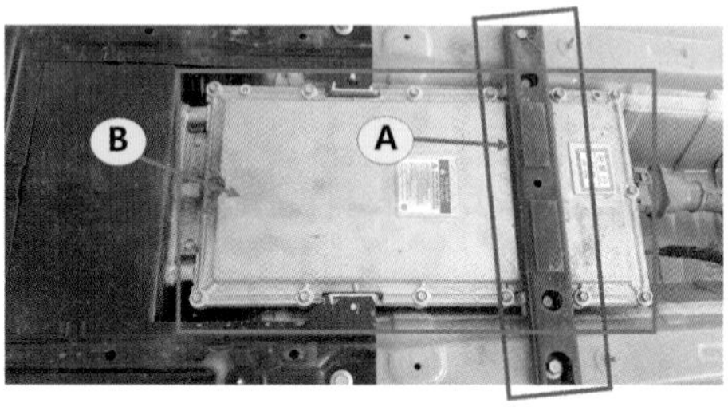

[그림 4-268]

8) BMS 커넥터(A)를 분리한다.

9) 고전압 배터리 히터 릴레이 (A)를 분리한다.

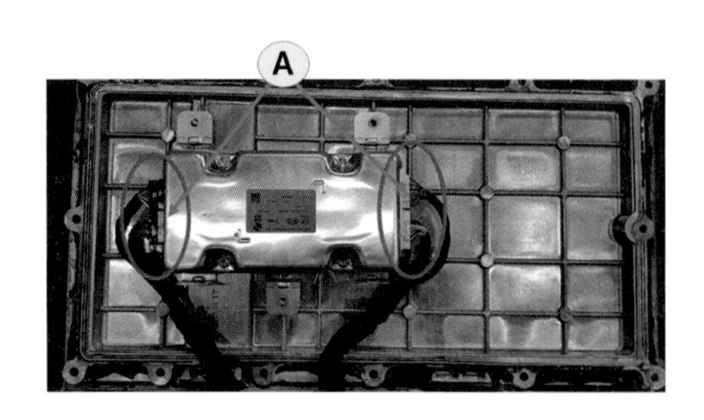

[그림 4-269]

[그림 4-270]

5. 고전압 배터리 히터 릴레이, 퓨즈 및 온도 센서 점검

고전압 배터리 히터, 고전압 배터리 히터 온도 센서, 인렛 온도 센서는 고전압 배터리 팩 어셈블리 통합형이므로 각 부품들은 별도 분리가 불가능하다.

(1) 고전압 배터리 히터 릴레이 스위치 저항 검사

(가) 멀티테스터기를 이용(릴레이 OFF) 점검

1) 고전압 회로를 차단한다.
2) 파워릴레이 어셈블리를 탈거한다.
3) 고전압 배터리 히터 릴레이 (+)스위치 단자와 고전압 조인트 박스로 연결되는 전원 단자(+)사이의 저항을 측정한다. **규정값**: ∞Ω (20℃)

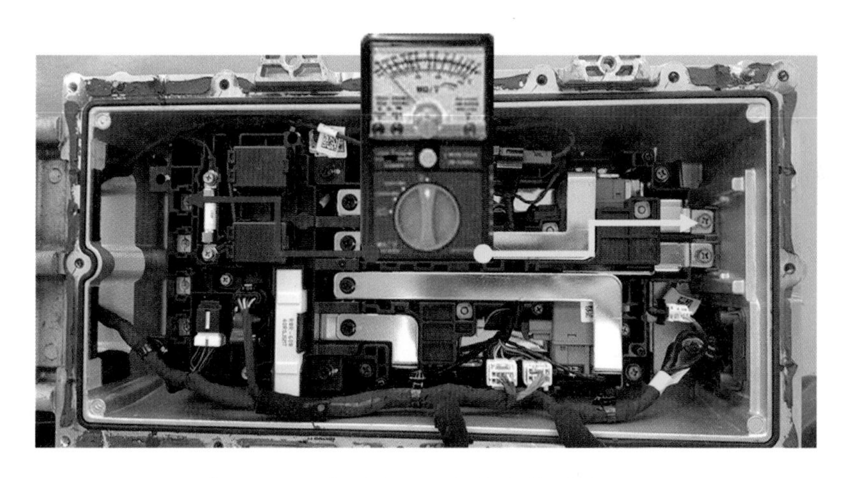

[그림 4-271] 릴레이 스위치(접점) 저항 검사

나) GDS를 이용한 릴레이 ON 상태 점검

1) 고전압 회로를 차단한다.
2) 고전압 배터리 상부 케이스를 탈착한다.
3) 고전압 배터리 팩을 플로우 잭을 이용하여 차량에 가 장착한다.
4) GDS 장비를 자기진단 커넥터(DLC)에 연결한다.
5) 점화 스위치를 ON시킨다.

[그림 4-272]

6) GDS 강제 구동 기능을 이용하여 고전압 배터리 히터를 제어하는 고전압 배터리 히터 릴레이를 ON 시킨다.

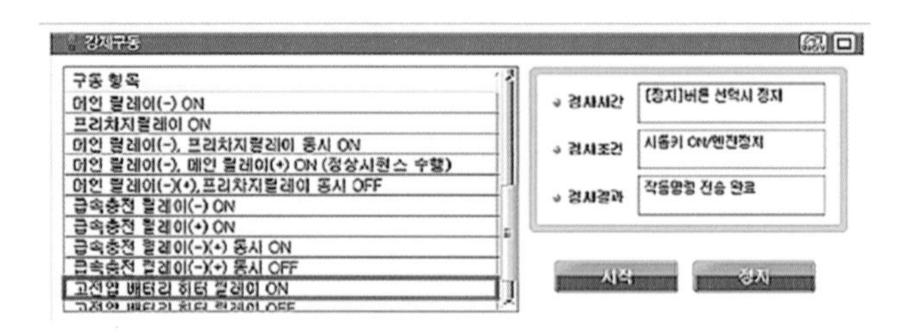

[그림 4-273] 배터리 히터 릴레이 점검

(2) 멀티 테스터기를 이용한 릴레이 코일 점검

가) 고전압 회로를 차단한다.

나) 파워 릴레이 어셈블리를 탈착한다.

다) 파워 릴레이 어셈블리 커넥터 5번과 10번 단자(히터릴레이) 사이의 저항이 규정값인 54 ~ 66Ω 범위 내에 있는지 확인한다.

라) 고전압 배터리 히터 릴레이 퓨즈 A 의 단선 여부를 점검 한다.

마) 탈착 절차의 역순으로 고전압 배터리 히터 릴레이를 장착한다.

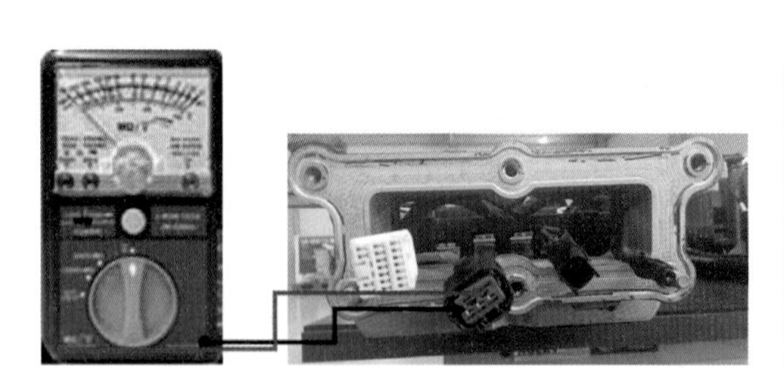

히터 릴레이 코일 저항 점검

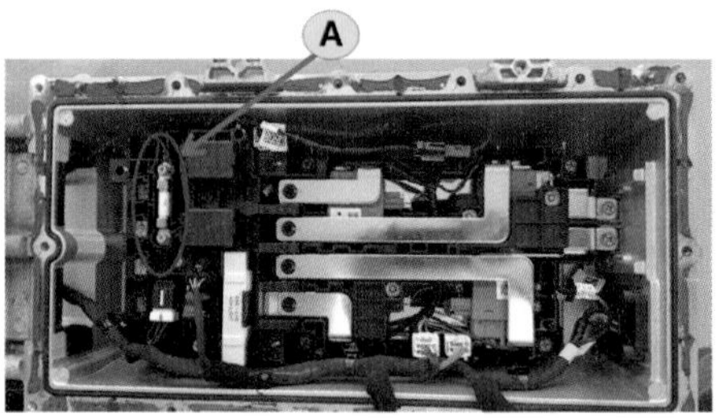

배터리 히터 릴레이 퓨즈 점검

[그림 4-274]

(3) 히터 온도 센서 점검

가) 고전압 회로를 차단한다.

나) 고전압 배터리 상부 케이스를 탈착한다.

다) 고전압 배터리 팩을 플로우 잭을 이용하여 차량에 가장착 한다.

라) GDS 장비를 자기진단 커넥터(DLC)에 연결한다.

마) 점화 스위치를 ON시킨다.

바) GDS 서비스 데이터의 "히터 온도"를 확인한다.

사) 점화 스위치를 OFF시킨다.

아) 특수공구(고전압 배터리 케이블 및 BMU 점검 단자)를 분리한다.

자) 정비 지침서를 참조하여 온도별 저항값을 확인한다.

고정 출력 | 전체 출력 | 그래프 | 항목 선택 | 최대/최소 초기화 | 저장 | 정지 | 그룹 | 가상치수

센서명	센서값	단위
배터리 셀 전압 88	3.92	V
배터리 셀 전압 89	3.92	V
배터리 셀 전압 90	3.92	V
배터리 셀 전압 91	3.92	V
배터리 셀 전압 92	3.92	V
배터리 셀 전압 93	3.92	V
배터리 셀 전압 94	3.92	V
배터리 셀 전압 95	3.92	V
배터리 셀 전압 96	3.92	V
배터리 모듈 6 온도	19	℃
배터리 모듈 7 온도	19	℃
배터리 모듈 8 온도	19	℃
최대 충전 가능 파워	90.00	KW
최대 방전 가능 파워	90.00	KW
배터리 셀간 전압편차	0.00	V
급속충전 정상 진행 상태	OK	-
에어백 하네스 와이어 듀티	80	%
히터 1 온도	0	℃
히터 2 온도	0	℃
최소 열화	0.0	%
최대 열화 셀 번호	0	-
최소 열화	0.0	%
최소 열화 셀 번호	0	-

[그림 4-275] 배터리 히터 온도 센서 점검

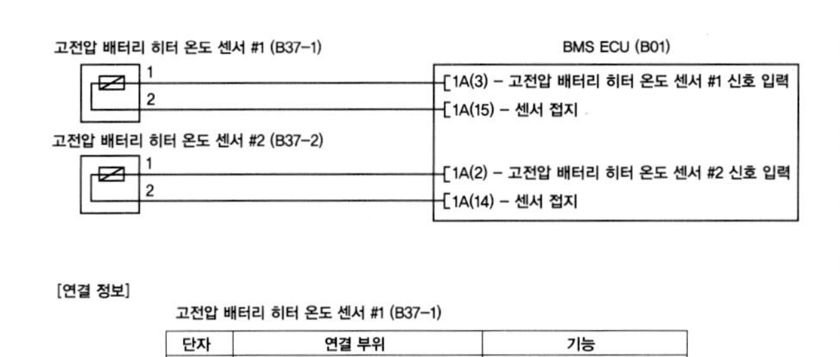

[연결 정보]

고전압 배터리 히터 온도 센서 #1 (B37-1)

단자	연결 부위	기능
1	BMS ECU B01-1A (3)	센서 #1 신호 입력
2	BMS ECU B01-1A (15)	센서 접지

고전압 배터리 히터 온도 센서 #2 (B37-2)

단자	연결 부위	기능
1	BMS ECU B01-1A (2)	센서 #2 신호 입력
2	BMS ECU B01-1A (14)	센서 접지

고전압 배터리 히터 온도센서 회로도

온도(℃)	저항값(Ω)	편차(%)
-40	118.5	± 4.0
-30	111.3	± 3.5
-20	67.66	± 3.0
-10	42.47	± 2.5
0	27.28	± 2.0
10	17.96	± 1.6
20	12.09	± 1.2
30	8.313	± 1.2
40	5.827	± 1.5
50	4.160	± 1.9
60	3.020	± 2.2
70	2.228	± 2.5

고전압 배터리 히터 온도센서 제원

제5장

고전압 정션 블록 정비

CHAPTER

01 고전압 정션 블록 구성과 작동원리

1. 고전압 정션 블록

PE 룸 내에는 고전압 정션 블록과 완속충전기, EPCU가 3개의층을 이루어 놓여져 있다. 고전압 정션 블록은 고전압 배터리의 에너지를 고전압 부품으로 각각 분배해주고, 또한 급속 및 완속충전기를 통한 입력 전원을 고전압 배터리로 보내주는 역할을 한다. 고전압 정션 블록 내부에는 충전용 200A 릴레이 모듈과 고용량 FUSE 모듈이 있다.

[그림 5-1] 고전압 정션 블록(ioniq EV)

2. 고전압 회로

(1) **급속 충전**: 급속 충전기에서 직접 고전압 정션 블록으로 전원 공급 고전압 배터리 충전 200A 충전용 릴레이는 통신을 통해 충전기에서 BMS로 신호 입력

(2) **완속충전**: 외부 완속충전기에서 차량 내 완속충전기인 OBC를 거쳐DC로 변환 후 고전압 정션 블록으로 공급

(3) **모터 구동/충전**: 고전압 배터리 팩 → 고전압 정션블록 → EPCU(MCU/인버터) → 구동 모터

(4) **전동식 컴프레서 및 PTC 히터**: 고전압 정션 블록에서 고전압 분배 (FATC에서 제어)

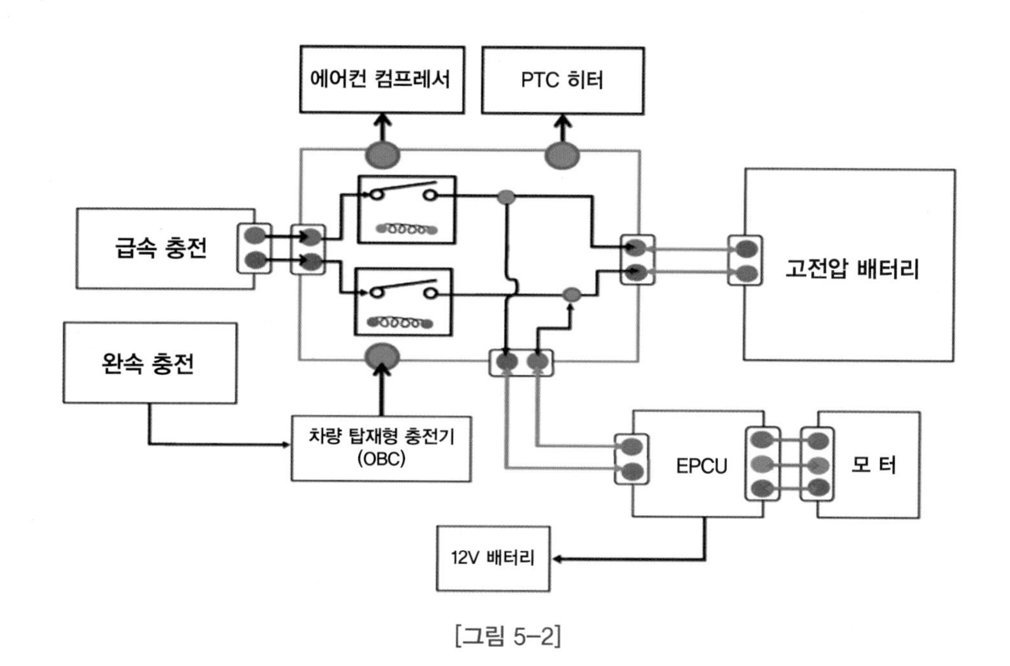

[그림 5-2]

[그림 5-3] 고전압 정션 블록 위치 및 내부 구조

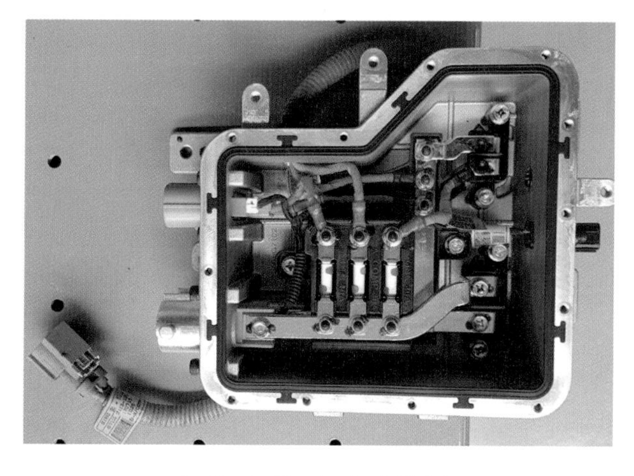

[그림 5-4] 고전압 정션박스

CHAPTER

02 고전압 정션 블록 교환

1. 고전압 정션 블록 탈거(400V 88kW 차량)

1) 고전압을 차단한다.

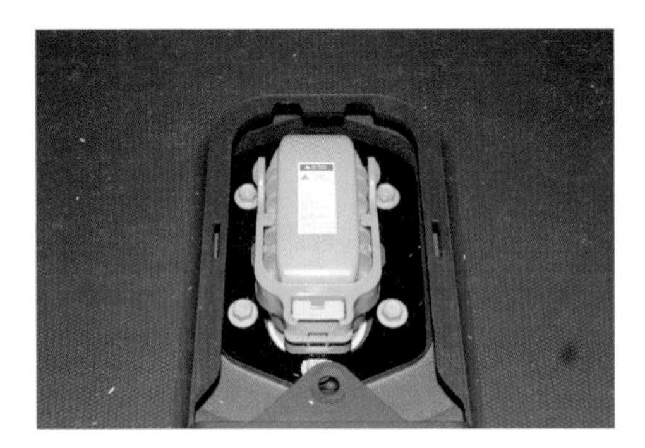

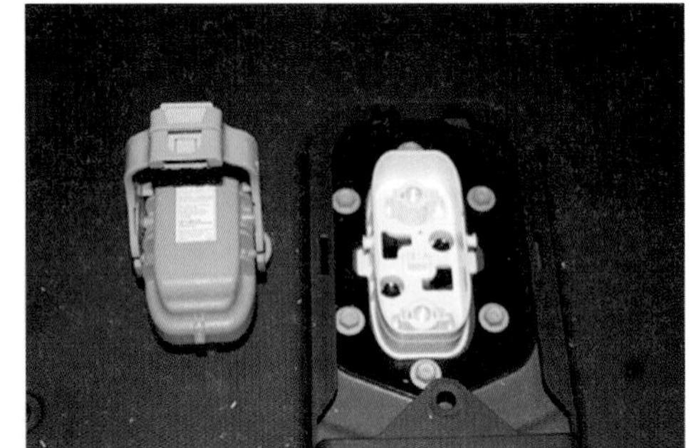

[그림 5-5] 안전 플러그 탈거

2) 드레인 플러그를 풀고 냉각수를 배출시킨다.

3) 장착볼트를 풀고 리저버 탱크(A)를 고전압 정션박스로부터 분리한다.

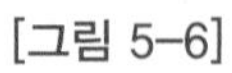

[그림 5-6]

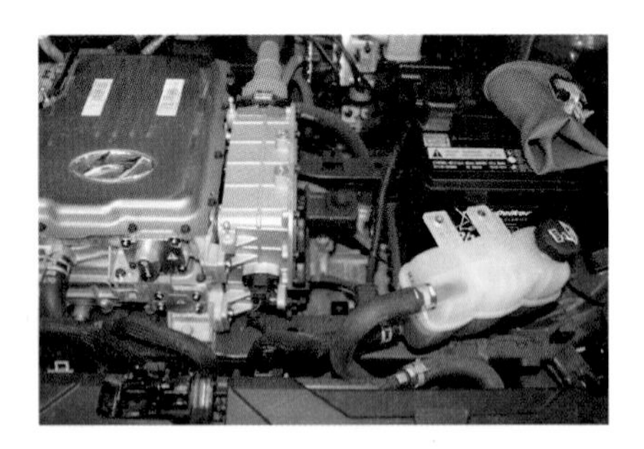

[그림 5-75]

4) 고전압 배터리 어셈블리 고전압 케이블(A)를 분리한다.

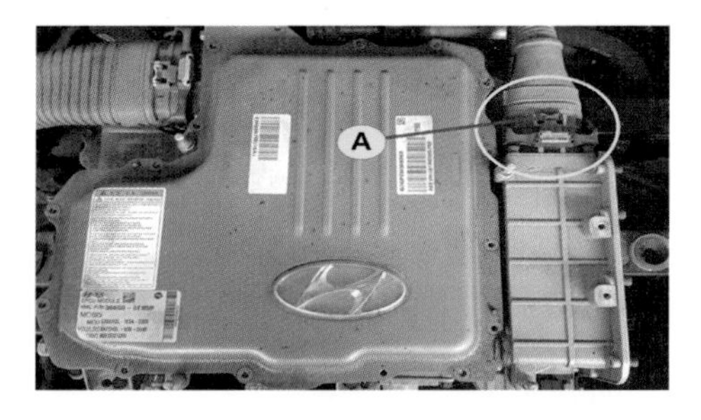

[그림 5-8] 고전압 배터리 어셈블리 측 고전압 케이블 탈거

5) PTC히터 고전압 케이블(A)를 분리한다.

6) 차량 탑재형 충전기(OBC) 케이블 커넥터(B)를 분리한다.

[그림 5-9]

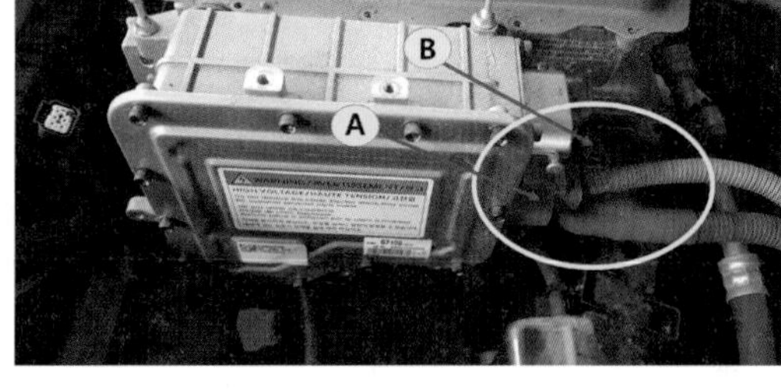

[그림 5-10]

7) 고전압 조인트박스 커넥터 (A)를 분리한다.

[그림 5-11]

[그림 5-12]

8) 고전압 정션 블록에서 리저브 탱크 지지 브래킷(A)을 탈거한다.

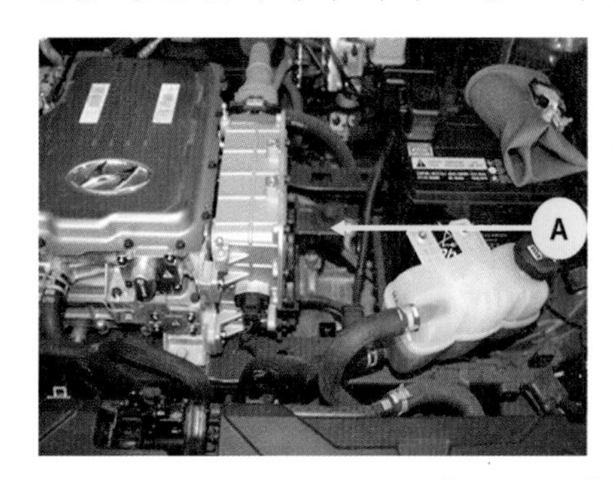

[그림 5-13] 브래킷 탈거

9) 전력 제어장치(EPCU) 커넥터(A)를 분리한다.

10) 저전압 직류 변환장치(LDC) 어스 케이블(B)과 + 케이블(C)을 분리한다.

11) 전력 제어장치(EPCU) 측 파워커넥터(A)를 분리한다.

[그림 5-9]

[그림 5-10]

12) 전력 제어장치(EPCU) 냉각 호스(A)를 분리한다.

13) 차량탑재형 충전기(OBC) 냉각 호스(B)를 분리한다.

14) 고정볼트 (A) 를 풀고 파워케이블 커넥터 브래킷(B)을 탈거한다.

15) 고정볼트 (C) 를 풀고 에어컨 냉매 파이프 브래킷(D)을 탈거한다.

[그림 5-16]

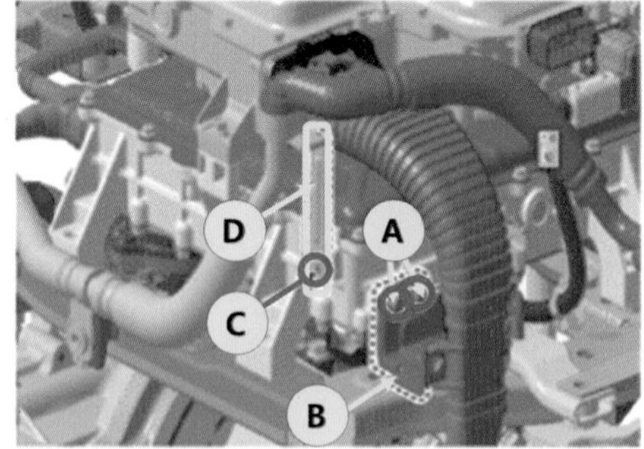

[그림 5-17]

16) OBC와 파워 일렉트릭 프레임 간 고정볼트(A)를 풀고 고전압 정션박스 전력 제어장치(EPCU) 차량탑재형 충전기(OBC) 어셈블리를 탈거한다.

17) 고정볼트를 풀고 EPCU 옆 커버(A)를 탈거한다.

18) 고정볼트를 풀고 OBC 옆 커버(B)를 탈거한다.

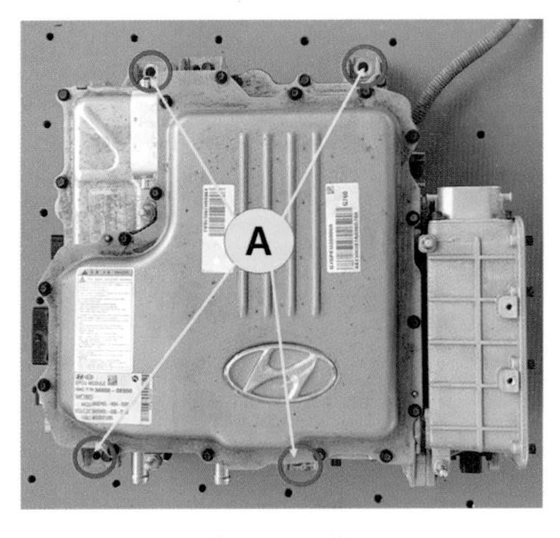

[그림 5-18]

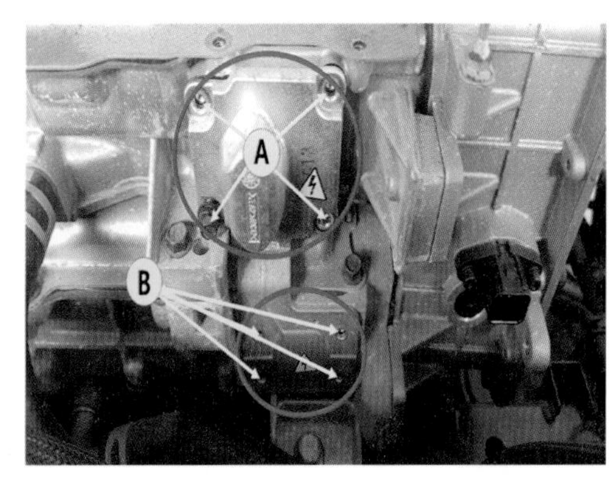

[그림 5-19]

19) 전력 제어장치(EPCU)에 연결된 고정볼트(A) 2개를 푼다.

20) 차량 탑재형 충전기(OBC)에 연결된 고정볼트(B) 2개를 푼다.

21) 고정볼트(A)를 풀고 고전압 정션박스(B)를 탈거한다.

[그림 5-20]

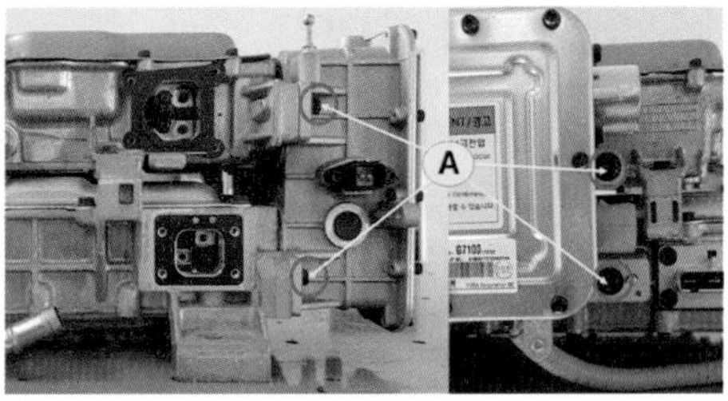

[그림 5-21]

22) 전력 제어장치 어셈블리에서 고전압 정션 블록을 탈거한다.

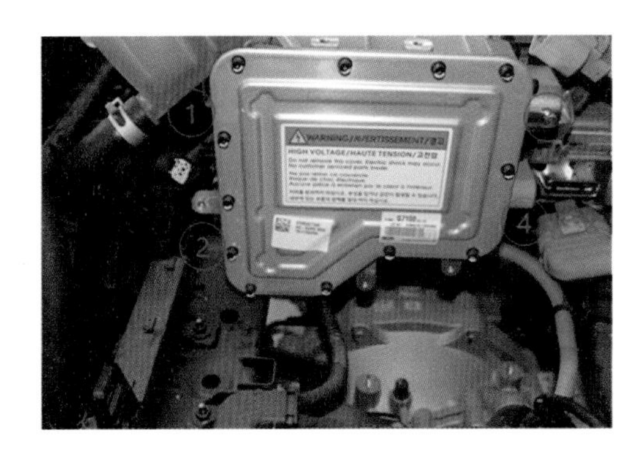

[그림 5-22] 고전압 정션 블록 탈거

2. 고전압 정션 블록 조립

1) 전력 제어장치 어셈블리에 고전압 정션 블록을 조립한다.

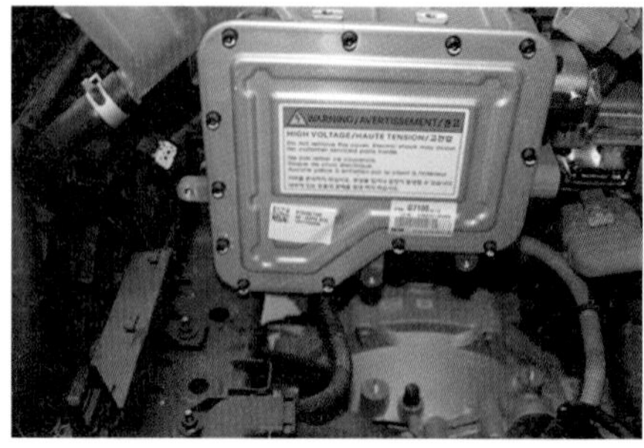

[그림 5-23] 고전압 정션 블록 조립

2) 고전압 정션 블록과 탑재형 완속 충전기(OBC) 연결 단자(A)에 볼트 2개를 체결하고 OBC 상단 체결 고리에 커버를 조립하고 볼트 4개를 체결하여 조립한다.

[그림 5-24] 탑재형 완속 충전기(OBC) 연결 단자 체결

3) 고전압 정션 블록과 인버터 연결 단자(A)를 체결한다.

4) EPCU 측 커버 (A) 를 장착하고 볼트(B)를 체결한다.

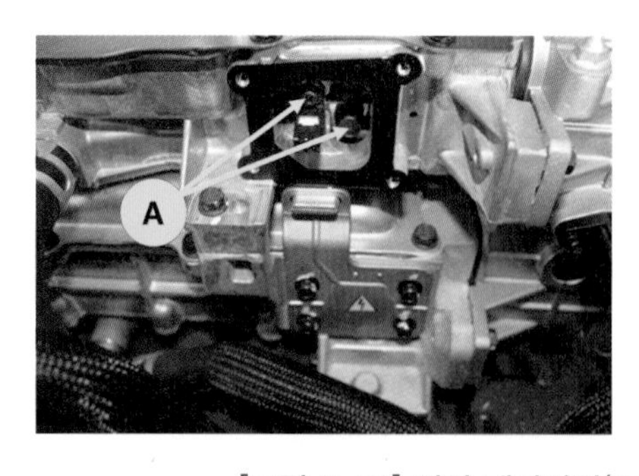

[그림 5-25] 전력 제어장치(EPCU) 연결 단자 및 커버 체결

5) 고전압 정션 블록에서 리저브 탱크 지지 브래킷을 조립한다.

[그림 5-26] 브래킷 조립

6) 고전압 정션 블록 커넥터를 체결한다.

[그림 5-27] 고전압 정션 블록 커넥터 체결

7) PTC 히터 고전압 커넥터와 탑재형 완속 충전기(OBC) 케이블 커넥터를 체결한다.

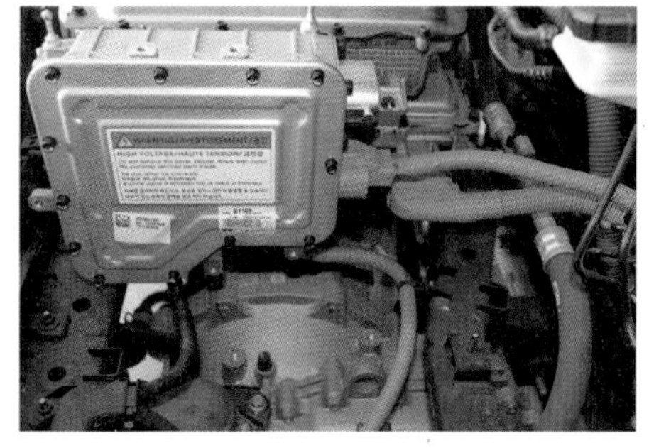

[그림 5-28] PTC 히터 고전압 커넥터 체결

8) 고전압 배터리 어셈블리 측 방향의 고전압 케이블을 체결한다.

[그림 5-29] 고전압 배터리 어셈블리 측 고전압 케이블 체결

9) 고전압 정션 블록에 리저브 탱크를 장착하고, 고정볼트(A)를 체결한다.

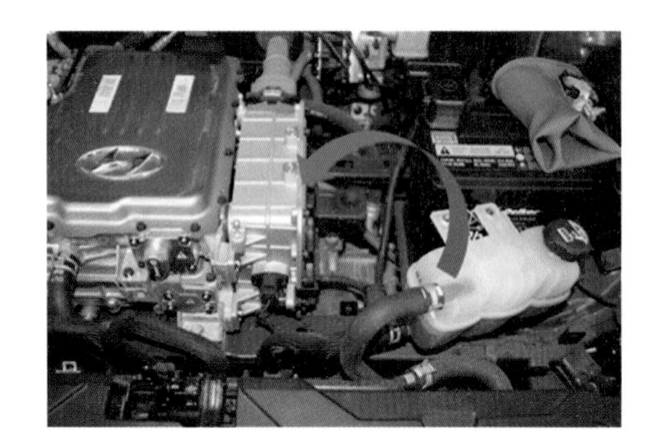

[그림 5-30] 리저브 탱크 조립

10) 고전압 차단 절차를 복원하여 차량을 활전상태로 한다.

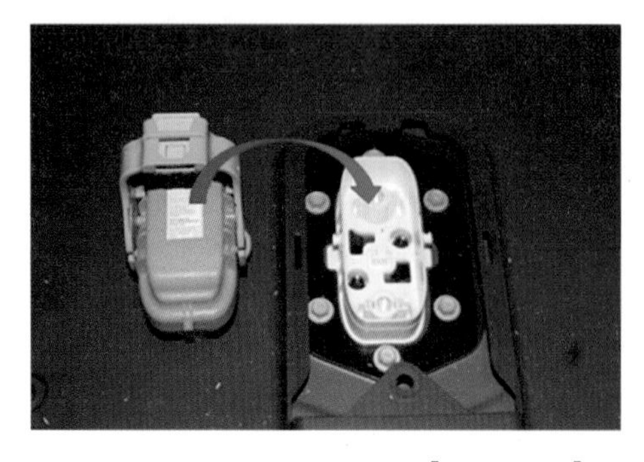
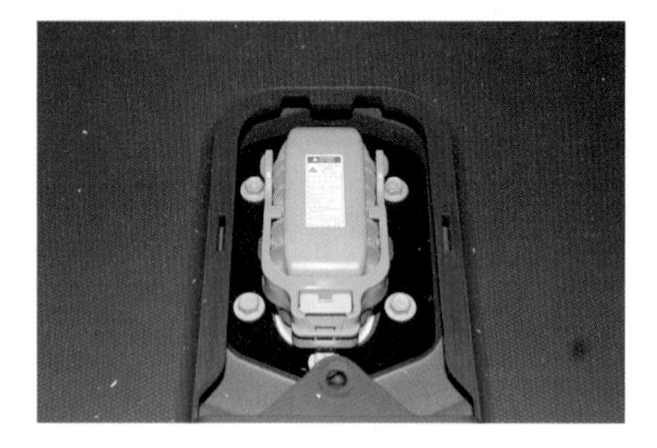

[그림 5-31] 고전압 차단 절차 복원

3. 고전압 정션 블록 탈거 (800V 160kW 차량)

1) 고전압 차단 절차를 실시한다.

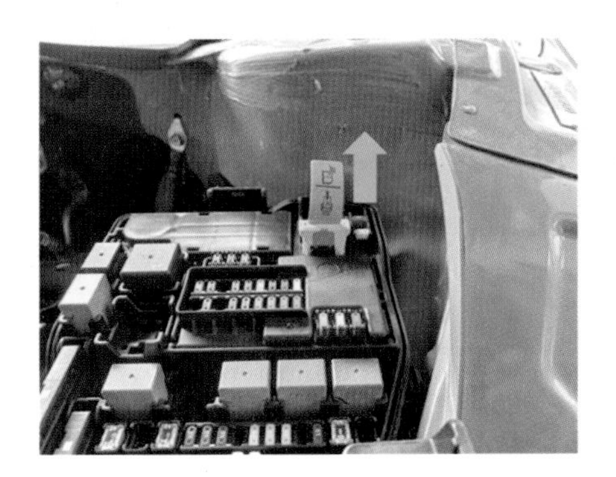

[그림 5-32] 서비스 인터로크 커넥터 탈거

2) 프런트 트렁크를 탈거한다.

[그림 5-33] 프런트 트렁크 탈거

3) 보조 배터리(DC 12V) 및 배터리 트레이를 탈거한다.

(가) 보조 배터리(DC 12V) (-) 단자를 탈거한다.

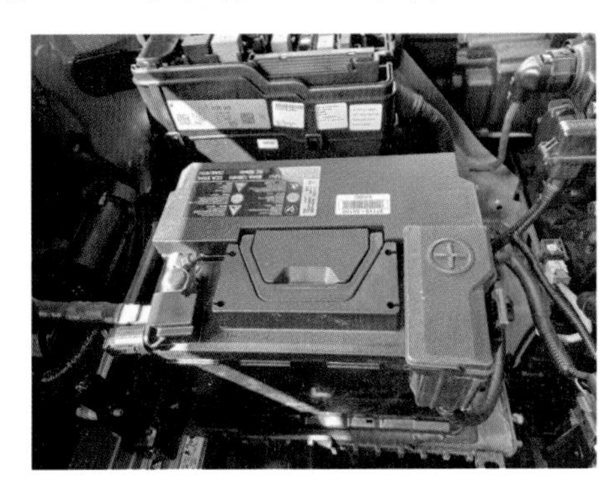

[그림 5-34] 보조 배터리 (-) 탈거

(나) 보조 배터리(DC 12V) (+) 단자를 탈거한다.

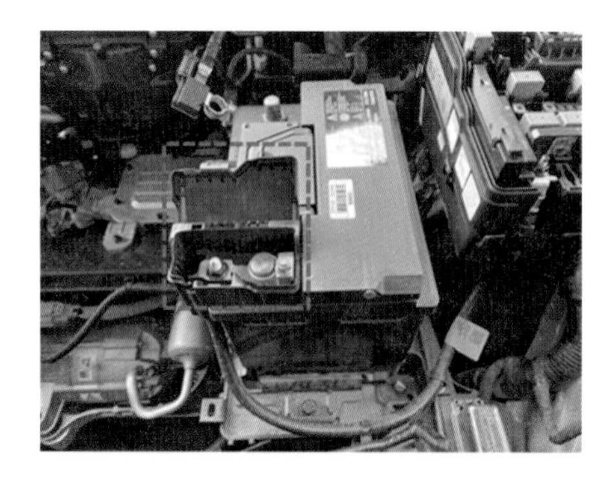
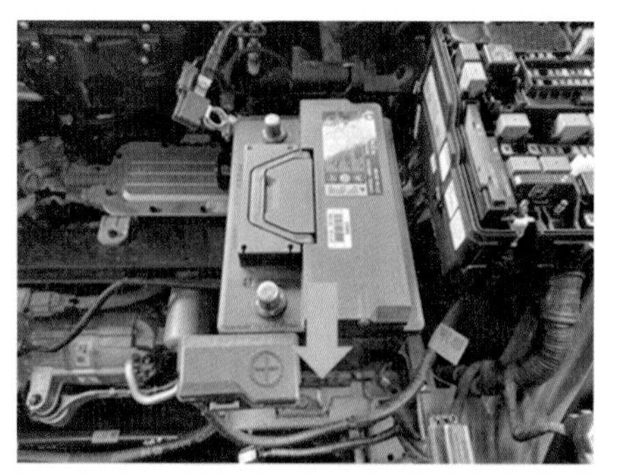

[그림 5-35] 보조 배터리 (+) 탈거

(다) 보조 배터리(DC 12V) 고정장치를 탈거한다.

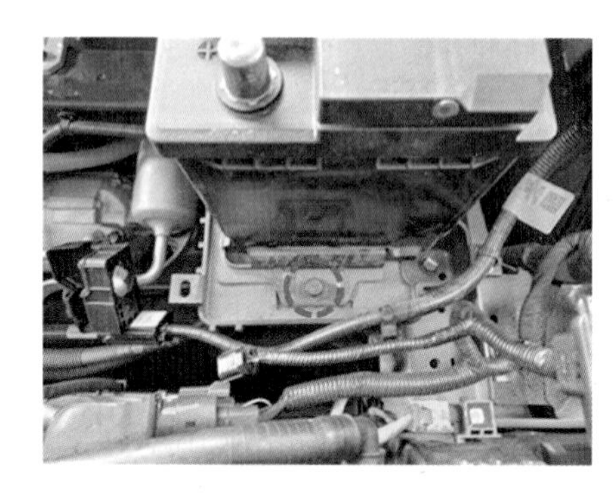
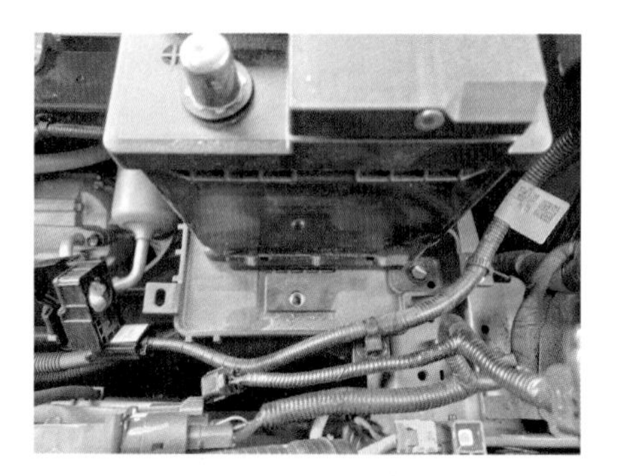

[그림 5-36] 보조 배터리 고정장치 탈거

(라) 보조 배터리(DC 12V)를 탈거한다.

[그림 5-37] 보조 배터리 탈거

(마) 차량제어 유닛(VCU)을 탈거한다.

[그림 5-38] 차량제어 유닛(VCU) 탈거

(바) 보조 배터리 트레이를 탈거한다.

[그림 5-39] 보조 배터리 트레이 탈거

4) 전동식 에어컨 컴프레서 커넥터 탈거한다.

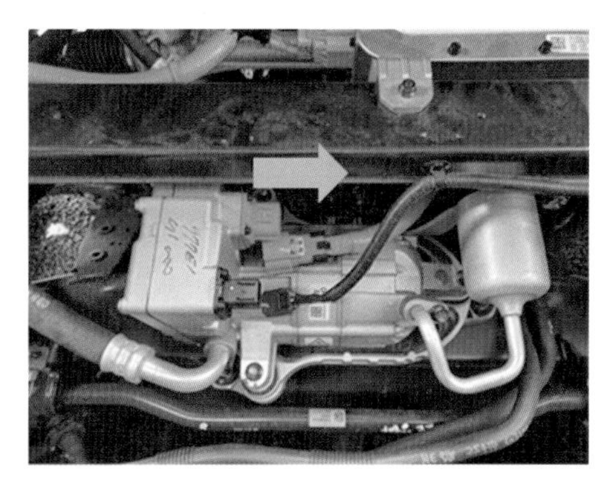

[그림 5-40] 에어컨 컴프레서 커넥터 탈거

5) 고전압 정션 블록의 고전압 커넥터 탈거한다.

[그림 5-41] 고전압 정션 블록 고전압 커넥터 탈거

6) 고전압 배터리 PTC 히트펌프 고전압 커넥터를 탈거한다.

[그림 5-42] PTC 히터 고전압 커넥터 탈거

7) 고전압 정션 블록의 신호 커넥터 탈거한다.

[그림 5-43] 고전압 정션 블록 신호 커넥터 탈거

8) 고전압 정션 블록의 고정볼트를 풀고, 고전압 정션 블록을 탈거한다.

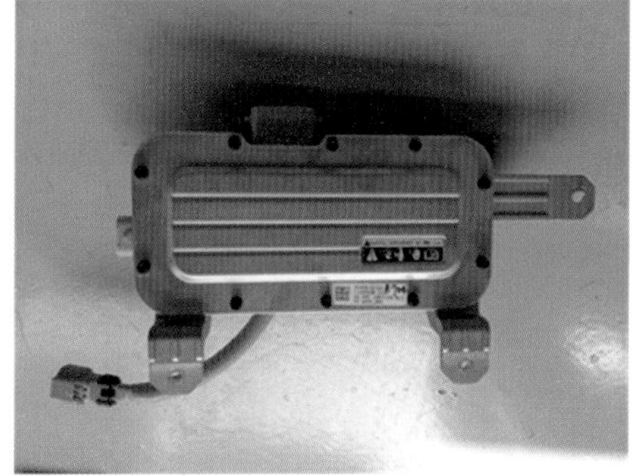

[그림 5-44] 고전압 정션 블록 탈거

4. 고전압 정션 블록 조립 (800V 160kW 차량)

1) 고전압 정션 블록을 설치하고, 고정볼트를 조인다.

[그림 5-45] 고전압 정션 블록 장착

2) 고전압 정션 블록의 신호 커넥터 체결한다.

[그림 5-46] 고전압 정션 블록 신호 커넥터 체결

3) 고전압 배터리 PTC 히트펌프 고전압 커넥터를 체결한다.

[그림 5-47] PTC 히터 고전압 커넥터 체결

4) 고전압 정션 블록의 고전압 커넥터 체결한다.

[그림 5-48] 고전압 정션 블록 고전압 커넥터 체결

5) 전동식 에어컨 컴프레서 커넥터 체결한다.

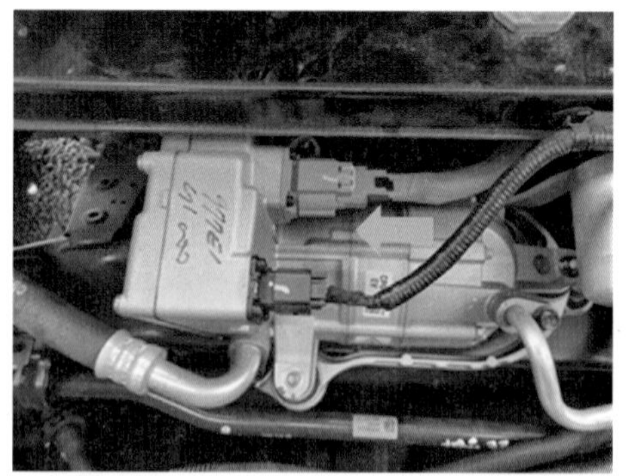

[그림 5-49] 에어컨 컴프레서 커넥터 체결

6) 보조 배터리(DC 12V) 및 배터리 트레이를 장착한다.

(가) 보조 배터리 트레이를 장착한다.

[그림 5-50] 보조 배터리 트레이 장착

(나) 차량제어 유닛(VCU)을 장착한다.

[그림 5-51] 차량 제어 유닛(VCU) 장착

(다) 보조 배터리(DC 12V)를 장착한다.

[그림 5-52] 보조 배터리 장착

(라) 보조 배터리(DC 12V) 고정장치를 장착한다.

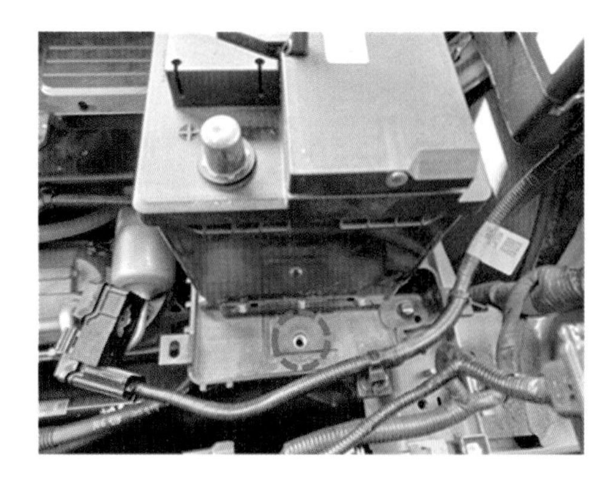

[그림 5-53] 보조 배터리 고정장치 장착

(마) 보조 배터리(DC 12V) (+) 단자를 체결한다.

[그림 5-54] 보조 배터리 (+) 체결

(바) 보조 배터리(DC 12V) (-) 단자를 체결한다.

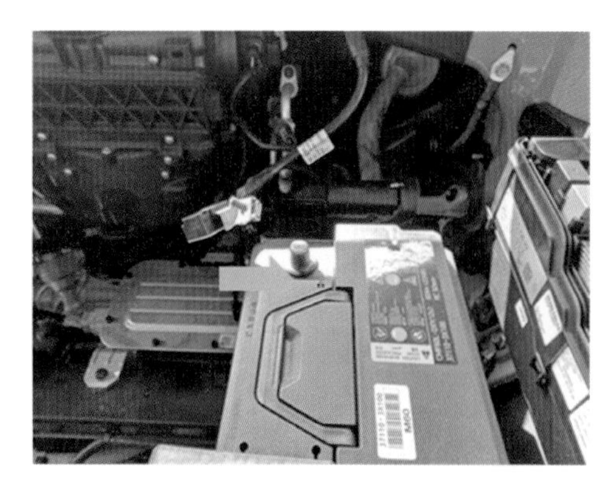

[그림 5-55] 보조 배터리 (-) 체결

7) 프런트 트렁크를 장착한다.

[그림 5-56] 프런트 트렁크 장착

8) 고전압 차단 절차를 복원하여 차량을 활전상태로 한다.

[그림 5-57] 서비스 인터로크 커넥터 조립

제6장

파워 트레인 정비

CHAPTER

01 모터 개요

1. 개요

(가) 모터의 개요

복잡한 기계도 구동원은 모터(motor) 혹은 솔레노이드(solenoid)이다.

모터는 전기적 에너지를 기계적 에너지로 변환시키는 유일한 동력원이며 모터의 발명은 영국 물리학자 마이켈 파라데이(1791~1876)인데 "전자기유도"의 발견이 그 계기로서 전자기 유도에 의하여 변압기를 만들고 더 발전하여 발전기를 만들었으며, 발전기의 반대개념이 모터로서 유도전동기가 모터의 원형이며 모터는 '전기적 에너지를 기계적 에너지로 변환하는 장치'이다.

(나) 전자기유도(발전기의 원리)

전기적으로 자석의 기운을 유도하여 전기자기장을 유도 하면 전자석이 된다.

전자석이 된다는 것은 전류가 흐른다는 것이며 전류가 흘러야 전자석이 되며 회로를 관통하는 자기력선이 변화하면 그 회로에 전류를 흐르게 하려는 기전력이 생기는 현상이 발전기의 원리이다.

전자기유도에 따라 생기는 기전력의 방향과 크기에 대해서는 다음과 같은 법칙이 있다.

▶ 전자기유도란 ?

- 전자유도를 발생시키는 방법
- 도체와 자력선과의 상대운동에 의한 방법(발전기, 전동기)
- 도체에 영향을 미치는 자력선을 변화시키는 방법(변압기, 점화코일)

(다) 렌츠의 법칙

유도기전력은 유도전류가 만드는 자기장에 의해 전자기유도를 일으키는 원인이 된 자기력선의 변화가 지워지는 방향으로 발생한다. 또 그것이 회로와 회로, 또는 자석과 회로의 상대운동에 의해 생긴 것이라면 유도전류에 따라 생기는 전기적 힘은 그 운동을 저지하는 방향으로 작용한다.

(라) 패러데이의 법칙

유도기전력의 크기는 단위시간에 자기력선이 변화하는 비율에 비례한다. 어떤 회로에 대하여 자석을 가까이 하면 회로를 관통하는 자기력선이 증가하므로 그것에 따라 회로 내에 유기되는 유도전류는 자기력선의 증가를 막으려는 방향으로 흐른다.

CHAPTER

02 모터 종류

1. 모터의 종류

(1) 모터는 사용에너지에 따라 다음과 같이 분류한다.

1) 유압식 모터
2) 공기압식 모터
3) 수압식 모터
4) 전기식 모터 등으로 구분
5) **메카트로닉스 시스템**: 전기식 모터를 일반적으로 사용

[그림 6-1] 모터의 개념

(2) 사용에너지에 따른 구분

1) **유압 시스템** hydraulic system: 작은 관성과 작은 중량으로 큰 힘 제공, 속도가 빠름
2) **공압 시스템** pneumatic system: 공기의 압축성으로 인해 시간지연
3) **전기 시스템** electric system: 응답속도 느리나 제어용이

[표 6-1]

구 분	장 점	단 점
전기식	- 소형이다. - 신호변환의 속도성이 좋다. - 위치결정 정밀도가 좋다. - 배선처리가 용이하다	- 외부의 노이즈 등 외란에 취약하다 - 전원고장이 직접적으로 영향을 준다.
유압식	- 힘과 토크가 크다. - 외부의 노이즈가 강하다 - 전원고장 시 어큐뮬레이터(축전지)로 대용가능	- 온도에 의한 특성변화가 크다. - 환경오염의 문제가 된다. - 가격이 높다. - 소음이 크다. - 배관이 복잡하고 대형이다.
공압식	- 구조가 간단하다. - 보수성이 좋다.	- 부하에 대한 특성변화가 크다. - 배관이 복잡하다. - 원격조정이 곤란하다.

CHAPTER

03 모터의 구성과 기능

1. 정류자형 모터의 구조 및 작동원리

(1) 작동원리

(가) 자계 속의 전류에 작용하는 힘

1) 전자력을 받는 방향

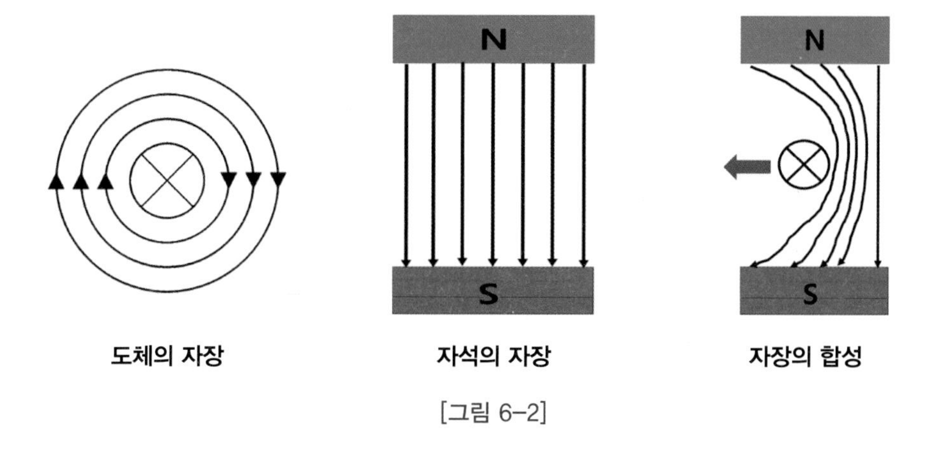

[그림 6-2]

2) 전자석의 특징

① 전자석은 전류를 인가했을 때만 자력을 띠게 된다. 따라서 전류를 차단하면 자력선은 사라진다.

② 전자석은 전류의 방향을 바꾸면 자극도 반대로 된다.

③ 전자석의 자력은 코일권선의 횟수와 공급전류의 크기에 영향을 받는다.

(나) 플레밍의 왼손법칙

자석의 N극과 S극 사이 자력선과 도선의 전류방향에 따라 작용하는 전자력의 관계를 왼손의 손가락 3개를 펴서 그림 6-3의 플레밍의 왼손법칙과 같이 집게손가락을 자계 방향 가운데 손가락을 전류방향을 하면 엄지손가락이 전자력 방향이 된다.

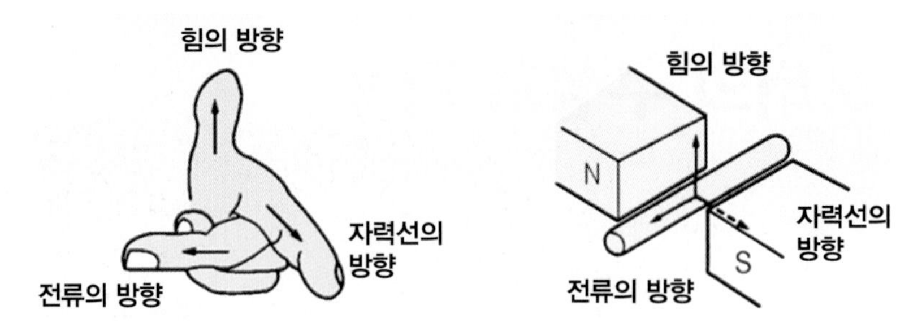

[그림 6-3] 플레밍의 왼손법칙

1) 플레밍의 왼손법칙에 의한 모터의 원리

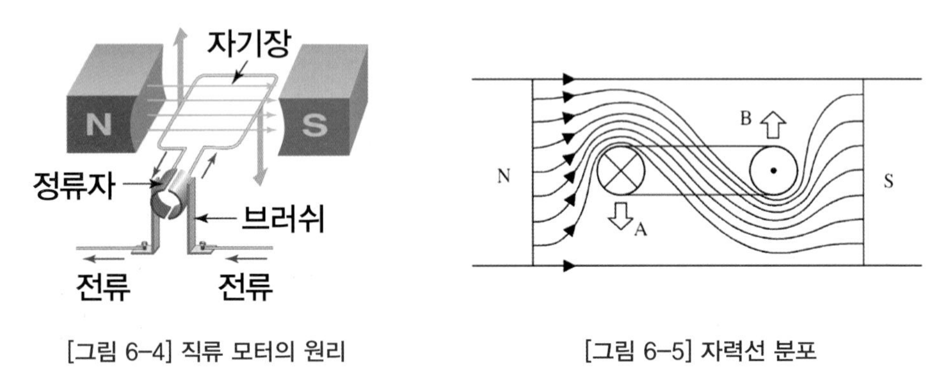

[그림 6-4] 직류 모터의 원리

[그림 6-5] 자력선 분포

출처: https://www.bing.com/images/search?view=detailV2&ccid=gvxyegjZ&id

(다) 모터의 기본 법칙

1) 오른나사 법칙(앙페르의 법칙)

전류에 의해서 발생되는 자력선은 언제나 오른나사가 진행하는 방향으로 전류가 흐르면 자력선은 오른나사가 회전하는 방향과 일치하는 자력선이 발생되어 나오는 것을 자력선의 오른나사법칙 또는 앙페르의 법칙이라 한다.

2) 오른손 엄지손가락 법칙

코일이나 전자석의 자력선 방향을 알려고 할 때 이용하는 법칙으로 오른손의 엄지손가락 을 제외한 네 손가락을 전류의 방향에 맞추어 잡았을 때 엄지손가락의 방향으로 자력선이 나온다.

3) 플레밍의 왼손법칙(모터의 법칙)

자계의 방향, 전류의 방향 및 도체가 움직이는 방향에는 일정한 관계가 있으며 이것을 왼손을 이용하여보면 도체의 움직이는 방향으로 정확하고도 쉽게 알 수 있다. 왼손의 엄지손가락, 인지, 가운데 손가락을 직각이 되게 펴고 인지는 자력선방향에 가운데 손가락은 전류의 방향에 일치시키면 도체에는 엄지손가락 방향으로 전자력이 작용하는데 이것을 플레밍의 왼손법칙이라 한다.

(2) 구조 및 작동원리

(가) 정류자형 모터

1) 모터 및 발전기의 구성도

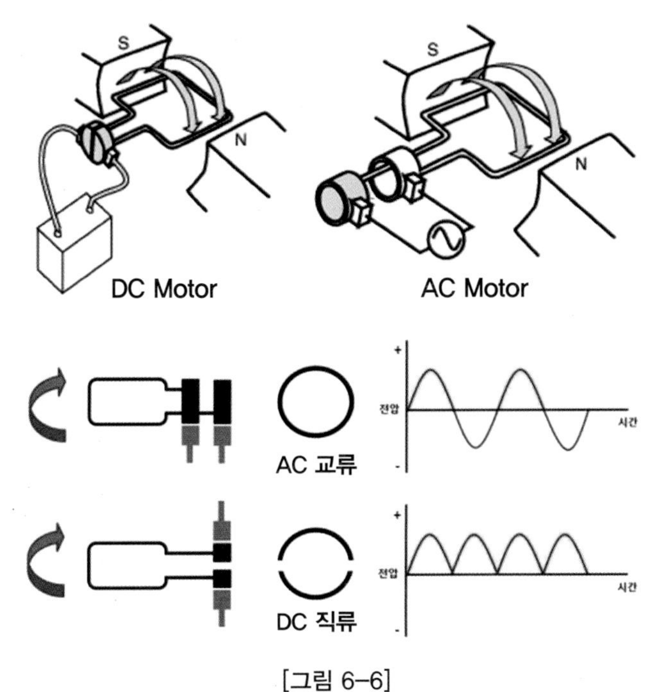

[그림 6-6]
출처:https://gisullab.com/files/attach/images

2) 정류자형 모터의 특징

① 큰 기동 토크.
② 입력전압에 비례하는 회전속도.
③ 입력전류에 비례하는 출력 토크.
④ 높은 출력효율.
⑤ 가격이 저렴 하다.
⑥ 브러시, 커뮤테이터 등 기계적 접점으로 소음/수명 문제 발생.

3) 정류자형 모터의 구조

계자(스테이터)와 전기자(로터)로 분류

① **스테이터**: 자력선을 통과하는 요크(계철)와 마그넷으로 구성

② **로터**: 연속적으로 회전해야 하므로 정류기(커뮤테이터)가 부착되어있다.

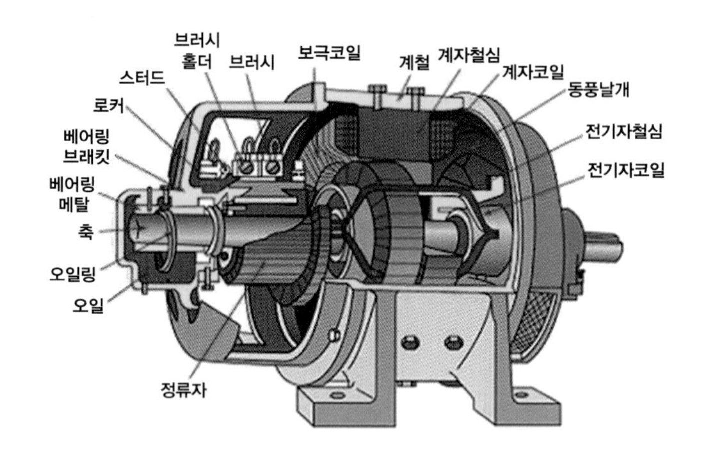

[그림 6-7] 정류자형 모터의 구조
출처: https://www.bing.com/images/search?view=detailV2&ccid=0BNiYKFq&id

정류기의 역할은 브러시를 통하여 공급되는 전류를 차례로 전환시켜 로터가 어디에 있을 지라도 일정한 방향으로 회전을 계속하는 것이다. 자속을 발생시키는 부분을 계자(field)라고 한다.

- 영구자석을 이용해 자속을 발생(permanent magnet DC 모터)
- 코일 권선을 감아서 전자석형태로 자속을 발생: (wound-field 모터)

(3) DC 모터의 분류

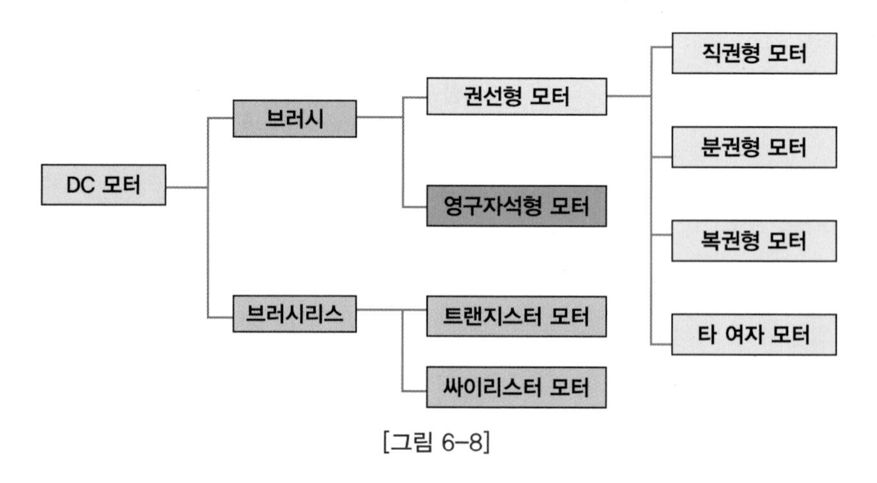

[그림 6-8]

(가) DC 모터

1) DC모터의 개요

일반적인 DC모터로서 플레밍의 왼손법칙을 이용한 모터이며 정류자의 전류를 흘렸다 끊었다 하는 일련의 과정마다 전류의 방향을 반대로 해주어야하기 때문에, 필연적으로 브러시라는 기계적인 요소가 필요하다. 이 브러시는 정류자편에 전류를 공급 해주는 역할을 한다.

직류모터의 기본적인 회전원리는 모두 같다. 기본이 되는 고정자의 자계 속에서 코일을 갖고있는 회전자를 회전시킨다. 이때 정류자와 브러시라는 기구가 중요한 역할을 완수하기 때문에 이런 구조의 모터를 정류자형 모터 라고 한다. 정류자형 모터에는 교류를 전원으로 하는 것도 있기 때문에 구별하는 경우에는 직류정류자 모터라고 한다. 단순히 직류모터나 DC모터(direct current motor)라고 하는 경우, 직류정류자 모터를 지칭하는 것이다.

직류정류자 모터의 고정자가 만드는 기본적인 자계를 계자(界磁)라고 하고 계자를 일으키는 방법으로 직류정류자 모터는 분류된다. 영구자석으로 계자하는 것을 영구자석형 직류정류자 모터, 코일에 전류를 흐르게 하여 전자석으로 계자하는 것을 권선형 직류정류자 모터라고 한다. 이것을 각각 영구자석계자형 직류정류자 모터, 권선계자형 직류정류자 모터라고도 한다. 직류정류자 모터에 없어서는 안 될 정류자와 브러시이지만 어느 정도의 약점이 있다. 이 약점이 직류정류자 모터 자체의 약점이 된다.

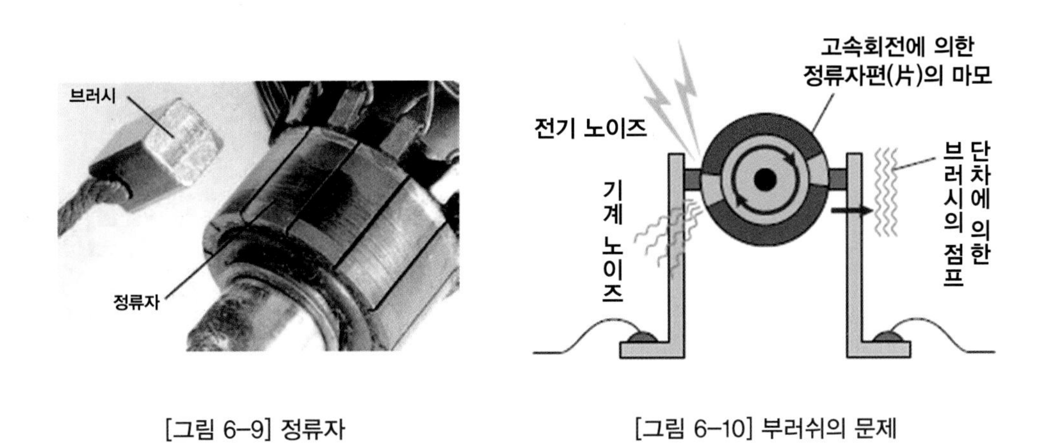

[그림 6-9] 정류자 [그림 6-10] 부러쉬의 문제

출처:https://blog.naver.com/PostView.nhn?isHttpsRedirect

단점: 기계적인 요소라, 브러시가 닳아 없어짐 따라서 브러시가 닳아가면서 모터의 성능이 저하하고 분진이 발생하는 등 환경문제가 대두되고 있다.

장점: 제어가 간편, 토크가 전류에 비례 → 전류제어로 토크 직접제어

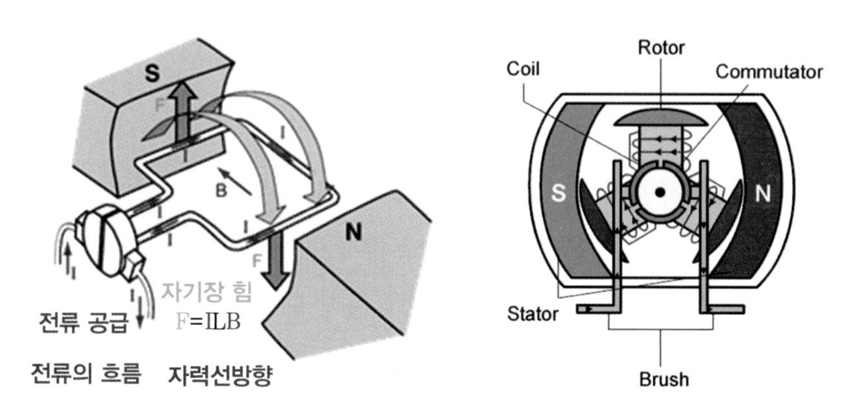

[그림 6-11] DC모터의 회전 원리

출처: http://www.motioncontrol.co.kr/UPDATA/fileimg/news/1562911403_0.jpg

2) DC 모터의 종류와 특성

[표 6-2]

구분	구성특성	특 성	사용장치
직류직권식	전기자 코일과 계자 코일이 전원에 대해 직렬로 접속	토크는 전기자 전류의 제곱에 비례. 즉 전기자 전류가 클수록 발생하는 토크도 크다. 전기자 전류는 속도에 반비례하여 증감	기동모터
직류분권식	전기자 코일과 계자 코일이 전원에 대해 병렬로 접속	가해진 전원 전압이 일정하면 계자 전류도 일정하며 자장의 세기도 일정 전기자 전류가 커지면 축전지 전압이 조금 낮아지나, 속도는 거의 일정	팬모터
직류복권식	두 개의 계자 코일이 하나는 전기자 코일과 직·병렬로 접속	복권식 전동기는 직권과 분권의 중간 특성을 갖음. 즉 시동할 때에는 직권식과 같은 큰 토크 특성을 나타내고, 시동이 된 뒤에는 분권식과 같이 정속도 특성을 나타냄.	윈도우 와이퍼 모터

2. 회전자계형 모터의 구조 및 작동원리

(1) 브러시리스 Brushless 모터

브러시리스 모터는 영구자석형 직류정류자 모터의 약점을 해소하기 위해 개발된 모터이지만 영구자석형 동기모터에서 파생된 모터이기도 하다.

브러시를 사용하지 않고, 비접촉의 위치 검출기와 반도체 소자로서 통전시키는 기능을 사용하여 브러시가 없기때문에, 브러시의 마모가 없는 것이 가장 큰 장점과 구동 토크를 직접제어가 가능하고, 속도제어, 위치제어 등에서 탁월한 성능을 발위 하여 BLDC는 고 토크 및 고속도제어에 많이 이용하고 있다.

가) Brushless 모터의 구조

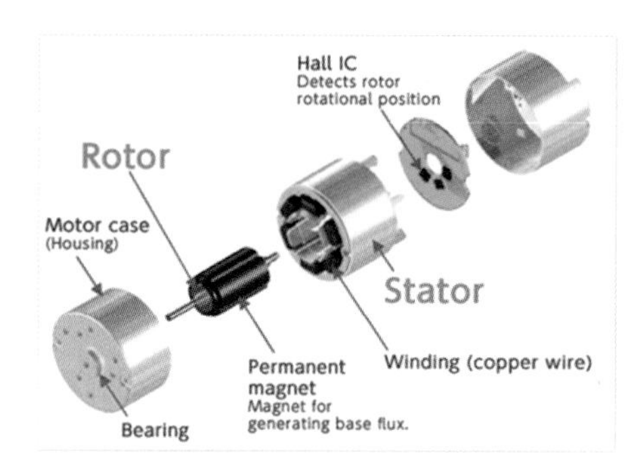

[그림 6-12] Inner Rotor형 모터

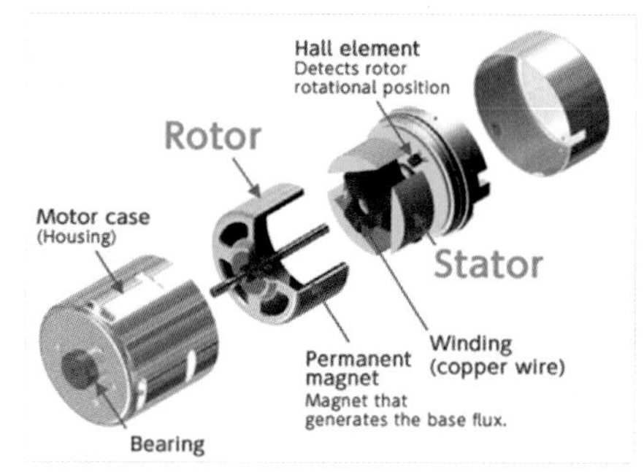

[그림 6-13] Outer Rotor 형 모터

출처: https://www.nidec.com/en/technology/capability/brushless/

나) Brushless 모터의 종류 및 특징

[표 6-3]

종 류	구 조	특 징
Outer Rotor형	외측으로 회전자를 배치	- 회전자의 관성모멘트가 크므로 정속도 주행에 유리하다. - 마그네트를 비교적 크게 할 수 있으므로 고효율, 고 토크화하기 쉽다. - 권선의 1코일 평균길이가 짧게 되어 손실절감, 고 효율화하기 쉽다. - 회전자 지지기구가 복잡하다. - 밀폐구조로 하기 어렵다.
Inner Rotor형	내측으로 회전자를 배치	- 회전자의 관성모멘트가 Outer motor에 비하여 작다. - 모터구조를 비교적 간단하게 구성할 수 있다.

브러쉬리스 모터의 구조와 특성상 높은 토크, 고효율 및 낮은 소음으로 일반 브러쉬 모터 보다 상대적으로 사용범위가 넓어진다.

[그림 6-14] 브러쉬 모터 [그림 6-15] 브러쉬리스 모터

출처: https://www.bing.com/images/search?view=detailV2&ccid=mOa2qkml&id

브러쉬리스 모터와 브러쉬 모터와 가장 큰 차이점은 브러쉬와 커뮤테이터가 없다는 것

- **브러쉬 모터의 일반적인 구조**: 회전자, 고정자, 브러쉬와 커뮤테이터
- **브러쉬와 커뮤테이터**: 아마튜어 코일에 공급되는 전류방향을 회전각도 에 따라 전환 시켜줌으로써 회전자를 회전시킬 수 있는 자극의 변화를 만들어 주는 중요한 장치

다) 브러시리스 모터의 장·단점

1) 장점

① 기계적 정류기구를 전자화(무접점화)한 것에 대해전기적노이즈(불꽃), 기계적노이즈가 작다.

② 신뢰성이 높고 수명이 길고 고속화가 용이하다.

③ 기기의 고밀도화에 따른 요청에 용이하게 대응된다. (형상, 구조의 자유도화 → 경박단소화 → 기전일체화)

④ 기기의 다기능화에 쉽게 대응된다. (일정 속도제어, 가변 속도제어 등)

2) 단점

① 로터에 영구자석을 사용하므로 저관성화에는 제한이 있다.

② 일반적으로 페라이트 자석을 사용할 경우가 많으므로 체적당 토크가 작다.(이 결점을 개선하기 위해 예를 들면 에너지곱이 높은 회토류자석을 사용하는데 비용이 높아진다.)

③ 정류기구를 전산화하기 위해 반도체회로를 필요로 하여 비용이 높아진다.(이 결점은 최근의 반도체 기술의 진보에 의해 개선되어 가고 있다)

(2) AC 유도 모터

(가) AC 유도 모터의 구분

교류모터(AC모터)에는 유도모터(induction motor)와 동기모터(synchronous motor)가 있다. 그 밖에 교류정류자 모터라는 것도 있지만 교류모터 중에서는 조금은 이색적인 존재라고 할 수 있다. 그저 교류모터라고 하면 유도모터와 동기모터를 말하는 것이 대부분이다.

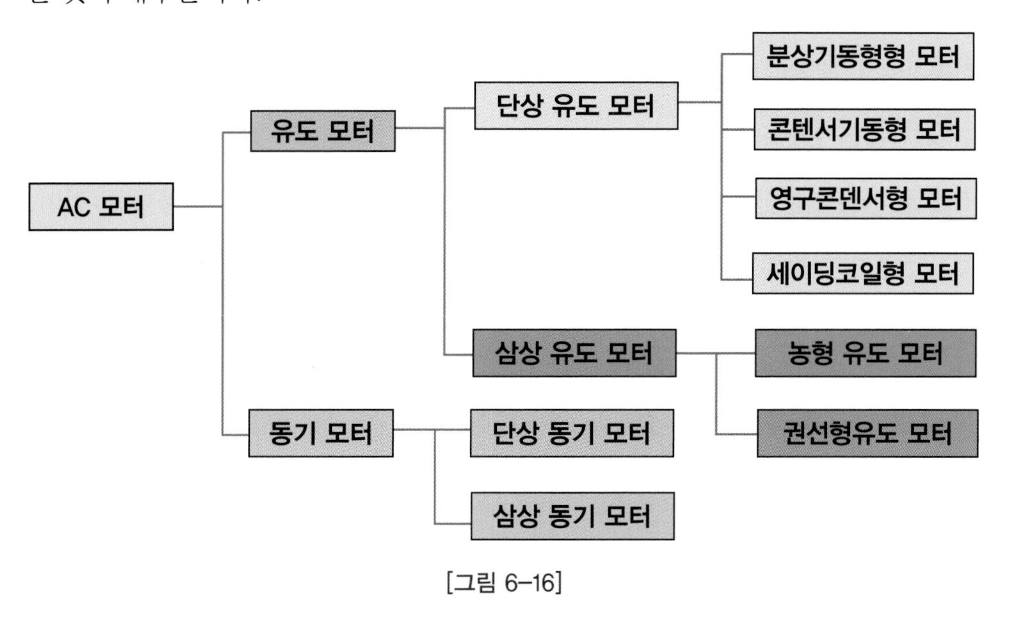

[그림 6-16]

1) 회전원리에 의한 분류

유도모터와 동기모터는 모두 고정자가 자계를 회전시킴으로써 회전자에 영향을 주어 회전시킨다. 이 회전하는 자계를 회전자계라고 하고 회전 원리로 회전자계를 이용하고 있는 모터를 회전자계형 모터라고 한다. 한편 교류정류자 모터는 직류정류자 모터와 같은 회전원리를 이용하는 정류자형 모터이다.

2) 유도모터와 동기모터

회전자계형 모터에는 유도모터와 동기모터가 있다. 간단히 설명하면 유도모터는 고정자(stator)의 회전자계에 의해 회전자에 유도전류를 발생시켜 그 유도전류의 전자력에 의해 회전한다. 동기모터는 고정자의 회전자계에 의한 자기의 흡인력과 반발력으로 회전자가 회전한다. 유도모터나 동기모터의 회전자에는 여러 가지 구조의 회전자가 있어서 그 회전자의 종류에 따라보다 상세히 분류된다.

3) 동기모터와 비(非)동기모터

회전자계의 자계의 회전속도는 전원주파수와 고정자의 자극의 수에 의해 결정된다. 이 회전속도를 동기속도나 동기회전수라고 한다. 동기모터의 명칭은 동기속도로 회전하는 것에서 유래되었다. 반면에 유도모터는 동기속도로 회전하지 않기 때문에 비동기모터라고 한다. 그러나 유도모터도 회전자계를 이용하므로 동기속도와 전혀 관계가 없지는 않고 동기속도의 영향을받는다. 교류정류자 모터는 비동기모터로 분류된다. 단지 같은 비동기모터라도 유도모터는 동기속도의 영향을 받지만 교류정류자 모터의 회전속도와 전원주파수에는 전혀 관계가 없다.

4) 삼상교류 모터와 단상교류 모터

교류모터는 전원으로 삼상교류를 이용하는 것과 단상교류를 이용하는 것이 있다. 일반적으로는 회전원리까지 포함하여 삼상유도 모터, 단상유도 모터, 삼상동기 모터, 단상동기 모터라고 한다. 정확히는 삼상교류유도 모터와 같이 교류의 단어를 사용해야 하지만, 삼상이나 단상 자체가 교류를 의미하는 것이고 유도모터나 동기모터는 반드시 교류모터이므로 보통 교류는 생략한다.

5) 교류정류자 모터

삼상교류를 이용하는 것 등, 교류정류자 모터에는 여러 가지 구조인 것이 있지만 일반적으로 사용되어지는 것은 단상교류정류자 모터이다. 단순히 교류정류자 모터라고 하면 이것을 가리키는 것이 대부분이다. 그 중에서도 단상직권정류자 모터가 주로 사용된다.

6) 리버서블 모터 Reversible Motor

리버서블는 인덕션 모터의 일종이며 우회전, 좌회전 어느 방향으로도 같은 특성이 얻어지는 모터이다. 특히 정회전, 역회전 전용으로 만들어진 모터를 가리킨다.

7) 유니버설 모터 Universal Motor

유니버설 모터(Universal Motor)는 직류나 교류로 회전시킬 수 있는 정류자 모터를 말한다. 유니버설이라는 말은 "여러가지 목적에 사용되는 만능"이라는 뜻이며 이 모터를 직류나 교류로 사용할 수 있기 때문에 이 명칭으로 불려지고 있다.

이 모터의 구조는 직류 직권모터와 같으며 스테이터 코일과 로터 코일에 동일 전류를 흐르게 하며 회전력을 발생시킨다.

(나) 유도모터 Induction Motor

유도모터는 변압기의 구조와 완전히 동일하며 1차 측과 2차 측이 분리된 형태로서 3상 유도모터가 먼저 상용화 되었고, 후에 일반 단상유도모터가 상용화되었다. 유도모터는 회전자에 전류를 유도시킨다.

회전자는 권선 또는 다람쥐 쳇바퀴 처럼 생긴(농형) 형태의 회전자로 회전자에는 자석도 없고, 따로 외부에서 전원을 공급해 주지 않지만, 고정자의 자장 변화에 의하여 전류유도(전자유도작용/회전자에 역기전력 발생)작용으로 발전기와 같은 역할이 되어서, 회전자도 자성체가되어 회전력이 발생한다.

하지만 실제 모터에서 사용되는 전기의 주파수에 따른 코일의 리액턴스 등의 요인으로 공간 고조파(harmonics)가 생기며, 고조파가 크면 모터의 소음과 진동이 커지고, 이로 인하여 에너지 손실이 발생한다. 고조파를 방지하기 위해 '스큐(skew)' 라는 방식으로 슬롯의 각도를 비틀어 고조파의 유입을 방지(고조파가 서로 상쇄 됨)한다.

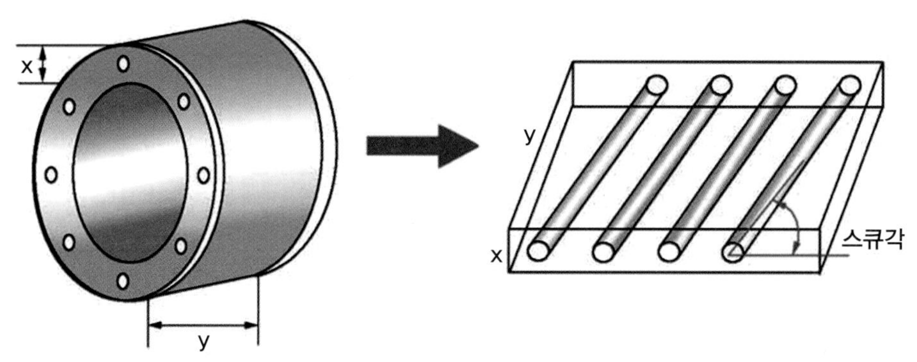

[그림 6-17] 스큐(skew)

(다) 유도모터의 회전 원리

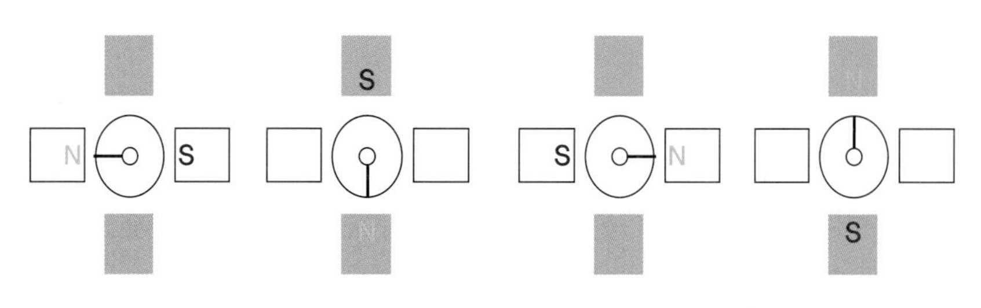

[그림 6-17] 유도모터의 회전 원리

① 자석을 회전시켜 주면, 회전자도 자석과 같은 방향으로 회전(따라감)한다.

② 자석의 회전을 정지시키면 회전자도 정지하고 자석을 역방향으로 돌리면 회전자

도 역방향으로 돌게 된다.

③ 다음에 회전자에서 생긴 유도전류와 자석의 자계 사이에 이번에는 플레밍의 왼손 법칙에 따른 전자력이 발생한다. 이 전자력의 방향은 자석의 회전 방향과 일치한다.

④ 회전자도 자석의 회전에 따라가듯이 회전하며 이것이 유도모터의 원리이다.

(라) 슬립slip 제어

구동 모터 계자의 회전 자기장의 속도는 회전자(rotor)의 회전속도보다 항상 빠르며, 구동 모터가 정지한 상태에서 기동하는 과정에서는 회전 자기장과 로터의 상대적인 속도 차이가 가장 크다. 이때 로터에 유도되는 전류가 가장 크며, 로터의 회전속도가 가속되면서 최고속도에서 동기속도에 가까워진다. 이처럼 회전 자기장의 속도(동기속도)와 실제로 로터와의 속도 차이를 슬립(slip)이라고 한다. 슬립을 제어하면 저속 운전 시 손실이 커지게 된다.

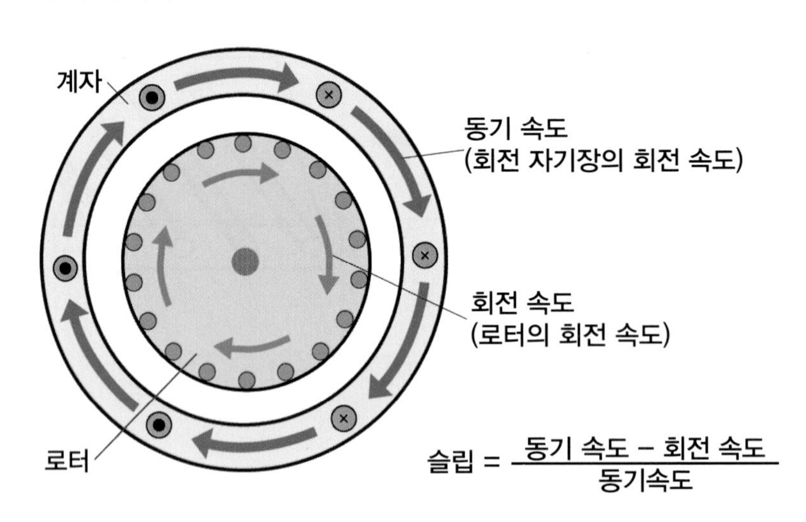

[그림 6-19] 구동 모터 슬립(slip)

(마) 단상 유도 모터 single phase induction motor

① 단상 교류는 쉽게 구할 수 있는 전원으로 가정용과 산업용으로 많이 사용한다.

② 자력 기동을 할 수 없으므로, 별도의 기동권선(start winding)이 필요하다. 즉 운전권선(run winding)과 기동권선이 있다.

③ 대개 1 - 2 hp 정도의 모터에 사용한다.

(바) 삼상 유도 모터 three phase induction motor

삼상유도모터는 고정자코일에 삼상교류를 흐르게 하여 회전자계를 발생시키면 회전자가 회전한다. 이 때 회전자의 회전속도는 회전자계의 동기속도보다 느릴 필요가 있다. 만일, 회전자의회전속도와 동기속도가 같다고 하면, 회전자에 대하여 자계가 이동하지 않게 된다. 이렇게 되면유도전류가 발생하지 않으므로 회전자가 회전할 리가 없다. 그 결과 회전자의 회전속도는 동기속도보다 반드시 느리게 된다. 이 속도차이에 의해서 유도전류가 발생하는 것이다.

유도모터에서 회전자의 회전속도가 동기속도보다 늦은 상태를 회전자에 미끄럼이 생기고 있다고 말한다. 미끄럼의 정도는 동기속도와 속도차의 비율로 표시하는 것이 일반적이지만 이 수치에 100을 곱한 백분율(%)로 표시하기도 한다.

모터의 보통 운전 상태에서는 미끄럼은 0보다 크고 1보다 작은 범위에 있다. 미끄럼이 1이란것은 모터가 정지하고 있는 상태이다. 무부하 상태로 운전하고 있을 때는 미끄럼은 0에 근접해간다. 이와 같이 유도모터는 동기속도로 회전하지 않으므로 비동기 모터로 분류된다.

① 3상을 사용하는 이유(단상과 비교)

각상의 위상차가 120°로 벡터 합성하면 0°가되는데, 6가닥 중 3가닥은 공통으로 묶고 3가닥으로 전원공급을 한다. 단상과 비교하면 발전기 모터 변압기 크기가 10% 정도 작아지고 효율은 증가한다.

② 3상 모터 장점(단상과 비교)

회전자계를 얻기 쉽고 구조가 간단하고 같은 출력, 전압, 규격의 모터를 비교하면 크기는 작아지고 효율이 증가하며 가격 저렴 하고 기동력 증가 및 구조가 간단하며 정·역회전 제어가 쉽다. 단상모터는 2마력 이하용으로 주로 사용하고 3상 모터는 그 이상을 사용한다.

③ 삼상 유도모터의 종류 및 특징

가) 농형(쳇바퀴모양) squirrel cage induction motor

회전자는 구리나 알루미늄 환봉을 도체 철심 속에 넣어서 그 양쪽 끝을 원형 측판(shorting ring)에 의해서 단락시킨 것으로, 그 모양이 마치 다람쥐 쳇바퀴처럼 생겼다하여 squirrel cage라고 함. 회전자의 구조가 간단하고 튼튼하며 운전 성능이 좋으므로 건축설비에 쓰이는 대부분의 삼상 모터는 농형이다. 기동시에 큰 기동전류(전부하 전류의 500~650 %)가 흐르는 것이 단점이며, 이 단점 때문에 권선이 타기 쉽고 공급전원에 나쁜 영향을 끼친다. 기동 토크는 전부하 토크의 100~150 % 정도이다.

나) 권선형 유도 모터 wound-rotor induction motor

회전자에도 3상의 권선을 감고(대개 wye 결선), 각각의 단자를 Slip Ring을 통해서 저항기에 연결한다. 저항기의 저항치를 가감하여 광범위하게 기동특성을 바꿀 수 있다. 회전자 권선으로 인하여 농형보다 구조가 복잡하다. 기동전류는 전부하 전류의 100~150 % 정도이고, 기동토크는 전부하 토크의 100~150 % 정도이므로, 상대적으로 적은 전원 용량에서 큰 기동 토크를 얻을 수 있다. 기동이 빈번하여 농형으로는 열적으로 부적합한 경우 및 대용량에 많이 사용한다.

3. 동기모터의 구조 및 작동원리

(1) 작동 원리

회전축을 구비한 영구자석의 주위에 별도의 영구자석을 회전시킨다면 중앙의 자석이 회전한다. 자기의 흡인력에 의해 회전하는 것은 누구든 쉽게 상상할 수 있을 것이다. 내측의 영구자석을 회전자, 외측 자계의 회전을 회전자계로 한 것이 동기모터이다. 회전자계를 뒤따라서 회전자가 회전한다. 유도모터와 같은 미끄럼은 생기지 않는다.

동기모터는 이러한 원리로 회전하기 때문에 회전자계의 회전속도와 회전자의 회전속도가 동기한다. 그래서 동기모터(싱크로나이즈 모터)라 한다. 정속성이 동기모터의 특징이다. 고정자를 전기자라고 하고 회전자의 자계를 계자라고 한다(직류정류자 모터와는 전기자와 계자의 관계가 반대로 된다).

1) BLDC모터와 동일구조 이다.

2) 고정자에 전류가 공급, 회전자는 영구자석을 사용한다.

3) 구동 시스템이 복잡하나 큰 힘을 낼 수 있기에 세탁기 등에 사용.

4) 브러시와 정류자가 없기 때문에 수명이 길다.

(2) 영구자석 동기모터

영구자석형 동기모터는 마그네트형 동기모터나 PM(permanent magnet)형 동기모터라고도 하고 생략해서 PM 모터라고도 한다. 계자에 전력이 필요 하지 않으므로 작은 전류로 큰 토크를 얻을 수 있다. 같은 교류모터인 케이지형 유도모터와 비교해보면 효율과 역률이 모두 높고 모터의 소형화가 가능하다. 영구자석을 이용하기때문에 출력에는 한계가 있지만 희토류자석을이용하면 출력을 상당히 높일 수도 있다. 원래 영구자석형은 구조가 간단하므로 비용이 들지 않고 대량생산에 용이하다. 보수가 필요 없고 수명도 길고 여러 가지의 장점이 많다.

약점은 전원에 연결하는 것만으로는 시동할 수 없다는 것과 회전속도의 제어가 어려운 점이다. 그러나 인버터 등의 가변주파수 전원을 채용한다면 이들의 약점은 해소된다. 인버터의 고 기능화나 저 비용이 진행되었기 때문에 종래는 유도모터가 채용되던 용도에 영구자석형 동기모터가 채용되는 예가 증가하고 있다. 이렇게 구동회로에 의한 반도체제어를 전제로 한 모터로서 사용되는 경우는 브러시리스 AC 모터(brushless AC motor)라고 한다.

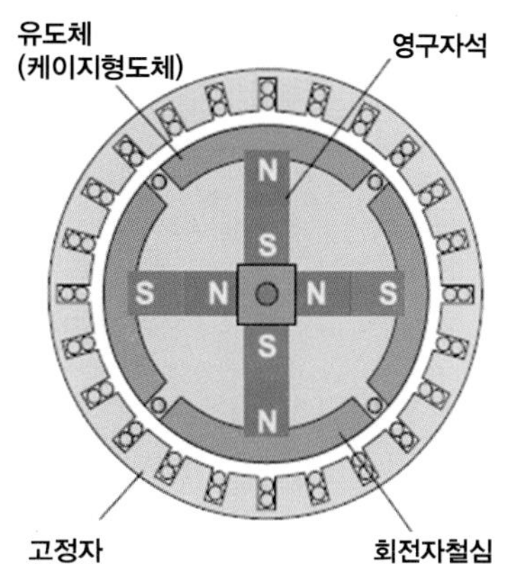

[그림 6-20]

발전기 및 제철소의 압연기 등의 일정한 속도를 요구하는데 많이 사용 하며 영구자석 동기 모터(PMSM: Permanent Magnetic Synchronous Motor)는 부하 또는 회선 전압의 변동에 관계없이 전원의 주파수와 동기화된 상태에서 고정 속도로 회전하므로 PMSM은 고정밀 고정 속도 드라이브에 이상적인 제품이다.

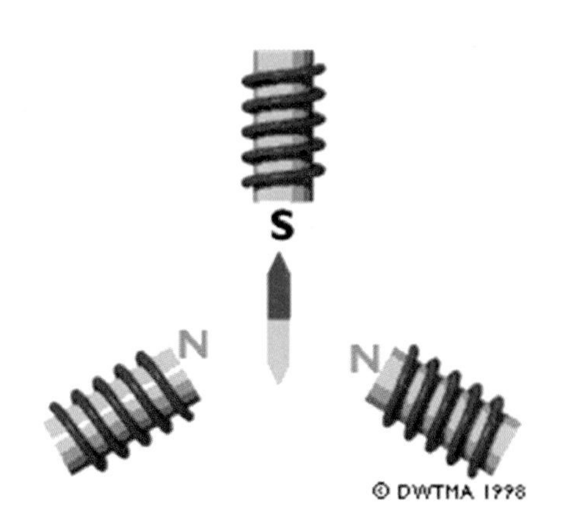

[그림 6-19] 3-Phase Motor Principles
출처: https://www.bing.com/images/search?view=detailV2&ccid

PMSM에는 여자권선이 필요하지 않으며, 로터가 고정자 자계와 같은 속도로 회전한다. 영구자석형 동기모터(PMSM)는 눈부시게 발전되어 종래의 소용량분야 뿐만 아니라 철도 차량용 등의 대용량의 분야에도 범위가 확대 사용되며 동기모터는 3상 대형 모터에 널리 사용된다. 고정자 쪽은 3상 유도모터와 동일한 구조로 보아도 되지만, 회전자는 직류에 여자 된 자극을 둔다.

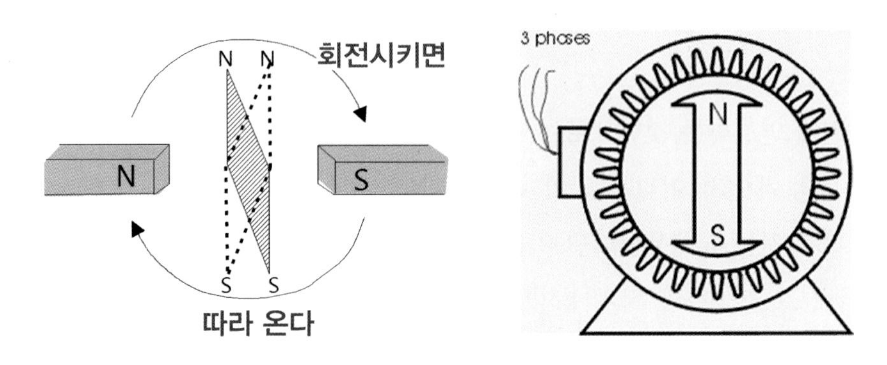

[그림 6-22] 동기모터 작동원리
https://blog.daum.net/exe-tr

(3) 브러시리스 AC모터

사인파 구동인 브러시리스 모터가 브러시리스 AC 모터(BLAC 모터)이다. 영구자석형 동기모터이지만 인버터에 의한 구동이 전제되므로 회전자에 시동을 위한 유도체가 구비될 필요는 없다. 회전자의 극수는 20극 정도까지 사용되고 고정자의 상수(相數)는 3상이 많고 집중권인 것도 분포권인 것도 있다.

사인파 구동에 의해 브러시리스 AC 모터는 브러시리스 DC 모터보다 토크변동을 억제할 수있고 원활한 회전이 된다. 그리고 회전자에 변화를 가해 리럭턴스 토크의 활용이 가능하게 되었고 발휘할 수 있는 토크량도 크게 할 수 있게 되었다.

브러시리스 모터에서는 회전자의 회전위치를 검출하지 않으면 정확한 구동을 할 수 없다. 특히 사인파 구동의 경우는 회전위치에 맞게 전압을 섬세히 변환해 갈 필요가 있으므로 회전위치정보의 높은 검출 정밀도가 요구된다. 브러시리스 DC 모터에서는 회전위치를 검출하는 센서에 일반적으로 홀소자가 사용되지만 홀소자의 검출 정도는 그다지 높지 않기 때문에 브러시리스AC 모터에서는 로터리 인코더(rotary encoder)나 리졸버(resolver)가 회전위치 센서로 사용된다.

홀소자의 경우 자극을 직접 검출할 필요성이 있으므로 모터에 센서가 내장되지만 로터리 인코더 등은 모터 밖에 장착된다. 단지 홀소자와 비교해서 로터리 인코더 등은 단가가 높다. 그러므로 회전속도 등에 그다지정밀도가 요구되지 않는 용도에서는 브러시리스 AC 모터에 홀소자가 채용되기도 한다. 이러한 경우는 홀소자에서의 자극의 위치 정보를 근거로 제어회로에서 회전위치를 추정한다.

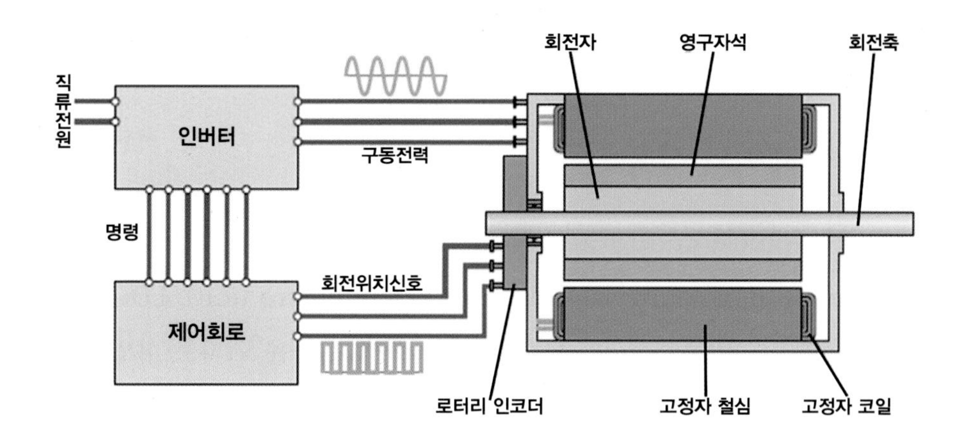

[그림 6-21] 브러시리스 AC 모터의 구조

CHAPTER

04 차량제어 (VCU) 제어시스템

1. 차량제어VCU 제어와 작동

차량제어(VCU: vehicle control unit)는 전기자동차 제어기의 가장 상위 개념의 컴퓨터로 MCU(motor control unit), BMU(battery management unit), LDC(low voltage DC-DC converter), OBC(on borad charger), 회생 제동용 액티브 유압 부스터 브레이크 시스템(AHB: active hydraulic booster), 계기판(cluster), 전자동 온도조절장치(FATC: full automatic temperature control) 등과 협조 제어를 통해 최적의 성능을 유지할 수 있도록 제어하는 기능을 수행한다.

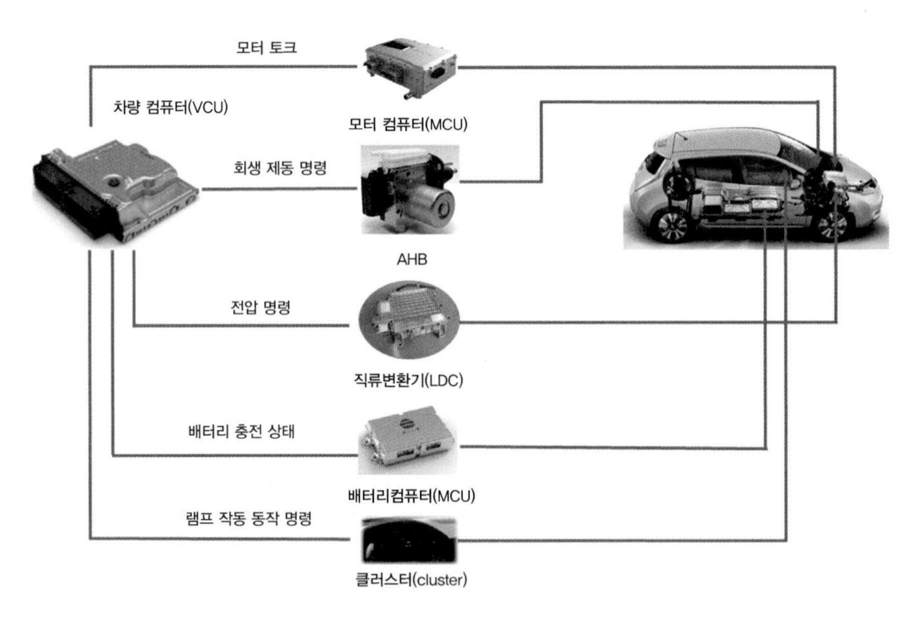

[그림 6-24] 차량제어(VCU) 제어 다이어그램

VCU(vehicle control unit)는 모든 제어기를 종합 제어하는 최상위 컴퓨터로 운전자의 요구를 반영하여 최적의 상태로 차량의 속도, 배터리 및 각종 제어기를 제어한다.

[표 6-4] 차량제어(VCU)의 주요 기능

주요 기능	상세 내용
구동 모터 토크 제어	배터리 가용 파워, 모터 가용 파워, 운전자 요구[APS(acceleration position sensor), Brake SW, Shift lever]를 고려한 모터 토크 지령 계산
회생 제동 제어	회생 제동을 위한 모터 충전 토크 지령 연산, 회생 제동 실행량 연산
공조 부하 제어	배터리 정보 및 FATC(full automation temperature control) 요청 파워를 이용하여 최종 FATC 허용 파워 전송
전장 부하 공급전원 제어	배터리 정보 및 차량 상태에 따른 LDC(low voltage DC-DC converter) On/Off 및 동작 모드 결정
Cluster 표시	구동 파워, 에너지 Flow, ECO level, Power down, Shift lever position, Service lamp 및 Ready lamp 점등
주행 가능 거리 DTE(Distance to Empty)	배터리 가용 에너지, 과거 주행 연비를 기반으로 차량의 주행 가능 거리 표시, AVN(audio video navigation)을 이용한 경로 설정 시 경로의 연비 추정을 통하여 DTE 표시 정확도 향상
예약/ 원격 충전 공조	TMU와 연동을 통해 Center · 스마트폰을 원격제어, 운전자의 작동 시 각 설정을 통한 예약기능 수행
아날로그 · 디지털 신호 처리 및 진단	APS(acceleration position sensor), Brake s/w, Shift lever, Air bag 전개 신호 처리 및 판단

2. 모터 제어기 입·출력 요소

MCU 등 각종 제어기를 구동시키기 위해서 보조배터리 전원과 차체 접지가 연결되어 있다, 따라서 보조배터리가 방전되었을 경우 제어 모듈들이 작동되지 못하기 때문에 구동 모터가 정상적으로 작동 될 수 없다.

MCU는 각 유닛(Unit)들과 정보공유를 위해 CAN 통신을 이용한다. VCU는 각종 차량 정보를 입력받아 모터 토크 요구 값과 컨트롤 모드 지정정보를 CAN 통신을 이용하여 MCU에서 전달한다.

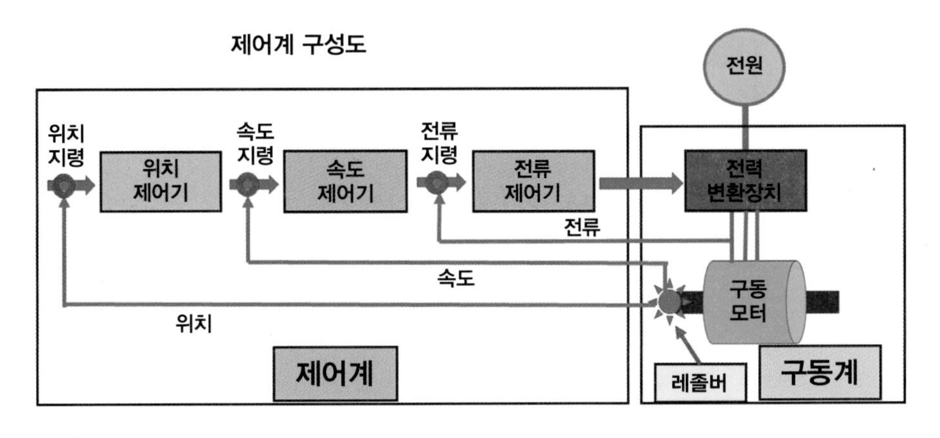

[그림 6-25] 모터구동시스템 직렬접속구조 (위치-속도-전류)형 제어기

(1) MCU(구동모터 제어시스템)

인버터는 차량제어유닛(VCU) 의 모터토크 지령계산을 위하여 모터 가용토크를 제공하고 VCU로부터 수신한 모터토크 지령을 구현하기 위하여 인버터 펄스폭 변조(PWM)신호를 생성한다.

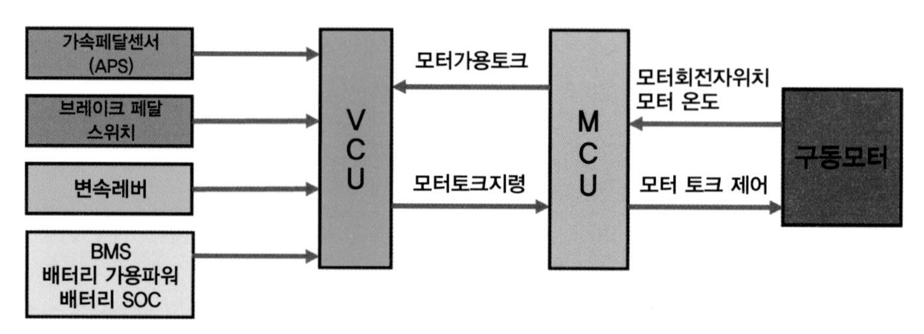

[그림 6-26] 모터 구동제어 흐름도

MCU(motor control unit)는 현재 구동 모터가 사용하는 토크와 사용 가능한 토크를 연산하여 VCU에 제공한다. VCU는 최종적으로 BMU와 MCU에서 받은 정보를 종합하여 구동 모터에 토크를 명령한다.

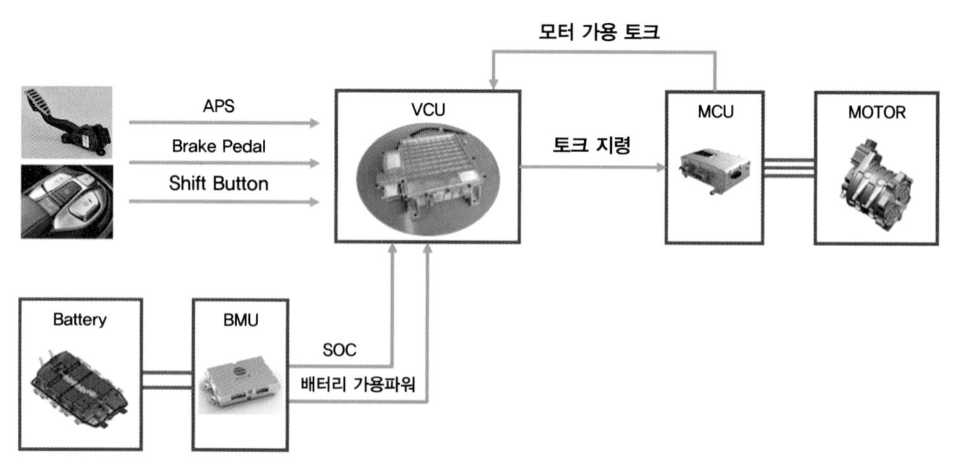

[그림 6-27] 구동 모터 제어 다이어그램(VCU-MCU-BMU)

[표 6-5] 구동 모터 토크 제어의 주요 제어기

제어기	제어 내용
VCU (vehicle control unit)	배터리 가용 파워, 구동 모터 가용 토크, 운전자 요구(APS, Brake SW, Shift Lever)를 고려한 구동 모터 토크의 지령을 계산하여 제어기를 제어한다.
BMU (battery management unit)	VCU가 구동 모터 토크의 지령을 계산하기 위한 배터리 가용 파워, SOC(state of charge) 정보를 제공 받아 고전압 배터리를 관리한다.
MCU (motor control unit)	VCU가 모터 토크의 지령을 계산하기 위한 모터 가용 토크 제공, VCU로부터 수신한 모터 토크의 지령을 구현하기 위해 인버터(Inverter)에 PWM 신호를 생성하여 모터를 최적으로 구동한다.

(2) 회생 제동제어(AHB)

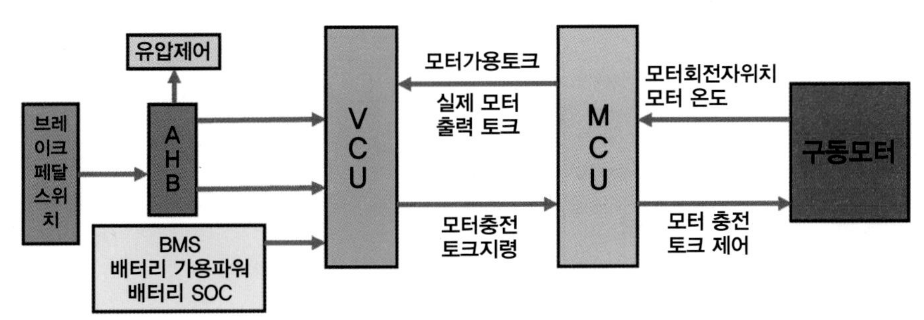

[그림 6-28] 회생 제동 제어 흐름도

AHB(active hydraulic booster) 시스템은 운전자의 요구 제동량을 BPS(brake pedal sensor)로부터 받아 연산하여 이를 유압 제동량과 회생 제동 요청량으로 분배한다. VCU는 각각의 컴퓨터 즉 AHB, MCU, BMU와 정보 교환을 통해 구동 모터의 회생 제동 실행량을 연산하여 MCU에 최종 구동 모터 토크('-'토크)를 제어한다. AHB 시스템은 회생 제동 실행량을 VCU로부터 받아 유압 제동량을 결정하고 유압을 제어한다.

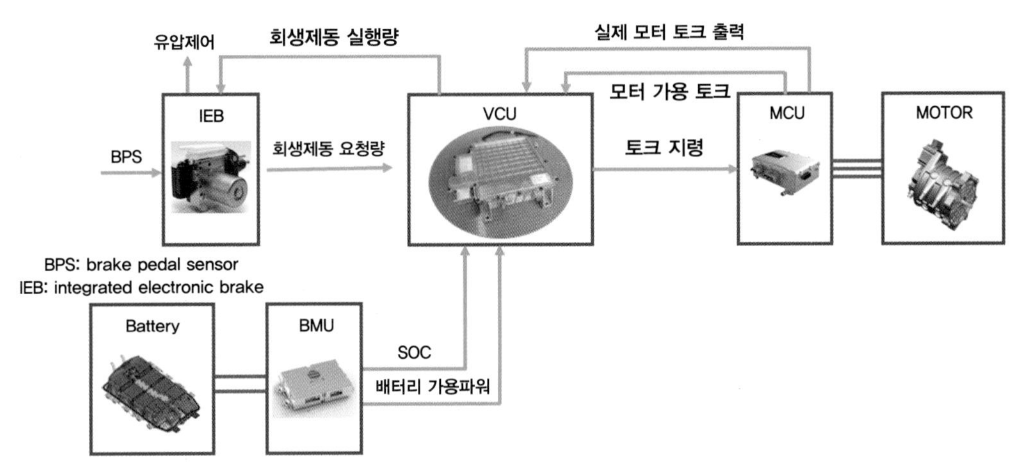

[그림 6-29] 회생 제동 제어 다이어그램(VCU-IEB-MCU-BMU)

[표 6-6] 회생 제동 제어의 주요 제어기

제어기	제어 내용
AHB (active hydraulic booster)	BPS 값으로 구한 운전자의 요구 제동 연산 값으로 유압 제동량과 회생 제동 요청량으로 분배하며, VCU로부터 회생 제동 실행량을 모니터링 하여 유압 제동량을 보정한다.
VCU (vehicle control unit)	AHB의 회생 제동 요청량, BMU의 배터리 가용 파워 및 모터 가용 토크를 고려하여 회생 제동 실행량을 제어한다.
BMU (battery management unit)	고전압 배터리 가용 파워 및 SOC 정보를 제공한다.
MCU (motor control unit)	모터 가용 토크, 실제 모터의 출력 토크와 VCU로 부터 수신한 모터 토크 지령을 구현하기 위해 인버터 PWM 신호를 생성하여 모터를 제어한다.

(3) 차량제어유닛

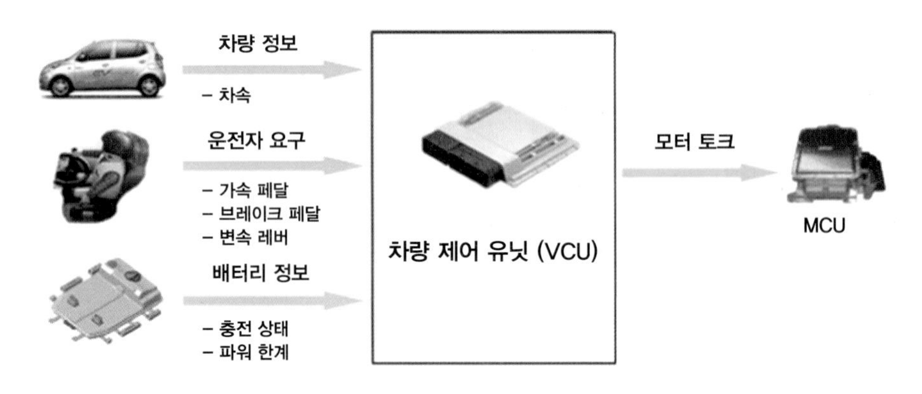

[그림 6-30] 차량 제어 유닛 흐름도 등가회로

BMU는 고전압 배터리의 전압, 전류, 온도, 배터리의 가용 에너지율 (SOC, State Of Charge) 값으로 현재의 고전압 배터리 가용 파워를 VCU 에게 전달하며, VCU는 BMU에서 받은 정보를 기본으로 하여 운전자의 요구(APS, Brake S/W, Shift Lever)에 적합한 모터의 명령 토크를 계산한다.

더불어 MCU는 현재 모터가 사용하고 있는 토크와 사용 가능한 토크를 연산하여 VCU에 제공한다. VCU는 최종적으로 BMU와 MCU에서 받은 정보를 종합하여 구동 모터에 토크를 명령한다.

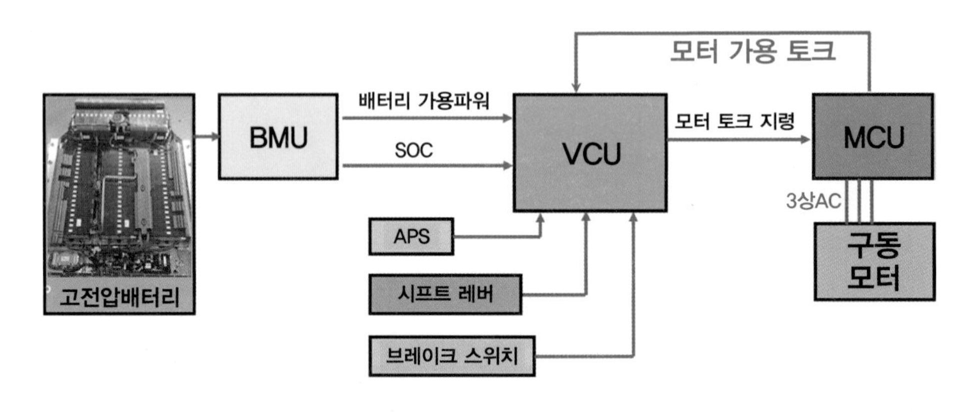

[그림 6-30] 토크제어 흐름도

MCU는 VCU로부터 컨트롤 모드 지정정보와 요구받은 모터 토크를 만들기 위해 모터 전류제어를 시작하고 모터 및 내부의 각종 센서를 이용하여 MCU 및 모터 상태에 대한 모니터링 정보를 CAN BUS를 통해 공유한다. MCU는 섀시CAN을 통하여 고전압 시스템 냉각을 위하여 전동식 워터펌프(EWP)와 통신한다. 구동 모터와 연결된 오렌지 색상의 고전압 케이블은 주행 조건에 따라 충전과 방전이 이루어지며 각각의 케이블은 배선의 단선/단락을 감지하여 고장 코드가 지원된다. 또한 구동 모터와 회전자 위치 센서(레졸버) 및 온도 센서 관련 회로가 MCU로 연결되어 있다.

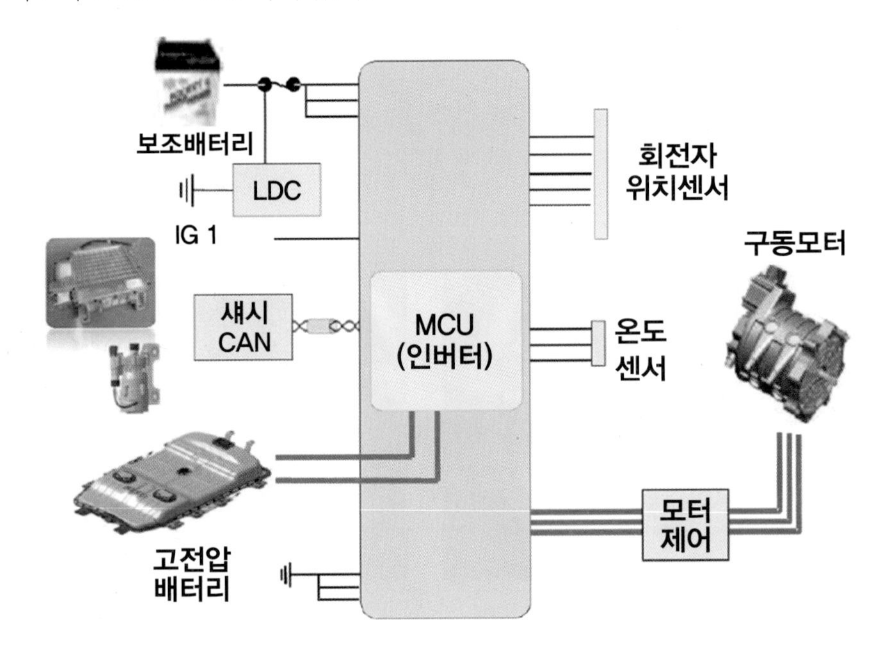

[그림 6-31] 모터제어기 입 · 출력요소

(가) 온도 센서

모터의 온도 센서는 모터 코일의 온도를 측정하여 모터제어에 활용된다. 모터가 과열되면 모터 내부 코일의 변형 및 성능저하가 발생하여 모터의 성능에 큰 영향을 미친다. 이를 방지하기 위하여 모터 내부에 온도 센서를 장착하여 모터 온도에 따라 모터 토크를 제어한다. 모터의 온도 센서는 내부에 장착되어 단품 확인이 불가능하며 센서는 신호선, 접지선, 쉴드선으로 구성된다.

[그림 6-33] 모터 온도 센서

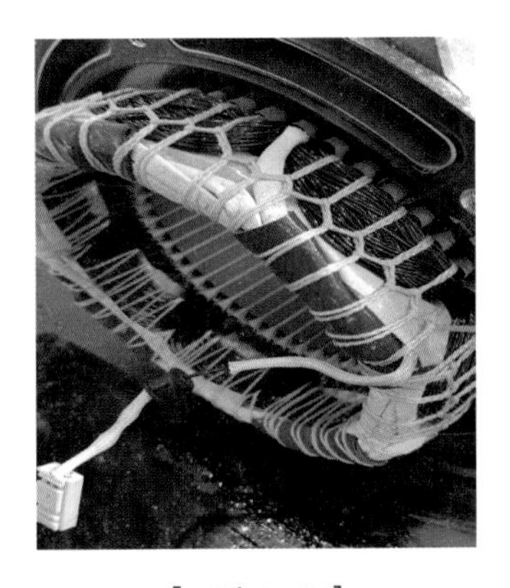

[그림 6-34]

(나) 회전자 센서(레졸버)

회전자 센서는 모터의 회전자의 절대위치를 검출하는 센서로 "레졸버"라고도 부른다 MCU가 구동 모터를 효율적으로 제어하기 위해서는 모터 회전자의 절대위치를 정확히 알고 있어야 한다. 엔진 시스템에서 CMP센서를 이용하여 정확한 캠축의 위치를 파악하는 것은 상사점에서 점화를 시켜 엔진으로부터 가장 큰 힘을 얻고자 함이다. MCU도 구동 모터를 가장 큰 힘으로 제어하기 위하여 회전자의 위치를 정확히 알아야 한다.

[그림 6-35] 레졸버

[그림 6-36]

(4) 공조 부하 제어

전자동 온도 조절 장치인 FATC(full automatic temperature control)는 운전자의 냉·난방 요구 시 차량 실내 온도와 외기 온도 정보를 종합하여 냉·난방 파워를 VCU(vehicle control unit)에게 요청하며, FATC는 VCU가 허용하는 범위 내의 전력으로 에어컨 컴프레서와 PTC 히터를 제어한다.

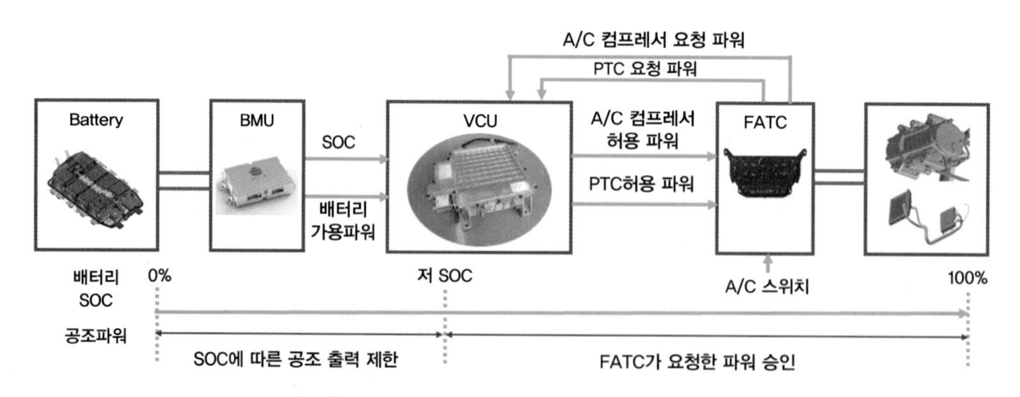

[그림 6-37] 공조 부하 제어 다이어그램(FATC-BMU-VCU)

[표 6-7] 공조 부하 제어

제어기	제어 내용
FATC(full automatic temperature control)	에어컨 스위치 정보를 이용하여 운전자의 냉난방 요구 및 PTC 작동 요청 신호를 VCU에 송신하며, VCU는 허용 파워 범위 내에서 공조 부하를 제어한다.
BMU (battery management unit)	배터리 가용 파워 및 SOC(state of charge) 정보를 제공한다.
VCU (vehicle control unit)	배터리 정보 및 FATC 요청 파워를 이용하여 FATC에 허용 파워를 송신한다.

(5) 전장 부하 전원공급 제어

VCU(vehicle control unit)는 BMU(battery management unit)와 정보 교환을 통해 전장 부하의 전원공급 제어 값을 결정하며, 운전자의 요구 토크 양의 정보와 회생 제동량, 변속 레버의 위치에 따른 주행 상태를 종합적으로 판단하여 LDC(low voltage DC-DC converter)에 충·방전 명령을 보낸다. LDC는 VCU에서 받은 명령을 기본으로 보조배터리에 충전 전압과 전류를 결정하여 제어한다.

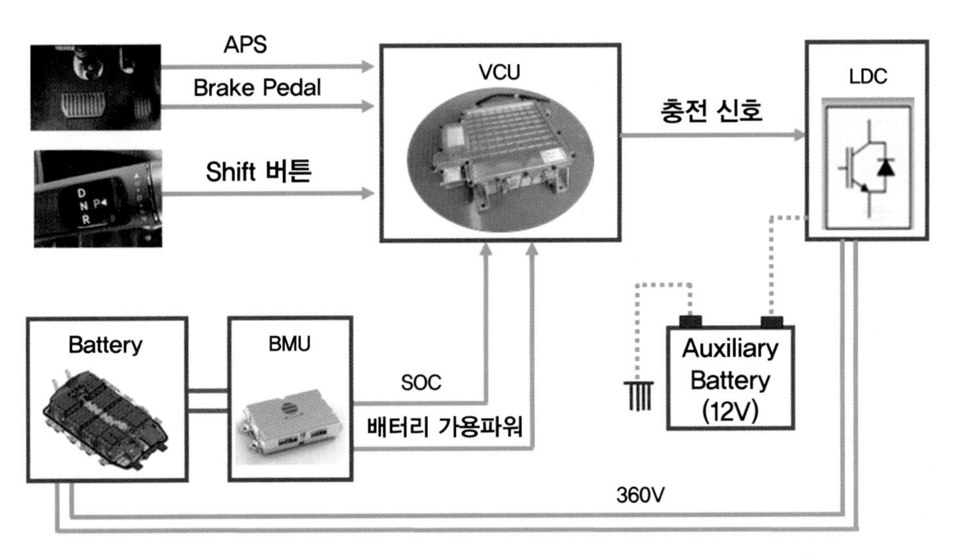

[그림 6-38] 전장 부하 전원공급 제어 다이어그램(BMU-VCU-LDC)

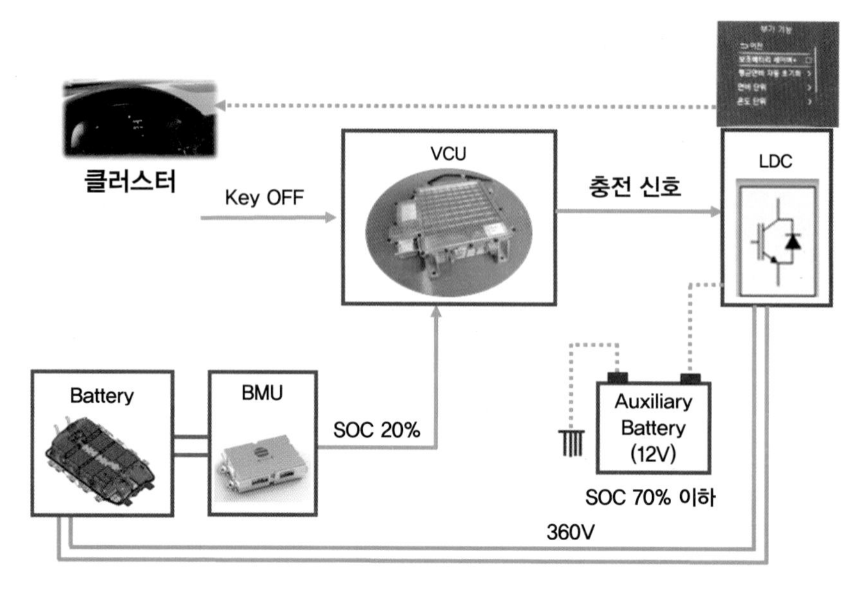

[그림 6-39] 보조배터리(12V) 보충 전 다이어그램

[표 6-8] 회생 제동 제어의 주요 제어기

제어기	제어 내용
BMU (battery management unit)	배터리 가용 파워 및 SOC(state of charge) 정보를 제공한다.
BMU (battery management unit)	배터리 정보 및 차량 상태에 따른 LDC의 ON/OFF 동작 모드를 결정한다.
LDC (low voltage DC-DC converter)	VCU의 명령에 따라 고전압을 저전압으로 변환하여 차량의 전장 계통에 전원을 공급한다.

(6) 차량 시동 회로(READY)

전기자동차의 시동은 안전을 위해 변속 레버를 "P"에 위치하고, 브레이크 페달을 밟은 상태에서 시동 버튼을 누르면 SKM(smart key)이 스마트 키 인증을 진행한다. SSB(smart starter button)을 누르면 시동 전원 12V를 출력하고, 시동 퓨즈로 흘러 VCU(vehicle control unit)로 입력되면 PE(power elecric)회로가 정상이면 "READY" 램프를 점등한다. 차량은 주행이 가능한 대기 상태로 진입하고, 회로에 문제가 발생하여 start feedback 신호가 입력되지 않으면 즉시 시동 출력을 중지한다.

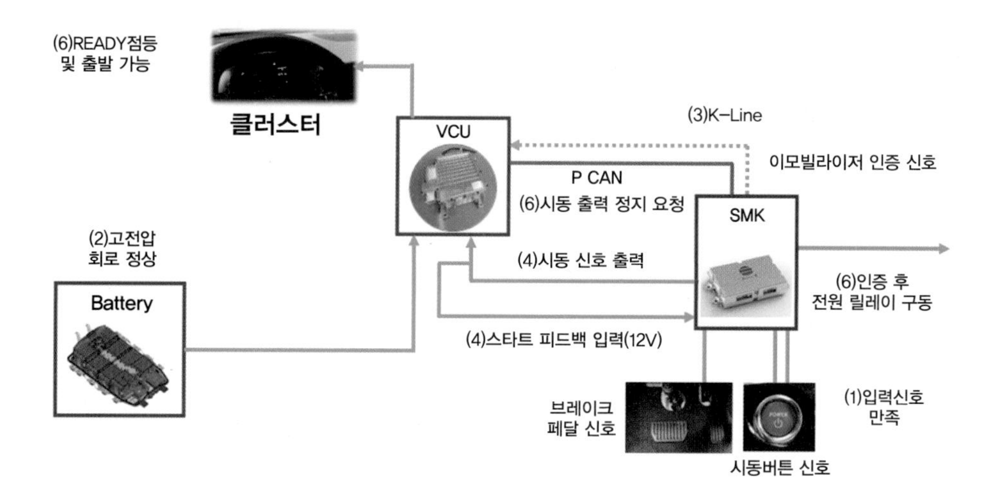

[그림 6-40] 차량 시동 회로 다이어그램

(7) 클러스터 제어

VCU(vehicle control unit)와 BMU(battery management unit)는 하위 제어기로부터 받은 모든 정보를 종합적으로 판단하여 운전자가 쉽게 알 수 있도록 클러스터 램프 점등을 제어한다. 시동키를 ON 하면 차량 주행 가능 상황을 판단하여 'READY' 램프를 점등하도록 클러스터에 명령을 내려 주행 준비가 되었음을 표시한다.

[그림 6-41] 클러스터 제어

[표 6-9] 주행가능 거리(DTE) 연산제어기

제어기	제어 내용
VCU (vehicle control unit)	BPS 값으로 구한 운전자의 요구 제동 연산 값으로 유압 제동량과 회생 제동 요청량으로 분배하며, VCU로부터 회생 제동 실행량을 모니터링 하여 유압 제동량을 보정한다.
BMU (battery management unit)	AHB의 회생 제동 요청량, BMU의 배터리 가용 파워 및 모터 가용 토크를 고려하여 회생 제동 실행량을 제어한다.
AVN (audio video navigation)	고전압 배터리 가용 파워 및 SOC 정보를 제공한다.
cluster	모터 가용 토크, 실제 모터의 출력 토크와 VCU로 부터 수신한 모터 토크 지령을 구현하기 위해 인버터 PWM 신호를 생성하여 모터를 제어한다.

3. 차량제어 VCU 의 자기진단

1) 운전석 실내 퓨즈 박스 커버를 제거하고, 진단기의 케이블을 진단 커넥터에 연결한다.

[그림 6-42] 운전석 퓨즈 커버 탈거 후 자기진단 케이블 연결

(2) 시동 버튼 ON 또는 브레이크 페달을 밟고, 시동 버튼을 ST에 위치하여 "READY " 상태로 한다.

[그림 6-43] 브레이크 페달 ON, 시동 버튼 ON

3) 진단 장비에 전원을 ON하고, 진단 프로그램을 작동한다.

4) 차량의 제조회사를 선택한다.

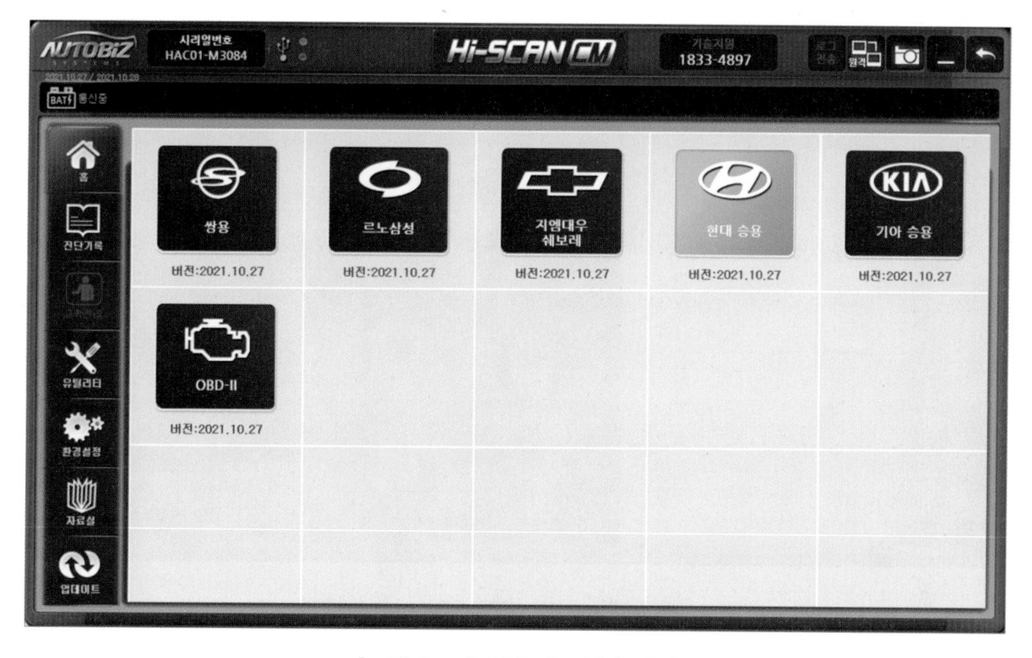

[그림 6-44] 차량 제조회사 선택

5) 차량의 모델과 년식을 선택한다.

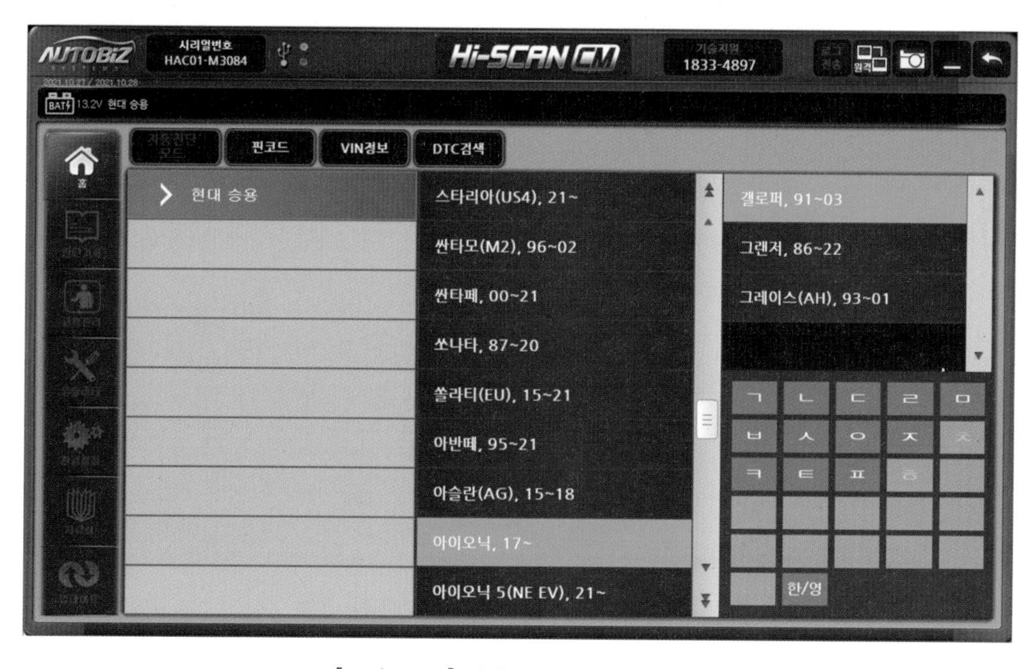

[그림 6-45] 차량 모델이나 년식 선택

6) 진단 항목의 “VCU LDC”를 선택한다.

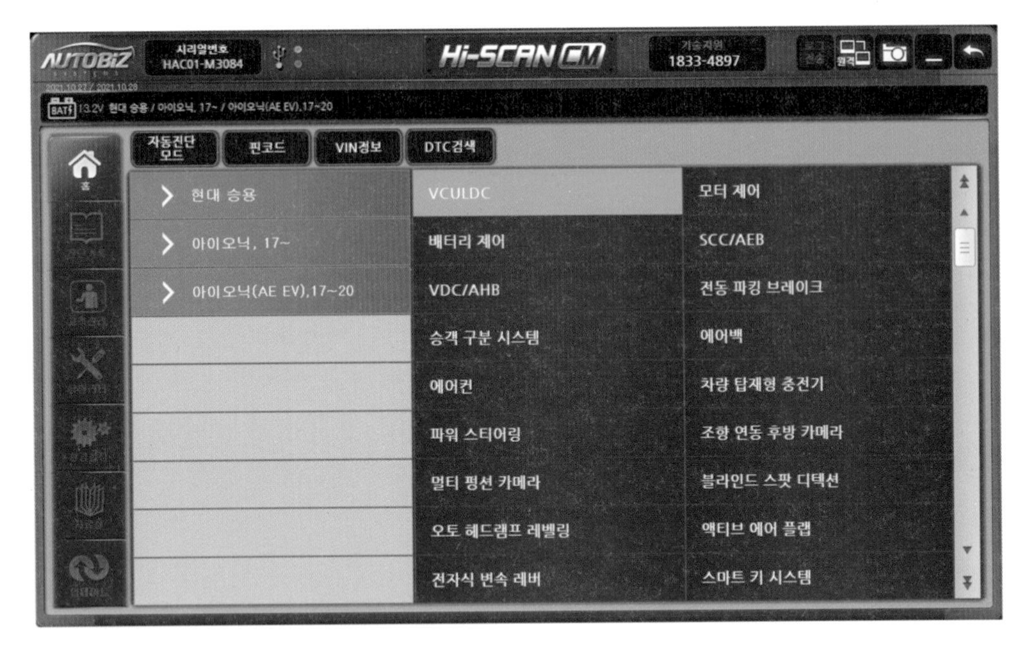

[그림 6-46] 차량 제어(VCULDC) 선택

7) VCU의 “진단 시작(OBD2 16핀)”을 선택한다.

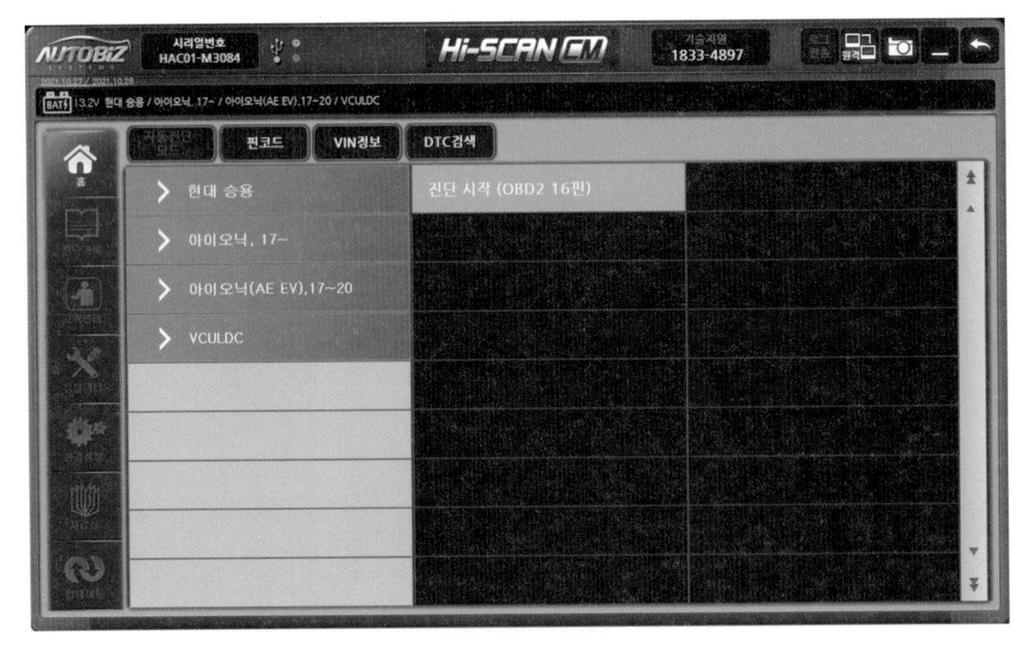

[그림 6-47] 차량 진단 시작(OBD2 16핀) 선택

8) 클러스터의 경고등이 점등되는 경우 고장 항목을 확인하기 위하여 "고장진단"을 선택한다.

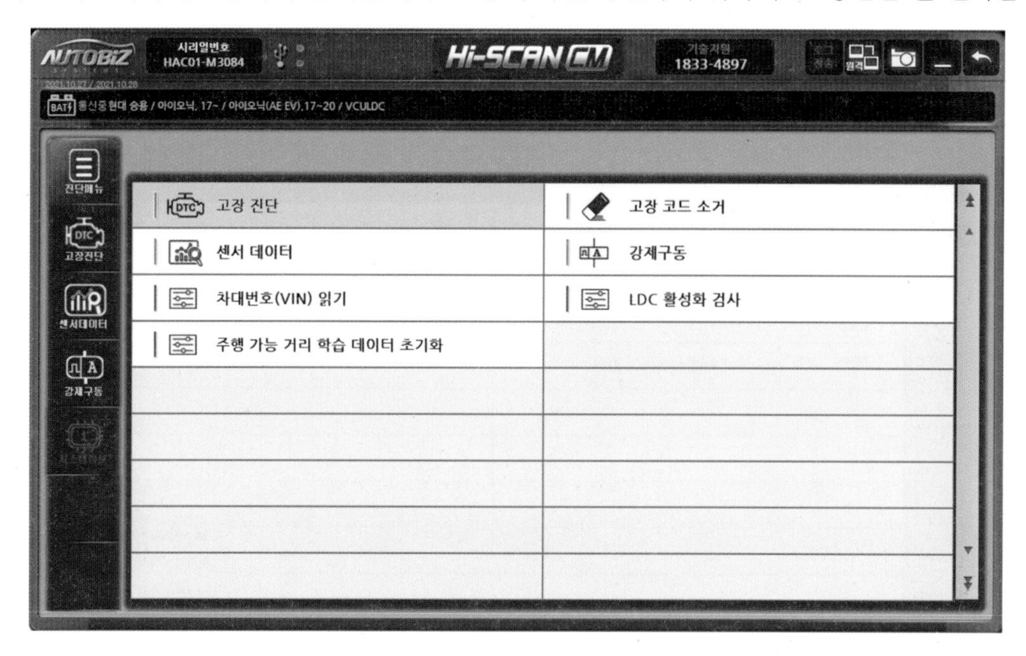

[그림 6-48] 차량 고장진단 선택

9) 고장 항목이 있는 경우 고장 코드(DCT), 고장 내용, 고장상태를 확인할 수 있다.

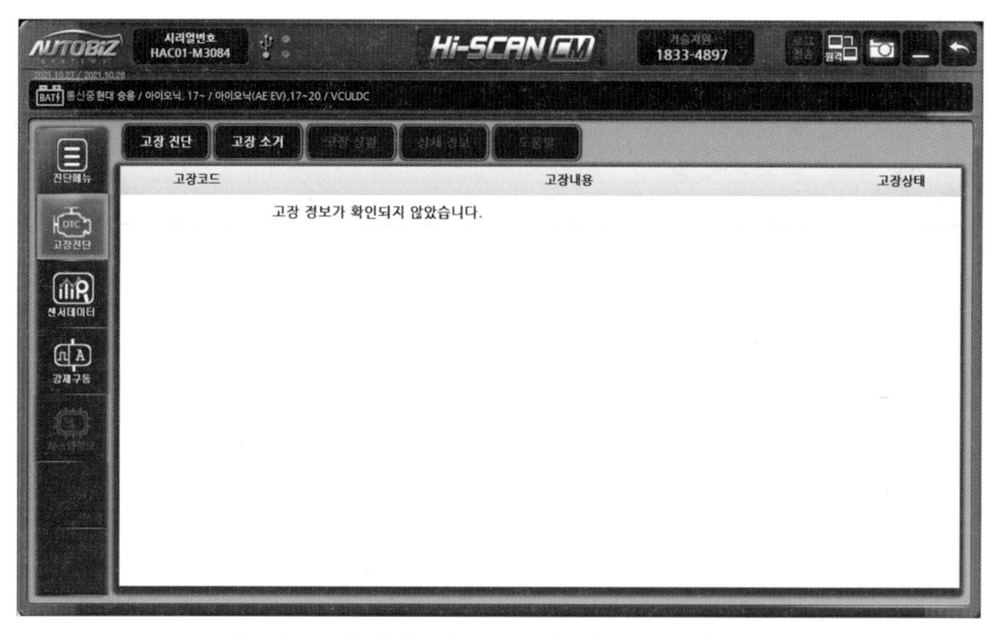

[그림 6-49] 차량 고장코드, 고장 내용, 고장상태 확인

10) 고장 코드(DCT)의 고장 내용을 확인하기 위해 “센서 데이터”를 선택한다.

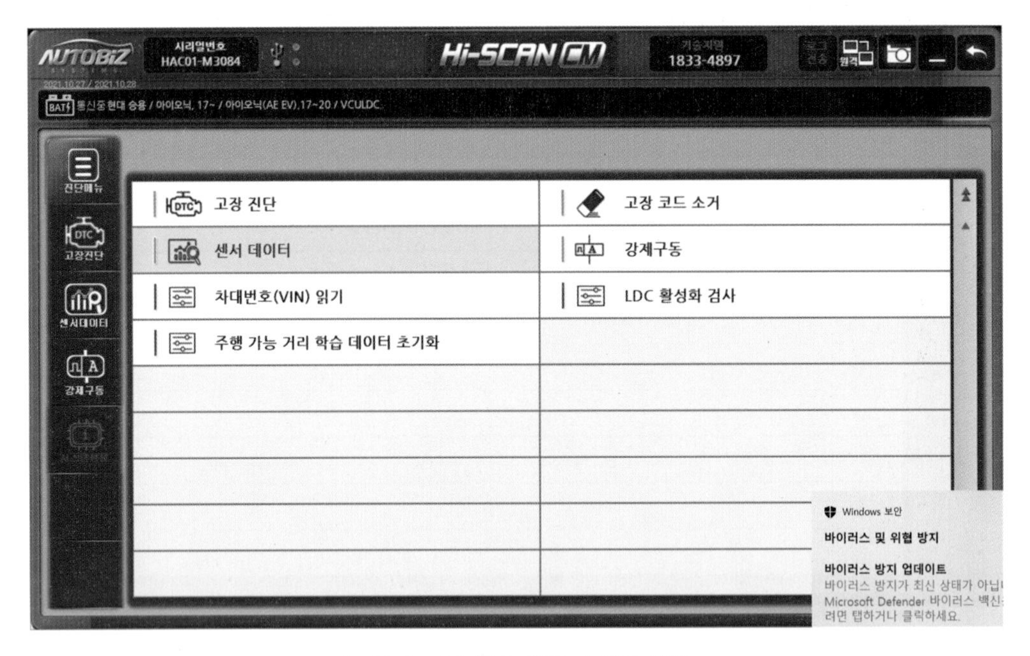

[그림 6-50] 차량 센서 데이터 선택

11) VCU의 입력 신호로 센서 데이터를 통해 실제 고장상태를 확인할 수 있다.

[그림 6-51] 차량 센서 데이터로 고장 코드 확인

12) 고장 항목에 대한 수리가 끝나면 컴퓨터에 저장된 고장 코드(DCT)를 소거하기 위해 "고장 코드(DCT) 소거"를 선택한다.

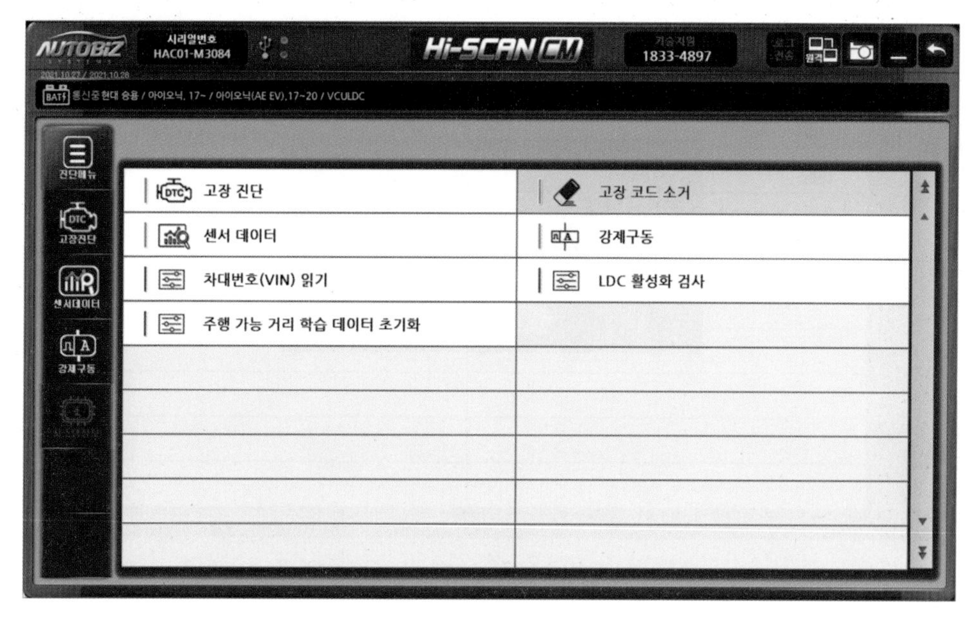

[그림 6-52] 차량 고장코드 소거 선택

13) 고장 코드(DCT)를 소거하기 위해 "READY"가 아닌 시동 버튼 ON 상태에서 "확인" 버튼을 선택한다.

[그림 6-53] 차량 고장코드 소거 조건 확인 후 선택

14) 고장 코드(DCT)를 소거되면 “확인” 버튼을 선택한다.

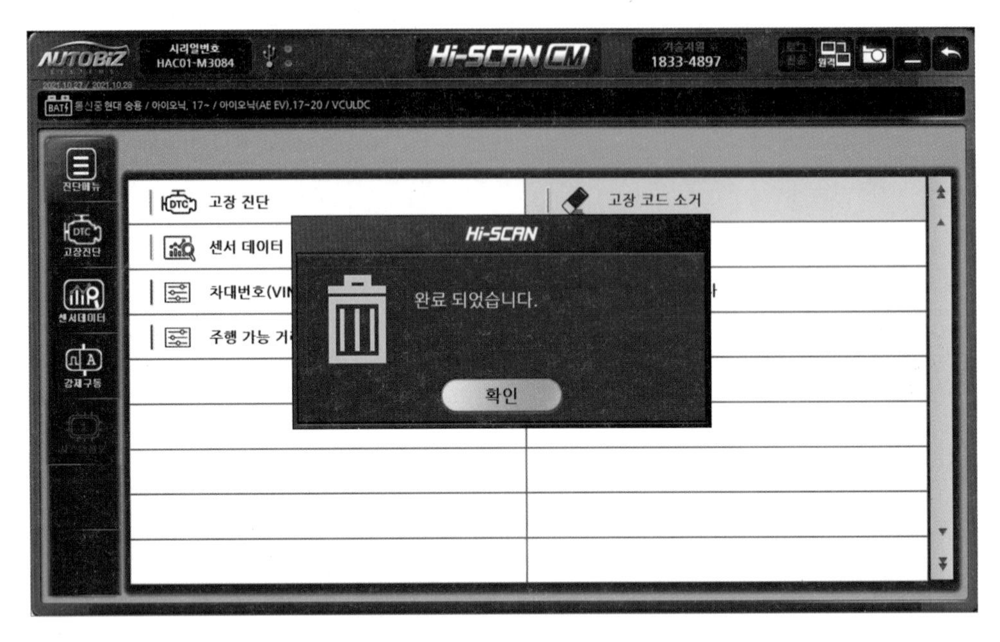

[그림 6-54] 차량 고장코드 소거 후 확인 선택

4. 차량제어(VCU)의 센서 데이터 점검

(1) 구동 모터 토크 제어

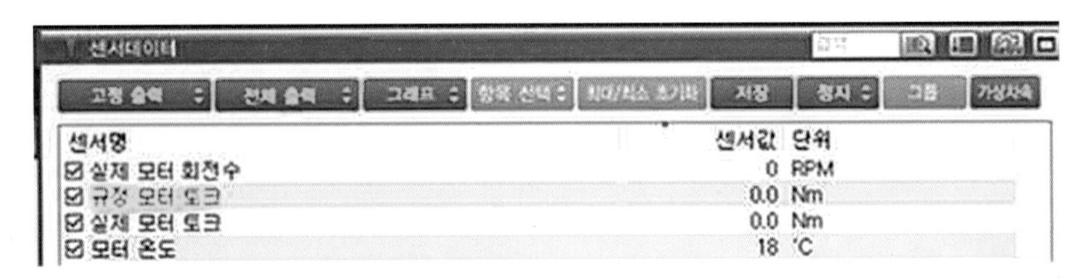

[그림 6-55] 구동 모터 토크 제어 실차 데이터

(2) 회생 제동 제어AHB

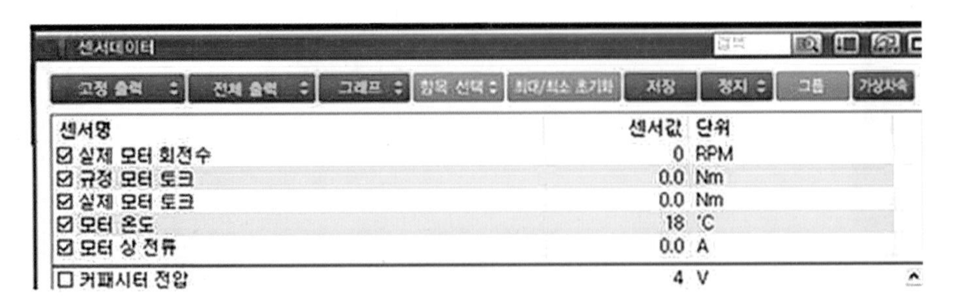

[그림 6-56] 회생 제동 제어 실차 데이터

(3) 공조 부하 제어

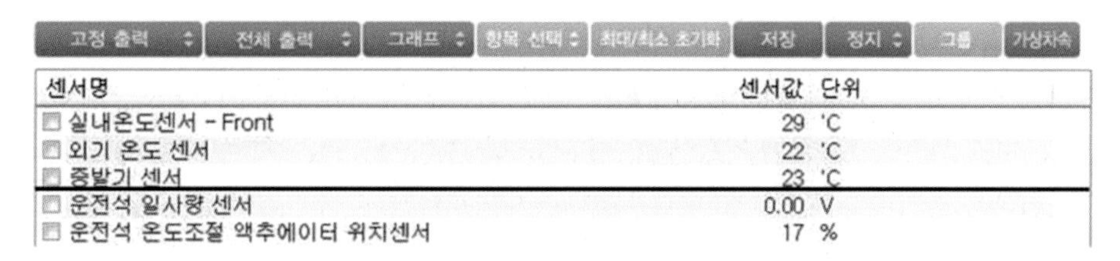

[그림 6-57] 공조 부하 제어 실차 데이터

(4) 전장 부하 전원공급 제어

[그림 6-58] 전장 부하 전원공급 제어 실차 데이터

5. 차량제어(VCU)의 센서 데이터 분석

[표 6-10]

항목	내용	
보조배터리 전압	의미	보조배터리의 전압을 나타냄
	분석	12V 배터리 전압이 6.5V 이하 또는 16V 이상일 경우 VCU 동작 불가
메인 배터리 전압	의미	메인 배터리의 전압을 나타냄
	분석	고전압 배터리의 가용 전압은 237V~378V이다.
메인 배터리 전류 보정 값	의미	메인 배터리의 전류 사용량을 A로 나타냄
	분석	최대 -500~500A 나타냄
액셀 포지션 선서1-전압	의미	APS-1의 출력 전압으로 페달을 밟으면 전압 증가함(기준 전압은 5V). APS-1 전압은 APS-2 전압의 2배가 되어야 한다.
	분석	공회전: 0.7V, 최고: 4.0V
액셀 포지션 센서2-전압	의미	APS-2의 출력 전압으로 페달을 밟으면 전압 증가함(기준 전압은 5V). APS-2 전압은 APS-1 전압의 1/2이 되어야 한다.
	분석	공회전: 0.4V, 최고: 2.0V

액셀 페달 위치 센서	의미	액셀 페달의 열림 양을 백분율로 나타낸 값(APS-1,2 값을 이용)
브레이크 페달 위치	의미	브레이크 페달의 위치를 mm 단위로 표시한다.
	분석	브레이크 페달 OFF 시 0mm
차 속	의미	차량 전륜 속도
	분석	정지: 0km/h, 전진 최고속 130km/h, 후진 최고속 40km/h
모터 회전수	의미	분당 모터 회전속도(RPM)
	분석	정지 0, 역회전 -12,000 RPM, 정회전 12,000 RPM
이모빌라이저 적용	의미	이모빌라이저 적용 여부를 표시한다.
	분석	이모빌라이저 시스템이 적용되었으면 ON, 적용되지 않았으면 OFF
SMARTRA2 적용	의미	SMARTRA2 적용 여부를 표시한다.
	분석	SMARTRA2 시스템이 적용되었으면 ON, 적용되지 않았으면 OFF
SMARTRA3 적용	의미	SMARTRA3 적용 여부를 표시한다.
	분석	SMARTRA3 시스템이 적용되었으면 ON, 적용되지 않았으면 OFF
SMART Key 적용	의미	SMART Key 적용 여부를 표시한다.
	분석	SMART Key 시스템이 적용되었으면 ON, 적용되지 않았으면 OFF
변속기어 P단	의미	변속 레버 Parking
	분석	Parking 위치일 때 ON 그 외일 때 OFF
변속기어 R단	의미	변속 레버 후진
	분석	R일 때 ON 그 외일 때 OFF
변속기어 N단	의미	변속 레버 중립
	분석	N일 때 ON 그 외일 때 OFF

[표 6-11]

항목	내용	
변속기어 D단	의미	변속 레버 전진
	분석	D일 때 ON 그 외일 때 OFF
변속기어 E단	의미	변속 레버 E
	분석	E일 때 ON 그 외일 때 OFF
변속기어 B단	의미	변속 레버 전진
	분석	B일 때 ON 그 외일 때 OFF

항목	구분	내용
브레이크등 스위치	의미	제동 시 브레이크 램프 점등
	분석	제동 시 ON
브레이크 스위치	의미	브레이크 밟힘에 따른 신호 연동
	분석	브레이크 밟았을 때 ON
스타트키	의미	Key ST에 위치
	분석	Key ST일 경우에만 ON
EV 준비 상태	의미	차량 주행 가능 상태
	분석	주행 가능 시 Ready 점등
VCU 준비 상태	의미	VCU hardware 전원 인가 상태
	분석	VCU에 전원이 인가되어 준비되었을 때 YES
메인 릴레이 중지 명령	의미	차량 보호를 위해 고전압 배터리 연결을 끊기 위한 명령
	분석	메인 릴레이 중지시킬 때 YES
인버터 사용 가능 상태	의미	인버터가 정상 작동 가능한 상태
	분석	인버터 사용 가능 상태 정상일 때 YES
직류 변환기 중지 명령	의미	차량 상태에 따라 직류 변환 장치의 작동을 결정
	분석	직류 변환기 작동 중지 시 YES
와이퍼 작동 상태	의미	와이퍼 작동 여부를 표시
	분석	작동 시 ON, 고장 시 FALSE
MCU 고장상태	의미	모터, 인버터 및 MCU의 문제로 인한 고장상태 표시
	분석	CAN 상으로 고장시 YES
MCU 제어 가능 상태	의미	모터 인버터 및 MCU 정상 작동 가능한 상태
	분석	CAN 상 정상적일 때 YES
서비스 램프 요청 from MCU	의미	모터 인버터 MCU 고장으로 인해 cluster에 표시
	분석	CAN 상 정상적일 때 YES

CHAPTER

05 전기자동차용 모터

1. 개요

[그림 6-59] 구동 모터의 구조

전기자동차 구동 모터는 주행에 필요한 동력을 발생하는 장치로 소음이 없는 정숙한 주행이 가능하다. 구동 모터는 교류(AC) 3상 모터를 사용하고, 동기 유도 모터와 영구자석형 동기모터(interior permanent magnet synchronous motor)가 있으며, 현재는 주로 영구자석형 동기모터를 사용한다. 구동 모터는 회전자, 고정자, 모터 하우징, 모터 리졸버 센서, 고전압 연결 단자, 모터 프런트 커버로 구성된다.

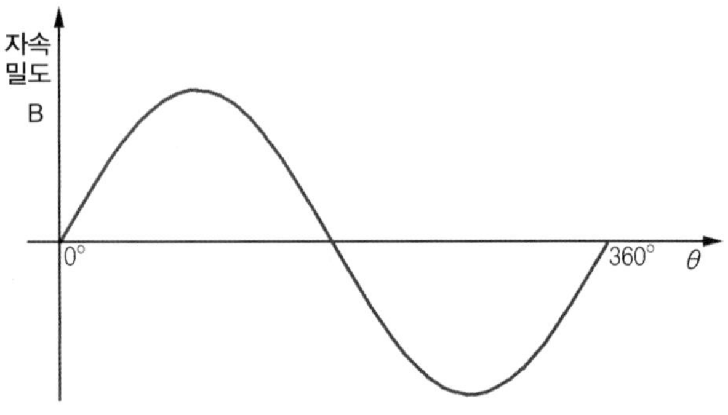

[그림 6-60] 정현파의 자속밀도

권선 법은 전기 에너지를 기계 에너지로 변환하는 중간 과정에서 손실되는 에너지를 최소화하기 위해서 고정자의 권선 법이 중요하며, 고정자와 회전자 사이의 공극에 양질의 자속을 만들어 시간상으로 회전하는 회전자계를 만드는 코일의 구성 방법으로 집중권, 분포권, 치집중권으로 구분한다. 양질의 자속을 만들려면 공극 자속(B)이 정현적인 파형을 나타내야 한다.

권선 법의 종류는 고정자에 2개 이상의 슬롯에 코일을 분포해서 감는 분포권과 각각의 코일을 독립적으로 집중해서 감는 집중권(치 집중권 포함)으로 구분할 수 있다. 권선 도체

면적을 슬롯 면적으로 나눈 값을 점적률이라고 하며, 점적률이 높게 되면 코일을 많이 감을 수 있으므로 기자력이 높고(F=NI) 이는 모터가 더 큰 힘을 낼 수 있다. 하지만 기자력이 큰 집중권의 단점으로는 고조파가 크다는 단점이 있어서 유도전동기의 권선 법으로는 거의 사용하지 않는다. 분포권의 장단점은 위의 집중권과 거의 대비되는데 회전축의 면에 코일을 감는 것으로 자극의 회전이 원활하며, 분포 단절권은 고조파가 가장 작아 공극 자속밀도를 가장 정현적으로 만들 수 있는 권선 법이다.

[표 6-12] 고정자 권선 법

권선 법	집중권	분포권		치 집중권
		전절권	단절권	
모터	a, b′, c, a′, b, c′	a, b′, c, a′, b, c′	a, b′, c, a′, b, c′	c′, c, a, a′, b′, b
기자력	크다	다소 작다.	다소 작다.	크다
고조파	크다	중간	작다	매우 크다.
점적율	높다	중간	낮다	매우 높다

구동 모터의 회전수 제어는 모터를 일정 속도로 구동하고, 변속기를 사용하는 방법보다 인버터를 사용하여 모든 여건에 따른 변수를 적용하여 최적으로 모터의 회전수를 제어하면 소요 동력은 회전수의 3승에 비례해서 감소하여 큰 전기 에너지를 절감할 수 있다.

(가) 소요 동력은 회전속도 3승에 비례하므로

$$P_2 = P_1 \times (\frac{N_2}{N_1})^3$$

N_1: 정격 회전속도, N_2: 인버터 제어 시 회전속도
P_1: 정격 시 동력, P_2: 인버터 제어 시 동력

(나) 인버터(Inverter)에 의한 가·변속 시 장점

- DC 모터, 권선형 모터의 속도제어에 비하여 AC모터 사용 시 모터의 구조가 간단하며, 소형이다.
- 보수 및 점검이 쉽다.
- 모터가 개방형, 전폐형, 방수형, 방식형 등 설치 환경에 따라 보호구조가 가능한

특징을 가지고 있다.

- 부하 역률 및 효율이 높다.

(다) 극 수 제어 방법은 구동 모터의 극 수와 슬립 그리고 주파수에 따라 모터의 회전수는 결정되며, 분당 주파수를 모터의 극 수로 나눈 값이다.

$$N = (\frac{120 \times f}{P}) \times (1-s)\ [rpm]$$

N: 구동 모터의 회전속도 P: 구동 모터의 극 수 f: 주파수 s: 슬립

위의 식에 따라 구동 모터의 회전수는 구동 모터의 극 수와 주파수의 변수에 따라 변화하기 때문에 극 수 P, 주파수 f, 슬립 s를 임의로 가변시키면 임의의 회전속도 N을 얻을 수 있다. 일반적으로 산업용에서 사용되는 모터는 4극 모터가 대부분이고, 필요에 따라 빠른 속도를 원할 경우는 2극 모터를 사용하며, 속도가 느리며, 큰 토크를 원하는 경우 6극 모터로 설계한다.

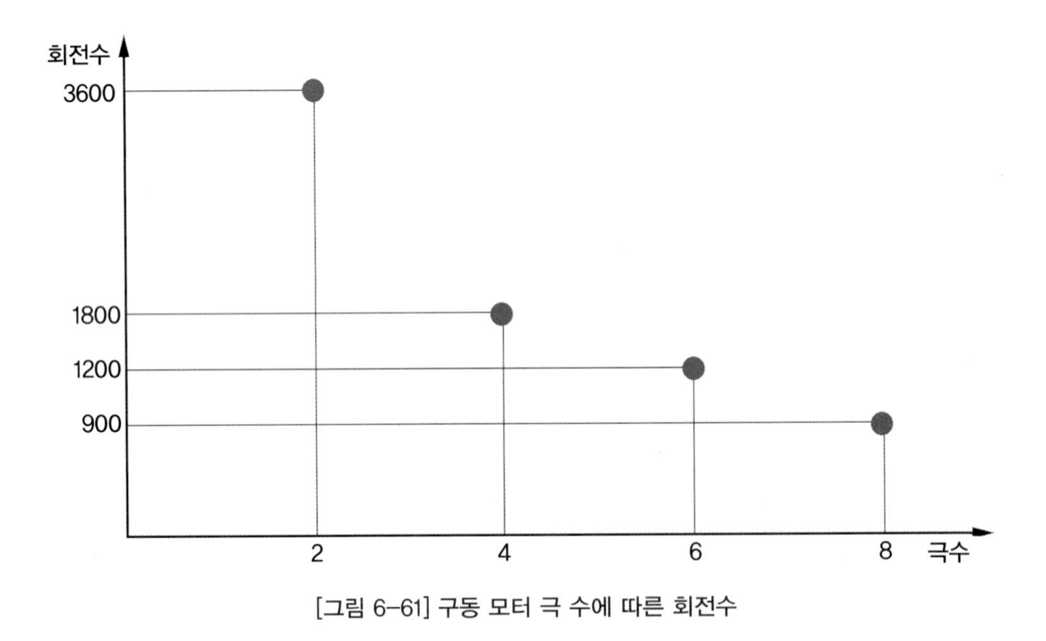

[그림 6-61] 구동 모터 극 수에 따른 회전수

영구자석이 내장된 IPM 동기모터(Interior Permanent Magnet Synchronous Motor)가 주로 사용되고 있으며, 희토류자석을 이용하는 모터는 열화에 의해 자력이 감소하는 현상이 발생하므로 온도 관리가 중요하다.

2. 주요기능

전기차용 구동 모터는 높은 구동력과 고출력으로 가속과 등판 및 고속 운전에 필요한 동력을 제공하며, 소음이 거의 없는 정숙한 차량 운행을 제공하는 기능을 한다. 모터에서 발생한 동력은 회전자 축과 연결된 감속기와 드라이브 샤프트를 통해 바퀴에 전달된다.

또한 감속 시에는 발전기로 전환되어 전기를 회생 발전하여 고전압 배터리를 충전함으로써 연비를 향상 시키고 주행 거리를 증대시킨다.

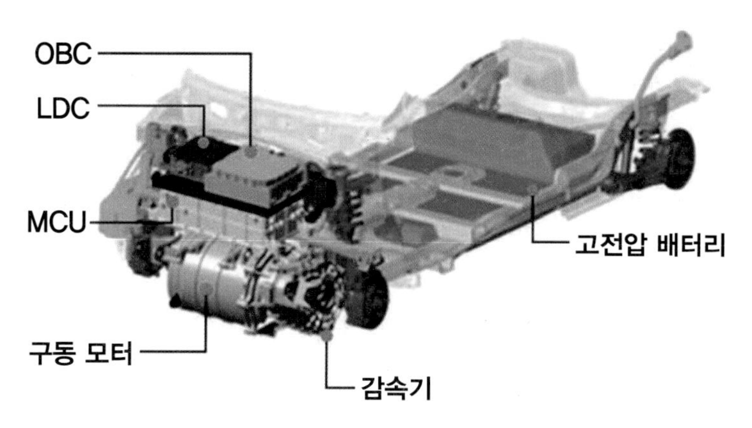

[그림 6-62] 전기자동차용 구동 장치의 구성

(1) 구동 모터의 주요 기능

1) 동력(방전) 기능

MCU는 배터리에 저장된 전기에너지로 구동 모터를 삼상제어하여 구동력을 발생시킨다.

2) 회생 제동(충전) 기능

감속 시에는 발생하는 운동에너지를 이용하여 구동 모터를 발전기로 전환시켜 발생된 전기 에너지를 고전압 배터리에 충전한다.

CHAPTER

06 구동 모터 작동 원리 및 구조

1. 모터의 작동 원리

전기 모터의 작동원리는 고정자 (stator)에 있는 전자석과 로터 (Rotor) 내부에 장착된 영구자석의 상호작용으로 생성된 회전력 (torque)에 기반을 두고 있다.

구동 모터는 영구자석형 3상 교류(AC) 모터를 주로 사용하고 있으며, 고전압 배터리에 저장된 전기 에너지를 이용 동력을 발생하여 바퀴를 회전한다.

구동 모터의 회전수 및 회전 토크는 인버터(inverter)의 전압과 주파수로 제어하고, 작동하면서 발생하는 열은 냉각수로 냉각하는 수냉식을 사용한다. 구동 모터에서 발생한 동력은 감속기를 통하여 바퀴로 전달된다.

인버터에서 변환된 3상 교류 전류에 의해서 W, V, U 3단자가 고정자 코일의 윈딩 코일(권선 코일)에 전류 흐름을 바꿀 때, 회전자계가 형성된다. 이것은 회전자에 포함된 영구자석 사이의 상호작용으로부터 생긴 전자기유도를 통해 회전력을 생성한다. 이 힘이 모터를 회전시킨다. 고정자에 적용된 회전자계의 속도와 실제 로터의 속도가 일치하게 된다.

그래서 이 모터는 동기모터(동기 전동기)로 알려져 있다.

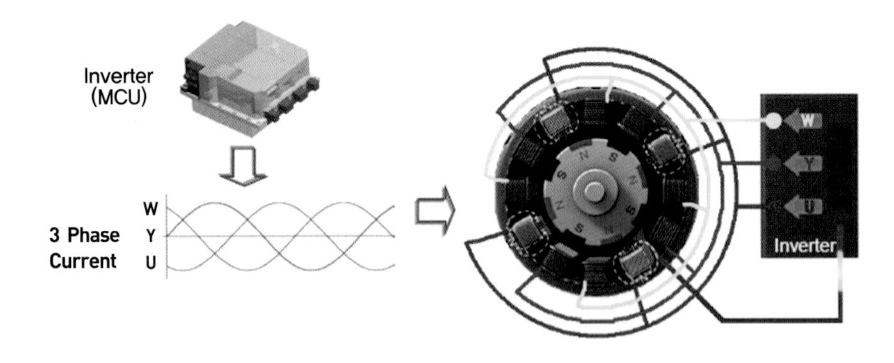

[그림 6-63] 구동 모터 작동 블럭도

2. 구동모터의 작동 원리

3상 AC 전류가 스테이터 코일에 인가되면 회전 자계가 발생되어 로터 코어 내부에 영구 자석을 끌어당겨 회전력을 발생시킨다.

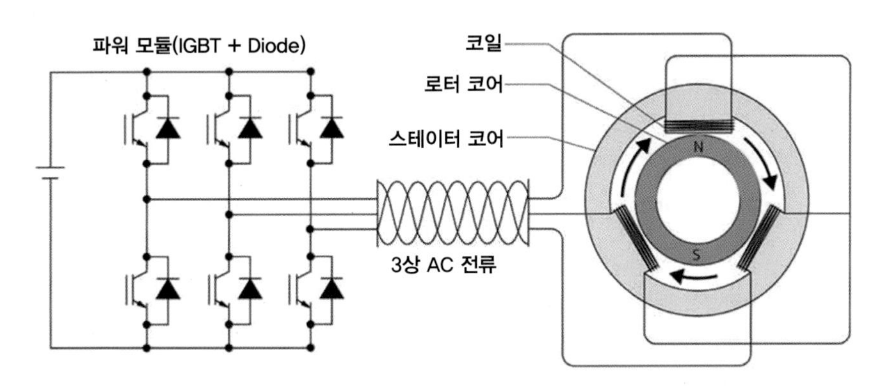

[그림 6-64] 3상 구동모터의 작동 원리

3. 구조

전기 모터는 전기와 자기 작용을 이용하여 전기 에너지를 운동 에너지로 변환하며, 직선적인 힘을 발생하는 리니어 모터와 토크를 발생하는 로터리 모터(회전형 모터)가 있다. 또한 모터는 엔진의경우와 마찬가지로 토크와 회전수를 곱하여 출력을 나타낸다. 모터는 코일, 철심 등의 계자(스테이터)와 전기자(로터)로 구성되어 있다.

[그림 6-65] 전기자동차용 구동 모터 고정자

[그림 6-66] 전기자동차용 구동 모터 회전자

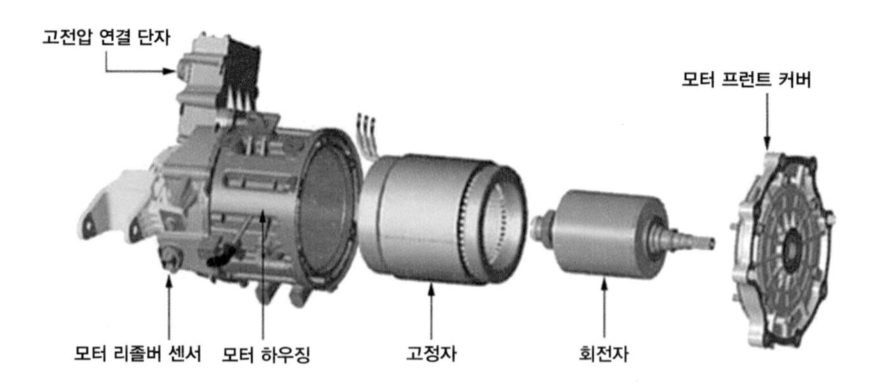

[그림 6-67] 전기자동차용 구동 모터의 구조

[그림 6-68] 100KW 구동모터

4. 전기 자동차의 후진

구동 모터에 흐르는 전기의 (+)와 (-)의 극성을 변화시키면 모터는 정회전과 역회전을 할 수 있으므로 전기 자동차는 별도의 후진 장치가 필요 없다.

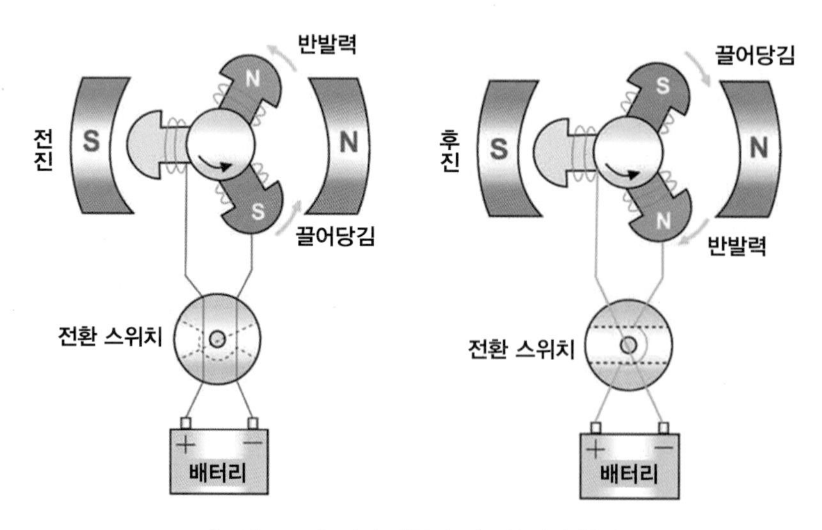

[그림 6-69] 전기 자동차 전 · 후진의 원리

CHAPTER

07 구동 모터 어셈블리 정비 및 교환

1. 구동모터 어셈블리 탈거

1) 고전압을 차단한다.

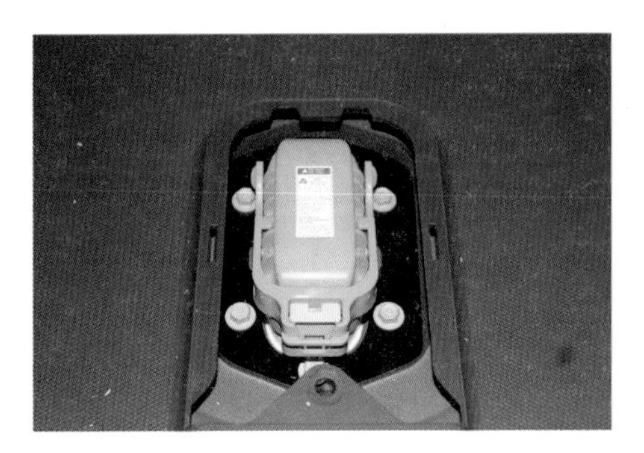
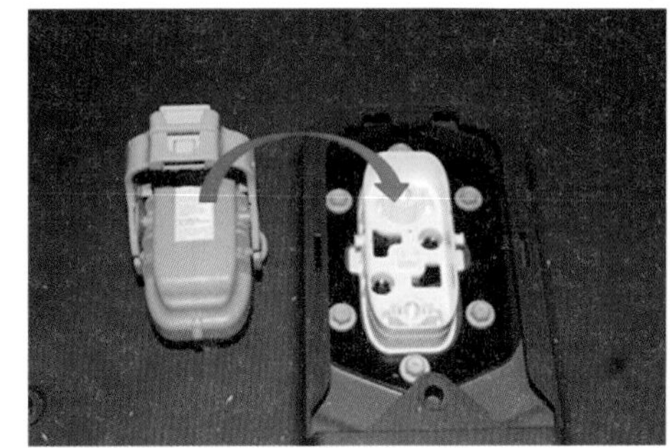

[그림 6-70] 안전 플러그 탈거

2) 12V 보조배터리 및 트레이를 탈거한다.

[그림 6-71] 보조배터리와 트레이 탈거

3) 파워 일렉트릭 커버를 탈거한다.

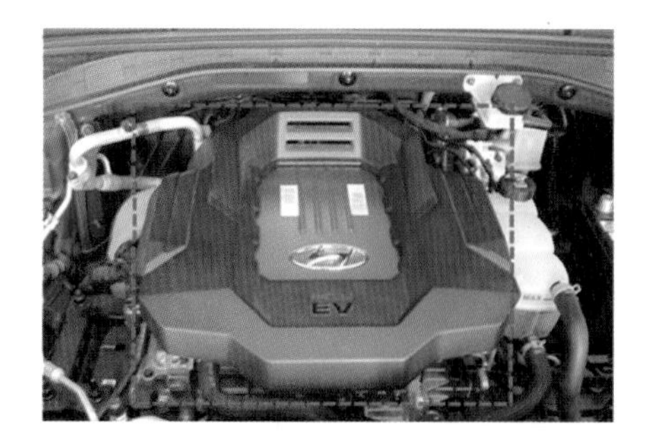

[그림 6-72] 파워 일렉트릭 커버 탈거

4) 차량을 리프트로 올리고 언더커버를 탈거한다.

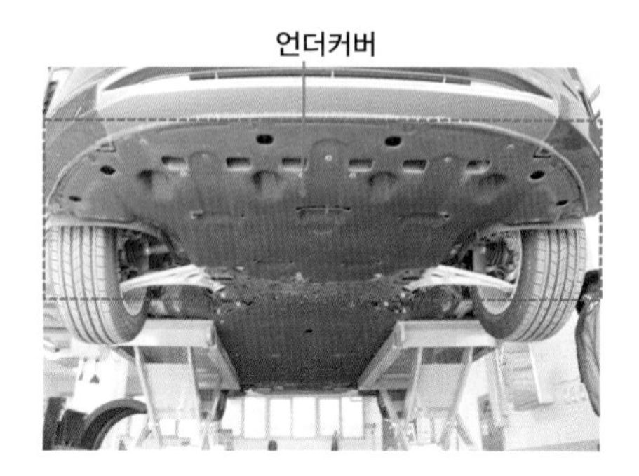

[그림 6-73] 언더 커버 탈거

5) 라디에이터의 드레인 플러그를 풀고, 냉각수를 배출한다. 냉각수가 배출되는 동안 리저브 탱크의 캡을 열어서 배출이 원만하게 이루어지도록 한다.

[그림 6-74] 냉각수 배출

6) 냉각수 배출이 끝나면 드레인 플러그를 잠근다.

7) 냉각수 리저브 탱크를 고전압 정션 블록에서 탈거한다.

[그림 6-75] 냉각수 리저브 탱크 탈거

8) 고정볼트를 풀고, (+) 와이어링 케이블을 탈거한다.

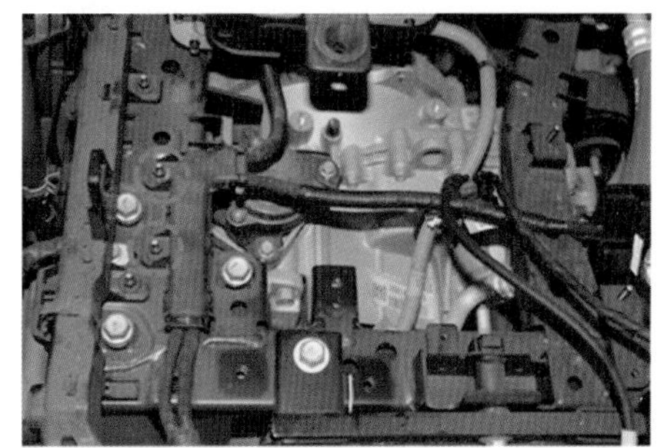

[그림 6-76] (+) 와이어링 케이블 탈거

9) (+)와이어링 케이블(A)을 분리하고 전자식 인히비터 스위치 커넥터(B)를 분리한다.

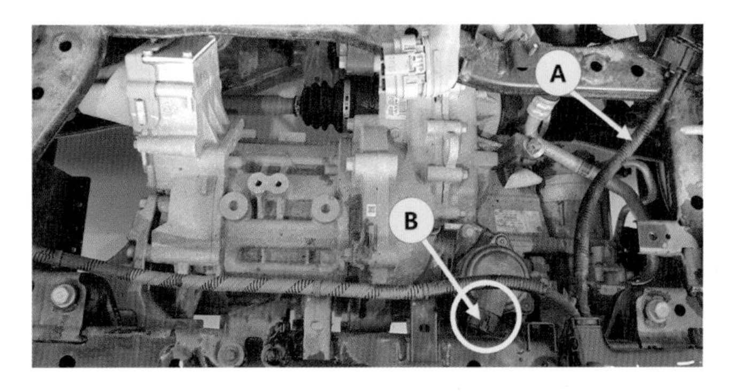

[그림 6-77]

10) 리저브 호스 파이프 고정볼트를 풀고, 전자식 인히비터 스위치 커넥터를 탈거한다.

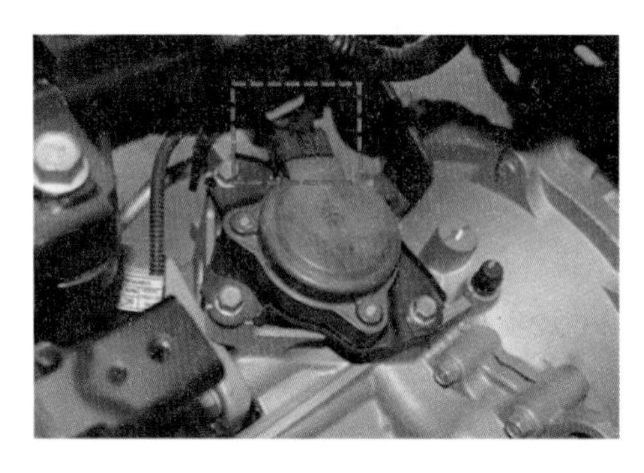

[그림 6-78] 전자식 인히비터 스위치 탈거

11) 에어컨 컴프레서 고전압 케이블을 탈거한다.

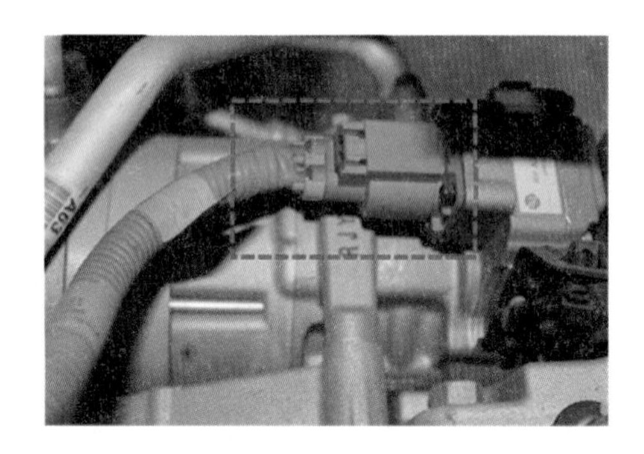
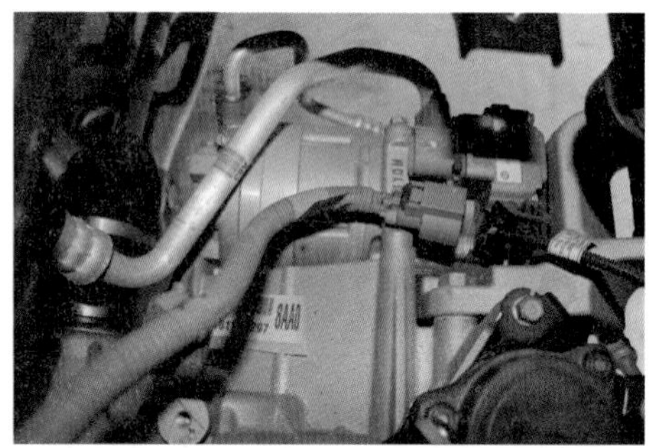

[그림 6-79] 에어컨 컴프레서 고전압 케이블 탈거

12) 리저브 호스 파이프 고정볼트를 풀고, 에어컨 컴프레서 브래킷 고정 볼트를 탈거한다.

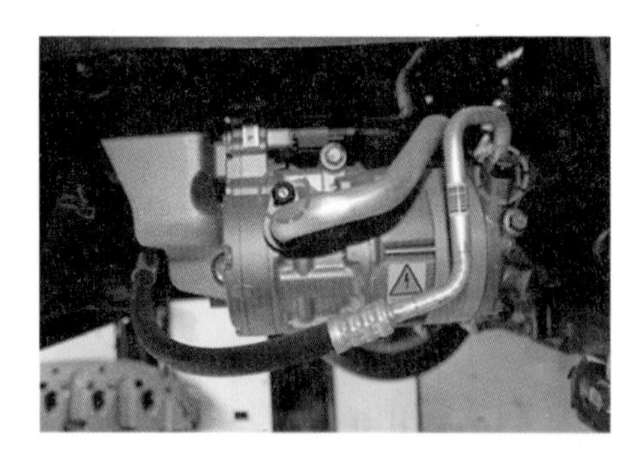
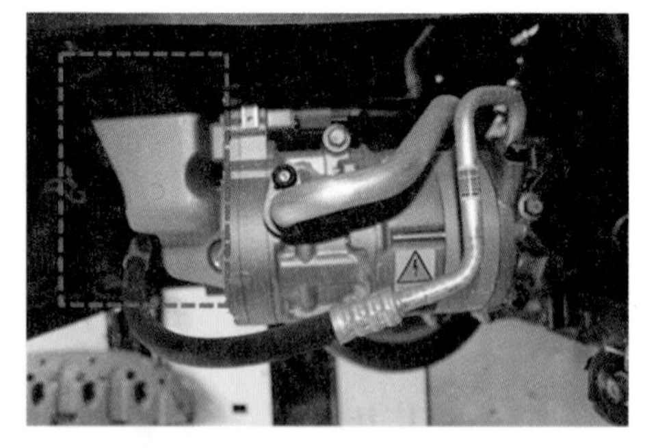

[그림 6-80] 리저브 호스 파이프 고정볼트 탈거, 브래킷 탈거

13) 타이어를 탈거하고, 프런트 드라이브 샤프트를 탈거한다.

[그림 6-81] 좌우 측 드라이브 샤프트 탈거

14) 에어컨 컴프레서 고정볼트를 풀고, 에어컨 컴프레서를 로어암 측면에 위치한다.

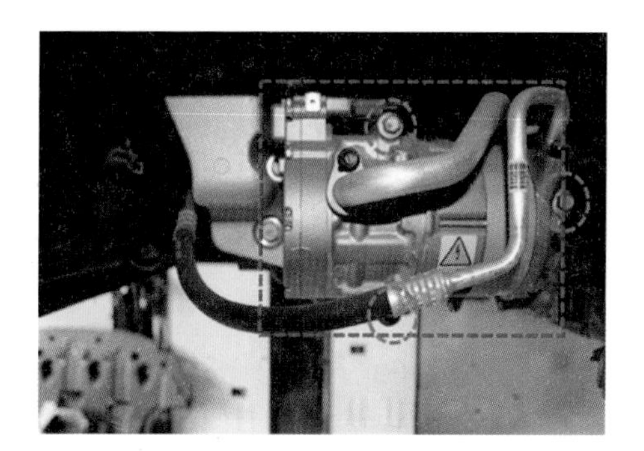

[그림 6-82] 에어컨 컴프레서 탈거

15) 모터 위치 및 온도 센서 커넥터를 탈거하고, 고정볼트를 풀어 3상 냉각수 밸브를 탈거한다.

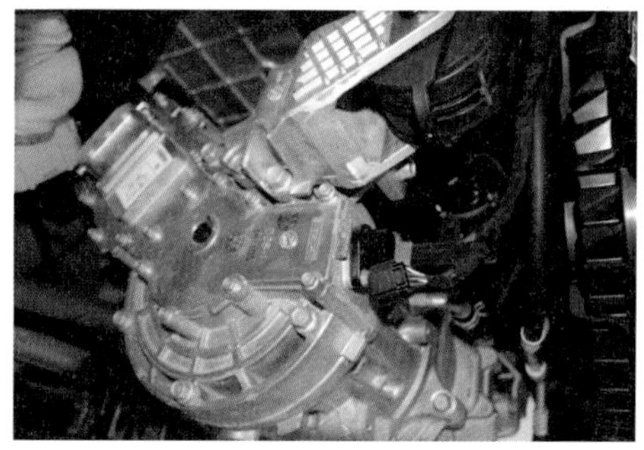

[그림 6-83] 모터 위치 및 온도 센서 커넥터 탈거

16) 냉각수 인렛 호스와 아웃렛 호스를 탈거한다.

[그림 6-84] 냉각수 호스 탈거

17) 인버터와 연결된 고전압 케이블을 잠금 핀을 눌러 레버를 잡아당기고 탈거한다.

[그림 6-85] 고전압 케이블 탈거

18) 구동 모터와 잭 사이에 고무(나무) 블록을 설치하고, 구동 모터 하부에 잭을 설치한다.

[그림 6-86] 잭 설치(고무 블록 설치)

19) 구동 모터 마운팅 브래킷 관통볼트를 탈거한다.

[그림 6-87] 구동 모터 마운팅 브래킷 관통볼트 탈거

20) 감속기 마운팅 브래킷 관통볼트를 탈거한다.

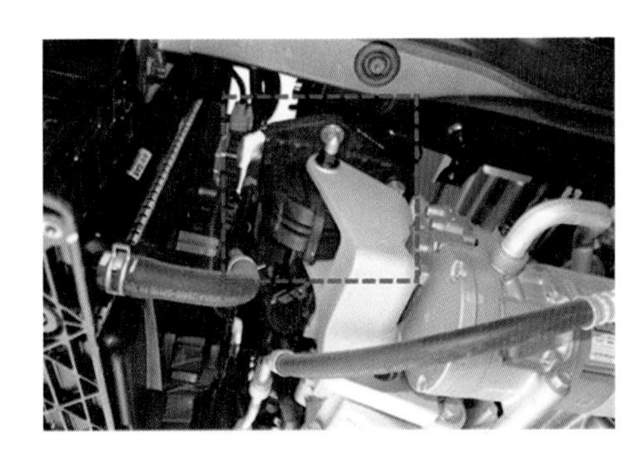

[그림 6-88] 감속기 마운팅 브래킷 관통 볼트 탈거

21) 후면 롤 마운팅 브래킷 관통볼트를 탈거한다.

[그림 6-89] 후면 롤 마운팅 브래킷 관통볼트 탈거

22) 차량을 서서히 들어 올려 구동 모터 및 감속기 어셈블리를 탈거한다.

23) 구동 모터 서포트 브래킷을 탈거한다.

[그림 6-90] 구동 모터 서포트 브래킷 탈거

24) 감속기 서포트 브래킷을 탈거한다.

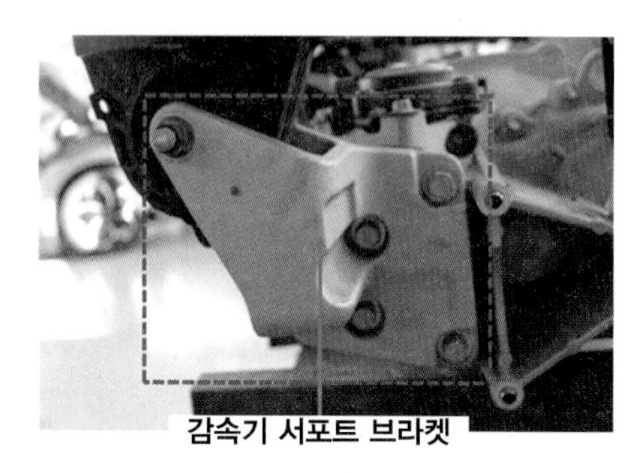

[그림 6-91] 감속기 서포트 브래킷 탈거

25) 후면 롤 마운팅 브래킷을 탈거한다.

[그림 6-92] 후면 롤 마운팅 브래킷 탈거

2. 구동모터 점검

(1) 선간 저항 점검

(가) 멀티테스터기를 이용하여 각 선간 (U, V, W)의 저항을 점검한다.

[표 6-13]

항목	점검부위	규정값	비교
모터 선간 저항	U - V	22.42 ~ 24.78mΩ	상온 (20 ~ 20.08℃)
	V - W		
	W - U		

[그림 6-93] 선간 저항 측정

(2) 절연 저항 점검

(가) 절연 저항 시험기를 이용하여 절연저항을 점검한다.

① 절연저항 시험기의 (-)단자를 하후징에 연결하고 (+) 단자를 상단자(U, V, W)에 연결한다.

② 1분간 DC 500V를 인가하여 측정값을 확인한다.

[표 6-14]

항목	점검부위	규정값	비교
절연 저항	하후징 - V	10MΩ 이상	DC 500V/1분간
	하후징 - W		
	하후징 - U		

[그림 6-94] 절연 저항 측정

(3) 절연 내력 시험

(가) 내 전압 시험기를 이용하여 누설 전류를 점검한다.

① 내전압 시험기의 (-)단자를 하우징에 연결하고 (+) 단자를 상단자(U, V, W)에 연결한다.

② 1분간 AC 1600V를 인가하여 측정값을 확인한다.

[표 6-15]

항목	점검부위	규정값	비교
절연 내력	하우징 – V	12mA 이하	AC 1600V/1분간
	하우징 – W		
	하우징 – U		

CHAPTER

08 구동 모터 레졸버 점검 및 보정

1. 회전자 위치센서(레졸버)

MCU는 모터를 가장 큰 힘으로 제어하기 위해서는 회전자의 위치를 정확하게 알아야 만 한다. 즉 회전자의 위치 및 속도 정보로 MCU가 가장 큰 토크로 모터를 제어하기 위해 위치 센서(레졸버)가 필요하다.

레졸버는 리어 플레이트에 장착되며 모터의 회전자와 연결된 레졸버 회전자와 하우징과 연결된 레졸버 고정자로 구성되어 엔진의CMP 센서처럼 모터 내부의 회전자와 고정자 위치를 파악한다. 전기자동차 구동모터의 위치를 검출하여 구동토크 및 회전수를 제어하기 위하여 장착되는 센서로 레졸버(Resolver)라고도 한다.

레졸버는 고정자(스테이터) 권선에 일정한 주파수의 여자신호가 인가되고 회전자(로터)의 회전에 의한 리액턴스 변화에 의해 1차, 2차 측 교차파형이 출력 된다. 고정자 2 상의 검출 출력전압 진폭이 회전각에 비례하여 변화되며 이 출력 신호를 컨버터를 거쳐 위치각으로 변환시킨다.

▶ **레졸버** Resolver: 아날로그 출력방식의 위치센서

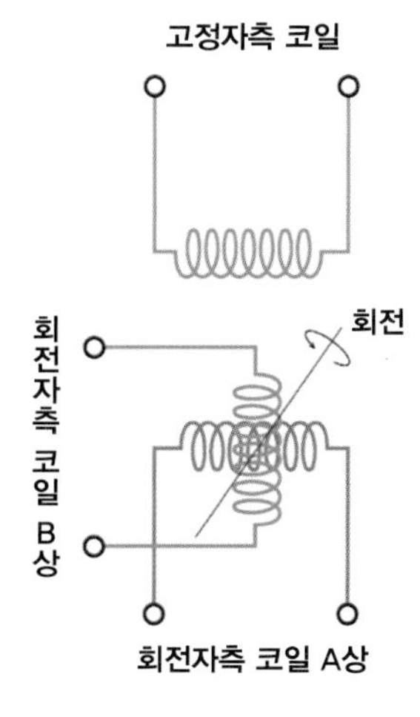

[그림 6-95] 위치센서 원리

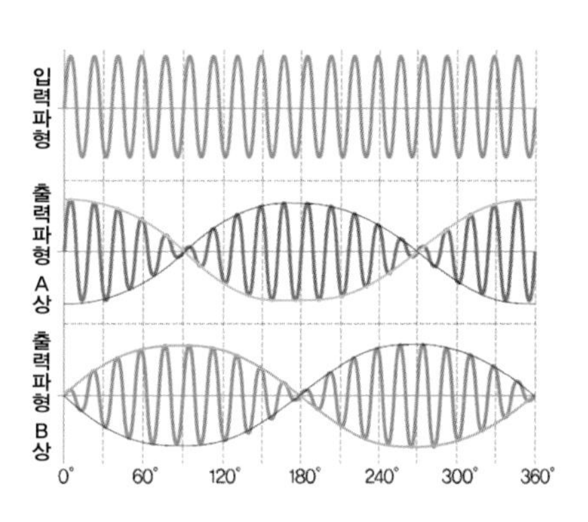

[그림 6-96] 여자신호 및 검출신호

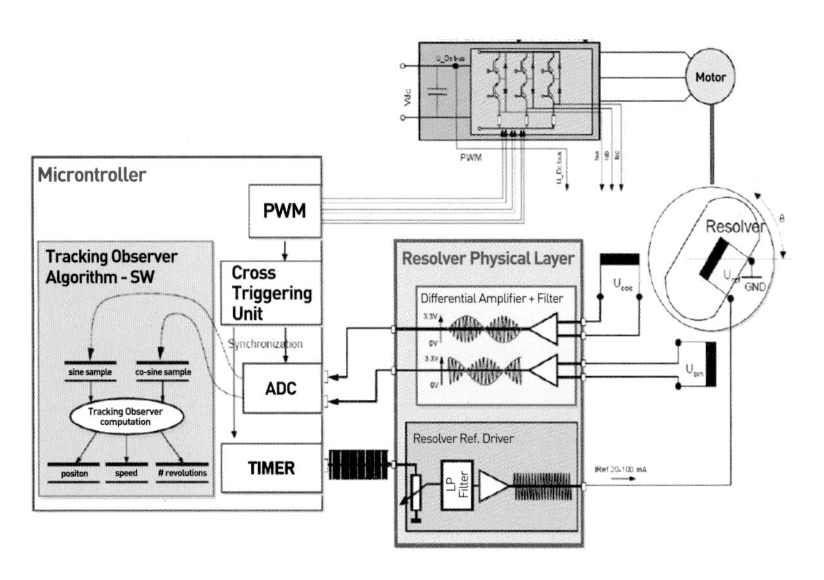

[그림 6-97] 레졸버 인터페이스

[그림 6-98] 레졸버 장착위치

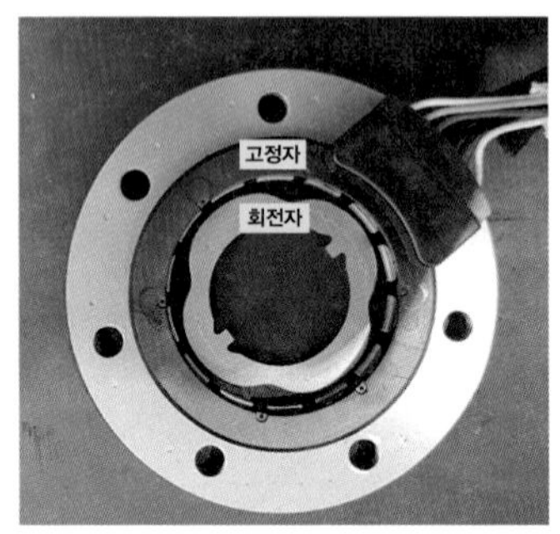

[그림 6-99] 레졸버 단품

2. 구동모터 위치 센서 및 온도 센서 점검

(1) 언더 커버를 탈거한다.

(2) 모터 위치 및 온도센서 커넥터(A)를 분리한다.

(3) 멜티 테스터기를 이용하여 선간저항을 점검한다.

[그림 6-100] 위치센서 커넥터

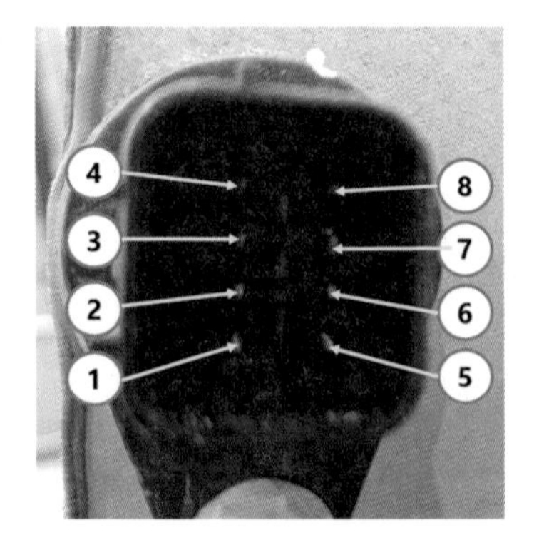

[그림 6-101] 커넥터 핀 단자

[표 6-16]

항목	점검부위	규정값		비교
선간저항	모터위치센서	1 – 5	26.5Ω ±10%	15.06 – 25.1℃
		2 – 6	87.0Ω ±10%	
		3 – 7	76.0Ω ±10%	
	모터온도센서	4 – 8	12.12KΩ[20℃] ~ .322KΩ[30℃]	

3. 구동 모터 어셈블리 장착

(1) 탈거의 역순으로 분리된 부품을 장착한다.

(2) U, V, W의 3상 파워 케이블을 정확한 위치에 조립한다.

(3) 냉각수 주입 후 누수 여부를 확인한다.

(4) 장착 완료 후 레졸버 옵셋 자동 보정 초기화를 진행한다.

1) 후면 롤 마운팅 브래킷을 설치하고, 고정볼트를 조인다.

[그림 6-102] 후면 롤 마운팅 브래킷 장착

2) 감속기 서포트 브래킷을 설치하고, 고정볼트를 조인다.

[그림 6-103] 감속기 서포트 브래킷 장착

3) 구동 모터 서포트 브래킷을 설치하고, 고정볼트를 조인다.

[그림 6-104] 구동 모터 서포트 브래킷 장착

4) 잭에 고무(나무) 블록을 설치한 상태에서 구동 모터 및 감속기 어셈블리를 잭에 올리고, 차량을 서서히 내리면서 장착한다.

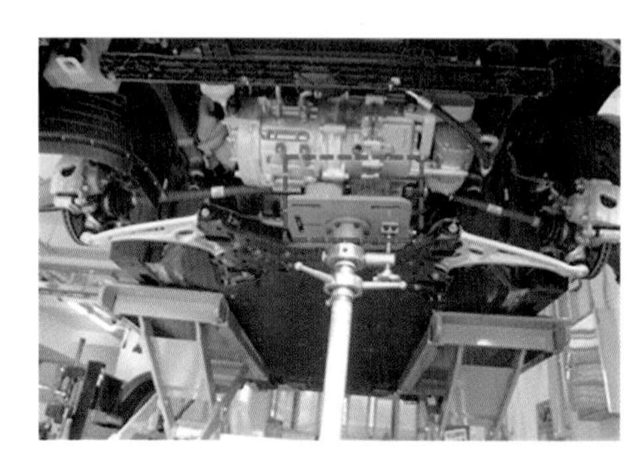

[그림 6-105] 구동 모터 및 감속기 어셈블리 장착(잭 사용)

5) 후면 롤 마운팅 브래킷 관통볼트를 조인다.

[그림 6-106] 후면 롤 마운팅 브래킷 조립

6) 감속기 마운팅 브래킷 관통볼트를 조인다.

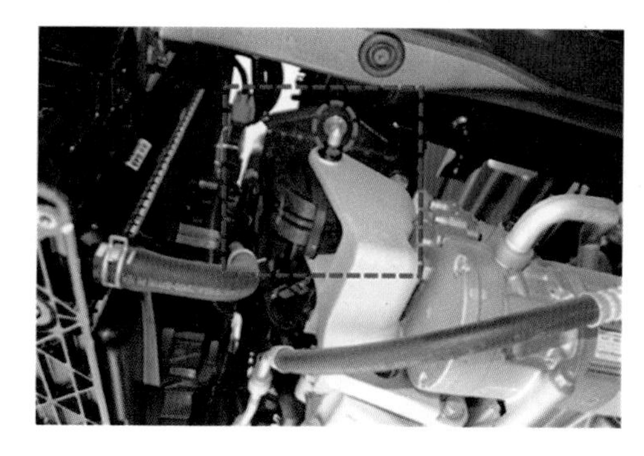

[그림 6-107] 감속기 서포트 브래킷 조립

7) 구동 모터 마운팅 브래킷 관통볼트를 조인다.

[그림 6-108] 구동 모터 서포트 브래킷 조립

8) 인버터와 연결된 고전압 케이블을 연결하고, 레버를 장착한다.

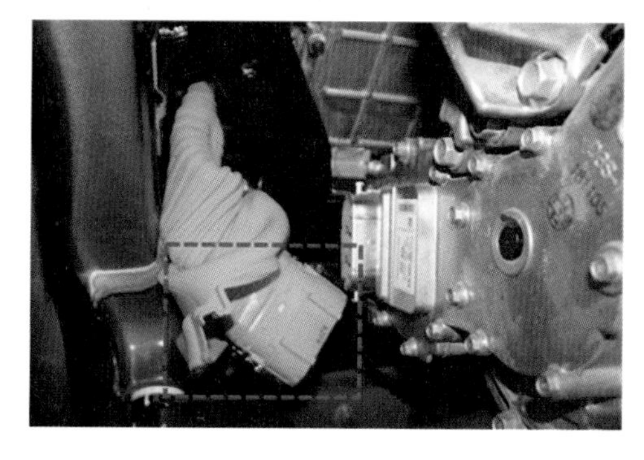
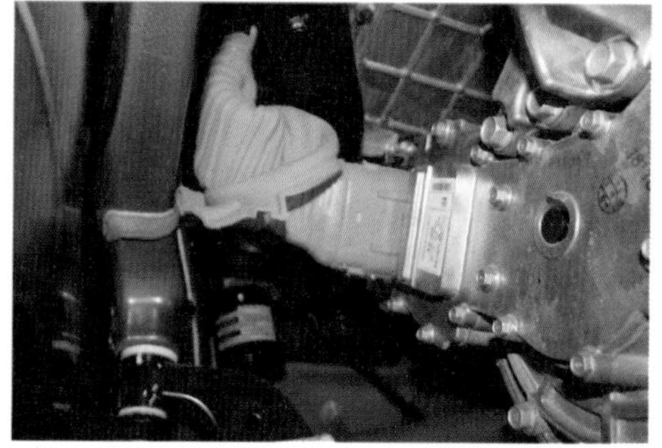

[그림 6-109] 고전압 케이블 장착

9) 냉각수 인렛 호스와 아웃렛 호스를 장착한다.

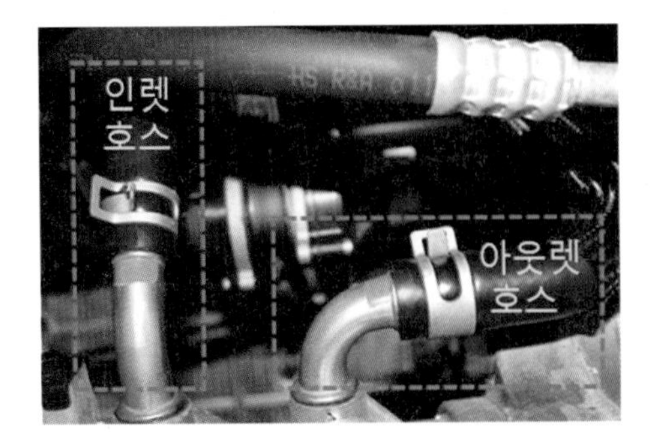

[그림 6-110] 냉각수 인렛 및 아울렛 호스 조립

10) 모터 위치 및 온도 센서 커넥터를 연결하고, 3상 냉각수 밸브를 설치하고 고정볼트를 조인다.

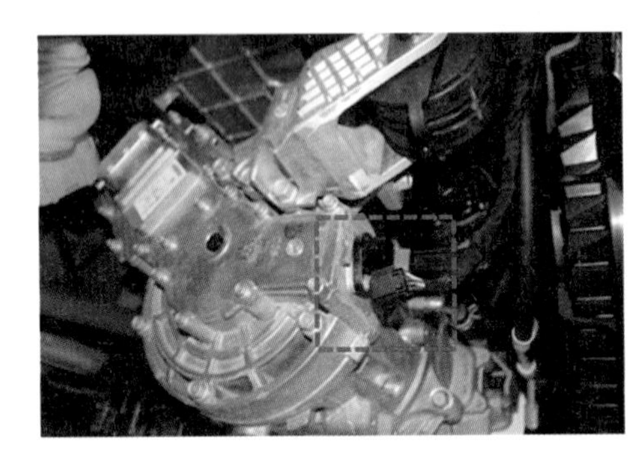

[그림 6-111] 모터 위치 및 온도 센서 커넥터 조립

11) 에어컨 컴프레서를 설치하고, 고정볼트를 조인다.

[그림 6-112] 에어컨 컴프레서 조립

12) 프런트 드라이브 샤프트를 장착하고, 타이어를 설치한다.

[그림 6-113] 프런트 드라이브 샤프트 조립

13) 에어컨 컴프레서 브래킷 고정볼트를 조이고, 리저브 호스 파이프 고정볼트를 조인다.

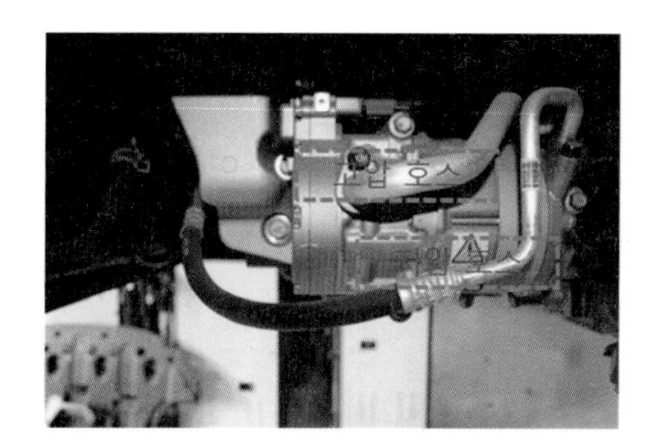

[그림 6-114] 리저브 호스 파이프 고정볼트 및 브래킷 장착

14) 에어컨 컴프레서 고전압 케이블을 연결한다.

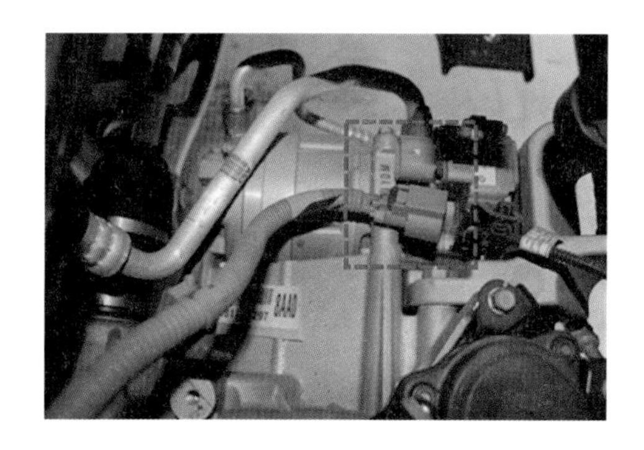

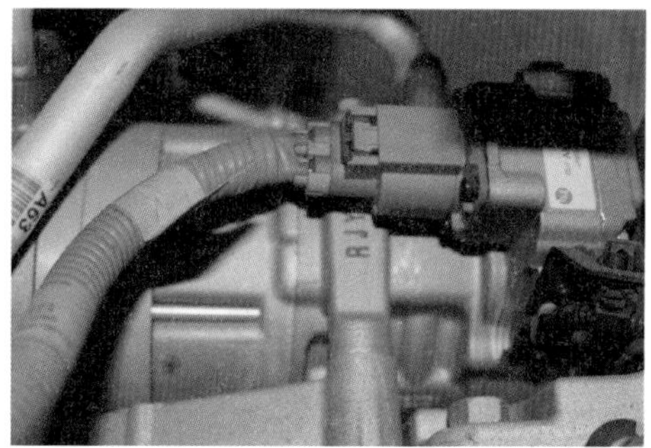

[그림 6-115] 에어컨 컴프레서 고전압 케이블 조립

15) 전자식 인히비터 스위치 커넥터를 연결하고, 리저브 호스 파이프 고정볼트를 조인다.

[그림 6-116] 전자식 인히비터 스위치 커넥터 조립

16) (+) 와이어링 케이블을 설치하고, 고정볼트를 조인다.

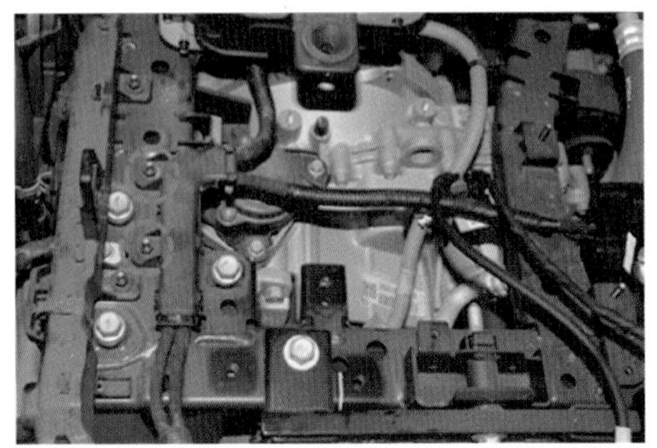

[그림 6-117] (+) 와이어링 케이블 조립

17) 냉각수 리저브 탱크를 설치하고, 고정볼트를 조인다.

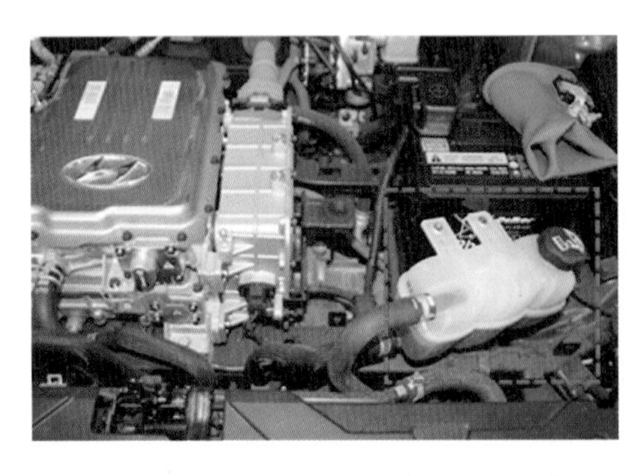
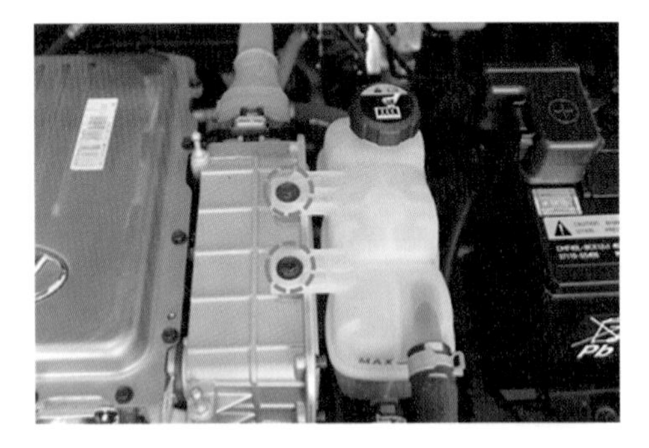

[그림 6-118] 냉각수 리저브 탱크 조립

18) 차량을 들어 올리고, 언더커버를 장착한다.

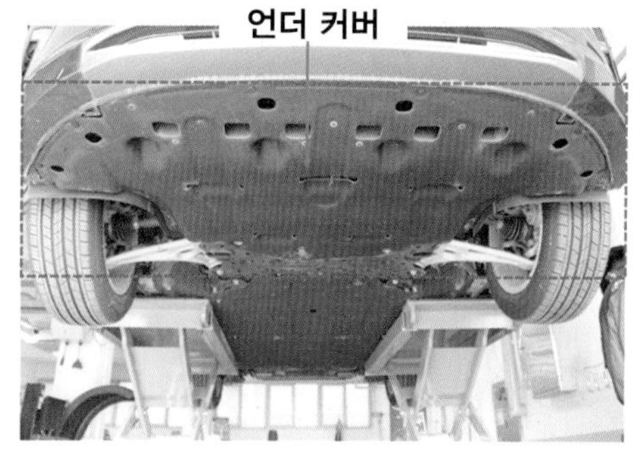

[그림 6-119] 언더커버 조립

19) 보조배터리(12V) 및 트레이를 장착한다.

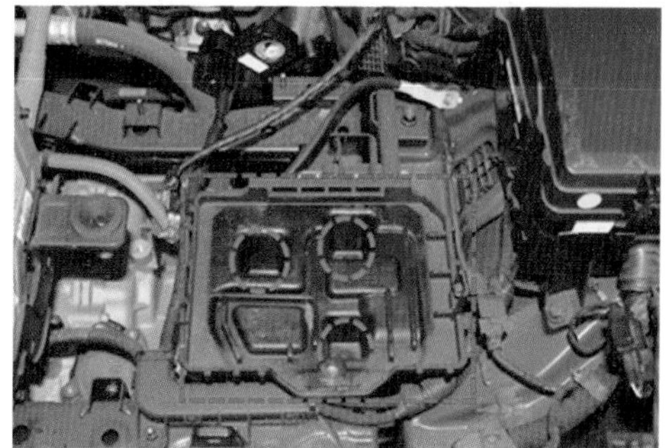

[그림 6-120] 보조배터리 트레이 장착

20) 냉각수를 주입하고, 공기빼기 작업을 시행한다.

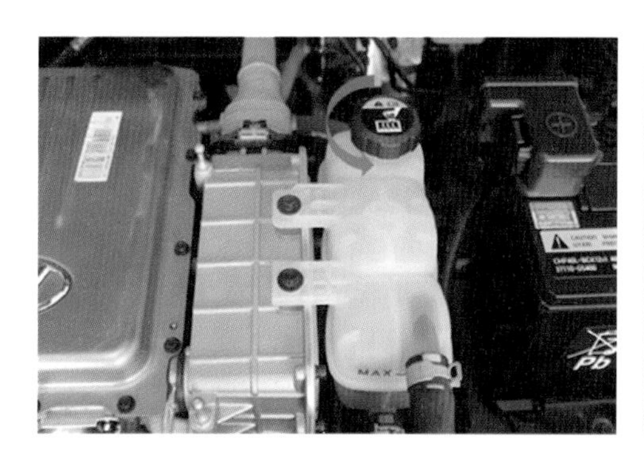

[그림 6-121] 냉각수 주입

21) 파워 일렉트릭 커버를 장착한다.

[그림 6-122] 파워 일렉트릭 커버 조립

22) 고전압 차단 절차를 복원하여 차량을 활전상태로 한다.

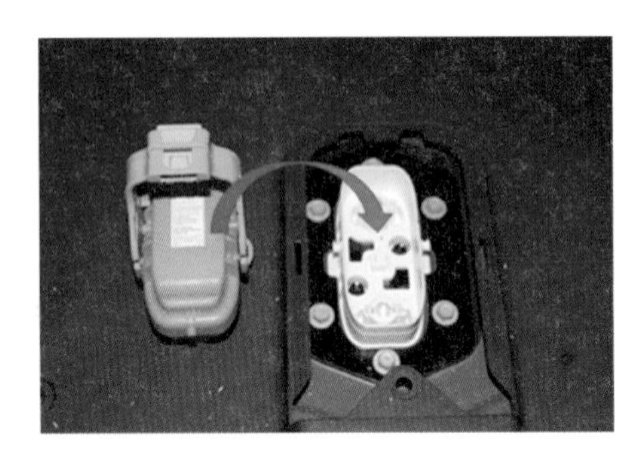

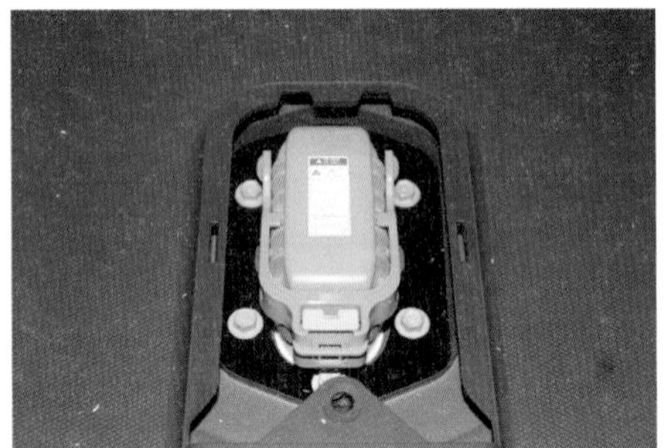

[그림 6-123] 안전 플러그 조립

4. 구동모터 레졸버 보정 초기화

(1) 점화스위치 OFF 자기진단 커넥터에 진단기를 연결한다.

(2) 변속단 P위치, 점화스위치 ON "부가기능"모드를 선택한다.

(3) 부가기능의 "레졸버 옵셋 자동보정 초기화"항목을 수행한다.

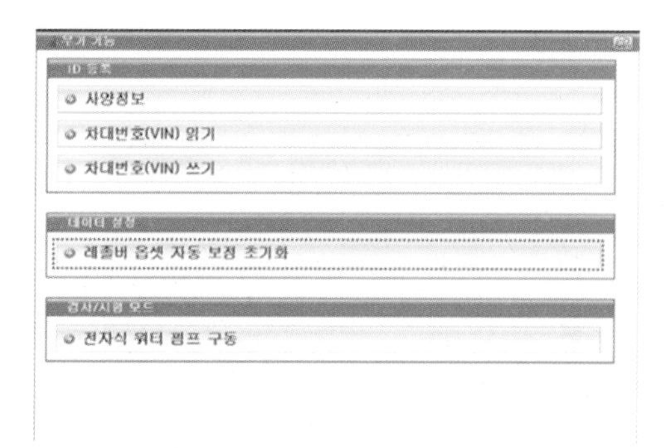

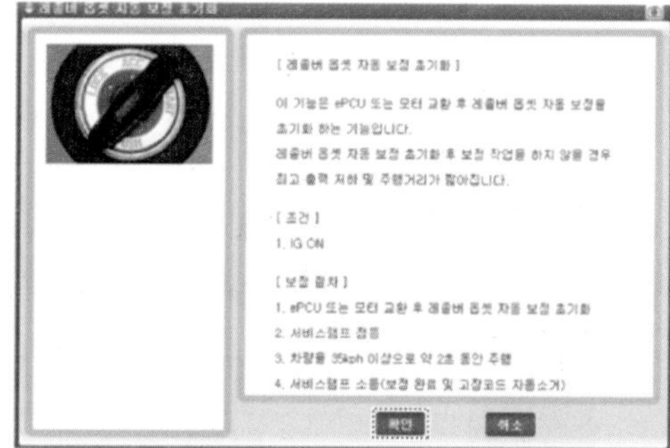

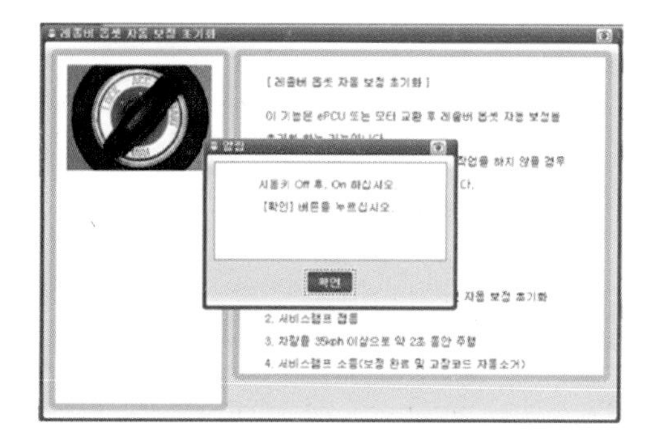

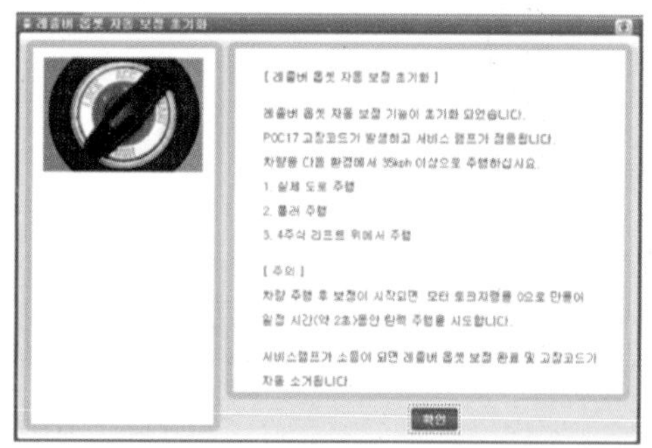

[그림 6-124] 레졸버 보정 초기화

1) 자기진단 커넥터에 진단 장비를 연결한다.

[그림 6-125] 운전석 퓨즈 커버 탈거 후 자기진단 케이블 연결

2) 변속단 P, 시동 버튼 ON 상태에서 리졸버 보정을 선택한다.

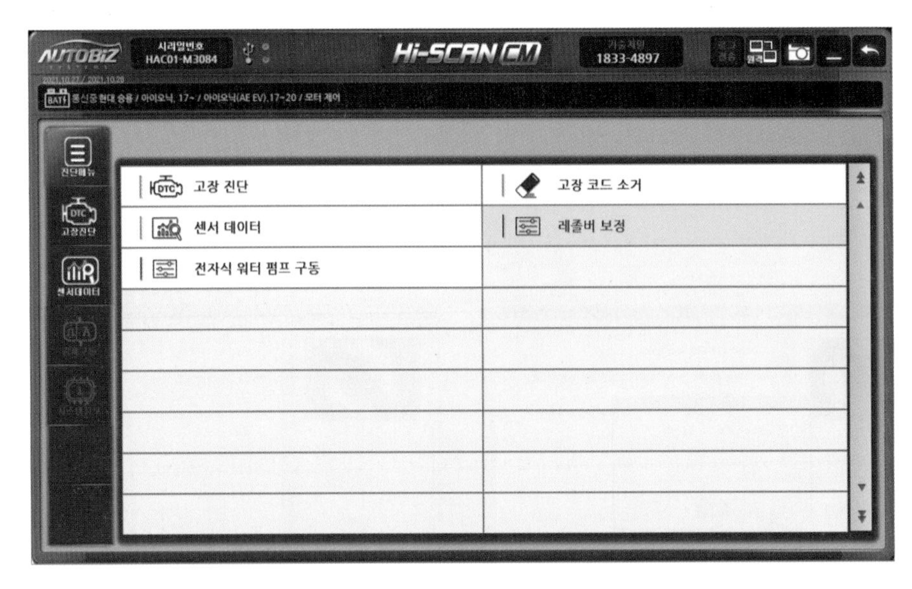

[그림 6-126] 리졸버 보정 선택

3) 리졸버 보정의 조건 4가지를 설정하고, 확인 버튼을 선택한다.

[그림 6-127] 리졸버 보정 조건 설정

CHAPTER

09 감속기 정비 및 윤활유 교환

1. 감속기의 기능

전기 자동차용 감속기는 일반 가솔린 차량의 변속기와 같은 역할을 하지만 여러 단이 있는 변속기와는 달리 일정한 감속비로 모터에서 입력되는 동력을 자동차 차축으로 전달하는 역할을 하며, 변속기 대신 감속기라고 불린다.

감속기의 역할은 모터의 고회전, 저토크 입력을 받아 적절한 감속비로 속도를 줄여 그만큼 토크를 증대시키는 역할을 한다. 감속기 내부에는 파킹 기어를 포함하여 5개의 기어가 있으며, 수동변속기 오일이 들어 있는데 오일은 무교환식이다.

[그림 6-128] 전기자동차 구동모터 와 감속기

주요 기능으로는 모터의 동력을 받아 기어비만큼 감속하여 출력축(휠)으로 동력을 전달하는 토크 증대의 기능과 차량 선회 시 양쪽 휠에 회전속도를 조절하는 차동 기능, 차량 정지 상태에서 기계적으로 구동 계통에 동력 전달을 단속하는 주차 기능 등을 한다.

감속기의 3가지 기능은 감속, 차동, 주차를 수행한다. 감속기의 주차 기능은 전자식 주차 액추에이터를 설치하고, 운전석에서 전자식 변속 버튼의 P 버튼을 누르면 액추에이터의 작동으로 주차 상태를 유지할 수 있다.

1. 디퍼런셜 오일씰
2. 오일필러 플러그
3. 오일 드레인 플러그

1. 구동모터
2. 감속기

[그림 6-129] 감속기 구조 및 장착위치

2. 감속기 정비절차

(1) 점검

(가) 유의사항

감속기 오일은 통상운전시 무교환을 원칙으로하나, 가혹 운전시 매 120,000 km 마다점검 및 교환한다. 가혹 조건은 아래와 같다.

1) 짧은 거리를 반복해서 주행할 때
2) 모래 먼지가 많은 지역을 주행할 때
3) 기온이 섭씨 32도 이상이며, 교통체증이 심한 도로의 주행이 50% 이상인 경우
4) 험한 길(요철로, 모래 자갈길, 눈길, 비 포장로)주행의 빈도가 높은 경우
5) 산길, 오르막 내리막길 주행의 빈도가 높은 경우
6) 경찰차, 택시, 상용차, 견인차 등으로 사용하는 경우
7) 고속주행 (170 kph 이상)의 빈도가 높은 경우
8) 소금, 부식물질 또는 한랭지역을 주행하는 경우

(나) 오일 점검하기

1) 시동을 끄고 차량을 리프트로 들어올린다.
2) 언더커버를 탈거한다.

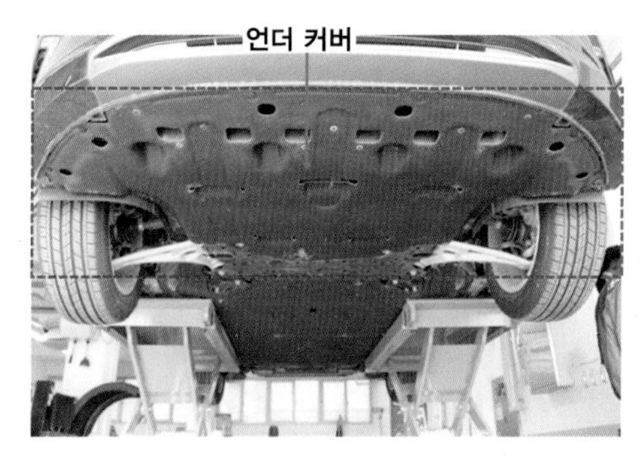

[그림 6-130] 언더커버 탈거

3) 윤활유 필러 플러그를 탈거한다.

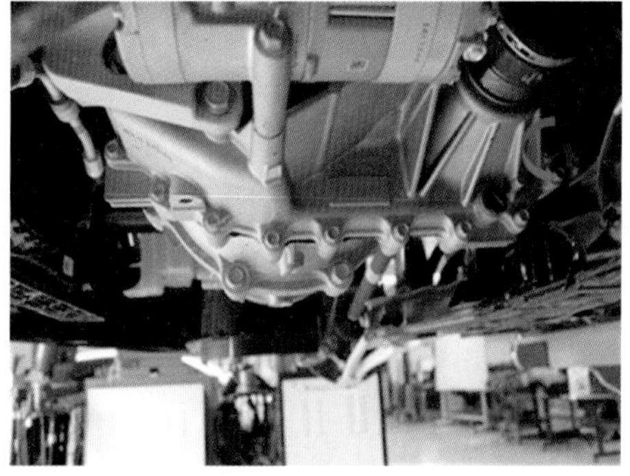

[그림 6-131] 윤활유 필러 플러그 탈거

4) 필러 플러그(A) 홀을 통해 윤활유의 상태를 점검하고 윤활유 레벨이 적정 레벨(B)에 있는지 확인한다. 윤활유 레벨 부족시 필러 플러그 홀까지 윤활유를 보충한다.

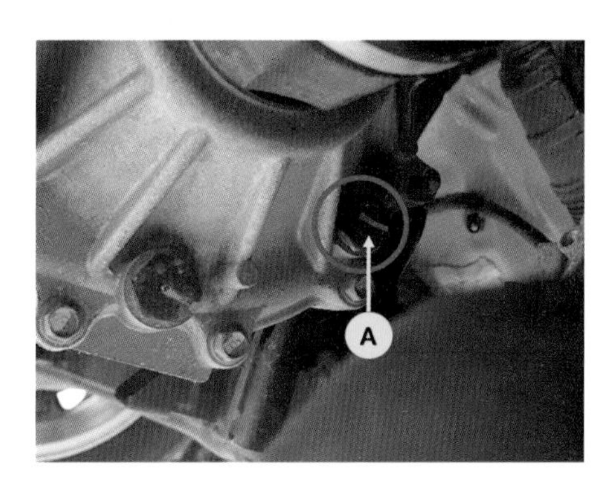

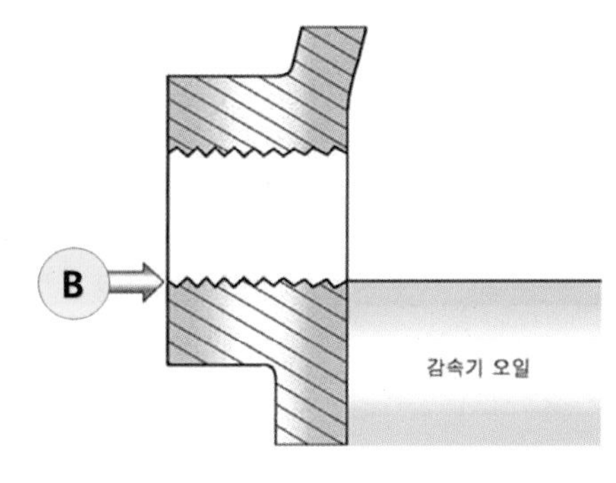

[그림 6-132]

[그림 6-133]

5) 오일필러 플러그 개스킷은 신품으로 교환 후 윤활유 필러 플러그를 장착한다.

6) 언더커버를 장착한다.

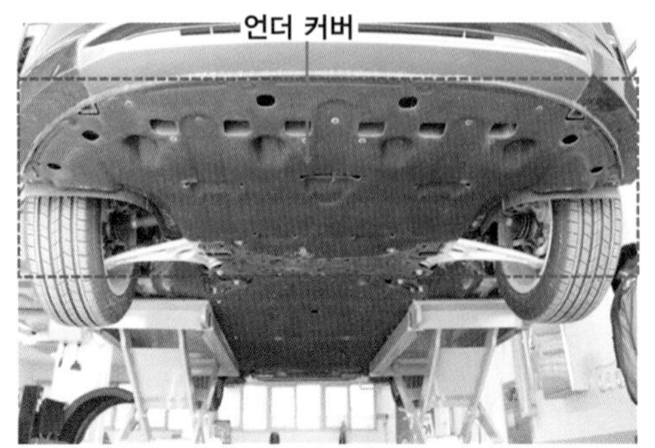

[그림 6-134] 언더커버 조립

(다) 윤활유 교환하기

1) 시동을 끄고 차량을 리프트로 들어올린다.

2) 언더커버를 탈거한다.

3) 드레인 플러그(A)를 탈거하고 윤활유를 전량 배출한 후 드레인 플러그를 재장착 한다. (드레인 플러그의 개스킷은 신품으로 교환한다.)

4) 윤활유 필러 플러그(A)를 탈거한다.

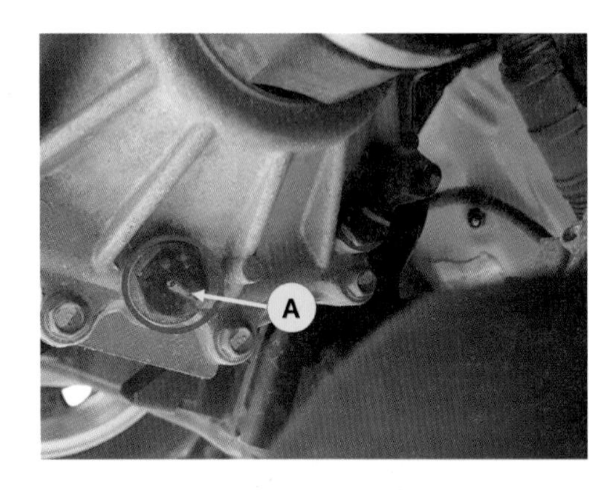

[그림 6-135]

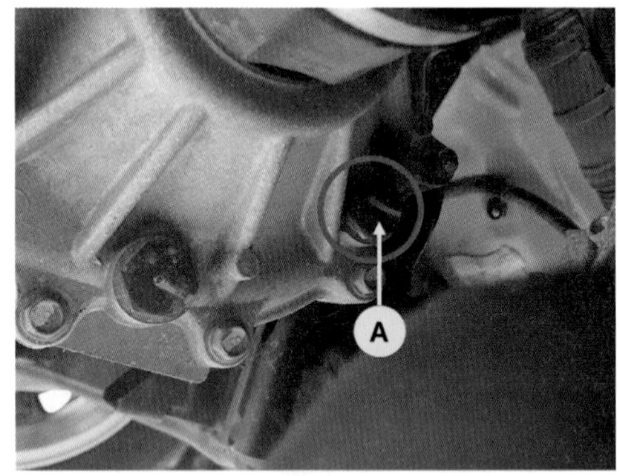

[그림 6-136]

5) 윤활유 필러 플러그 홀까지 오일을 보충한다.

① **감속기 윤활유**: SEA 70W, API GL-4, TGO-9(MS517-14)

② **감속기 윤활유 교환 용량:** 1.0 ~1.1 L

6) 오일 필러 플러그(A)를 장착한다.

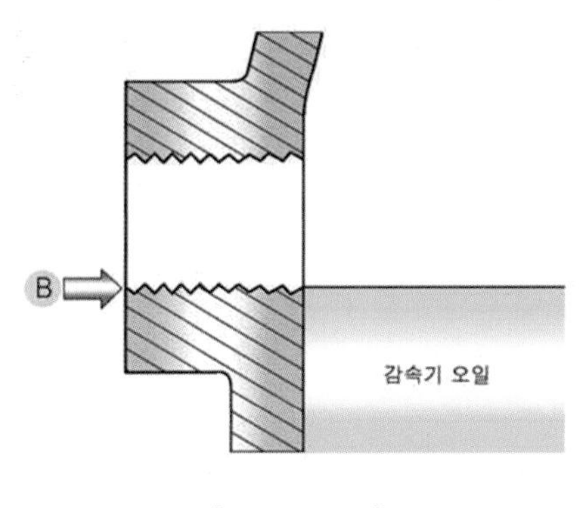

[그림 6-137]

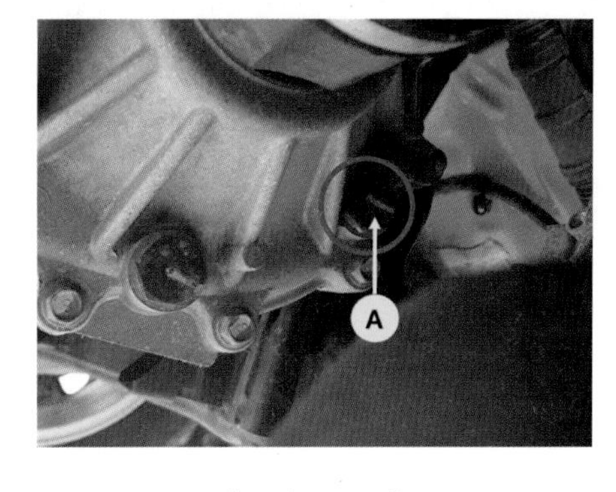

[그림 6-138]

7) 언더커버를 장착한다.

3. 감속기 탈거

고전압 시스템 관련 작업 시, 반드시 "안전 사항 및 주의, 경고"내용을 숙지하고 준수해야 한다. 미준수할 때 감전 또는 누전 등으로 인한 심각한 사고를 초래할 수 있다.

고전압 시스템 관련 작업 시 "고전압 차단 절차" 에따라 반드시 고전압을 먼저 차단해야 한다. 미준수할 때 감전 또는 누전 등으로 인한 심각한 사고를 초래할 수 있다.

1) 고전압을 차단한다.

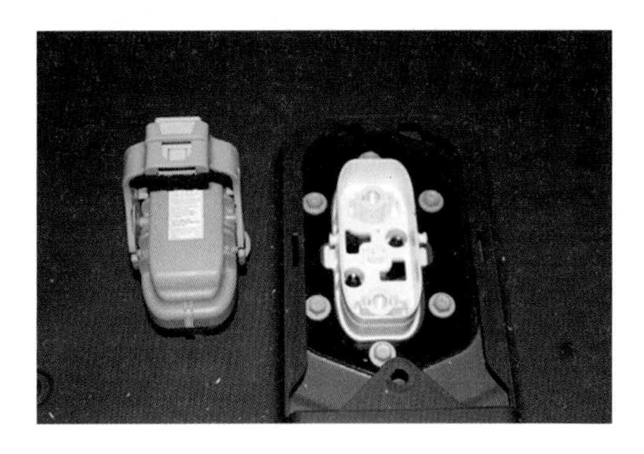

[그림 6-139] 안전 플러그 탈거

2) 12V 보조 배터리 및 트레이를 탈거한다.

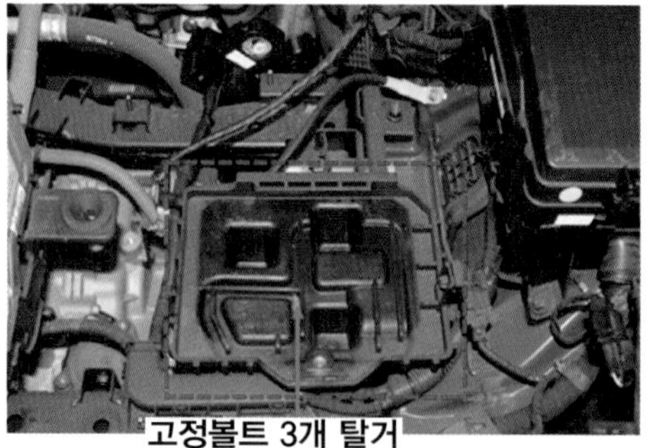

[그림 6-140] 보조배터리 및 트레이 탈거

3) 언더커버 (A)를 탈거한다.

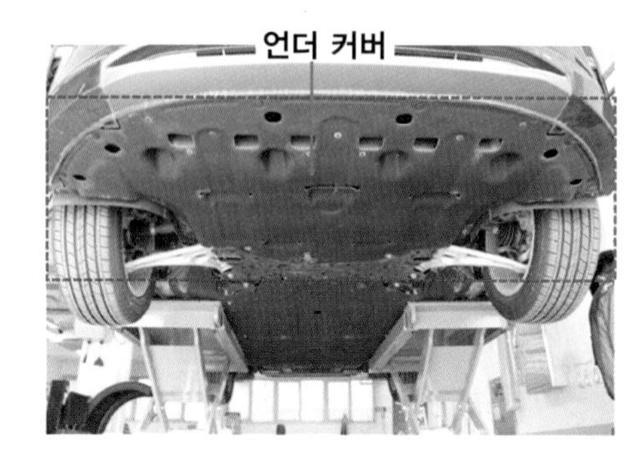

[그림 6-141] 언더커버 탈거

4) 드라이브 샤프트 어셈블리를 탈거한다.

[그림 6-142] 좌 · 우측 드라이브 샤프트 탈거

5) 전동식 에어컨 컴프레서 고전압 커펙터 (A)를 분리한다.

6) 고전압 케이블 고정 클립 (B)을 분리한다.

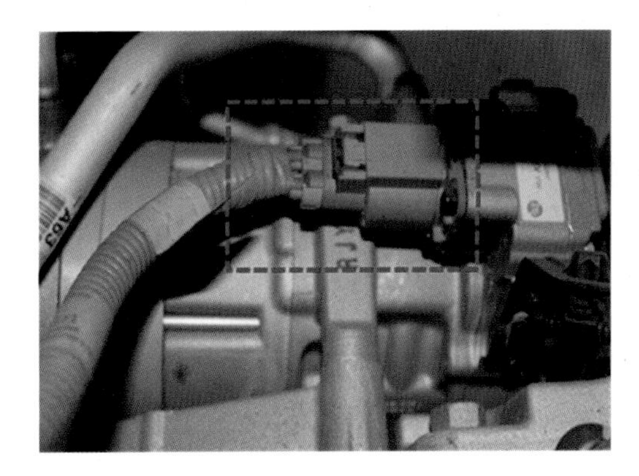

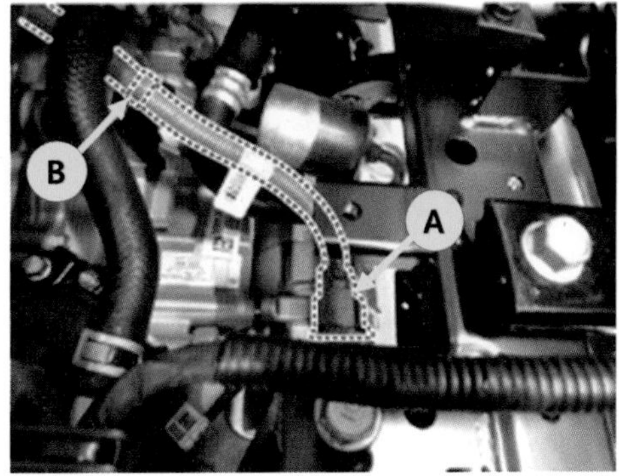

[그림 6-143] 에어컨 컴프레서 고전압 케이블 커넥터 탈거

7) 전자식 파킹 엑추에이터 커넥터 (A)를 분리한다.

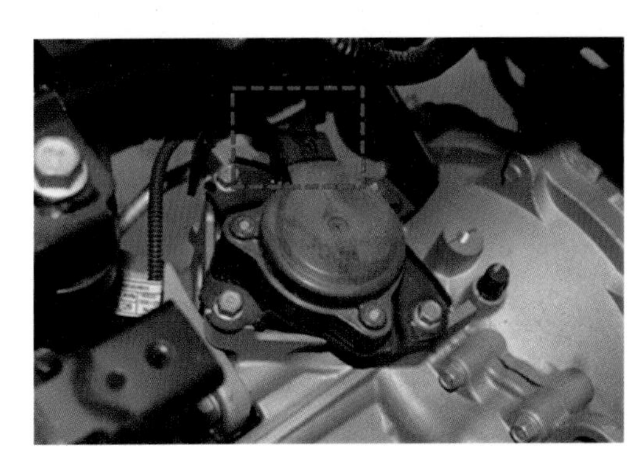

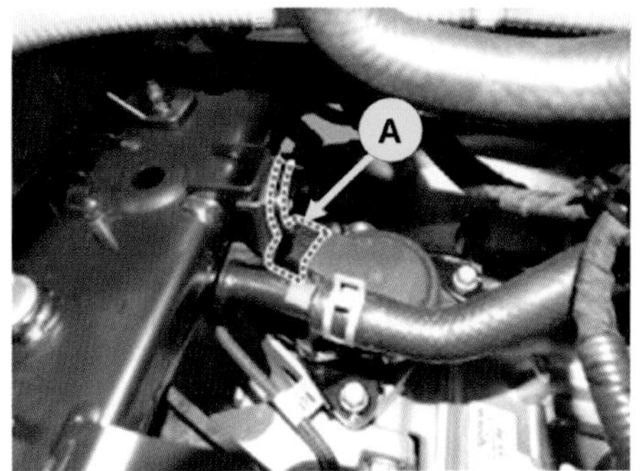

[그림 6-144] 전자석 주차 액추에이터 스위치 커넥터 탈거

8) 전동식 컴프레서 커넥터 및 고정 클립 (A)를 분리한다.

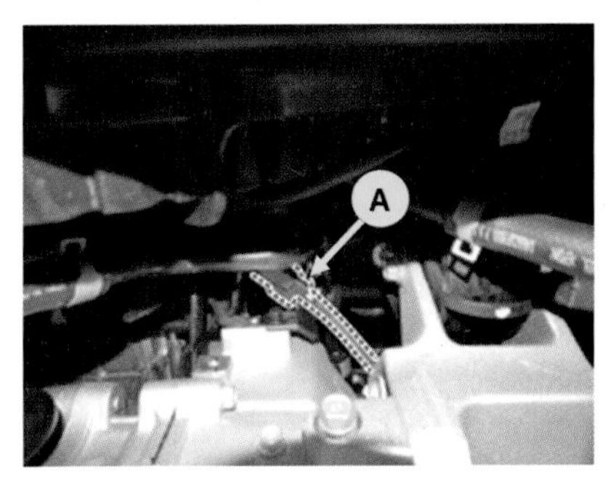

[그림 6-145] 전동식 컴프레서 커넥터 및 고정 클립 탈거

9) 전동식 컴프레서(A)를 탈거후 프레임에 고정해둔다.

10) 와이어링 고정 클립(A)를 분리한다.

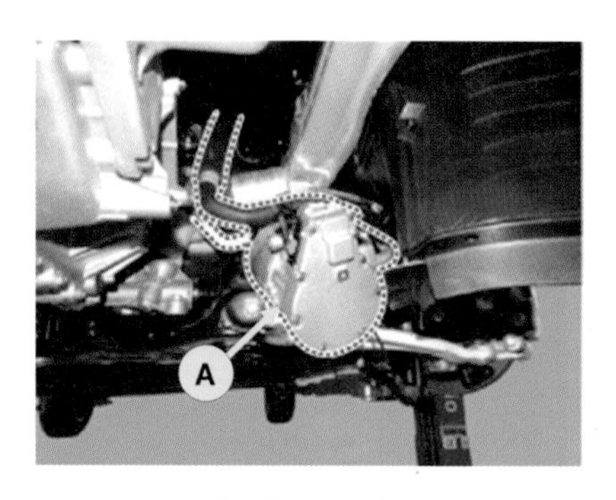

[그림 6-146]

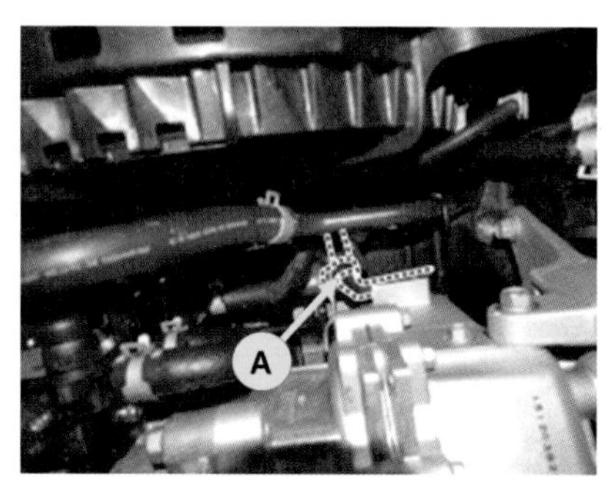

[그림 6-147]

11) 상부 고정볼트(A)를 탈거한다.

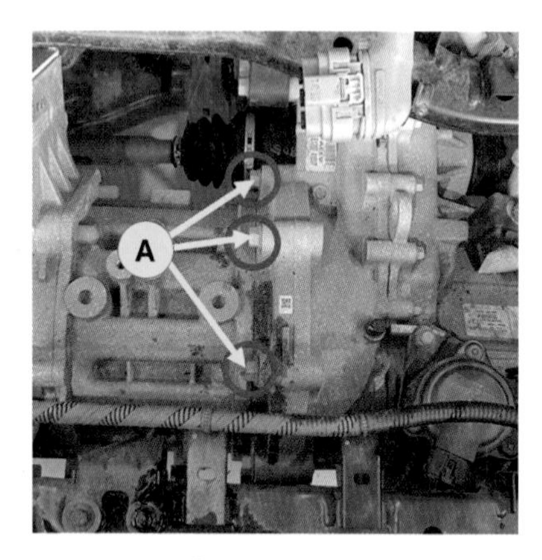

[그림 6-148]

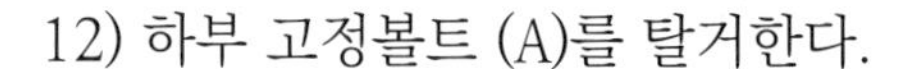

12) 하부 고정볼트 (A)를 탈거한다.

[그림 6-149]

13) 모터쪽에 잭을 지지한다.

[그림 6-150]

14) 감속기 마운팅 너트 및 볼트 (A)를 탈거한다.

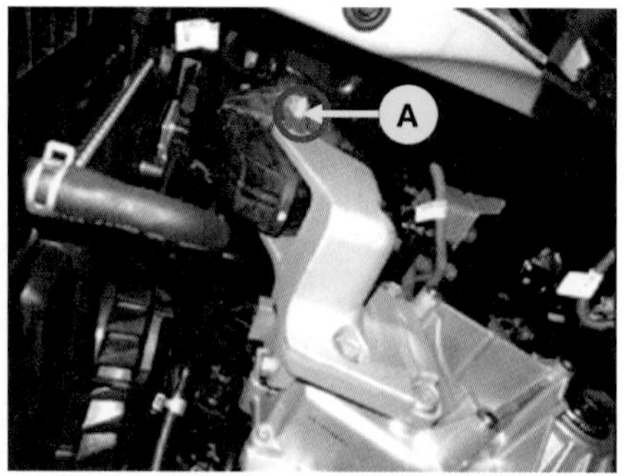

[그림 6-151]

15) 볼트를 풀고 마운팅 브라켓(A)을 탈거한다.

16) 프린트쪽 마운팅 볼트(A)를 탈거한다.

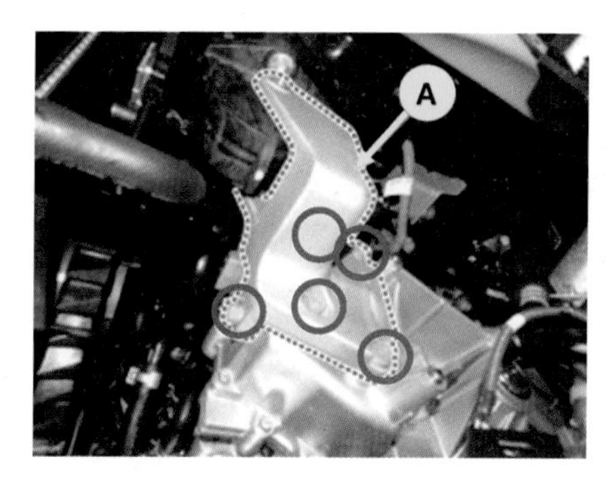

[그림 6-152]

[그림 6-153]

17) 리어쪽 마운팅 볼트(A)를 탈거한다.

18) 감속기를 잭으로 지지후 마운틴 볼트(A)를 탈거한다.

[그림 6-154]

[그림 6-155]

19) 감속기를 모터에서 탈거한다.

[그림 6-156] 감속기 탈거

4. 감속기 분해

1) 고정볼트 (A)를 전부 탈거한다.

[그림 6-157]

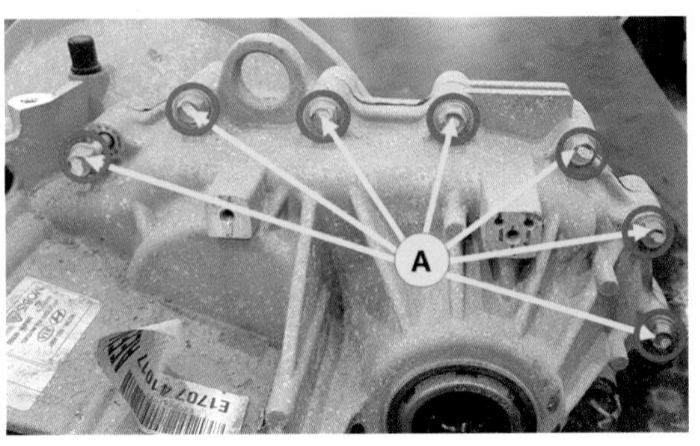

[그림 6-158]

[그림 6-159]

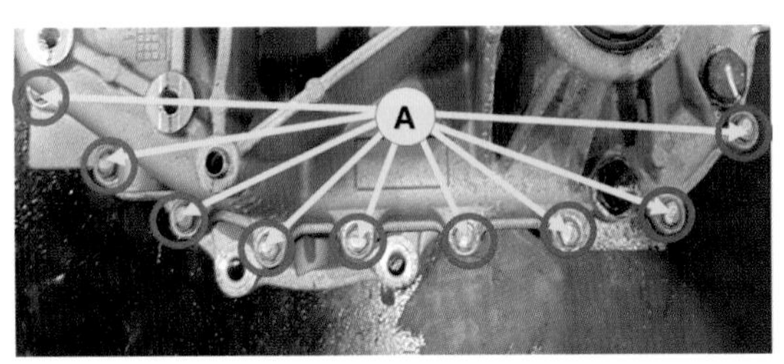

[그림 6-160]

2) 감속기 하후징 케이스를 분리한다.

[그림 6-161]

[그림 6-162]

[그림 6-163] [그림 6-164]

3) 파킹 록(A)의 마모 상태와 (B)의 작동상태를 확인한다.

[그림 6-165] [그림 6-166]

5. 감속기 장착하기

1) 감속기 장착전 모터 샤프트(A)측에 그리스를 도포한다.

[그림 6-167] [그림 6-168]

① 드라이브 샤프트 장착 시 윤활유 씰 손상에 주의하여 장착한다.

② 감속기 재 장착할 때 윤활유를 점검 후 윤활유를 보충한다.

③ 감속기 재 장착할 때 윤활유 씰이 손상되어 윤활유가 누유될 때 신품 오일씰로 교환한다.

④ 오일씰 교환할 때 공구를 이용하여 1, 2, 3, 위치를 순서대로 타격하여 장착한다.

2) 구동 모터에 감속기를 장착한다.

3) 잭에 고무(나무) 블록을 설치하고, 구동 모터를 잭에 올린다.

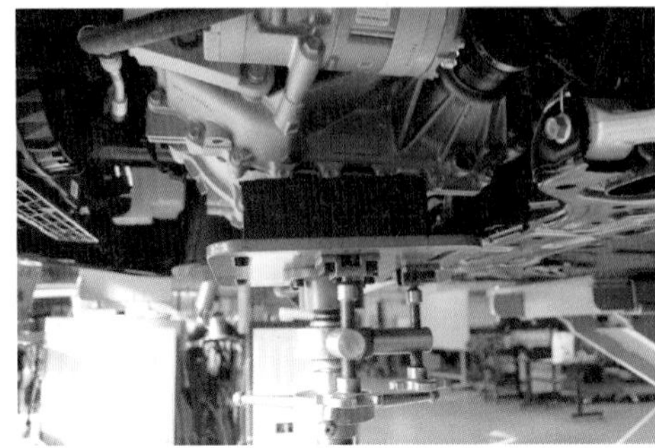

[그림 6-169] 잭 설치(고무 블록 설치)

4) 감속기를 잭으로 지지한 상태에서 마운팅 볼트를 조인다.

5) 후면 쪽 마운팅 볼트를 조인다.

[그림 6-170] 후면 롤 마운팅 브래킷 조립

6) 프런트 쪽 마운팅 볼트를 조인다.

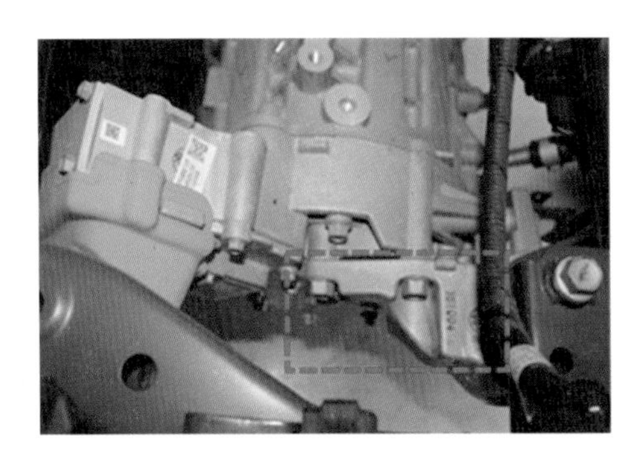

[그림 6-171] 구동 모터 서포트 브래킷 장착

7) 마운팅 브래킷을 설치하고, 감속기 마운팅 너트 및 볼트를 조인다.

[그림 6-172] 감속기 서포트 브래킷 장착

8) 감속기의 하부 고정볼트를 조인다.

[그림 6-173] 감속기 하부 고정볼트 조립

9) 감속기의 상부 고정볼트를 조인다.

[그림 6-174] 감속기 상부 고정볼트 조립

10) 와이어링 고정 클립을 조립한다.

11) 전동식 컴프레서를 설치하고, 고정볼트를 조인다.

[그림 6-175] 에어컨 컴프레서 조립

12) 전동식 컴프레서 커넥터 및 고정 클립을 조립한다.

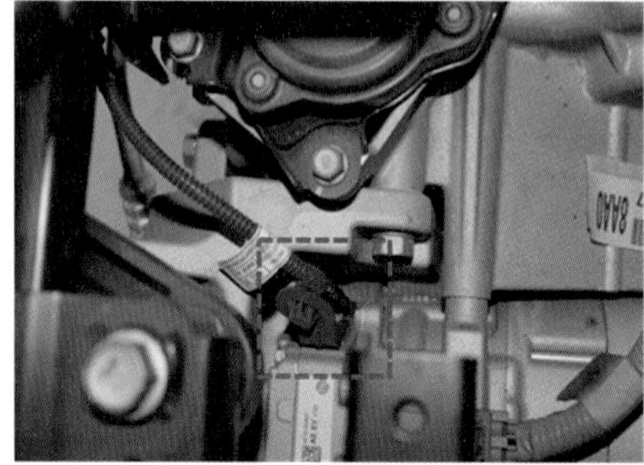

[그림 6-176] 전동식 컴프레서 커넥터 및 고정 클립 장착

13) 전자식 주차 액추에이터 커넥터를 연결한다.

[그림 6-177] 전자석 주차 액추에이터 스위치 커넥터 장착

14) 고전압 케이블 고정 클립을 조립한다.

[그림 6-178] 고전압 케이블 고정 클립 조립

15) 전동식 에어컨 컴프레서 고전압 커넥터를 연결한다.

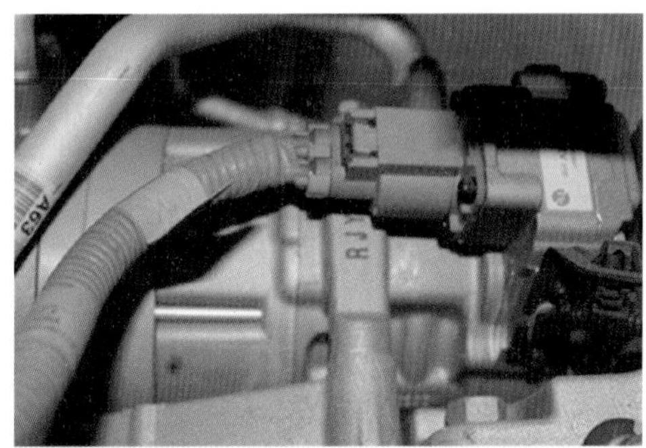

[그림 6-179] 에어컨 컴프레서 고전압 케이블 커넥터 장착

16) 감속기에 드라이브 샤프트를 장착한다.

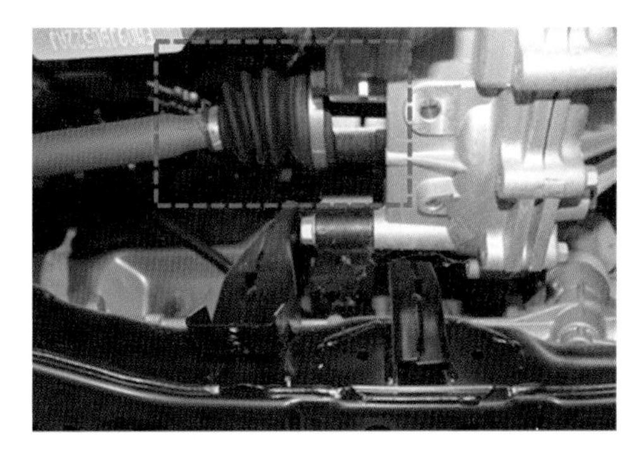

[그림 6-180] 좌 · 우측 드라이브 샤프트 장착

17) 차량을 리프트로 올린 상태에서 언더커버를 장착한다.

[그림 6-181] 언더커버 장착

18) 보조배터리(12V) 및 트레이를 장착한다.

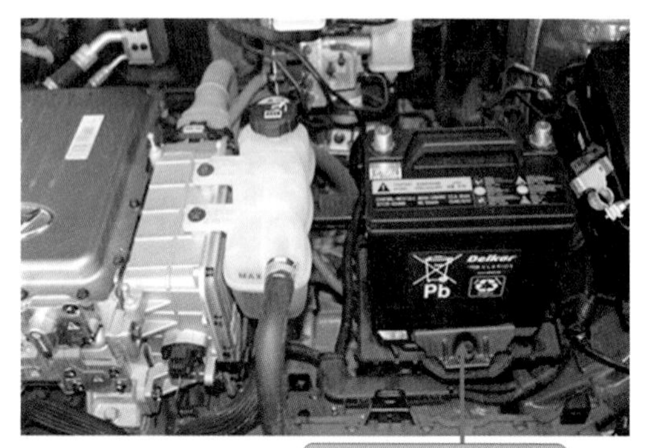

[그림 6-182] 보조배터리와 트레이 장착

19) 고전압 차단 절차를 복원하여 차량을 활전상태로 한다.

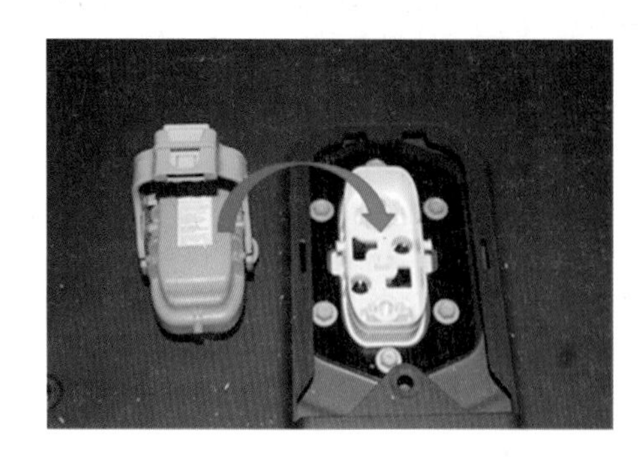
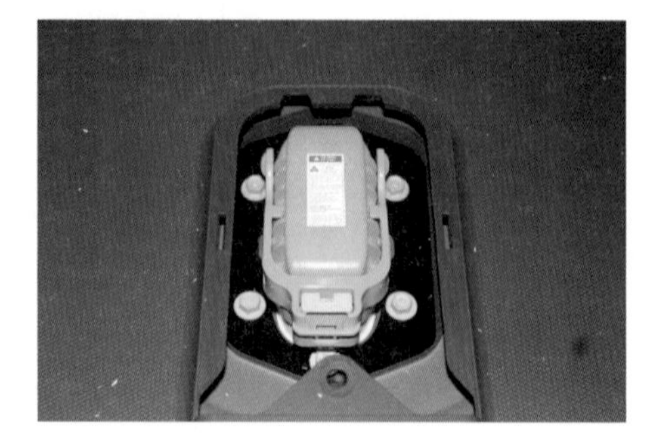

[그림 6-183] 안전 플러그 조립

제7장

PE 부품 냉각장치 정비

CHAPTER

01 PE 냉각장치의 구조와 작동원리

전자식 워터 펌프 EWP: Electronic Water Pump 제어

전기식 워터 펌프인 EWP는 LDC, MCU, OBC 등에서 사용하는 반도체에서 발생하는 열을 냉각하기 위해 냉각수를 강제 순환하기 위한 장치이며, 반도체 소자의 특성상 125℃ 이상의 고온 에서는 타서 못 쓰게 될 수 있는 도체가 되어 버릴 수 있으므로 관련 부품을 적절히 냉각시켜 주는 것이 매우 중요하다.

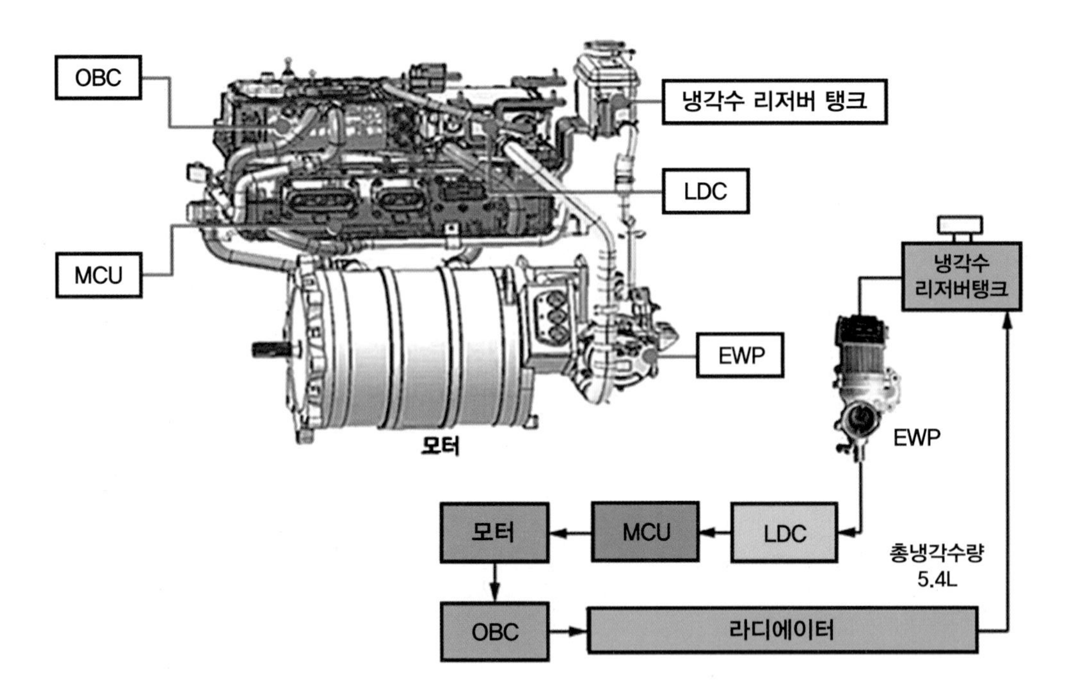

[그림 7-1] PE 냉각장치 구조 및 등가회로

CHAPTER

02 PE 냉각장치 정비

전기차 시스템을 구성하는 구동 모터, 완속 충전기(OBC), 전력 제어 장치(EPCU) 등은 작동 중에 필연적으로 고열이 발생하게 되며 이러한 고열은 해당 부품의 성능에 악영향을 끼치게 된다. 더군다나 전기장치 내부의 각종 반도체 부품들은 고열로 인하여 녹아내릴 수 있다. 이 때문에 이러한 전기장치들의 적절한 냉각은 매우 중요하다, 전력 제어 장치(EPCU)는 각 부품의 작동온도를 모니터링 하여 필요시 전자식 급수펌프(EWP)를 작동시킴으로써 냉각수가 순환하게 된다.

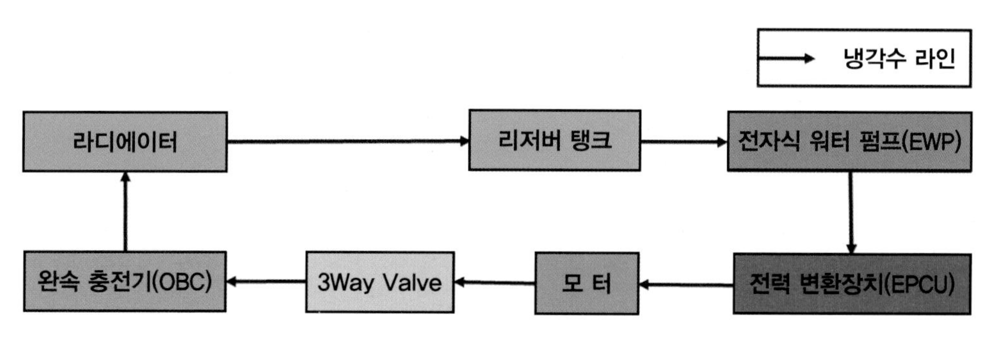

[그림 7-2] Standard 사양 흐름도

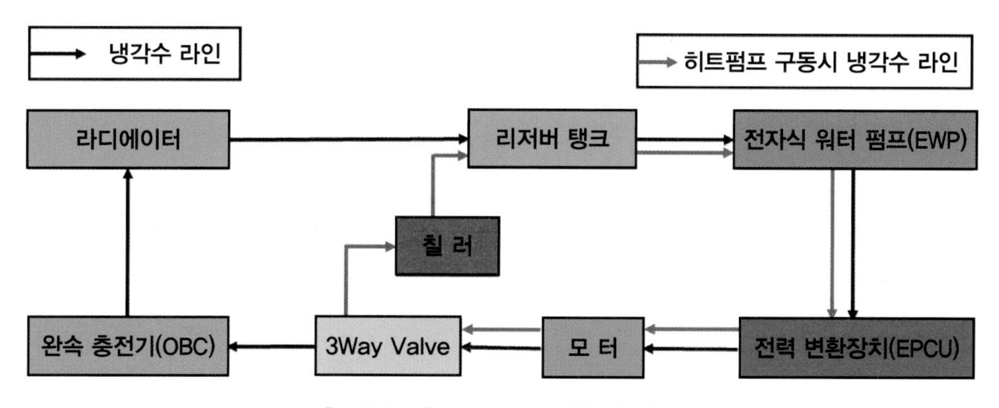

[그림 7-3] Heat Pump 사양 흐름도

구동 모터 시스템의 냉각수 온도가 전력 제어 장치(EPCU)에 설정 온도 이상일 때 전력 제어 장치(EPCU)는 전자식 워터펌프(EWP)를 작동하기 위해 CAN 라인에 전자식 워터펌프(EWP)의 작동 명령 신호를 보낸다. 또한 전자식 워터펌프(EWP)는 작동 여부를 CAN (controller Aere network) 통신에 전송한다.

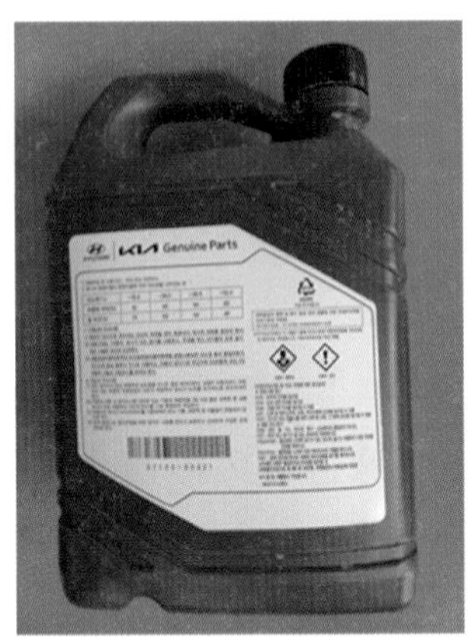

[그림 7-4] 전자식 워터펌프, 냉각수

(1) 전자식 물 펌프(EWP) 제원

[표 7-1]

항목	제원
형식	모터 구동
작동조건	속도 제어
작동 회전속도	1000 ~ 3,320rpm
작동전압	13.5 ~ 14.5V
용량	최소 12 L pm (0.65 bar)
정격전류	2.5 A 이하 (14V 시)
작동온도 조건	-40 ~ 105℃
저장 온도 조건	-40 ~ 120℃
냉각수 온도	75℃ 이하

(2) 냉각수 라인 점검

(가) 리저브 탱크 탈부착

리저브 탱크 탈부착 후 냉각수 주입 시 진단 장비를 이용하여 전자식 워터펌프

(EWP)를 강제 구동시켜 공기 빼기를 실시한다.

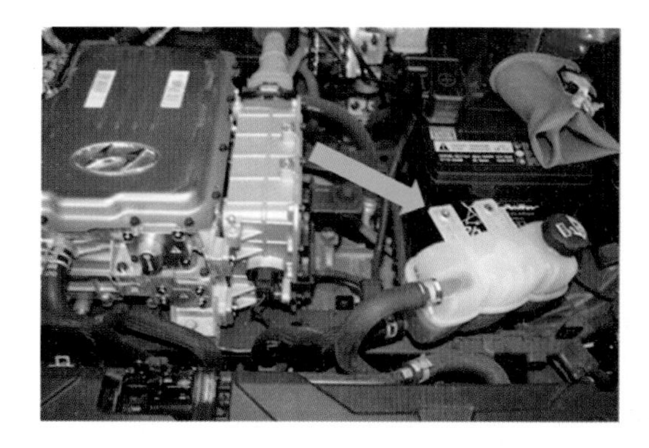

[그림 7-5] 리저브 탱크 탈부착

(나) 냉각수 라인의 누수 점검

1) 전기 자동차 관련 시스템이 완전히 식을 때까지 기다린 후 리저브 캡을 조심스럽게 개방한다. 냉각수를 채우고 압력 테스터를 장착한다.
2) 압력 테스터의 압력을 0.95~1.25kgf/cm^2 정도까지 상승시킨다.
3) 냉각수의 누수 및 압력 하강 유무를 점검한다.
4) 압력이 하강할 경우 호스, 라디에이터 및 워터펌프의 누수를 점검한다.

상기 부품이 정상이라면, 구동 모터, 전력 제어 장치(EPCU), 탑재형 완속 충전기(OBC) 등을 점검한다.

5) 압력 테스터를 분리하고 리저브 캡을 장착한다.

[그림 7-6] 냉각수 라인의 누수 점검

(다) 리저브 캡의 점검

1) 리저브 캡을 분리한 뒤 실(seal) 부분에 냉각수를 도포하고 압력 테스터를 설치한다.

2) 0.95~1.25kgf/cm² 정도로 압력을 가한다.

3) 압력이 유지되는지 확인한다.

4) 압력이 하강하는 경우 리저브 캡을 교환한다.

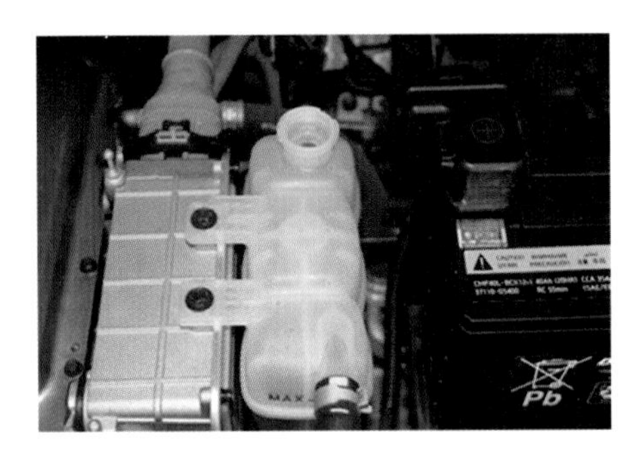
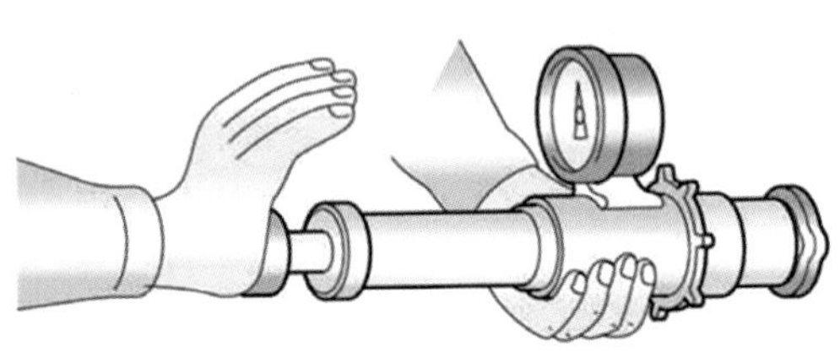

[그림 7-7] 리저브 캡 점검

(3) 고장진단

[표 7-2]

고장	원인	점검항목
냉각수 부족에 의한 과열	- 냉각수 통로 내부의 공기 과다 - 냉각수 부족 - 냉각수 누수	- 자기진단 시스템으로 내부 공기빼기 및 냉각수 추가 - 호스 냉각 팬, 라디에이터 누수 등
부품 고장에 의한 과열	- 냉각 팬, 전자식 물펌프 등의 부품 고장	- 전자식 물 펌프(EWP), 냉각 팬
냉각수 통로 차단에 의한 과열	- 냉각수 통로의 차단	- 냉각수 통로의 내부
파워 일렉트릭 관련 부품 작동 불능	- 고전압 케이블 단선 [고전압정션박스 - 완속충전기(OBC) - 전력 제어장치(EPCU) - 구동 모터] - 신호 커넥터 분리 - CAN 배선의 절연 불량	- 고전압 케이블 연결 상태 - 신호 커넥터 연결 상태 - CAN 통신 배선 상태
절연저항 낮음	- 파워 일렉트릭 관련 부품 절연 불량 - 하나의 부품이 절연되어 있지 않은 경우 다른 부품이 손상될 수 있음	- 고전압 정션 박스, 완속 충전기(OBC), 전력 제어 장치(EPCU), 구동 모터, 고전압 케이블 상태

CHAPTER

03 냉각수 교환 및 공기 빼기

1. 냉각수 교환 및 공기빼기 작업

1) 전기 자동차 관련 냉각시스템과 라디에이터가 뜨거울 때는 고온, 고압의 냉각수가 분출되어 화상을 입을 수 있으니 리저브 캡을 절대로 열지 않는다. 관련 장치들이 충분히 냉각된 상태일 때 개방한다.
2) 냉각수 교환 시 냉각수가 전기장치 등에 묻지 않도록 주의한다.
3) 냉각수 관련 시스템과 라디에이터가 식었는지 확인한다.
4) 언더커버를 탈거한다.

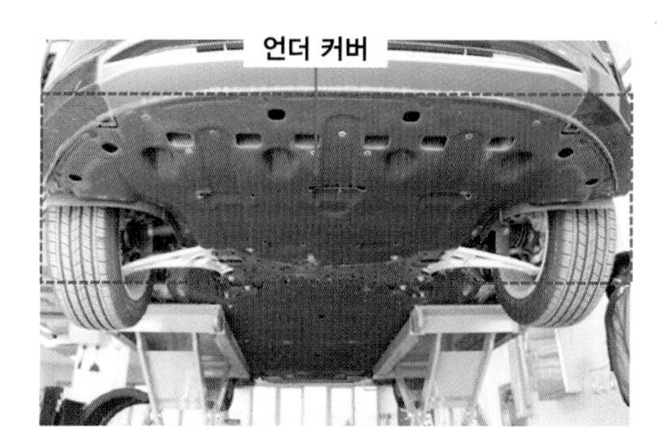

[그림 7-8] 언더커버 탈거

5) 드레인 플러그(A)를 풀어 냉각수를 배출시킨다. 이때 원활한 배출을 위하여 리저버 캡(B)를 열어둔다.

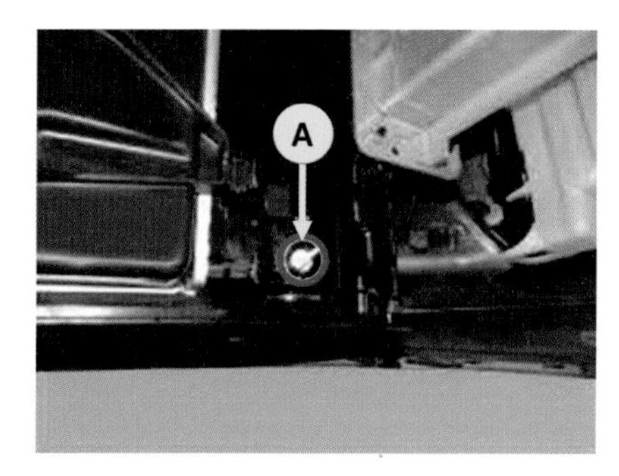

[그림 7-9]

[그림 7-10]

6) 냉각수 배출이 끝나면 드레인 플러그를 다시 조인다.

7) 리저브 탱크 내부의 냉각수를 배출하고 리저브 탱크를 청소한다.

8) 리저브 탱크에 물을 채우고 리저브 캡을 장착한다.

9) 진단 장비를 연결한 후 전자식 워터펌프(EWP)를 강제 구동시킨다.

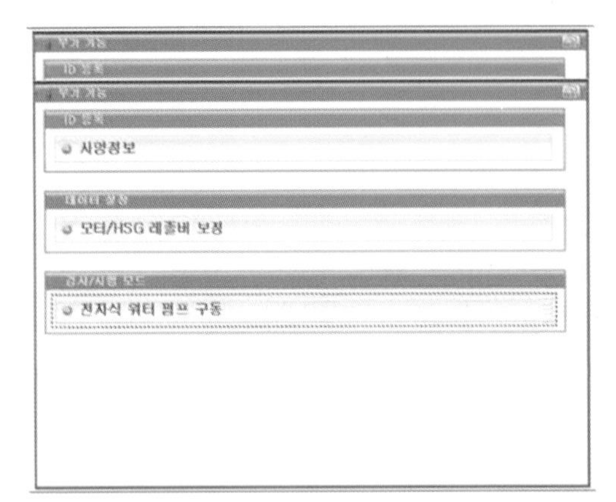

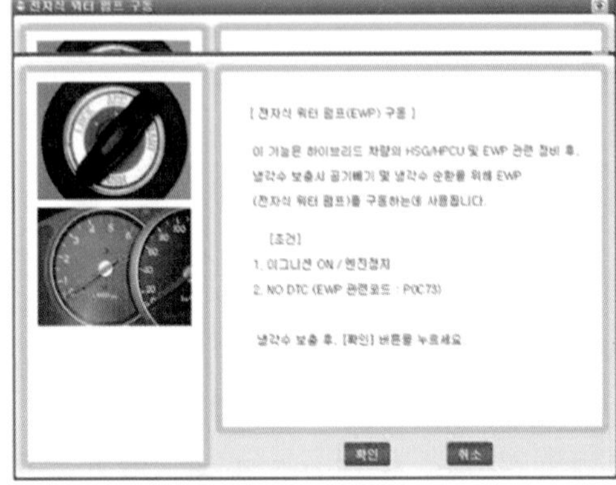

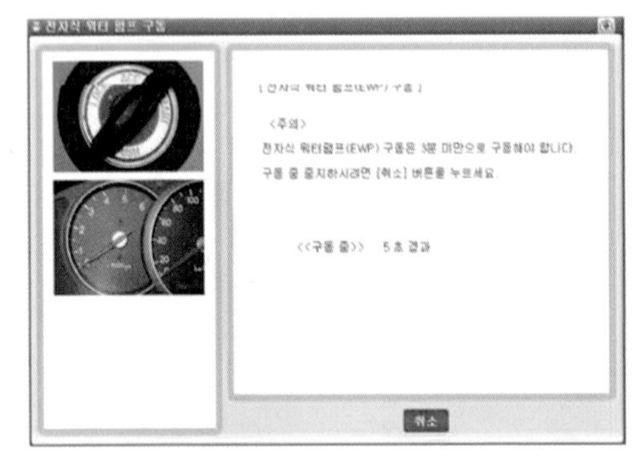

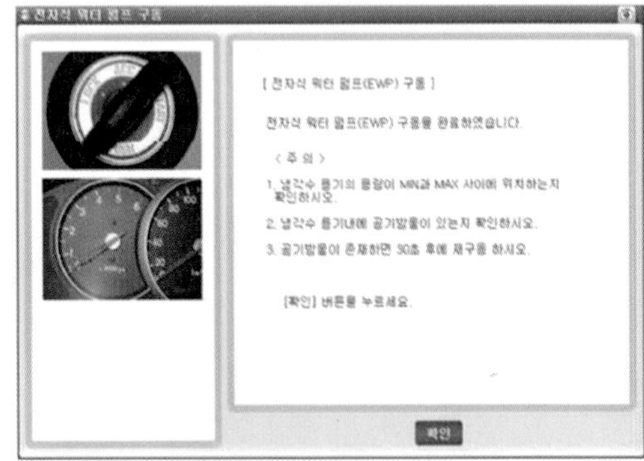

[그림 7-11] 전동식 물 펌프 구동

10) 라디에이터에서 배출되는 물이 깨끗해질 때까지 1~7항을 반복한다.

11) 부동액과 물 혼합액(50%)을 리저브 탱크에 천천히 채운다.

① 냉각 라인의 호스를 눌러주어 공기가 쉽게 배출될 수 있도록 한다.

② 부식방지를 위해서 냉각수의 농도를 최소 55%로 유지해야 한다.

③ 냉각수의 농도가 55% 미만일 경우 부식 또는 동결에 위험이 있을 수 있다.

④ 냉각수의 농도가 60% 이상인 경우 냉각 효과를 감소시킬 수 있다.

12) 진단기를 연결한 후 전자식 워터펌프(EWP)를 강제 구동 시킨다.

[그림 7-12] 전동식 물 펌프 구동

13) 전자식 워터펌프(EWP)가 작동하고 냉각수가 순환하면 냉각수가 리저브 탱크 "MAX"과 "MIN"사이에 오도록 냉각수를 채운다.

[그림 7-13] 리저브 탱크 주입량 및 냉각수

14) 전자식 워터펌프(EWP)작동 중 리저브 탱크에서 더 이상 공기 방울이 발생하지 않으면 냉각시스템의 공기 빼기는 완료된 것이다.

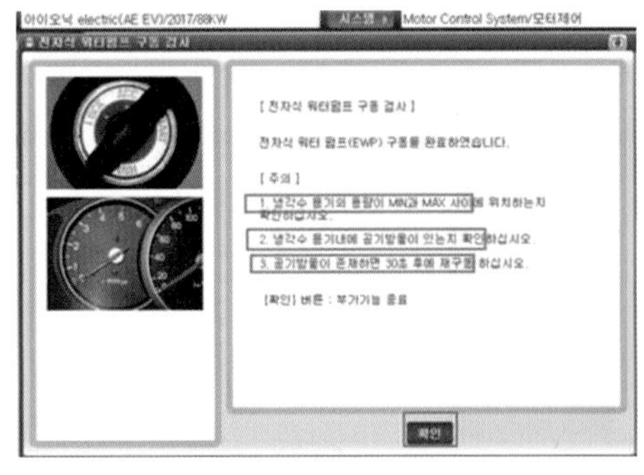

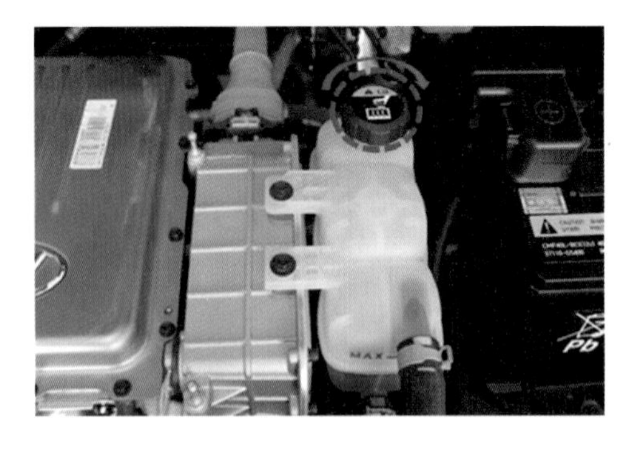

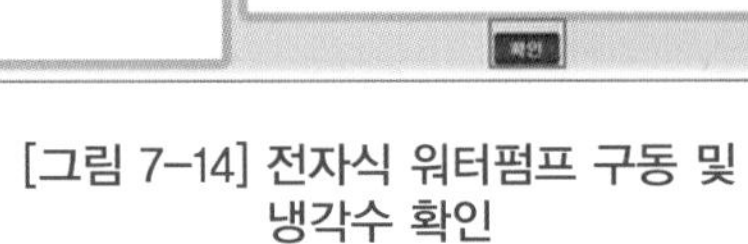

[그림 7-14] 전자식 워터펌프 구동 및 냉각수 확인

[그림 7-15] 전자식 워터펌프 구동 중

15) 공기 빼기가 완료되면 전자식 워터펌프(EWP)의 작동을 멈추고 리저브 탱크의 "MAX" 선까지 냉각수를 채운 후 리저브 캡을 잠근다.

[그림 7-16] 전자식 워터펌프 및 리저브 탱크 냉각수 주입

① 전자식 워터펌프는 1회 강제 구동으로 약 3분간 작동되나 필요시, 공기 빼기가 완료될 때까지 여러 차례 반복하여 작동시켜야 한다.

② 공기 빼기가 완료된 후 전자식 워터펌프가 작동하는 동안 리저브 탱크의 냉각수가 공기 방울 발생 없이 잘 순환되는지 육안으로 리저브 탱크 내부를 확인한다.

③ 냉각수 흐름이 원활하지 않거나 공기 방울이 여전히 발생 되면 9~12항을 반복한다.

④ 냉각수가 완전히 식었을 때 냉각시스템 내부 공기 배출 및 냉각수 보충이 가장 쉽게 이루어지므로, 냉각수 교환 후 2~3일 정도는 리저브 탱크의 냉각수 용량을 재확인한다.

⑤ 냉각수 용량

- **히트펌프 미적용 사양**: 약 4.1 ~ 4.3 L
- **히트펌프 적용 사양**: 약 4.6 ~ 4.7L

2. 전자식 워터펌프 EWP 정비

- **기능**: 모터 시스템[전력제어장치(EPCU), 모터, 완속 충전기(OBC)]에서 냉각 회로의 냉각수를 순환시킨다.
- **작동원리**: 모터 시스템의 냉각수 온도가 전력제어장치(EPCU)에 설정 된 온도 이상으로 오르면, 전력제어장치(EPCU)는 전자식 워터 펌프(EWP)를 작동하기 위해 CAM 통신을 통해 전자식 워터펌프(EWP)로 명령 신호를 보낸다, 전자식 워터펌프(EWP)는 작동 유무를 CAN 통신을 통해 전력력제어장치(EPCU)로 보낸다.

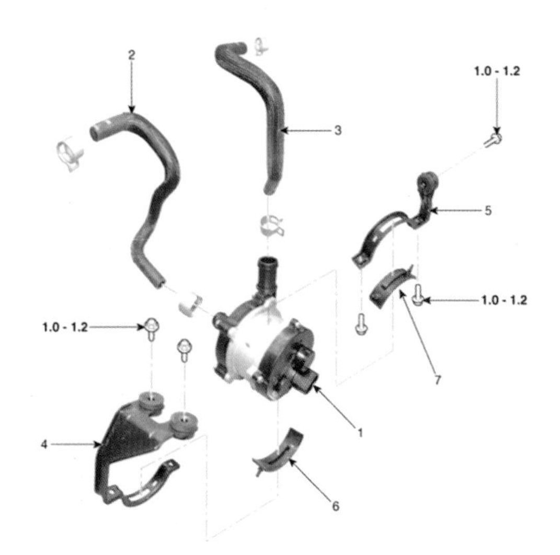

1. 전자식 워터펌프(EWP)
2 전자식 워터펌프(EWP) 인렛 호스
3. 전자식 워터펌프(EWP) 아웃렛 호스
4. 전자식 워터펌프(EWP) 하부 브라켓
5. 전자식 워터펌프(EWP) 상부 브라켓
6. 전자식 워터펌프(EWP) 하부 러버 패드
7. 전자식 워터펌프(EWP) 상부 러버 패드

[그림 7-17] EWP 주변 부품

3. EWP 탈거

1) 12V 보조 배터리 - 터미널을 분리한다. (차량제어 시스템 -보조 배터리 (12V))

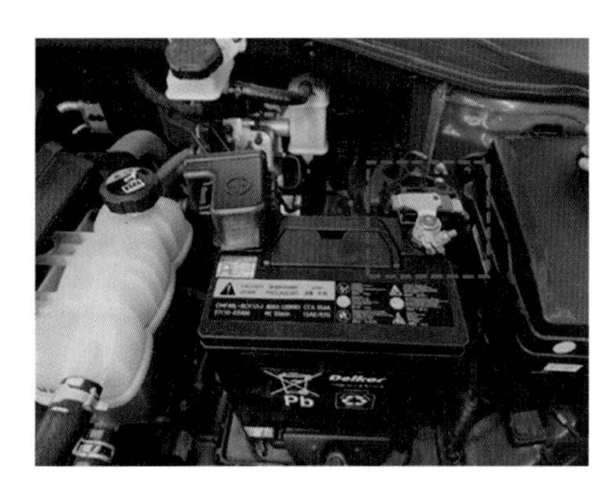

[그림 7-18]

[그림 7-19]

2) 언더커버를 제거한다.

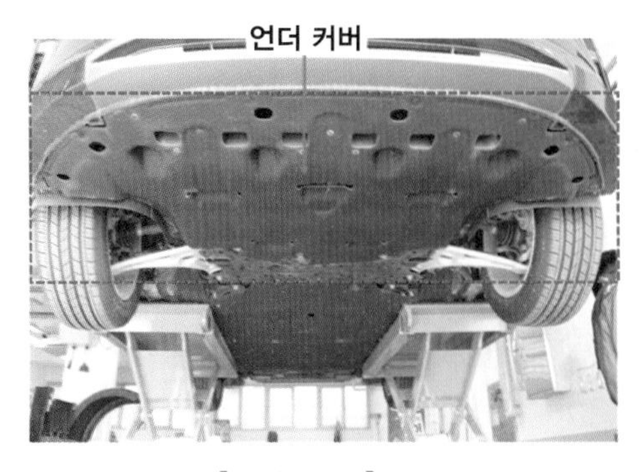

[그림 7-20]

[그림 7-21]

3) 드레인 플러그를 열어 냉각수를 배출한다. 원활한 배출을 위해 라디에이터 컵을 열어둔다.

4) 냉각수 배출이 끝나면 드레인 플러그를 잠근다.

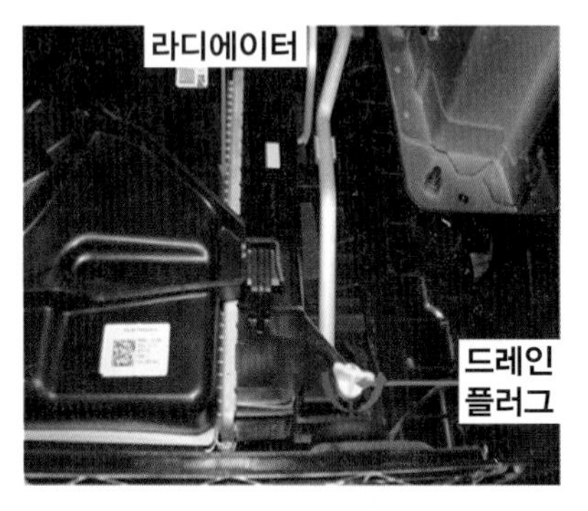

[그림 7-22]

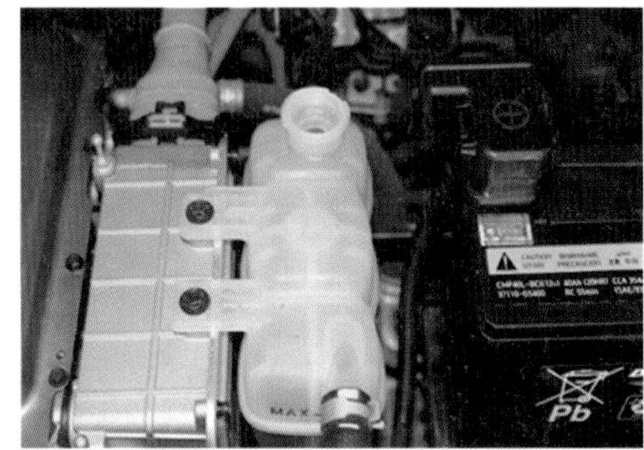

[그림 7-23]

5) 히트펌프 3 웨이 밸브를 탈거한다.

6) 전자식 워터펌프(EWP) 커넥터 (A)를 탈거한다.

7) 전자식 워터펌프 (EWP) 인렛 호스(B)를 분리한다.

8) 전자식 워터펌프 (EWP) 아웃렛 호스(C)를 분리한다.

[그림 7-24]

[그림 7-25]

9) 전자식 워터펌프(EWP) 어셈블리를 탈거한다.

① 전자식 워터펌프(EWP) 밴딩 볼트(A)를 탈거한다.

② 전자식 워터펌프(EWP) 브래킷 마운팅 볼트(B)를 탈거한 후, 전자식 워터 펌프(EWP)(C)를 탈거한다.

[그림 7-26]

[그림 7-27]

4. EWP 장착

1) 전자식 워터펌프를 장착하고, 전자식 워터펌프(EWP) 브래킷 마운팅 볼트를 조인다.

2) 전자식 워터펌프(EWP) 밴딩 볼트를 조인다.

3) 전자식 워터펌프(EWP) 냉각수 출구 호스를 장착한다.

4) 전자식 워터펌프(EWP) 냉각수 입구 호스를 장착한다.

[그림 7-28]

[그림 7-29]

5) 전자식 워터펌프(EWP) 커넥터를 장착한다.

6) 히트펌프의 3 웨이 밸브를 장착한다.

7) 차량을 들어 올리고 언더커버를 장착한다.

[그림 7-30]

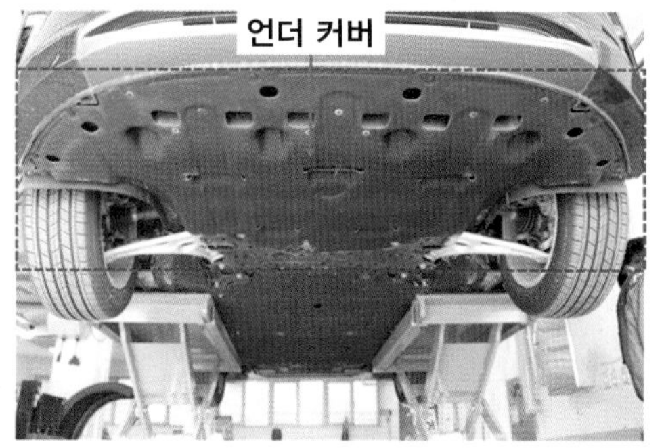

[그림 7-31]

8) 보조 배터리(DC 12V) "-"선을 연결한다.

[그림 7-32]

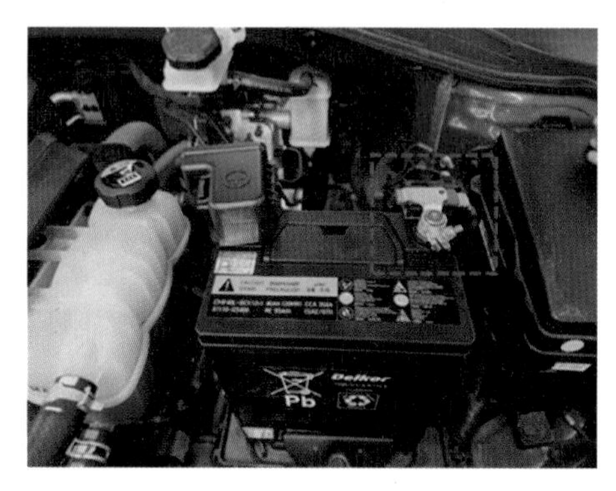

[그림 7-33]

9) 냉각수를 주입한다.

① 냉각수 주입 시 진단기를 이용하여 전자식 워터펌프(EWP)를 강제 구동시켜 공기 빼기를 실시한다,

② 전자식 워터펌프(EWP) 강제 구동 시, 배터리 방전을 막기 위해 12V 배터리를 충전시키면서 작업한다.

5. 히트펌프 3웨이 밸브 탈거 및 장착

1) 고전압을 차단한다,

2) 12V 보조 배터리 - 터미널을 분리한다.

3) 언더커버를 탈거한다.

4) 드레인 플러그를 열어 냉각수를 배출한다, 원활한 배출을 위해 압력 켑을 열어둔다.

5) 히트펌프 3 웨이 밸브를 탈거한다.

① 3 웨이 밸브 커넥터 (A)를 분리한다,

② 전장 3 웨이 밸브 인렛 호스(B)를 분리한다,

③ 전장 3웨이 밸브 아웃렛 호스(C)를 분리한다.

④ 전장 모터 쪽 인렛호스(D)를 분리한다.

⑤ 고정 볼트를 탈거 후, 3 웨이 밸브를 탈거한다.

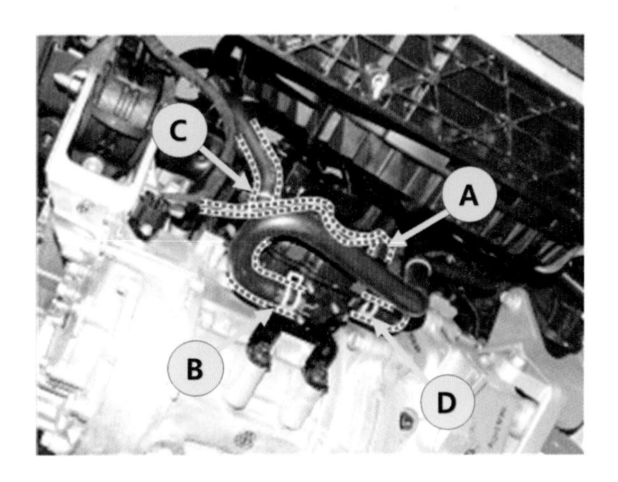

[그림 7-34]

6) 장착은 탈거의 역순으로 진행한다.

7) 냉각수를 주입한다.

8) 냉각수 주입 시 진단기기를 이용하여 전자식 워터펌프(EWP)를 강제 구동시켜 공기 빼기를 실시한다.

제8장

전력 제어장치 정비

CHAPTER

01 인버터(MCU) 기능 및 원리

전력 통합 제어 장치 EPCU: Electric Power Control Unit

전력 통합 제어 장치는 대전력량의 전력 변환 시스템으로서 고전압의 직류를 전기자동차의 통합 제어기인 차량 제어 유닛(VCU: Vehicle Control Unit) 및 구동 모터에 적합한 교류로 변환하는 장치인 인버터(Inverter), 고전압 배터리 전압을 저전압의 12V DC로 변환시키는 장치인 LDC 및 외 부의 교류전원을 고전압의 직류로 변환해주는 완속 충전기인 OBC 등으로 구성되어 있으며 고전압 배터리의 직류(DC) 400V를 공급받아 각 장치에 필요한 전력으로 변환하는 역할을 수행한다.

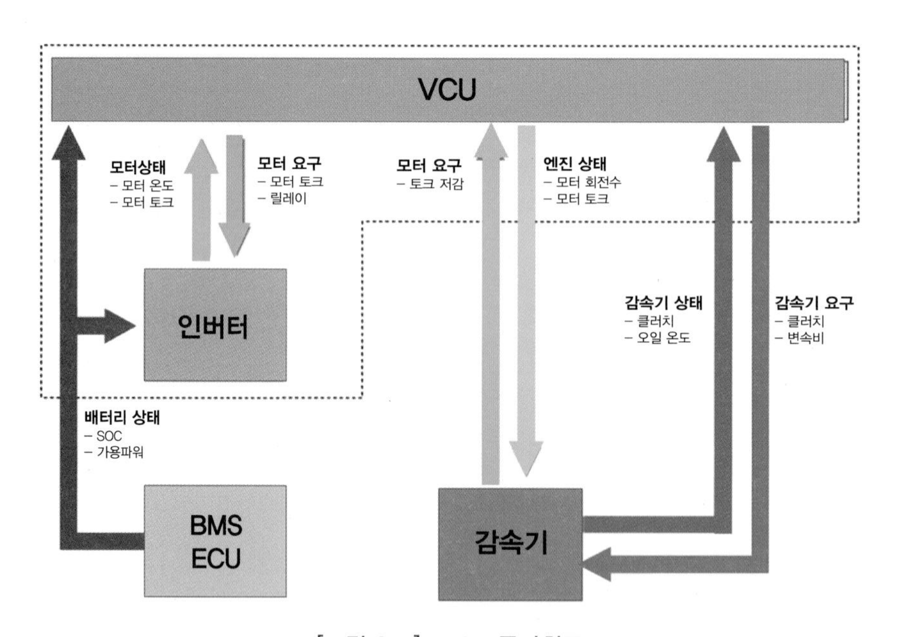

[그림 8-1] EPCU 등가회로

전력 제어장치는 직류(DC)와 교류(AC)를 변환하여 장치의 필요에 맞게 사용하며, 변환하는 방법에 따라 4가지로 분류한다. 전력 변환하는 조건에 따라 교류(AC)를 직류(DC)로 변환하는 정류기(AC-DC 컨버터), 직류(DC)를 직류(DC)로 변환하는 DC-DC 컨버터, 직류(DC)를 교류(AC)로 변환하는 인버터(DC-AC 컨버터), 교류(AC)를 교류(AC)로 변환하는 AC-AC 컨버터로 구분한다. 전기자동차는 DC-DC 컨버터를 LDC(low voltage DC-DC converter: 저전압 직류변환기)로 사용하고, 전기자동차 작동에서 인버터, 컨버터, LDC의 작동이 필요하다.

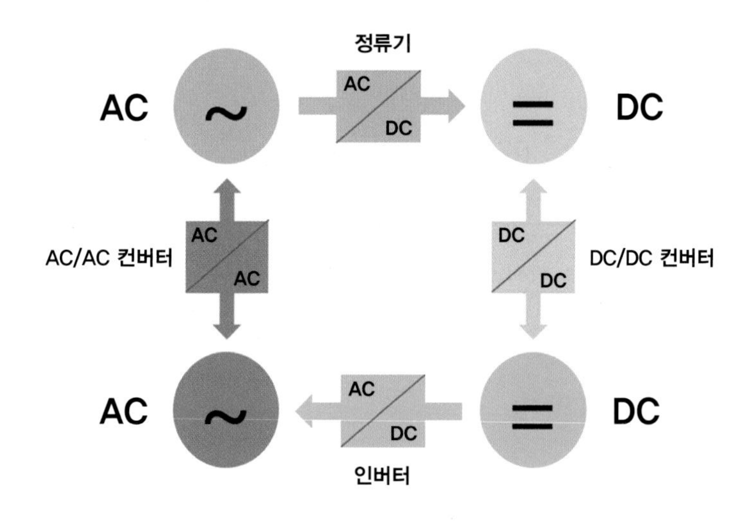

[그림 8-2] 전력 변환 방법

[표 8-1]전력 제어장치 제원

항목	제원
입력전압	240~413V
작동전압	9 ~ 16V
냉각방식	수냉식
냉각수 유입 온도	최대 65℃
작동온도	-40~85℃
저장온도	-40~85℃

1. 인버터의 개요

인버터는 전기차의 구동 모터로 공급되는 고전압을 직류에서 교류로 변환하고, 또한 회생제동 시에는 모터에서 발생 되는 교류 전압을 직류로 변환하는 역할을 한다. 전기차 구동용으로 사용되는 모터는 교류 모터이므로 3상(X, Y, Z) 교류로 제어해야 하며 이 역할을 인버터가 하고, 모터의 회전 속도와 토크, 회생제동 등에 필요한 제어는 모터 제어기 (MCU)가 담당한다.

모터를 구동시키는 방법은 인버터 내부의 전력용 반도체를 사용하여 특정한 주파수와 전압을 가진 교류로 변환시켜 회전 속도를 제어하는 것이다. (유도전동기의 자속밀도를 일정하게 유지하게 시켜 효율 변화를 막기 위하여 주파수와 함께 전압도 동시에 변화시켜야 함)

DC(직류) 전원을 가변 주파수(㎐) 및 가변 전압의 AC(교류) 전원으로 변환시키는 장치를 말하며, 그 반대의 개념으로 AC를 DC로 변환시키는 장치를 통상적으로 컨버터(Converter)라고 한다.

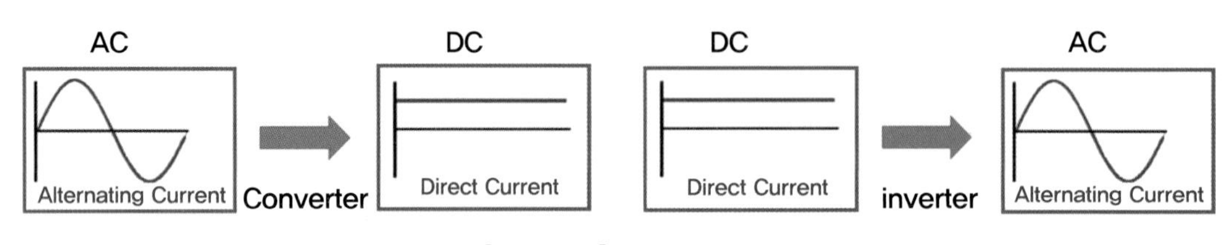

[그림 8-3] 인버터 개요

2. 인버터 Inverter의 제어원리

산업체에서 속도제어가 필요한 동력원으로는 주로 직류전동기가 이용되어왔으며 유도전동기는 정속도 운전에 많이 사용됐다. 그러나 1957년 Thyristor (SCR) 이 개발되고 1960년대에 전력전자 분야의 발전과 함께 유도전동기 속도제어 계통에 이용할 수 있게 되었다. Solid State Devices를 이용한 유도전동기의 속도제어 방식에는 여러 가지 있으나, 대표적인 방법은 1차 전압제어방식과 주파수 변환방식이다. 따라서 유도전동기의 속도를 정밀하게 제어하려면 전압과 주파수 변환이 필요하다.

인버터는 직류전력을 교류전력으로 변환하는 장치로 직류로부터 원하는 크기의 전압 및 주파수를 갖은 교류를 얻을 수 있으므로 유도전동기의 속도제어는 물론이고 효율제어, 역률 제어 등이 가능하며 예비전원, Computer 용의 무정전 전원, 직류송전 등에 응용되고 있다. 인버터는 엄밀하게 말하면 직류전력을 교류전력으로 변환하는 장치이지만 우리가 쉽게 얻을 수 있는 전원이 교류이므로 교류전원으로부터 직류를 얻는 장치까지를 인버터 계통에 포함하고 있다.

3. 인버터 사용 목적

고전압 배터리의 DC 전원을 차량 구동 모터의 구동에 적합한 AC 전원으로 변환하는 시스템으로서 인버터는 케이스 속에 IGBT 모듈, 파워 드라이버(Power Driver), 제어회로인 컨트롤러(Controller)가 일체로 이루어져 있다.

4. 인버터의 구성

인버터의 기본 구성은 다음과 같이 되어있다.

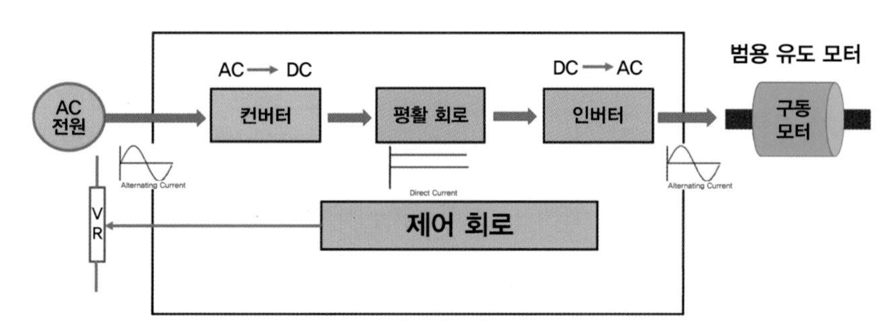

[그림 8-4] 인버터 회로 구성

인버터의 각 부분은 다음과 같은 기능을 수행한다.

① **컨버터부** ………… 상용 전원을 직류로 바꾸는 회로

② **평활 회로부** ……… 직류에 포함되는 맥동 분을 매끄럽게 하는 회로

③ **인버터부** ………… 직류를 가변 주파수의 교류로 바꾸는 회로

④ **제어회로부** ……… 주로 인버터 부를 제어하는 회로

5. 서보의 구성

서보의 위치제어 경우의 기본 구성은 다음과 같다.

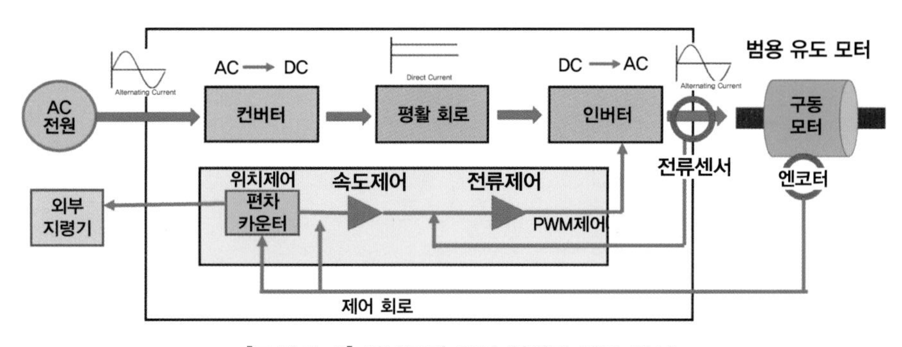

[그림 8-5] 서보모터 제어 인버터 회로 구성

서보의 각 부분은 다음과 같은 기능을 한다.

① **컨버터부**: 상용 전원을 직류로 바꾸는 회로(인버터와 같음)

② **평활 회로부**: 직류에 포함되는 맥동 분을 매끄럽게 하는 회로(인버터와 같음)

③ **인버터부**: 직류를 가변 주파수의 교류로 바꾸는 회로(인버터와 같음)

④ **제어회로부**: 인버터와 같게 주로 인버터 부를 제어하는 회로이지만, 지령 펄스와 엔코더에서의 피드백 펄스를 카운트 하는 편차 카운터를 갖고 있다.

⑤ **엔코더부**: 서보모터가 회전한 회전량만큼의 펄스를 출력한다.

6. 전기자동차 인버터의 구성

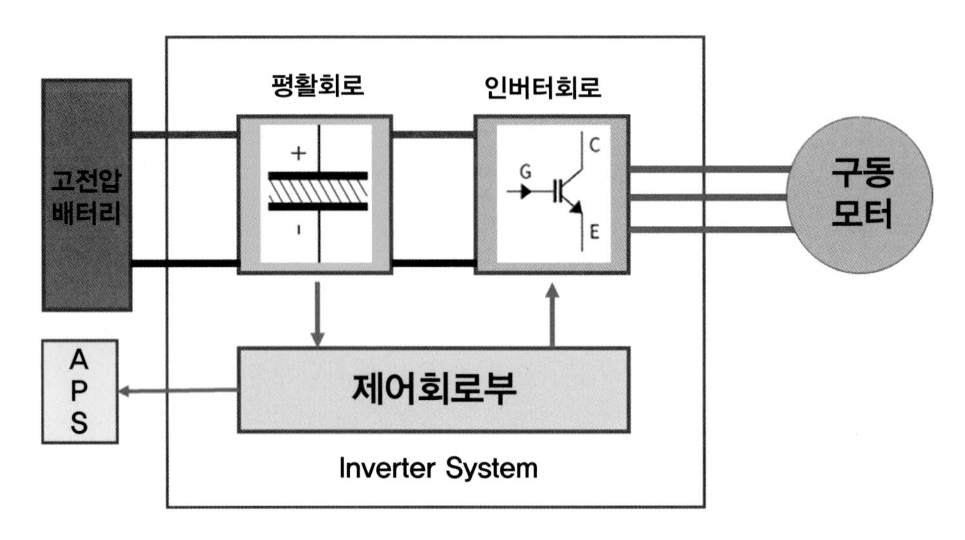

[그림 8-6] 전기자동차 Inverter System 구성도

① **평활부(평활 회로)**: DC 전원에서 맥동 성분을 제거

② **인버터 부**: 정류된 직류 전원을 PWM 제어방식을 이용하여 가변 주파수 및 가변 AC 전압으로 변환시켜 모터 구동 전류 출력(가변 속도 제어)

02 Inverter의 동작 원리

1. 직류로부터 교류를 만드는 방법

인버터는 직류 전원으로부터 교류를 만드는 장치이다. 그 기본 원리를 가장 간단한 단상 교류로 생각해보면, 모터를 대신에 램프를 부하로 했을 경우의 예로, 직류를 교류로 변환하는 방법을 설명한다. 직류 전원에 스위치 S1~S4의 4개를 접속하여, S1과 S4를 1대, S2와 S3를 1대로 서로 교대로 ON - OFF 하면 램프에는 교류가 발생하여 흐르게 된다.

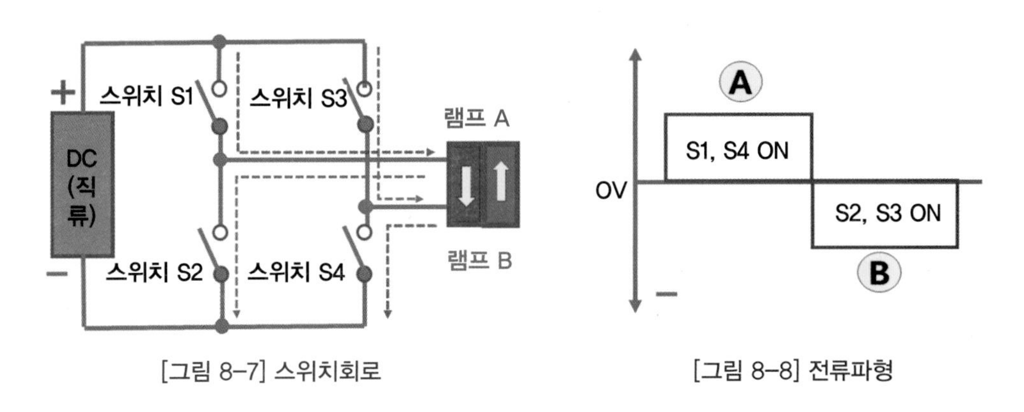

[그림 8-7] 스위치회로

[그림 8-8] 전류파형

① 스위치 S1과 S4를 ON하면 램프에는 A의 방향으로 전류가 흐른다.

② 스위치 S2와 S3을 ON하면 램프에는 B의 방향으로 전류가 흐른다.

이 조작을 일정 간격으로 연속하면 램프에 흐르는 전류의 방향이 교대로 반전하는 교류가 된다.

2. 주파수를 변화시키는 방법

스위치 S1~S4의 ON - OFF할 시간을 바꾸는 것에 의해 주파수가 변화한다.

예를 들면, 스위치 S1과 S4를 0.5초간 ON, 스위치 S2와 S3을 0.5초간 ON으로 하는 조작을 반복하면, 1초간에 1회 반전하는 교류, 즉 주파수가 1 [Hz] 의 교류가 된다.

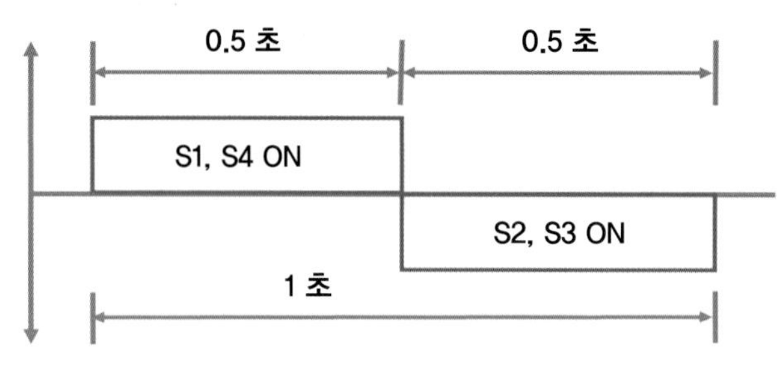

[그림 8-9] 1Hz의 교류 파형

일반적으로는, S1·S4와 S2·S3를 각각 같은 시간 ON하여, 1사이클의 합계를 t0초로 하면, 주파수 f 는 f=1/t [Hz] 가 된다.

3. 전압을 변화시키는 방법

스위치를 ON - OFF하는 시간대를 한층 더 세세하게 ON - OFF하는 것에 의해 전압을 가변한다. 예를 들면, 스위치 S1과 S4가 ON하는 시간대를 반으로 하는 동작을 실시하면, 출력전압은, 직류 전원 E의 반의전압 E/2의 교류가 된다. 전압을 높게 하려면, ON시간을 길고, 낮게 하려면 ON시간을 짧게 한다.

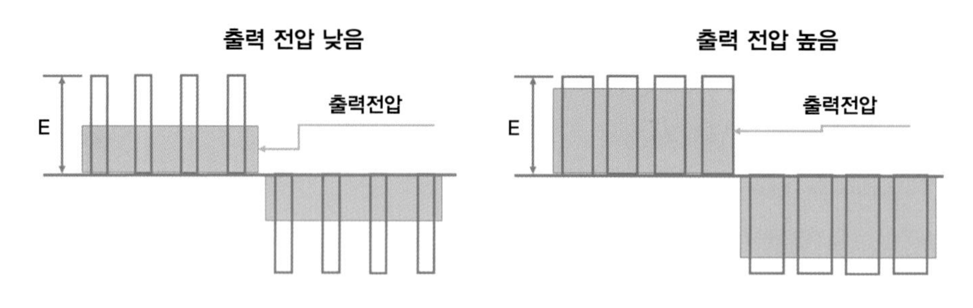

[그림 8-10] 전압 변환 방법

이러한 제어 방식을 펄스폭으로 제어하기 때문에, PWM(Pulse Width Modulation)이라고 부르며, 현재 일반적으로 사용되고 있으며. 펄스폭의 시간을 결정하는 기본이 되는 주파수를 캐리어 주파수라고 한다.

4. 3상 교류의 발생 방법

3상 인버터의 기본 회로 및 3상 교류를 만드는 방법을 그림 (a) 와 (b)에 나타낸다. 3상 교류를 얻으려면 스위치 S1~S6을 접속하여, 6개의 스위치를 동시에 그림 (b)의 타이밍에 ON/OFF 하여야 한다. 6개의 스위치의 ON/OFF 시키는 순서를 바꾸면, U - V, V - W, W

- U의 상순서가 바뀌어, 모터의 회전 방향을 바꿀 수가 있다.

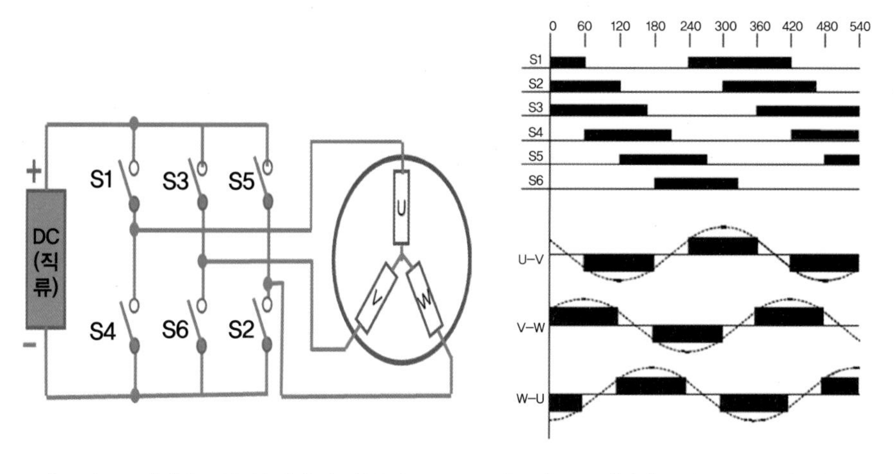

[그림 8-11] (a) 3상 인버터의 기본회로 [그림 8-12] (b) 3상 교류를 만드는 방법

(가) 직류 전원을 교류전원으로 출력

인버터는 직류(DC)를 교류(AC)로 변환하여 출력하는 역할을 하며, 가변의 전압과 주파수를 출력하는 기구를 VVVF(variable voltage variable frequency) 인버터라고도 한다. 인버터는 스위칭 작용이 있는 전력용 반도체 소자로 트랜지스터 또는 FET(field effect transistor)를 ON·OFF 제어하여 전류의 흐름을 단속함으로써 필요한 전압과 전류의 흐름을 단속하는 행위를 초핑 제어(chopping control)라고 하며, ON·OFF 시 듀티 폭을 변조하는 방식을 PWM(pulse width modulation) 방식이라고 한다.

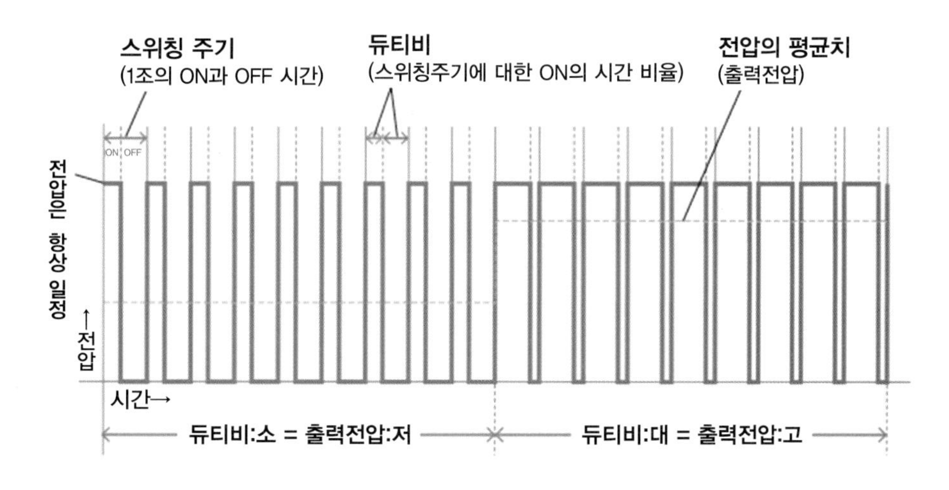

[그림 8-13] PWM 제어

구동 모터의 회전 방향을 전환하는 인버터의 경우 4개의 스위칭 소자로 구성되어 있으며, 대각으로 배치한 스위치를 ON, OFF 하는 패턴에 따라 중앙의 코일에 흐르는 전류의 방향이 바뀌게 되는 것을 알 수 있다. 또한 각각의 스위치에 병렬로 배치되는 다이오드는 스위치 OFF 시 역기전력의 전류를 회로 내에 환류되도록 유도하여 역기전력으로부터 전자 기기를 보호하기 위한 것이며 프리 휠 다이오드라고 한다.

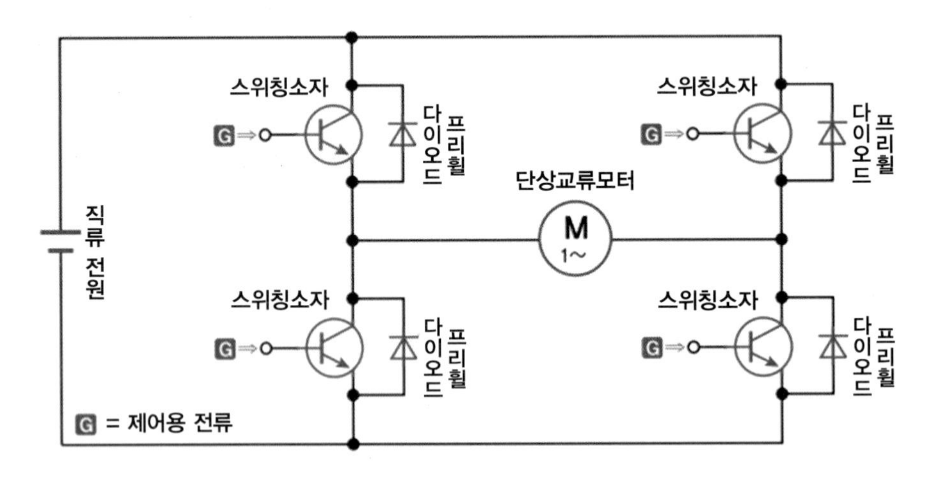

[그림 8-14] 인버터 기본 작동 회로(단상)

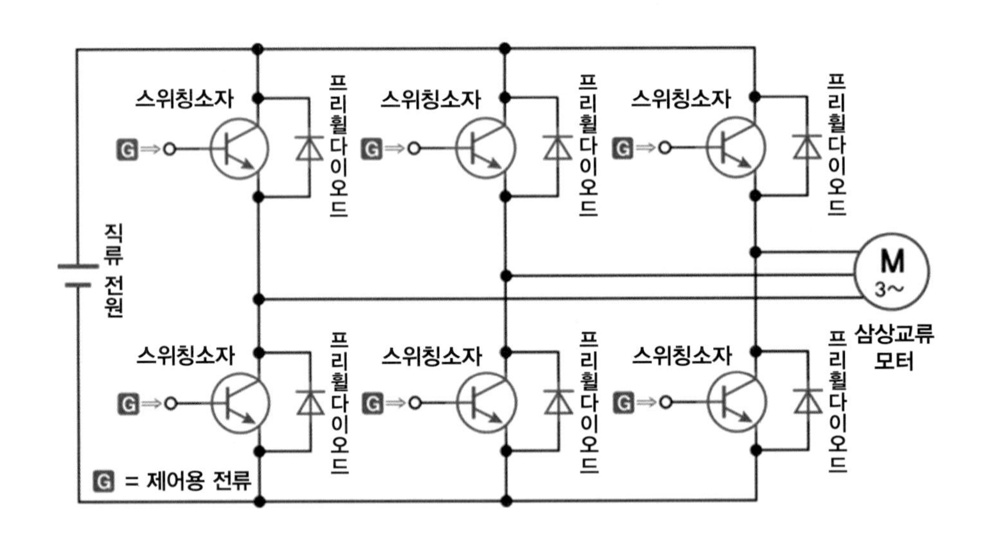

[그림 8-15] 인버터 기본 작동 회로(삼상)

(나) 초핑제어

솔레노이드 코일의 특성에 따라 인가하는 시간 비율을 조절하여 전압과 전류량을 조절하는 제어를 초핑 제어(chopping control)라고 한다. 초핑 제어 구간에서 1

회 ON 구간과 1회 OFF 구간을 합한 것이 1주기이며, 1초 동안 반복되는 주기의 횟수를 주파수(frequency)라고 한다. 또한 펄스폭 변조 방식(PWM: pulse width modulation)은 동일한 스위칭 주기 내에서 ON 시간의 비율을 바꿈으로써 출력전압 또는 전류를 조정할 수 있다. 스위칭 주파수가 낮을 때 출력값은 낮아지며, 출력 듀티비가 50%일 경우에는 기존 전압의 50%를 출력전압으로 출력한다.

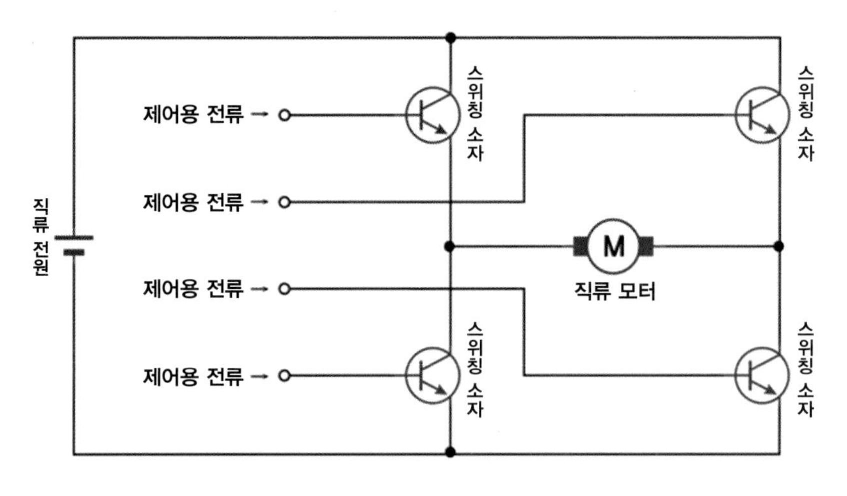

[그림 8-16] 초퍼 회로

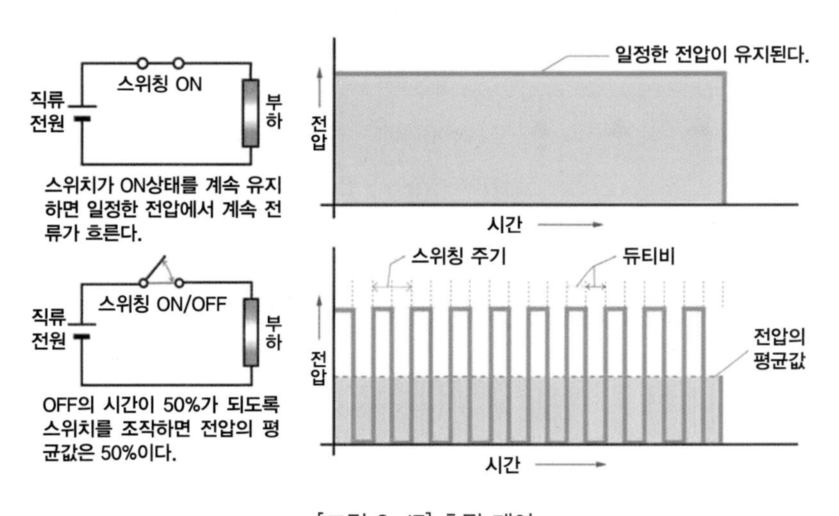

[그림 8-17] 초핑 제어

(다) 유사 사인파 출력

PMW(pulse width modulation) 제어와 초핑 제어(chopping control)에 따라 6개의 IGBT(insulated gate bipolar transistor) 2개를 1개 조를 편성하고, 순차적으로 ON·OFF를 고속 작동하면 유사한 삼상 교류의 출력이 가능하게 된다. 2개의 소자

중에 한쪽의 스위칭 소자가 ON일 때 흐르는 전류를 순방향이고, 다른 한쪽의 스위칭 소자가 ON일 때에는 반대 방향으로 전류가 출력되면 역방향이라고 한다. 이때 듀티비를 연속적으로 증가 또는 감소하는 방향으로 변화시키면 출력전압은 교류와 유사한 파형 즉 사인 곡선에 가까운 교류의 출력이 가능하다. 이러한 출력을 유사 사인파 출력이라 한다.

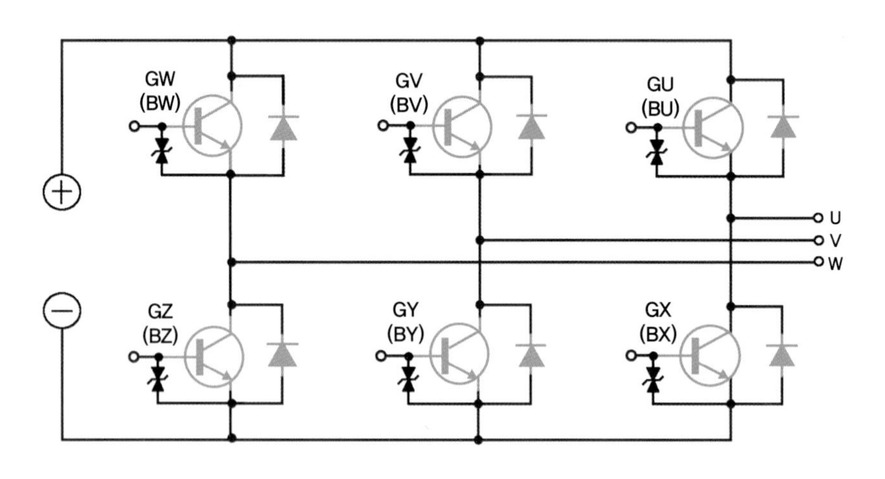

[그림 8-18] IGBT

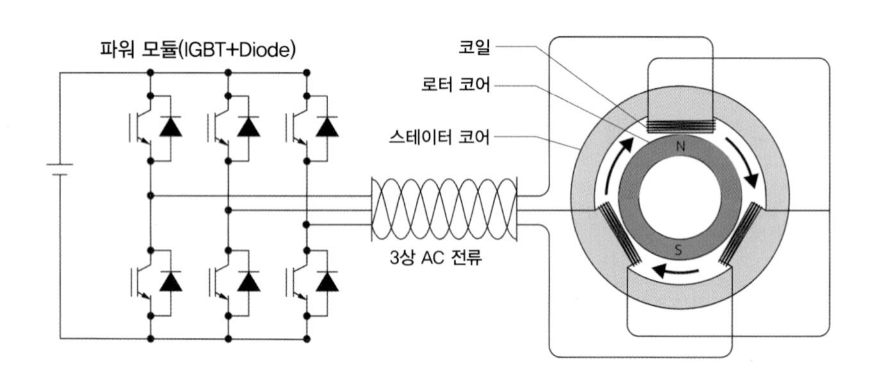

[그림 8-19] 인버터 제어회로

① 반도체 스위치의 ON/OFF 시간의 폭을 조절하여 평균 전압의 크기를 조절한다.

② (+), (-) 전원에 연결된 2개의 스위치를 선택하여 극성을 결정한다.

③ 반도체 스위치의 ON/OFF 시간을 조절한다.

④ 이 방식을 펄스폭 변조 방식(PWM: Pulse Width Modulation)이라고 한다.

지금까지 설명해 온 스위치용 소자로서는, IGBT(Insulated Gate Bipolar Transistor)로 불리는 반도체 소자가 이용되고 있다.

CHAPTER

03 Inverter의 종류

1. 전류형 인버터

전류형 인버터는 DC LINK 양단에 평활용 콘덴서 대신에 리액터 L을 사용한다. 인버터 측에서 보면 고임피던스 직류 전원으로 볼 수 있으므로 전류형 인버터라 한다. (전류 일정 제어)

2. 전압형 인버터

전압형 인버터는 현재 널리 사용되고 있는 인버터로 교류전원을 사용할 경우에는 교류측 변환기 출력의 맥동을 줄이기 위하여 LC필터를 사용하는데 이를 인버터 측에서 보면 저 임피던스 직류 전압 원으로 볼수 있으므로 전압형 인버터라 한다. 제어방식이 PWM 제어인 경우 컨버터부에서 정류된 DC 전압을 인버터부에서 전압과 주파수를 동시에 제어한다.

CHAPTER

04 Inverter 자기진단

1. 자기진단

1) 운전석 실내 퓨즈 박스 커버를 제거하고, 진단기의 케이블을 진단 커넥터에 연결한다.

[그림 8-20] 운전석 퓨즈 커버 탈거 후 자기진단 케이블 연결

2) 시동 버튼 ON 또는 브레이크 페달을 밟고, 시동 버튼을 ST에 위치 하여 "READY" 상태로 한다.

[그림 8-21] 브레이크 페달 ON, 시동 버튼 ON

3) 진단 장비에 전원을 ON하고, 진단 프로그램을 작동한다.

4) 차량의 제조회사를 선택한다.

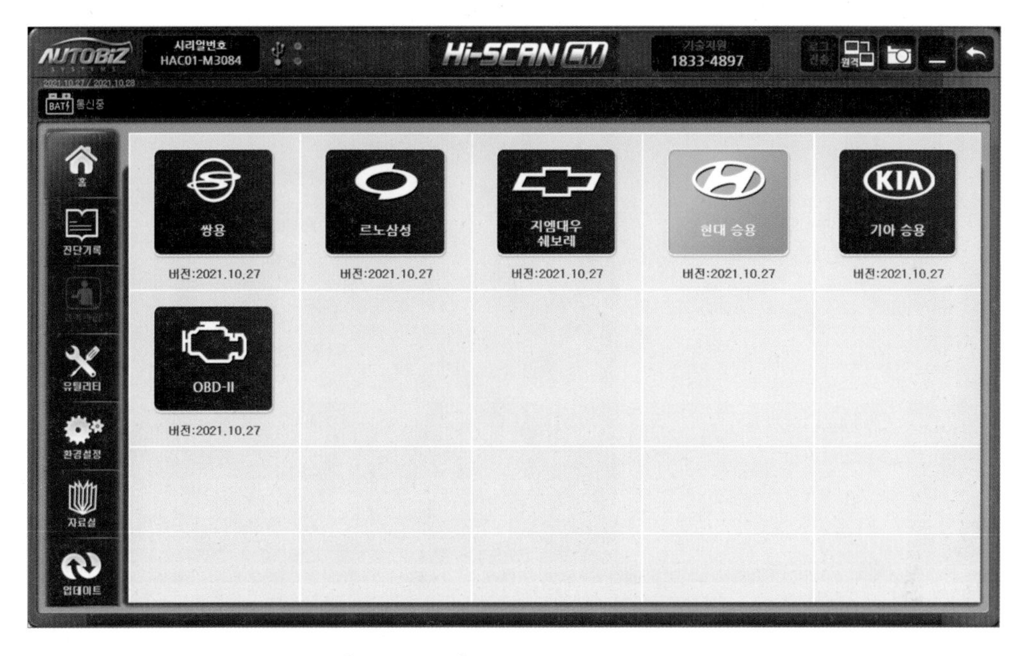

[그림 8-22] 차량의 제조회사 선택

5) 차량의 모델과 년식을 선택한다.

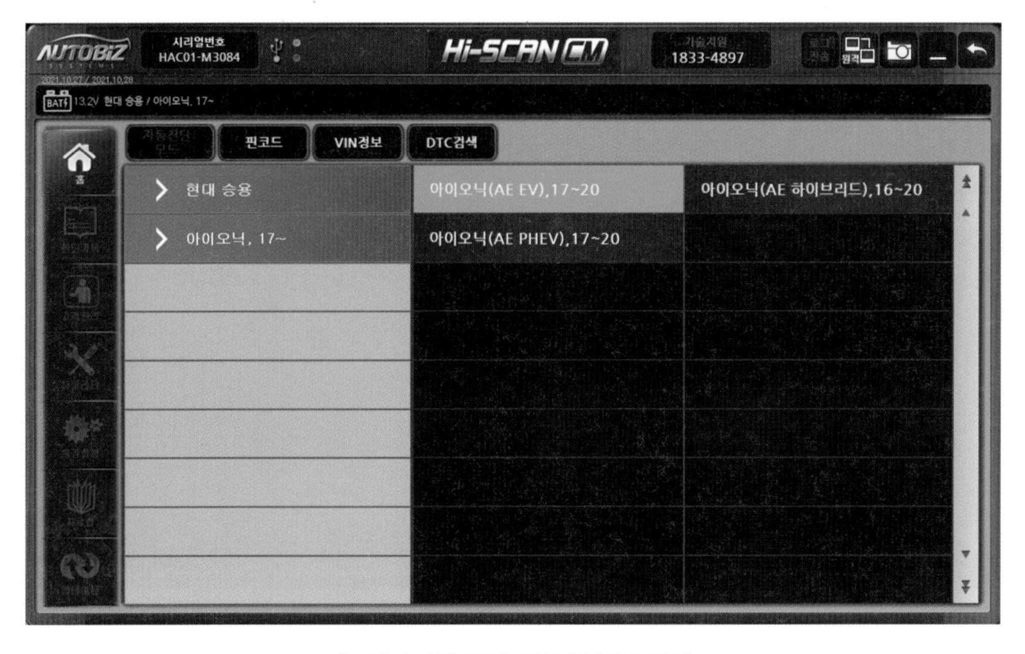

[그림 8-23] 차량 모델 및 년식 선택

6) 진단 항목의 "모터제어"를 선택한다.

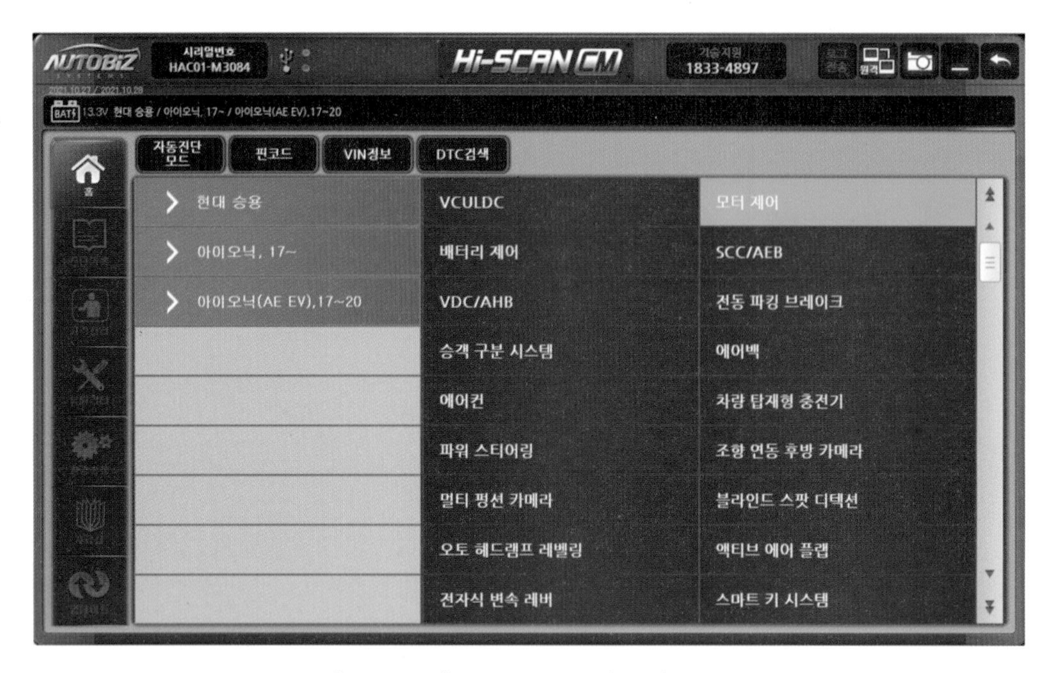

[그림 8-24] 차량 모터 제어(MCU) 선택

7) 모터제어의 "진단 시작(OBD2 16핀)"을 선택한다.

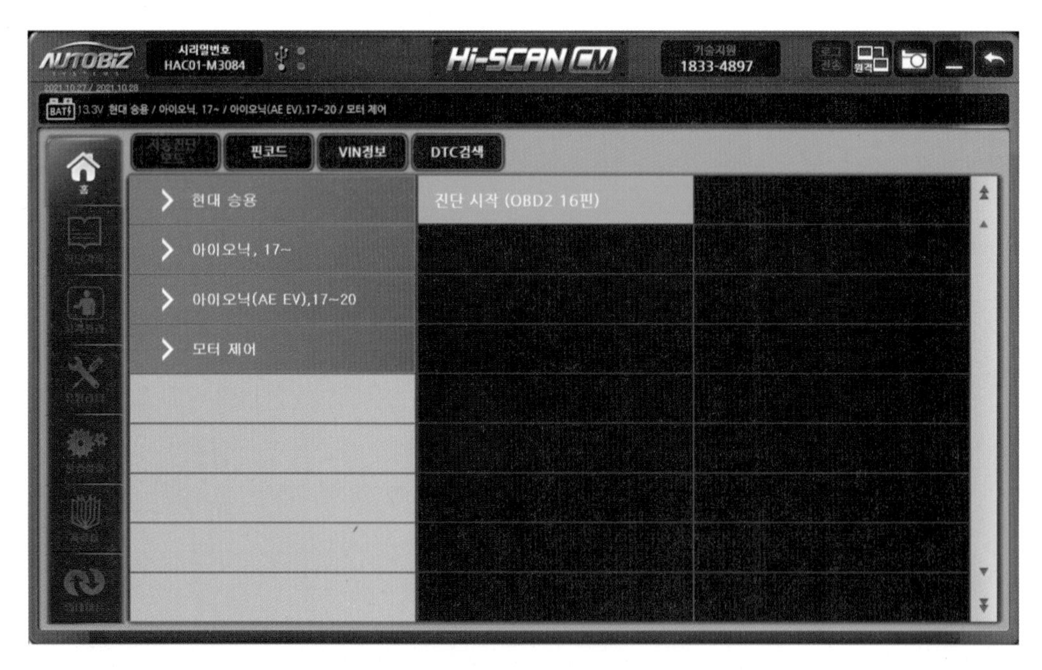

[그림 8-25] 차량 진단 시작(OBD2 16핀) 선택

8) 클러스터의 경고등이 점등되는 경우 고장 항목을 확인하기 위하여 "고장진단"을 선택한다.

[그림 8-26] 차량 고장진단 선택

9) 고장 항목이 있는 경우 고장 코드(DCT), 고장 내용, 고장상태를 확인할 수 있다.

[그림 8-27] 차량 고장코드, 고장 내용, 고장상태 확인

10) 고장 코드(DCT)의 고장 내용을 확인하기 위해 “센서 데이터”를 선택한다.

[그림 8-28] 차량 센서 데이터 선택

11) 모터제어(MCU)의 입력 신호로 센서 데이터를 통해 실제 고장상태를 확인할 수 있다.

[그림 8-29] 차량 센서 데이터로 고장 코드 확인

12) 고장 항목에 대한 수리가 끝나면 컴퓨터에 저장된 고장 코드(DCT)를 소거하기 위해 "고장 코드(DCT) 소거"를 선택한다.

[그림 8-30] 차량 고장코드 소거 선택

13) 고장 코드(DCT)를 소거하기 위해 "READY"가 아닌 시동 버튼 ON 상태에서 "확인" 버튼을 선택한다.

[그림 8-31] 차량 고장코드 소거 조건 확인 후 선택

14) 고장 코드(DCT)를 소거되면 “확인” 버튼을 선택한다.

[그림 8-32] 차량 고장코드 소거 후 확인 선택

2. MCU(motor control unit) 센서 데이터 분석

[표 8-2]

항목	내용	
실제 모터 회전수	의미	현재 모터의 회전수를 표시
	분석	모터 회전에 따라 변화
규정 모터 토크	의미	MCU로부터 수신된 토크 지령 데이터 (데이터의 +는 어시스트, –는 충전을 의미)
	분석	가속, 감속, SOC 등 운전 조건에 따라 변화
실제 모터 토크	의미	MCU 내부에서 계산된 토크 값 (데이터의 +는 어시스트, –는 충전을 의미)
	분석	가속, 감속, SOC 등 운전 조건에 따라 변화
모터 상전류	의미	현재 출력 중인 모터 전류의 값을 의미
	분석	이 값을 통해 모터에 얼마의 전류가 흐르고 있는지 알 수 있음
커패시터 전압	의미	모터를 구동하는데 필요한 고전압 배터리의 전압이 인버터로 전달되고 있는 양을 의미함
	분석	BMU가 제어하는 메인 릴레이가 연결되어 있으면 고전압 배터리의 전압값과 동일하게 되며, 메인 릴레이가 차단되면 배터리로부터 고전압을 공급받지 못하게 되므로 모터의 구동이 불가하게 되어 커패시터 전압과 고전압 배터리의 전압 값은 상이함

모터 온도	의미	모터 내의 온도 센서에서 검출한 현재 모터의 온도
	분석	모터 온도에 따라 가변
인버터 온도	의미	MCU에 있는 온도 센서에서 검출한 인버터의 온도
	분석	MCU 내부 온도에 따라 가변
보조 배터리 전압	의미	12V 배터리 전압
	분석	장시간 차량 방치 시 배터리 방전
U상 전류 센서 오프셋	의미	0(A)전류 시, U상 전류 센서 출력값을 0으로 조절하는 값
	분석	전류 센서 오프셋이 부정확할 경우 제어 불안정
V상 전류 센서 오프셋	의미	0(A)전류 시, V상 전류 센서 출력값을 0으로 조절하는 값
	분석	전류 센서 오프셋이 부정확할 경우 제어 불안정
리졸버 캘리브레이션 명령	의미	리졸버의 위치 오프셋 조정
	분석	리졸버 오프셋이 부정확할 경우 제어 불안정
리졸버 이상 카운터	의미	리졸버 신호 에러 발생시 카운트
	분석	리졸버 신호선 점검 필요
MCU 메인 릴레이 컷 오프 요청	의미	MCU(인버터) 입력 고전압 라인 릴레이 OFF 요청
	분석	작업 시, 고전압 감전 방지 목적
MCU 제어 가능 상태	의미	MCU(인버터)가 모터 구동 가능 상태
	분석	제어 보드 및 고전압 입력 정상
MCU 준비	의미	MCU(인버터)의 제어 보드 정상 상태
	분석	인버터 고전압 입력과 상관없이 제어 보드(12V) 정상 상태
서비스 램프 요청	의미	제어 상 문제 발생
	분석	서비스 램프 및 고장 코드 파악 후 점검 필요
전동식 워터 펌프 ON/OFF 상태	의미	전동식 워터 펌프(EWP) 작동 여부
	분석	전동식 워터 펌프 작동시 ON, 비작동 시 OFF
라디에이터 팬 ON/OFF 상태	의미	라디에이터 팬 작동 여부
	분석	라디에이터 팬 작동 시 ON, 라디에이터 팬 비작동 시 OFF
MCU 토크 제한 운전 상태	의미	온도 및 제어 불안정할 경우 모터 출력을 강제로 제한
	분석	토크 제한 조건 파악 후, 점검 필요
MCU 고장상태	의미	MCU 고장상태 표시
	분석	고장인 경우 경고등 표시

CHAPTER

05 인버터(MCU) 교환

1. MCU의 기능

인버터는 전기차의 구동 모터를 구동시키기 위한 장치로서 고전압 배터리의 직류(DC)전력을 모터 구동을 위한 교류(AC)전력으로 변환시켜 구동 모터를 제어한다. 즉 고전압 배터리로부터 공급되는 직류(DC) 전원을 이용하여 3상 교류(AC)전원으로 변환하여 제어 보드에서 입력받은 신호로 3상 AC(U, V, W) 전원을 제어함으로써 구동 모터를 구동시킨다. 가속 시에는 고전압 배터리에서 구동 모터로 전기 에너지를 공급하고 감속 및 제동 시에는 구동 모터를 발전기 역할로 변경시켜 구동 모터에서 발생한 에너지, 즉 AC 전원을 DC 전원으로 변환하여 고전압 배터리로 에너지를 회수함으로써 항속 거리를 증대시키는 기능을 한다. 또한 MCU는 고전압 시스템의 냉각을 위해 장착된 EWP(Electric Water Pump)의 제어 역할도 담당한다.

2. MCU 주요 제어기능

(1) 제어기능

회전자 자속의 위치에 따라 고정자 전류의 크기와 방향을 독립적으로 제어하여 토크 발생 제어를 시행하기 위하여 전류제어를 하기 위하여 회전자 위치 및 속도를 검출한다.

(2) 보호기능

과온 제한에 의하여 인버터 및 모터의 제한온도 초과 시 출력을 제한 및 인버터 및 모터의 온도에 따라 최대 출력을 제한하여 모터 및 인버터를 보호한다.

(3) 고장검출

외부 인터페이스 관련 문제점 검출, 인버터 내부 고장 검출, 인버터 하드웨어 고장검출등 성능관련 고장검출 기능.

(4) 협조제어

차량 운전에 필요한 정보를 타 제어기와 통신을 통하여 운전자 요구토크, 고전압 배터리 상태, EWP정보, 인버터 상태 정보등을 송신한다.

(5) 모터 구동 제어

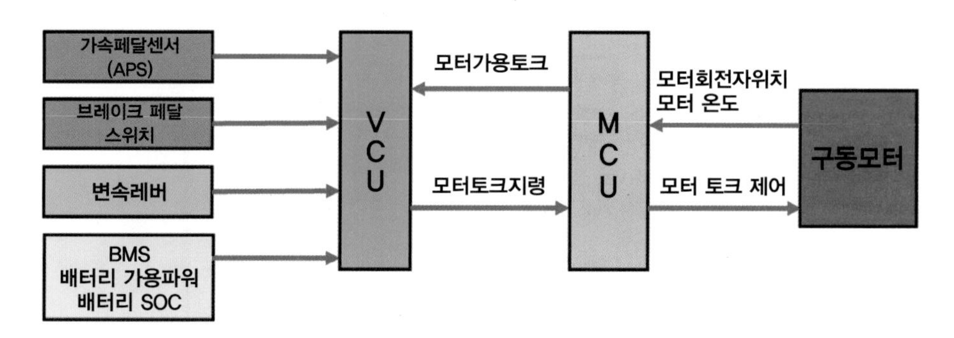

[그림 8-33] 모터구동제어

인버터는 차량 제어 유닛(VCU)의 모터 토크 지령 계산을 위하여 모터 가용 토크를 제공하고 VCU로부터 수신한 모터 토크 지령을 구현하기 위하여 인버터 펄스폭 변조(PWM) 신호를 생성하여 구동모터를 제어한다.

(6) 회생 제동 제어

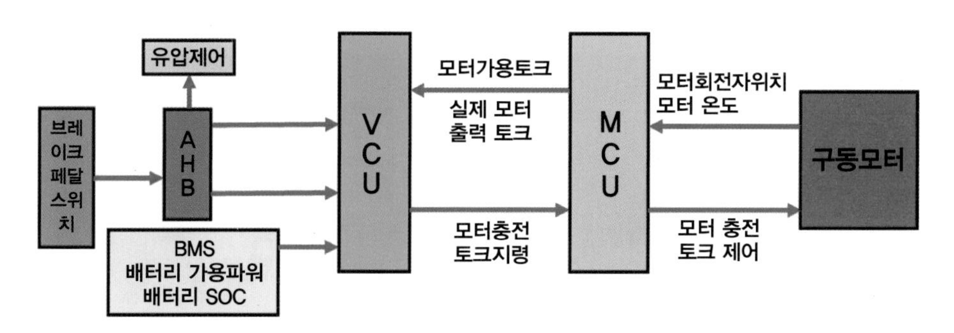

[그림 8-34] 회생 제동 제어

인버터는 감속 및 제동시 구동모터에서 발생하는 AC전원을 DC로 변환하여 고전압 배터리를 충전한다.

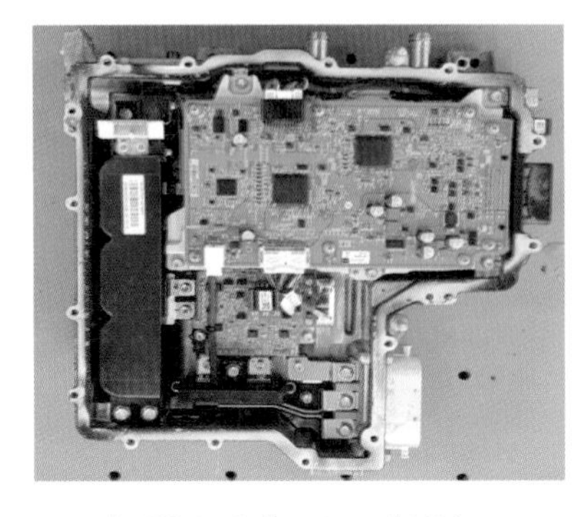

[그림 8-35] MCU 제어보드

[그림 8-36] 인버터 모듈

[그림 8-37] 인버터 모듈 전면

[그림 8-38] 인버터 모듈 후면

3. 인버터 어셈블리 탈거

(1) 전력변환장치의 탈거

1) 고전압 차단 절차를 실시한다.

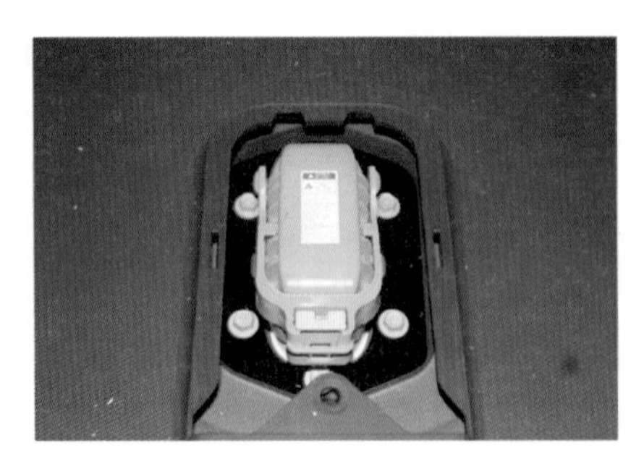

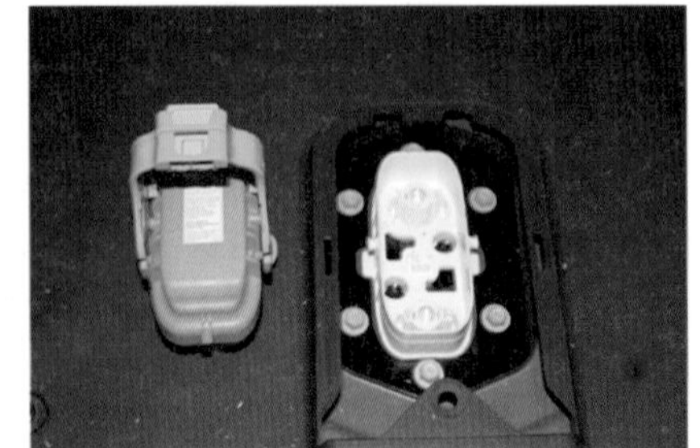

[그림 8-39] 안전 플러그 탈거

2) 고전압 관련 장치와 라디에이터가 식었는지 확인한다.

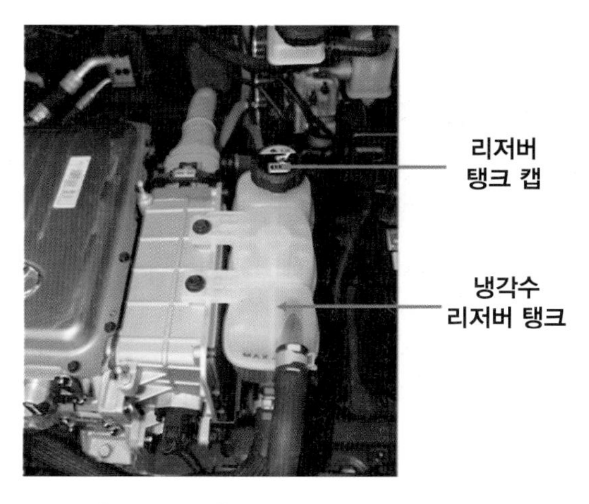

[그림 8-40] 냉각수 리저브 탱크 및 캡

3) 차량을 들어 올리고, 언더커버를 탈거한다.

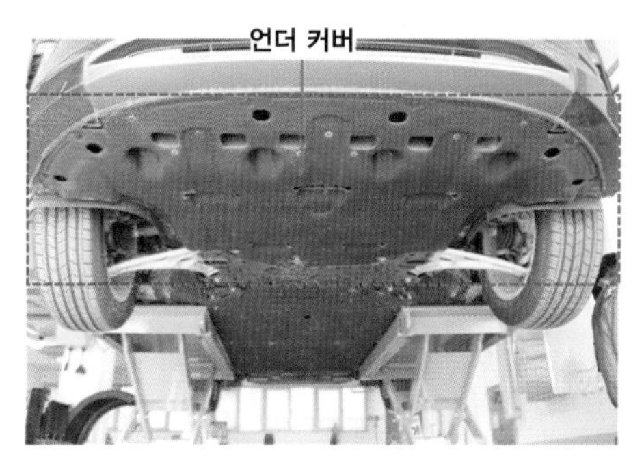

[그림 8-41] 언더커버 탈거

4) 라디에이터의 드레인 플러그를 풀고, 냉각수를 배출한다. 냉각수가 배출되는 동안 리저브 탱크의 캡을 열어서 배출이 원만하게 이루어지도록 한다.

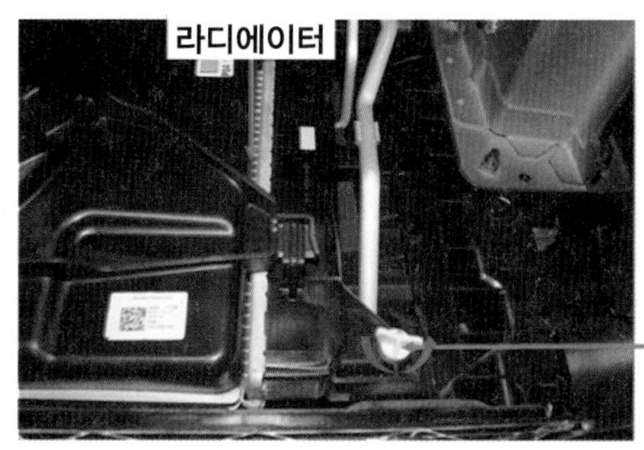

[그림 8-42] 냉각수 배출

5) 냉각수 배출이 끝나면 드레인 플러그를 잠근다.

6) 리저브 탱크의 장착 볼트를 풀고, 리저브 탱크를 고전압 정션 블록으로부터 탈거한다.

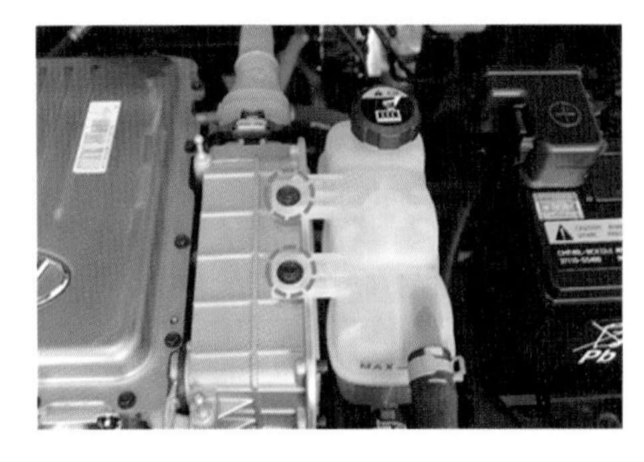

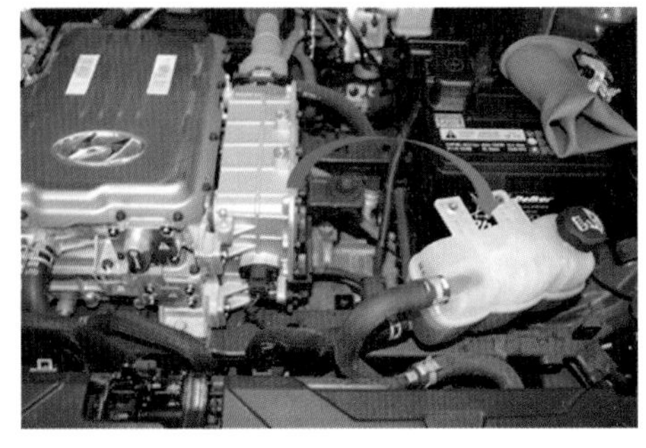

[그림 8-43] 리저브 탱크 탈거

7) 고전압 배터리 어셈블리 측의 고전압 케이블 커넥터를 탈거한다.

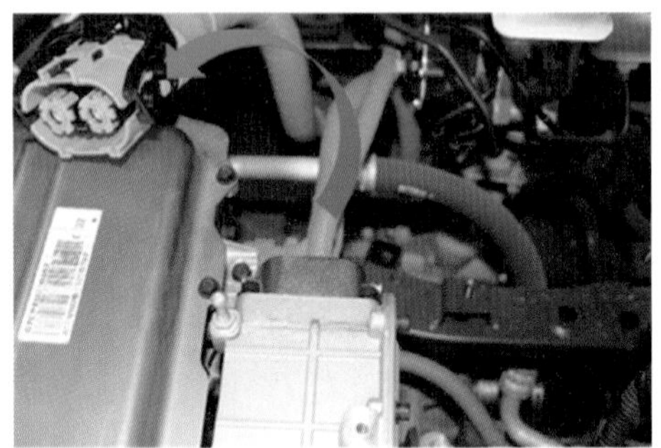

[그림 8-44] 고전압 케이블 커넥터 탈거

8) PTC 히터 측의 고전압 커넥터를 탈거한다.

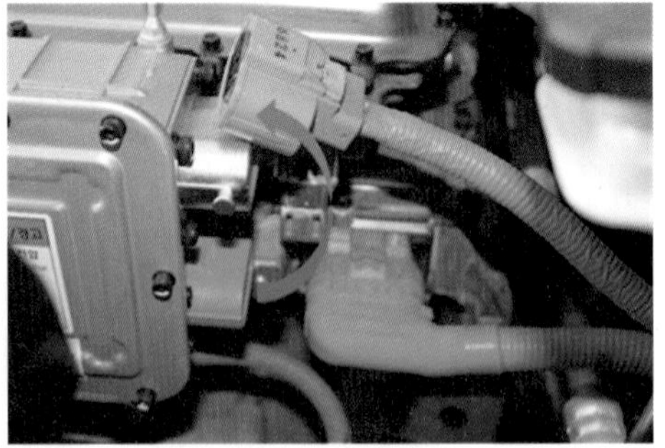

[그림 8-45] PTC 히터 고전압 커넥터 탈거

9) 고전압 정션 블록 측의 고전압 케이블 커넥터를 탈거한다.

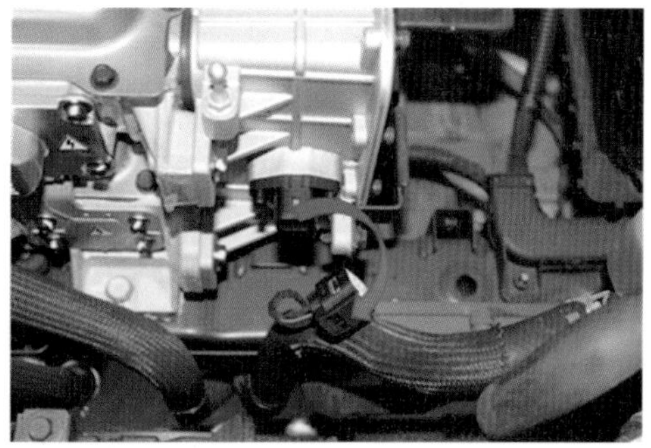

[그림 8-46] 고전압 정션 블록 측 커넥터 탈거

10) 전력 제어장치(EPCU)의 커넥터를 탈거한다.

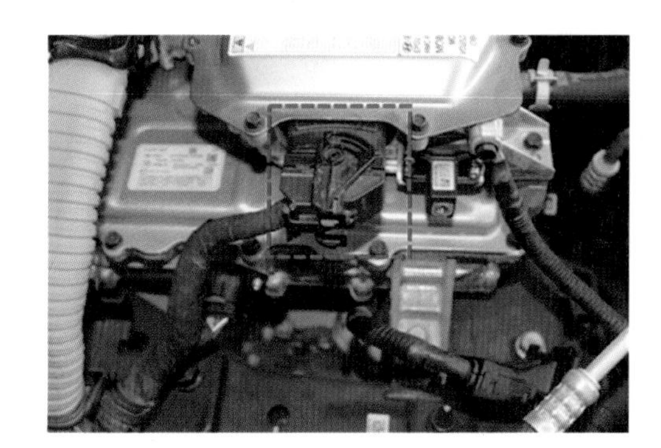

[그림 8-47] 전력 제어장치 커넥터 탈거

11) 저전압 직류변환기(LDC)의 (+)케이블과 (-)케이블을 탈거한다.

[그림 8-48] 저전압 직류변환기(LDC) (+), (−) 케이블 탈거

12) 전력 제어장치(EPCU) 측 파워 케이블 커넥터를 탈거한다.

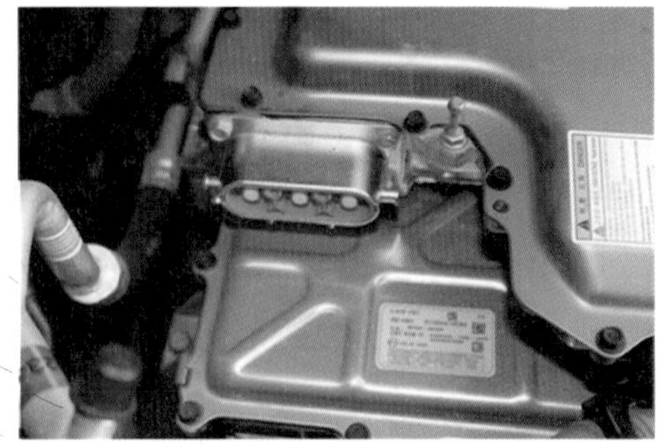

[그림 8-49] 전력 제어장치(EPCU) 측 파워 케이블 탈거

13) 전력 제어장치(EPCU)의 냉각수 호스를 탈거한다.

[그림 8-50] 전력 제어장치 냉각수 호스 탈거

14) 전력 제어장치(EPCU)의 고정볼트를 풀고, 전력 제어장치(EPCU), 고전압 정션 블록을 탈거한다.

[그림 8-51] 전력 제어장치(EPCU) 탈거

15) 서비스 커버 고정볼트를 풀고, 서비스 커버를 탈거한다.

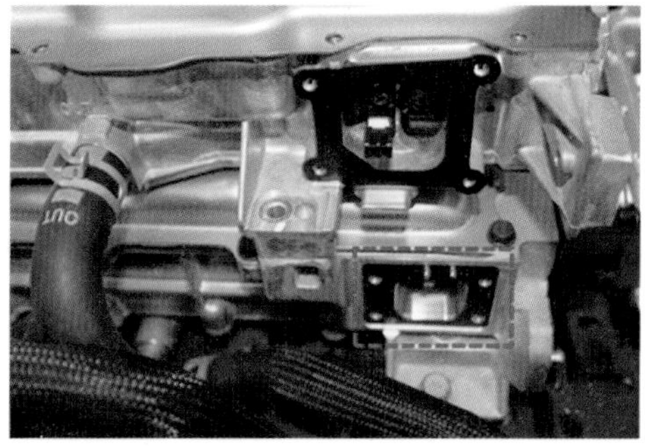

[그림 8-52] 전력 제어장치(EPCU), 탑재형 완속 충전기(OBC) 서비스 커버 탈거

16) 전력 제어장치(EPCU)의 고정볼트를 풀고, 전력 제어장치(EPCU)와 연결된 부스 바를 탈거한다.

17) 탑재형 완속 충전기(OBC)의 고정볼트를 풀고, 탑재형 완속 충전기(OBC)와 연결된 부스 바를 탈거한다.

[그림 8-53] 전력 제어장치(EPCU) 및 탑재형 완속 충전기(OBC) 부스 바 탈거

18) 고전압 정션 블록의 고정볼트를 풀고, 고전압 정션 블록을 탈거한다.

[그림 8-54] 고전압 정션 블록 탈거

19) 전력 제어 장치(EPCU)의 고정볼트를 풀고, 전력 제어 장치(EPCU)를 탈거한다.

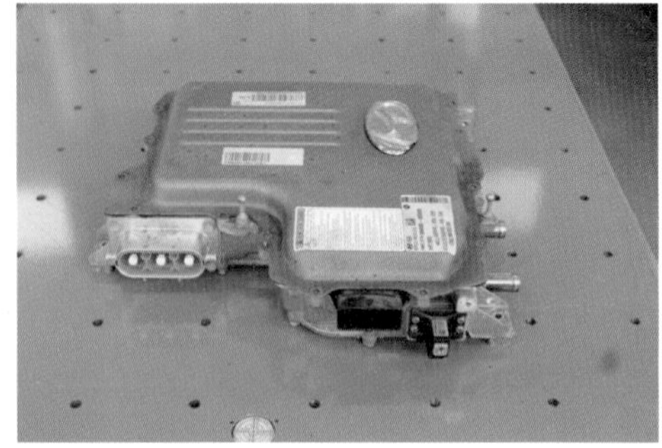

[그림 8-55] 전력 제어 장치(EPCU) 탈거

(2) 전력 제어장치의 조립·장착

1) 전력 제어 장치(EPCU)를 설치하고, 고정볼트를 조인다.

[그림 8-56] 전력 제어 장치(EPCU) 조립

2) 고전압 정션 블록을 설치하고, 고정볼트를 조인다.

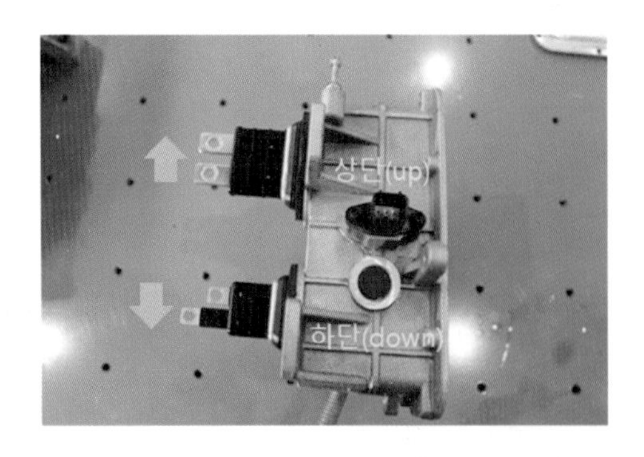

[그림 8-57] 고전압 정션 블록 조립

3) 탑재형 완속 충전기(OBC)와 연결된 부스 바를 설치하고, 고정볼트를 조인다.

4) 전력 제어 장치(EPCU)와 연결된 부스 바를 설치하고, 고정볼트를 조인다.

[그림 8-58] 전력 제어 장치(EPCU) 및 탑재형 완속 충전기(OBC) 부스 바 탈거

5) 서비스 커버를 설치하고, 고정볼트를 조인다.

[그림 8-59] 전력 제어 장치(EPCU), 탑재형 완속 충전기(OBC) 서비스 커버 조립

6) 고전압 정션 블록을 장착하고, 고정볼트를 조인다.

[그림 8-60] 고전압 정션 블록 조립

8) 전력 제어 장치(EPCU)의 냉각수 호스를 연결한다.(IN과 OUT이 바뀌지 않도록 주의한다.)

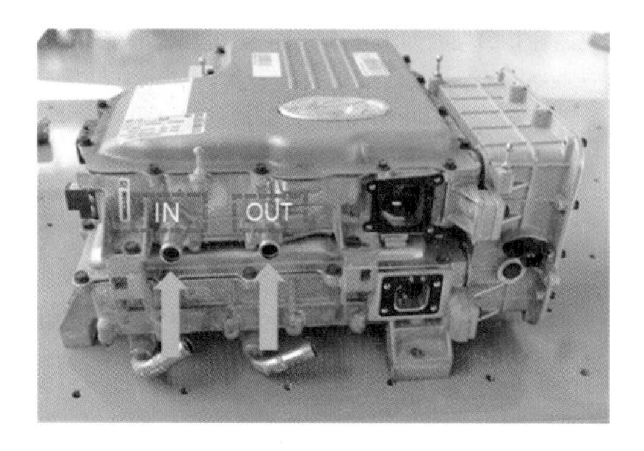

[그림 8-61] 전력 제어장치 냉각수 호스 장착

9) 전력 제어 장치(EPCU) 측 파워 케이블 커넥터를 체결한다.

[그림 8-62] 전력 제어 장치(EPCU) 측 파워 케이블 연결

10) 저전압 직류변환기(LDC)의 (+)케이블과 (-)케이블을 연결한다.

[그림 8-63] 저전압 직류변환기(LDC) (+), (-) 케이블 연결

11) 전력 제어 장치(EPCU)의 커넥터를 체결한다.

[그림 8-64] 전력 제어장치 커넥터 체결

12) 고전압 정션 블록 측의 고전압 케이블 커넥터를 체결한다.

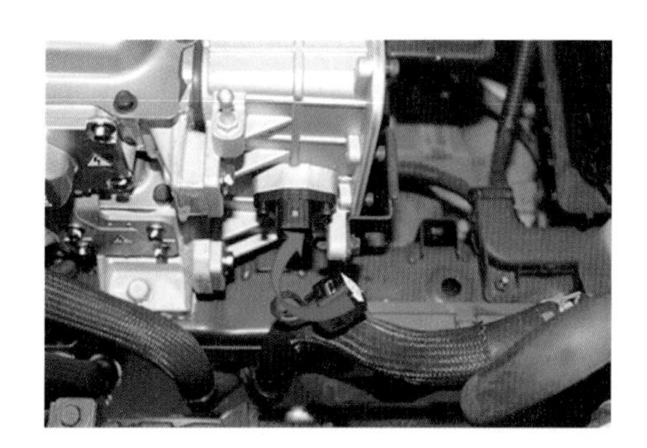

[그림 8-65] 고전압 정션 블록 측 커넥터 체결

14) PTC 히터 측의 고전압 커넥터를 체결한다.

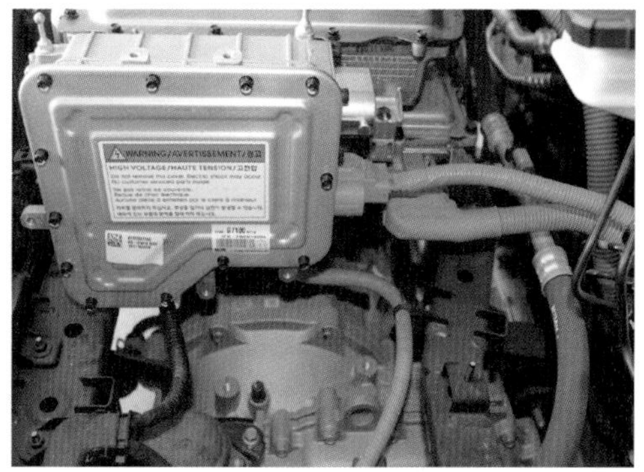

[그림 8-66] PTC 히터 고전압 커넥터 체결

15) 고전압 배터리 어셈블리 측의 고전압 케이블 커넥터를 체결한다.

[그림 8-67] 고전압 배터리 측 고전압 케이블 체결

16) 리저브 탱크를 고전압 정션 블록에 장착하고, 리저브 탱크의 장착 볼트를 조인다.

[그림 8-68] 리저브 탱크 조립

17) 냉각수를 주입하고, 공기 빼기 작업을 실시한다.

18) 차량을 들어 올리고, 언더커버를 장착한다.

[그림 8-69] 언더커버 장착

19) 고전압 차단 절차를 복원하여 차량을 활전상태로 한다.

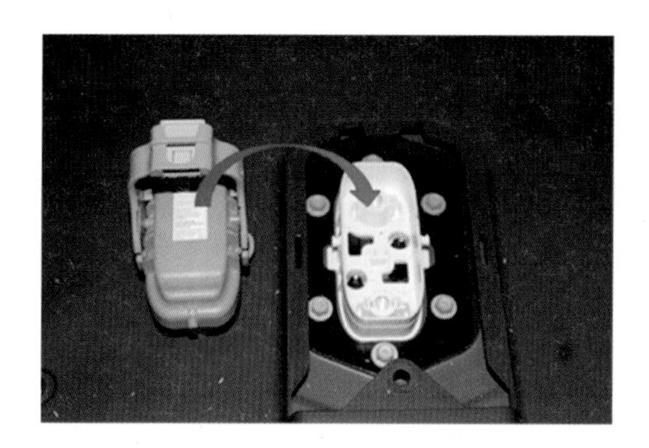
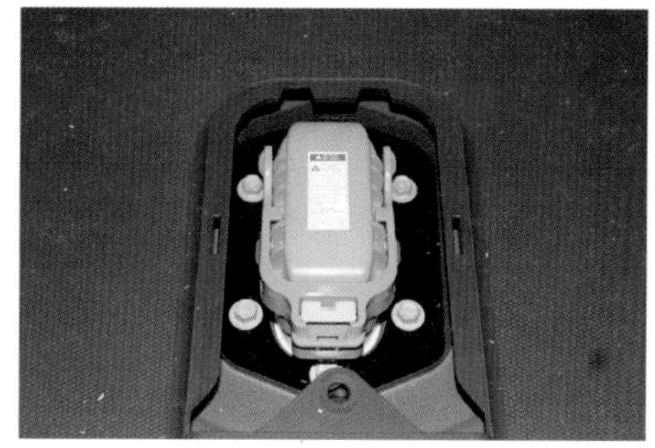

[그림 8-70] 고전압 차단 절차 복원

유의 사항

① U·V·W 3상 파워 케이블을 정확한 위치에 조립한다.

② 파워 케이블을 잘 못 조립할 경우, 인버터, 구동 모터 및 고전압 배터리에 심각한 손상을 초래할 수 있을 뿐만 아니라, 사용자 및 작업자의 안전을 위협할 수 있다.

③ 냉각수를 주입 후 누수 여부를 확인한다.

④ 냉각수 주입 시 진단 장비를 이용하여 전자식 워터펌프(EWP)를 강제 구동시켜 공기 빼기를 실시한다.

⑤ 장착 완료 후 리졸버 옵셋 자동보정 초기화를 진행한다.

⑥ 전력 제어 장치(EPCU) 교환 후 리졸버 옵셋 자동보정 초기화를 하지 않은 경우 최고 출력 저하 및 주행 거리가 짧아질 수 있다.

CHAPTER

06 직류 변환 장치(LDC: Low Voltage DC-DC Converter)

1. LDC 역할 및 기능

전기차는 고전압 360V와 저전압 12V 배터리를 모두 사용한다. 고전압은 모터, 전동식 컴프레서, PTC 히터 등에 사용되지만 그 외에 차량에 필요한 모든 전장품과 제어기들은 12V 전원을 이용한다. 12V 배터리를 충전해주는 변환 장치를 LDC라고 한다.

전기자동차는 주행모드, 전기 부하 등을 고려하여 LDC의 출력전압을 가변 제어한다. LDC 제어의 목적은 연비를 향상하고 보조 배터리의 수명을 연장하는 것이다. LDC는 400V의 고전압을 차량 전장 부하에 사용 가능한 수준인 12V로 변환하는 기능을 수행한다.

LDC (Low voltage DC-DC Converter)는 파워 컨트롤 유닛 (PCU) 에 포함되어 있으며, 고전압 배터리의 전압을 저전압(+12V)으로 변환하여 알터네이터와 같이 보조 배터리를 충전하는 역할을 하며. 전기자동차의 12V 전장 전원을 공급하는 장치이다.

12V 배터리는 배터리 센서를 통해 BCM으로 LIN 통신을 통해 메시지를 보내면 이 신호를 가지고 VCU가 SOC를 계산해서 LDC의 출력전압을 조절한다.

2. LDC의 원리

일반적으로 컨버터란 직류 전압을 다른 전압 범위로 변환시키는 장치를 말한다.

예를 들어, 100V, 5A의 입력 전원이 500W이다. 컨버터를 지나면 50V, 10A로 변환시켰을 때 500W로 동일하게 출력이 된다.

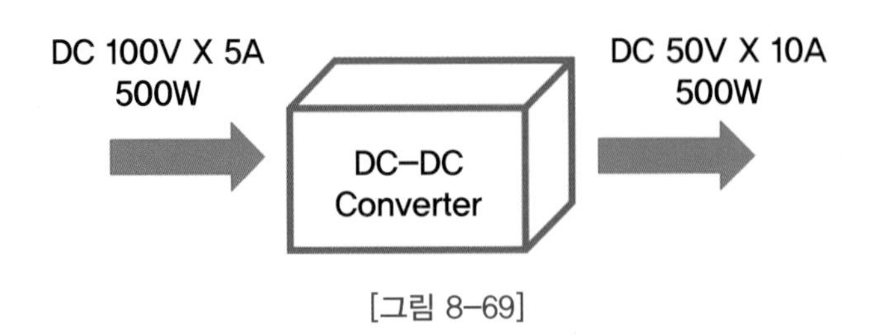

[그림 8-69]

상단 회로를 보면, 100V의 입력 전압을 DC-DC converter를 통하여 50V로 하강시키는 것이 최종목적이라고 가정해 본다. 상단 회로에서 회로 중앙에 가변저항을 설치하면 결론적으로 50V의 전압을 얻을 수는 있으나 가변저항에 의해 총 입력 에너지의 절반이 손실되는 것을 알 수 있다. 연비가 매우 중요시되는 친환경 자동차에서 이러한 손실은 최소화해야 한다. 하단 회로는 중앙에 적절한 코일(inductance) 과 캐피시터(capacitor)를 설치한다. 그림에 표시된 스위치 "A"를 연결, 차단하면 이를 통 하여 출력 전압을 조절할 수 있을 뿐 아니라 손실되는 에너지를 최소화할 수 있다.

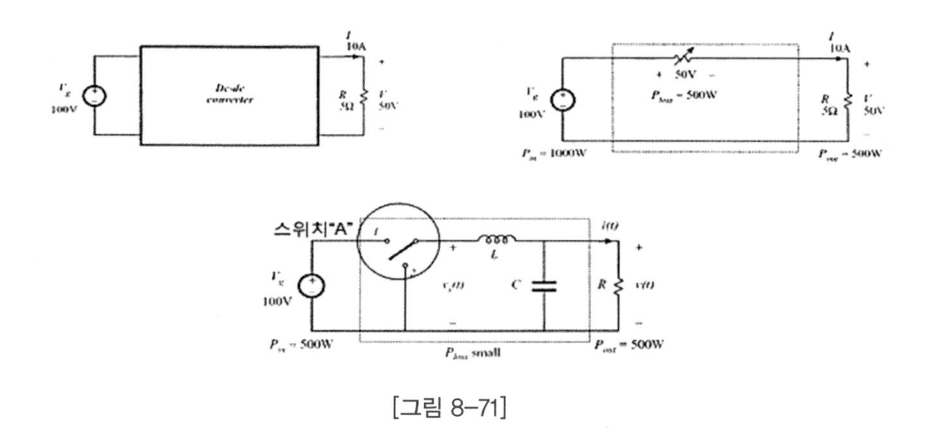

[그림 8-71]

(1) 스위치 ON

인덕터(L)로 전류가 흐르면 인덕터에 에너지가 축적되고 커패시터와저항을 통해 전류가 증가하며 흐른다,

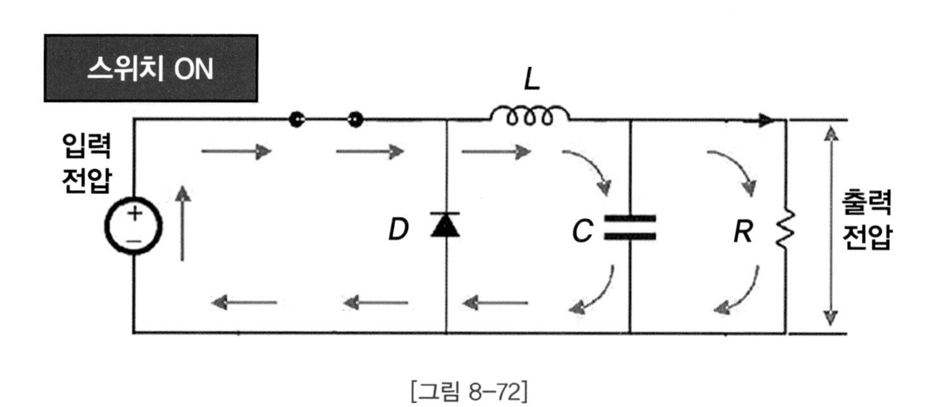

[그림 8-72]

(2) 스위치 OFF

다이오드는 인덕터 (L)에 축적된 에너지인 인덕터 전류가 커패시터로흐르도록 통로를 만들어 준다. 인덕터 전류는 S/W ON될 때까지 감소한다.

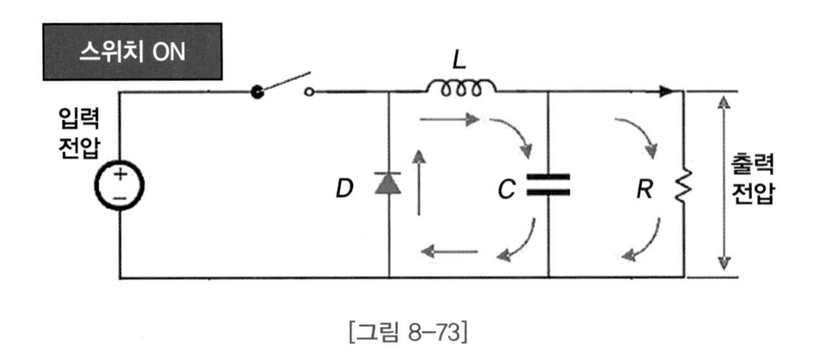

[그림 8-73]

(3) 변환

주기적으로 S/W를 ON, OFF 시켜 펄스 모양의 전압을 L, C를 통하여 평활해 직류 전압을 출력한다.

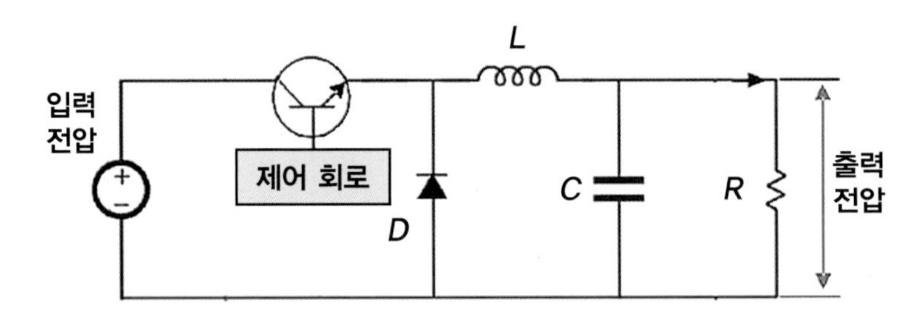

[그림 8-74]

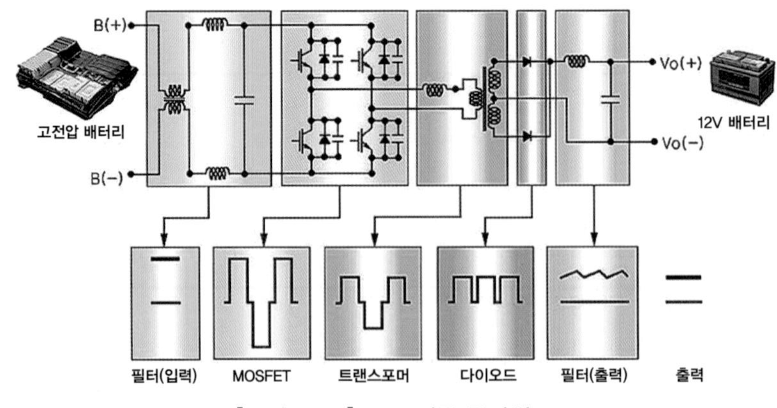

[그림 8-75] LDC 작동 등가회로

(4) LDC + MCU 콤보 구성

[그림 8-76] MCU

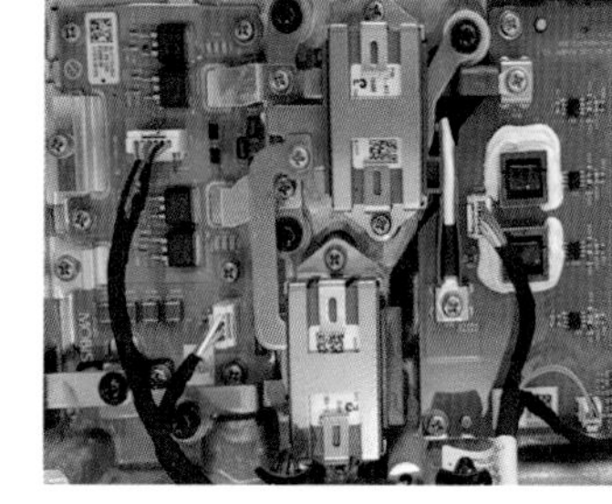
[그림 8-77] LDC

3. 전장 부하 전원공급 제어

VCU는 BMU와 정보 교환을 통해 전장 부하의 전원공급 제어 값을 결정하며, 운전자의 요구 토크 양의 정보와 회생 제동량, 변속 레버의 위치에 따른 주행 상태를 종합적으로 판단하여 LDC에 충·방전명령을 보낸다. LDC는 VCU에서 받은 명령을 기본으로 보조배터리에 충전전압과 전류를 결정하여 제어한다.

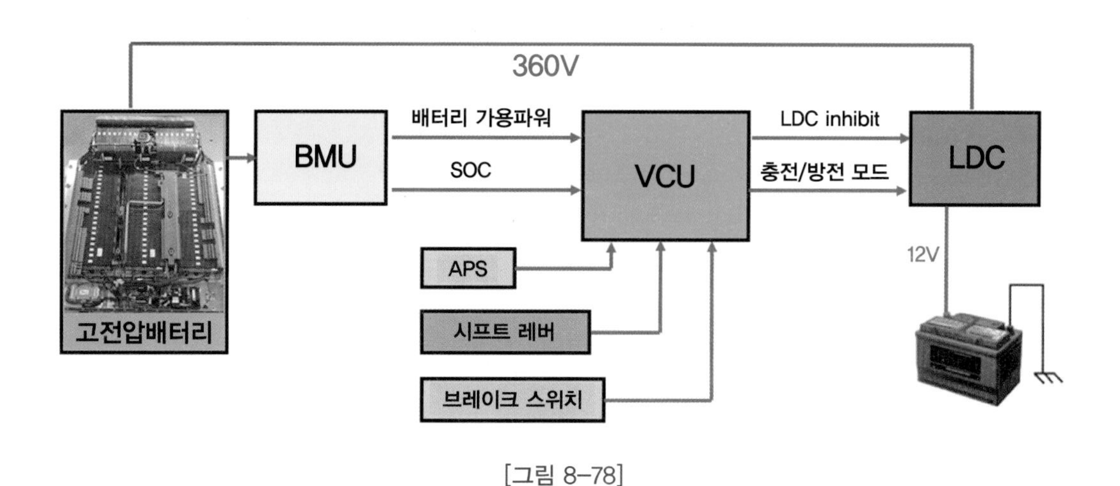

[그림 8-78]

4. 저전압 직류변환기(LDC)의 자기진단

1) 운전석 실내 퓨즈 박스 커버를 제거하고, 진단기의 케이블을 진단 커넥터에 연결한다.

[그림 8-79] 운전석 퓨즈 커버 탈거 후 자기진단 케이블 연결

2) 시동 버튼 ON 또는 브레이크 페달을 밟고, 시동 버튼을 ST에 위치하여 "READY" 상태로 한다.

[그림 8-80] 브레이크 페달 ON, 시동 버튼 ON

3) 진단 장비에 전원을 ON하고, 진단 프로그램을 작동한다.

4) 차량의 제조회사를 선택한다.

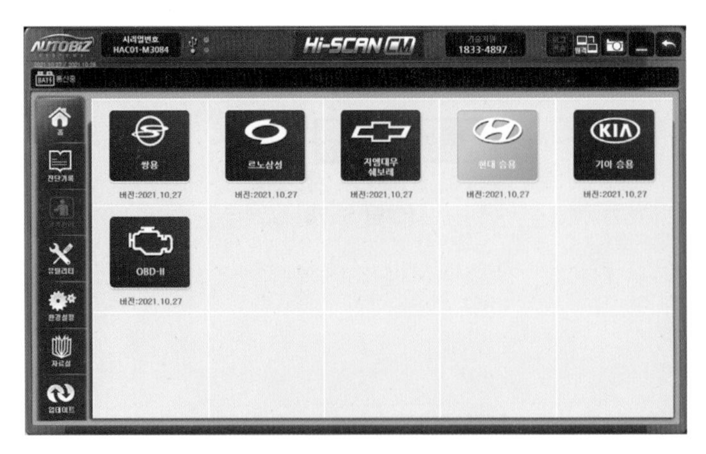

[그림 8-81] 차량 제조회사 선택

5) 차량의 모델과 년식을 선택한다.

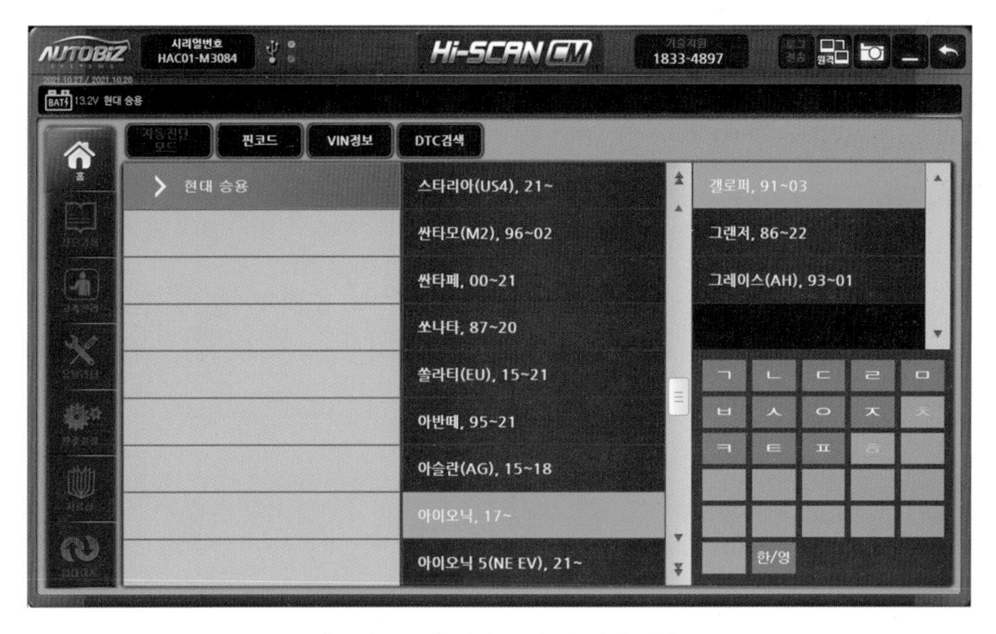

[그림 8-82] 차량 모델 및 년식 선택

6) 진단 항목의 "VCULDC"를 선택한다.

[그림 8-83] 직류변환기 (VCULDC) 선택

7) LDC의 “진단 시작(OBD2 16핀)”을 선택한다.

[그림 8-84] 차량 진단 시작(OBD2 16핀) 선택

8) 클러스터의 경고등이 점등되는 경우 고장 항목을 확인하기 위하여 “고장진단”을 선택한다.

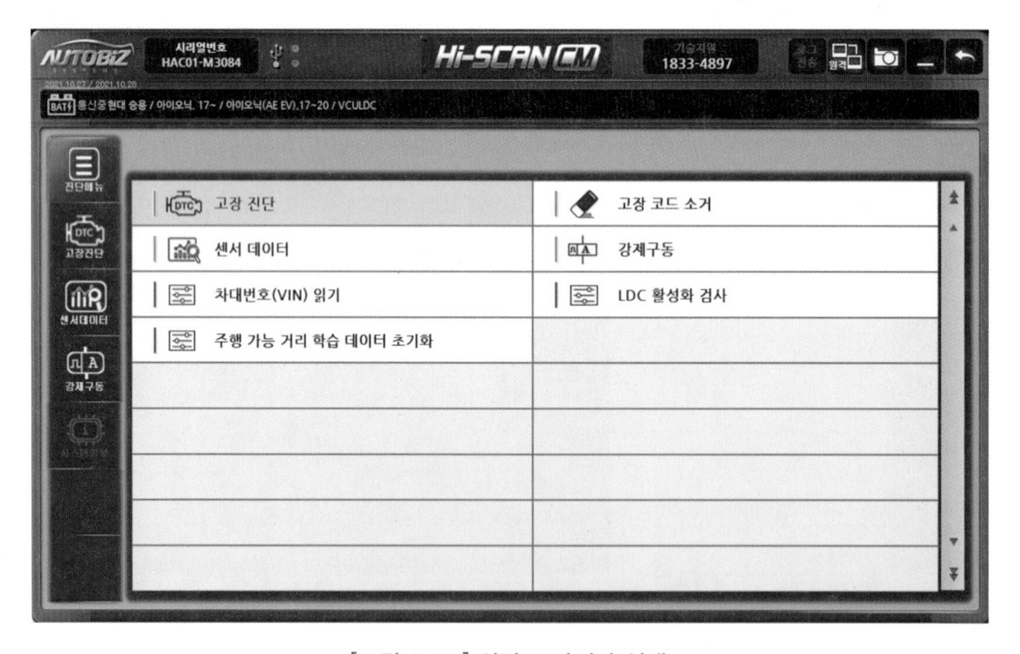

[그림 8-85] 차량 고장진단 선택

9) 고장 항목이 있는 경우 고장 코드(DCT), 고장 내용, 고장상태를 확인할 수 있다.

[그림 8-86] 차량 고장코드, 고장 내용, 고장상태 확인

10) 고장 코드(DCT)의 고장 내용을 확인하기 위해 "센서 데이터"를 선택한다.

[그림 8-87] 차량 센서 데이터 선택

11) LDC의 입력 신호로 센서 데이터를 통해 실제 고장상태를 확인할 수 있다.

[그림 8-88] 차량 센서 데이터 고장 코드 확인

12) 고장 항목에 대한 수리가 끝나면 컴퓨터에 저장된 고장 코드(DCT)를 소거하기 위해 "고장 코드(DCT) 소거"를 선택한다.

[그림 8-89] 차량 고장코드 소거 선택

13) 고장 코드(DCT)를 소거하기 위해 "READY"가 아닌 시동 버튼 ON 상태에서 "확인" 버튼을 선택한다.

[그림 8-90] 차량 고장코드 소거 조건 후 확인 선택

14) 고장 코드(DCT)를 소거되면 "확인" 버튼을 선택한다.

[그림 8-91] 차량 고장코드 소거 후 확인 선택

5. 저전압 직류변환기(LDC)의 점검

1) 멀티 미터의 선택 레인지를 DCV(직류 전압)로 선택한다.

2) 멀티 미터의 적색 리드선을 직류변환기(LDC)의 출력단자(B)에 연결한다.

3) 멀티 미터의 흑색 리드선은 보조 배터리 "-" 단자에 연결한다.

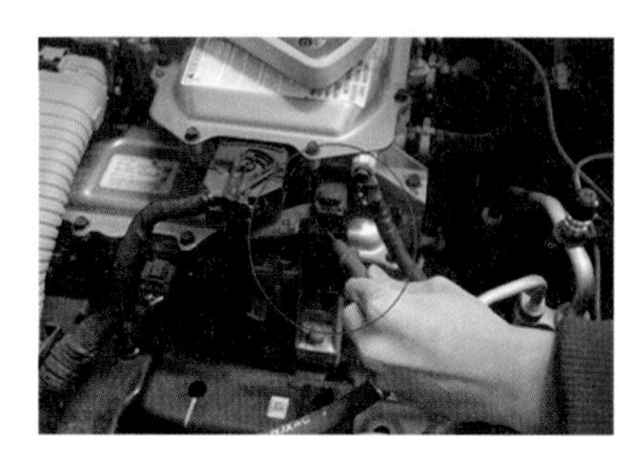

[그림 8-92] 적색 리드선(LDC 출력단자), 흑색 리드선[BAT (-)]

4) 멀티 미터로 측정한 값은 보조 배터리 전압으로 참고한다.

[그림 8-93] 보조 배터리 전압(12.16V)

5) 직류변환기(LDC)가 보조 배터리를 충전하는 차량제어 장치(VCU)의 명령에 따른 작동으로 조건을 충족해야 한다.

[그림 8-94] 시동 버튼 "ST"(브레이크 스위치 ON, 시동 버튼 ON)

6) 시동 버튼을 ON 상태에서 측정값은 직류변환기(LDC)의 충전전압을 확인한다.

[그림 8-95] LDC 충전 전압(14.89V)

6. 저전압 직류변환기(LDC)의 센서 데이터 분석

[표 8-3]

항목		내용
LDC 제어기 준비	의미	LDC 제어기를 사용할 준비가 완료되었음을 의미(내부 및 외부)
	분석	OFF이면, LDC가 작동 금지 ON이면 작동 준비 상태
LDC 작동 준비 가능 상태	의미	LDC가 작동할 준비가 완료되었음을 의미
	분석	OFF이면 LDC가 비정상 작동 상태라는 것을 나타내므로 보조 배터리 및 LDC 상태를 확인한다. 추가로 메인 배터리 상태
LDC PWM 출력 상태	의미	LDC의 제어를 위한 PWM 출력 상태를 나타낸다.
	분석	OFF이면 PWM 중지 상태로 제어 중단 상태를 의미한다. LDC 자체 고장(DTC 및 LDC Fault flag 활용)으로 인해 동작하지 않는 상태인지를 확인하거나, LDC 자체 고장은 아니나 동작할 수 없는 상태 (메인 릴레이 OFF or VCU의 동작 금지 명령)인지를 확인한다.
LDC 저전압 제어 상태	의미	LDC의 저전압 제어 상태를 나타낸다.
	분석	OFF이면 LDC가 정상 출력 중임을 의미한다. ON이면 부하 상태 및 LDC 내부 상태에 의해 저전압 제어 상태 (12.8V)임을 나타낸다. ON이라도 고장은 아니며, LDC는 정상 동작한다.
LDC에 의한 서비스 램프 점등 요구	의미	LDC의 고장상태를 운전자에게 알리는 램프 점등 요청 신호
	분석	ON이면 LDC 고장상태로 LDC 관련 DTC(P0A94/P0C3A/P0C3B/P1A88/P1A89)가 발생 또는 VCU로부터 CAN 통신을 수신하지 못하면 서비스 램프 점등을 요청한다.
LDC 고장상태	의미	LDC 자체 고장이 아닌 외부 요소에 의한 고장상태를 나타낸다.
	분석	ON이면 LDC의 고장상태로 LDC 출력을 제한하거나 작동을 중지한다.
LDC 출력 제한 상태	의미	LDC의 출력 제한 상태를 나타낸다.
	분석	ON이면 LDC의 내부 요인(과온, 센서 고장 등)에 의해 출력 제한 상태임을 나타낸다.
LDC 출력전압	의미	LDC의 출력전압을 나타낸다.
	분석	LDC 동작 가능한 입력전압이 공급되어야 출력전압도 정상적으로 나온다.

CHAPTER

07 고전압 전력 제어장치(EPCU) 교환

1. 전력 제어장치 제원

[표 8-1]

항 목	제 원
입력전압	240 ~ 420V
작동전압	9 ~ 16V
냉각방식	수냉식
냉각수 유입온도	최대 65℃
작동온도	-40 ~ 85℃
저장온도	-40 ~ 85℃

2. 구성 및 부품 위치

① 전력제어장치(EPCU)
[인버터+저전압 직류 변환장치(LDC)+
차량제어유닛(VCU)]

② 차량 탑재형 충전기(OBC)

[그림 8-96]

① **전력제어장치(EPCU)**: 전력변환 시스템으로서 인버터, 저전압 직류 변환장치(LDC), 차량제어유닛(VCU)이 통합으로 구성되어 있다.

② **인버터**: 고전압 배터리의 DC를 구동모터에 AC로 변환하여 공급하는 시스템이다.

③ **LDC(컨버터)**: 고전압 배터리의 DC전원을 차량 전장용 DC 전원(12V)으로 변환하는 시스템이다.

3. 고전압 전력 제어장치 EPCU 탈거

1) 고전압 차단절차를 수행한다.

2) 냉각수 드레인 플러그를 풀고 냉각수를 배출시킨다.

3) 냉각수 리저버 탱크 장착 볼트를 풀고 리저버 탱크(A)를 고전압 정션박스에서 분리한다.

4) 고전압 배터리 어셈블리 고전압 케이블 (A)를 분리한다.

[그림 8-97]

[그림 8-98]

5) PTC 히터 고전압 케이블 커넥터(A)를 분리한다.

6) 차량 탑재형 충전기(OBC) 케이블 커넥터(B)를 분리한다.

7) 고전압 조인트 박스 커넥터(A)를 분리한다.

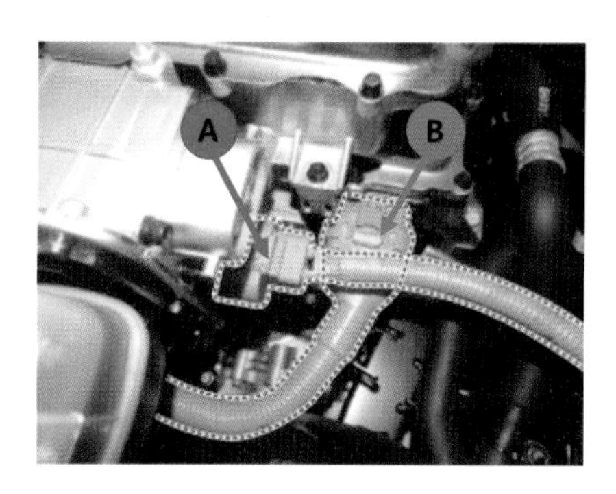

[그림 8-99]

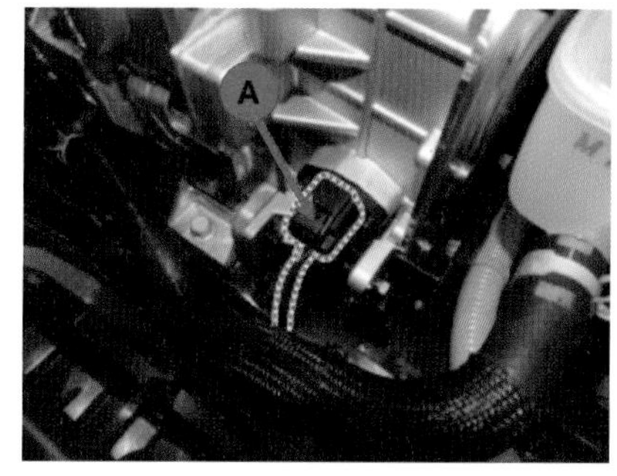

[그림 8-100]

8) 전력제어장치(EPCU)커넥터(A)를 분리한다.

9) 저전압 직류 변환장치(LDC) - 케이블(B)과 +케이블(C)를 분리한다.

10) 전력제어장치(EPCU)측 파워 케이블 커넥터(A)를 분리한다.

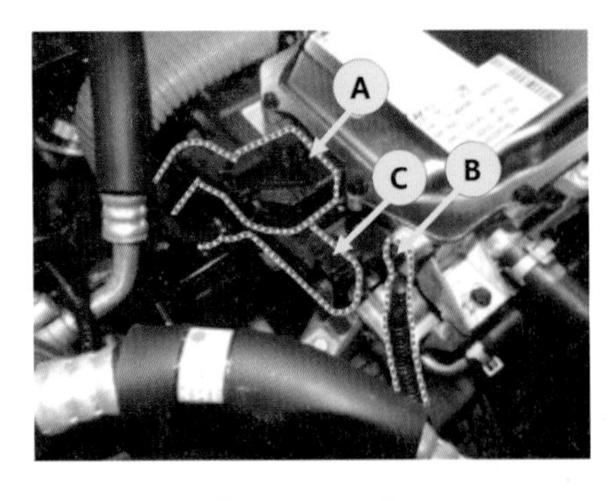

[그림 8-101]

[그림 8-102]

11) 전력 제어장치(EPCU) 냉각호스(A)를 분리한다.

12) 차량 탑재형 충전기(OBC) 냉각호스(B)를 분리한다.

13) 고정볼트(A)를 풀고 고전압 정션박스, 전력제어장치(EPCU), 차량탑재형 충전기(OBC), 어셈블리를 탈거한다.

[그림 8-103]

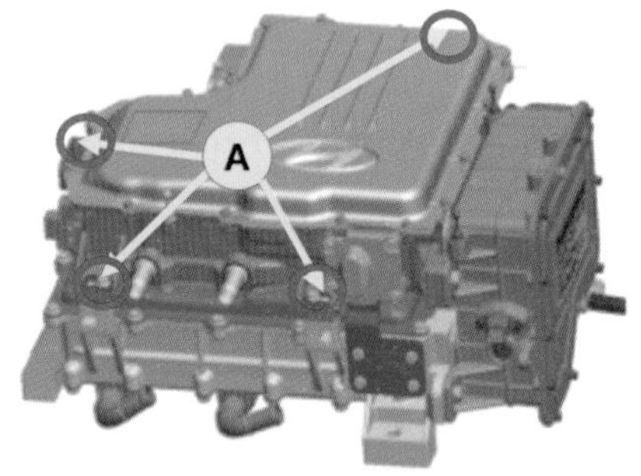

[그림 8-104]

14) 고정볼트를 풀고 서비스 커버 (A)를 탈거한다.

15) 고정볼트를 풀고 전력 제어 장치(EPCU)와 연결된 버스바(A)를 탈거한다.

16) 고정스크류를 풀고 차량 탑재형 충전기(OBC)와 연결된 버스바(B)를 탈거한다.

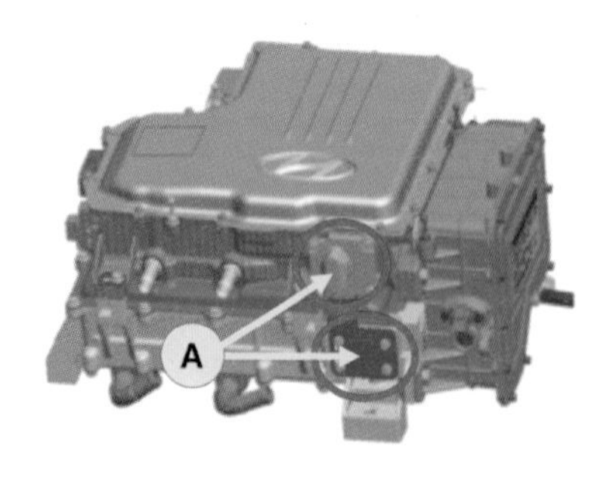

[그림 8-105]

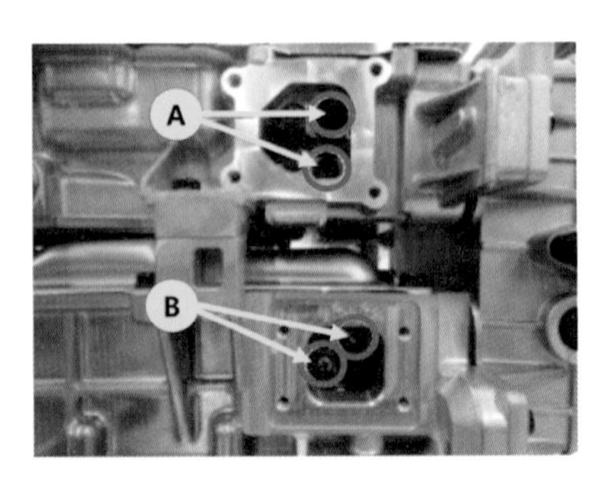

[그림 8-106]

17) 고정볼트(A)를 풀고 고전압 정션박스(B)를 탈거한다.

18) 고정볼트(A)를 풀고 전력제어장치(EPCU) (B)를 탈거한다.

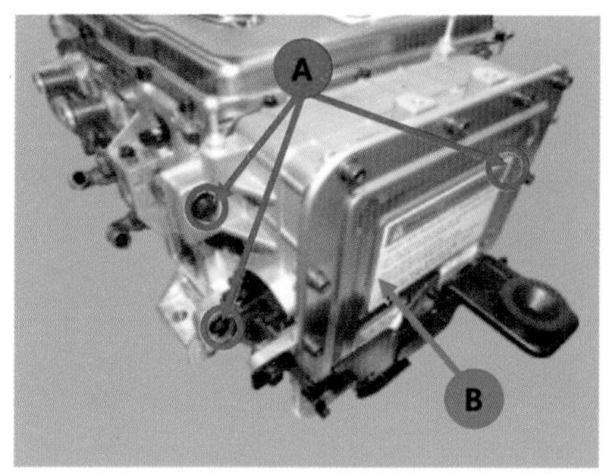

[그림 8-107]

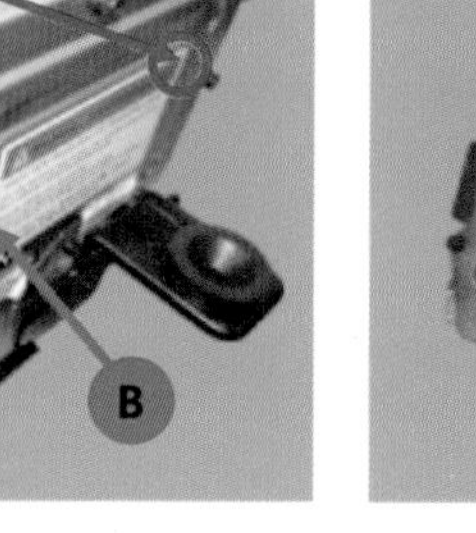

[그림 8-108]

4. 고전압 전력 제어장치 EPCU 장착

1) 장착은 탈거의 역순으로 작업한다.

2) U, V, W의 3상 파워 케이블을 정확한 위치에 조립한다. 파워케이블을 잘못 조립할 경우, 인버터, 구동모터 및 고전압 배터리에 심각한 손상을 초래할수 있을 뿐만 아니라, 사용자 및 작업자의 안전을 위협할수 있으므로 이점에 각별히 주의하여 조립하도록 하여야 한다.

3) 냉각수 주입후 진단기기를 사용하여 전자식 워터펌프(EWP)를 강제 구동하여 냉각수 라인의 공기 빼기 작업을 실시한다.

4) 장착 완료후 진단기기를 사용하여 레졸버 옵셋 자동 보정을 초기화 해야한다. 전력제어장치(EPCU)교환후 레졸버 옵셋 자동 보정 초기화를 실시하지 않을 경우 최고 출력 저하 및 주행거리가 짧아질수 있다.

제9장

전기자동차 완속 충전 시스템 정비

CHAPTER

01 충전시스템 개요

1. 충전시스템 개요

전기 자동차는 고전압 배터리에 저장된 전기 에너지를 모두 사용하면 더 이상 주행을 할 수 없게 되는데 이때 고전압 배터리에 전기 에너지를 다시 충전하여 사용해야 하며, 전기차의 충전방식은 급속, 완속, 회생 제동의 3가지 종류가 있다. 완속 충전기와 급속충전기는 별도로 설치된 220V나 380V용 전원을 이용해 충전하는 방식이고,

회생 제동을 통한 충전은 감속 시에 발생하는 운동 에너지를 이용하여 구동 모터를 발전기로 사용하여 배터리를 충전하는 것을 말한다.

전기자동차는 급속충전과 완속 충전 두 가지 방식으로 충전할 수 있다.

완속 충전 시에는 차량탑재형 충전기(OBC)를 통해서 가정용 AC 220V 전원을 직류(DC) 전원으로 변환 후 고전압 배터리를 충전하며 급속 충전 시에는 차량 외부 충전소를 통해서 직류 전원을 바로 고전압 배터리로 충전한다.

고전압 배터리 충전 시에는 안전을 위하여 차량 주행이 불가능하고 급속충전과 완속 충전이 동시에 이루어질 수 없다.

이것을 제어하는 장치가 BMS와 IG3 릴레이이다.

IG3 릴레이를 통해 생성되는 IG3 신호는 저전압 직류 변환장치(LDC), BMS, MCU, VCU, OBC를 활성화하고 차량의 충전이 가능해진다.

따라서 급속충전과 완속 충전을 동시에 행할 수는 없다. 완속 충전 시에는 표준화된 충전기를 사용하여 차량의 앞쪽에 설치된 완속 충전기 인렛을 통해 충전하여야 한다. 급속충전보다 더 많은 시간이 필요하지만 급속충전보다 충전 효율이 높아 배터리 용량의 90%까지 충전할 수 있으며, 이를 제어하는 것이 BMU와 IG3 릴레이 # 2, 3, 5이다.

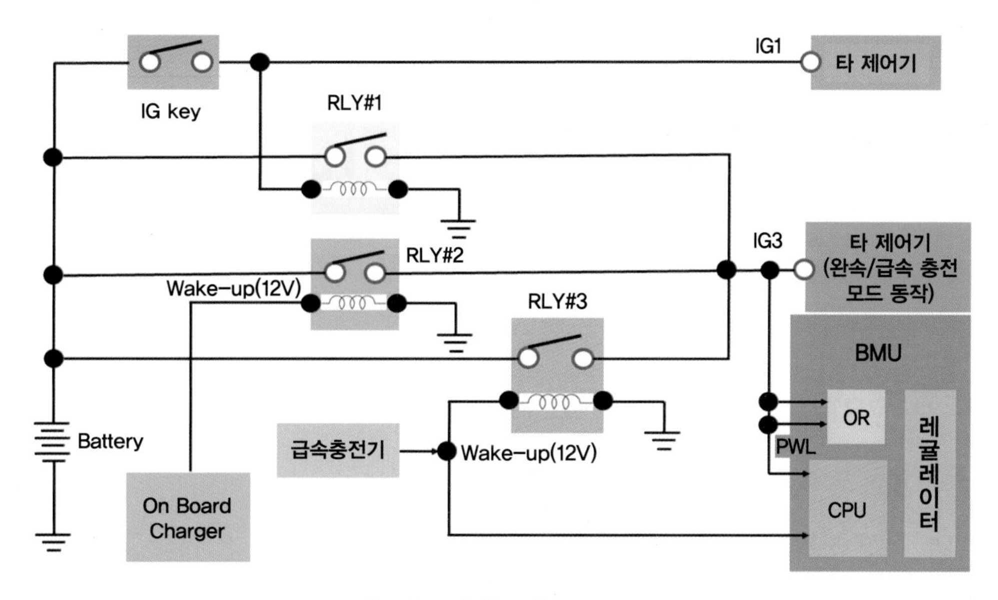

[그림 9-1] 완속 충전 회로도

전기자동차는 모터와 고전압 배터리를 통하여 전기 에너지를 운동에너지로 변환해서 구동하는 차량을 의미하며 전기모터는 차량의 주행뿐만 아니라 고전압 배터리의 충전을 위해 주행중 정지시 회생 제동 작용으로 전기에너지를 발생시키는 작용을 한다.

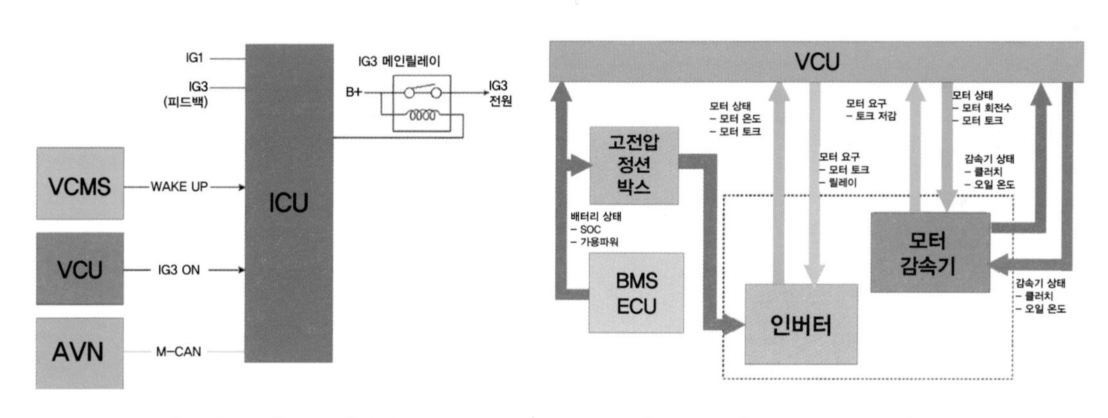

[그림 9-2] IG3 릴레이

[그림 9-3] 모듈 간의 작동원리

CHAPTER

02 고전압 배터리 충전기준

1. 충전방식 구분

(1) 급속충전 방식

가) 외부 충전 전원 (500V)을 이용하여 고전압 배터리를 직접 충전하는 방식 (고전압 정션 블록으로 직접 공급)

나) SOC 80%까지만 충전

다) DC 500V, 전류 200A (100kW / 50kW급)

100KW 급 충전기 충전 시간 약 20~25분 / 50KW 급 충전기 충전 시간 약 30~35분

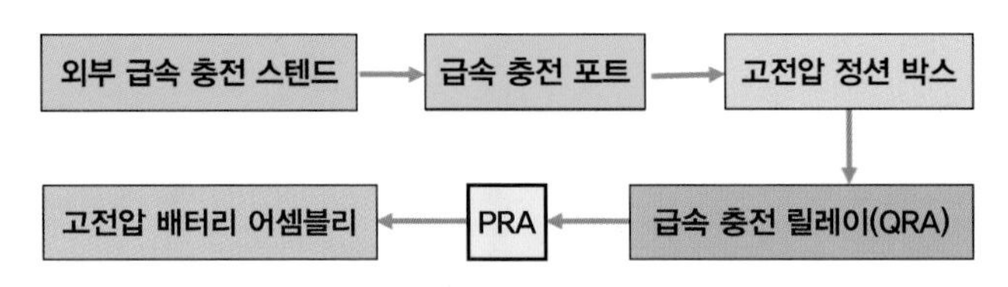

[그림 9-4] 급속 충전 방식 블록 다이어그램

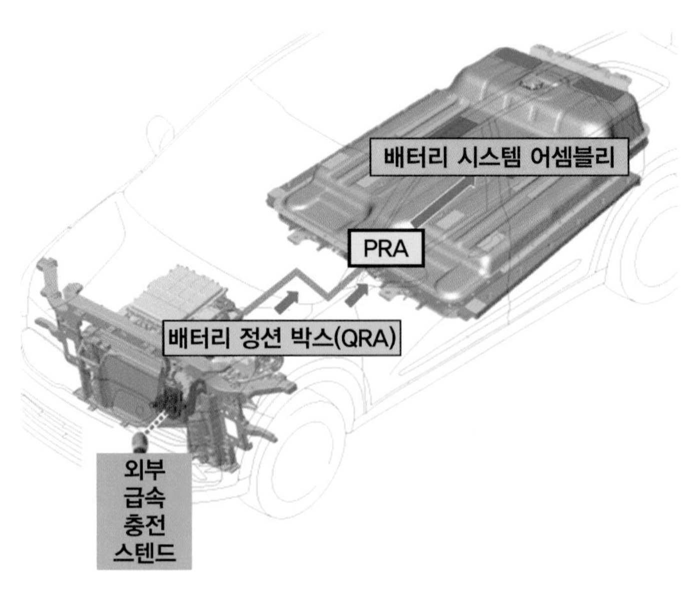

[그림 9-5] 급속 충전방식 충전 전류 흐름도

(2) 완속 충전 방식

가) 외부 충전 전원 (220V)을 이용하여 차량 내 OBC를 통하여 DC 360V로 변환해서 충전하는 방식

나) SOC 95%까지 충전

다) AC 220V, 전류 35A (7.7kW급)

라) 충전 시간: 약 6 ~ 7시간

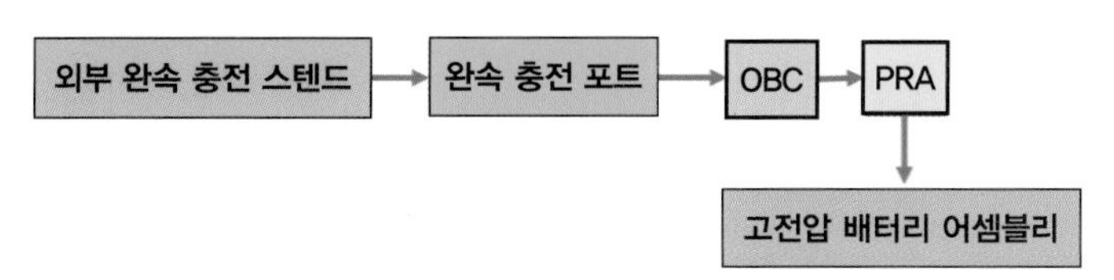

[그림 9-6] 완속 충전 방식블록 다이어그램

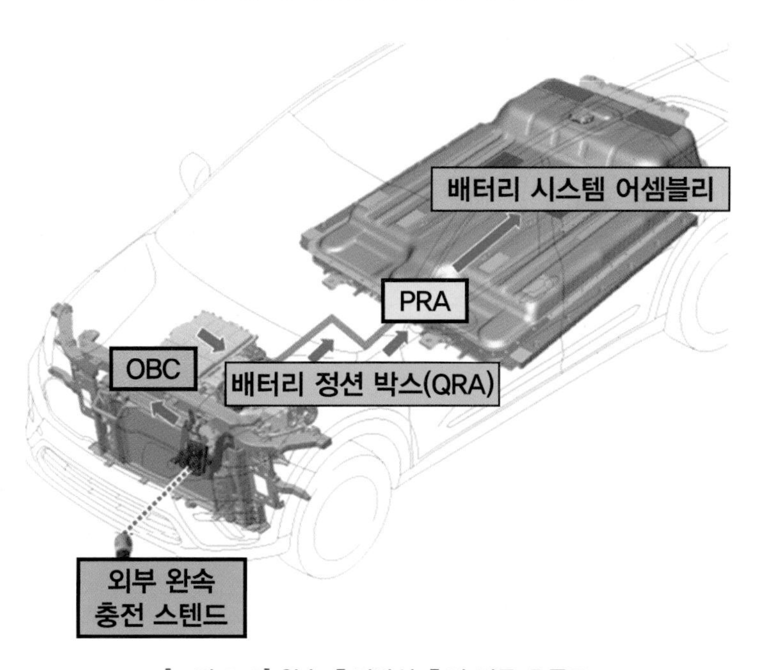

[그림 9-7] 완속 충전방식 충전 전류 흐름도

2. 충전시스템 입·출력 요소

(1) PE Power Electric 제어기 전원 공급도

전기차의 PE 부품 제어기를 구동하기 위한 릴레이는 IG3 릴레이라고 하며 각각의 전원 공급은 회로와 같다.

가) IG S/W ON 시(일반 주행 시)

일반 전장품 전원공급 IG3 RLY#3번 ON PE 제어기 전원공급

나) 완속 충전 시

완속 충전기에서 OBC Wake-up, OBC에서 IG3 RLY#2번 ON PE 제어 기전원공급

다) 급속충전 시

급속충전기에서 BMS Wake-up, BMS에서 IG3 RLY#5번 ON PE 제어 기전원공급

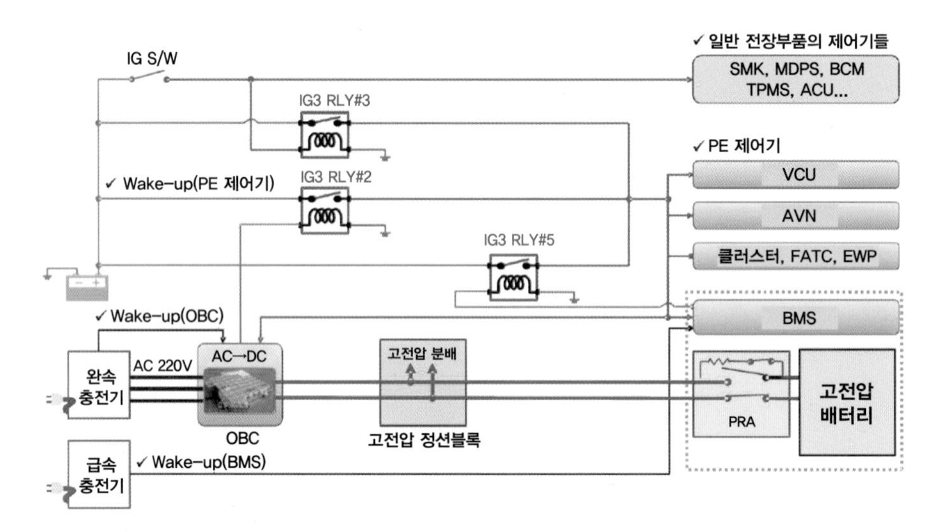

[그림 9-8] PE제어기 전원 공급 회로

3. 고전압 배터리 충전기 종류

(1) 급속충전기

(가) 급속충전 전원 공급도

급속충전은 차량 외부에 별도로 설치된 차량 외부 충전스탠드의 급속충전기를 사용하여 DC 380~500V의 고전압으로 고전압 배터리를 빠르게 충전하는 방법이다.

급속충전 시스템은 급속충전 커넥터가 급속충전 포트에 연결된 상태에서 급속충전 릴레이와 PRA 릴레이를 통해 전류가 흐를 수 있으며, 외부 충전기에 연결하지 않았을 경우에는 급속충전 릴레이와 PRA 릴레이를 통해 고전압이 급속충전 포트에 흐르지 않도록 보호한다.

급속충전 시에는 충전기 내에서 BMS로 12V 전원을 인가하고 BMS는 고전압 정션 블록의 급속 충전 전용 릴레이 (200A)를 ON 시킨다. 동시에 IG3 5번 릴레이를 ON 하면 PE 제어기에 전원이 공급되고 DC 50~500V, 200A로 충전을 시작한다. 충전 효율은 배터리 용량의 80~84%까지 충전할 수 있으며, 1차 급속충전이 끝난 후 2차 급속충전을 하면 배터리 용량(SOC)의 95%까지 충전할 수 있다.

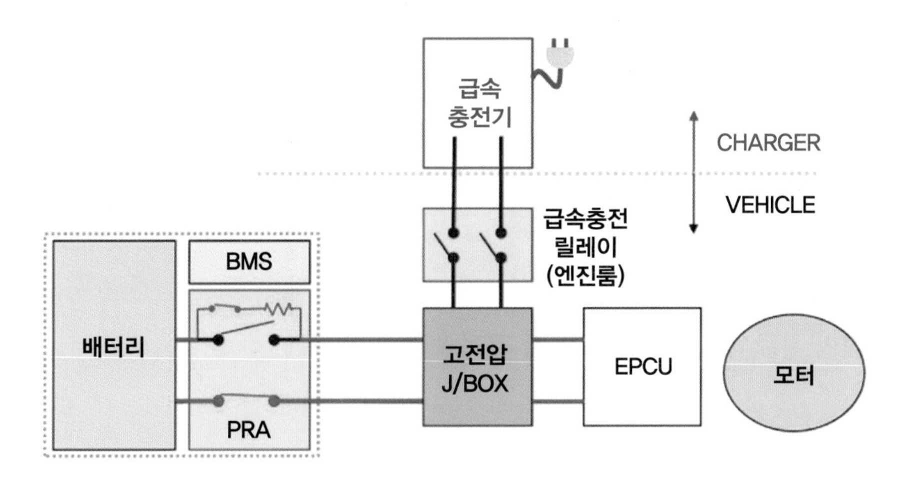

[그림 9-9] 전원 공급도

(2) 충전 형식

가) 충전 전원

100kW 충전기는 500V 200A / 50kW 충전기는 450V 110A

나) 충전방식

직류 (DC)

다) 충전 시간

약 25분

라) 충전 흐름도

급속 충전스탠드 → 급속충전 포트 → 고전압 정션 박스 → 급속 충전 릴레이(QRA) → PRA → 고전압 배터리 시스템 어셈블리

마) 충전량

고전압 배터리 용량(SOC)의 80~84%

(3) 충전 방법

(가) 일반 충전(80%)

1) 변속 레버 P, IG Key Off
2) 급속충전 포트 연결(체결)
3) 급속충전기 표시창에서 충전량 선택 후 충전 시작
4) 충전이 완료되면 충전 포트에서 고전압 커넥터 제거

(나) 추가 충전(95%)

1) 일반충전 완료 후 고전압 커넥터 일시 제거
2) 급속충전 포트에 재체결
3) 충전량 선택(만충전 / 최대 충전 시간) 후 충전 시작
4) 충전이 완료되면 충전 포트에서 고전압 커넥터 제거

(4) 충전 유의 사항

가) 일반 충전 완료 (83.5% 또는 83%) 후 추가 충전 가능함
나) 추가 충전은 상온(배터리 온도 15℃ 이상)에서만 가능
다) 충전량 설정은 급속충전기 제조사 사양에 따라 다름
라) 만충전을 원할경우 화면 표시 중 최대값 선택

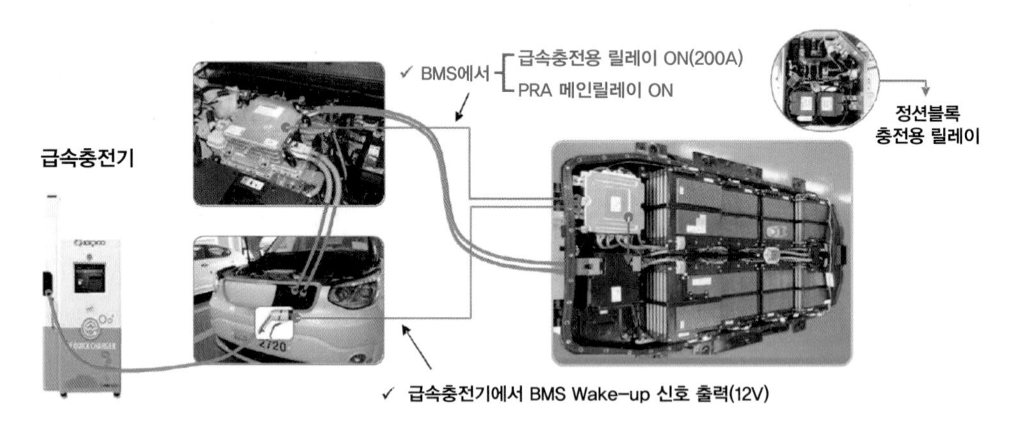

[그림 9-10] 급속 충전 다이어그램

CHAPTER

03 탑재형 완속 충전기 구성 및 작동원리

1. 완속 충전기

(1) 완속 충전 전원 공급도

완속 충전은 AC 100, 220V 전압의 완속 충전기(OBC)를 이용하여 교류전원을 직류 전원으로 변환하여 고전압 배터리를 충전하는 방법이다. 완속 충전 시에는 표준화된 충전기를 사용하여 완속 충전기 인렛을 통해 충전하여야 한다. 급속충전보다 더 많은 시간이 필요하지만 급속충전보다 충전 효율이 높아 배터리 용량의 90%까지 충전할 수 있다.

완속 충전 시에는 충전기 내에서 12V 전원을 OBC로 인가해 (Wake-up) OBC에서 IG3 2번 릴레이를 ON 시킨다, 동시에 PE 부품이 깨어나고 OBC를 통해서 AC 220V 전원이 DC로 변환되어 배터리를 충전한다.

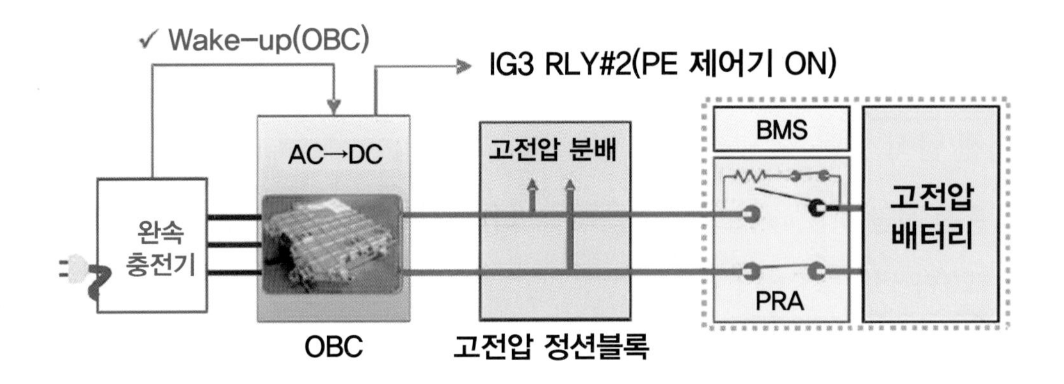

[그림 9-11]전원 공급도

완속충전기는 차량에 탑재된 충전기로 OBC라고 부르며, 차량 주차 상태에서 AC 220V 교류 전압을 DC 250~450V로 변환시켜 고전압 배터리를 충전시킨다. OBC는 모든 전기 자동차나 PHEV에 장착되어 있다.

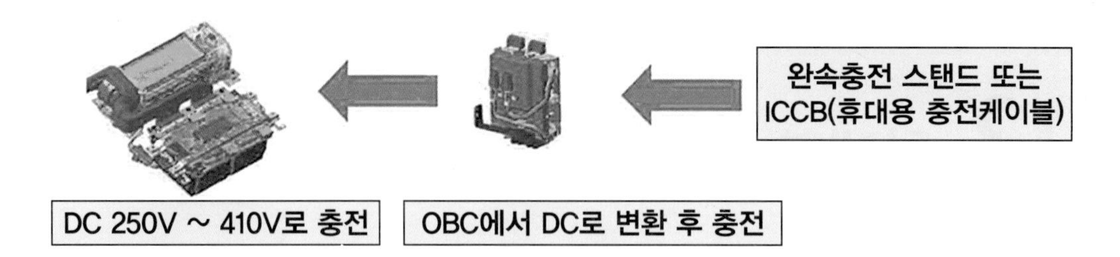

[그림 9-12]

고전압 배터리 제어기인 BMU와 CAN 통신을 통해 배터리 충전 방식(정전류, 정전압)을 최적으로 제어한다.

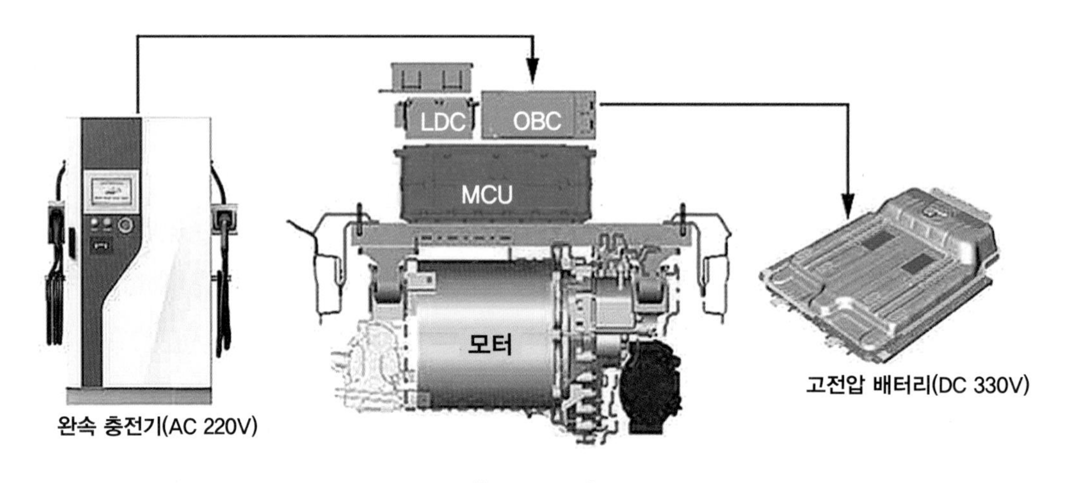

[그림 9-13]

(2) 충전 형식

가) 충전 전원

220V, 35A

나) 충전 방식

교류 (AC)

다) 충전 시간

약 5시간

라) OBC의 최대출력 EVSE

6.6kW

마) 충전 흐름도

완속 충전 스탠드 → 완속 충전 포트 → 완속 충전기(OBC) → PRA → 고전압 배터리 시스템 어셈블리

바) 충전량

고전압 배터리 용량(SOC)의 90~95%

(3) 충전 방법

(가) 충전 스텐드를 통한 충전

1) 변속 레버 P, IG Key Off
2) 완속 충전 포트 연결(체결)
3) 완속 충전기 표시창에서 충전 시작
4) 충전이 완료되면 충전 포트에서 고전압 커넥터 제거

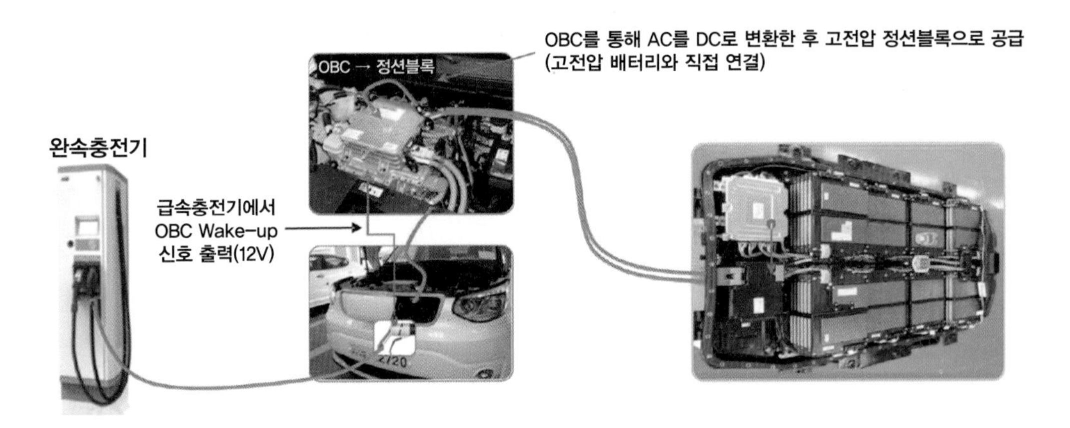

[그림 9-14] 완속 충전 다이어그램

(나) ICCB (일반 전원)

1) 변속 레버 P, IG Key Off
2) ICCB 충전커넥터 연결(체결) 커넥터 체결 후 자동으로 충전 모드로 전환
3) 충전이 완료되면 충전 포트에서 고전압 커넥터 제거

플러그 (PLUG)		점등: 전원 연결 완료 점멸: 플러그 온도 케이블 단선
		점등: 플러그 과열 점멸: 플러그 과열 경고
전원 (POWER)	POWER	점등: 전원 연결 완료
충전 (CHARGE)	CHARGE	점멸: 충전 중
고장 (FAULT)	FAULT	점멸: 충전 실패 (누설 전류, CP Fault, 내부 과열)
충전 전류 (CHARGE LEVEL)	12	충전 전류: 12A
	10	충전 전류: 10A
	8	충전 전류: 8A
차량 (VEHICLE)		충전 커넥터 연결 완료
		충전 중
		점멸: 충전 불가(CP Fault)

(4) 충전 유의 사항

가) 완속 충전은 충전 시작 시 만충전(100%)을 기본으로 함.

나) 충전 시작 후 충전 예상소요시간이 클러스터에 표시됨(1분간)

다) 충전 소요 시간은 충전 전원(충전스탠드, ICCB)의 출력에 따라 상이할 수 있음

라) 충전 전원 레벨에 따른 충전 소요 시간 AVN에서 상시 표시

CHAPTER

04 탑재형 완속 충전기(OBC)의 자기진단

1. 자기진단

1) 운전석 실내 퓨즈 박스 커버를 제거하고, 진단기의 케이블을 진단 커넥터에 연결한다.

[그림 9-16] 운전석 퓨즈 커버 탈거 후 자기진단 케이블 연결

2) 시동 버튼 ON 또는 브레이크 페달을 밟고, 시동 버튼을 ST에 위치하여 "READY" 상태로 한다.

[그림 9-17] 브레이크 페달 ON, 시동 버튼 ON

3) 진단 장비에 전원을 ON하고, 진단 프로그램을 작동한다.

4) 차량의 제조회사를 선택한다.

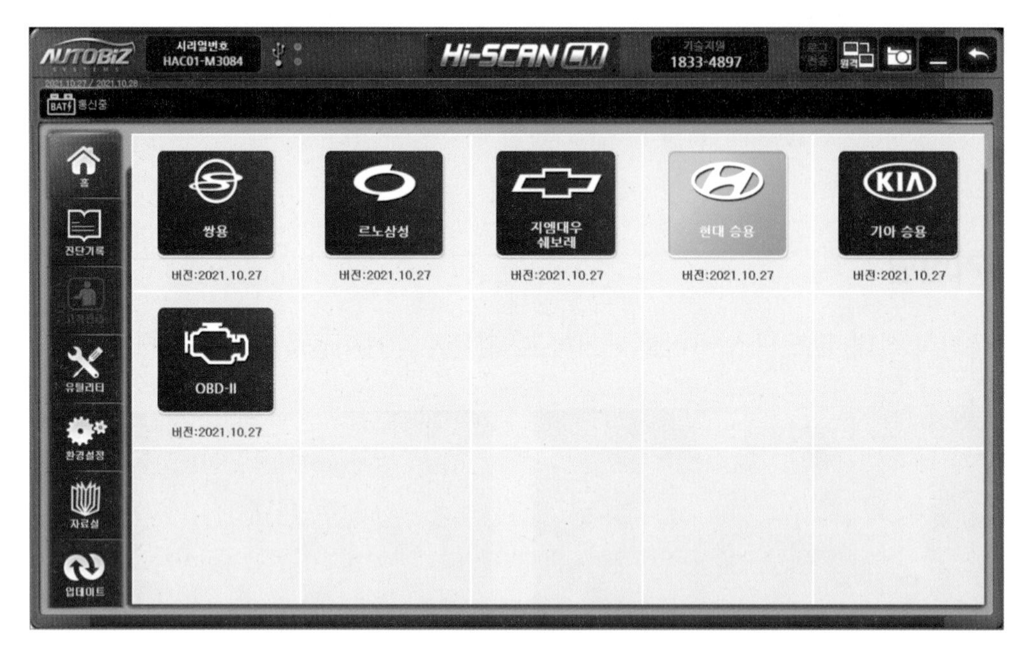

[그림 9-18] 차량 제조회사 선택

5) 차량의 모델과 년식을 선택한다.

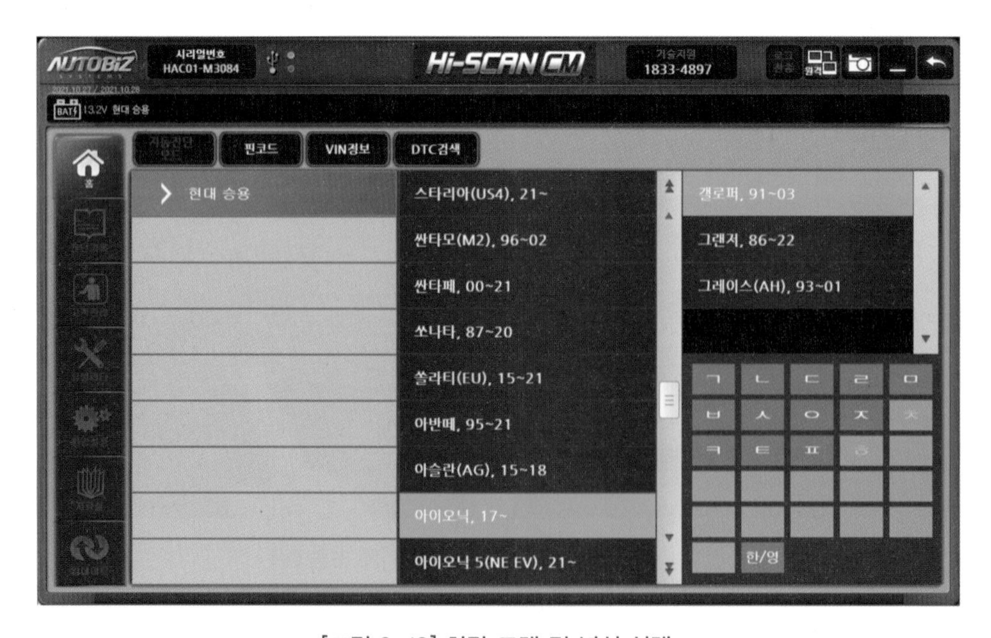

[그림 9-19] 차량 모델 및 년식 선택

6) 진단 항목의 "차량탑재형 충전기"를 선택한다.

[그림 9-20] 차량 탑재형 충전기(OBC) 선택

7) 차량탑재형 충전기(OBC)의 "진단 시작(OBD2 16핀)"을 선택한다.

[그림 9-21] 차량 진단 시작(OBD2 16핀) 선택

8) 클러스터의 경고등이 점등되는 경우 고장 항목을 확인하기 위하여 “고장진단”을 선택한다.

[그림 9-22] 차량 고장진단 선택

9) 고장 항목이 있는 경우 고장 코드(DCT), 고장 내용, 고장상태를 확인할 수 있다.

[그림 9-23] 차량 고장코드, 고장 내용, 고장상태 확인

10) 고장 항목에 대한 수리가 끝나면 컴퓨터에 저장된 고장 코드(DCT)를 소거하기 위해 "고장 코드(DCT) 소거"를 선택한다.

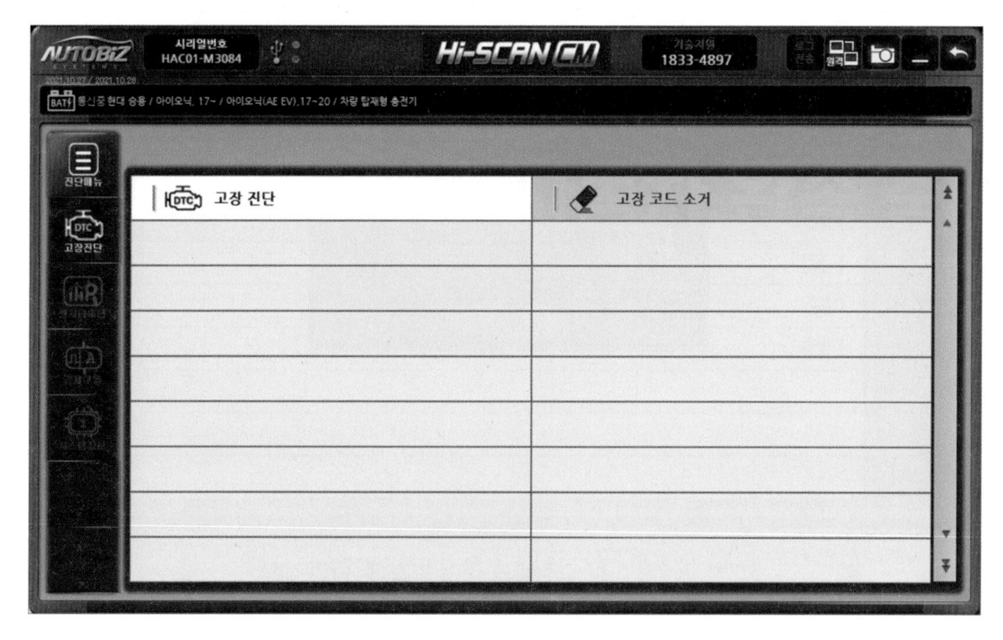

[그림 9-24] 차량 고장코드 소거 선택

13) 고장 코드(DCT)를 소거하기 위해 "READY"가 아닌 시동 버튼 ON 상태에서 "확인" 버튼을 선택한다.

[그림 9-25] 차량 고장코드 소거 조건 후 확인 선택

14) 고장 코드(DCT)를 소거되면 “확인” 버튼을 선택한다.

[그림 9-26] 차량 고장코드 소거 조건 후 확인 선택

2. 탑재형 완속 충전기(OBC)의 센서 데이터 분석

[표 9-1]

항목	내용	
입력 전압	의미	AC 전원의 입력 전압을 의미
	분석	통상 220V 또는 110V
OBC 내부 고전압	의미	2차 측 동기 정류 이후 전압
	분석	DC 80~150V
출력 전압	의미	완속 충전 시 OBC에서 출력되는 DC 전압
	분석	통상 DC 270~370V
인덕터 전류	의미	OBC 내부 전류
	분석	최대 50A
출력 전류	의미	완속 충전 시 OBC에서 출력되는 전류
	분석	통상 7~10A
1차 측 온도	의미	1차 전력 변환 스위칭 부 온도
	분석	OBC 내부의 1차 전력 변화 회로부의 스위칭 부 온도를 ℃로 나타낸다.
부스터 온도	의미	부스터 부 온도
	분석	부스터 회로부의 온도를 ℃로 나타낸다.

CHAPTER

05 탑재형 완속 충전기(OBC) 교환

1. 제원

[표 9-2]

최대출력	7.2 KW
출력밀도	0.75KVA/ ℓ
사이즈	327×367×105mm
ICCB	약1.4KW
EVSE	7.2KW

완속 충전은 외부 충전 전원 220V를 이용하여 차량에 탑재되어있는 충전기(OBC)를 이용하여 고전압 배터리를 충전하는 방식이다. 차량 탑재형 충전기(OBC)는 주차 중 AC 110V ~ 220V 전원으로 자동차의 고전압 배터리를 충전할 수 있는 차량 탑재형 충전기로 최대출력 7.2KW, 효율91%의 특성을 보유하고 있다.

[그림 9-27]

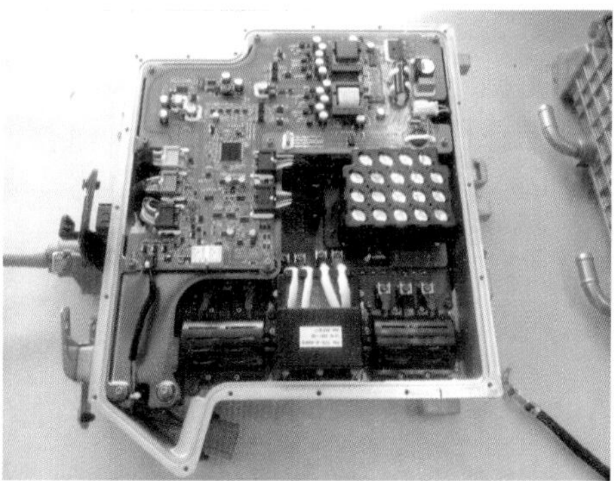

[그림 9-28]

2. OBC 주요제어기능

[표 9-3]

분류	항목	내용	주요항목
제어성능	입력전류 Power Factor 제어	· AC전원규격만족을 위한 Power Factor제어	· 예약/충전공조시 타시스템 제어기와 협조제어 · DC link 전압제어
보호기능	최대출력제한	· OBC 최대용량초과시 출력제한 · OBC 제한온도초과시 출력제한	· EVSE, ICCB 용량에따라 출력전력제한 · 온도변화에따른 출력전력제한
	고장검출	· OBC 내부고장검출	· EVSE, IVVB관련고장검출 · OBC 고장검출
협조제어	차량운전협조제어	· BMS와 충전에따른 출력 전압 전류제한치 · 예약/충전공조시 타시스템 제어기와 협조제어	· BMS와 충전 시작 / 종료 시퀀스 · 예약충전시 충전진행 Enable

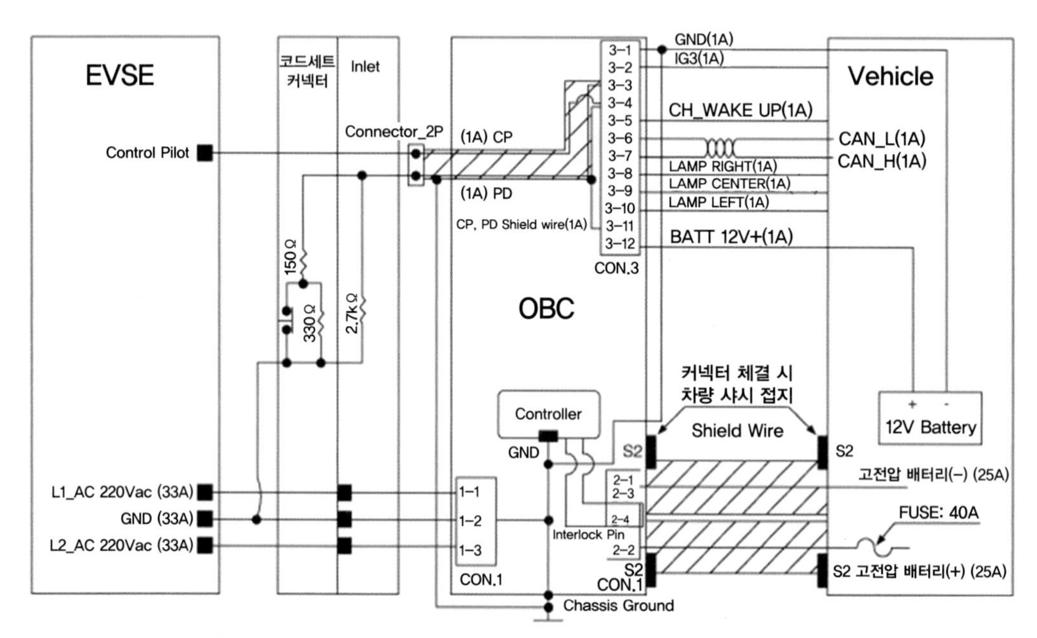

[그림 9-29]

3. 입력 · 출력 커넥터

(1) 입력 커넥터 AC

[표 9-4]

단자	기능	사양	
		전류(정상)	전압(최대)
1	상전압(L1)220Vac	33A	310Vac
2	접지		
3	상전압(L2)220Vac		

(2) 출력 커넥터 DC

[표 9-5]

단자	기능	사양	
		전류(정상)	전압(최대)
1	고전압배터리(-)	25A	495VDC
2	고전압배터리(+)		
3	고전압Interlock핀		
4	고전압Interlock핀		

4. OBC 탈거

1) 고전압을 차단한다.

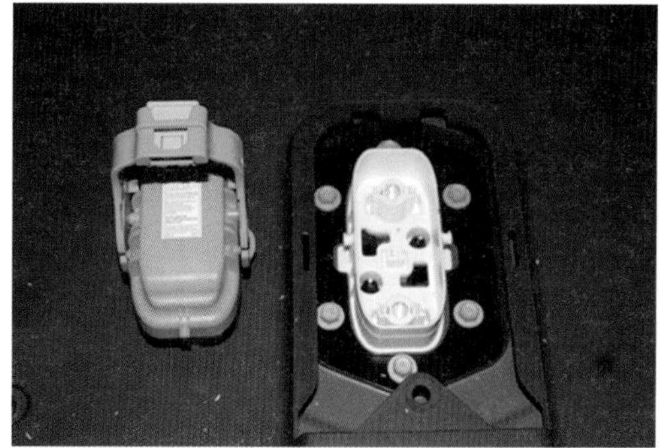

[그림 9-30] 안전 플러그 탈거

2) 라디에이터 드레인 플러그를 풀고 냉각수를 배출시킨다.

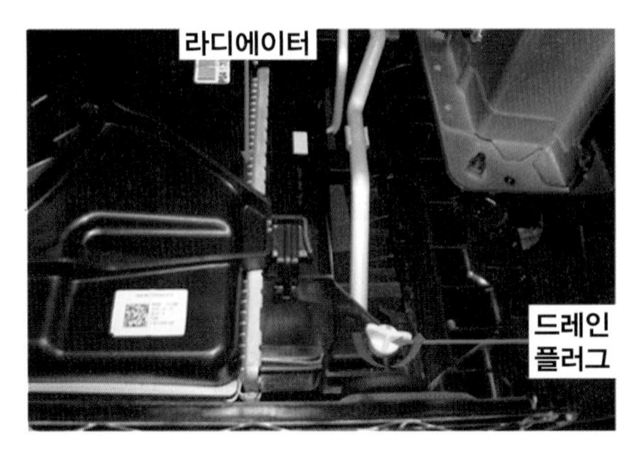

[그림 9-31] 냉각수 배출

3) 리저브 탱크 장착 볼트를 풀고 리저브 탱크(A)를 고전압 정션 박스로부터 분리한다.

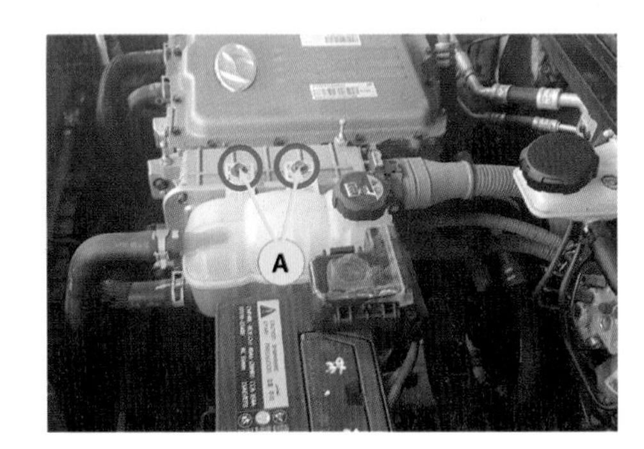

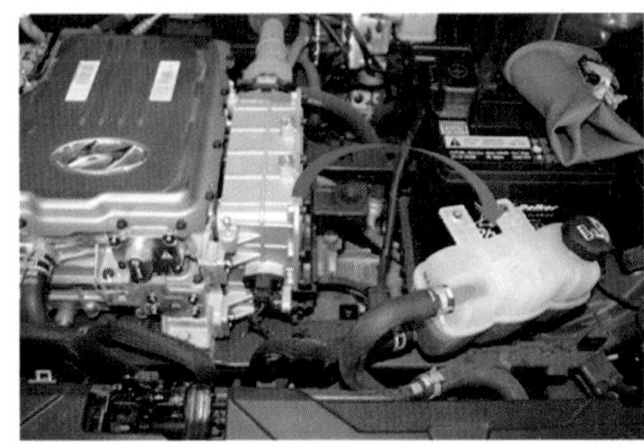

[그림 9-32]

4) 고전압 배터리 어셈블리 고전압 케이블 (A) 을 분리한다.

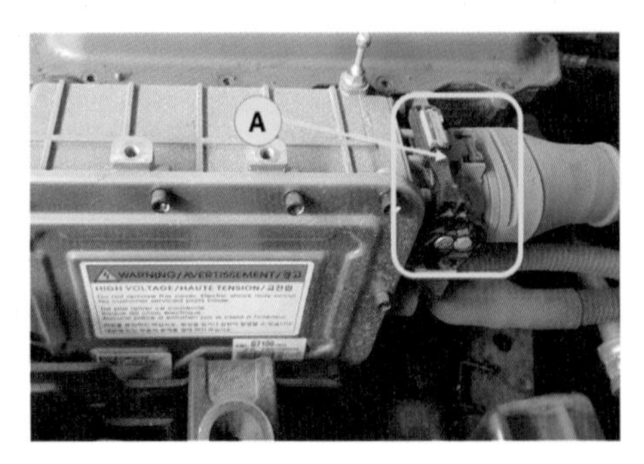

[그림 9-33]

5) PTC 히터 고전압 커넥터(A)를 분리한다.

[그림 9-34]

6) 차량 탑재형 충전기(OBC) 케이블 커넥터(A)를 분리한다.

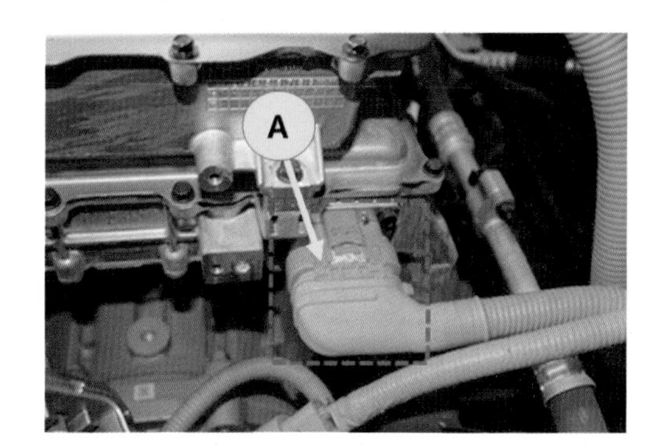

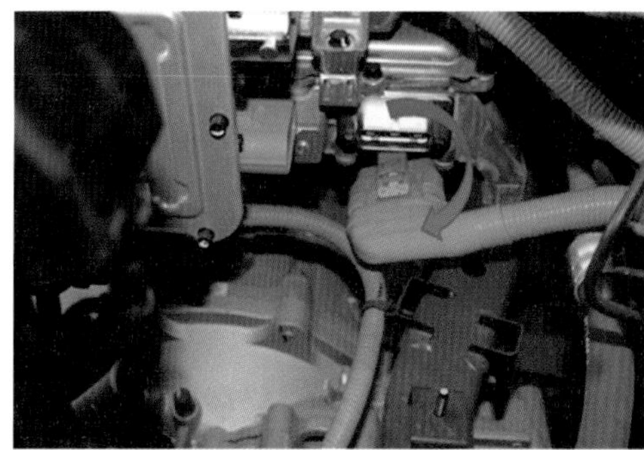

[그림 9-35] PTC 히터 고전압 커넥터 탈거

7) 고전압 조인트 박스 커넥터(A)를 분리한다.

[그림 9-36]

8) 전력 제어장치(EPCU) 커넥터(A)를 분리한다.

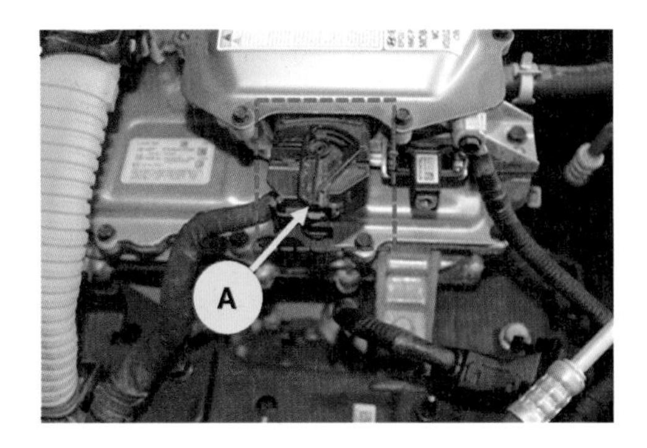

[그림 9-37] 전력 제어장치 커넥터 탈거

9) 저전압 직류 변환장치(LDC) -케이블과 +케이블을 분리한다.

[그림 9-38] 저전압 직류변환기(LDC) (+), (-) 케이블 탈거

10) 전력 제어장치(EPCU) 측 파워 케이블 커넥터(A)를 분리한다.

[그림 9-39]

11) 전력 제어장치(EPCU) 냉각 호스 (A) 을 분리한다.

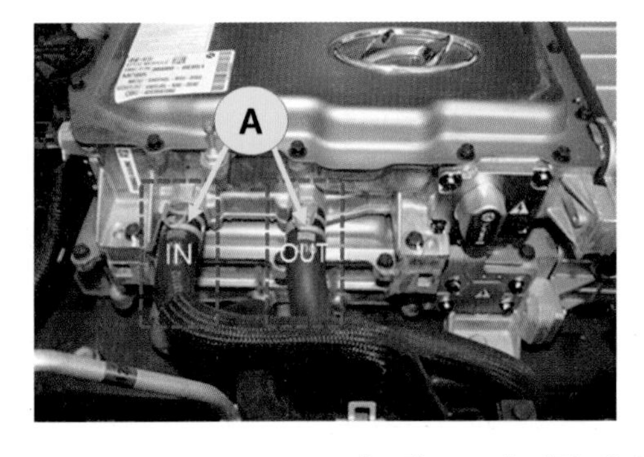

[그림 9-40] 전력 제어장치 냉각수 호스 탈거

12) 차량탑재형 충전기(OBC) 냉각 호스 (A) 을 분리한다.

[그림 9-41] 탑재형 완속 충전기(OBC) 냉각수 호스 탈거

13) 고정볼트(A)를 풀고 파워 케이블 커넥터 브래킷 (B) 을 탈거한다.

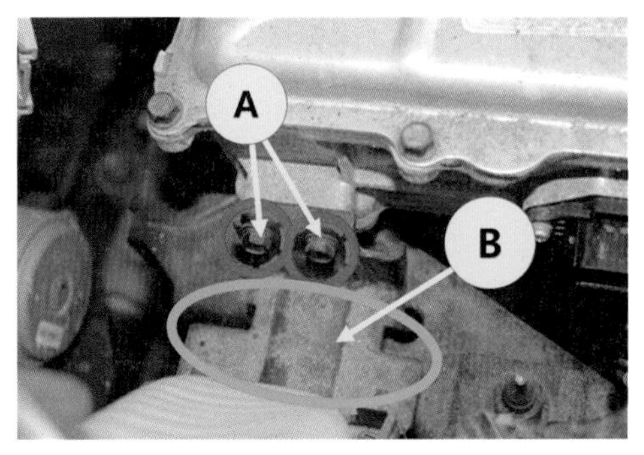

[그림 9-42] 파워 케이블 커넥터 브래킷 탈거

14) 고정볼트(C)를 풀고 에어컨 냉매 파이프 브래킷 (D) 을 탈거한다.

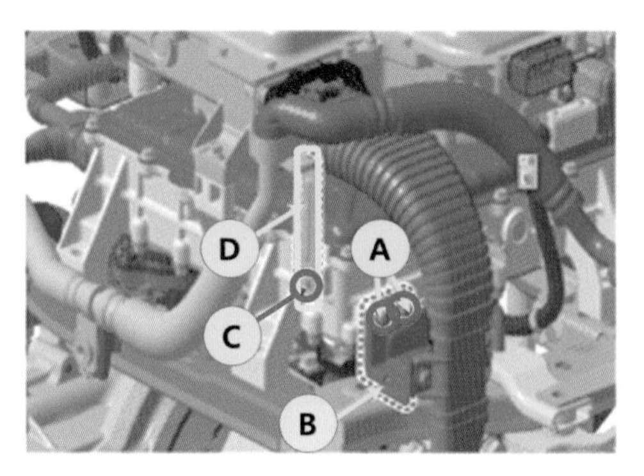

[그림 9-43] 파워 케이블 커넥터 브래킷 탈거

15) OBC와 파워 일렉트릭 프레임 간 고정볼트(A)를 풀고 고전압 정션 박스, 전력 제어 장치(EPCU), 차량탑재형 충전기(OBC) 어셈블리를 탈거한다.

[그림 9-44] 고전압 정션 블록, 전력 제어 장치(EPCU), 탑재형 완속 충전기(OBC) 어셈블리 탈거

16) 고정볼트를 풀고 EPCU 사이드 커버(A)를 탈거한다.

17) 고정볼트를 풀고 OBC 사이드 커버(B)를 탈거한다.

[그림 9-45]

18) 전력 제어장치 (EPCU)에 연결된 고정볼트(A)를 푼다.

19) 차량 탑재형 충전기(OBC)에 연결된 고정볼트(B)를 푼다.

20) 고정볼트(A)를 풀고 고전압 정션 박스(B)를 탈거한다.

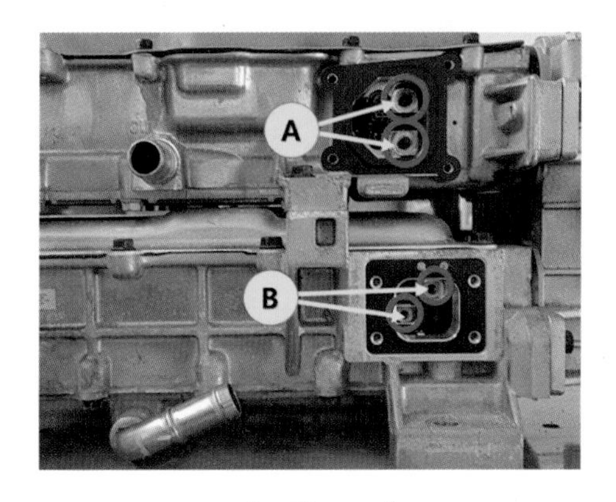

[그림 9-46]

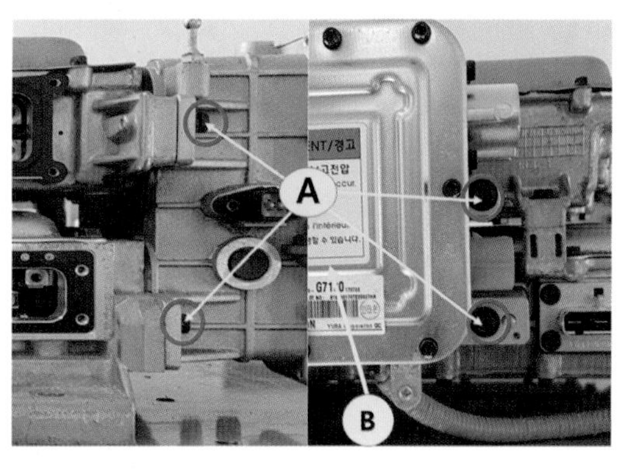

[그림 9-47]

21) 고정볼트를 풀고 전력 제어장치(EPCU)를 탈거한다.

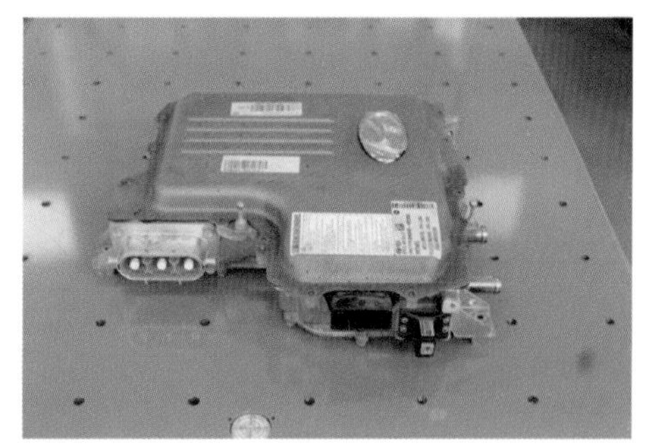

[그림 9-48] 전력 제어 장치(EPCU) 탈거

22) 차량 탑재형 충전기(OBC)를 탈거한다.

[그림 9-49] 탑재형 완속 충전기(OBC) 탈거

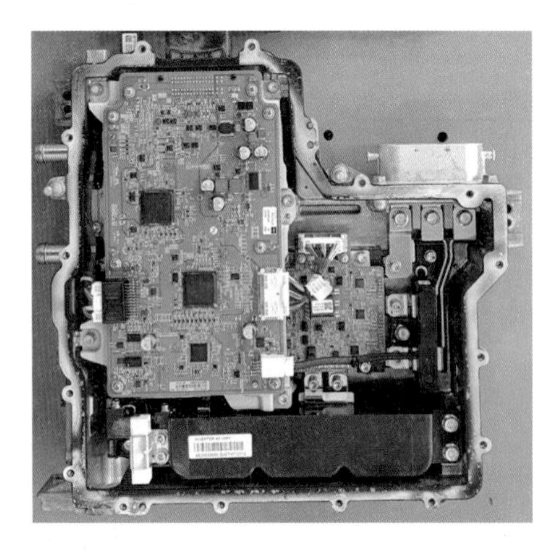

[그림 9-50] EPCU

[그림 9-51] OBC

5. OBC 장착

1) 탑재형 완속 충전기(OBC)를 장착한다.

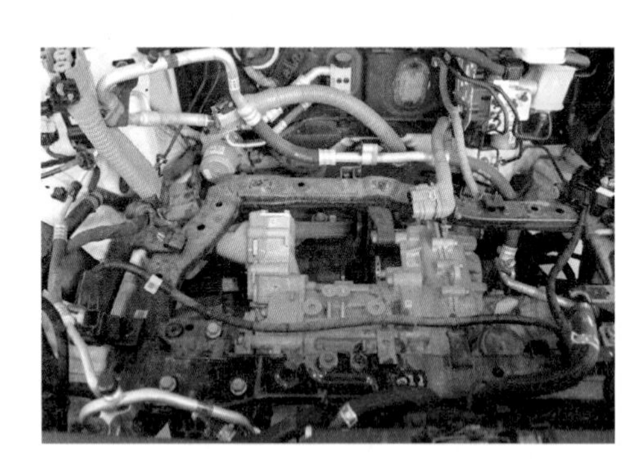

[그림 9-52] 탑재형 완속 충전기(OBC) 장착

2) 전력 제어 장치(EPCU)를 설치한다.

[그림 9-53] 전력 제어 장치(EPCU) 장착

3) 고전압 정션 블록을 설치한다.

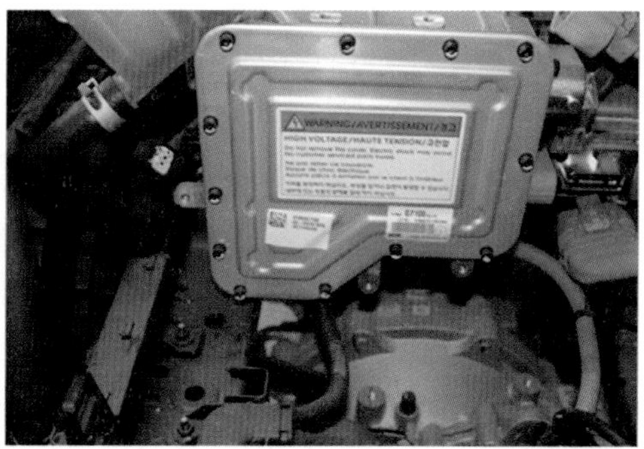

[그림 9-54] 고전압 정션 블록 설치

4) 탑재형 완속 충전기(OBC)에 연결된 고정볼트를 조인다.

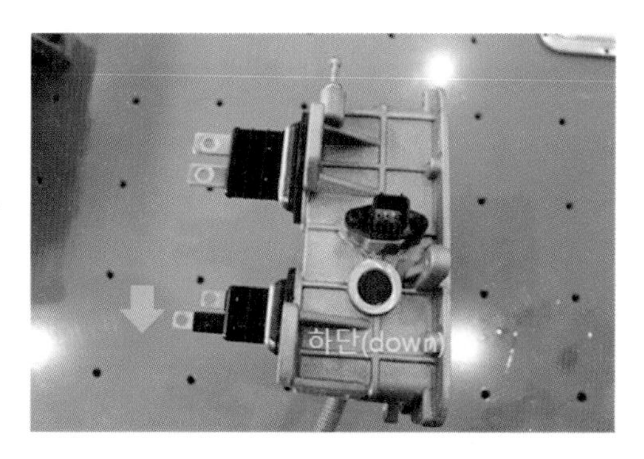

[그림 9-55] 탑재형 완속 충전기(OBC) 고정볼트 조립

5) 전력 제어 장치(EPCU)에 연결된 고정볼트를 조인다.

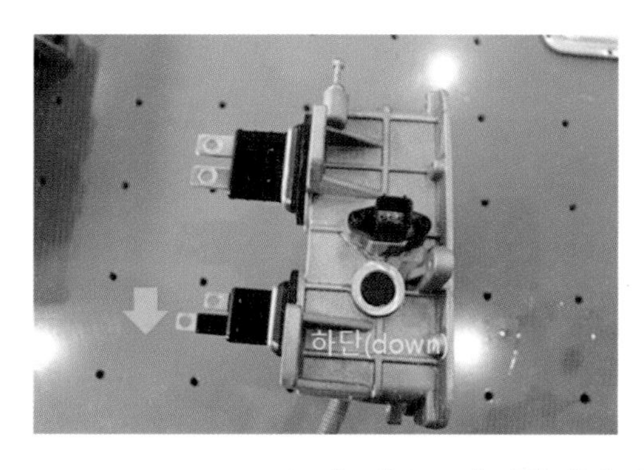

[그림 9-56] 전력 제어 장치(EPCU) 고정볼트 조립

6) 탑재형 완속 충전기(OBC) 서비스 커버를 조립한다.

[그림 9-57] 탑재형 완속 충전기(OBC) 연결 단자 체결 및 서비스 커버 장착

7) 전력 제어 장치(EPCU) 서비스 커버를 조립하고, 고정볼트를 조인다.

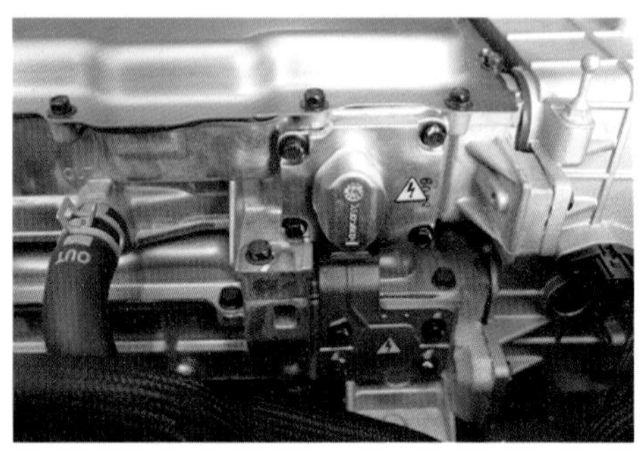

[그림 9-58] 전력 제어 장치(EPCU) 연결 서비스 커버 장착

8) 고전압 정션 블록, 전력 제어 장치(EPCU), 탑재형 완속 충전기(OBC): 어셈블리를 장착하고, 탑재형 완속 충전기(OBC)와 파워일렉트릭 프레임 간 고정볼트를 조인다.

[그림 9-59] 고전압 정션 블록, 전력 제어 장치(EPCU), 탑재형 완속 충전기(OBC) 어셈블리 장착

9) 에어컨 냉매 파이프 브래킷을 장착하고, 고정볼트를 조인다.

10) 파워 케이블 커넥터 브래킷을 장착하고, 고정볼트를 조인다.

[그림 9-60] 파워 케이블 커넥터 브래킷 장착

11) 탑재형 완속 충전기(OBC)의 냉각수 호스를 장착한다.

[그림 9-61] 탑재형 완속 충전기(OBC) 냉각수 호스 장착

12) 전력 제어 장치(EPCU)의 냉각수 호스를 장착한다.

[그림 9-62] 전력 제어장치 냉각수 호스 장착

13) 전력 제어장치 측의 모터 파워 케이블 커넥터를 체결한다.

[그림 9-63] 전력 제어 장치(EPCU) 측 파워 케이블 연결

14) 저전압 직류변환기(LDC)의 (+)케이블과 (-)케이블을 연결한다.

[그림 9-64] 저전압 직류변환기(LDC) (+), (–) 케이블 연결

15) 전력 제어 장치(EPCU) 커넥터를 체결한다.

[그림 9-65] 전력 제어장치 커넥터 체결

16) 고전압 정션 블록 커넥터를 체결한다.

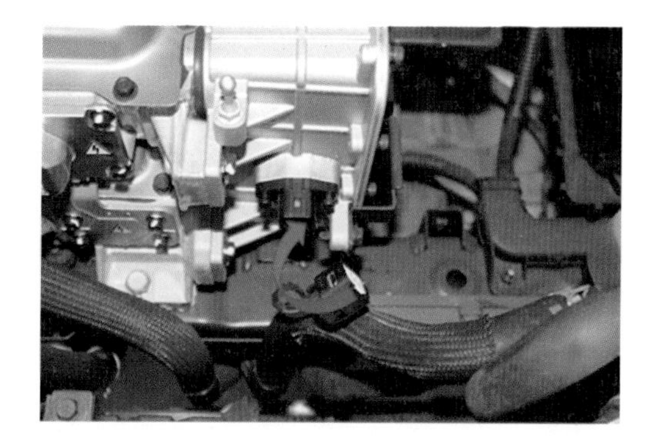

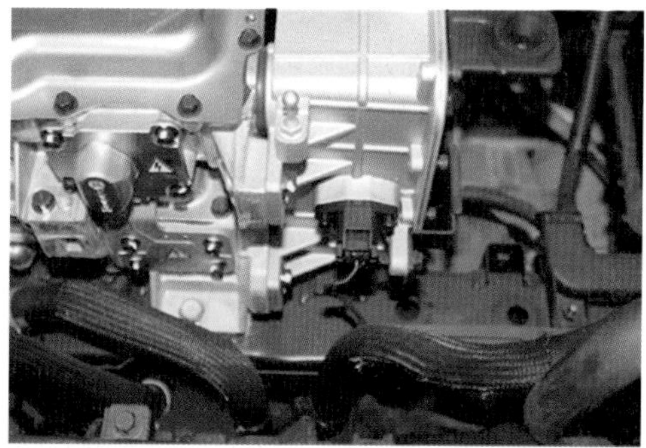

[그림 9-66] 고전압 정션 블록 측 커넥터 체결

17) 탑재형 완속 충전기(OBC) 케이블 커넥터를 체결한다.

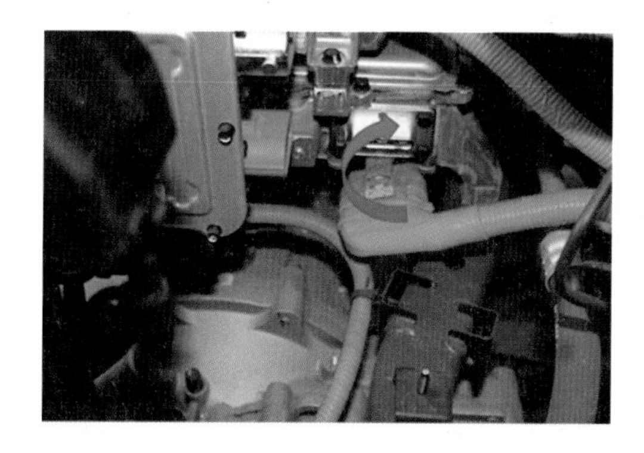

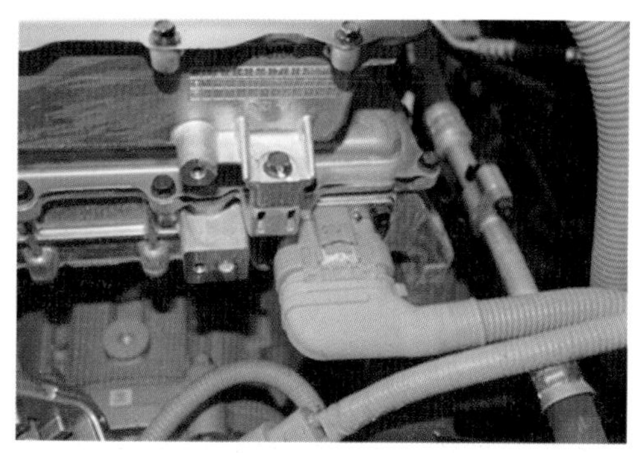

[그림 9-67] 탑재형 완속 충전기(OBC) 커넥터 체결

18) PTC 히터 측의 고전압 커넥터를 체결한다.

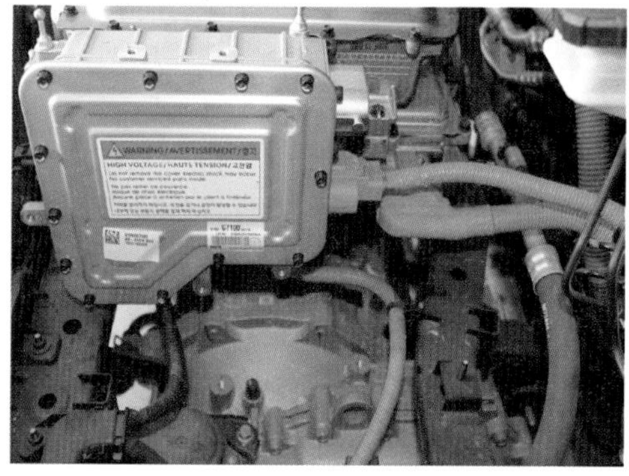

[그림 9-68] PTC 히터 고전압 커넥터 체결

19) 고전압 배터리 어셈블리 측의 고전압 케이블을 연결한다.

[그림 9-69] 고전압 배터리 측 고전압 케이블 연결

20) 리저브 탱크를 고전압 정션 블록에 설치하고, 장착 볼트를 조인다.

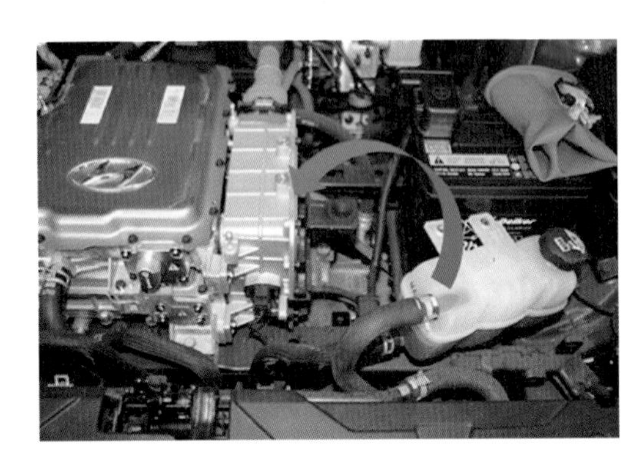

[그림 9-70] 리저브 탱크 조립

21) 냉각수를 주입하고, 공기 빼기 작업을 시행한다.

22) 차량을 들어 올리고, 언더커버를 장착한다.

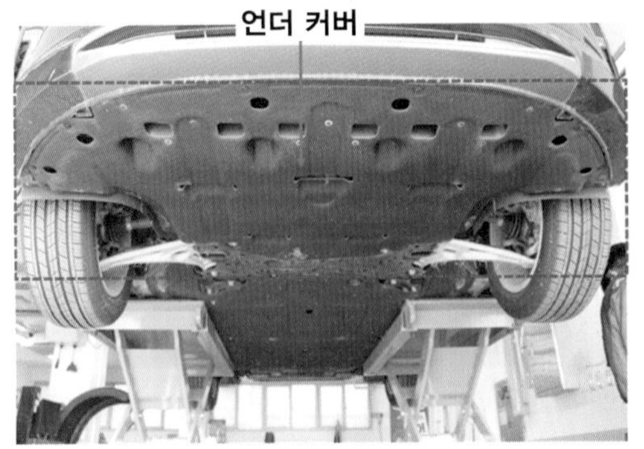

[그림 9-71] 언더커버 장착

23) 고전압 차단 절차를 복원하여 차량을 활전상태로 한다.

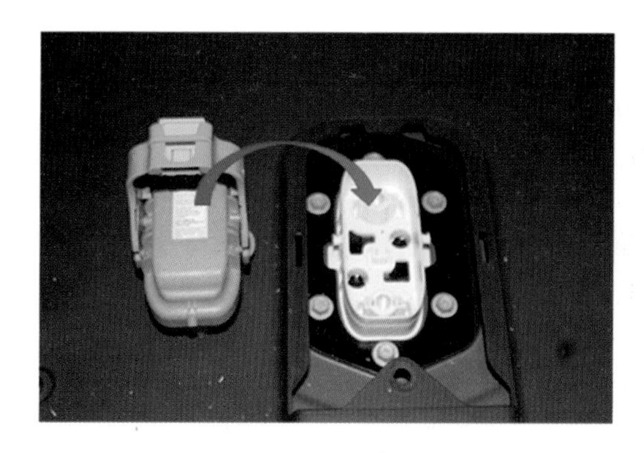
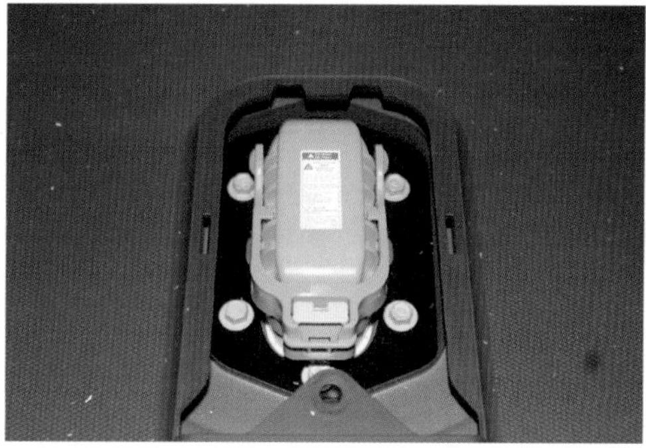

[그림 9-72] 고전압 차단 절차 복원

CHAPTER

06 ICCU(통합 충전 제어장치) 구조 및 원리

1. 개요 및 작동원리

완속 충전은 외부 충전 전원 AC 220V를 이용하여 차량탑재형 충전기를 통하여 고전압 배터리를 충전하는 방법이다.

[그림 9-73]

[그림 9-74]

2. ICCU 탈거

1) 고전압 차단 절차 수행.
2) 드레인 플러그를 탈거하고 냉각수를 배출한다.
3) 리어시트를 탈거한다.
4) 러거지 사이드 트림을 탈거한다.
5) ICCU 장착 볼트를 풀고 접지(A)를 탈거한다.
6) ICCU AC 커넥터(A)를 분리한다.

[그림 9-75]

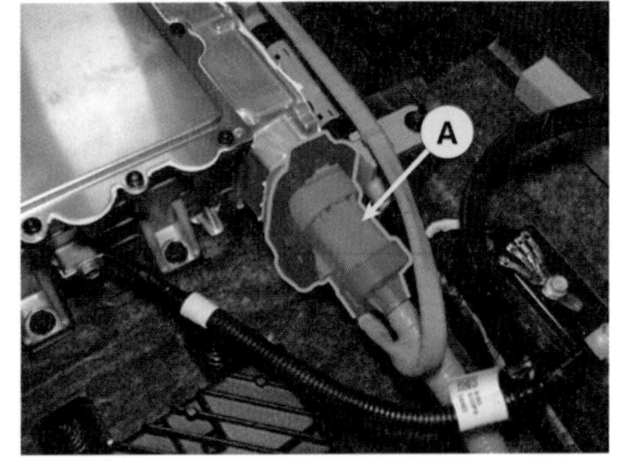

[그림 9-76]

7) ICCU DC 커넥터(A)를 분리한다.

8) ICCU 신호 커넥터(B)를 분리한다.

9) (+)단자 장착 볼트를 풀고 LDC 플러스(A)를 탈거한다.

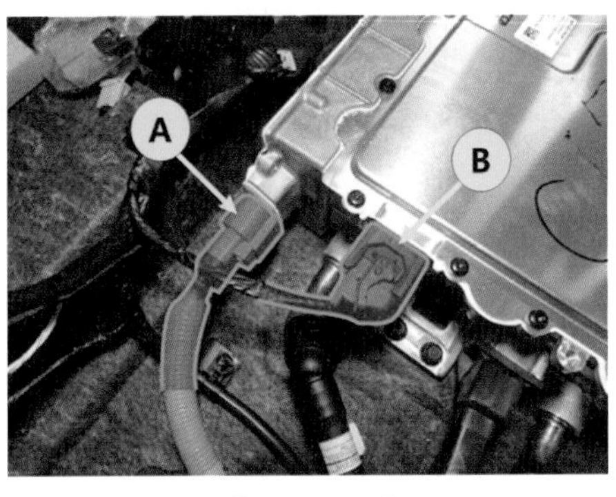

[그림 9-77]

[그림 9-78]

10) 냉각수 퀵 커넥터(A)를 분리한다.

11) 장착 볼트를 풀고 ICCU (A)를 탈거한다.

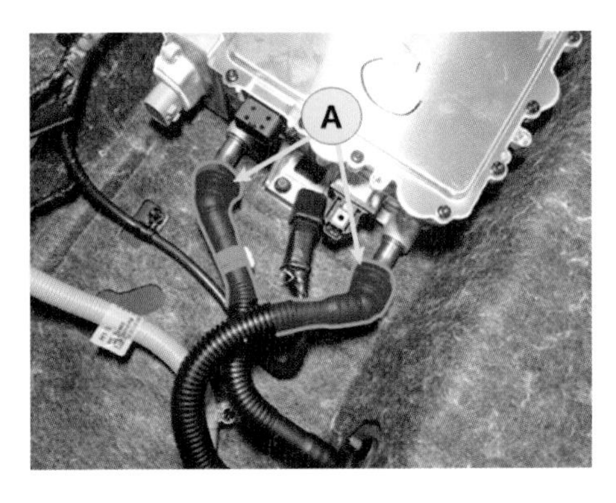

[그림 9-79]

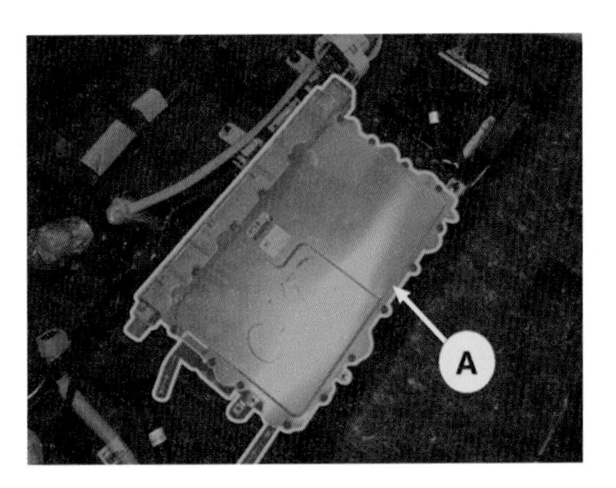

[그림 9-80]

3. 차량충전 관리 시스템 VCMU

차량충전관리 시스템(VMS)는 러기지 사이드 트림에 장착되며 콤보타입의 충전장치에서 전송된 PLC통신 신호를 수신하여 CAN 통신으로 변환하는 장치이다.

(1) 탈거

1) 고전압 차단 절차 수행.
2) 리어시트 탈거.
3) 러기지 사이드 트립(RH)을 탈거.
4) 차량충전관리 시스템 커넥터(A)를 분리한다.
5) VCMS 장착 너트를 풀고 차량 충전관리 시스템(A)를 탈거한다.

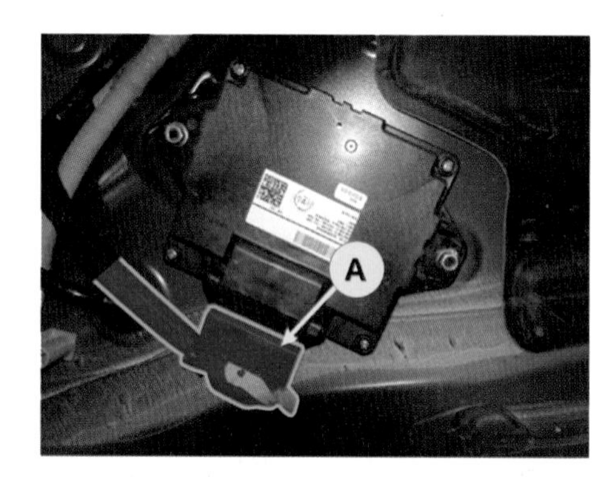

[그림 9-81]

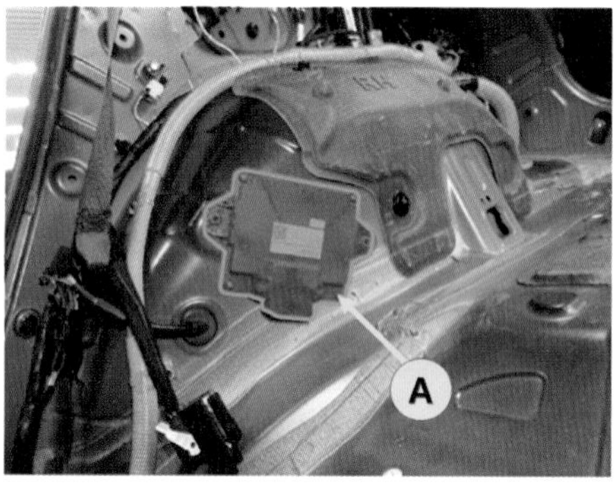

[그림 9-82]

4. ICCB 충전기

(1) ICCB In Cable Control Box 충전

가) 가정용에서 충전 가능한 포터블 충전콘센트

나) 급속 / 완속 충전기 대용으로 활용 가능한 이동식 콘센트

다) AC 220V 가정용 전원과 완속 충전 포트 연결

라) 누설 전류 및 과전류 점검 기능 내장

마) AC 250V, 16A 2.2kW (90%까지 충전 가능)

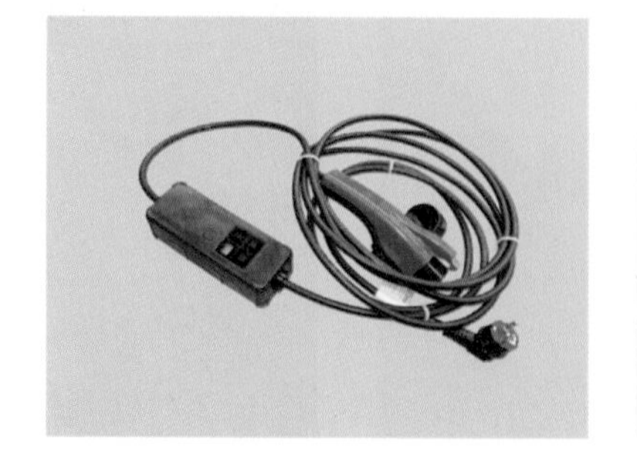

[그림 9-83] ICCB 케이블

[그림 9-84] ICCB 표시 상태

(2) ICCB 충전기 표시내용

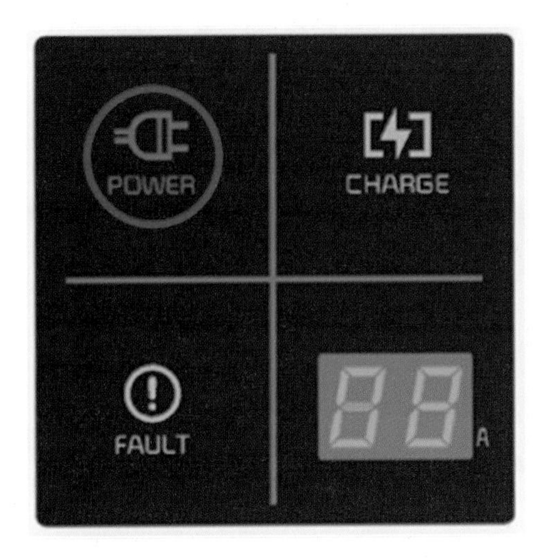

1) 전원플러그 연결(power 점등)
2) 충전커넥터 차량 연결

1) 충전중 표시
2) 충전전류표시(8A)

[그림 9-85]

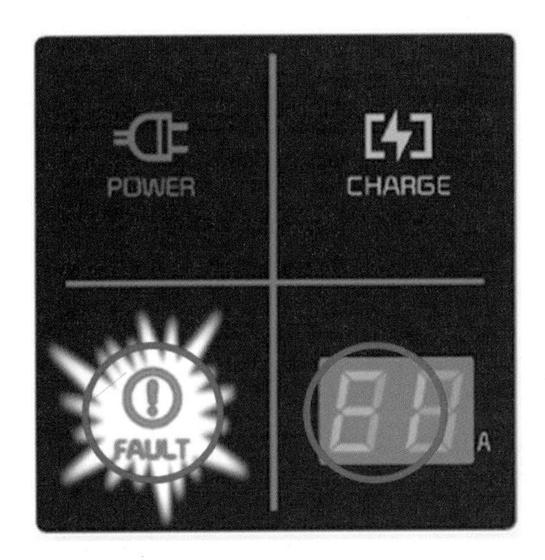

1) 커넥터 차량연결전
(파워-on, Fault-적색 점멸)
① 충전기 플러그 또는 내부온도 이상 발생
② 충전기 오류발생

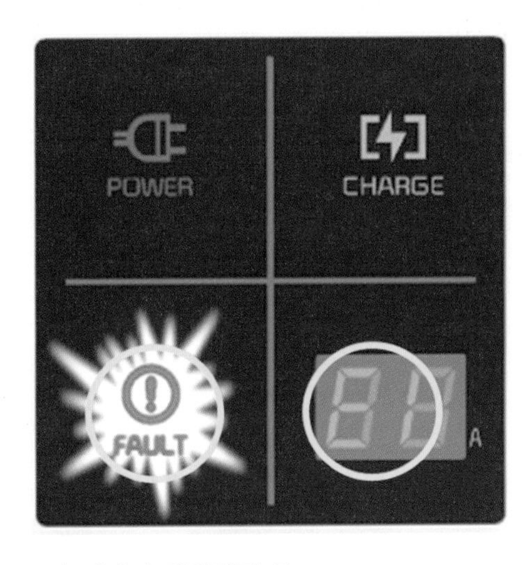

2) 커넥터 차량연결 후
(파워-on, Fault-적색 점멸)
① 내부 진단소자 고장
② 누설전류 발생
③ 충전기플러그 또는 내부온도 이상 발생

[그림 9-86]

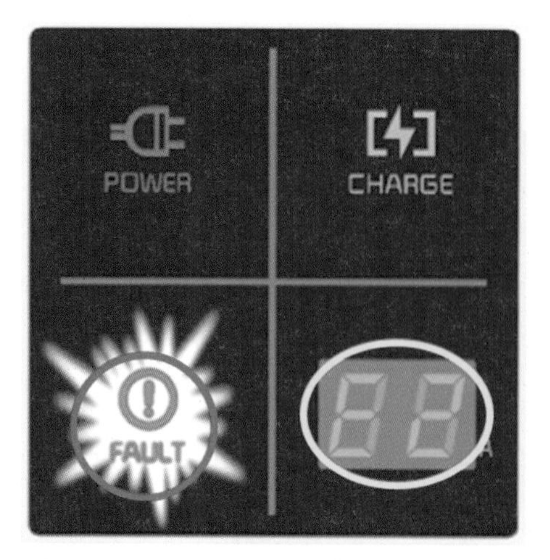

3) 누설전류 고장발생
(파워-on, Fault-적색 점멸)
① 충전기 전원플러그 분리후 재연결
② 파워버튼 2초이상 누르고 떼면 에러 해제

4) 절전모드 1분이상 상태변화 없으면
7segment 디스플레이 소등

[그림 9-87]

5. 충전 포트 정비

1) 고전압 차단 절차 수행한다.
2) 리어 시트를 탈거한다.
3) 러기지 사이드 트림을 탈거한다.
4) 급속충전 커넥터 서비스 커버(A)를 탈거한다.
5) 급속충전 커넥터(A)를 분리한다.

[그림 9-88]

[그림 9-89]

6) 급속충전 커넥터 장착 너트(A)를 탈거한다.

7) 급속충전 커넥터(A)를 분리한다.

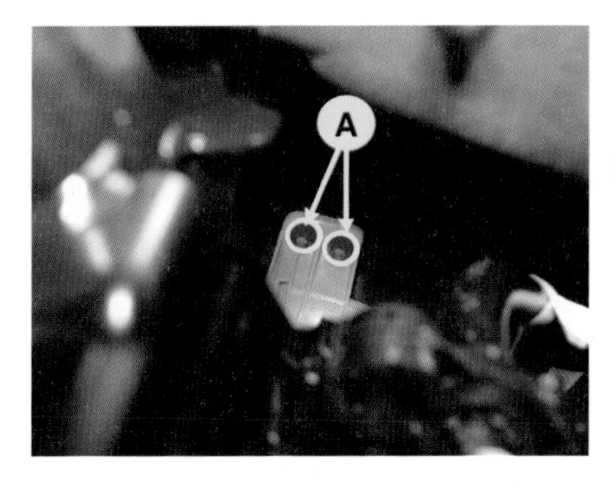

[그림 9-90]

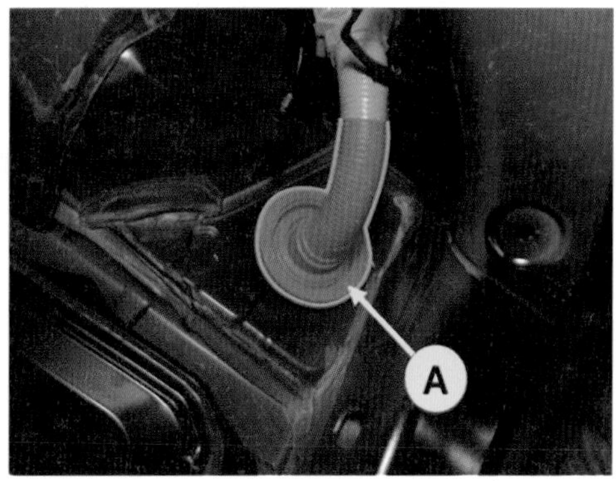

[그림 9-91]

8) ICCU AC 커넥터(A)를 분리한다.

9) 장착 너트를 풀고 충전 포트(A)를 탈거한다.

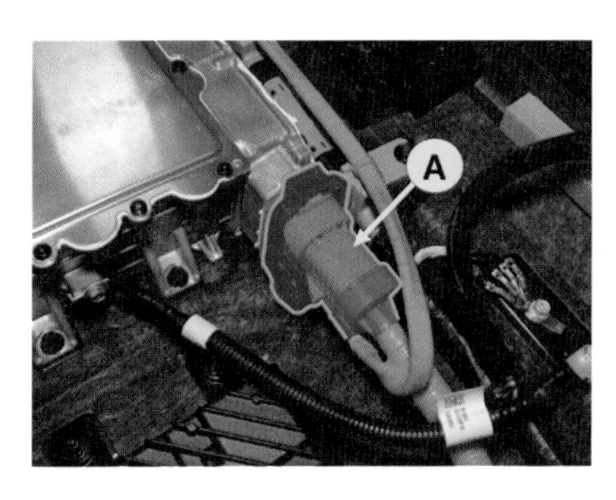

[그림 9-92]

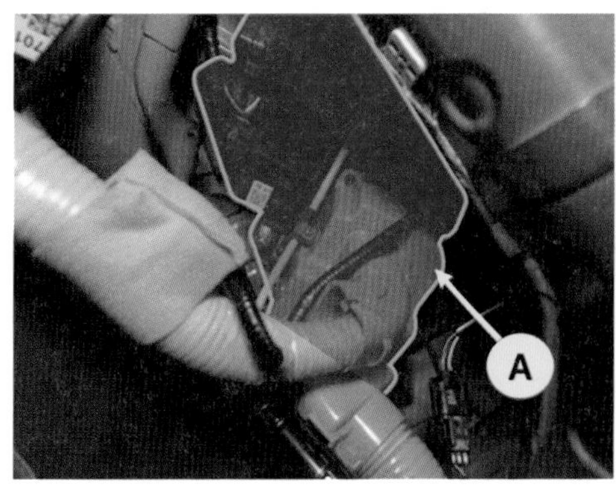

[그림 9-93]

제10장

전기자동차 제동장치 정비

CHAPTER

01 제동장치 구조 및 원리

1. 전기자동차 제동장치

EV 전기차 제동시스템은 제동 중 배터리 충전을 위해 회생 제동 브레이크 시스템인 AHB(Active Hydraulic Booster)를 적용하였다. AHB는 모터를 이용해 유압을 직접 생성하고 그 유압을 통해 제동력을 확보하도록 한 전동식 유압 부스터로, 주행 중 우수한 제동력과 제동감 구현이 가능하며, 회생 제동 모드에서 주행 상태에 따라 수시로 변화하는 구동모터의 발전량과 연동해 일정한 제동력을 확보할 수 있는 제동시스템이다.

회생 제동이란 감속 또는 제동 시에 전기(구동)모터를 발전기로 활용해서 차량의 운동 에너지를 전기 에너지로 변환시켜 고전압 배터리를 충전하는 것을 말한다. 이로 인해 에너지 손실을 최소화하여 주행가능 거리를 향상 시키는 효과가 있다. 특히 가속 및 감속이 반복되는 시가지 주행 시에 연비 향상 효과가 뛰어나다.

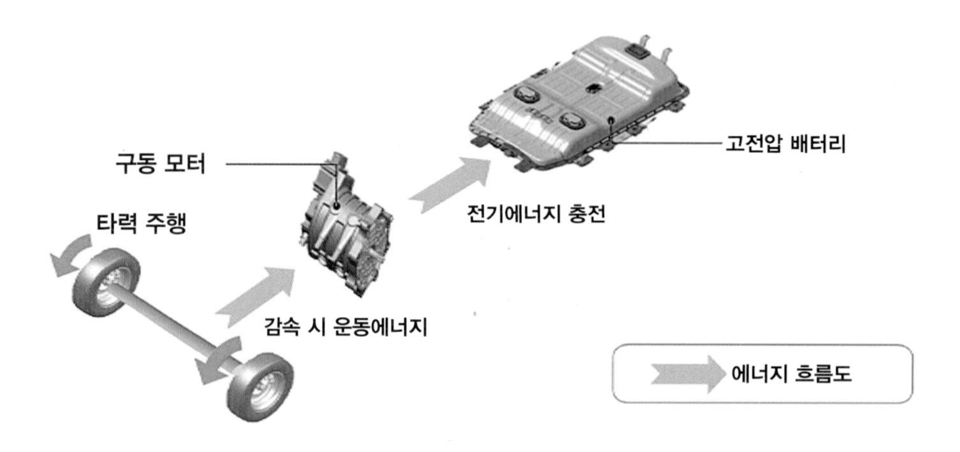

[그림 10-1]

2. 회생 제동과 유압 제동의 협조제어

① 운전자 요구 제동력 = 회생 제동력 + 유압 제동력.

② 운전자 요구 제동력과 무관한 증압 및 감압 모드 필요.

③ 회생 제동량은 차량의 속도, 배터리의 충전량 등에 의해서 결정됨.

④ 제동력 배분은 유압 제동을 제어함으로써 배분됨.

⑤ 시스템 고장 시 운전자 요구 제동력은 유압브레이크임.

3. 회생 제동 협조제어 원리

제동력 배분은 유압 제동을 제어함으로써 배분되고, 전체 제동력(유압+회생)은 운전자가 요구하는 제동력이 된다. 고장 등의 이유로 회생 제동이 되지 않으면, 운전자가 요구하는 전체 제동력은 유압브레이크 시스템에 의해 공급되어 진다.

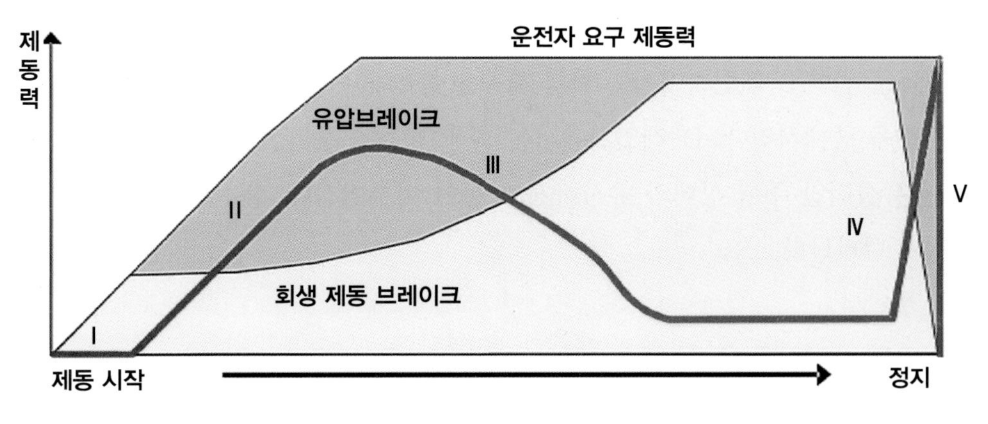

[그림 10-2]

CHAPTER

02 회생 제동 작동원리

1. 회생 제동 충전

전기차의 회생 제동은 구동 모터를 발전기로 하여 발생하는 전력을 통해 제동력을 얻는 방식을 말한다. 또한 제동력뿐만 아니라 인버터를 적절히 제어해 고전압 배터리를 충전해 주는 충전시스템의 또 다른 방법으로도 쓰이게 된다. 구동 모터의 코일은 회전자에 있는 자석에 반발하는 자기장을 생성하는데, 코일에 전력을 공급할 때는 모터가 구동해서 차량이 주행하지만 반대로 제동 시에는 차량의 운동력이 거꾸로 진행되어 자석이 코일에서 전기를 발생시키게 되고 이렇게 발생 된 전력을 통해 배터리를 충전할 수 있는 것이다.

회생 제동을 위한 B-레인지에서는 희생 제동을 통한 충전량을 최대로 하기 위해 구동 모터의 발전량을 증대시킨다. D-레인지에서는 회생 제동을 통한 충전보다는 감속감을 좋게 하기 위한 통상적인 주행 상태와 유사하게 제동이 이루어진다. 충전량 또한 B- 레인지에 비해서 적게 나타난다.

2. 회생제동 협조제어 원리

[표 10-1]

I	회생 제동	운전자 요구 = 회생 제동
II	회생 + 유압제동	압력증가
III		압력감소
IV		빠른 압력증가
V	유압브레이크	운전자 요구 = 유압 제동

제동력 분배도 에서 굵은 곡선은 유압의 변화를 나타내고 있다.

① I 은 브레이크 페달 작동 초 제동압력이 발생 되기까지 회생 제동 구간

② II는 유압이 증가하는 구간

③ Ⅲ은 유압이 감소 되는 만큼 회생 제동 구간이 넓어 짐

④ Ⅳ는 차량의 속도가 정지 시점에 가까움에 따라 운동 에너지가 전기 에너지로 변환이 급격히 떨어지므로 유압이 운전자의 제동 요구량에 맞추어 급격히 상승하는 구간

⑤ V는 유압 제동으로 차량을 정지시키는 구간

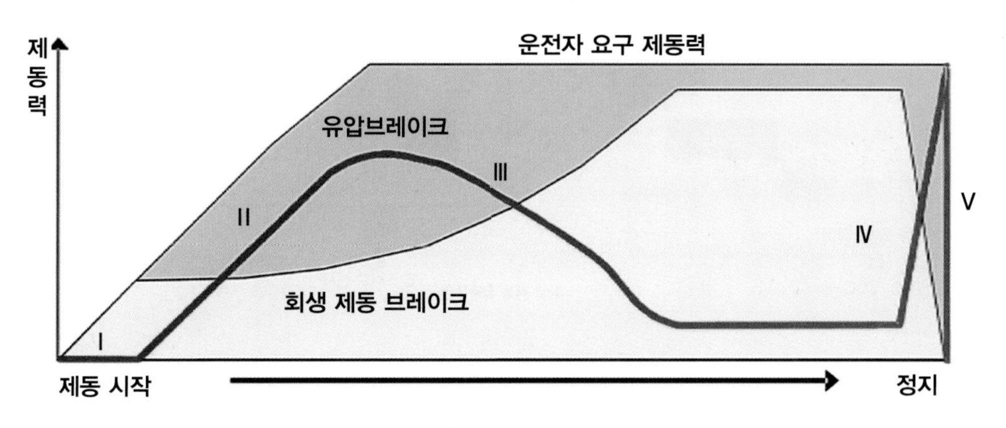

[그림 10-3] 회생 제동 작동 흐름도

3. 회생 제동 제어 AHB: Active Hydraulic Booster

AHB 시스템은 운전자의 요구 제동량을 BPS(Brake Pedal Sensor)로부터 받아 연산하여 이를 유압 제동량과 회생 제동 요청량으로 분배한다. VCU는 각각의 컴퓨터 즉 AHB, MCU, BMU와 정보 교환을 통해 모터의 회생 제동 실행량을 연산하여 MCU에게 최종적으로 모터 토크('-'토크)를 제어한다. AHB 시스템은 회생 제동 실행량을 VCU로부터 받아 유압 제동량을 결정하고 유압을 제어한다.

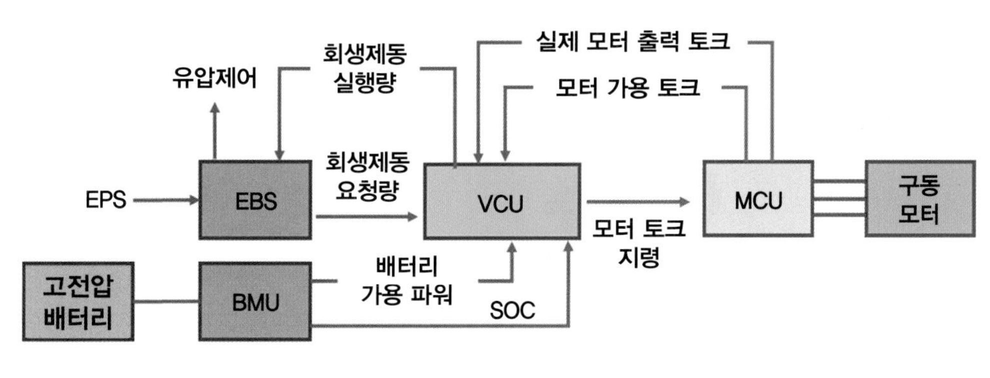

[그림 10-4]

(1) 시스템 구성

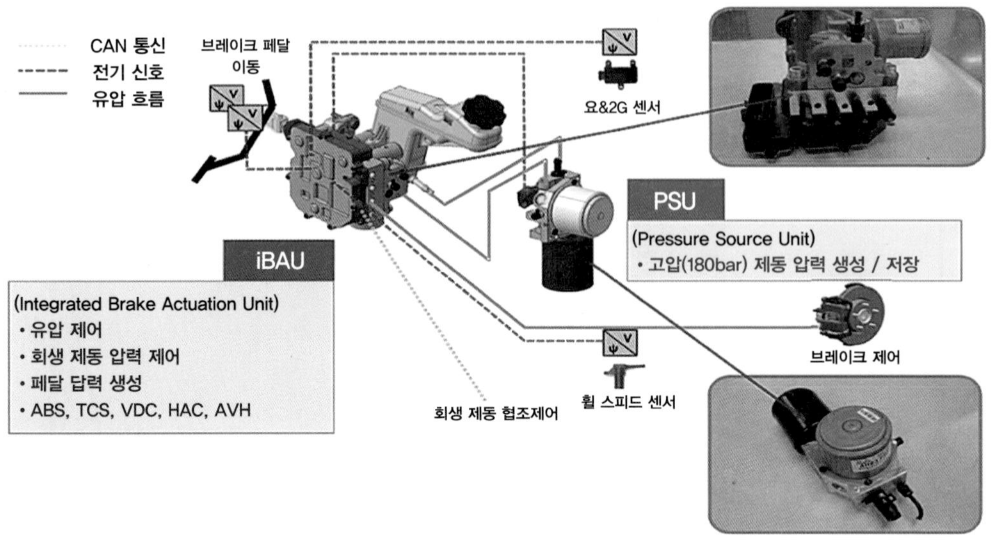

[그림 10-5]

(2) 시스템 비교

[표 10-2]

구분	AHB Gen1	AHB Gen3
시스템 구성	BAU VDC 모듈 HPU 휠	iBAU PSU 휠
특 징	유압 제동 / 회생 제동과 VDC기능 분리 →기존 양산 제품 VDC 이용 (초기 신뢰성 확보 목적)	유압 제동 / 회생 제동 및 VDC 기능 통합화
중량, 장착성	8.6kg, 3 piece	7.9kg, 2 piece
압력흐름	HPU → BAU → 휠 (부스터 구조) 압력소스 휠 마스터 실린더 밸브 4 Stage	PSU → 휠: 직접 압력 공급, → 응답성 및 정밀제어 성능 향상 (전달 손실 최소화) 휠 밸브 (대용량) 2 Stage

CHAPTER

03 전기자동차 제동장치 정비

1. 시스템 구성품 iBAU

(1) 밸브 및 센서를 이용한 휠 압력제어 (ABS / VDC 기능 포함)

(2) 페달 시뮬레이터로 운전자에게 페달 감 형성

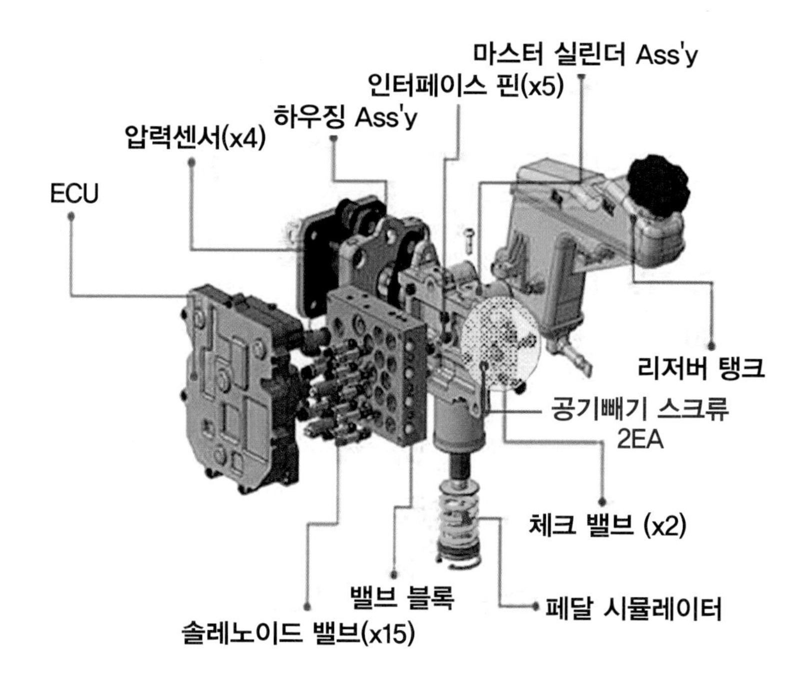

[그림 10-6]

2. 시스템 구성품 PSU

(1) 시동 중 부족 시 항상 180bar 생성 및 보충

(2) 시동 OFF라도 도어 OPEN, IG ON, 브레이크 ON 중 하나라도 만족 시 고압 생성

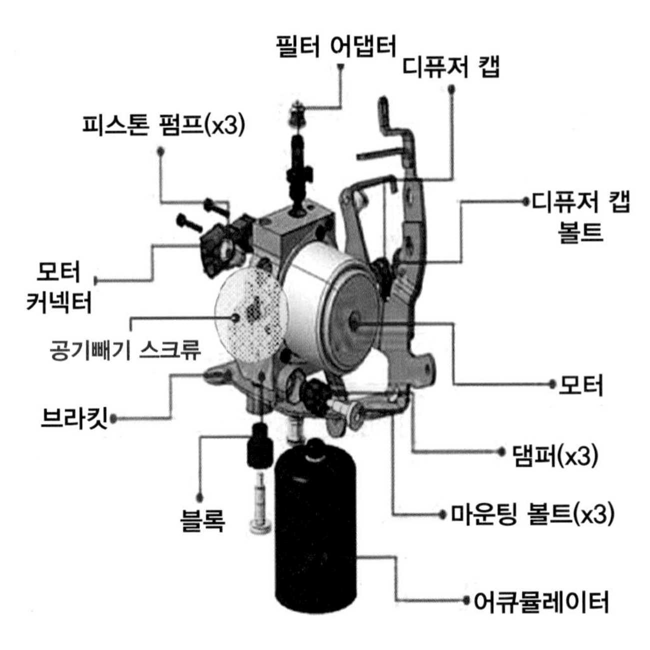

[그림 10-7]

[표 10-4] 제동장치 제원

형식	제원	기준값
통합 브레이크 액추에이션 유닛(IBAU)	시스템 사양	계통 배관용 4채널 / 4 센서 제어 시스템
	형식	밸브 릴레이 내장형
	작동전압	10~15V
	작동온도	-40 ~ 120℃
액티브 휠 스피드 센서	공급전압	DC 4.5 ~ 20V
	출력전류(Low)	5.9 ~ 8.4mA
	출력전류(High)	11.8 ~ 16.8mA
	출력범위	1~2,500㎐
	피형 수	46개
	에어갭	0.4 ~ 1.5㎜
고압 소스 유닛(PSU)	시스템 사양	3피스톤 펌프 / 고압 어큐뮬레이터 펌프 시스템
	작동전압	10~15V
	작동온도	-40 ~120℃

3. IBAU 유압회로 작동

1) AHB GEN3 유압회로

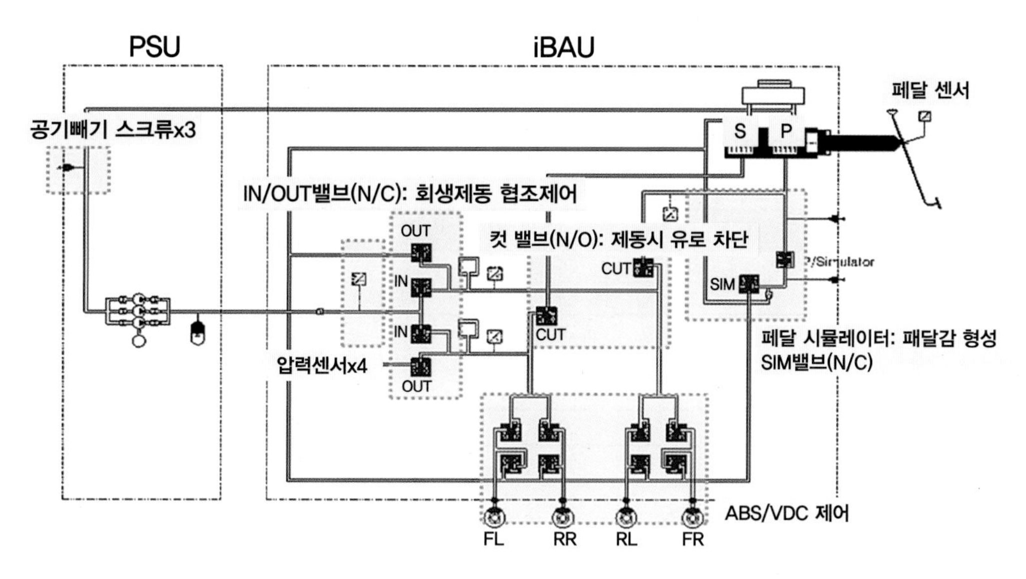

[그림 10-8] 기본 유압회로

2) AHB GEN3 유압회로도(초기 상태)

구분	IN 1,2	OUT 1,2	CUT 1,2	SIM	Motor
Mode	OFF(닫힘)	OFF(닫힘)	OFF(열림)	OFF(닫힘)	OFF

[그림 10-9] 제동 대기상태

→ 고압 소스유닛(PSU)와 통합 브레이크액추에이션(IBAU) 사이에는 약 180bar의

상시 고압이 형성되어 있다. 따라서 PSU 및 IBAU 탈거시 안전을 위해 진단커넥터 단자에 전용장비를 연결하여 “고압 해제 모드”를 실행하여 어큐뮬레이터에 저장된 고압의 브레이크 압력을 해제시켜야 한다.

3) AHB GEN3 유압회로도(브레이크 작동)

구분	IN 1,2	OUT 1,2	CUT 1,2	SIM	Motor
Apply Mode	ON(열림)	OFF(닫힘)	ON(닫힘)	ON(열림)	ON
Release Mode	OFF(닫힘)	ON(열림)	ON(닫힘)	ON(열림)	OFF

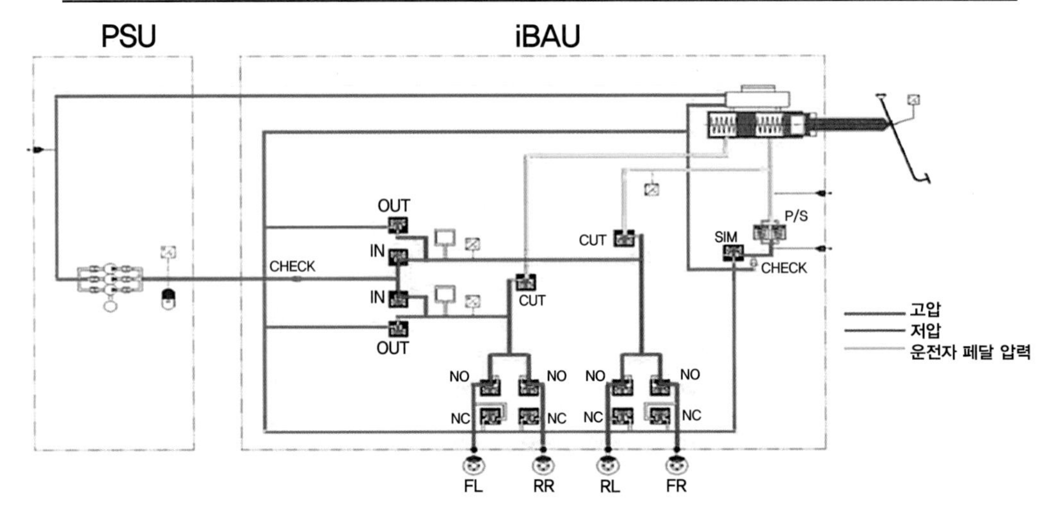

[그림 10-10] 제동력 작동

운전자가 브레이크 페달을 밟으면 IN밸브가 열리며 PSU 형성되어있던 고압의 브레이크 오일이 통합 브레이크 액추에이션 유닛(IBAU)의 작동에 의해 캘리퍼까지 전달되어 제동력이 형성된다.

① **제동모드**: 브레이크 제동력은 브레이크 페달에 장착된 스트로크 센서에서 측정되는 운전자의 제동 의지를 IBAU가 연산하여 회생제동 및 유압제어를 결정한다.

② **해제 모드**: 운전자가 브레이크 페달을 해제하면 OUT밸브는 열리고 IN밸브는 닫히게 되면서 유압은 리저버탱크로 되돌아간다. 이때 CUT밸브는 ON상태가 되어서 마스터 실린더로의 유압 역류를 차단한다.

4) AHB GEN3 유압회로도(백 업 브레이킹)

구분	IN 1,2	OUT 1,2	CUT 1,2	SIM	Motor
Mode	OFF(닫힘)	OFF(닫힘)	OFF(열림)	OFF(닫힘)	OFF

PSU
iBAU
OUT
IN
CHECK
IN
OUT
CUT
CUT
SIM
P/S
CHECK
NO NO NO NO
NC NC NC NC
FL RR RL FR
고압
운전자 페달 압력

[그림 10-11] 고장 발생 시 백업 회로

작동 모드: 고압소스 유닛(PSU) 또는 통합 브레이크 액추에이션 유닛(IBAU)이 고장이 발생하면 IN밸브와 OUT밸브가 모두 닫히고 CUT밸브도 OFF상태가 되며 제동력은 운전자가 밟는 답력으로만 브레이크의 제동력이 된다.

4. 통합 브레이크 액추에이션 유닛(IBAU) 탈거

1) 고전압 차단 절차를 실시한다.

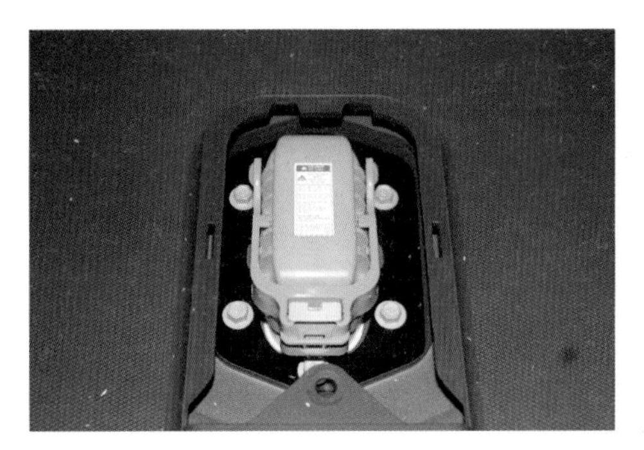
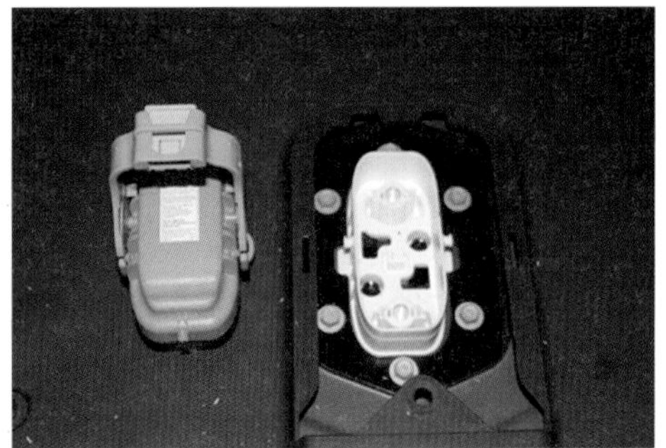

[그림 10-12] 안전 플러그 탈거

2) 시동 버튼을 OFF하고, 보조 배터리 케이블(-)을 탈거한다.

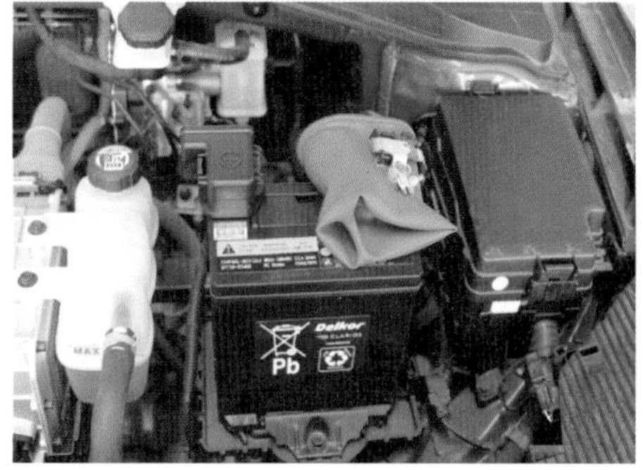

[그림 10-13] 보조 배터리 탈거 후 재접촉 방지

3) 통합 브레이크 액추에이션 유닛(IBAU: intergrated brake actuation unit) 커넥터를 탈거한다.

[그림 10-14] 통합 브레이크 액추에이션 유닛 커넥터 탈거

4) 마스터 실린더 리저브 탱크에서 브레이크액을 배출한다.

5) 브레이크액 레벨 센서 커넥터를 탈거한다.

[그림 10-15] 브레이크액 레벨 센서 커넥터 탈거

6) 리저브에서 브레이크 호스를 탈거한다.

[그림 10-16] 브레이크 호스 탈거

7) 마스터 실린더에서 브레이크 리저브를 탈거한다.

[그림 10-17] 브레이크 리저브 탈거

8) 통합 브레이크 액추에이션 유닛(IBAU: intergrated brake actuation unit) 브래킷에서 케이블 고정 클립(A)을 제거한다.

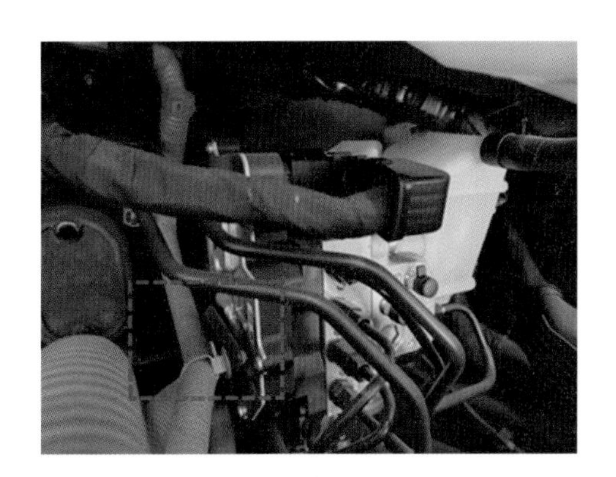

[그림 10-18] 케이블 고정 클립 탈거

9) 고전압 배터리 어셈블리 고전압 케이블 커넥터와 PTC 히터 고전압 케이블 커넥터를 고전압 정션 블록에서 탈거한다.

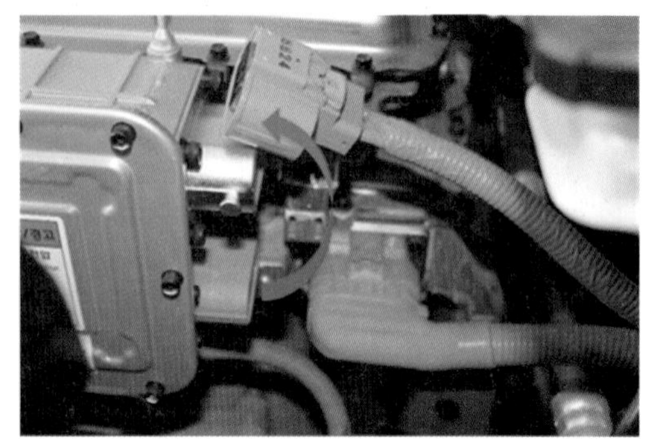

[그림 10-19] 고전압 케이블 커넥터 및 PTC 히터 고전압 케이블 커넥터 탈거

10) 후면 브레이크 튜브를 탈거한다.

11) 진단커넥터에 진단 장비를 연결하고, 고압 해제 모드를 실행하여 어큐뮬레이터에 저장된 고압의 브레이크 압력을 해제한다.

[그림 10-20] 고압 해제 모드(1)

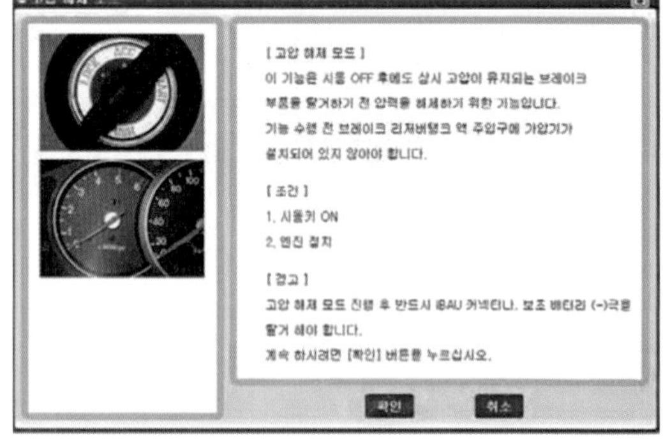

[그림 10-21] 고압 해제 모드(2)

12) 통합 브레이크 액추에이션 유닛(IBAU: intergrated brake actuation unit)에서 플레어 너트를 풀고, 브레이크 튜브를 탈거한다.

13) 스냅 핀과 클레비스 핀을 탈거한다.

[그림 10-22] 브레이크 파이프 탈거

[그림 10-23] 스냅 핀과 클레비스 핀 탈거

14) 통합 브레이크 액추에이션 유닛(IBAU: intergrated brake actuation unit)와 브레이크 페달 멤버 고정 너트를 풀고, 브레이크 페달 어셈블리를 탈거한다.

[그림 10-24] 액션 브레이크 유닛 탈거

5. 통합 브레이크 액추에이션 유닛(IBAU) 장착

1) 브레이크 페달 어셈블리를 장착하고, 통합 브레이크 액추에이션 유닛 (IBAU: intergrated brake actuation unit)'과 브레이크 페달 멤버 고정 너트를 조인다.

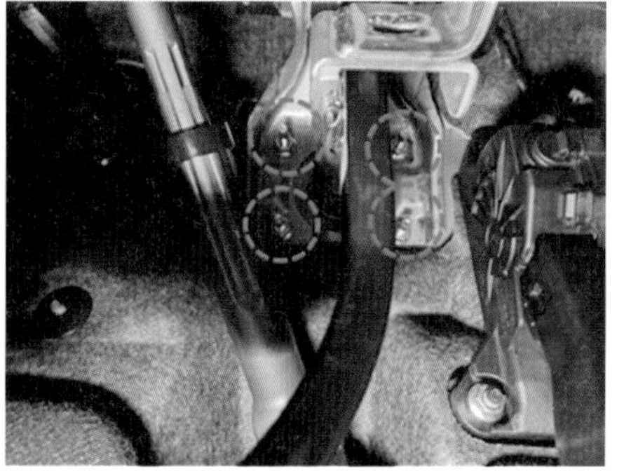

[그림 10-25] 액션 브레이크 유닛 조립

2) 브레이크 페달 어셈블리의 스냅 핀과 클레비스 핀을 장착한다.

3) 브레이크 튜브를 장착하고, 통합 브레이크 액추에이션 유닛(IBAU: intergrated brake actuation unit)에서 플레어 너트를 조인다.

[그림 10-26] 브레이크 파이프 장착

[그림 10-27] 스냅 핀과 클레비스 핀 장착

4) 후면 브레이크 튜브를 탈거한다.

5) 고전압 배터리 어셈블리 고전압 케이블 커넥터와 PTC 히터 고전압 케이블 커넥터를 고전압 정션 블록에 장착한다.

[그림 10-28] 고전압 케이블 커넥터 및 PTC 히터 고전압 케이블 커넥터 장착

6) 통합 브레이크 액추에이션 유닛(IBAU: intergrated brake actuation unit) 브래킷에서 케이블 고정 클립을 장착한다.

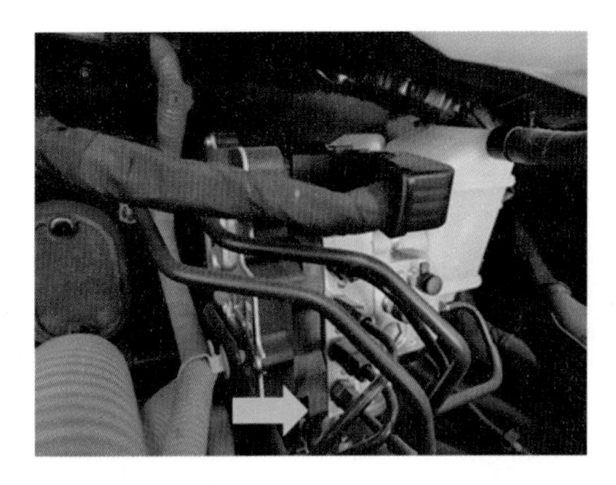

[그림 10-29] 케이블 고정 클립 조립

7) 마스터 실린더에 브레이크 리저브를 장착한다.

[그림 10-30] 브레이크 리저브 장착

8) 리저브에서 브레이크 호스를 연결한다.

[그림 10-31] 브레이크 호스 장착

9) 브레이크액 레벨 센서 커넥터를 연결한다.

[그림 10-32] 브레이크액 레벨 센서 커넥터 장착

10) 통합 브레이크 액추에이션 유닛(IBAU: intergrated brake actuation unit) 커넥터를 연결한다.

[그림 10-33] 통합 브레이크 액추에이션 유닛 커넥터 장착

11) 시동 버튼을 OFF하고, 보조 배터리 케이블(-)을 연결한다.

12) 운전석에서 브레이크 페달의 작동상태를 점검한다.

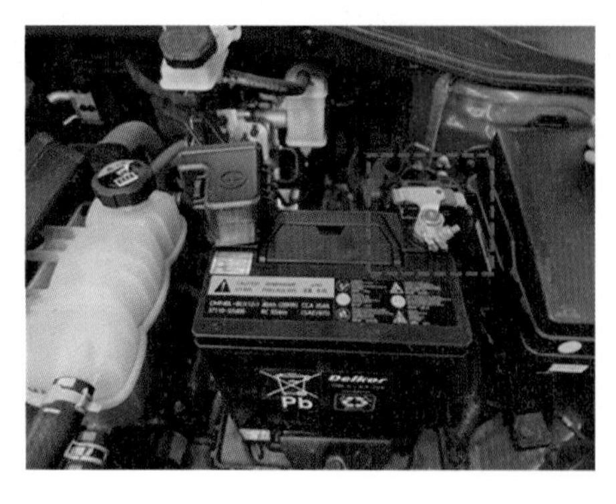

[그림 10-34] 보조 배터리 (-) 연결 및 페달 작동

13) 마스터 실린더 리저브 탱크에 브레이크액을 채운다.

[그림 10-35] 브레이크액 채움

14) 공기 빼기 작업은 통합 브레이크 액추에이션 유닛(IBAU: intergrated brake actuation unit) ECU ON 상태와 OFF 상태로 나누어 진행한다.

6. AHB GEN3 공기 빼기 방법

(1) 1단계 iBAUECU OFF

1) 내부 유로에 브레이크 오일이 채워진 iBAU를 사용한다.
2) iBAU ECU를 off 하기 위해 보조 배터리(12V) 마이너스 전기선을 분리한다.

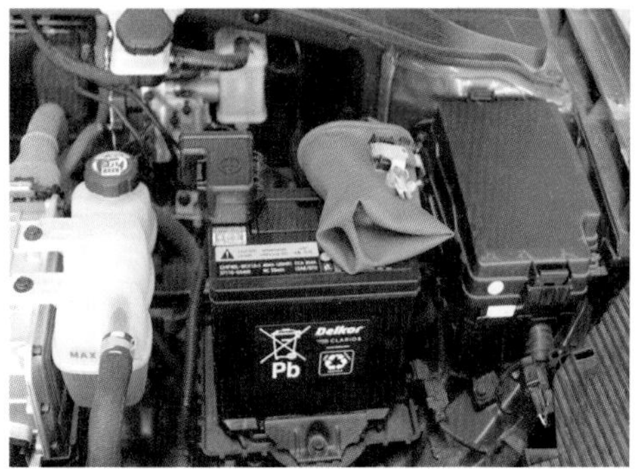

[그림 10-36] 보조 배터리 (–) 탈거

3) 가압장비를 리저브 탱크에 장착하기 전에 압력 게이지의 규정 압력값 조정을 위해 에어 차단 밸브를 닫는다.

4) 에어 차단 밸브를 천천히 열어 압력조절기로 압력 게이지를 규정 값으로 설정한다.

[그림 10-37] 브레이크 오일 교환기 설치

5) 에어 차단 밸브를 먼저 닫고, 플러그를 제거한 후 뚜껑을 장착한다.

6) 가압장비의 뚜껑을 리저브 탱크에 장착하고, 리저브에 3~3.5bar의 압력을 가한다.

[그림 10-38] 가압장치 설치

7) 각 공기 빼기 스크류를 열어서 공기가 섞여서 나오지 않을 때까지 브레이크 오일을 빼낸다. 작업 후 공기 빼기 스크류를 잠근다.

공기 빼기 스크류 작업 순서: ①PSU →②iBAU→③휠의 4개소 (각 15초)

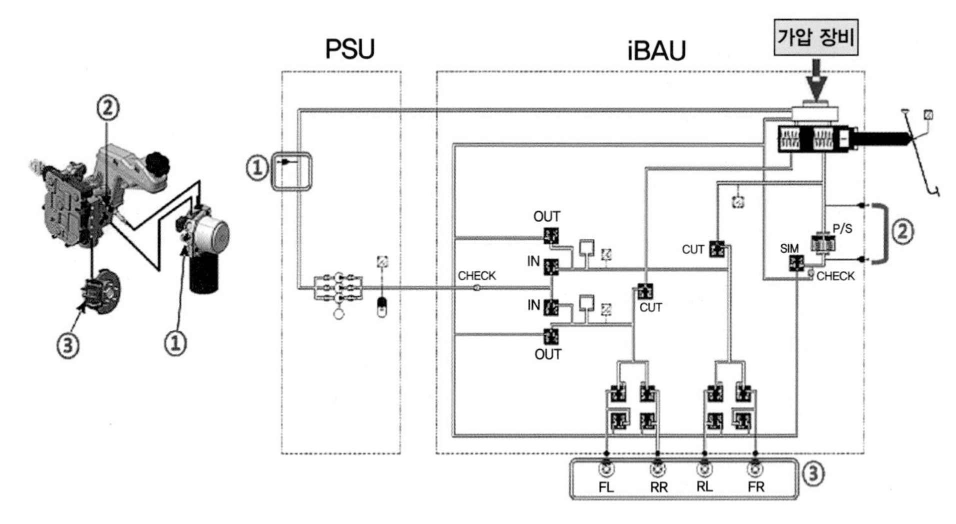

[그림 10-39] IBAU ECU OFF: 보조 배터리(12V) 마이너스 전기선 분리

8) 바퀴의 공기 빼기 나사를 열어서 공기가 섞여서 나오지 않을 때까지 브레이크액을 배출한다.

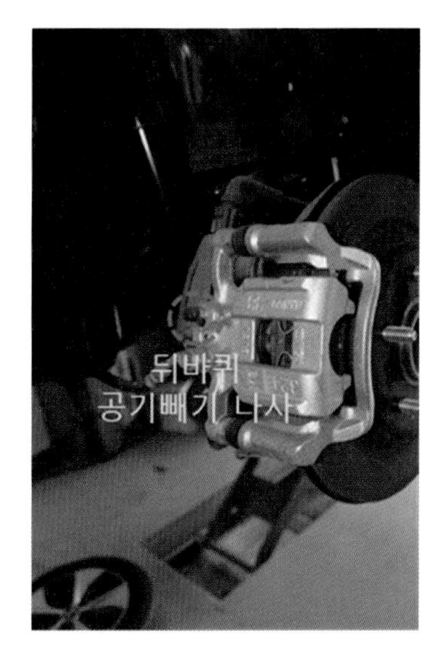

[그림 10-40] 브레이크 공기 빼기 나사

9) 공기 빼기 순서는 통합 브레이크 액추에이션 유닛(2개소), 4개 바퀴를 순서대로 실시한다. (RR→RL→FR→FL)

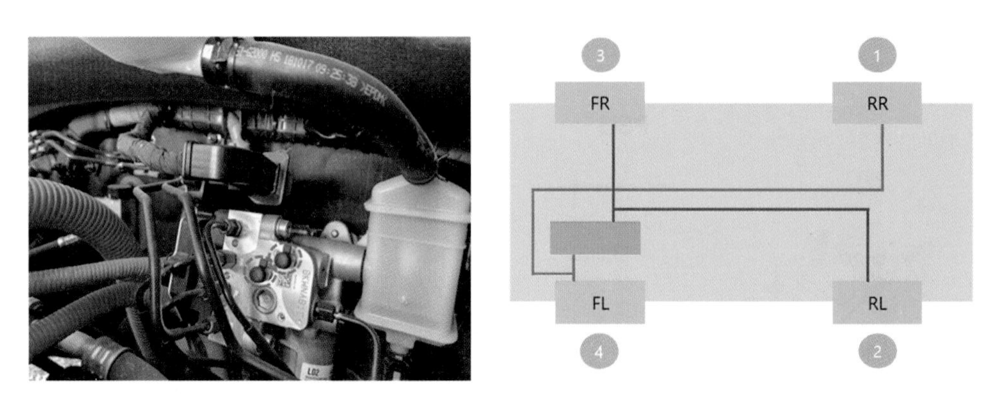

[그림 10-41] 통합 브레이크 액추에이션 유닛 공기 빼기 나사 및 공기 빼기 순서

10) 페달을 밟은 상태에서 공기 빼기 스크류를 열어 브레이크 오일을 빼낸 후 공기 빼기 스크류를 잠그고 페달을 해제하는 작업을 10회 실시한다.
(공기 빼기 스크류 작업 순서: ①iBAU→②Wheel 4개소)
흘러나오는 브레이크 오일에 공기가 섞여 나오지 않을 때까지 반복한다. 이때 휠의 공기 빼기 스크류를 많이 열면 공기가 배관으로 들어갈 수 있으므로 주의해야 한다.

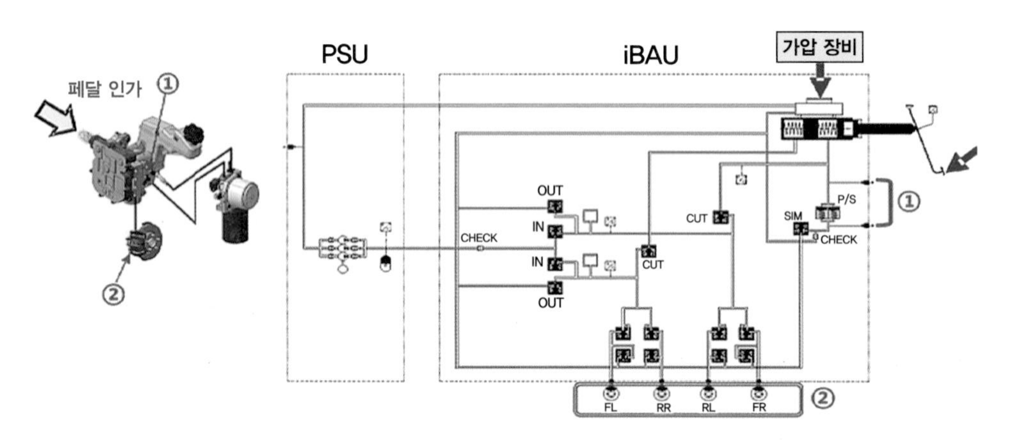

[그림 10-42]

(2) 2단계 iBAU ECU ON

1) iBAU ECU를 on 하기 위해보조 배터리 (12V) 마이너스 전기선을 연결한다.

2) ECU S/W를 블리딩 모드로 변경한다.

3) 가압 주입 장비를 이용하여 리저버에 유압(3~5bar)을 가압한다.

4) 페달을 반 정도 밟은 상태에서 휠 쪽의 공기빼기 스크류를 열어 브레이크 오일을 빼낸 후 공기빼기 스크류를 잠그는 작업을 10회 실시 후 페달을 해제한다. 전체 바퀴에 대해 상기 작업을 실시한다. 흘러나오는 브레이크 오일에 공기가 섞여 나오지 않을 때까지 반복한다. 이때 휠의 공기빼기 스크류를 많이 열면 공기가 배관으로 들어갈 수 있으므로 주의해야 한다.

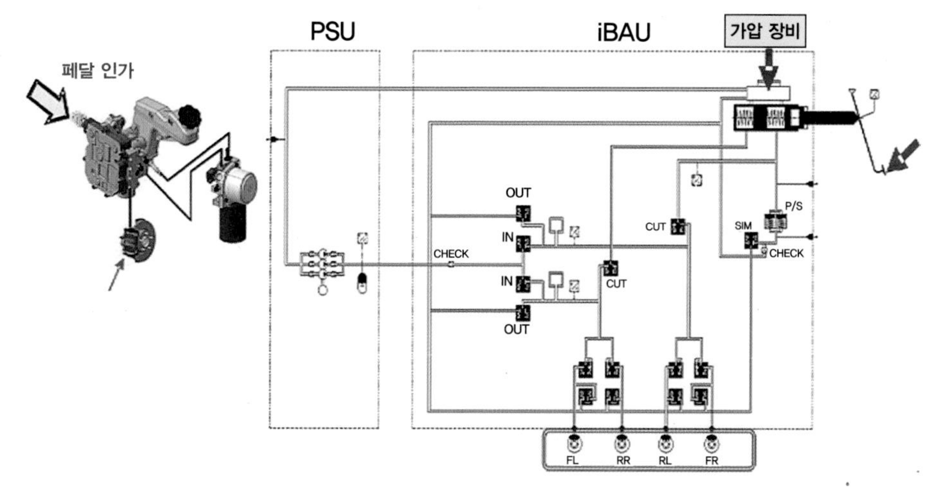

[그림 10-43] IBAU ECU OFF: 보조배터리(12V) 마이너스 전기선 연결

(3) 블리딩 모드 진입 방법

1) 목적

A/S 센터 또는 블리딩을위하여 특정 모드 진입 시 경고등 점등 및 압력 고장 검출 금지 →일반 브레이크 시스템 부스터를 통하여 공기빼기지원

2) 진입 조건

㉮ 시동 건 상태에서 정차 중 P단 기어 상태에서 핸들 직진 맞춤.

㉯ VDC OFF 스위치(2단계 완전 OFF) 를 누르고 있는 상태에서 브레이크 페달 10회 On/Off 수행(페달 40mm 이상 충분히 깊게 밟고, 해제할 때는 10mm이하 완전 해제)

㉰ 시동 껐다가 켠 다음 VDC OFF 스위치를 5초 이상 누름.

- VDC 2단 OFF 모드 진입 시 주차브레이크 경고등 점등.
- VDC OFF 경고등 점등, ABS 경고등 점등을 통하여 자가 블리딩모드 진입 확인.

3) 해제 조건

아래 조건 중 1개 조건이라도 해당 시 해제

㉮ IGN OFF 또는 기어변속 시, 정차 모드 해제 시

㉯ 고장검출 시 (압력 고장검출 금지되므로, 기타고장 발생 시)

㉰ 브레이크 오일 레벨이 낮을 시

(4) VDC OFF 모드 해제 시

① 고압 해제 모드

부품 탈거 전 어큐뮬레이터에 저장된 고압의 브레이크 압력을 해제시켜 주는 기능

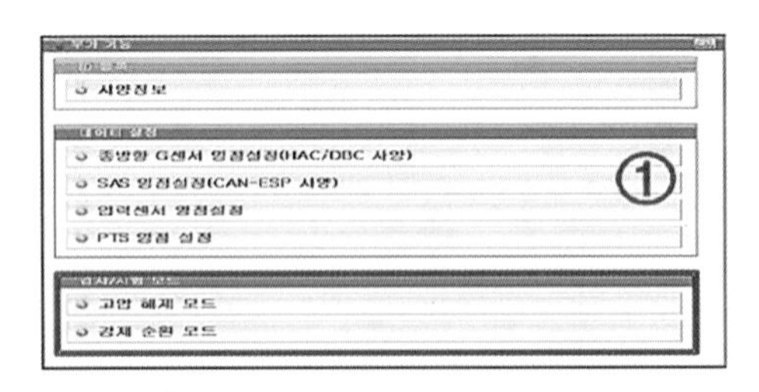

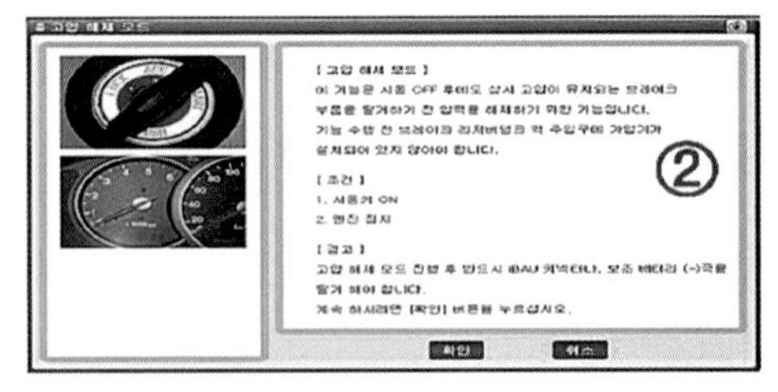

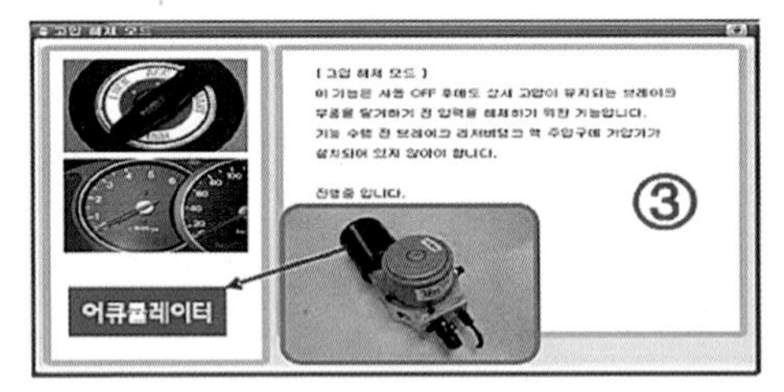

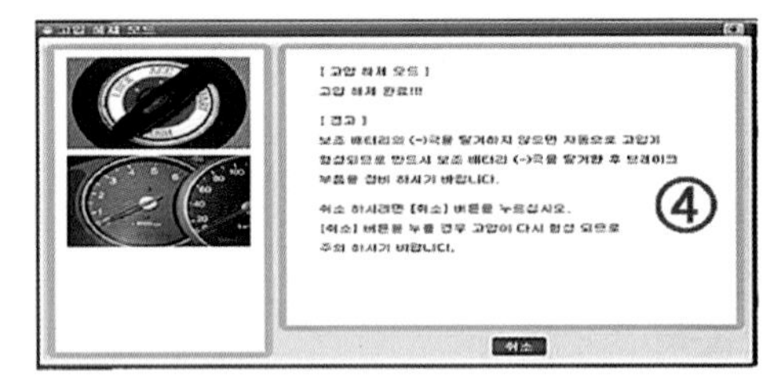

[그림 10-44]

② 강제순환 모드

iBAU내부 유압회로 내 브레이크액을 리저버 탱크로 순환시킴으로써 내부 미세 공기 제거

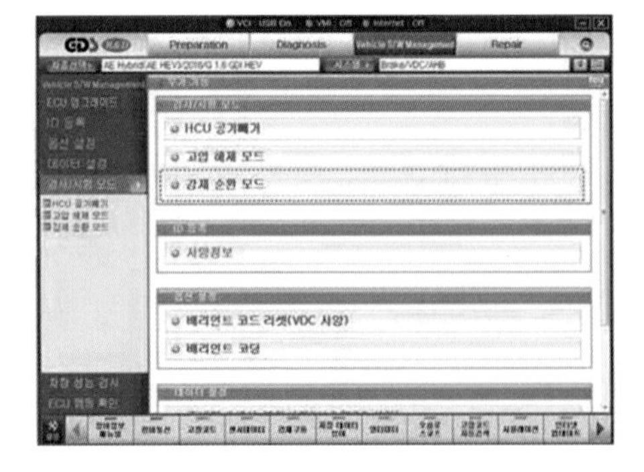

[그림 10-45] 강제순환 기능(1)

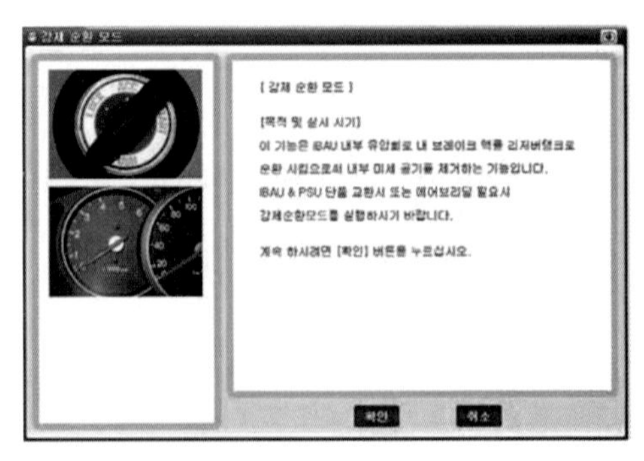

[그림 10-46] 강제순환 기능(2)

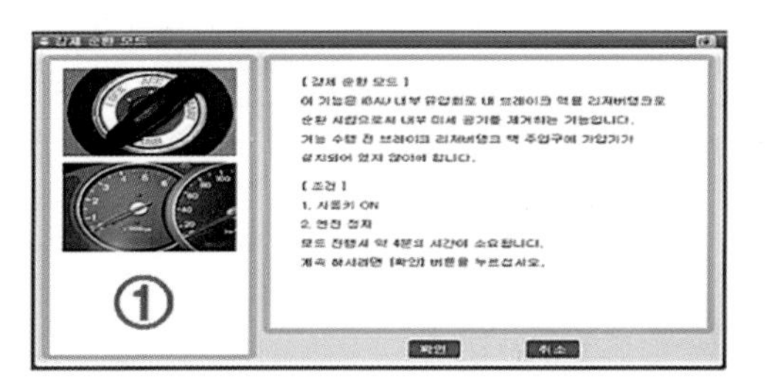

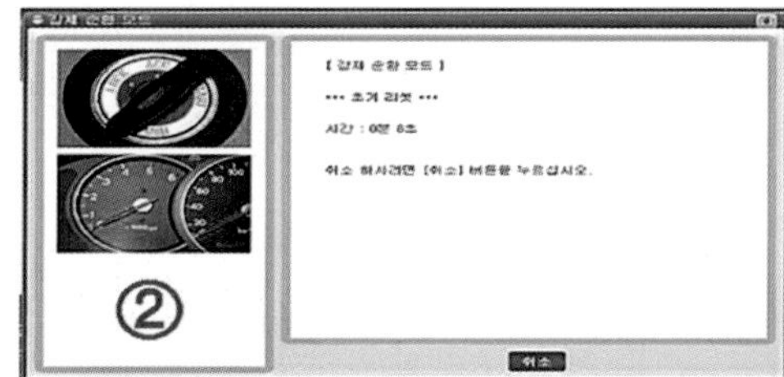

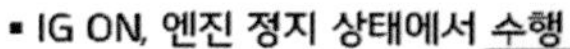

- 작업 수행 중 리저버 탱크 주입구에 가압기 설치 필요 없음
- IG ON, 엔진 정지 상태에서 수행
- 약 4분정도의 시간 소요

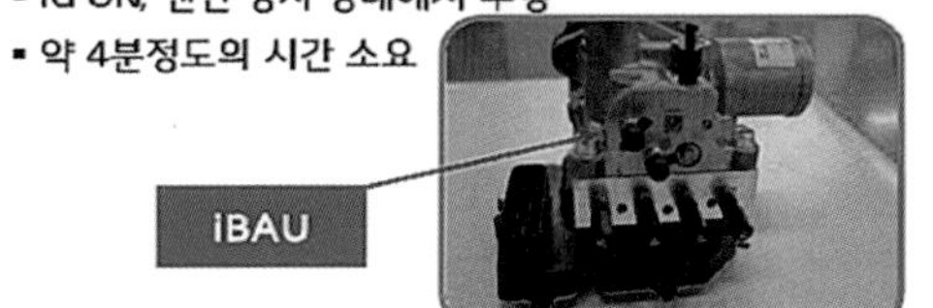

[그림 10-47]

(5) AHB 구성품 보정작업

1) 브레이크 페달 센서 보정

① **목적**: 브레이크 페달 센서는 설정된 영점을 기준으로 페달 Full Stroke를 계산하므로 최초 장착 시 영점보정이 필요함

② **영점보정 시점**: iBAU장,탈착작업 후 / 페달 어셈블리 교체 후(센서 단품 교환 불가) / PSU 교체 후 / C1380(옵셋 보정) 또는 C1379(신호이상)이 검출되었을 경우

③ **영점보정 방법/순서**: 진단장비를 이용하여 브레이크 페달 센서의 영점값을 HECU에 입력

2) 진단 장비의 부가 기능으로 베리언트 코딩을 시행한다.

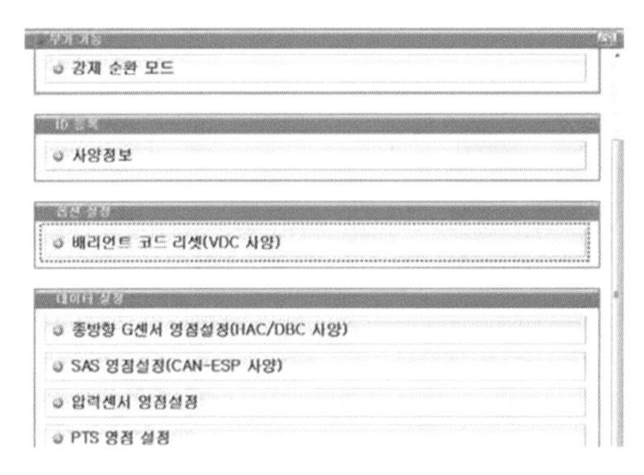

[그림 10-48] 베리언트 코드 리셋(1)

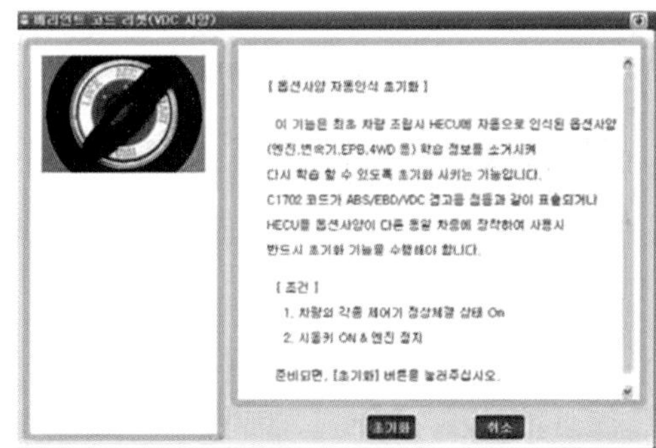

[그림 10-49] 베리언트 코드 리셋(2)

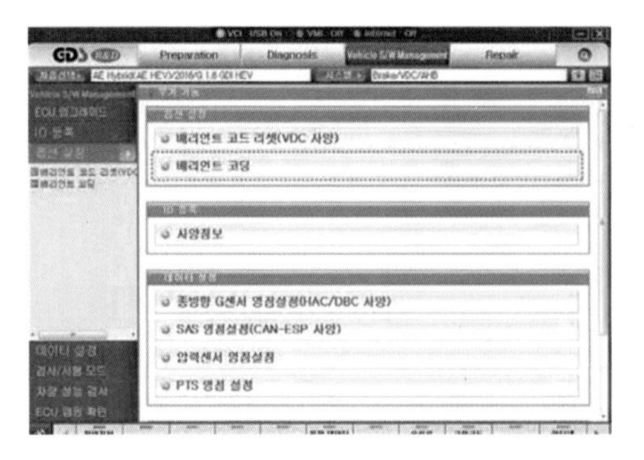

[그림 10-50] 베리언트 코딩 실시(1)

[그림 10-51] 베리언트 코딩 실시(2)

(6) 브레이크 페달 영점조정

브레이크 페달 센서는 단품(센서) 교체가 불가능하므로 센서 이상 발생 시 페달 어셈블리 교환 후 보정작업을 실시함

1) 진단 장비로 브레이크 페달 영점 조정메뉴로 이동한다.

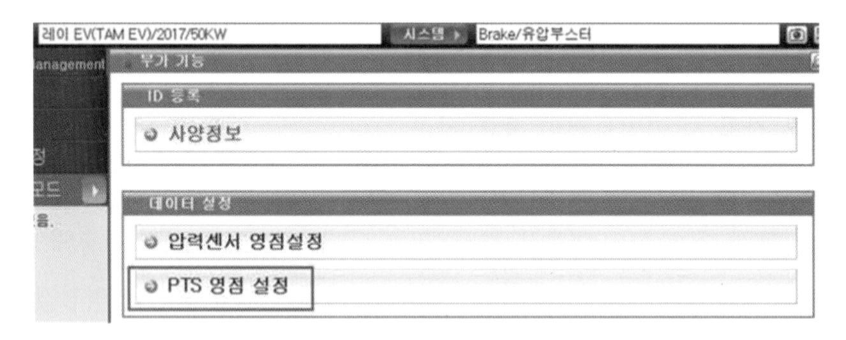

[그림 10-52] 영점조정 초기화면

2) 진단 장비로 브레이크 페달 영점조정을 시행한다.

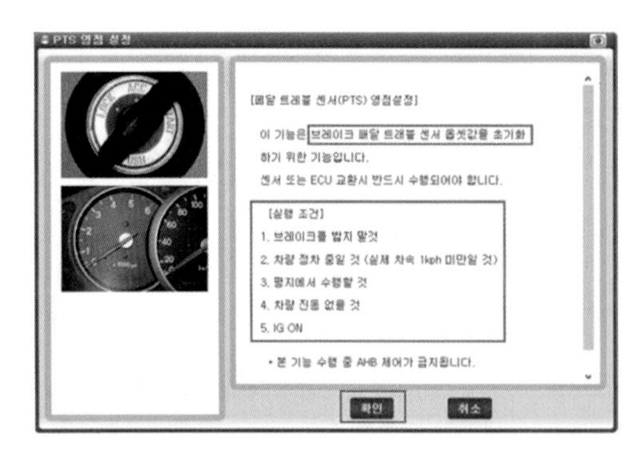

[그림 10-53] 영점 설정 화면

[그림 10-54] 영점조정 확인

3) 진단 장비로 종 방향 G 센서 영점조정을 시행한다.

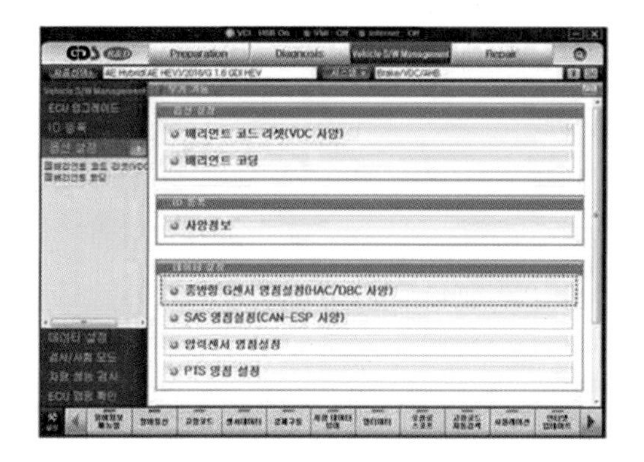

[그림 10-55] 종 방향 G 센서 영점 설정(1)

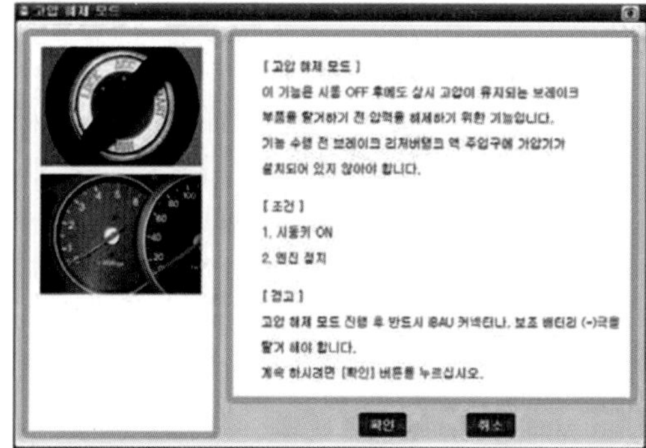

[그림 10-56] 고압 해제 모드

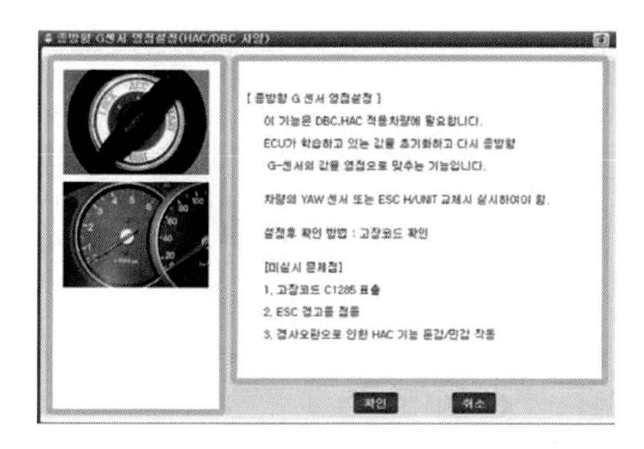

[그림 10-57] 종 방향 G 센서 영점 설정(2)

(7) 압력센서 보정

① **목적**: iBAU 내부에 장착되어있는 압력센서는 초기 영점을 기준으로 입·출력 압력을 계산하므로 최초 장착 시 영점보정을 해야 함.

② **영점 보정 시점**

- iBAU 교체 후(압력센서는 iBAU내부에 장착되어 센서 단품 교체 불가)
- iBAU 내부 압력센서 3개 중 펌프 출구 쪽 센서를 제외한 나머지 2개의 센서가 동시에 옵셋 수행됨.

③ **영점보정 방법/순서**: 영점보정 장비를 이용하여 압력센서의 영점 값을 HECU에 입력

④ **주의사항**: 브레이크 페달 및 압력센서 보정작업 수행 중에는 AHB 제어가 금지됨.

1) 진단 장비로 압력센서 영점 조정메뉴로 이동한다.

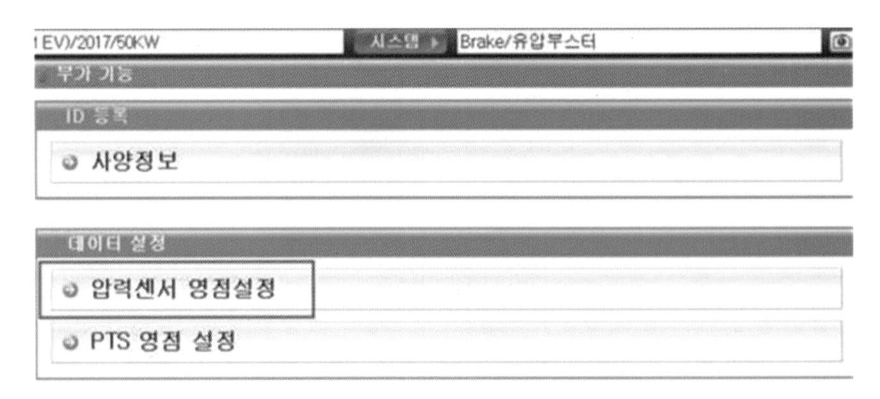

[그림 10-58] 압력센서 영점 설정(1)

2) 진단 장비로 압력센서 영점조정을 시행한다.

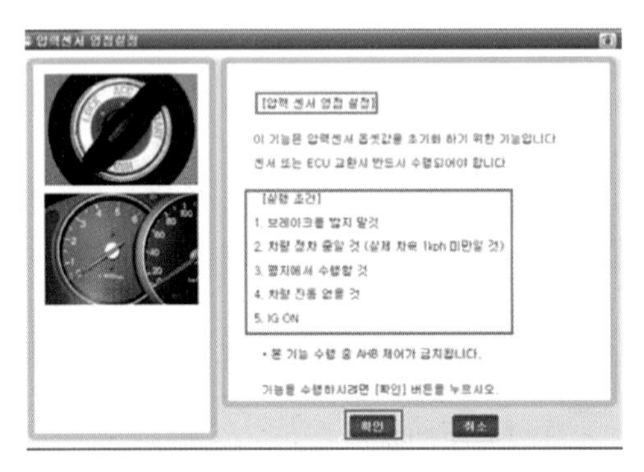

[그림 10-59] 압력센서 영점 설정(2)

[그림 10-60] 압력센서 영점 설정(3)

3) 필요한 경우 진단 장비로 베리언트 코딩을 시행한다.

4) 고전압 차단 절차를 복원하여 차량을 활전상태로 한다.

(8) 센서 데이터 분석 (압력센서 4EA)

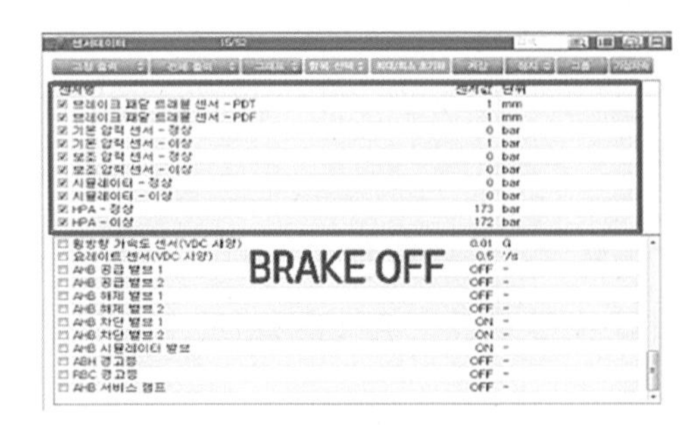

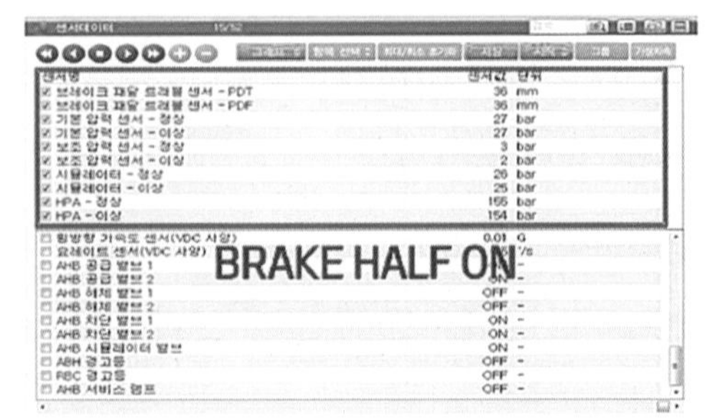

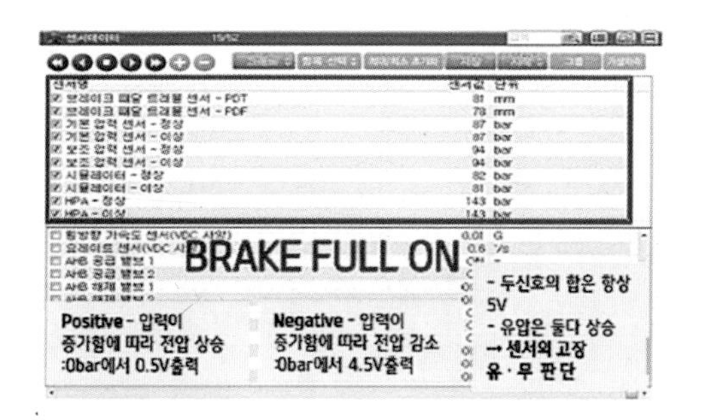

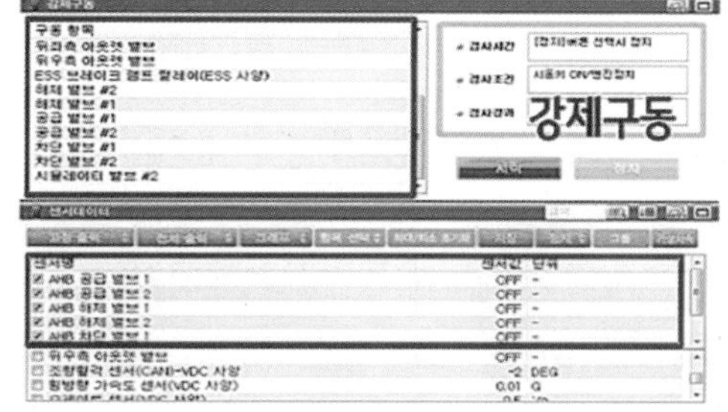

[그림 10-61]

7. 하이드로닉 파워 유닛 장착

1) 고압 소스 유닛(PSU)을 장착하고, 고압소스 유닛(PSU) 커넥터를 연결한다.

2) 고압 소스 유닛(PSU) 고정볼트를 조인다.

[그림 10-70]

[그림 10-71]

3) 우측 프런트 드라이브 샤프트를 장착한다.

[그림 10-72]

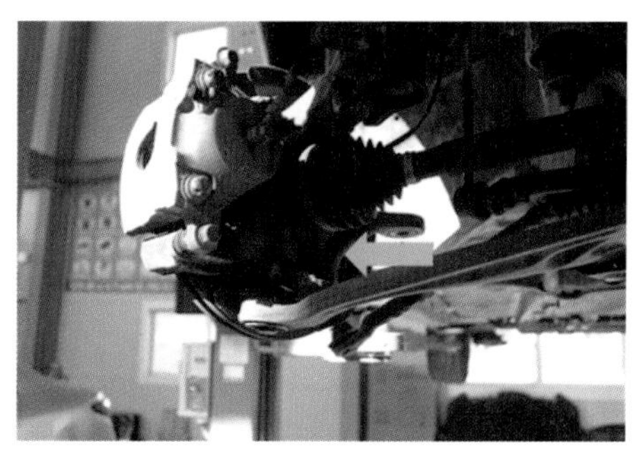

[그림 10-73]

4) 리저브 탱크에서 브레이크 오일을 보충한다.

[그림 10-74]

[그림 10-75]

5) 보조 배터리(DC 12V) "-"선을 연결하고, 시동 버튼을 ON 한다.

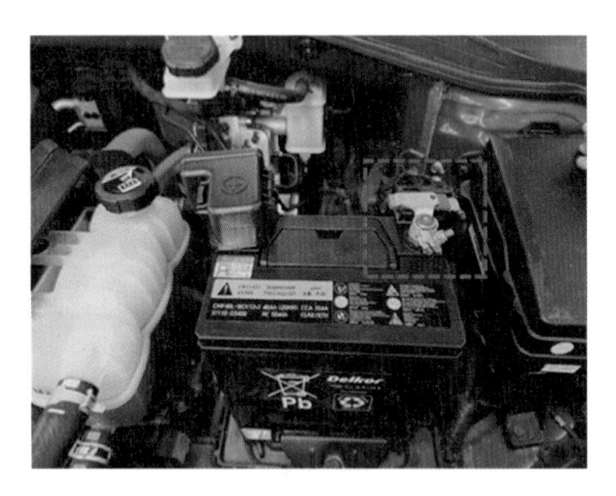

[그림 10-76]

[그림 10-77]

6) 진단 장비를 사용하여 공기 빼기 작업을 시행한다.

7) 진단 장비를 사용하여 브레이크 페달 영점 설정 작업을 시행한다.

8) 진단 장비를 사용하여 압력센서 영점조정 설정 작업을 시행한다.

CHAPTER

04 통합형 전동브레이크 시스템 구성품 (IEB)

1. 개요

ESC(Electronic Stability Control) 시스템은 스핀(SPIN) 또는 언더-스티어 (UNDER-STEER) 등의 발생을 억제하며 이로 인한 사고를 미리 방지할 수 있다. 이는 차량에 스핀(SPIN) 또는 언더-스티어 (UNDER-STEER) 등의 발생 상황에 도달하면 이를 감지하며 자동으로 안쪽 차륜 또는 바깥쪽 차륜에 제동을 가해 차량의 자세를 제어함으로써 이로 인한 차량의 안정된 상태를 유지하며(ABS 연계 제어), 스핀 한계 직전에 자동 감속하며(TCS 연계 제어), 이미 발생하였으면 각 휠 별로 제동력을 제어하여 스핀이나 언더-스티어의 발생을 미리 방지하여 안정된 운행을 도모하였다.

ESC는 요·모멘트 제어(YAW-MOMENT), 자동감속 제어/ ABS 제어/ TCS 제어 등에 의해 스핀 방지/ 오버-스티어제어/ 굴곡로 주행시 요윙(YAWING) 발생 방지, 제동 시의 조종 안정성 향상, 가속 시 조종 안정성 향상 등의 효과가 있다.

이 시스템은 브레이크 제어식, TCS 시스템에 요-레이트(YAW-RATE) & 횡 가속도 센서, 마스터 실린더 압력센서, 휠 조향각 센서를 추가한 구성으로 차속, 조향각 센서, 마스터 실린더 압력센서로부터 운전자의 조종 의도를 판단하고, 요-레이트 & 횡 가속도 센서로부터 차체의 자세를 계산하여 운전자가 별도의 제동을 하지 않아도 4륜을 개별적으로 자동 제동해서 차량의 자세를 제어하여 차량 모든 방향(앞, 뒤, 옆 방향)에 대한 안정성을 확보한다.

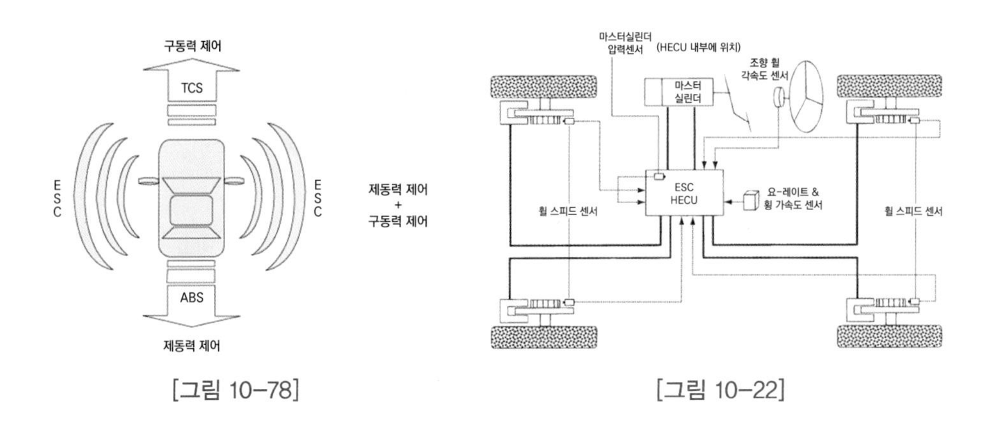

[그림 10-78] [그림 10-22]

ESC 시스템은 ABS / EBD제어, 트랙션 컨트롤(TCS), 요 컨트롤 기능을 포함한다,

컨트롤 유닛(HECU)는 4개의 휠 속도 센서에서 구형파(Square wave)로 나오는 휠센서 신호(전류 신호)를 이용하며, 차속 및 4개 휠의 가, 감속을 산출한 후 ABS / EBD가 작동해야 할지 아닐지를 판단한다. 트랙션 컨트롤(TCS)기능은 브레이크 압력제어 및 CAN 통신을 통해 엔진 토크를 저감 시켜서 구동 방향의 휠 슬립을 방지한다.

요 컨트롤 기능은 요레이트 센서, 횡가속도 센서, 마스터 실린더 압력센서, 조향휠 각속도 센서, 휠 속도 센서등의 입력 신호를 연산하여 자세 제어의 기준이 되는 요-모멘트와 자동 감속 제어의 기준이 되는 목표 감 속도를 산출하여 이를 기초로 4륜 각각의 제동압력 및 엔진의 출력을 제어함으로써 차량의 안정성을 확보한다.

만약 차량의 자세가 불안정 하다면(오버 스티어, 언더 스티어), 요 컨트롤 기능은 특정 휠에 브레이크 압력을 주고, CAN 통신으로 엔진 토크 저감 신호를 보낸다. 점화스위치 ON 후 컨트를 유닛(HECU)는 지속적으로 시스템 고장을 자기진단 한다, 만약 시스템 고장이 감지되면, HECU는 ABS 및 ESC 경고등을 통해 시스템 고장을 운전자에게 알려준다.

2. 작동원리

(1) Base Braking Mode

1) Base Braking Ready

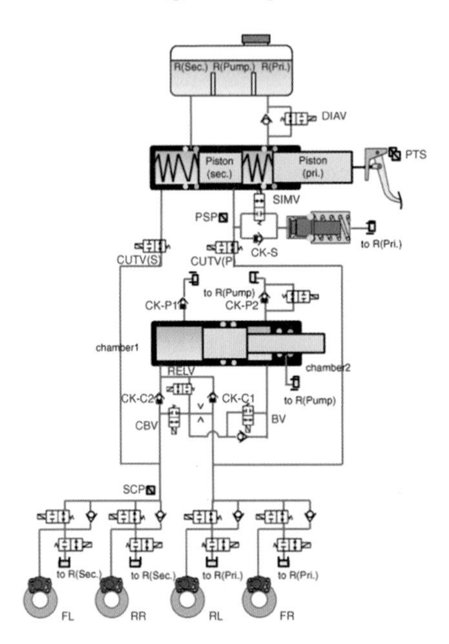

[그림 10-80] 대기상태

2) Base Braking Apply LP

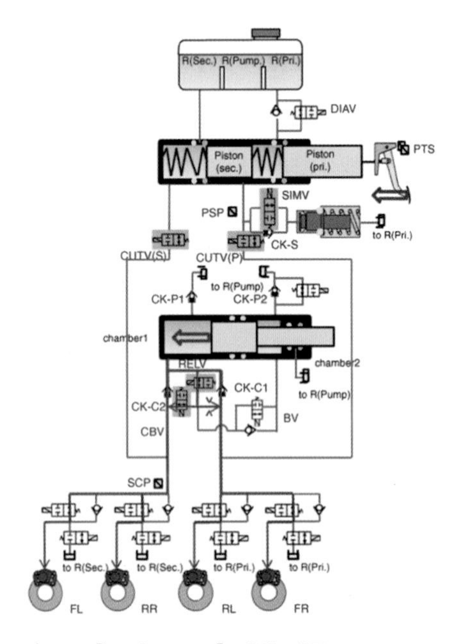

[그림 10-81] 정상 제동 모드

(2) Fall back Mode Braking

1) Fall Back Braking Ready

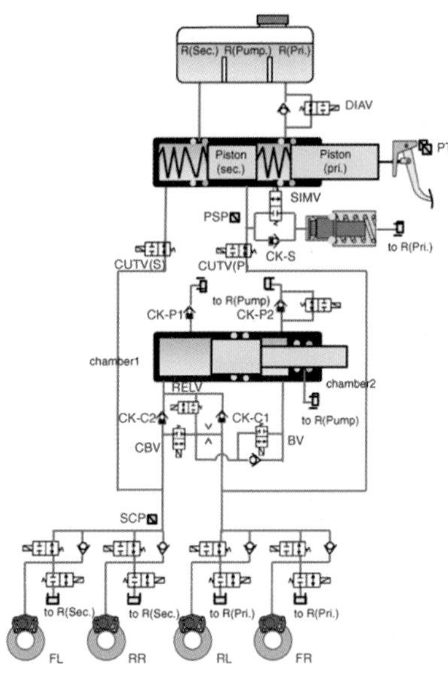

[그림 10-82] 대기상태

2) Fall Back Braking Apply

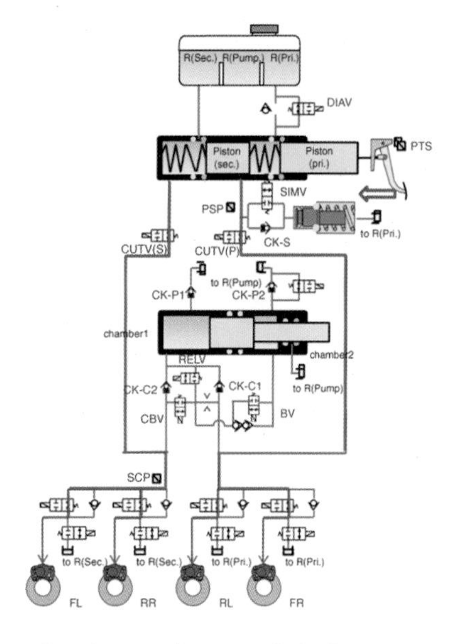

[그림 10-83] IEB 고장시 제동 모드

(3) ABS

1) ABS Braking Ready

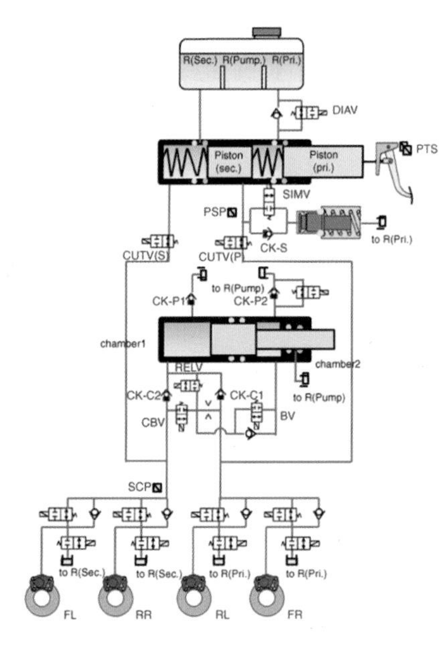

[그림 10-84] 대기상태

2) ABS Braking Apply

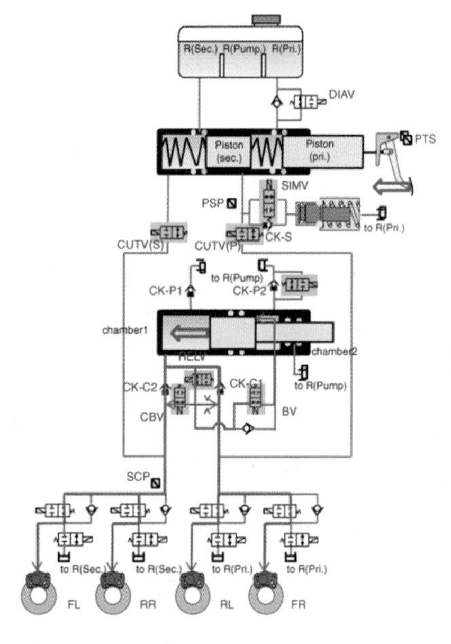

[그림 10-85] ABS 작동시 제동 모드

3) ABS Braking Dump

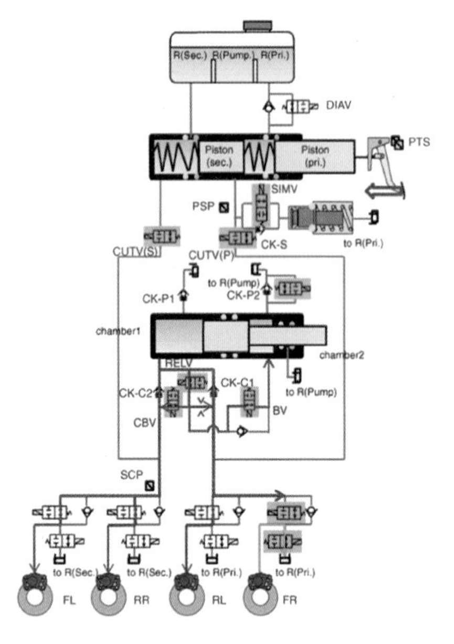

[그림 10-86] ABS Braking Dump

4) ABS Braking Hold

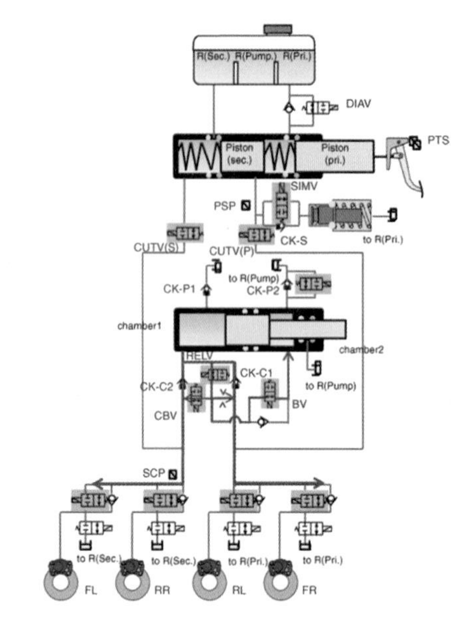

[그림 10-87] ABS Braking Hold

3. IEB 탈거

1) 보조배터리를 탈거한다.
2) 차량 제어 유닛(VCU)를 탈거한다.
3) 리저버 캡을 탈거하고 세척기를 사용하여 리저버탱크에서 브레이크 액을 회수한다.
4) 장착너트를 풀고 리저버탱크(A)를 탈거한다.
5) 브레이크 액 레벨센서 커넥터(A)를 분리한다.

[그림 10-88]

[그림 10-89]

6) 통합형 전동 부스터 ECU 커넥터(A)를 분리한다.

7) 통합형 전동 부스터(IEB)에서 플레어 너트를 풀고 브레이크 튜브(A)를 탈거한다.

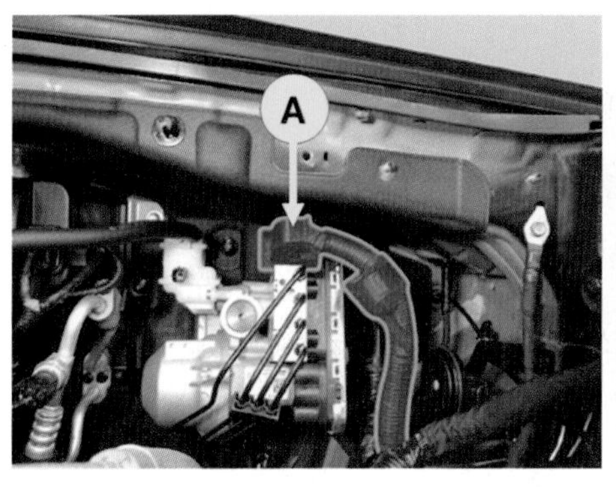

[그림 10-90]

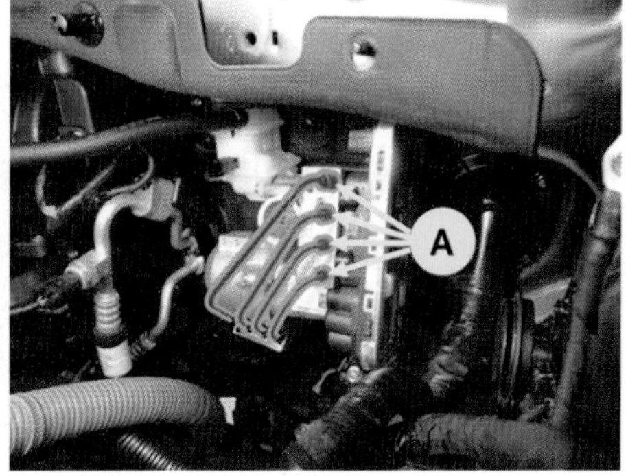

[그림 10-91]

8) 크래쉬페드 로어패널을 탈거한다.

9) 스냅핀(A)과 클래비스 핀(B)를 분리한다.

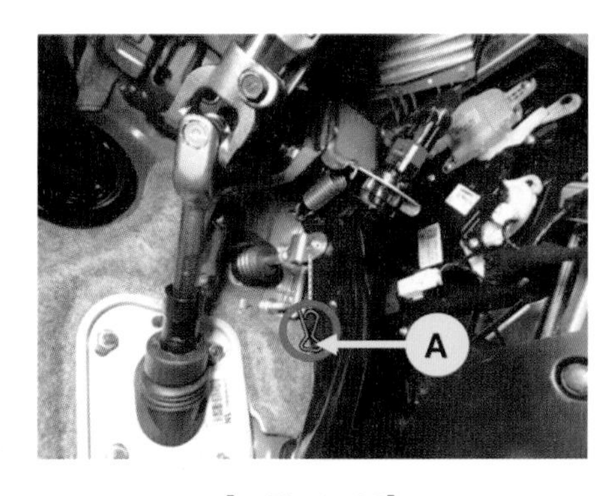

[그림 10-92]

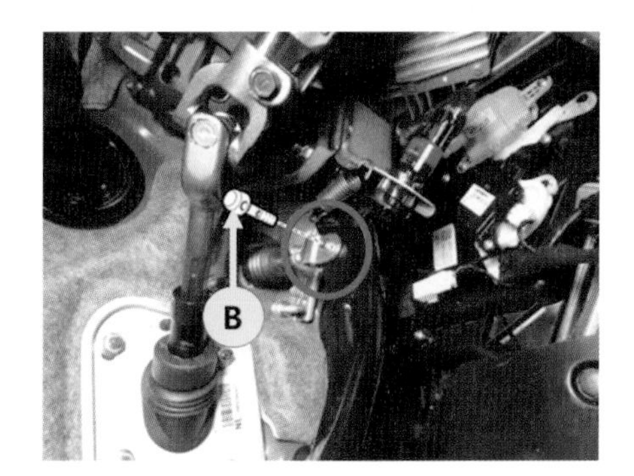

[그림 10-93]

10) 고정너트(A)를 풀고 통합형 전동부스터(B)를 탈거한다.

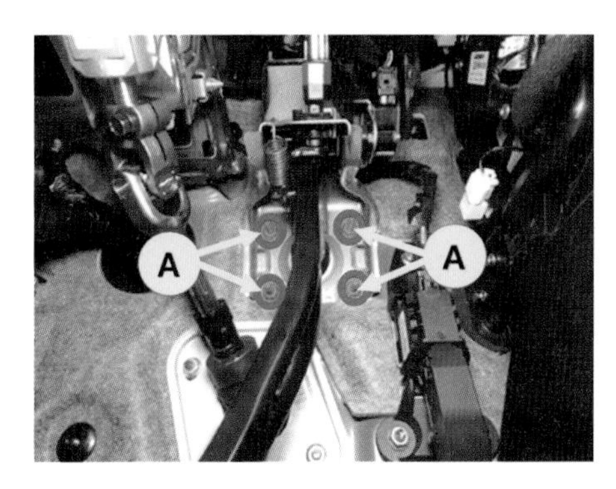

[그림 10-94]

[그림 10-95]

4. 브레이크 시스템 조정

(1) 브레이크 페달 센서는 단품으로는 교환이 불가하며 브레이크 페달 어셈블리로 교환되어야 한다. 브레이크 페달센서 단독 교환 또는 재장착시 스트로크 영점 설정 오류로 제동성능에 영향을 미칠수 있다.

(2) 베리언트 코딩을 실시한다.

(3) 브레이크 페달 센서 영점 조정을 실시한다.

(4) 압력센서 영점 조정을 실시한다.

(5) 종방향 G센서 영점 조정을 실시한다.

(6) 필요시 베리언트 코딩 리셋을 실시한다.

제11장

전기자동차 공조장치 정비

CHAPTER

01 공조 장치 구성 및 작동원리

1. 공조 장치 원리 및 기능

공조 장치는 냉방장치와 난방장치로 구성되어 냉방장치로 에어컨을 사용하고, 난방장치로 PTC(positive temperature coefficient) 히터를 사용한다. 전기자동차의 냉방장치는 기존의 에어컨 시스템을 적용하여 에어컨 컴프레서를 전동식으로 고전압 배터리의 전력을 사용한다. 반면에 난방장치는 PTC 히터를 사용하면서 고전압 배터리의 방전량이 많아 주행거리가 짧아지는 문제점을 해결하기 위해 히트펌프를 적용하여 냉·난방이 가능하도록 구성하여 작동한다.

2. 공조 부하 제어

전자동 온도 조절 장치인 FATC(Full Automatic Temperature Control)는 운전자의 냉 · 난방 요구 시 차량 실내 온도와 외기 온도 정보를 종합하여 냉 · 난방파워를 VCU에게 요청하며, FATC는 VCU가 허용하는 범위 내에 전력으로 에어컨 컴프레서와 PTC 히터를 제어한다.

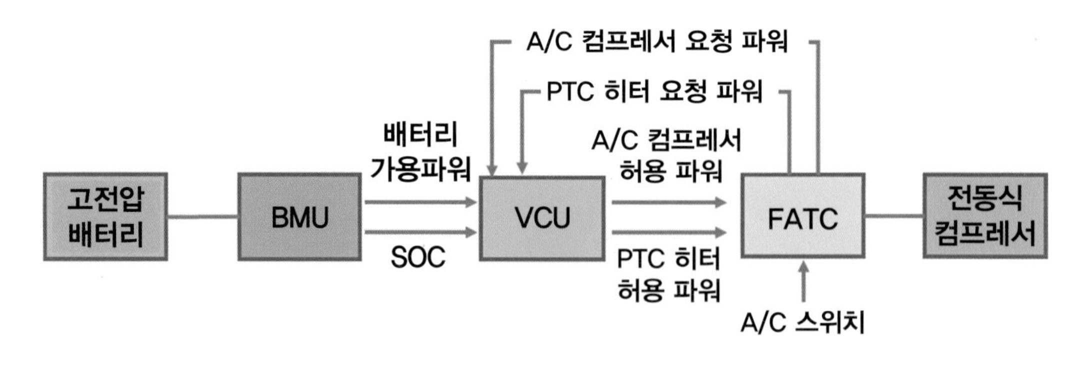

[그림 11-1]

3. 에어컨 일반 제원

[표 11–1]

구분	항목		제원	
에어컨 장치	컴프레서	형식	HES33 (전동 스크롤식)	
		제어장식	CAN 통신	
		윤활유 타입 및 용량	POE Oil 180±10cc	
		모터 타입	BLDC	
		정격전압	360V	
		작동전압범위	240~412V	
	평창 밸브	형식	블록 타입	
	냉매	형식	R–134 a	
		냉매량	A/C 사양	550±25g
			히트펌프 사양	1,000±25g
블로어 유닛	블로어	풍향 조절 방식	PWM 타입	

4. 히터 및 이베이퍼레이터 유닛 제원

[표 11–2]

항목			제원	
PTC 히터	형식		공기 가열식	
	작동전압		DC 240~420V	
히트펌프	실외 콘덴서	방열량	15,400 – 3% kcal/hr	
	실내 콘덴서		4,000 – 5% kcal/hr	
	칠러		770g	
	어큐뮬레이터		1,250cc	
	모드 작동방식		액추에이터	
이베이퍼레이터	온도작동방식		액추에이터	
	온도조절방식		이베이퍼레이터 온도센서	
	블로어 단수		에어컨 출력 OFF 온도	에어컨 출력 ON 온도
	1~4단		1.5 ± 0.5℃	3.0 ± 0.5℃
	5~6단		1.0 ± 0.5℃	2.5 ± 0.5℃
	7~8단		10.8 ± 0.5℃	2.3 ± 0.5℃

5. 에어컨 고장 진단

[표 11-3]

증상	고장 예상 부위	증상	고장 예상 부위
블로어가 작동하지 않음	- 히터 퓨즈 - 블로어 릴레이 및 하이 블로어 릴레이 - 블로어 모터 - 블로어 레지스터 및 파워 모스펫 - 블로어 스피드 컨트롤 스위치 - 와이어링	컴프레서가 작동하지 않음	- 냉매량 - 에어컨 퓨즈 - 마그네틱 클러치 - 컴프레서 - 에어컨 프레서 트랜스듀서 - 에어컨 스위치 - 이베퍼레이터 온도센서 - 와이어링
온도조절이 되지 않음	- 엔진 냉각수량 - 히터 컨트롤 어셈블리	에어컨 스위치 ON시 엔진 아이들이 높아지지 않음	- 엔진 ECU - 와이어링
시원한 바람이 나오지 않음	- 냉매량, 냉매 압력 - 드라이브 벨트 - 마그네틱 클러치 - 컴프레서 - 에어컨 프레서 트랜스듀서 - 이베이퍼레이터 온도센서 - 에어컨 스위치 - 히터 컨트롤 어셈블리 - 와이어링	불충분한 냉각	- 냉매량 - 드라이브 벨트 - 마그네틱 클러치 - 컴프레서 - 컨덴서 - 팽창밸브 - 이베이퍼레이터 - 냉매라인 - 에어컨 프레서 트랜스듀서 - 히터 컨트롤 어셈블리
공기순환 조절되지 않음	- 히터 컨트롤 어셈블리	모드 조절이 되지 않음	- 히터 컨트롤 어셈블리
쿨링팬이 작동하지 않음	- 쿨링팬 퓨즈 - 팬 모터 - 엔진 ECU - 와이어링 및 커넥터 접촉		

CHAPTER

02 공조장치 자기진단

1) 운전석 실내 퓨즈 박스 커버를 제거하고, 진단기의 케이블을 진단 커넥터에 연결한다.

[그림 11-2] 운전석 퓨즈 커버 탈거 후 자기진단 케이블 연결

2) 시동 버튼 ON 또는 브레이크 페달을 밟고, 시동 버튼을 ST에 위치하여 "READY" 상태로 한다.

[그림 11-3] 브레이크 페달 ON, 시동 버튼 ON

3) 진단 장비에 전원을 ON하고, 진단 프로그램을 작동한다.

4) 차량의 제조회사를 선택한다.

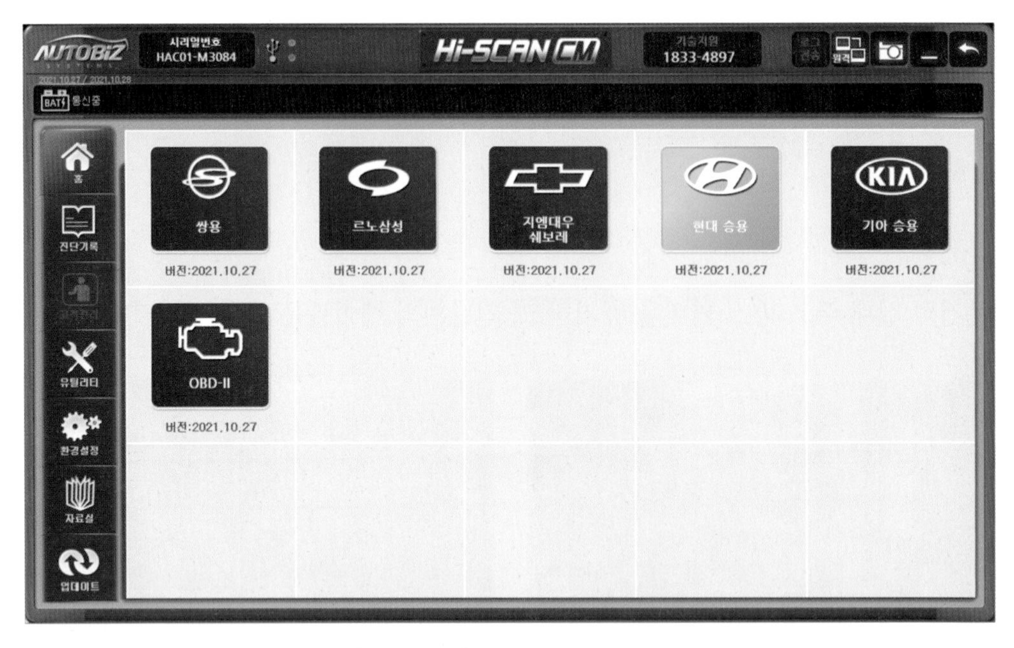

[그림 11-4] 차량 제조회사 선택

5) 차량의 모델과 년식을 선택한다.

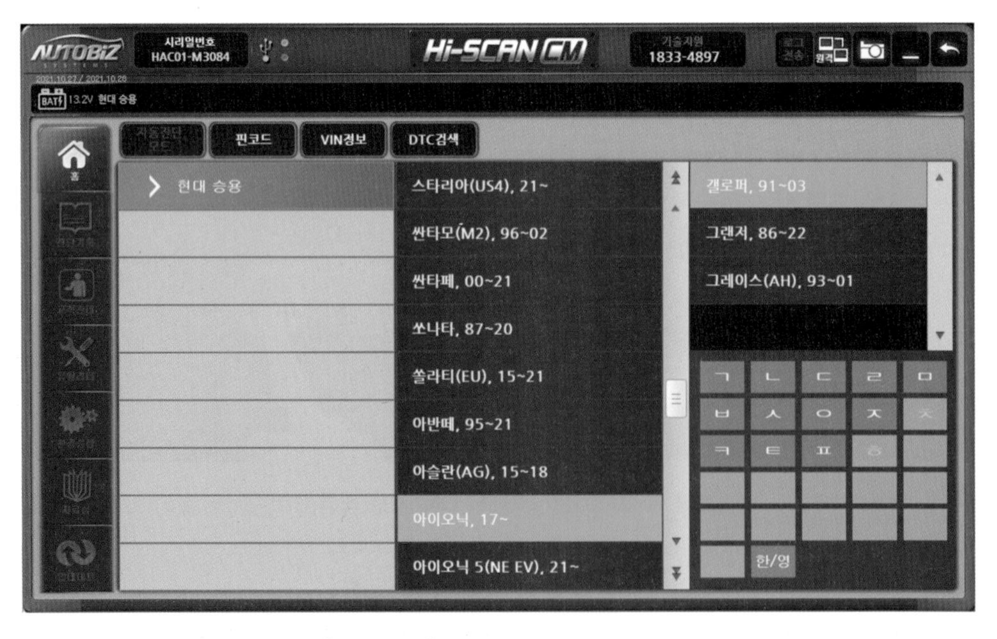

[그림 11-5] 차량 모델 및 년식 선택

6) 진단 항목의 “에어컨”을 선택한다.

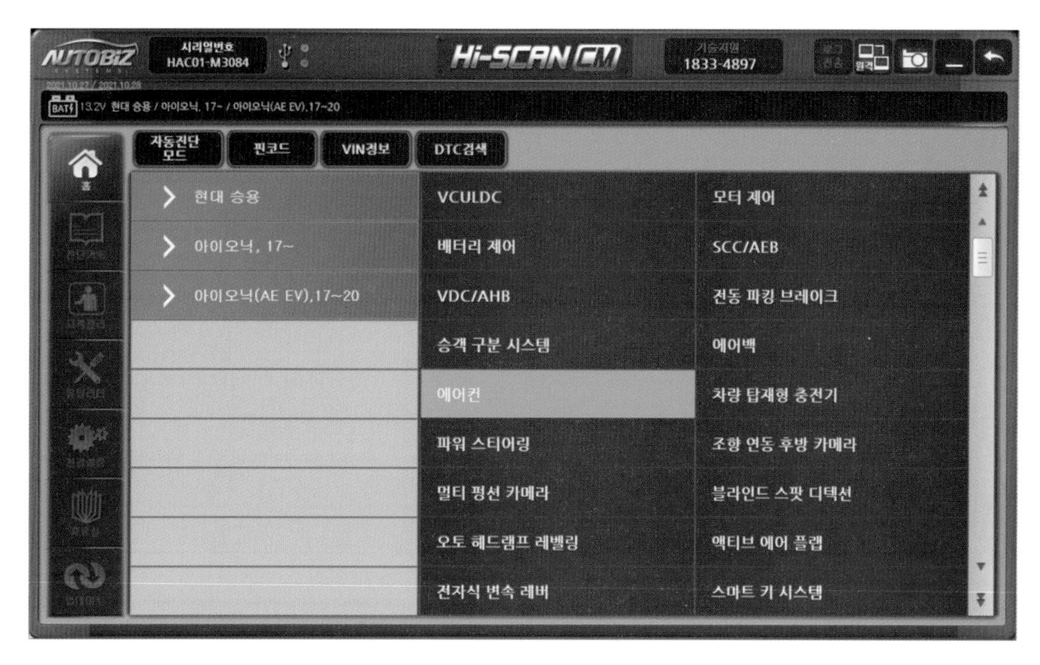

[그림 11-6] 차량 에어컨 선택

7) 에어컨의 “진단 시작(OBD2 16핀)”을 선택한다.

[그림 11-7] 차량 진단 시작(OBD2 16핀) 선택

8) 클러스터의 경고등이 점등되는 경우 고장 항목을 확인하기 위하여 "고장 진단"을 선택한다.

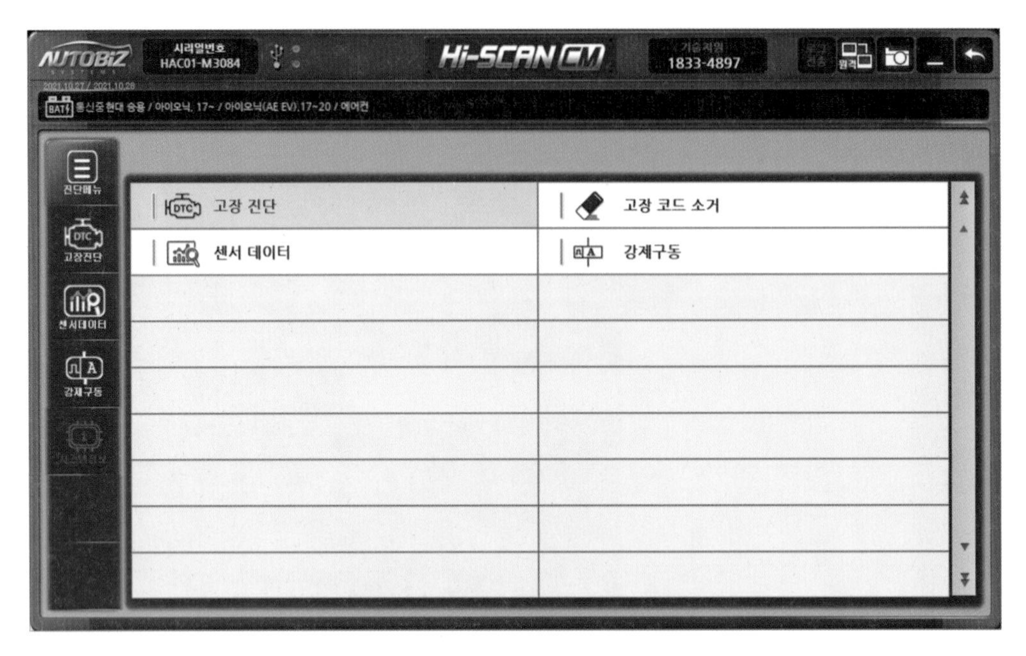

[그림 11-8] 차량 고장 진단 선택

9) 고장 항목이 있는 경우 고장 코드(DCT), 고장 내용, 고장상태를 확인할 수 있다.

[그림 11-9] 차량 고장코드, 고장 내용, 고장상태 확인

10) 고장 코드(DCT)의 고장 내용을 확인하기 위해 "센서 데이터"를 선택한다.

[그림 11-10] 차량 센서 데이터 선택

11) 에어컨의 입력 신호로 센서 데이터를 통해 실제 고장상태를 확인할 수 있다.

[그림 11-11] 차량 센서 데이터 고장 코드 확인

12) 고장 항목에 대한 수리가 끝나면 컴퓨터에 저장된 고장 코드(DCT)를 소거하기 위해 "고장 코드(DCT) 소거"를 선택한다.

[그림 11-12] 차량 고장코드 소거 선택

13) 고장 코드(DCT)를 소거하기 위해 "READY"가 아닌 시동 버튼 ON 상태에서 "확인" 버튼을 선택한다.

[그림 11-13] 차량 고장코드 소거 조건 후 확인 선택

14) 고장 코드(DCT)를 소거되면 "확인" 버튼을 선택한다.

[그림 11-14] 차량 고장코드 소거 후 확인 선택

CHAPTER

03 전동식 컴프레서 정비

1. 전동식 컴프레서 탈거

1) 고전압 회로를 차단한다.

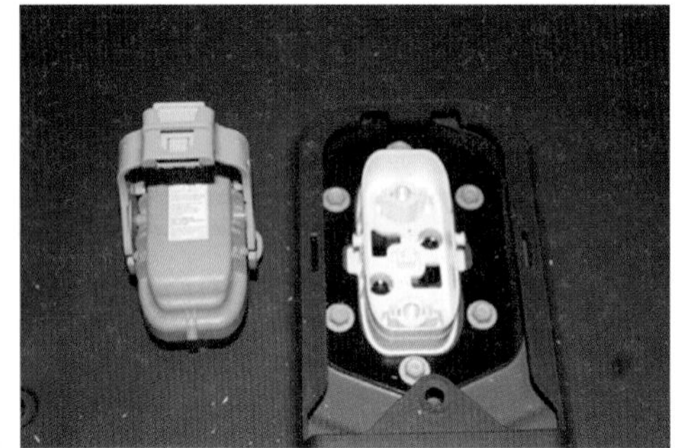

[그림 11-15] 안전 플러그 탈거

2) 냉매 회수, 재생, 충전기를 사용하여 냉매를 회수한다.

[그림 11-16] 에어컨 냉매 회수3) 엔진룸 언더커버를 탈거한다.

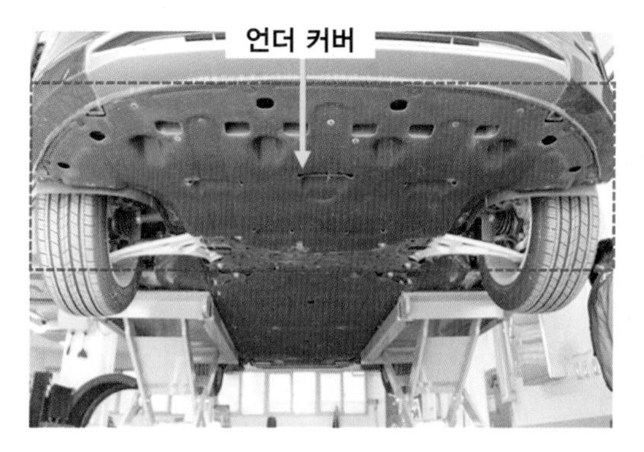

[그림 11-17] 언더커버 탈거

4) 락핀을 눌러서 전동식 컴프레서 커넥터(A)를 분리한다.

5) 장착볼트를 풀고 브라켓(A)를 탈거한다.

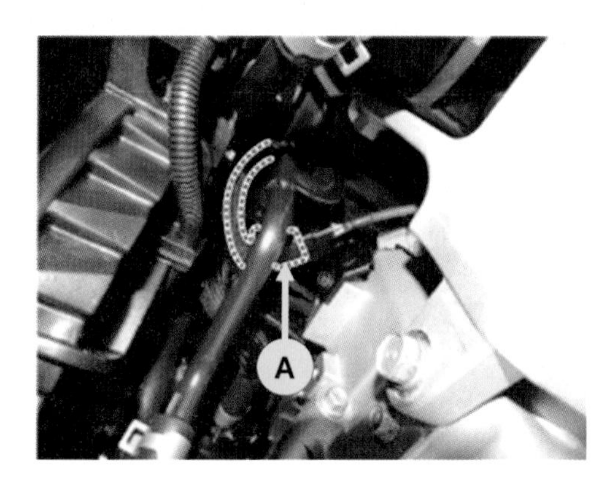

[그림 11-18]

[그림 11-19]

6) 락핀을 눌러 고전압 커넥터(A)를 분리한다.

7) 컴프레서의 석션라인(A)와 디스챠지 라인(B)연결볼트를 분리하고 라인을 분리한다.

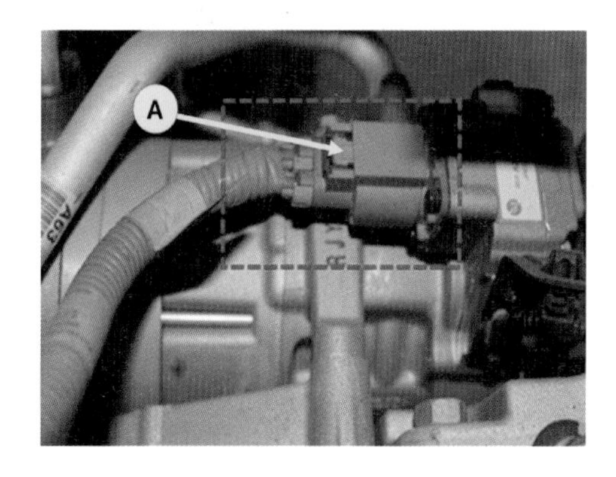

[그림 11-20]

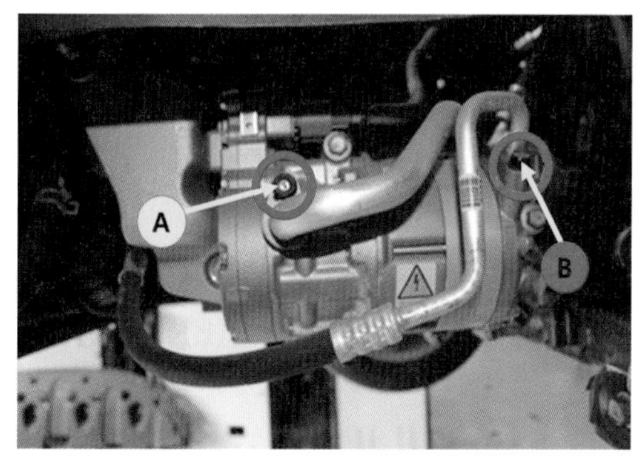

[그림 11-21]

8) 장착볼트를 풀고 컴프레서 어셈블리(A)를 탈거한다.

9) 인버터를 고정하는 볼트를 탈거한다.

10) 전동식 컴프레서 인버터(A)와 전동식 컴프레서 바디(B)를 분리한다.

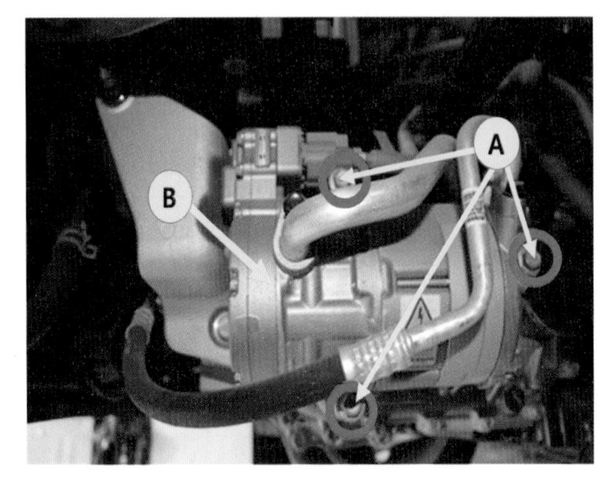

[그림 11-22]

[그림 11-23]

11) 전동식 컴프레서 인버터(A)와 전동식 컴프레서 바디(B)를 분리한다.

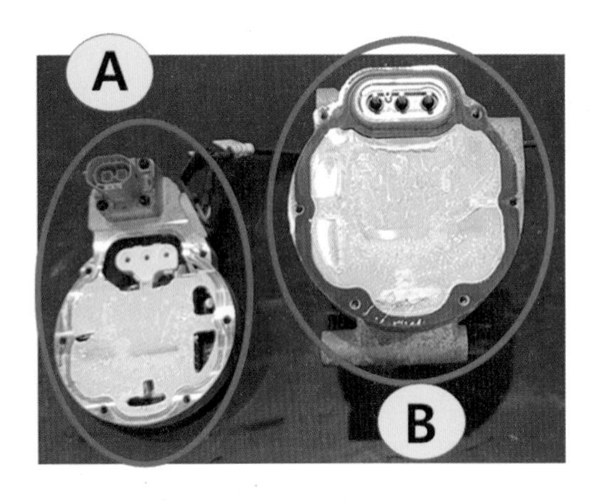

[그림 11-24]

[그림 11-25]

① 인버터의 오염을 막기위하여 컴프레서 외관의 먼지나 노물을 제거한다.

② 인버터 신품은 오염을 막기위하여 장착 직전까지 포장을 개봉하지 않는다.

③ 인버터 탈거시 3상 전원핀(B)의 파손이나 틀어짐 및 휨에 주의한다.

2. 전동식 컴프레서 점검

(1) 전동식 컴프레서 바디점검

(가) 전동식 컴프레서 바디 내부의 이상여부 확인방법

1) 전동식 컴프레서 측 저압파이프 탈거.
2) 컴프레서 내부 구리선 및 흰색 실이 오염되었는지 확인한다.

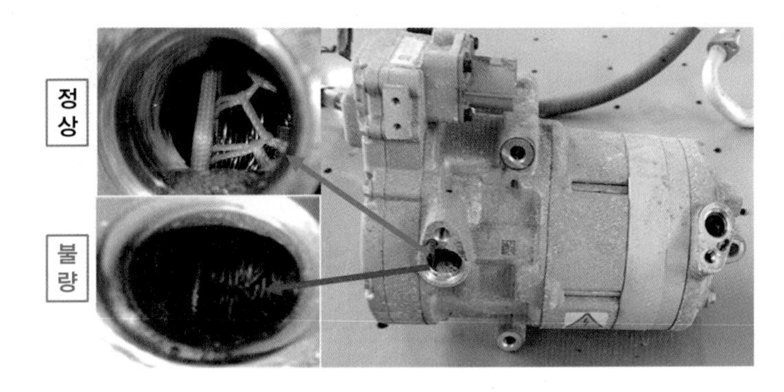

[그림 11-26] 전동컴프레서 내부 마모 확인

(나) 전동식 컴프레서의 점검을 위하여 3상 전원 핀의 저항값을 측정한다. 3상의 저항값이 불량이면 모터의 이상이므로 전동식 컴프레서 바디를 교환한다.

[표 11-4]

구분	점검 부위	규정값
정상저항값	U – V	0.4 ~ 0.5Ω
	V – W	
	W – U	

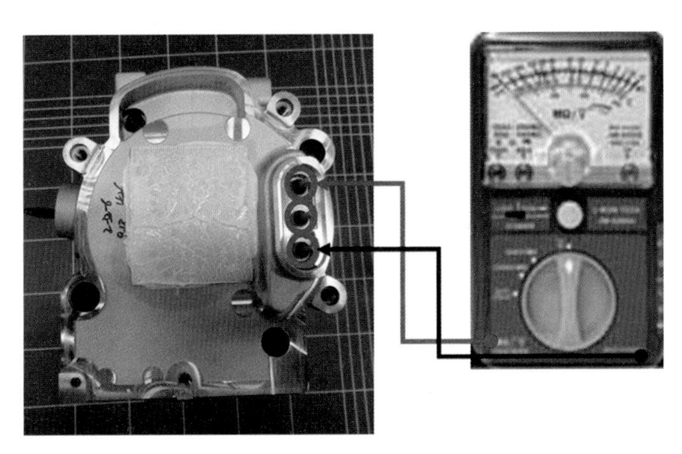

[그림 11-27] 3상 전원단자 저항 측정

(다) 전동식 컴프레서 인버터 점검

1) 고전압 핀: 정상 저항 값 100Ω 이상, 불량저항 값 100Ω 이하

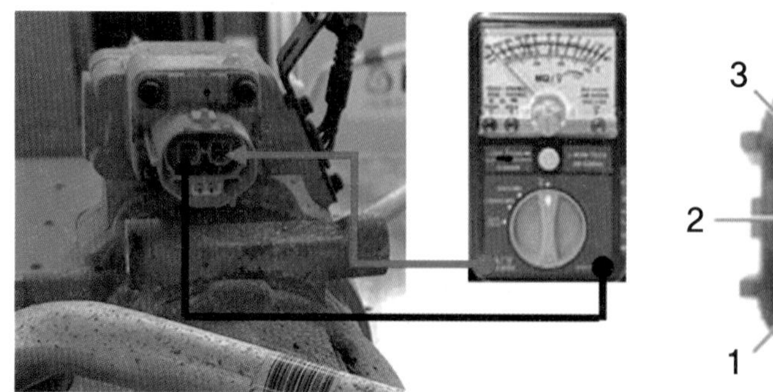

[그림 11-28] 고전압 단자 저항 측정

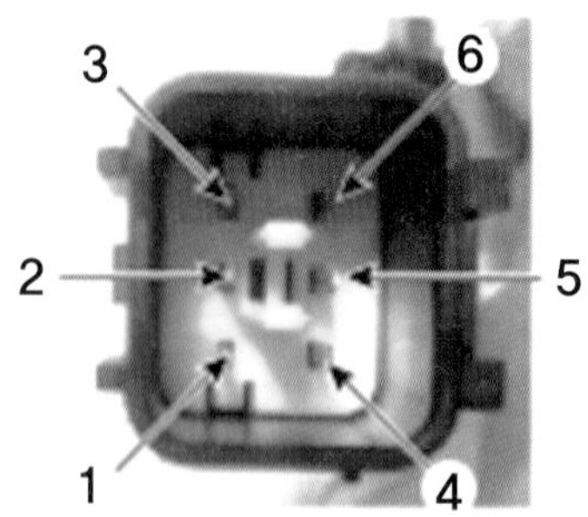

[그림 11-29] 저전압 커넥터

2) 저전압 핀

① CAN HIGH / LOW 저항측정: 2-5번단자

- 정상 저항값: 약 120Ω
- 불량 저항값: 0Ω 인버터 쇼트

② CAN - GND 저항측정: 1-2번 / 1-5번 단자를 측정한다.

- 정상 저항값: 13 ~ 14㏀ (일반사양), 200 ~ 600㏀ (고성능 DPS사양)

③ interlock high / low 저항 측정(고전압 케이블(A)연결 후 3-6번 단자를 측정한다.

- 정상 저항값: 1.0Ω 이하
- 불량 저항값: 수㏁

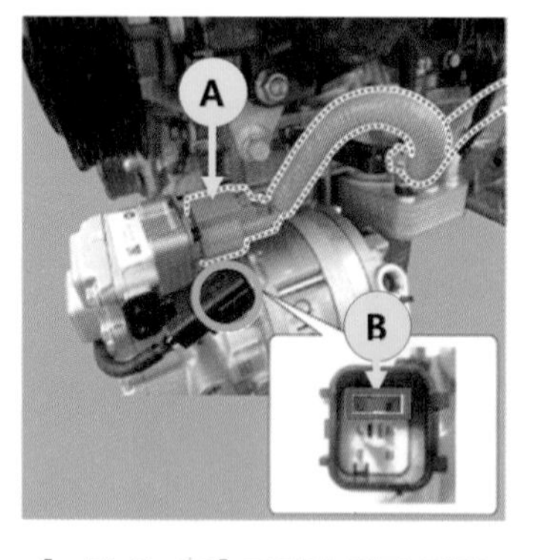

[그림 11-30] 저전압 단자 점검

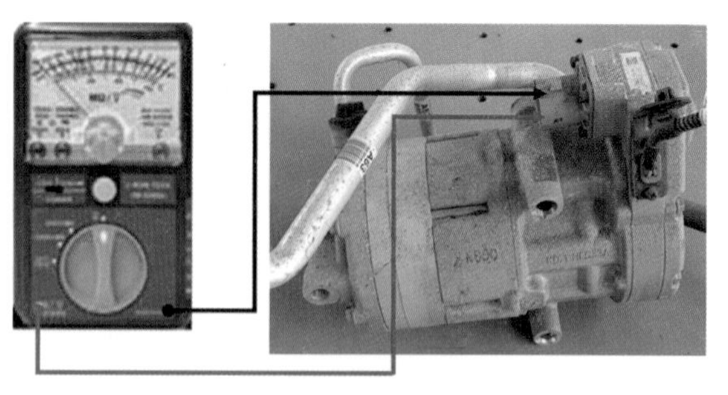

[그림 11-31] 컴프레서 절연저항 측정

(2) 컴프레서 절연저항 측정

- **정상 저항값**: 100MΩ / DC 500V

1) 절연저항계의 선택 레인지를 500V 또는 1,000V로 위치한다.
2) 절연저항은 고전압 배터리의 전압보다 높은 전압으로 측정한다.
3) 절연저항계의 적색 리드선은 고전압 전원 핀에 연결한다.
4) 절연저항계의 흑색 리드선은 컴프레서의 몸체에 연결한다.
5) 절연저항계의 측정 버튼을 누르고, 측정값을 읽는다.

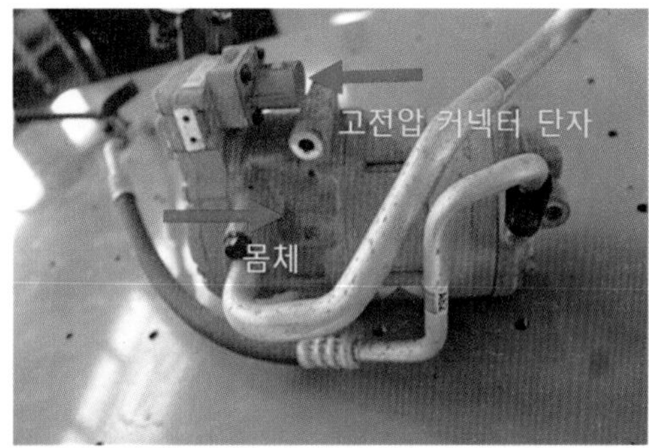

[그림 11-32] 전동식 컴프레서 절연저항 점검

(3) 이베이퍼레이터 온도센서 점검

1) 브레이크 페달을 밟고, 시동 버튼을 ST에 위치한다.
2) 에어컨 스위치를 ON 한다.
3) 멀티 미터의 선택 레인지를 "Ω(저항)"에 위치한다.
4) 멀티 미터를 이베이퍼레이터 온도센서에 연결한 후 "+"와 "-" 단자의 저항을 특정한다.

[표 11-5]

온도(℃)	저항(kΩ)	전압(V)
-10	43.35	2.93
0	27.62	2.40
10	18.07	1.88
20	12.11	1.44
30	8.30	1.08
40	5.81	0.81

3. 전동컴프레서 장착

1) 전동식 컴프레서 바디, 인버터 중 문제있는 부품을 교체하고 나머지 부품은 재사용한다.

2) 인버터와 컴프레서 바디 장착전에 써멀 구리스를 도포한다.

3) 신품 가스켓(A)를 장착한다.

[그림 11-33]

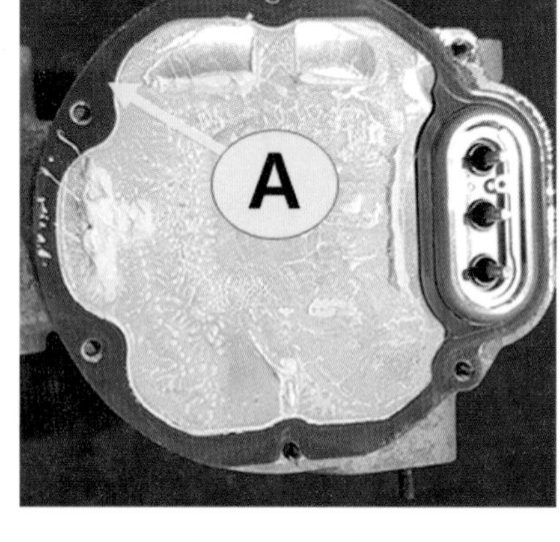

[그림 11-34]

4) 3상 전원핀의 손상에 주의하면서 인버터(A)와 컴프레서 바디(B)를 장착한다.

5) 신품 체결볼트로 인버터를 조립한다.

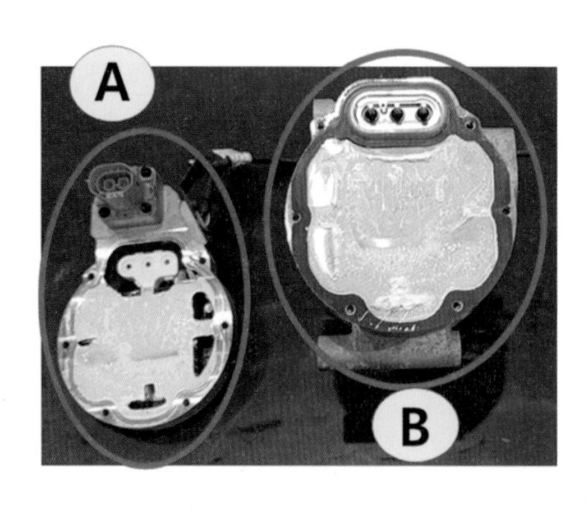

[그림 11-33]

[그림 11-34]

6) 전동식 컴프레서(A)마운팅 볼트를 ①, ②, ③순으로 체결한다.

7) 컴프레서 흡입 라인(A)과 디스 차지 라인(B)을 장착하고 연결 볼트를 체결한다.

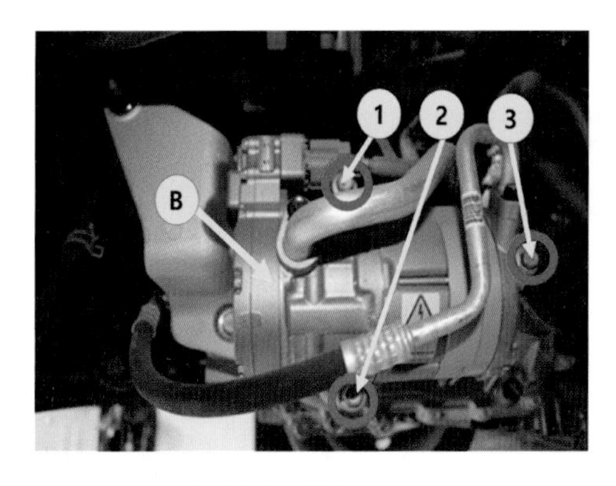

[그림 11-38]

[그림 11-39]

8) 고전압 커넥터 (A) 을 장착한다.

9) 전동식 컴프레서 커넥터 브래킷(A)을 장착하고 연결 볼트를 체결한다.

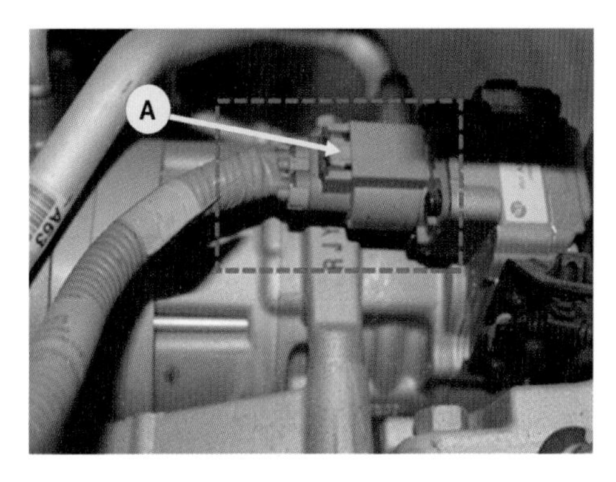

[그림 11-40]

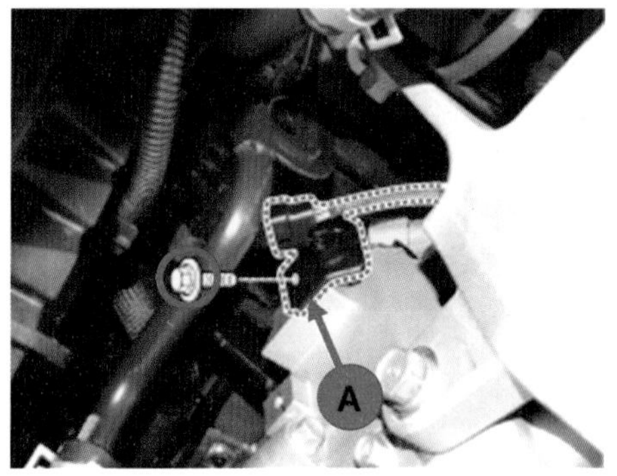

[그림 11-41]

10) 전동식 컴프레서 커넥터(A)를 장착한다.

11) 모터 언더커버를 장착한다.

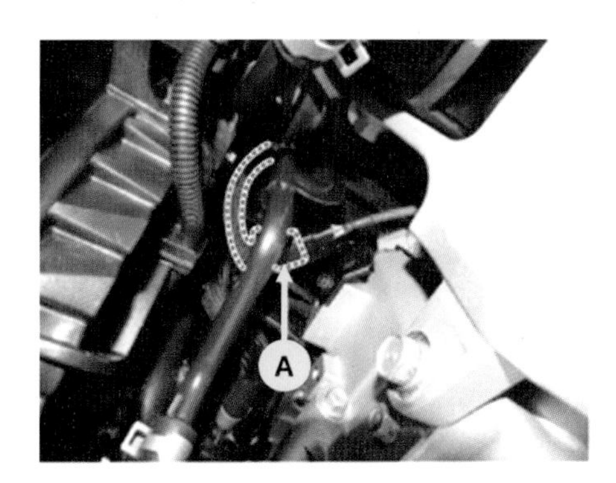

[그림 11-42]

[그림 11-43]

12) 전동식 컴프레서 전용의 에어컨 냉매 회수/충전기를 이용하여 지정된 냉매(R-134, R-1234yf)와 냉동 유(POE)를 주입한다. 일반 차량 냉동유 혼입 시 컴프레서 손상 및 안전사고가 발생할 수 있다.

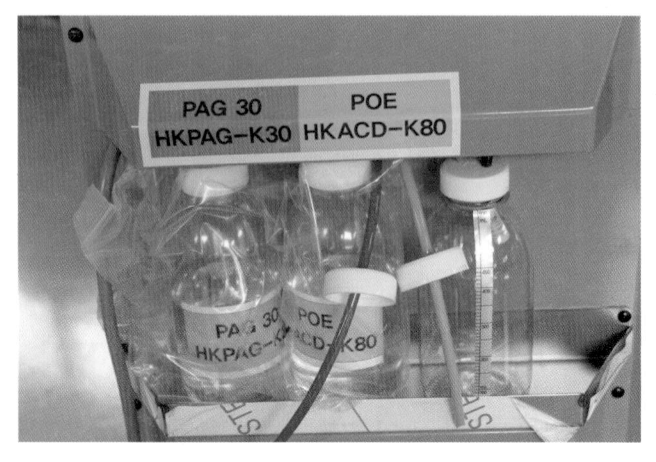

[그림 11-44] 에어컨 냉매 및 냉동 유 주입

12) 에어컨 회수·재생 충전기로 에어컨 라인의 냉매를 충전한다.

[그림 11-45] 에어컨 냉매 충전

13) 고전압 차단 절차를 복원하여 차량을 활전상태로 한다.

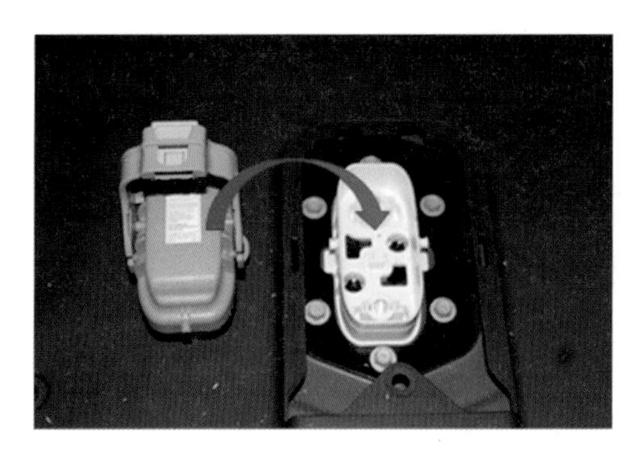

[그림 11-46] 안전 플러그 조립

유의 사항

1. 신품 컴프레서를 장착한다면, 제거된 컴프레서로부터 컴프레서 오일을 모두 빼낸다. 컴프레서 오일량을 측정하고 오일이 규정량 이상이 되는 것을 막기 위해 200ml에서 측정된 양만큼을 새 컴프레서로부터 빼내야 한다.
2. 호스, 라인을 연결하기 전 O-링에 컴프레서 오일을 몇 방울 바른다.
3. R-1234yf의 누출을 막기 위해 적절한 O-링을 사용한다.
4. 오염을 피하기 위해 한번 사용된 용기의 오일은 다시 사용하지 말아야 하고, 다른 컴프레서 오일과 섞이지 않도록 주의해야 한다.
5. 오일을 사용한 후에 즉시 용기의 캡을 교환하고 습기가 들어가지 않도록 용기를 봉한다.
6. 차량 위에 컴프레서 오일을 흘리지 않도록 주의해야 한다. 컴프레서 오일이 페인트를 손상시킬 수 있다.
7. 시스템을 충전하고, 에어컨을 테스트한다.
8. 반드시 전동식 컴프레서 전용의 냉매 회수/충전기를 이용하여 지정된 냉매(R-134, R-1234yf)와 냉동유(POE)를 주입한다. 일반 차량 냉동유 혼입시 컴프레서 손상 및 안전사고가 발생할 수 있다.
   (1) 전동식 컴프레서 바디, 인버터 중 문제 부품을 교체하고, 나머지 부품은 재사용한다.
   (2) 인버터와 컴프레서 바디 장착 전에 서멀 그리스를 도포한다. (도포량 3~4g)

CHAPTER

04 히트펌프 구성 및 작동원리

1. 히트펌프 구성

히트펌프는 압축식 냉방사이클을 반대로 돌려 응축기(실외)에서 흡열하고, 증발기(실내)에서 방열하는 기능으로 겨울철에 난방을 할 수 있는 냉난방기로 열이 일반적으로 고온에서 저온으로 흐르지만, 저온에서 고온으로 흐르게 하기 위해 저온 열원 응축기에서 흡열하고, 고온 열원 증발기에서 방열하기 위한 열펌프가 사용되므로 히트펌프(Heat Pump)라고 한다. 히트펌프는 여름철에는 냉동기로 냉방을 하고, 겨울철에는 냉동 사이클을 이용한 응축기 에서 버리는 열을 이용하여 난방하므로 난방을 위한 별도의 보일러, 굴뚝 등 설비 등 필요하지 않은 장점이 있다.

히트펌프는 저온의 열(10~30도)을 냉매가스의 특성 및 응축기와 증발기의 원리를 이용해 고온의 열(60~70도)로 만들어주는 고효율 에너지 설비이다. 또한 전기로 운전되는 히트펌프는 우리 주변의 공기, 물, 지열(지하수)를 열원으로 해 운전되어서 유해가스 배출이 없고, 폭발위험도 없어 안전한 설비이다.

(1) 히트펌프의 작동원리 The heat pump refrigeration cycle

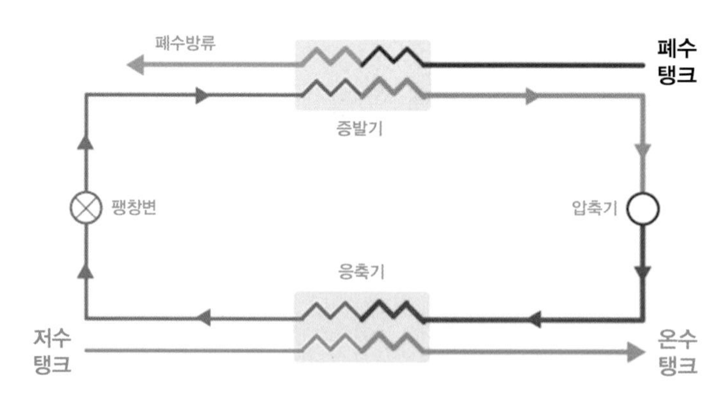

[그림 11-47] 히트펌프의 작동원리

히트펌프의 작동원리를 이해하려면 먼저 히트펌프의 구성을 보아야 한다. 히트펌프는 크게 증발기와 압축기 그리고 응축기로 이루어져 있다. 냉매가 증발기로 이동하면서 폐수열과 만나 액체가 기체가 되면서 폐수열을 흡수하게되고 액화된 냉매는 압축기에서 고압의 상태가 되어 응축기로 전달된다. 응축기에서는 냉수와 열교환을해 냉매가 가진 열을 빼앗기고 차가워진 냉매는 다시 증발기로 순환하는 방식으로 히트펌프가 작동되고 있다.

① **증발기(열교환기)**: 증발기는 버려지는 폐수열을 회수하는 히트펌프의 가장 중요한 부분이다. 이 부분에 슬러지(이물질)가 유입되어 쌓이게되면 효율이 점점 떨어져 히트펌프가 고장을 일으킨다.

② **압축기(컴프레샤)**: 냉매를 압축하는데 쓰이는 설비로 히트펌프의 핵심설비이며 간단히 '자동차의 엔진과 같은 개념이다' 라고 생각하면 된다. 압축기에는 여러 종류가 있지만 설비의 효능상 큰 차이는 없고 용량에 따라 스크롤타입과 스크류타입으로 나누게 된다.

③ **응축기(콘덴서)**: 응축기의 역할은 압축기를 거쳐온 고온 고압의 기체냉매를 차갑게 냉각된 저온의 액체냉매로 변화시키는 것이다. 증발기에서 빼앗은 열을 포함한 기체냉매는 응축기를 통과하면서 차갑게 냉각되기 때문에 기체가 액체로 변하면서 열은 외부로 발산된다.

2. 히트펌프 작동원리(전기자동차용)

히트펌프의 구성은 냉매의 흐름을 전환하여 냉방 및 난방을 가능하게 하는 기능으로 난방시 고전압 배터리 소모를 최소화하여 전기자동차의 주행거리를 향상시키는 역할을 한다.

(1) 실내 에어컨 모드

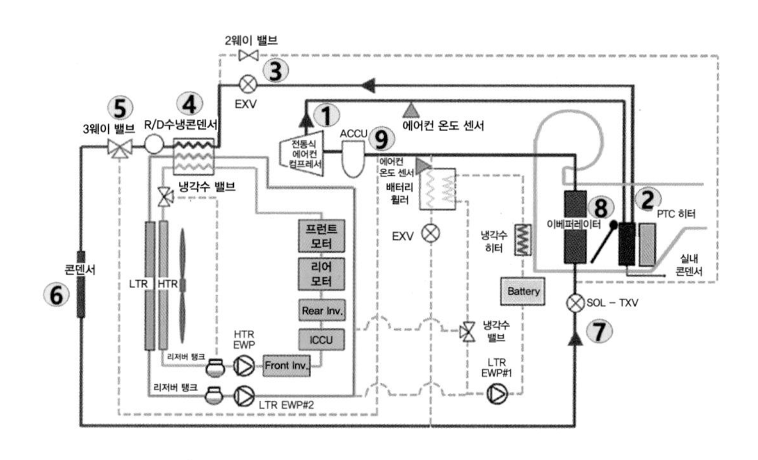

[그림 11-48] 냉방 모드

1) **전동식 에어컨 컴프레서**: 전동 모터로 구동 되어지면 저온 저압 가스 냉매를 고온 고압 가스로 만들어 실내 콘덴서로 보내진다.
2) **PTC 히터**: 실내 난방을 위한 고전압전기히터.
3) **EXV**: 냉방모드에서는 냉매를 바이패스 시킨다.
4) **R/D 수냉콘덴서**: 고온 고압 가스 냉매를 응축시켜 고온 고압의 액상 냉매로 만든다.
5) **3웨이 밸브**: 냉매를 콘덴서로 이동하게 제어한다.
6) **콘덴서**: R/D 수냉 콘덴서에서 응축한 냉매를 한번 더 응축시켜준다.
7) **SOL-TXV**: 고온 고압의 액상 냉매를 저온 저압으로 바꾸어주어 상변화에 용이하도록 한다.
8) **이베퍼레이터**: 냉매의 증발되는 효과를 이용하며 공기를 냉각한다.
9) **어큐뮬레이터**: 컴프레서로 기체 냉매만 유입될 수 있게 냉매의 기체, 액체를 분리한다.

(2) 배터리 냉각모드

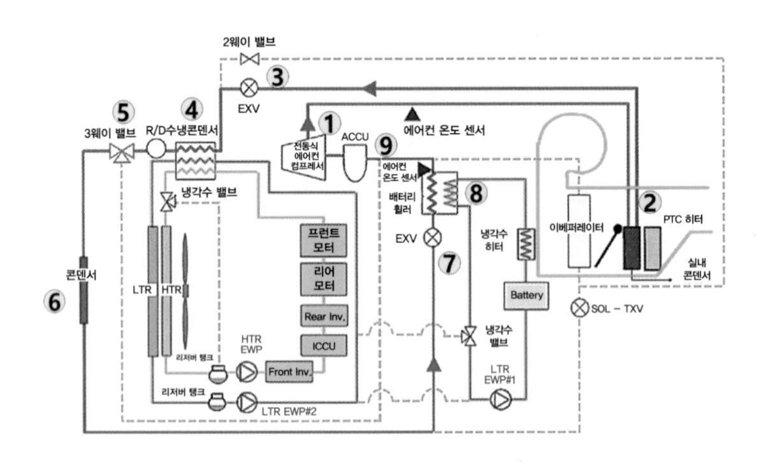

[그림 11-49] 냉각모드

1) **전동식 에어컨 컴프레서**: 전동 모터로 구동 되어지면 저온 저압 가스 냉매를 고온 고압 가스로 만들어 실내 콘덴서로 보내진다.
2) **PTC 히터**: 실내 난방을 위한 고전압 전기히터.
3) **EXV**: 냉방모드에서는 냉매를 바이패스 시킨다.
4) **R/D 수냉콘덴서**: 고온 고압 가스 냉매를 응축시켜 고온 고압의 액상 냉매로 만든다.
5) **3웨이 밸브**: 냉매를 콘덴서로 이동하게 제어한다.

6) **콘덴서**: R/D 수냉 콘덴서에서 응축한 냉매를 한번 더 응축시켜준다.

7) **EXV**: 고온 고압의 액상 냉매를 저온 저압으로 바꾸어주어 상변화에 용이하도록 한다.

8) **배터리 칠러**: 배터리 냉각수와 냉매가 열교환하며 냉각수 온도를 낮춘다.

9) **어큐뮬레이터**: 컴프레서로 기체 냉매만 유입될수 있게 냉매의 기체, 액체를 분리한다.

(3) 실내 에어컨 및 배터리 냉각모드

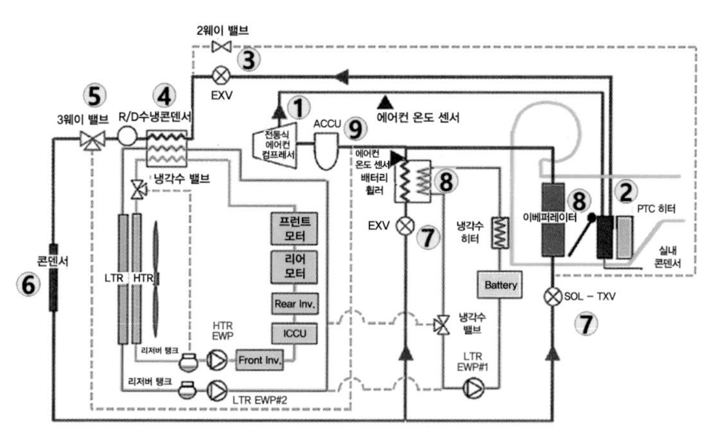

[그림 11-50] 냉각모드

1) **전동식 에어컨 컴프레서**: 전동 모터로 구동 되어지면 저온 저압 가스 냉매를 고온 고압 가스로 만들어 실내 콘덴서로 보내진다.

2) **PTC 히터**: 실내 난방을 위한 고전압전기히터.

3) **EXV**: 냉방모드에서는 냉매를 바이패스 시킨다.

4) **R/D 수냉콘덴서**: 고온 고압 가스 냉매를 응축시켜 고온 고압의 액상 냉매로 만든다.

5) **3웨이 밸브**: 냉매를 콘덴서로 이동하게 제어한다.

6) **콘덴서**: R/D 수냉 콘덴서에서 응축한 냉매를 한번 더 응축시켜준다.

7) **EXV**: 고온 고압의 액상 냉매를 저온 저압으로 바꾸어주어 상변화에 용이하도록 한다. (고전압 배터리 냉각시 작동)

8) **이베퍼레이터**: 냉매의 증발되는 효과를 이용하며 공기를 냉각한다.

9) **어큐뮬레이터**: 컴프레서로 기체 냉매만 유입될 수 있게 냉매의 기체, 액체를 분리한다.

(4) 실내 난방 모드

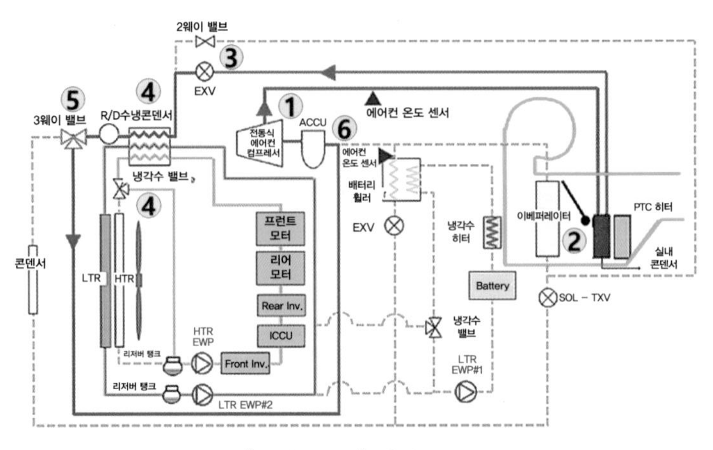

[그림 11-51] 난방 모드

1) **전동식 에어컨 컴프레서**: 전동 모터로 구동 되어지면 저온 저압 가스 냉매를 고온 고압 가스로 만들어 실내 콘덴서로 보내진다.
2) **이베퍼레이터**: 냉매의 증발되는 효과를 이용하며 공기를 냉각한다.
3) **EXV**: 난방모드에서는 고온 고압의 액상 냉매를 저온 저압으로 바꾸어 주어 상변화에 용이하도록 한다.
4) **R/D 수냉콘덴서**: 저온 저압의 액상 냉매를 저온 저압의 기상 냉매로 팽창 시킨다.
5) **3웨이 밸브**: 냉매를 어큐뮬레이터로 이동하게 제어한다.
6) **어큐물레이터**: 컴프레서로 기체 냉매만 유입될 수 있게 냉매의 기체, 액체를 분리한다.

(5) 실내 난방 및 제습 모드

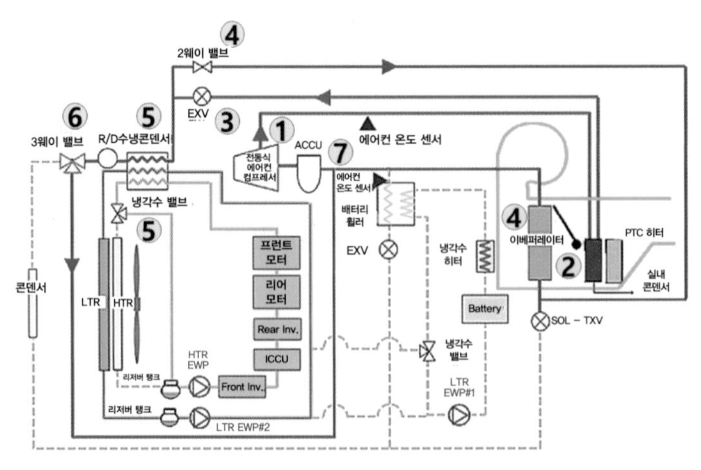

[그림 11-52] 난방 모드

1) **전동식 에어컨 컴프레서**: 전동 모터로 구동 되어지면 저온 저압 가스 냉매를 고온 고압 가스로 만들어 실내 콘덴서로 보내진다.
2) **이베퍼레이터**: 냉매의 증발되는 효과를 이용하며 공기를 냉각한다.
3) **EXV**: 난방모드에서는 고온 고압의 액상 냉매를 저온 저압으로 바꾸어주어 상변화에 용이하도록 한다.
4) **2웨이 밸브**: 저온 저압의 액상 냉매를 이베페레이터로 흐르게 제어한다.
5) **R/D 수냉콘덴서**: 저온 저압의 액상 냉매를 저온 저압의 기상 냉매로 팽창 시킨다.
6) **3웨이 밸브**: 냉매를 어큐뮬레이터로 이동하게 제어한다.
7) **어큐뮬레이터**: 컴프레서로 기체 냉매만 유입될 수 있게 냉매의 기체, 액체를 분리한다.

CHAPTER

05 공조 장치 정비

1. 공조 장치

(1) 개요

에어컨의 구성은 다음 그림과 같이 냉매가 각 부품사이를 순환하면서 액체 → 기체 → 액체로 연속적으로 변하여 냉방효과를 발휘할수있도록 작동한다.

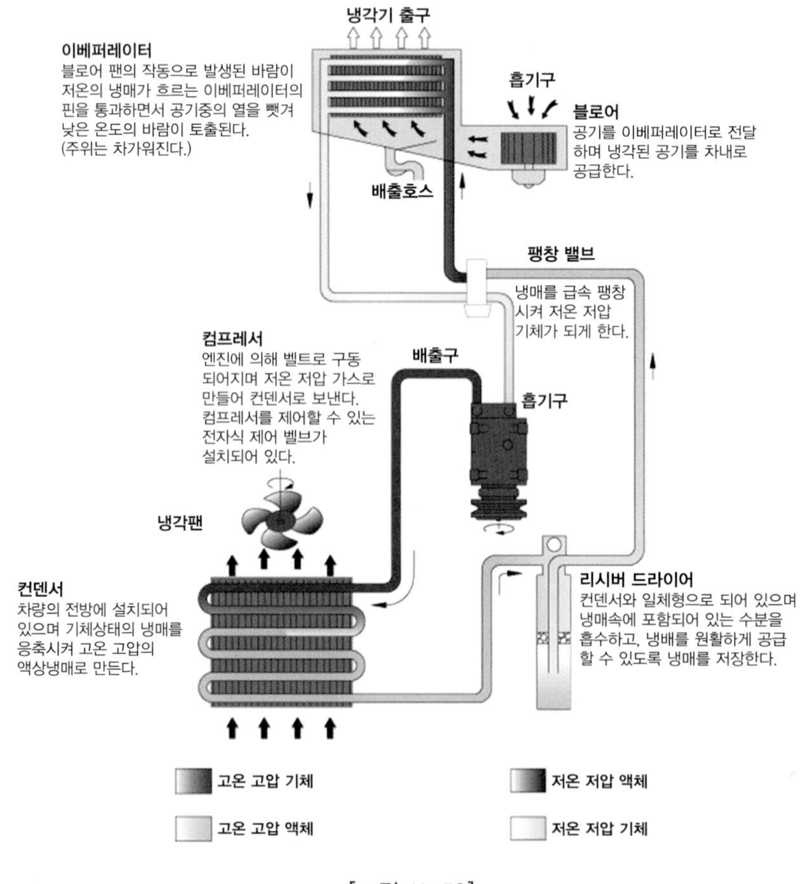

[그림 11-53]

히트펌프 구성은 냉매의 흐름을 전환하여 냉방, 난방이 가능하도록 하는 기술이다. 이기술은 난방시 배터리 소모를 최소화 하여 전기차의 주행거리를 향상시키는 역할을 한다.

(2) 난방시 작동회로

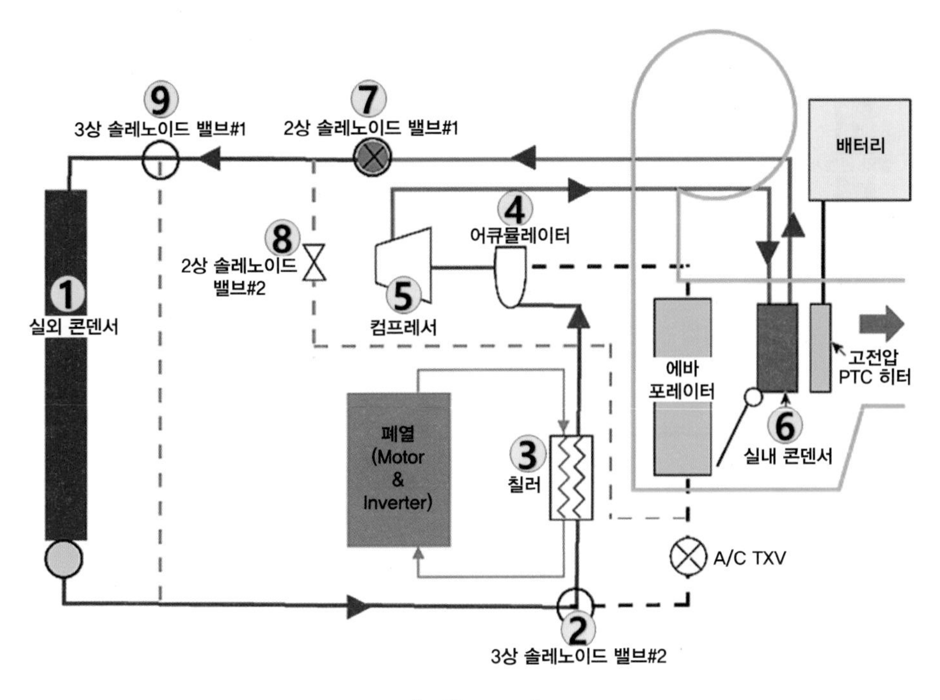

[그림 11-54]

1) 실외 컨덴서: 액체상태의 냉매를 증발시켜 저온저압의 가스 냉매로 만든다.

2) 3상 솔레이노드 밸브#2: 히트펌프 작동시 냉매의 방향을 칠러쪽으로 전환해 준다.

3) 칠러: 저온 저압가스냉매를 모터의 폐열을 이용하여 2차 열교환을 한다.

4) 어큐뮬레이터: 컴프레서로 기체냉매만 유입될수 있게 냉매의 기체와 액체를 분리한다.

5) 전동컴프레서: 전동 모터로 구동되어지며 저온 저압가스 냉매를 고온 고압가스로 만들어 실내 컨덴서로 보내진다.

6) 실내컨덴서: 고온고압가스 냉매를 응축시켜 고온 고압의 액상 냉매로 만든다.

7) 2상 솔레노이드밸브#1: 냉매를 급속 팽창시켜 저온 저압액상 냉매가 되게 한다.

8) 2상 솔레노이드밸브#2: 난방시 제습모드를 사용할 경우 냉매를 에바퍼레이터로 보낸다.

9) 3상 솔레노이드밸브#1: 실외 컨덴서에 착싱이 감지되면 냉매를 칠러로 바이패스 시킨다.

(3) 냉방시 작동회로

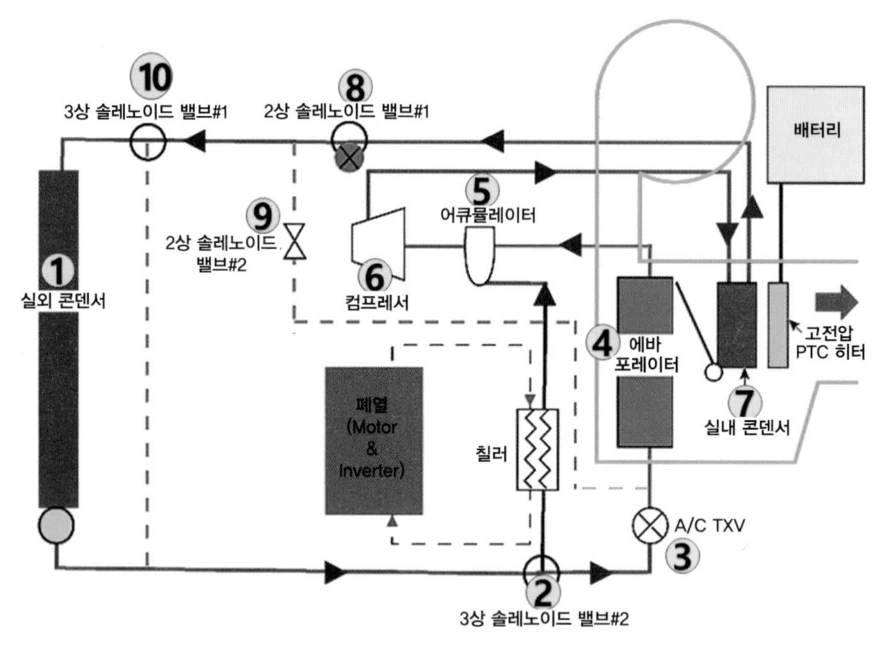

[그림 11-55]

1) **실외 컨덴서**: 고온 고압가스 냉매를 응축시켜 고온고압의 액상 냉매로 만든다.

2) **3상솔레노이드밸브#2**: 에어컨 작동시 냉매의 방향을 팽창밸브 쪽으로 흐르게 전환한다.

3) **팽창밸브**: 냉매를 급속 팽창시켜 저온 저압 기체가 되게한다.

4) **에바퍼레이터**: 안개 상태의 냉매가 기체로 변하는 동안 블로어 팬의 작동으로 에바퍼레이터 핀을 통과하는 공기중의 열을 흡수한다.

5) **어큐뮬레이터**: 컴퓨레서로 기체의 냉매만 유입될수 있게 냉매의 기체와 액체를 분리한다.

6) **전동컴프레서**: 전동모터로 구동되어지며 저온저압 가스 냉매를 고온 고압가스로 만들어 실내 컨덴서로 보낸다.

7) **실내 컨덴서**: 고온고압개스 냉매를 응축시켜 고온 고압의 액상 냉매로 만든다.

8) **2상 솔레노이드밸브 #1**: 에어컨 작동시 냉매를 팽창시키지 않고 순환하게 만든다.

9) **2상솔레노이드 밸브 #2**: 에바퍼레이터로 냉매유입을 막는다.

10) **3상 솔레노이드 밸브 #1**: 실외 컨덴서로 냉매를 순환하게 만든다.

2. 냉매 방향전환 밸브 교환

전기적 신호에 의하여 밸브의 출구방향을 변경하여 냉매의 흐름 방향을 전환한다. 냉매 흐름 방향 전환으로 에어컨 모드 및 히트펌프 모드를 구동할수 있다.

(1) 3상 솔레노이드 밸브

1) 배터리 (-)단자를 분리한다.
2) 회수, 재생장비로 냉매를 회수한다.
3) 3상 솔레노이드 밸브 커넥터(A)를 분리한다.
4) 장착 너트를 풀고 냉매라인(A)를 3상 솔레노이드밸브 모듈에서 탈거한다.

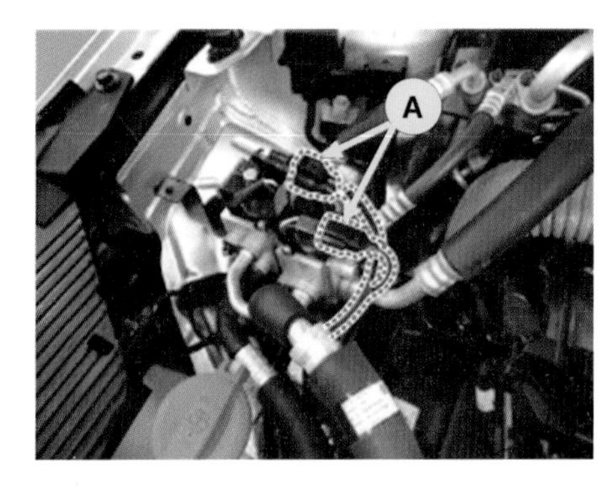

[그림 11-56]

[그림 11-57]

5) 장착 너트를 풀고 냉매라인(A)를 탈거한다.

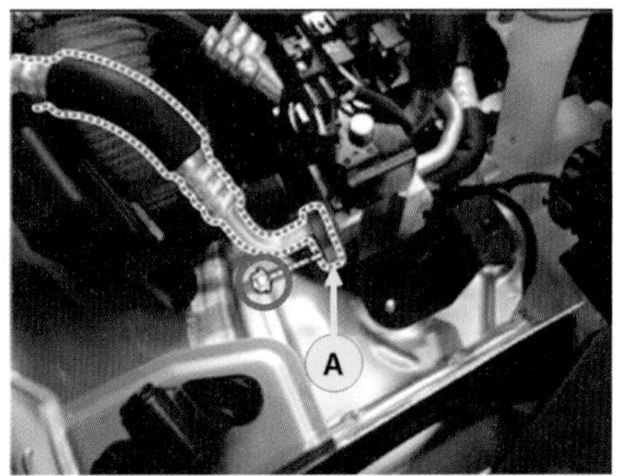

[그림 11-58]

[그림 11-59]

6) 장착너트와 볼트를 풀고 3상 솔레노이드 밸브 어셈블리(A)를 탈거한다.

[그림 11-60]

(2) 2상 솔레노이드 밸브

1) 배터리 (-)단자를 분리한다.

2) 회수, 재생장비로 냉매를 회수한다.

3) 2상 솔레노이드 밸브 커넥터(A)를 분리한다.

4) 장착 너트를 풀고 냉매라인(A)를 탈거한다.

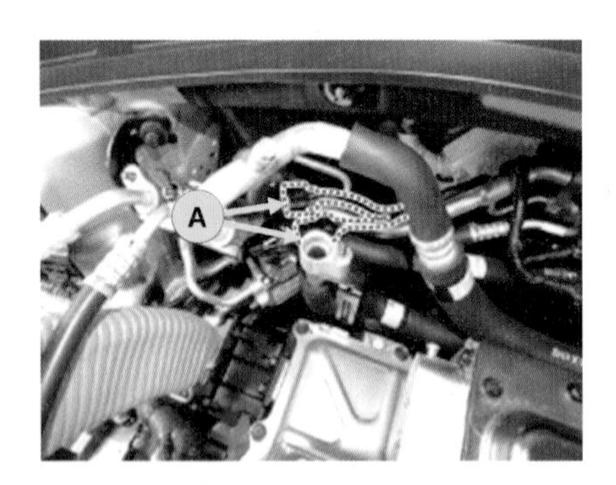

[그림 11-61]

[그림 11-62]

5) 장착너트와 볼트를 풀고 2상 솔레노이드 밸브 어셈블리(A)를 탈거한다.

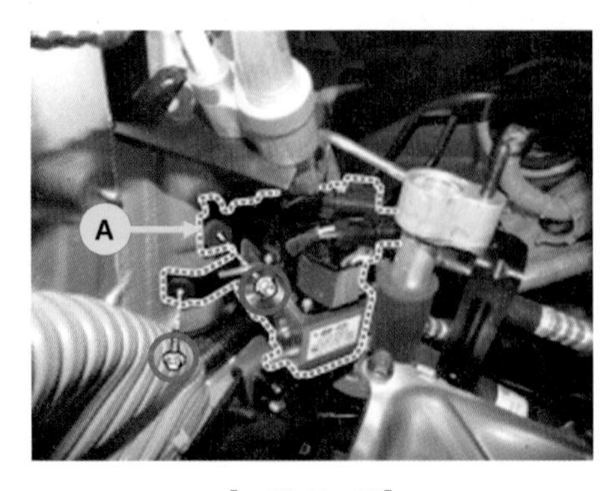

[그림 11-63]

3. 어큐뮬레이터 교환

1) 냉매를 회수한다.
2) 저전압 배터리를 탈거한다.
3) 저전압 배터리 트레이를 탈거한다.
4) 장착너트를 풀고 냉매라인(A)를 탈거한다.
5) 장착볼트와 너트를 풀고 어큐뮬레이터(A)를 탈거한다.

[그림 11-64] 냉매라인 탈거

[그림 11-65] 어큠뮬레이터 탈거

4. 열교환기(칠러) 교환

1) 냉매를 회수한다.
2) 저전압 배터리를 탈거한다.
3) 어큐뮬레이터를 탈거한다.
4) 장착너트를 풀고 냉매라인 (A)를 탈거한다.
5) 칠러 냉각수 호스(A)를 분리한다.
6) 장착볼트를 풀고 칠러(B)를 탈거한다.

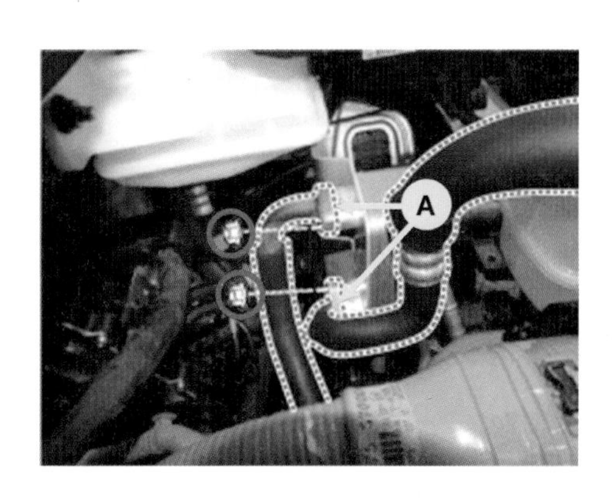

[그림 11-66] 냉매라인 및 냉각수 호스 탈거

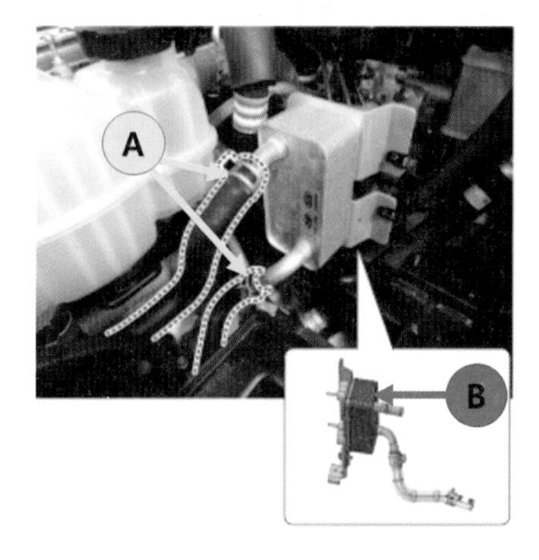

[그림 11-67] 칠러 탈거

5. 냉매 온도센서 정비

1) 냉매를 회수한다.

2) 락핀을 눌러 냉매 온도센서(1) 커넥터(A)를 분리한다.

3) 냉매 온도센서(A)를 탈거한다.

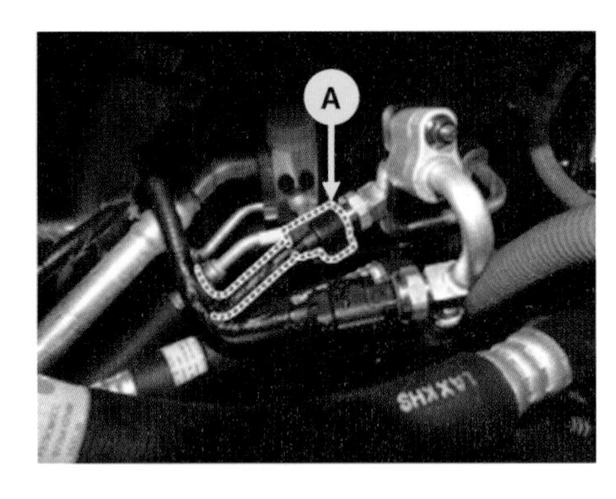

[그림 11-68]

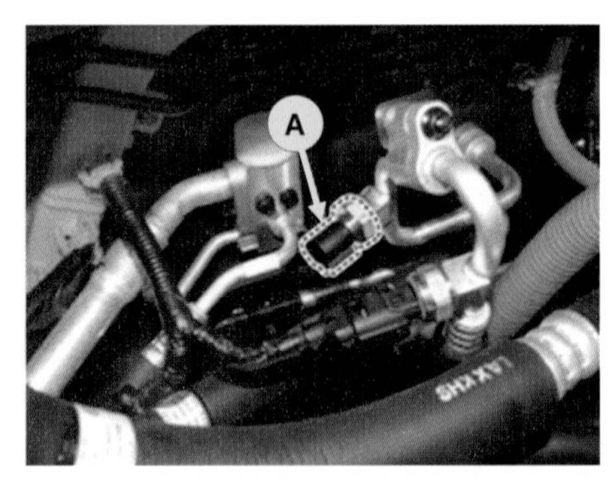

[그림 11-69]

4) 락핀을 눌러 냉매 온도센서(2) 커넥터(A)를 분리한다.

5) 냉매 온도센서(A)를 탈거한다.

[그림 11-70]

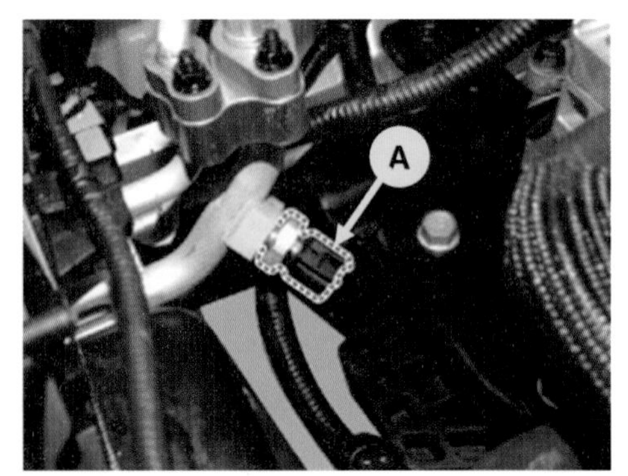

[그림 11-71]

6. 에어컨 정비절차

(1) 에어컨 냉매 교환

주의: 고전압을 사용하는 전동식 컴프레서는 절연성능이 높은 POE 냉동오일을 사용한다.

냉매 회수, 충전시 일반차량의 PAG냉동오일이 혼입되지 않도록 전기자동차 정비를 위한 별도의 전용장비를 사용한다.

1) 냉매 회수, 충전 전 냉매 사양을 확인한다.
2) R-1234yf 회수, 재생, 충전기를 저압 서비스 포트(A)와 고압 서비스 포트 (B)에 연결한다.

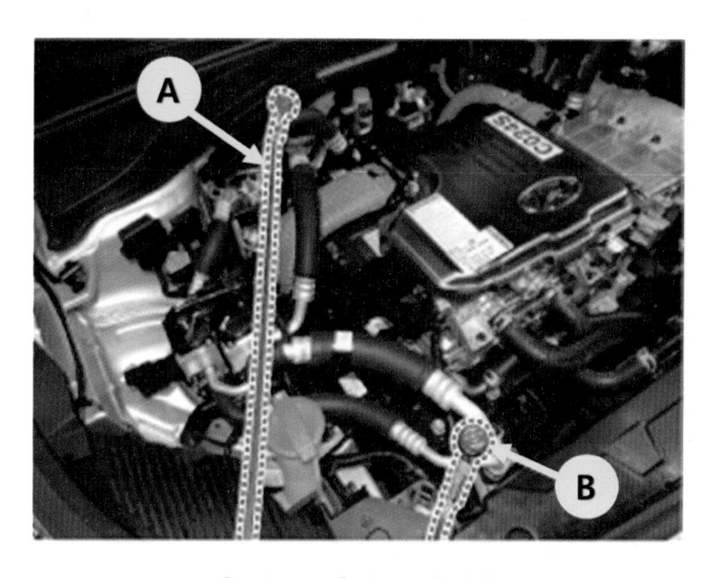

[그림 11-51] 저 · 고압 연결

3) 고압 및 저압 밸브를 개방한 상태에서 R-1234yf 회수, 재생, 충전장비를 사용하여 냉매를 회수한다.
4) 냉매회수작업 완료후 에어컨 계통에서 배출된 컴프레서 오일량을 측정하고 에어컨 냉매충전시 배출된 컴프레서 오일을 보충한다.
5) 고압 및 저압밸브를 개방한 상태에서 R-1234yf회수, 재생, 충전기를 이용하여 진공을 실시한다.
6) 10분후 고압 및 저압 밸브를 잠근후 장비의 게이지가 진공영역에서 변함없이 유지하면 진공이 정상적으로 실시된 것이다. 압력이 상승하면 에어컨 계통내에서 누설이 되는것이므로 다음 순서에 의해 누설을 수리한다.

가) 냉매용기로 계통을 충전시킨다.

나) 누설감지기로 냉매의 누설을 점검하여 누설되는 곳이 발견되면 수리한다.

다) 냉매를 다시 회수하고 에어컨 계통을 진공시킨다.

7) 10분이상 진공작업을 실시한후 진공을 확인하고 고압 및 저압밸브를 닫는다.

8) 고압밸브를 개방한 상태에서 R-1234yf회수, 재생, 충전기를 이용하여 배출된 컴프레서 오일량 만큼 신유를 보충한다.

9) 고압밸브를 개방한 상태에서 R-1234yf회수, 재생, 충전기를 이용하여 냉매를 규정량 만큼 충전시킨후 고압밸브를 닫는다.

▶ 냉매 규정충전량

- 히트펌프 미적용 차량: 550±25g
- 히트펌프 적용 차량: 1100±25g

10) 냉매 누설감지기로 에어컨 계통에서 냉매가 누설되지 않는가를 점검한다.

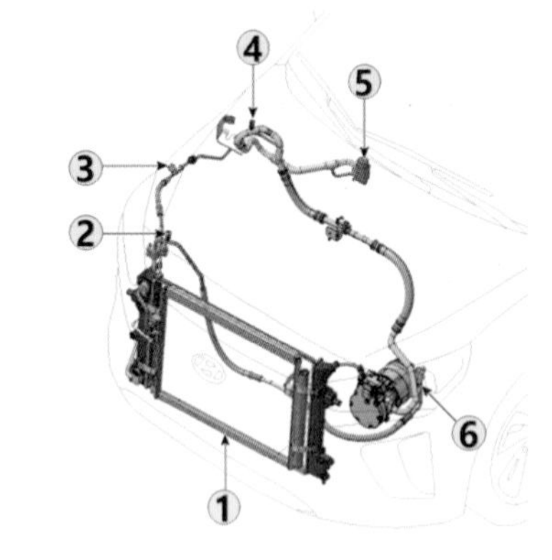

1. 콘덴서
2. 고압 서비스포트
3. 에어컨 프레셔 트렌스듀서
4. 저압 서비스포트
5. 팽창밸브
6. 전동식 컴프레서

[그림 11-73] 히트펌프 미적용 사양

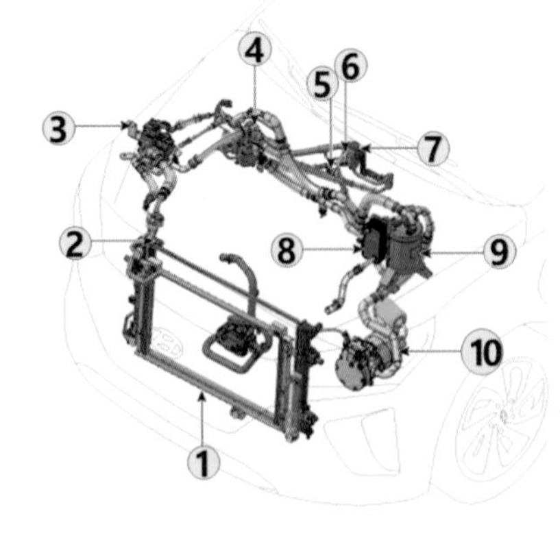

1. 컨덴서
2. 냉매 온도 센서
3. 3상 솔레노이드 밸브
4. 2상 솔레노이드 밸브
5. 에어컨 프레서 트렌스듀서
6. 냉매 온도 센서 2
7. 팽창밸브
8. 칠러
9. 어큐뮬레이터
10. 전동식 컴프레서

[그림 11-74] 히트펌프 적용 사양

(2) 컴프레서 냉동오일 교환

냉동오일은 컴프레서를 윤활시키기 위하여 사용된다. 오일은 컴프레서가 작동중에 에어컨 계통내로 순환하기 때문에 에어컨 계통내의 부품을 교환하거나 다량의 냉매가 누설되었을 때에는 필히 오일을 보충해 주어 본래 오일의 총량을 유지해야 한다.

1) 냉동오일 취급요령

가) 오일에 습기, 먼지, 금속편이 유입되지 않도록 한다.

나) 오일을 혼합하지 않는다.

다) 오일을 사용한 후에 대기에 장시간 방치해두면 오일내에 수분이 흡수되므로 사용 후에는 반드시 용기를 즉시 막아야한다.

2) 냉동오일 수준을 점검 및 조정할때는 컨트롤 세트를 최대냉방 및 최고 블로워 속도에 놓고 20 ~ 30분간 에어컨을 작동시켜 오일을 컴프레서로 복원시킨다.

3) 컴프레서 오일 수준 점검 및 조정 사용중인 컴프레서에 오일을 집어넣기 전에는 다음 순서 대로 필히 컴프레서 오일을 점검해야 한다.

가) 오일복원작동을 행한후 에어컨을 정지시키고 냉매를 회수한 다음 차량에서 컴프레서를 분리한다.

나) 계통라인 연결구에서 오일을 배출한다.

다) 배출된 오일량을 측정한다.

라) 배출량이 70cc미만이면 오일이 약간 누설된것이므로 각계통의 연결부에서 누설시험을 실시하여 필요시에는 결합부위를 수리 또는 교환한다.

마) 오일의 오염상태를 점검한후 오일수준을 조정한다.

7. 전동식 에어컨 컴프레서 정비

전동식 에어컨 컴프레서는 연비를 향상시키고 차량 정지시에도 에어컨을 작동시킬수 있다. 전동식 에어컴프레서는 압축부, 모터부, 제어부로 나눌수 있다.

(1) 압축부

구동샤프트가 편심된 드라이빙 부싱에 동력을 전달하고 선회 스크롤이 편심 선회 운동하여 고정 스크롤과 순차적으로 냉매를 압축후 고정스크롤 중앙부에 위치한 토출구로 고압의 냉매를 토출한다.

[그림 11-75] 고정 스크롤

[그림 11-76] 선회 스크롤

(2) 모터부

스테이터에 생성된 자기장과 로터의 영구자석 자기장 사이에 발생하는 토크를 이용하여 샤프트에 회전동력을 전달한다.

[그림 11-77] 회전자

[그림 11-78] 고정자

(3) 제어부

고전압 배터리에서 정션박스를 통하여 인가된 고전압 직류전원을 냉방조건에 요구되는 가변전압 및 가변주파수의 교류전원으로 변환시켜 모터의 회전속도를 제어한다.

[그림 11-79] 인버터

[그림 11-80] 방열판

8. 공조 장치 탈거

(1) 블로어 유닛 정비(탈거)

1) 배터리 (-)단자를 분리한다.

2) 에어컨 냉매회수 장비로 냉매를 회수한다.

3) 장착볼트를 풀고 이베페레이터 코어에서 팽창밸브(A)를 분리한다.

4) 장착볼트를 풀고 실내기에서 파이프(A)를 탈거한다.

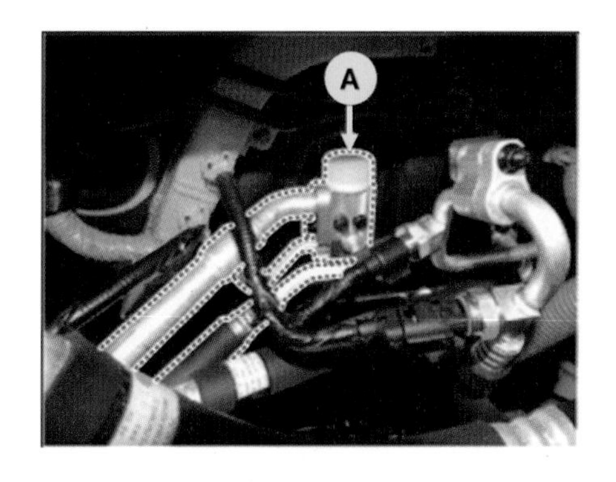

[그림 11-81]

[그림 11-82]

5) 카울 탑 커버를 탈거한다.

6) 카울 크로스 바 어셈블리 장착 볼트를 푼다.

7) 프런트 필라 트립을 탈거한다.

8) 플로어 콘솔 어셈블리를 탈거한다.

9) 양쪽 카울사이드 트립을 탈거한다.

10) 크래쉬 패드 로어 패널을 탈거한다.

11) 스티어링 컬럼 쉬라우드 로어패널을 탈거한다.

12) 스티어링 휠을 탈거한다.

13) 다기능 스위치를 탈거한다.

14) 앞쪽 장착너트 및 관통볼트를 풀고 스티어링 컬럼을 아래로 내린다.

15) 크래쉬 패드 언더커버(A)를 탈거한다.

[그림 11-83]

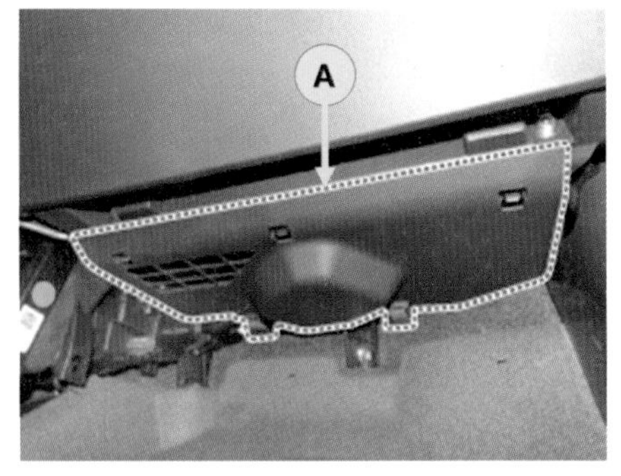

[그림 11-84]

16) 실내 정션박스에 연결되어있는 각종 커넥터(A)를 분리한다.

17) 멀티박스에 연결되어있는 각종 커넥터(A)를 분리한다.

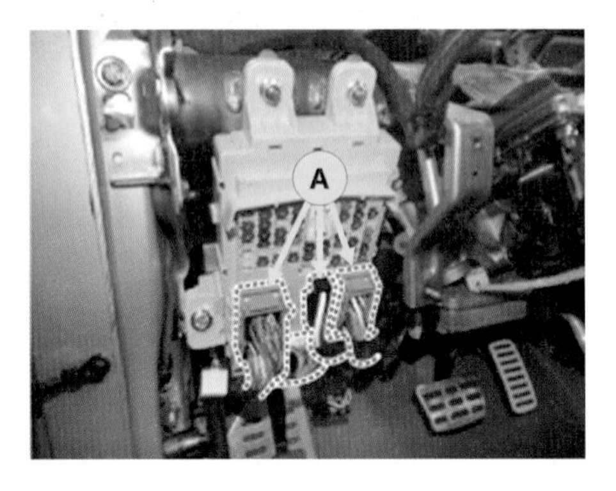

[그림 11-85]

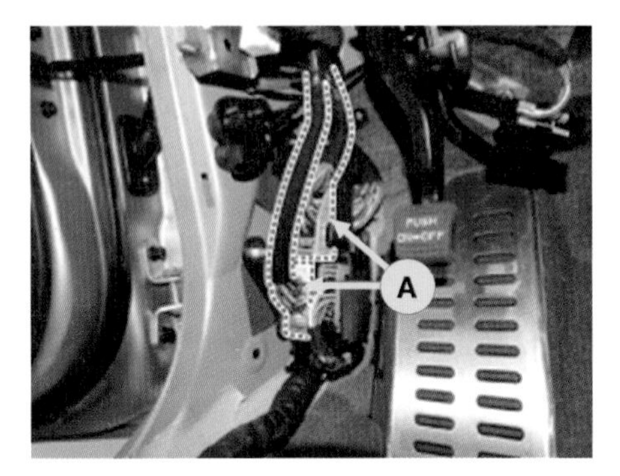

[그림 11-86]

18) 센터 콘솔 덕트(A)를 탈거한다.

19) 에어백 시스템 컨트롤 모듈 커넥터(A)를 분리한다.

[그림 11-87]

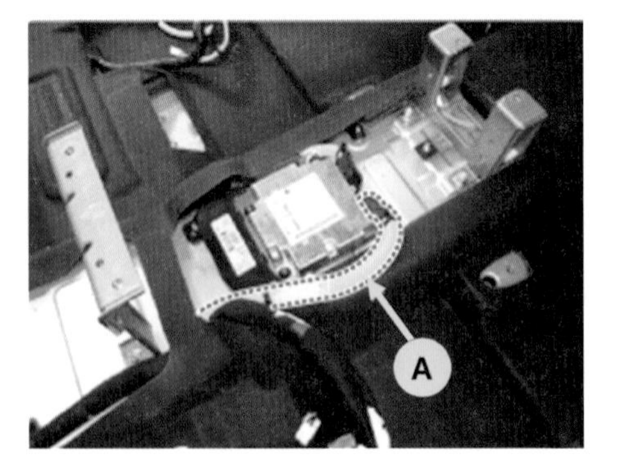

[그림 11-88]

20) 후면 에어덕트(A)를 탈거한다.

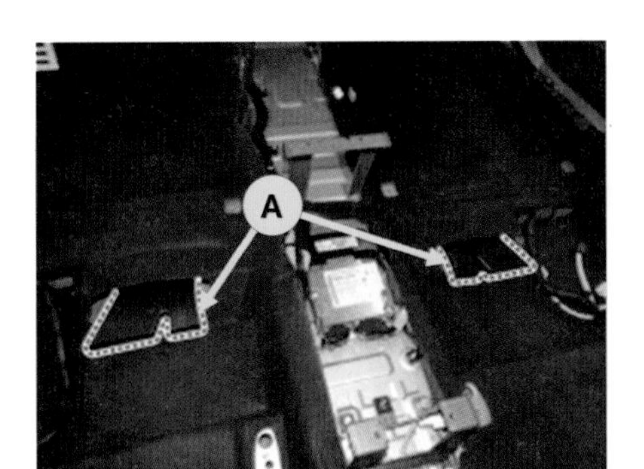

[그림 11-89]

21) 플로어 카펫(A)를 뒤로 이격시킨다.

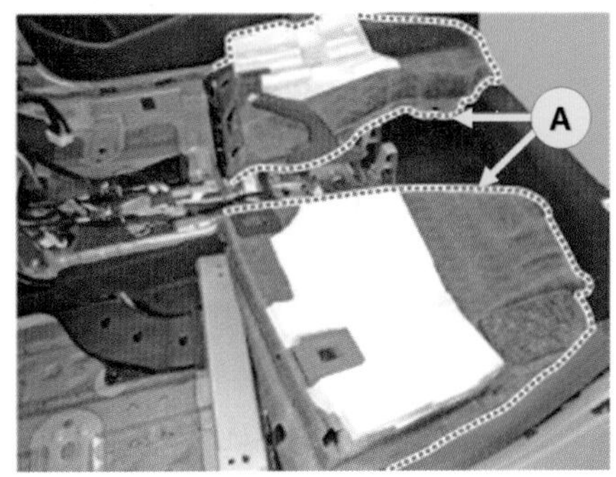

[그림 11-90]

22) 장착너트를 풀고 프런트 에어 덕트(A)를 탈거한다.

23) 블로어 유닛 하단 마운팅 볼트를 탈거한다.

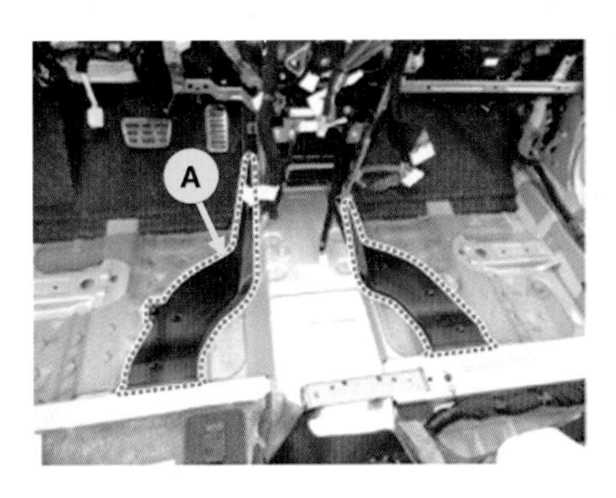

[그림 11-91]

[그림 11-92]

24) 드레인호스(A)를 분리한다.

25) 프런트 필라 부분에 장착 클립을 분리하고 각종 커넥터(A)를 분리한다.

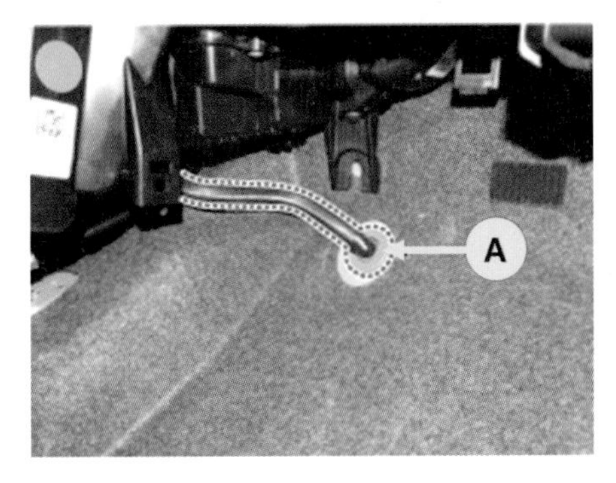

[그림 11-93]

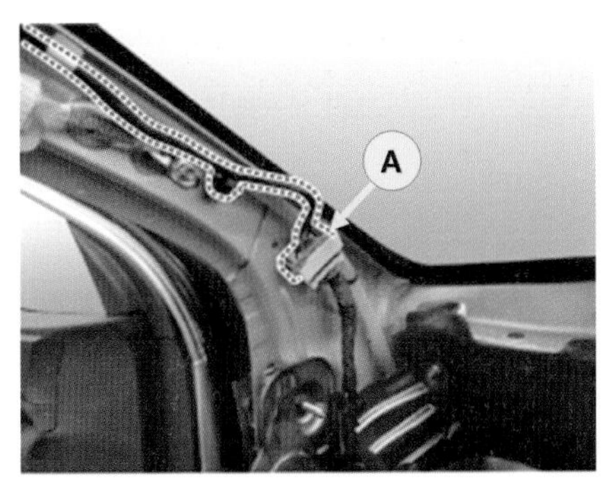

[그림 11-94]

26) 장착 볼트 및 너트를 풀고 크래쉬 패드와 히터 블로어 유닛(A)를 한꺼번에 차체로부터 탈거한다.

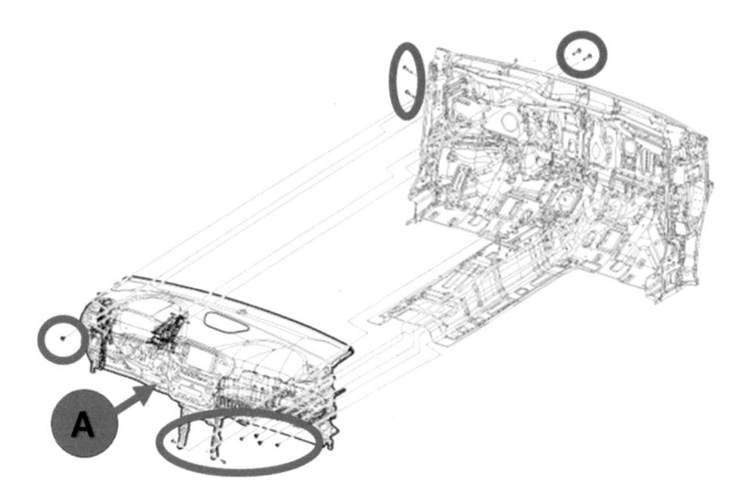

[그림 11-95]

27) 히터와 블로어 유닛의 각종 커넥터를 분리한다.

가) 오토 디포깅 액추에이터 커넥터(A)와 동승석 기능 조절 액추에이터 커넥터(A)를 분리한다.

나) 덕트 센서(A)와 모드조절 액추에이터 커넥터(A)를 분리한다.

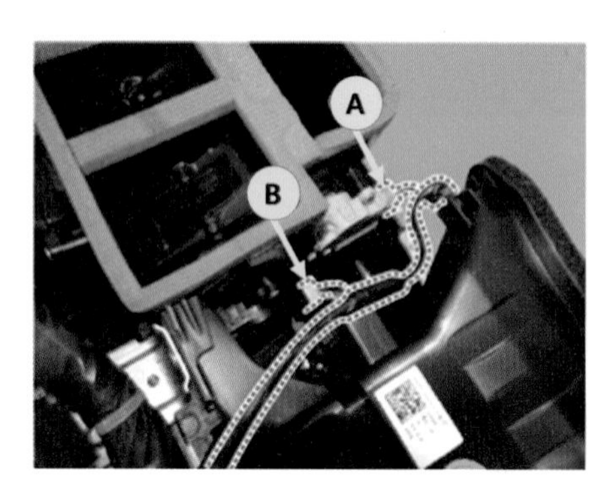

[그림 11-96]

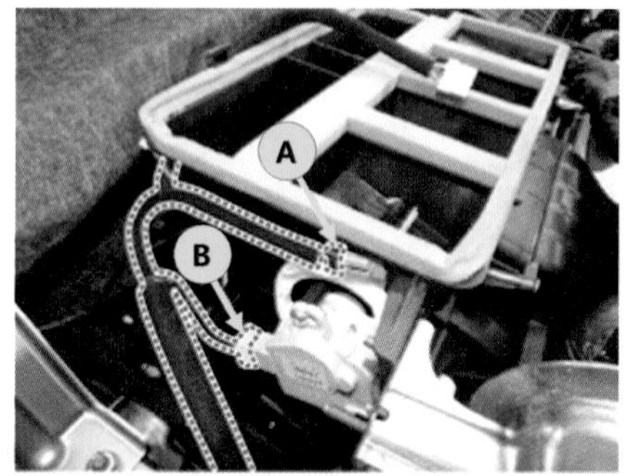

[그림 11-97]

다) 블로어 모터 커넥터(A)를 분리한다.

라) 동승석 온도조절 액추에이터 커넥터(A) 이베페레이터 온도센서 커넥터 (B)와 흡입 커넥터(C)를 분리한다.

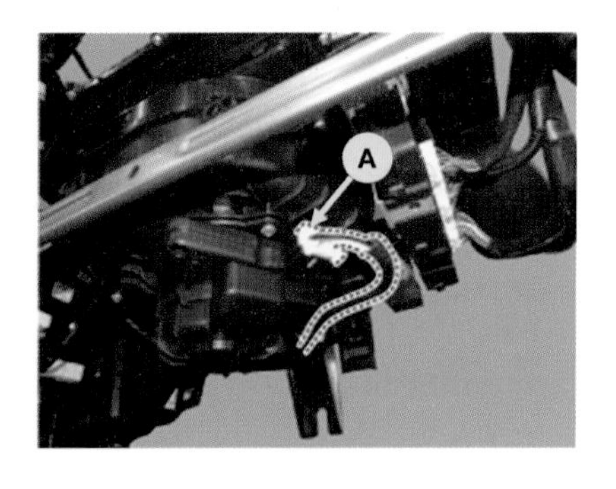

[그림 11-98]

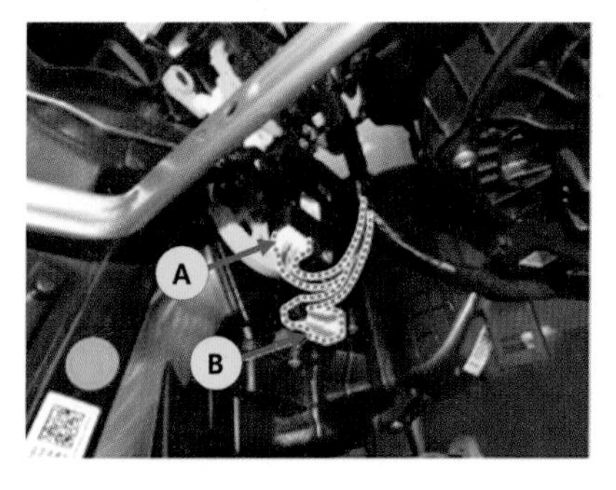

[그림 11-99]

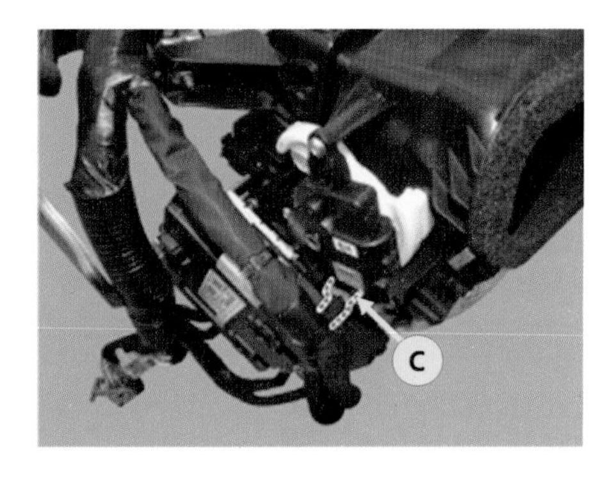

[그림 11-100]

28) 히터 및 블로어 유닛 장착볼트와 PTC 접지볼트를 푼다.

29) 장착 너트를 풀고 크래쉬 패드에서 히터 및 블로어 유닛(A)를 탈거한다.

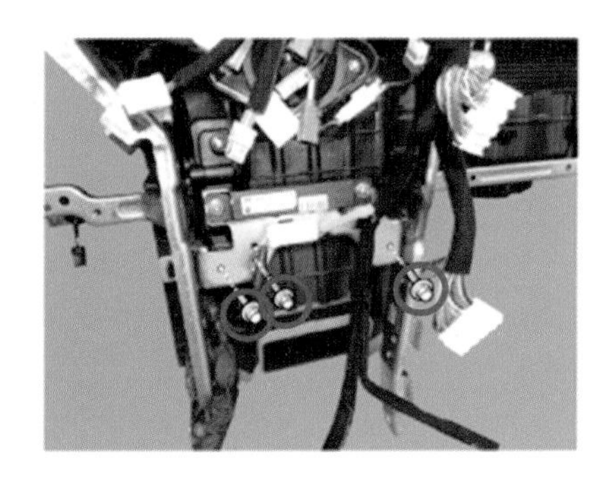

[그림 11-101]

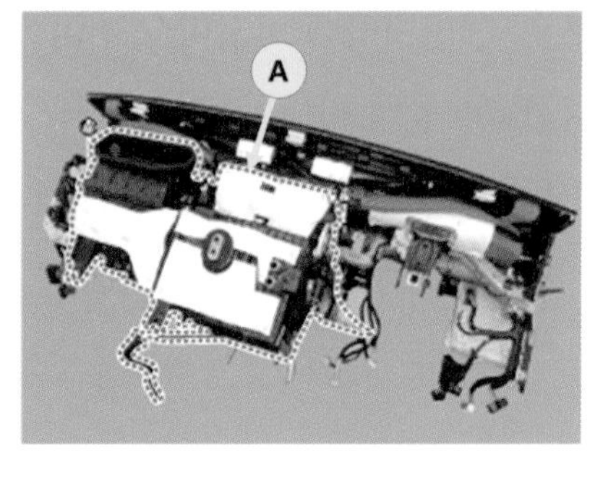

[그림 11-102]

30) 스크류를 풀고 히터유닛(A)에서 브로어 유닛(B)를 분리시킨다.

[그림 11-103]

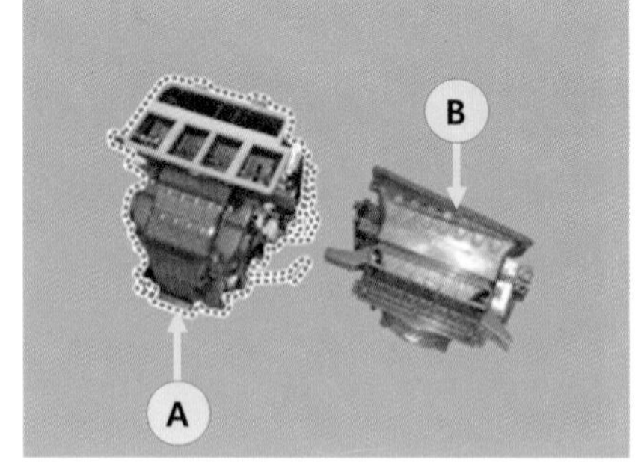

[그림 11-104]

9. PTC 히터

(1) 개요

히터 내부의 다수의 PTC 써미스터에 고전압 배터리 전원을 인가하여 써비스터의 발열을 이용해 난방의 열원으로 사용한다. 난방을 필요로하는 조건에서 고전압이 인가되고 블로워가 작동시 따뜻한 공기를 공급한다.

(2) 작동조건

1) 고전압 240 ~ 420V DC 이내의 전압이 인가되어야 한다.
2) 저전압 9.0 ~ 16.0V 이내의 전압이 인가되어야 한다.
3) 인터락 및 절연저항에 이상이 없어야 한다.
4) 이그니션 ON상태 이어야 한다.
5) 공조컨트롤에서 작동 Dutuy 출력에 따라서 PTC 히터가 작동한다.
6) PCT 히터의 작동 불량시 Fail Safe를 확인한다.

(3) 정비절차

(가) 점검

1) 공조 컨트롤에서 출력신호(작동요청)가 있는지 확인한다.
2) 인터락에 문제가 없는지 진단기기로 검사한다.
3) 저전압 12V가 인가되는지 확인한다.
4) 점검은 자기진단과 Fail Safe를 참조한다.

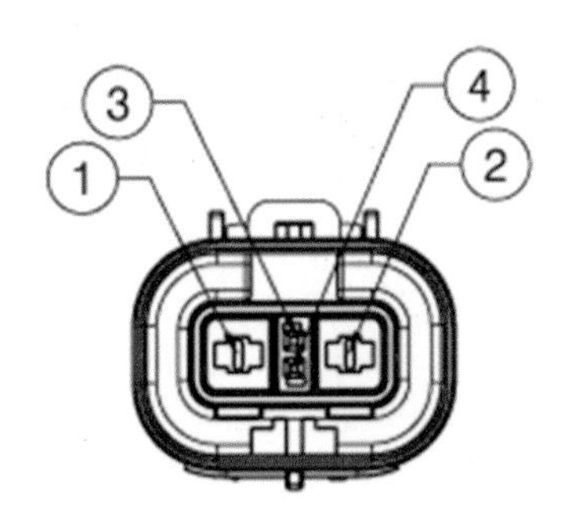

단자 1, 단자 2 HV(+), HV(-)
단자 3, 단자 4 인터락 (+, -)

[그림 11-105] 고전압 PCT 커넥터 A

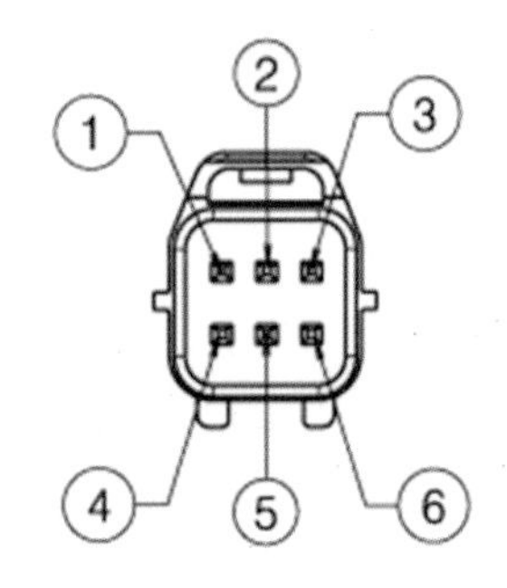

단자 1, 단자 6 IGN 3, 접지
단자 3, 단자 4 CAN(High, Low)
단자 5, 단자 6 인터락(+, -)

[그림 11-106] 커넥터 B

(4) 교환

1) 배터리 (-)단자를 분리한다.

2) 고전압 회로를 차단한다.

3) 장착 스크류를 풀고 고전압 PTC커넥터 브라켓(A)를 탈거한다.

4) 락핀을 눌러 고전압 PCT커넥터(A)를 분리한다.

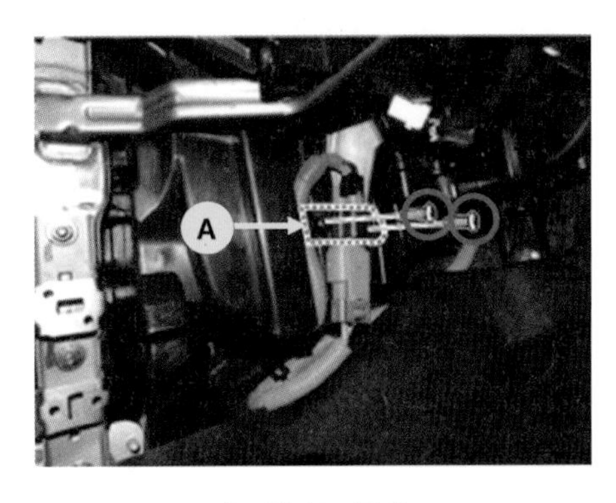

[그림 11-107]

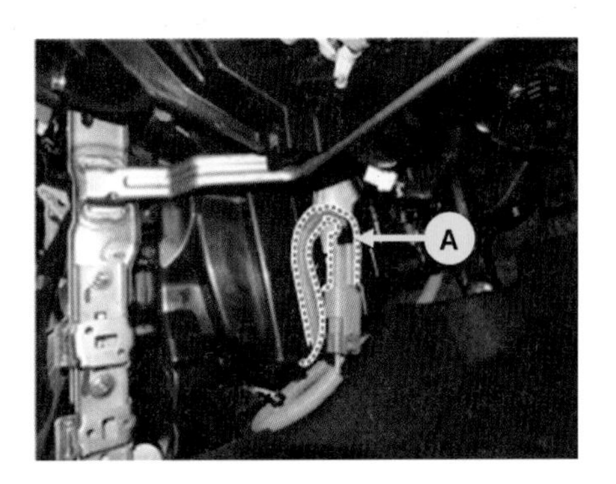

[그림 11-108]

5) 크래쉬 패드와 히터 및 블로어 유닛을 차체로부터 탈거한다.

6) 고전압 PCT 접지 볼트(A)를 탈거한다.

7) 너트를 풀고 센터 카울 크로스바(A)를 탈거한다.

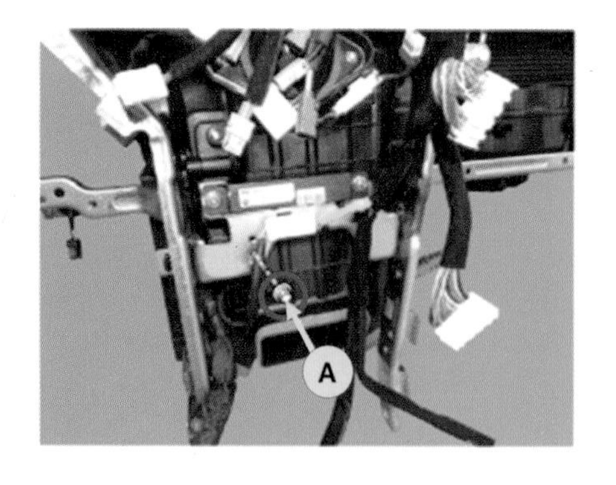

[그림 11-109]

[그림 11-110]

8) 장착 스크류를 풀고 고전압 PTC 커버(A)를 탈거한다.

9) 락핀을 눌러 시그널 커넥터(A)를 분리한다.

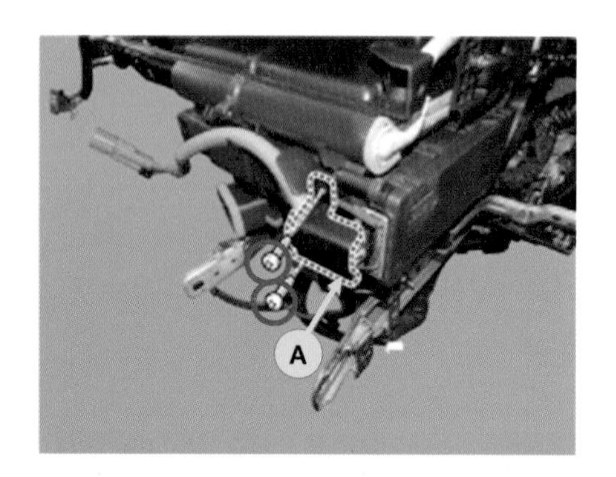

[그림 11-111]

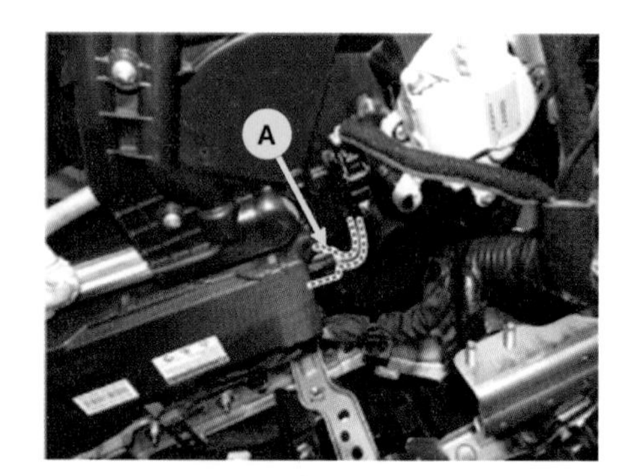

[그림 11-112]

10) 장착스크류를 풀고 고전압 PCT히터(A)를 탈거한다.

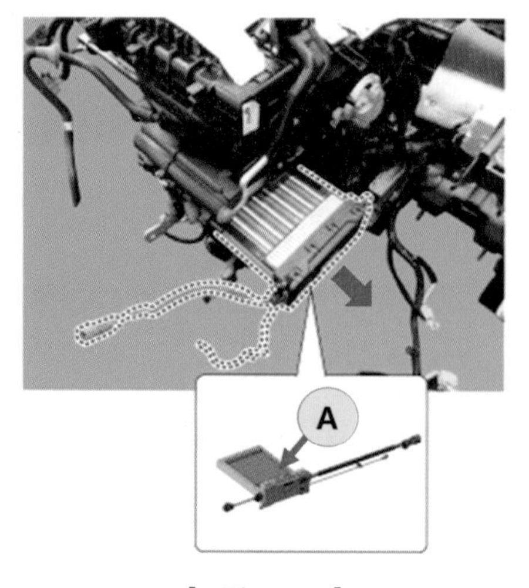

[그림 11-113]

제12장

전기차 타이어

CHAPTER

01 타이어 개요

1. 타이어의 주요 기능

자동차 타이어는 중요성은 일반적으로 수 많은 부품 중 하나로 인식되어 간과되기가 쉽다. 그러나 자동차의 성능을 도로면에 전달하는 유일한 부품이기 때문에, 어쩌면 가장 중요한 부품이라고 평가할 수 있다.

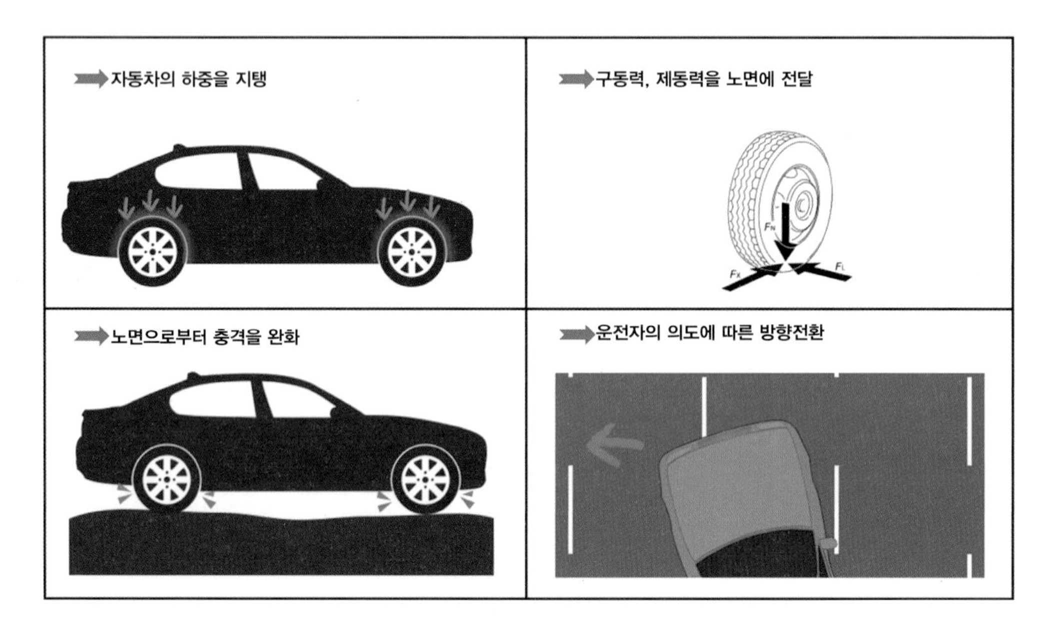

[그림12-1] 타이어의 4대 기능

(1) 하중지지

타이어는 자동차의 하중을 지지하는 역할을 한다. 따라서 차량의 하중에 따라 타이어의 스펙은 각기 다른 경우가 많은데, 이를 나타내는 정보가 '하중지수(Load Index)'라고 부르는 정보이다. 그래서 우리가 일반적으로 타이어를 교체할 경우 출고용 스펙에서 가장 중요시하여 확인하는 정보도 역시 '하중지수'이다. 즉, 교체용 타이어의 하중지수는 반드시 출고용 타이어의 하중지수 보다 높거나 최소한 동일해야 하기 때문이다.

(2) 구동력, 제동력 전달

타이어는 자동차의 구동력, 제동력을 전달하는 역할을 한다. 즉, 아무리 출력이 좋은 자동차라고 할지라도, 타이어의 성능이 뒷받침되지 못할 경우 '슬립(slip)'현상이 발생하여, 제대로된 성능을 발휘하지 못한다. 반대의 경우 제동성능이 뒷받침되지 못하는 타이어의 경우 안전한 주행성능을 발휘할 수가 없다. 어쩌면 자동차는 '달리는 것보다 멈추는 것이 더 중요'할 수도 있기 때문이다.

(3) 충격완화

편안한 승차감에 대한 운전자의 요구수준은 계속 높아지고 있다. 편안한 시트, 최고의 서스펜션 등 다양한 노력이 시도되고 있으나, 사실 타이어가 승차감에 미치는 영향은 결코 무시할 수 없다. 사이드월이 강하고, 노면접지력이 뛰어난 스포츠형타이어를 장착하고, 승차감을 기대하는 운전자는 없을 것이다. 타이어는 노면의 장애물과의 충격으로 인한 진동을 흡수하고, 소음을 최소화하는 최전선에 있는 첨병인 것이다.

(4) 방향전환

자동차의 주행성능이 향상되면서, 민첩한 방향전환을 위한 요구성능이 높아지고 있다. 타이어는 이러한 측면에서 가장 어려운 영역을 담당하고 있다고 해도 과언이 아니다. 고속주행 시의 방향전환에 따른 하중의 쏠림을 오롯이 타이어가 버텨줘야 할 뿐만 아니라, 안정적으로 지면과의 접지를 유지해야 하기 때문에 구조측면의 기술개발과 함께 재료측면의 기술개발도 요구되고 있기 때문이다.

2. 타이어의 분류

자동차 타이어는 용도, 계절, 도로조건에 따라 다양하게 분류되고 있으며, 그에 맞는 요구성능에 맞춰 개발되고 있다.

(1) 용도에 따른 분류

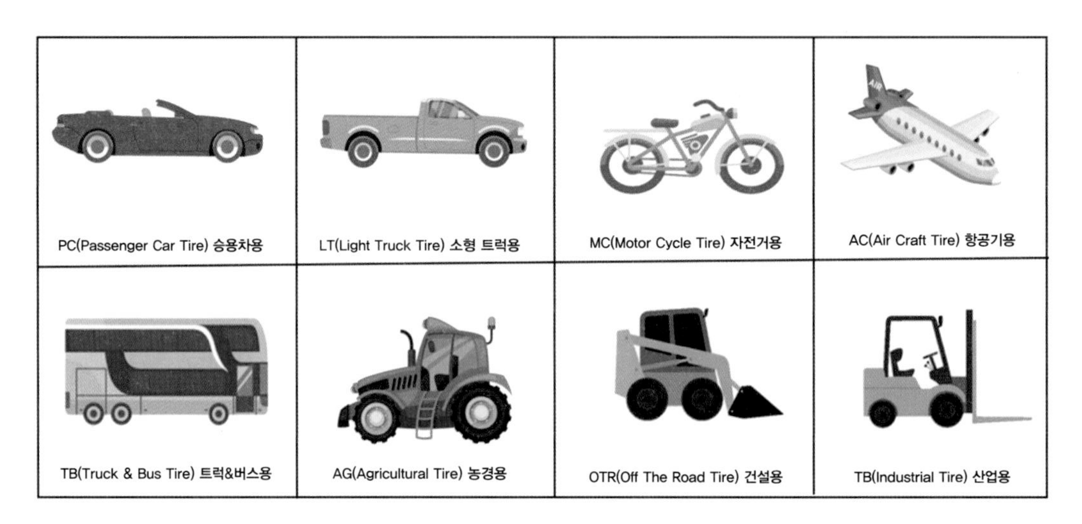

[그림 12-2] 타이어의 용도에 따른 분류

타이어는 일반적으로 승용차용타이어(Passenger Car Tire), 소형트럭용타이어(Light Truck Tire), 트럭버스용타이어(Truck & Bus Tire) 등으로 분류되며, 각기 다른 구조와 설계가 적용되고 있다.

(2) 계절에 따른 분류

일반적으로 국내에서는 약간의 스노우트랙션 성능을 갖춘 타이어를 사계절용타이어로 분류하고, 3PMSF(3Peak Mountaion Snow Flake) 마크 인증을 갖춘 타이어를 겨울용타이어로 분류합니다. 그러나 조금 더 세분화해서 분류하면, 사계절용타이어는 최소한 M+S (Mud & Snow) 마크를 갖고 있어야 하며, 그렇지 못한 타이어는 여름용타이어로 분류하게 됩니다. 여름용 타이어는 겨울용 타이어 시장이 명확히 구분되어 있는 유럽시장에서 주로 적용됩니다. 젖은 노면 주행성능이나 핸들링 성능이 더욱 중요시 되기 때문입니다.

반면 최근에는 겨울용 타이어의 교체에 대한 부담과 번거로움을 해결하기 위해 유럽형사계절용타이어(All Weather) 타이어가 출시되고 있습니다. 겨울용 스노우트랙션 성능과 함께 마른 노면에서의 주행성능도 갖춰 잦은 교체와 겨울용타이어 보관의 문제를 해결하고 있습니다.

[표12-1] 계절에 따른 분류

여름용(삼계절용)	사계절용	유럽형 사계절용	겨울용
고속주행과 조종안전성이 우수한 스포츠 성능 타이어	약간의 눈길 주행성능을 갖추고, 소음/승차감성능이 우수한 타이어	눈길, 빗길 주행안전성이 보강된 사계절용 타이어	겨울철 눈길, 빙판길 주행시 안전성을 확보한 타이어

(3) 도로조건에 따른 분류

자동차 타이어는 도로조건에 따라 분류되기도 하는데, 일반적으로 오프로드(Off-Road) 주행이 가능한지여부를 기준으로 한다. 정확한 비율이 정해진 것은 없으나, 통상적으로 오프로드 주행성능이 70% 이상으로 설계된 타이어를 MT(Mud Terrain)타이어라고 하며, 30% 이상은 AT(All Terrain)타이어, 30% 미만의 경우를 HT(Highway Terrain)타이어라고 분류한다. 우리가 보통의 승용차용타이어는 모두 HT(Highway Terrain)타이어라고 볼 수 있으며, SUV 또는 Light Truck 중 튜닝차량의 경우 AT 또는 MT 타이어가 장착된다고 할 수 있다.

[표12-2] 도로조건에 따른 분류

	On Road 성능	Off Road 성능	포장율
On Road	90%	10%	70% 이상
On & Off Road	70%	30%	50~70%
Off Road	30%	70%	50% 미만

	On Road 성능	Gravel 성능	Sand 성능
Sand Road	30%	40%	30%

CHAPTER

02 전기차(EV) 타이어의 특성

1. 전기차(EV) 타이어 개요

전기차(Electric Vehicle) 타이어는 뭐가 다를까? 일반적으로 자동차가 기획, 디자인 단계를 지나 실차개발단계에 들어서면, 타이어 회사와 함께 공동프로젝트 형식으로 타이어가 개발된다. 수없이 많은 테스트를 거치며, 자동차의 성능에 최적화된 타이어를 개발하여 적용이 되는 것이다.

마찬가지로 전기차(EV) 타이어는 전기차를 위한 최적의 성능을 확보하기 위해 다양한 기술이 적용되어 개발되고 있다. 일반적으로 배터리 하중으로 인한 고하중타이가 필요하며,

고하중
- 내연기관차보다 약 200kg 무거운 중량
- 고하중 버틸 수 있는 소재 필요

저소음
- 엔진, 구동계 소음 사라져 노면 소음 부각
- 소음 저감 기술 필요

접지력
- 뛰어난 순간 가속력 보유
- 마모, 미끄러짐 최소화 필요

[그림 12-3] 전기차 타이어의 요구성능

엔진소음이 없기 때문에 저소음 성능이 중시되고, 높은 토크로 인해 접지성능이 더욱 필요하다고 한다. 이러한 일반적인 특성외에 전기차의 특성을 보다 자세히 분류해보고, 올바른 전기차 타이어 선택방법에 대해 알아보자.

2. 전기차(EV) 타이어의 주요특성

(1) Low Noise

엔진소음이 없는 전기차(EV)의 특성으로 인해 타이어의 저소음 성능이 더욱 강조될 수 밖에 없다. 안락한 주행성능을 확보하기 위해 소음성능(Road Noise, Pattern Noise) 향상은 필수적인 요소이기 때문이다.

이를 위해 최근에는 타이어 안쪽에 흡음재를 부착하는 소위 '폼타이어(Foam Tire)'기술이 널리 적용되고 있다. 이 흡음재는 보통 타이어 내부의 공명음을 제어하는 역할을 하는데, 타이어의 트래드부에 부착되어 도로면에서 발생하는 소음(Road Noise)을 제어하는 효과도 있다고 알려져 있다. 실제 타이어 제조사에서 밝히고 있는 바에 따르면, '폼타이어(Foam Tire)'를 장착하였을 경우, 약 10dB 정도의 소음감소 효과를 기대할 수 있다고 한다.

[그림 12-4] 폼타이어 적용이미지

(2) Better Traction

전기차(EV) 타이어의 또하나의 중요한 성능 중에 하나는 제동성능 또는 그립(Grip)성능이다. 전기모터의 높은 초기 출력을 버텨내려면 슬립(Slip)현상을 방지할 수 있는 그립력과 강한 토크로 인한 고무뜯김을 방지할 수 있는 내구성이 보장되어야 한다.

- High Grip: 슬립현상을 방지할 수 있는 그립력
- 내구성: 강한 토크로 인한 고무의 뜯김 현상 방지할 수 있는 내구성

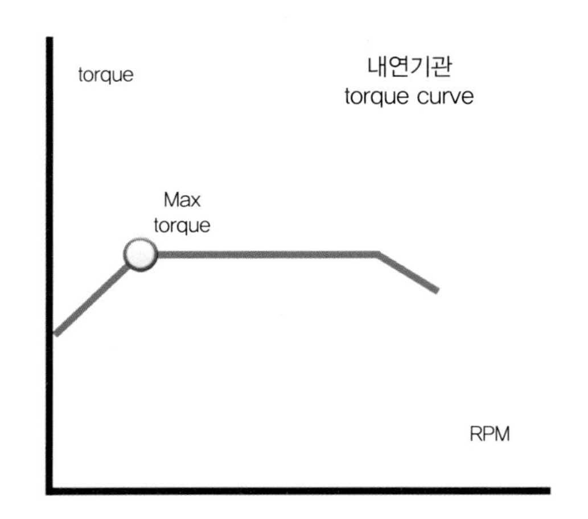

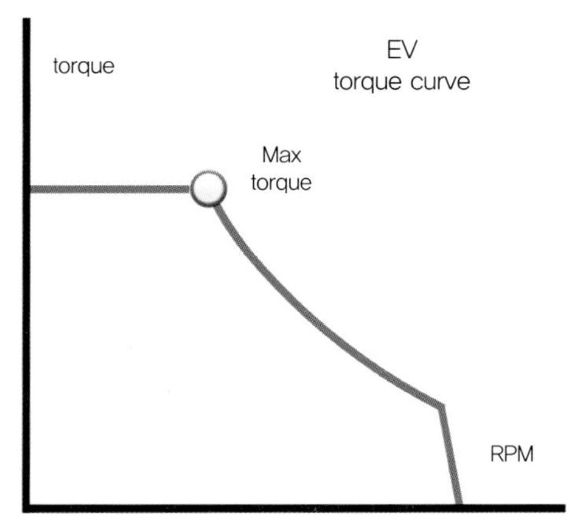

[그림 12-5] 내연기관 vs. EV 토크 비교

위의 표에서 볼 수 있듯이, 전기차(EV)의 경우 시동 초기부터 최대토크를 발휘하기 때문에 일반적인 타이어의 경우 슬립현상이 발생하기가 쉽다.

(3) Mileage

최근 한 연구조사에 따르면, 전기차(EV) 운전자의 평균주행거리가 내연기관차량 운전자보다 길다고 한다. 이처럼 전기차(EV) 타이어는 고하중과 주행거리로 인해 조기마모에 대한 고객불만이 발생하는 경우가 많다. 따라서 주행거리, 즉 마일리지(Mileage)를 증가시키기 위해 보다 견고한 화합물을 사용하여 제품 개발에 적용한다.

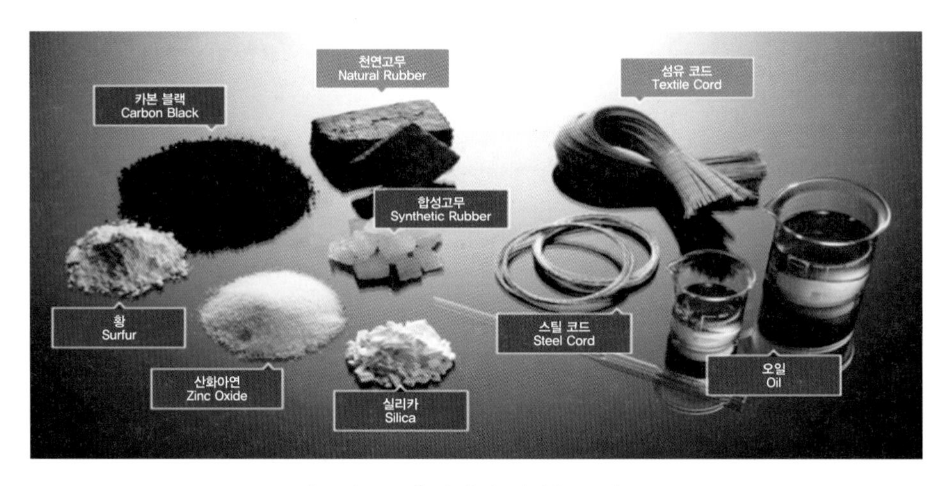

[그림 12-6] 타이어 컴파운드 재료

(4) Heavier Body

평균 약 30% 더 무거운 차체를 보유한 전기차(EV)의 경우 타이어의 구조는 더욱 견고하게 설계되어야 한다. 최근에는 전기차(EV)를 타켓팅하여, 기존의 XL(Extra Load)규격이 아닌 HL(High Load)규격이 출시되기도 한다. 타이어의 내구성은 운전자의 안전을 위한 가장 중요한 성능이기 때문에 타이어제조사에서는 트래드 블록 설계를 강화하거나, 접지압을 최적화함으로써, 하중의 집중을 분산시키는 기술을 적용하기도 한다.

(5) Low Rolling Resistance

전기차(EV)의 항속거리 증가는 아직까지도 가장 중요한 기술개발과제이다. 결국 전기모터에서 발생시킨 에너지의 손실을 최소화 하기 위해서는 공기저항을 줄이고, 도로면에 맞닿은 타이어의 마찰을 줄이는 것이 가장 중요한 과제이기 때문이다.

회전저항 저감기술은 타이어의 패턴설계와 재료, 구조설계까지 다양한 방식의 기술을 통해 개발되고 있다. 그리고 국내에서도 이미 2012년부터 타이어 에너지소비효율등급제를 시행하며, 고효율 타이어 사용을 권장하고 있는데, 한국자동차부품연구원의 자료에 따르면, 회전저항계수(RRC)가 1만큼 줄어드는 경우 약 1.9%의 연비개선 효과가 있다고 한다.

등급	승용차용 타이어	소형트럭용 타이어 (경트럭용 포함)
1	RRC≦6.5	RRC≦5.5
2	6.6≦RRC≦7.7	5.6≦RRC≦6.7
3	7.8≦RRC≦9.0	6.8≦RRC≦8.0
4	9.1≦RRC≦10.5	8.1≦RRC≦9.2
5	RRC≦10.6	RRC≦9.3

[그림 12-7] 에너지효율등급 적용 예

CHAPTER

03 올바른 전기차(EV) 타이어 선택법

1. 전기차(EV) 타이어 선택방법

전기차(EV) 타이어는 일반 내연기관용 타이어에 비해 다른 중요한 특성이 있다. 따라서 올바른 전기차(EV) 타이어를 선택하기 위해서는 다음의 가이드를 따르는 것이 필요하다.

첫째, 출고용 타이어의 하중지수를 확인하고, 반드시 동등 이상의 스펙으로 선택한다.

둘째, 주행거리가 길다면, 고하중 및 High 토크를 견딜 수 있는 전기차(EV) 전용타이어를 선택한다.

셋째, 소음에 민감한 운전자라면, 일반타이어와 전기차(EV) 타이어의 차이점을 확인하는 것이 좋다.

넷째, 전기차(EV) 특유의 핸들링과 주행성능을 즐기는 운전자라면, 전기차(EV) 전용타이어를 선택하는 것이 좋다.

2. 전기차(EV) 타이어의 유지관리

타이어의 유지관리 방법은 일반타이어와 특별히 다르지는 않다. 적정 공기압을 주기적으로 확인해주고, 연석 또는 포트홀 등에 의한 충격이 있을 경우 반드시 센터에서 이상유무를 점검하는 것이 좋다. 그리고 휠얼라인먼트의 경우 더욱 세밀하게 점검해줄 필요가 있다. 고하중 전기차(EV)의 특성으로 인해 편마모 또는 이상마모가 보다 심하게 발생할 수 있기 때문이다.

참고자료

- 기아자동차, https://gsw.kia.com
- 현대자동차, https://gsw.hyundai.com/
- 전광수(2021).『전기자동차 고전압 안전교육 교재』도서출판 골든벨
- 전광수(2018).『하이브리드 자동차 정비실무』미전사이언스
- 일본자동차기술회(1996).『자동차공학기술대사전』. 도서출판 과학기술.
- 현대자동차『IONIOQ 전장회로도』
- 현대자동차『IONIOQ 정비지침서』
- 기아자동차『Niro 전장회로도』
- 기아자동차『Niro 정비지침서』
- 현대자동차(2018),『플러그인 하이브리드 자동차 정비지침서』현대자동차(주)
- 기아자동차(2017),『쏘울 전기차 정비지침서』
- 한국산업인력공단(2013).『자동차전기전자장치』한국산업인력공단
- 서비스정보기술팀.(2013).『YF 소나타 하이브리드 정비지침서』. 현대자동차(주)
- 한국산업인력공단(2014).『자동차전기장치정비실습』
- 한국산업인력공단(2014).『자동차전기전자장치』
- 한국폴리텍대학(2018),『친환경자동차』
- ㈜ 골든벨(2014),『정석자동차정비교본』자동차전기
- ㈜ 골든벨(2021),『전기자동차매뉴얼 이론&실무』
- ㈜ 골든벨(2019),『내차달인교과서』전기자동차편
- ㈜ 골든벨(2019),『전기자동차』
- 기아자동차,『쏘울 전기자동차』EV 신차교육교재
- 현대자동차,『플러그인 하이브리드 자동차』PHEV 신차교육교재
- 김응채 외(2015)『모터의 테크놀로지』도서출판 한진

「미래형 자동차 현장인력양성」 교육교재

전기자동차 진단&정비실무

초 판 인 쇄 | 2022년 10월 5일
초 판 발 행 | 2022년 10월 14일

저 자 | **미래자동차 인재개발원 편찬위원회 / 전광수, 박동수**
발 행 인 | **김길현**
발 행 처 | **(주) 골든벨**
등 록 | **제 1987-000018호**
I S B N | **979-11-5806-590-4**
가 격 | **28,000원**

표지 및 디자인 | 조경미 · 엄해정 · 남동우
웹매니지먼트 | 안재명 · 서수진 · 김경희
공급관리 | 오민석 · 정복순 · 김봉식
제작 진행 | 최병석
오프 마케팅 | 우병춘 · 이대권 · 이강연
회계관리 | 김경아

(우)04316 서울특별시 용산구 원효로 245(원효로 1가 53-1) 골든벨 빌딩 5~6F
• TEL : 도서 주문 및 발송 02-713-4135 / 회계 경리 02-713-4137
편집·디자인 02-713-7452 / 해외 오퍼 및 광고 02-713-7453
• FAX : 02-718-5510 • http : //www.gbbook.co.kr • E-mail : 7134135@naver.com